安全工程本科专业
毕业论文（设计）教学实践

——中南大学 2009 届安全工程本科专业毕业论文（设计）论文集

主　编　吴　超
副主编　李孜军　黄仁东　黄　锐

中国劳动社会保障出版社

图书在版编目(CIP)数据

安全工程本科专业毕业论文(设计)教学实践：中南大学2009届安全工程本科专业毕业论文(设计)论文集/吴超主编．—北京：中国劳动社会保障出版社，2010
 ISBN 978 - 7 - 5045 - 8162 - 4

Ⅰ．安… Ⅱ．吴… Ⅲ．①安全工程-专业-毕业论文-写作-教学研究-高等学校②安全工程-专业-毕业设计-教学研究-高等学校 Ⅳ．X93

中国版本图书馆 CIP 数据核字(2010)第 030126 号

中国劳动社会保障出版社出版发行
(北京市惠新东街1号 邮政编码：100029)
出 版 人：张梦欣

*

北京北苑印刷有限责任公司印刷装订 新华书店经销
787 毫米×1092 毫米 16 开本 28.25 印张 618 千字
2010 年 3 月第 1 版 2010 年 3 月第 1 次印刷
定价：75.00 元 (含光盘)
读者服务部电话：010 - 64929211
发行部电话：010 - 64927085
出版社网址：http://www.class.com.cn
版权专有 侵权必究
举报电话：010 - 64954652

编 委 会

（按姓氏笔画排序）

邓红卫　过　江　毕　林　朱菁菁　刘　辉
刘敦文　孙　胜　李孜军　李　明　吴　超
陈沅江　周子龙　周智勇　胡汉华　黄仁东
黄　锐　韩立华

内 容 提 要

毕业论文（设计）是安全工程本科专业教学计划的重要组成部分，是教学过程的重要环节，是对人才培养质量全面的、综合的检验。本论文集包括中南大学 2009 届安全工程本科专业的毕业论文（设计）浓缩的文章或其中某一章节改写的文章共 74 篇，内容丰富，许多学生的选题具有创新性，不少论文达到较高水平。论文集涉及安全工程的诸多领域，反映不同层次学生的实际水平，具有教与学的示范作用。论文集附有包含中南大学 2009 届和 2008 届安全工程本科专业学生答辩时的 PPT 演讲文件光盘一张。本论文集可供高等学校安全工程本科专业及相关专业师生参考。

序

中南大学为教育部直属的全国重点大学,是首批进入国家"211工程"重点建设的高校,也是国家"985工程"部省重点共建大学。学校涵盖工学、理学、医学、文学、法学、经济学、管理学、哲学、教育学、历史学共十大门类的学科体系与专业设置。中南大学除了资源与安全工程学院设有安全学科、专业以外,土木工程学院的建筑安全、交通运输学院的铁道交通安全、化学化工学院的化工安全、机电工程学院的机电安全、信息科学学院的信息安全、公共卫生学院的职业卫生等都涉及安全工程领域。因此,中南大学拥有与安全学科综合属性相适宜的大学科和大平台,非常适合开展安全科学与工程学科的科学研究和高级人才的培养。

安全工程本科生的毕业论文(设计)是教学计划的重要组成部分,是安全工程专业本科教学过程中重要实践教学环节,是安全工程人才培养质量的全面和综合的检验。安全工程本科生的毕业论文(设计)是学生毕业前全面素质教育的重要实践训练,其目的是培养学生科学的思维方式和正确的设计思想,具有综合运用所学理论、知识和技能分析和解决实际问题的能力,能够从事安全技术与管理、安全科学研究以及安全工程师的工作,也是安全工程专业本科学生获得学士学位的必要条件。通过毕业论文(设计),学生应达到如下几点基本要求:1)初步掌握安全工程设计的内容、步骤和方法;将所学知识应用于实际,以巩固和提高对所学知识的理解。2)学会搜集、分析、总结和运用生产企业的安全设计资料、典型图样、产品目录、参考文献、各种有关设计手册,会选取合理的技术经济指标。3)对企业、管理等部门的生产、安全、管理等各个环节进行系统全面的调查,发现、查找、分析安全问题,通过研究和设计,提出解决安全问题的方法。4)通过运用某一理论和结合生产实际,经过比较深入的分析研究,使学生受到从事科学研究的初步能力和解决某个生产实际问题的基本能力的训练。5)了解、领会国家有关安全法规的精神,培养法律、经济和技术相结合的意识和以安全为核心的技术素养。6)通过毕业论文(设计)的写作和答辩,培养学生在科技报告写作、语言组织表达以及工程制图等方面的综合能力。

由于安全工程的应用(外延)涉及社会文化、公共管理、行政管理、消防、土木、矿业、交通、运输、机电、食品、生物、农业、林业、能源、航空、检疫、核能等各种事业乃至人类生产和生活的各个领域,毕业生的分配去向没有固定于哪个行业或专业,安全工程专业的毕业论文(设计)也很难限制在某一行业或专业,而且安全工程专业本科生在大学四年中是不可能把各个领域的专业课程都学会的。因此,安全工程专业的学生掌握方法学的知识更加重要,只有掌握了方法学的知识,在未来不论从事什么工作才能很快上手。

实际上,在安全工程本科生的毕业论文(设计)中,如果学生能够认真学习,努力钻研,毕业论文(设计)将可以收到非常好的效果。例如,1)通过选题练习,使学生学会发现、判断、分析、评价科学问题和找到开展研究的切入点。2）通过查阅文献，使学生了解传统图书馆、国内外有关专业数据库、互联网上的有关科技论文、学位论文、专利、成果、专著、教材、手册等资料的检索方法和基本信息。3）通过撰写文献综述，使学生学会分析、评述、归纳已有的研究成果和掌握科技类综述文章的撰写方法。4）通过编写开题报告，使学生学会系统考虑开展科学研究涉及的相关问题，学会开展科学研究的基本步骤和方法。5）通过开展实验研究，使学生学会设计实验、动手做实验、发现实验现象、获得实验结果、处理分析数据、得到实验结论等。6）通过计算机模拟仿真，使学生掌握某一商业软件的使用方法、分析计算结果、判定模拟仿真的真实性，并获得需要的解算结果等。7）通过理论分析，使学生学会运用科学思维方法，开展建模研究，获得理论或半理论半经验的公式等。8）通过针对某一工程问题的设计，使学生了解有关设计规范、标准，学会设计和绘制必要的图样，掌握参考设计手册进行工程设计的方法和步骤，实现设计的优化和满足工程的需要。9）通过撰写学士学位论文（设计说明书），使学生学会总结自己在毕业论文（设计）阶段所做的所有工作，掌握编写科研报告（设计说明书）的要点和规范。10）通过将学位论文（设计）做成PPT演讲稿，使学生学会浓缩、表达、突出自己的研究成果，掌握PowerPoint软件的技巧，将人机工程学和美学等知识运用到PPT的制作中。11）通过答辩，使学生学会在规定的时间里高效、准确地表达自己的研究（设计）成果，提高自己的演讲水平和能力。12）通过将研究（设计）成果浓缩成可以投稿的小论文，使学生掌握发表论文的基本要求和程序。当学生经过了上述训练以后，到了工作岗位不管接受了什么任务，都能够很快地上手和较好地完成工作，即使是非常不熟悉的任务，也能很快通过查阅信息资料和自学相关知识后加以完成。

在安全工程专业的毕业论文（设计）工作中，如果能够坚持理论与实践相结合，教学与科研、生产相结合，教育与国民经济建设和社会发展相结合的原则；能够加强理论、知识和技能综合运用能力的训练和提高，加强学生创新意识、创新能力和创业精神的培养，学生所做的题目具有一定创新性，则学生在得到科学训练的同时还能够做出一定的成果，这是一举两得的好事。作为培养具有创新能力学生的研究型高校，本科生同样能够作为科研的生力军。

我国安全工程本科专业经过24年的发展，目前全国开办安全工程本科专业的高校已达111所，开办安全工程本科专业的高等院校类型很多，涉及军工、航空、化工、石油、矿业、土木、交通、能源、环境、经济等十几个领域，2009年全国安全工程本科生的招生人数在7 000名左右。但在现有开办安全工程专业的高校中，有三分之二的高校是近八年开办的，安全工程本科专业的办学经验相对缺乏，安全工程本科生的毕业论文（设计）经验更是需要丰富。基于上述原因，我们结合本校2009届安全工程本科专业毕业论文（设计）的实践，在国内首次编辑出版了《安全工程本科专业毕业论文（设计）教学实践》这一论文集，以期望对我国安全工程本科专业的毕业论文（设计）实践教学提供一些经验借鉴，同时也起到抛砖引玉的作用。本论文集具有如下特点：

1）论文集的论文是由2009届安全工程本科专业学生的毕业论文（设计）浓缩的文章或其中某一章节改写而成的，为了增加论文集的信息量和参考价值，论文集还列举了我校2007届、2008届、2009届三届安全工程本科专业学生的毕业论文（设计）题目与毕业就业情况分析及其一览表。

2）由于在毕业论文（设计）选题时尽量要求理论与实践相结合、教学与科研相结合、设计与创新相结合，许多学生所做的题目具有一定创新性，有研究性质的选题比例较大，许多学生写出的文章达到了在正式刊物发表的水平。

3）为了使论文集能够反映我校安全工程本科专业不同层次学生的实际情况和教学水平，论文集基本采纳了所有学生的论文，尽管我们从中可以看出一些文章从内容到格式都还存在一些问题，但作为教学参考资料，保持原汁原味的学生毕业论文（设计）内容更有参考价值。

4）论文集中的论文内容涉及安全工程的诸多领域，内容非常丰富。为了增大信息量和论文集的参考价值，论文集配套了一张光盘，里面包括了2009届和2008届安全工程专业学生答辩时的PPT演讲稿文件，以及中南大学安全工程特色专业建设实践和培养方案等资料，其内容更加全面地反映了学生毕业论文（设计）的情况。

综上所述，论文集具有教与学的示范作用。

中南大学2009届安全工程专业的毕业生一共有三个班76名学生，其毕业论文（设计）由吴超教授负责，黄仁东教授、李孜军副教授和黄锐副教授分别担任三个班的组长，指导教师有：吴超教授、黄仁东教授、胡汉华教授、刘敦文教授、李孜军副教授、陈沅江副教授、黄锐副教授、邓红卫副教授、过江讲师、韩立华讲师、周智勇讲师、毕林讲师、李明讲师、周子龙讲师等。学生在各自指导教师的指导下，把学位论文浓缩成小论文或把某一章节改写成小论文后，由吴超教授统一编辑和统稿，刘辉博士、朱菁菁助理研究员、孙胜讲师等为本论文集的论文编辑做了许多工作。本论文集出版得到了教育部第二类特色专业项目（编号：TS2318）和中南大学211工程的资助，并得到了中南大学资源与安全工程学院有关领导和老师以及中国劳动社会保障出版社的大力帮助，对此表示衷心的感谢！

吴 超
中南大学资源与安全工程学院
2009年7月

目 录

中南大学安全工程特色专业建设规划与实践 …………………………………（ 1 ）
中南大学2003—2005级安全工程本科专业毕业论文（设计）情况统计 …………（ 8 ）

安全工程0501班论文

不同试剂预处理玻璃表面粘尘实验研究 ………………………………………（ 10 ）
氧化矿堆多热源点温度场计算模型研究 ………………………………………（ 15 ）
矿业软件在矿井通风系统设计与优化中的应用研究 …………………………（ 23 ）
建筑火灾隐患分析及消防系统综合性评价 ……………………………………（ 27 ）
矿井采空区探测与可视化技术应用研究 ………………………………………（ 34 ）
中美职业安全管理体系的比较研究 ……………………………………………（ 38 ）
矿山安全专家系统知识库模型的建立 …………………………………………（ 48 ）
高硫矿石自热过程的高温区域探测技术 ………………………………………（ 52 ）
多因素条件下玻璃表面粘尘实验研究 …………………………………………（ 57 ）
水力送风机换热装置设计与热学计算 …………………………………………（ 66 ）
硫化矿床开采防火防爆技术的最新研究进展 …………………………………（ 71 ）
不同国家应急管理体系分析研究 ………………………………………………（ 77 ）
建筑施工主要安全事故事故树分析 ……………………………………………（ 84 ）
某矿井安全评价的实践 …………………………………………………………（ 91 ）
近年我国化学抑尘技术研究进展 ………………………………………………（ 96 ）
矿山安全专家系统推理机及逻辑运算 …………………………………………（100）
我国安全生产的发展与问题分析 ………………………………………………（104）
事故应急救援的立法分析 ………………………………………………………（108）
校园安全事故管理信息系统的开发 ……………………………………………（112）
近年我国矿井通风的研究进展综述 ……………………………………………（117）
水力送风机机械设计及力学计算 ………………………………………………（122）
奶制品生产质量保障体系研究 …………………………………………………（127）
地下金属矿山地质灾害安全预警系统研究 ……………………………………（133）
建筑施工的安全投入与绩效关系分析 …………………………………………（136）

安全工程 0502 班论文

硫化矿石结块性评价实验室研究 …………………………………………………… (144)
广佛地铁西朗至菊树段盾构危险源的辨识 …………………………………………… (151)
基于 BP 网络的建筑工程安全评价研究 ……………………………………………… (157)
多台阶复杂边坡稳定性分析 …………………………………………………………… (167)
硫化矿石氧化结块性的测定及防治对策研究 ………………………………………… (174)
前进煤矿矿井通风系统设计分析 ……………………………………………………… (181)
广佛地铁深基坑施工危险源的辨识及防治 …………………………………………… (186)
基于模糊模式识别的采空区垮塌危险综合评价 ……………………………………… (191)
前进煤矿巷道支护设计与可靠性分析研究 …………………………………………… (199)
浅析道路交通安全设施的设置 ………………………………………………………… (207)
某铁矿岩质边坡安全系数的 BP 神经网络模拟计算 ………………………………… (214)
矿山安全标准化系统与传统安全管理模式比较研究 ………………………………… (220)
高层建筑施工安全评价研究 …………………………………………………………… (226)
前进煤矿小煤窑水害及其防治 ………………………………………………………… (233)
苍山铁矿矿井通风系统设计分析 ……………………………………………………… (238)
前进煤矿井下生产安全评价 …………………………………………………………… (243)
中南大学校本部图书馆消防系统设计与管理 ………………………………………… (246)
基于 MORT 的地铁施工安全评价系统实施 ………………………………………… (250)
典型国有矿山企业职业卫生现状评价及监管机制研究 ……………………………… (256)
矿山地质钻探施工过程安全评价 ……………………………………………………… (262)
铁路重大事故辨识与应急救援预案研究 ……………………………………………… (269)
矿业工程安全生产管理系统编制 ……………………………………………………… (277)
制药公司重大危险源辨识、安全评价及整改措施 …………………………………… (285)
新型复合稳定土材料的初步研究 ……………………………………………………… (291)

安全工程 0503 班论文

企业安全文化评价体系及方法研究 …………………………………………………… (295)
"行通济" 行人仿真研究 ……………………………………………………………… (300)
基于孕源断链的水工隧洞减灾防治技术分析 ………………………………………… (305)
"900 吨箱梁预制场" OHSAS18000 管理体系的应用 ……………………………… (310)
论家居装修的安全心理效应 …………………………………………………………… (315)
企业安全投入监管的博弈分析 ………………………………………………………… (319)

大跨度空间钢结构胎架滑移法安全施工技术研究 …………………………………… (323)
6σ 安全管理法在施工现场安全管理中的应用 ……………………………………… (329)
基于事故树理论的应急救援预案完备性评价 ………………………………………… (333)
危险预控理论在电网安全管理中的应用 ……………………………………………… (338)
地铁隧道施工系统的安全分析 ………………………………………………………… (342)
矿山通风系统安全评价方法的综合集成 ……………………………………………… (345)
对我国废旧家电回收处理的建议 ……………………………………………………… (350)
高放核废料深地质处置的概率风险评价 ……………………………………………… (353)
我国道路交通安全事故分析与预防控制研究 ………………………………………… (357)
吉林某有机化工厂防火防爆设计 ……………………………………………………… (361)
施工升降机危害的控制对策 …………………………………………………………… (364)
高层建筑施工安全天气影响的模糊综合评判模型 …………………………………… (369)
电梯安全运行的主要影响因素分析 …………………………………………………… (372)
灰色聚类法在道路交通安全性评价中的应用 ………………………………………… (377)
岩石公路隧道塌方防治技术探讨 ……………………………………………………… (380)
矿井突水因素的 AHP 分析与防治技术研究 ………………………………………… (384)
受限空间避难逃生研究 ………………………………………………………………… (389)
震后建筑安全评价及防护措施 ………………………………………………………… (393)
高层建筑安全疏散方案设计研究 ……………………………………………………… (398)
移动通信发射基站的电磁辐射问题与环境保护 ……………………………………… (402)

附录 1　中南大学安全工程专业毕业实习参考性指导书 …………………………… (407)
附录 2　中南大学安全工程专业毕业论文（设计）参考性指导书 ………………… (409)
附录 3　中南大学安全工程专业毕业论文（设计）参考性成绩评定标准 ………… (417)
附录 4　中南大学 2007—2009 届安全工程专业本科生毕业论文（设计）
　　　　情况一览表 …………………………………………………………………… (420)
附录 5　中南大学 2007—2009 届安全工程本科专业就业情况分析 ………………… (429)
附录 6　中南大学 2007—2009 届安全工程专业本科毕业生就业情况一览表 ……… (433)

中南大学安全工程特色专业建设规划与实践

吴 超 陈沅江

（中南大学资源与安全工程学院，长沙，410083）

摘 要 本文介绍了中南大学安全工程专业的历史沿革和现状以及该特色专业的建设目标，提出了以提高安全工程专业的教师素质和水平为突破口的建设思路，并阐述该专业的建设方案、预期效果和教学改革措施等内容。其内容可供同类专业和相关专业的教学改革参考借鉴。

关键词 安全工程专业 人才培养 建设规划 教学改革

1. 历史沿革

中南大学为教育部直属全国重点大学，是首批国家"211工程"重点建设的高校，也是国家"985工程"部省重点共建大学。学校涵盖工学、理学、医学、文学、法学、经济学、管理学、哲学、教育学、历史学共十大门类学科体系与专业设置。

中南大学的前身之一——中南矿冶学院，1952年，开办矿区开采专业，同时有了矿山通风与安全专业的教师；1953年，开始发表矿山防火研究课题的学术论文；1956年，成立矿山通风与安全教研室；1958年，首次派教师到原苏联攻读矿山通风与防尘方向的研究生学位；1959年，在江西下垄钨矿、西华山钨矿等成功开展防尘大会战，出版了全国第一部金属矿山通风防尘论文集；1962年，开始培养矿山通风与安全方向的研究生；1970年，开展了第一个援助国外的安全科研项目——前阿尔巴尼亚某矿岩自燃倾向性的研究；1981年，招收了"文革"后第一批矿山通风与防尘方向的研究生；1998年，获得安全技术及工程博士学位授予权；2002年，成立资源与安全工程学院，院名有了"安全"两字；2003年，开始招收安全工程本科生，当年学院获批安全评价一级资质机构；2004年，成为教育部高等学校安全工程学科教学指导委员会委员单位，当年学院获批建设深部矿产资源开发与灾害控制湖南省重点实验室；2005年，获批建设国家金属矿安全科学技术研究中心；2006年，成为全国安全工程领域工程硕士培养协作组副组长单位，安全技术及工程成为湖南省重点学科；2007年，安全技术及工程成为国家重点学科，当年获批成为安全生产培训国家一级资质单位，安全工程专业成为国家特色专业建设点。

中南大学除了资源与安全工程学院设有安全学科外，土木工程学院的建筑安全、交通运输学院的铁道交通安全、化学化工学院的化工安全、机电工程学院的机电安全、信息科学学院的信息安全、公共卫生学院的职业卫生等都涉及安全工程领域。因此，中南大学拥有与安全学科综合属性相适宜的大学科和大平台，非常适合开展安全科学与工程学科的科学研究和高级人才的培养。

回顾上述历程，中南大学安全学科的发展与全国安全学科的发展密不可分。

2. 专业简介

2.1 师资队伍建设情况

我校安全工程专业的师资队伍主要情况如下：师资队伍整体上能够满足教学需要，总数40人，其中专任教师中具有硕士以上学位的比例大于90%，中青年教师中具有博士学位的比例大于70%，具有高级职称的教师比例为87.5%。另外，我校有符合专业建设规划的师资培养计划，效果较为明显；有鼓励青年教师提高教学质量和业务水平的政策与措施，青年教师教学效果符合要求。

2.2 教学条件

我校安全工程专业的教学条件优良，特别是"211工程"和"985工程"的建设，相关的教学与科研平台有国家金属矿安全科学技术研究中心、湖南省深部金属矿产开发与灾害控制重点实验室、轨道交通安全教育部重点实验室、土木工程安全科学湖南省高校重点实验室、国家安全生产一级资质培训机构等。

（1）实验教学方面，已建成并投入教学的实验室有：人机工程实验室（72 m²）、职业卫生实验室（40 m²）、岩土冲击动力学实验室（120 m²）、爆破实验室（100 m²）、通风与防尘实验室（240 m²）、岩土工程检测技术实验室（36 m²）、工程分析计算软件实验室（120 m²）、学生计算机实验中心室（200 m²）。其中具备的主要大型仪器设备有工程勘探雷达、微控伺服材料实验机、微控电子材料试验机、岩石剪切流变仪、电磁辐射检测仪、激光粒度分析仪、System微控声发射系统、BlastMate爆破振动测试仪、大直径动态压缩试验设备及其测试系统、GPS/TPS地质灾害预测系统、振动标定系统（标准振动台）等，所具备的大型工程计算分析软件有Ansys、Fluent、Surpac、FLAC3D、3DEC、PKPM等。

（2）教学经费方面，学校每年按学生人数下拨给学院教学经费，这些经费开支包括实验材料费、教学差旅费、实习费、教师书籍费、行政办公费、学生活动费等。学院在实际使用时，坚持科研扶持教学的原则，学生实习时按每人每周100元标准、毕业论文实验材料费按每人300元标准发放。

（3）图书资料方面，本专业学生可以利用的图书资料有学校图书馆（现有与安全相关的中文藏书46万册、英文藏书1.3万册、140种中文期刊、21种英文期刊）、数字图书馆（现有中国期刊数据库、万方数据库、维普数据库等中文数据库和SCIE, EI, Science Online, ISTP, CA, Elsevier Science等外文数据库）、学院资料室（藏有图书资料1万余册、专业相关期刊杂志40多种）。

（4）培养实践能力的条件和基地情况方面，已建成测试手段较为齐全、仪器设备先进的实验室，部分实验室实行开放性教学，将基础的实验测试技术教学与学生自主设计的创新性实验相结合，学生可以申请部分实验项目。实验课程能满足教学大纲要求，其中专业基础课、专业课中有综合性、设计性实验的课程占有实验的课程总数的比例大于或等于50%。本专业已在湖南长岭炼油厂、巴陵石化公司、株洲冶炼厂、株洲机车厂、大冶有色金属公司等建立了实习基地。

2.3 人才培养质量

学生的政治思想、道德品质良好；学生英语四、六级一次通过率在81%以上，参加各类科技创新研究项目的人数占学生总人数的10%以上；学生基本能按照教学计划与大纲的要求完成实习和社会实践任务；毕业论文（设计）的选题基本能结合经济建设、社会发展和国防建设方面与安全相关的课题，毕业论文（设计）能达到教学要求。

本专业 2007、2008、2009 届毕业生一次就业率达 95% 以上，学生中被保送为校内、外硕士研究生人数达 25%。目前我校本专业与瑞典、挪威、加拿大、德国、美国等的相关专业建立了科技合作和人才培养交流关系。

3．建设目标

本专业以"培养具有宽广的基础理论、坚实的安全科学技术专业知识、系统的安全监察与管理能力，能胜任安全工程的设计、研究、评估与咨询、安全监察、技术管理等方面工作的综合型高级人才"为总体目标。具体的办学思路是以安全技术及工程国家重点学科为依托，以非煤矿业行业安全为主线，兼顾安全工程本科毕业生就业面宽的特点，以线带面，突出本校特色。另外，我校安全工程专业还招收一个爆破安全方向的国防班，这也需要我们在培养方案上充分研究和实践。为了适应不断发展的社会对安全工程专业人才的新需求，本专业还需要不断地建设。

（1）改革安全工程专业教师的培养和使用机制，加强教师队伍建设，全面提高我校安全工程本科专业教师的综合素质和教学水平。由于我校安全工程本科专业的教师大多数是由采矿工程专业转行过来的，他们在矿山安全领域具有丰富的实践和教学经验，但对安全学科的系统科学理论比较欠缺。因此，需要通过组织教师参加一些短期安全培训班等措施，给教师补充其欠缺的理论知识，以便满足安全工程专业教学的需要。

（2）改革安全工程本科专业的培养方案，构建符合安全科学技术发展观、安全专业学科属性以及安全人才需求市场的课程体系，加强与安全工程领域相关的安全监管、产业和人才需求的研究，形成有效机制，与安全监察、监管、中介、技术等行业和用人部门共同研究课程计划，制定与安全生产实践、社会发展需要相结合的培养方案和课程体系。

（3）在专业性质上加强安全科学技术基础、侧重双基训练，以现代安全生产科学技术体系为主干构建专业和组织教学，培养厚基础、宽专业、高素质、强能力、具创新精神的综合型安全高级人才。在专业方向设置上紧密结合矿业、化工、能源、机械、交通、保险、建筑、运输等行业发展需要，突出优势，提高办学水平。

（4）要以安全工程教学内容和课程体系改革为中心，以培养目标和培养模式改革为重点，加强实践教学改革、教学方法和教学手段改革，全面推进，整体优化。形成特色鲜明的人才培养模式、教学计划、课程体系与教学内容，强化学生大安全意识的培养与训练。

通过以上四大方面的建设，将我校安全工程专业建设成为国家示范性特色专业。

4．建设思路

本专业培养具备安全科学基础知识、解决安全问题的基本技能，具备各行业安全工程技术基础知识、安全管理科学知识，掌握多种事故预防手段且具备应用能力，能够有效预防事故、有效进行事故后损失控制的综合型专业人才。所培养的人才应当既能解决安全技术问题，也能解决安全管理问题。一个高校即使具有很好的培养方案、一流的培养设施，如果没有教师全面有效的实施，是不可能达到培养高质量优秀人才的目标的！由于安全工程是理、工、文、管、法、医等的综合学科，几乎涉及所有行业，它对教师知识面的要求比其他专业都更高更严。

本专业的建设思路是：以提高安全工程专业的教师素质和水平为突破口，根据人才培养的总体目标，对国内外人才需求市场进行广泛深入的调研，了解社会对安全工程专业人才能力和知识结构的最新要求，按照安全工程专业人才教育理念和方针，以国家重点学科建设及国家、省、学校各级教学管理机构对教改的要求为指导，加快教改步伐，从教师队伍建设与培训、人才培养模式和方案、课程教学内容和教学体系、实践教学环节、安全文化素质和科研素质的培养等方面进行调整和优化，从而大力推进专业学科建设，拓宽专业覆盖面，全面推进素质教育，显著提高教学质量，培养出高质量的安全专业人才。有关建设思路流程参见图 1，该流程图充分体现了以学生为本、以教师为引导的建设思路，教师队伍建设是专业建设的重中之重。

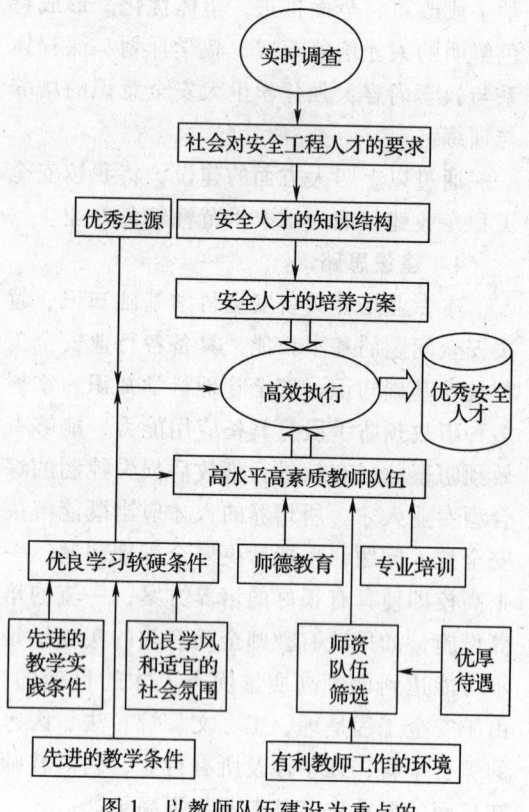

图 1 以教师队伍建设为重点的
专业建设思路流程图

5. 建设方案

具体采用如下几个方面的建设方案：

（1）应用现代安全培训方法，开展一系列提高安全工程专业教师水平的培训活动，邀请与安全学科相关的产业和科研领域及安全监管部门的专家学者到学校兼职授课，建立安全工程专业教师的培训、交流和深造的常规机制。在实践过程中积累丰富的经验，并撰写适合安全工程专业教师培训的立体化教材，在全国推广应用。

（2）按照加强基础、拓宽专业、强化实践、突出能力、面向应用、注重创新，体现工程专业人才知识结构的要求，结合我校安全工程专业在矿山安全方面的优势，及兼收国防生的特点，进一步完善和深化具有矿业和国防安全工程特色素质教育和个性化教育的教育理念，结合社会对安全工程专业人才的需求，稳定和提高安全工程专业的人才培养规模和质量。

（3）以市场对安全工程专业人才能力和知识结构的要求为依据，加强教学内容和教学体系改革。调整和优化安全工程专业基础课、专业课的教学内容，特别是一些特色专业课内容。

（4）促进精品课程建设，完善本专业特色教材的遴选和编写工作。以校级教学质量优秀奖评选为基本起点，拓宽优秀课程的建设，同时开展课程建设负责人制度，切实发挥课程负责人在课程建设和改革中的作用。在院内积极开展课程评估，以评促建，使本专业的主干课程达到校级优秀课程水平。

（5）丰富和改进课堂教学手段，适当开展双语教学。将现代多媒体教学、网络教学与常用的报告式、电教式、提问式、讨论式、案例式等教学方式相结合，拓展新的教学途径，提高教与学的互动，增加学生学习的主动性。

（6）以我校现有的湖南省深部灾害控制重点实验室、国家金属矿安全科学技术研究中心、安全技术及工程国家重点学科为建设平台，更新实验教学设备，大力开展"三性"实验改革，采用外部引进、自主开发等多种途径更新安全人机工程、安全与环境检测、工业通风与空调等高新实验设备。在满足教学需要的基础上，提倡实验教学与科研课题相结合，促进学科建设和科研成果转化。同时开展实验教学改革，力求考虑到每项实验内容的创新性、设计性和综合性。

（7）开展地下科学与工程重点实验室和国防教育基地的建设。我校有一个建筑面积为 3 555 m² 的地下防空洞，可作为地下科学与工程实验室和国防教育基地，其建设可满足许多实验教学的需要，如地下凿岩的安全问题实验研究、岩石冲击的安全问题实验研究、巷道（隧道）支护的安全问题实验研究、砌体结构的安全问题实验研究、探地雷达等检测实验研究、岩土力学检测实验研究、地应力检测实验研究、地下渗流检测实验研究、地下空间通信检测实验研究、地下空间安全预警实验研究、地下电气安全实验研究、地下空间局部通风实验研究、地下空间空气调节实验研究、地下环境卫生实验研究、地下环境安全人机参数实验研究，地下充填输送系统可靠性实验研究，以及隔热、堵漏、新材料研究等。

（8）开展专业实习教学改革，在实习内容、实习模式、实习基地建设等方面力争上一个新的台阶。在学生的专业认识实习上，力争使学生深入到安全需要比较突出的生产领域去发现和思考问题。在学生的毕业实习上，使学生深入到科研和用人单位生产的第一线去发掘毕业设计（论文）的内容。在实习基地的建设中注重产、学、研相结合的原则，建设适应安全工程专业学习需要的固定的优秀实习基地。

（9）以营建良好的教学、科研团队为目标，抓好教师队伍和学术梯队的培养。改善教师的来源、学历和专业结构，完善教师学术交流、培训和兼职制度，形成一支了解社会安全工作需求、教学经验丰富的高水平专兼结合的教师队伍。

（10）加大科研力度，以科研促教学，以科研辅助教学。积极组织申报高级别科研课题，加强与国内外同行的学术交流，了解学术动态，追踪学术前沿，创造条件，积极争取申请高层次科技奖励，通过成果奖励，扩大我校安全工程特色专业在国内外同行中的影响。

（11）积极开展本科学生科研创新和创业活动改革，使学生得到全面发展，社会适应性更强。改进我校过去的奖学金制度、大学生科技创新活动，积极引导学生开展科技创新和创业活动，以培养学生的创新意识、创新能力、创业精神、动手实践能力，提高综合素质。

（12）建立学校和用人单位学生就业信息反馈和定期交流制度。重视学生的就业率，及时获取学生就业后的适应性和发展潜力方面的信息，继续征求用人单位对人才培养的意见和建议，进一步完善学生培养目标和方案。

6. 预期成果

通过上述几个方面的建设，使我校安全工程特色专业取得以下方面的成果：

（1）形成一套适合提高安全工程专业教师素质和水平的培训模式。完成一套科学的安全工程专业人才培养模式和培养方案及课程体系，使人才培养符合安全工程专业认证考核指标体系的要求。

（2）使我校安全工程专业在校学生人数稳定在 350 人左右，毕业生一次就业率在 95% 以上；根据国防生的需求，开拓与国防安全和爆炸安全有关的两个新的专业方向。

（3）形成一套具有本专业特色的规划教材。新编著一批专业基础课教材、专业课教材、实验指导书，并建立相应的网络化课程。

（4）建立一批精品课程和建立专业化教学网站。开展数门课程的双语教学，形成具有本专业特色的立体化教学体系，建立一个供高校安全工程专业教师交流、培训的网站。

（5）增加一批实验课程的"三性"实验改革，使部分实验室教学达到国内一流水平；建立与矿业、建筑、交通、化工、机械等行业相关的固定实习基地，开展认识、生产、毕业实习教学改革，改革实习教学内容，形成规范化的实习教学大纲和实习教学指导书以及丰富多彩的实习教学方式，并建立一套完善的实习教学效果评价系统。

（6）建立一套完整的安全专业毕业生就业信息反馈和定期交流制度，建立毕业生就业和发展信息数据库，开发社会人才需求评估系统。

（7）建立大学生安全文化网站，大力推广安全文化素质教育。联合新闻媒体在全国推广安全文化素质教育活动，使我校大学生安全文化素质教育辐射到全国。

（8）建立一支由院士为学术顾问、博士生导师为学术带头人的创新团队。每年引进3名左右的优秀博士毕业生充实到专业师资队伍中，专职和生产单位来校兼职的教师比例达到10∶1左右，建立一支稳定的优秀教学团队。

（9）发表一组本专业教学和科研论文，主办相关的全国性会议和开办安全工程专业青年教师培训班，获得数项大学生科技创新项目和教学研究成果奖励。

（10）建成一个地下科学与工程实验室和国防教育基地。开展地下空间实验室的综合实验和实践教学，实施安全工程的许多现场实验教学。

7. 教学改革

7.1 人才培养方案

我校该专业学科点的研究特色为非煤矿业安全、岩土灾害控制和作业环境安全。由于安全科学技术理论不是一门单学科的理论和技术，它具有多学科、多专业相互融合、交叉、渗透的性质，因此，其人才培养要以综合型应用或复合应用为主，同时要不断适应市场经济所决定的安全生产发展的要求，需要在人才的培养计划和培养模式上进行改革。我们首先要就社会对安全工程专业人才的需求状况、学习者的个体需求以及现有的教学资源现状进行广泛深入的调查，通过深入国内各行业以及在安全生产监督管理局、消防局等部门发放问卷进行调查，了解上述相关行业对安全工程专业本科学生的知识和能力储备方面的要求等，从而调整相关培养计划，改革培养方案中课程体系的设置。

7.2 管理制度

严格教学管理制度是保证教学计划顺利执行、取得良好教学效果的必备条件。为此，我校制定了一系列有关教学的规章制度和考评制度，如制定专职任课教师教学行为规范、班导师职责规范、实验教学人员教学行为规范；制定教师教学和科研考评制度，将教师的教学业绩和本人的年终奖金挂钩，形成一定的教学约束机制；制定各种奖励制度和拔尖人才选拔制度，形成追求良好教学效果的内在激励机制；聘请具有丰富经验的老专家、老教授实行跟踪听课并现场辅导，对提高青年教师的教学方法和技巧有很大的促进作用。

7.3 课程与教材建设

首先对安全工程专业课、专业基础课内容进行优化整合，从通识基础教育模块、专业基础模块和专业方向模块三个方面对课程体系进行优化调整。在基础课程的设置方面，注重人文社会科学的比重；在专业基础课程方面，注重深入了解和掌握安全科学的基础理论知识，如安全原理、安全系统工程、可靠性工程、组织行为科学、安全经济、监控技术等；在奠定良好专业基础知识的情况下，重点从矿业安全、建筑安全、化工安全、特种设备安全技术等几个方向进行课程设置。

教材建设一方面优先采用国内已有的比

较成熟的国家级精品规划教材，其中双语教学课程要引进国外原版英文教材；另一方面是要重新编著由国家级出版社出版的、具有我校安全工程专业特色的教材。同时，开展网络课程和精品课程网站的建设，形成具有安全工程专业特色的立体化教材体系。

7.4 实践教学

在实验建设过程中，既考虑到实验内容的新颖性，又注重实验的创新性、设计性和综合性的要求，力求使每个实验的实验内容和实验方式各有侧重点，同时考虑每门课程的实验、某门课程几个实验之间的内在联系，在整个实验过程中注重培养学生实验技能和提高动手能力。在实验内容方面，每门课程实验除基本的实验内容外，尽量提供一些选做实验来扩展知识面和实验技能。首先，按照"三性"实验要求，积极落实各项实验内容和设备，撰写和完善实验指导书，例如，职业卫生与防护主要实验项目包括室内空气中污染物的测定、室内有毒气体检测实验（氡、TVOC等）、作业场所电磁辐射的测定、作业场所水质测定实验、微波漏能检测实验、放射性检测实验、热辐射检测实验、个人防护仪器认识实验等。

我校安全工程专业进行了学生实习教学的改革，首先修订实习大纲和实习指导书，加强实习教学内容的补充、改进。实习大纲的修订根据我校安全专业的特点和本专业人才培养的目标，在丰富学生专业知识的同时，要注重培养学生的专业能力，要注意体现认识实习、生产实习和毕业实习之间的区别和联系；其次进行实习模式的改革，应将以教师为主体的集中式实习模式和完全由学生独立进行实习的开放式实习模式有机结合，以调动学生在实践中学习和探索的积极性，让学生在实践中长才干，增强学生工程实践能力，培养学生理论联系实际的能力；再次是采取积极有效的措施，解决实习经费紧张的问题，另外还要加强实习基地建设，强化校企合作。在实习基地的建设中，注重发挥校友的作用，加强厂矿、企业和学校之间的联系，本着互利互惠、共同协作的原则，企业为学校提供实习场地，学校为企业培养人才或协助开展生产和研究开发工作；最后是要研究毕业实习地点与学生就业意向单位结合的方案，毕业生在进行毕业实习时大都工作单位已经落实，为此，可考虑让其到将要就职的工作单位进行毕业实习，这样既可以锻炼学生的社会活动能力，又可使学生提前熟悉自己的工作环境，将来很快投入工作，但这种方式无疑会增加学校和教师的管理难度，因此要加强这方面的研究。

7.5 学习效果评价方式

我校安全工程专业与其他专业一样，已经建立了教学效果评价指标体系和评价系统，改传统单一的评价方式为多因素多权重综合评价方式。教学效果的实质评价内容应该是学生的创新能力、实际动手操作能力、获取新知能力、科研能力等，可从毕业生就业情况、就业后发展潜力、毕业设计、实习情况、课堂表现、考试成绩等多方面综合考察。对这方面可建立相应的评价数学模型，开发智能评价软件系统。

8. 结束语

专业特色应该包括教师队伍、研究方向、培养模式（方案）、培养过程、教材、实验室、实习基地、学校氛围、就业与创业等特色，或是上述特色的某一方面，这些特色是其他高校同类专业比较缺少或是比较弱化的。特色专业建设是一个长期的系统工程，需要精心策划、组织和实施，需要学校有大量财力和物力投入，更需要教师的奉献精神。在强调特色培育的过程，更不能忽视人才培养的基本规律和必需的日常工作。本文仅是为了抛砖引玉，许多工作还正在不断努力之中。

中南大学2003—2005级安全工程本科专业毕业论文（设计）情况统计

朱菁菁

（中南大学资源与安全工程学院，长沙，410083）

中南大学资源与安全工程学院从2003年招收安全工程专业本科生以来，至2009年7月已有三届安全工程专业的学生毕业，共计243人。

1. 基本情况

安全工程专业本科生2003级80人，2004级87人，2005级76人。安全工程专业243名学生中，其毕业论文（设计）由具有讲师职称（其中大多数教师具有博士学位）的教师指导的有73人，占总人数的30.04%；89人由具有副教授职称的教师指导，占总人数的36.63%；81人由具有教授职称的教师指导，占总人数的33.33%（见表1）。

表1　安全工程专业毕业论文（设计）指导教师职称比例统计

专业年级	学生总人数	由讲师指导的学生		由副教授指导的学生		由教授指导的学生	
		人数	比例（%）	人数	比例（%）	人数	比例（%）
安全2003级	80	22	27.50	28	35.00	30	37.50
安全2004级	87	20	22.99	37	42.53	30	34.48
安全2005级	76	31	40.79	24	31.58	21	27.63
总计	243	73	30.04	89	36.63	81	33.33

2. 题目来源

2003—2005级安全工程专业共计有243篇毕业论文（设计），其中114篇为教师的科研课题，占总论文数的46.91%；52篇为学生自选课题，占21.40%；77篇为生产实际课题，占31.69%（见表2）。

表2　安全工程专业毕业论文（设计）题目来源比例统计

专业年级	专业人数	教师科研课题	教师科研课题比例（%）	学生自选课题	学生自选课题比例（%）	生产实际课题	生产实际课题比例（%）
安全2003级	80	34	42.50	11	13.75	35	43.75
安全2004级	87	57	65.52	4	4.59	26	29.89
安全2005级	76	23	30.26	37	48.69	16	21.05
总计	243	114	46.91	52	21.40	77	31.69

3. 毕业论文等级

243 篇毕业论文中 53 篇总评成绩为优，占 21.81%；110 篇为良，占 45.27%；68 篇为中，占 27.98%；12 篇为及格，占 4.94%（见表3）。

表3　　　　安全工程专业毕业论文（设计）成绩评定结果比例统计

专业年级	专业人数	优		良		中		及格	
		人数	比例（%）	人数	比例（%）	人数	比例（%）	人数	比例（%）
安全2003级	80	20	25.00	36	45.00	16	20.00	8	10.00
安全2004级	87	17	19.54	40	45.98	26	29.89	4	4.59
安全2005级	76	16	21.05	34	44.74	26	34.21	0	0.00
总计	243	53	21.81	110	45.27	68	27.98	12	4.94

安全工程0501班论文

不同试剂预处理玻璃表面粘尘实验研究

闫 晖 李 明（指导教师）

（中南大学资源与安全工程学院，长沙，410083）

摘 要 从影响表面粉尘黏附的因素出发，设计了黏附时间、放置角度和不同试剂预处理表面的黏附粉尘实验。通过比较不同试剂之间的黏附及清除变化后发现，经过预处理的载玻片要比没有处理过的自洁能力强；载玻片上黏附粉尘的质量和数量都会随着表面活性剂的浓度和放置时间的增加而增加，但粉尘的等效直径变化不大；而且，水平放置时要比垂直放置时黏附的多。

关键词 玻璃表面　粉尘　黏附　表面活性剂　保洁

随着城市大规模的建设和改造，玻璃成了建筑装修不可缺少的材料。为了美观，玻璃幕墙、玻璃封闭阳台、大玻璃窗户等在装修中越来越普及，而且，建筑物越建越高，清洗玻璃成了一件既危险又麻烦的事。因此，玻璃的保洁就成为人们所关注的重要问题。众所周知，化学表面活性剂具有降低液体表面张力、增强其湿润能力和去污能力等功能，因此表面活性剂是湿润粉尘、清除粉尘的一种重要化学试剂。本文根据表面活性剂对粉尘黏附机理的影响，选取了几种不同的活性剂，并通过一系列的表面粘尘实验研究了解它们在建筑物玻璃表面防尘自洁过程中的作用以及与粉尘的耦合情况。

1. 实验方案设计

根据表面活性剂的特性，选取了十二烷基苯磺酸钠、吐温60、洗衣液和氟碳等具有清洁功能的活性剂，配制成不同浓度的试剂。将其涂在载玻片表面，以与水平面成0°夹角和90°夹角两种方式放置在大气中一段时间，然后观察载玻片上黏附粉尘的质量、数量和等效直径的变化。

（1）实验仪器及器材

数字化电子天平、光学显微镜、鼓风电热恒温干燥箱、超声波振动仪、载玻片（70 mm×20 mm×1 mm）、12个30 ml的滴液瓶。

（2）实验试剂

十二烷基苯磺酸钠（分析纯）、吐温60（化学纯）、美国杜邦氟碳表面活性剂（8740）、雕牌全渍净洗衣液、开米力净玻璃清洗剂、蒸馏水。

2. 实验设计步骤

（1）将十二烷基苯磺酸钠、吐温60和雕牌洗衣液分别配制成0.5%、1%和5%浓度的水溶液，另配制0.5%的十二烷基苯磺酸钠和吐温60水溶液，并分别将

0.5%的氟碳类活性剂水溶液加入其中，将所有配制好的试剂倒入12个滴液瓶中，进行编号。

（2）取216片载玻片，用玻璃清洗剂洗净，干燥，做标记并记录质量。取20片载玻片进行清洁度的测试，取平均值为载玻片的清洁度。

（3）根据载玻片上的标签分别在其上均匀地涂抹试剂，每种浓度的试剂浸染18片载玻片（标签为"水"的载玻片上不做任何处理），然后将它们干燥，称重，并记录。

（4）取18片清洁的载玻片，其中9片以与水平面成0°放置，其他9片与水平面成90°垂直放置，用于对比。其他涂有不同浓度的不同表面活性剂的载玻片也如此。将所有载玻片放在相同的区域。

（5）将载玻片放置1天、5天和10天后分别取回，用数字化电子天平测量其质量的增重情况，并进行记录。再用光学显微镜观察每一片载玻片上粉尘的数量和粒径情况，并记录数据。

（6）往超声波振荡仪的水槽中倒入800 ml自来水，再加入3 ml玻璃清洗剂，用玻璃棒搅拌均匀。将所有载玻片竖直放入超声波振荡仪器的水槽中，振荡2 min后取出，再放入自来水中浸泡3 min，之后放入干燥箱中干燥。最后，用光学显微镜观察载玻片上粉尘粒径、数量等的变化。

3. 实验结果

本论文中，水——没有涂任何活性剂，A——十二烷基苯磺酸钠，B——吐温60，C——洗衣液；a——浓度为0.5%，b——浓度为1%，c——浓度为5%；AFC——十二烷基苯磺酸钠+氟碳，BFC——吐温60+氟碳。文中定义：与水平面成0°夹角为水平放置，与水平面成90°夹角为垂直放置。

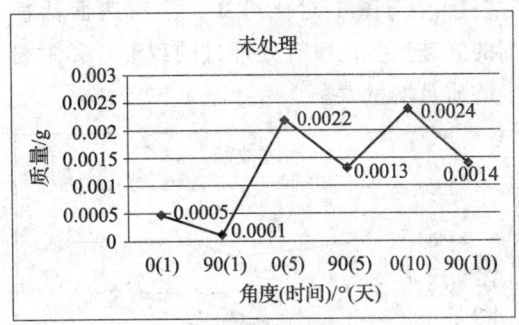

图1　不同角度载玻片放置不同时间黏附粉尘的质量增量

由图1可知，不同放置角度的载玻片黏附粉尘的质量增量随放置天数的增长而增大。并且，水平放置的载玻片黏附粉尘的质量增量要比垂直放置的多。

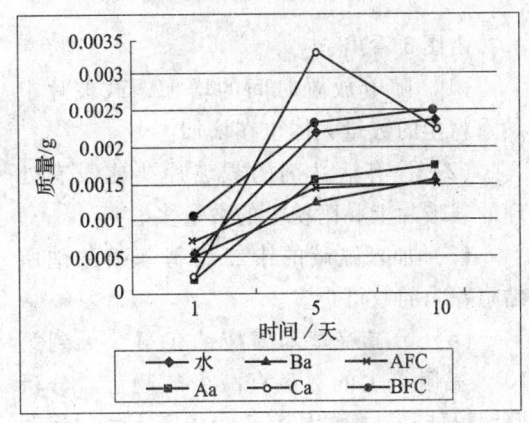

图2　不同表面活性剂的载玻片黏附粉尘的质量增量

由图2可以看出：

（1）涂了表面活性剂的各载玻片的质量增量随放置时间的增长而增大。

（2）涂有洗衣液的载玻片黏附粉尘的质量增量变化最大，在放置到第5天时最多。而在第5天到第10天的时候，粉尘的质量增量下降了。导致这一现象的原因可能是后5天的天气比较潮湿，还有，有一部分黏附的粉尘由于毛细力和重力及大气的运动而脱落了。

（3）总体上说，加入氟碳的吐温60所黏附粉尘的质量增量最大。

（4）与图1对比可知，涂有表面活性剂的载玻片要比没有处理过的载玻片黏附粉尘的质量增量大。

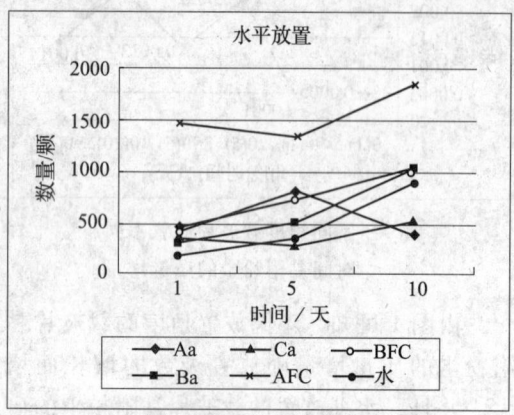

图3　不同表面活性剂的载玻片水平放置时黏附粉尘的数量

由图3看出：

（1）随着放置时间的增加，载玻片上黏附粉尘的数量大体也在增加。

（2）涂有活性剂的载玻片要比没有处理的载玻片上黏附粉尘的数量多。

（3）加入氟碳的十二烷基苯磺酸钠所黏附粉尘的数量最多。

（4）十二烷基苯磺酸钠在第5天到第10天黏附粉尘的数量有减少的趋势。分析原因可能是黏附的原有粉尘由于大气的运动而脱落或蒸发了。

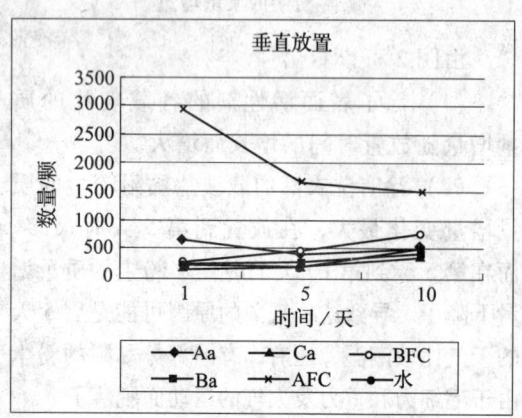

图4　不同表面活性剂的载玻片垂直放置时黏附粉尘的数量

由图4可以看出：

（1）随着放置时间的增长，载玻片上黏附粉尘的数量也基本上增多。只是，随着时间的增长，黏附粉尘数量的增量不断减少。

（2）加入氟碳的十二烷基苯磺酸钠所黏附粉尘的数量最多，其次是加入氟碳的吐温60。

（3）与图3相比，水平放置时黏附粉尘的数量要比垂直放置时多。

（4）与图2对比可以看出，载玻片上黏附粉尘的质量增量和数量增量不一致。造成这一现象的原因可能是，有些表面活性剂主要黏附大颗粒的粉尘，而载玻片的接触面积有限，所以黏附粉尘的数量就有限。

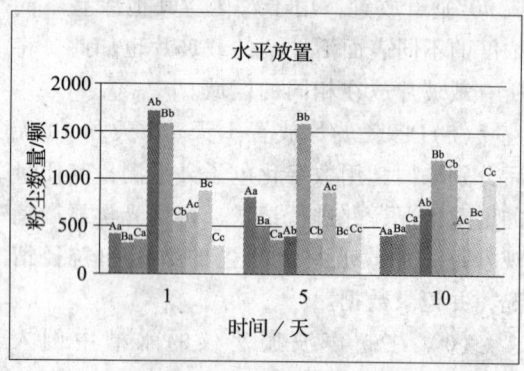

图5　不同浓度的不同表面活性剂的载玻片水平放置时黏附粉尘的数量

由图5可以看出：

（1）相同表面活性剂，浓度不同，载玻片上黏附粉尘的数量也是不同的，总体来看，0.5%的十二烷基苯磺酸钠和1%的吐温60黏附粉尘的能力最好。

（2）在浓度为0.5%时，各表面活性剂黏附粉尘的数量不是很多，而且，十二烷基苯磺酸钠和吐温60在5天时黏附的粉尘最多。洗衣液在10天时黏附的粉尘最多。在浓度为1%时，十二烷基苯磺酸钠和吐温60在1天时黏附的粉尘最多，洗衣液则是在10天时黏附的粉尘最多。在浓度为5%时，十二烷基苯磺酸钠在5天时黏附的粉尘最多，吐温是在 1 天时，而洗衣液还是在 10 天时黏附的粉尘最多。

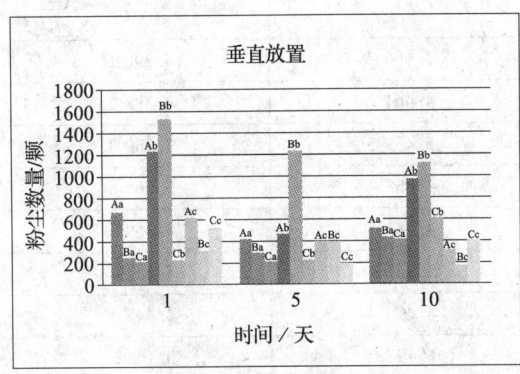

图 6　不同浓度的不同表面活性剂的载玻片垂直放置时黏附粉尘的数量

由图 6 可以看出：

（1）三种表面活性剂大都是在浓度为 1% 时黏附的粉尘数量最多，1% 浓度的吐温 60 的黏附能力最为突出，其次是 1% 的十二烷基苯磺酸钠。

（2）在浓度为 0.5% 时，十二烷基苯磺酸钠在 1 天时黏附的粉尘最多，吐温 60 和洗衣液是在 10 天时黏附的粉尘最多。在浓度为 1% 时，十二烷基苯磺酸钠和吐温 60 在 1 天时黏附的粉尘最多，洗衣液还是在 10 天时黏附的粉尘最多。在浓度为 5% 时，十二烷基苯磺酸钠和洗衣液在 1 天时黏附的粉尘最多，而吐温 60 在 5 天时黏附的粉尘最多。

（3）与图 5 对比可知，在相同条件下，水平放置的载玻片黏附粉尘的数量基本上要比垂直放置的多。

不同条件下，各载玻片上粉尘等效直径的变化见表 1~表 3。

表 1　涂有不同活性剂的载玻片上粉尘等效直径的变化（水平放置）

载玻片上的活性剂	实验中载玻片上粉尘颗粒的等效直径（μm）		
	1 天	5 天	10 天
十二烷基苯磺酸钠	3.846 9	3.866 9	5.440 1
吐温 60	5.606 6	6.048 9	5.776 1
洗衣液	4.554 3	5.911 9	4.630 9
十二烷基苯磺酸钠 + 氟碳类	3.177 2	4.398 0	3.818 5
吐温 60 + 氟碳类	5.243 0	6.253 9	6.031 4
无	3.926 7	5.225 7	4.383 2

表 2　涂有不同活性剂的载玻片上粉尘等效直径的变化（垂直放置）

载玻片上的活性剂	实验中载玻片上粉尘颗粒的等效直径（μm）		
	1 天	5 天	10 天
十二烷基苯磺酸钠	4.146 0	3.666 5	4.390 1
吐温 60	5.149 8	4.858 5	5.164 6
洗衣液	4.058 4	4.490 7	4.495 4
十二烷基苯磺酸钠 + 氟碳类	2.574 6	3.855 7	3.212 2
吐温 60 + 氟碳类	4.274 0	3.125 0	3.699 6
无	3.998 4	3.471 1	2.906 5

表3　涂有不同浓度表面活性剂的载玻片上粉尘等效直径的变化（垂直放置）

表面活性剂		实验中黏附粉尘的等效直径（μm）		
		1天	5天	10天
十二烷基苯磺酸钠	0.5%	4.146 0	3.666 4	4.390 1
	1%	3.485 6	4.461 2	3.588 2
	5%	4.684 7	6.439 5	7.789 8
吐温60	0.5%	5.149 8	4.858 4	5.164 6
	1%	4.670 9	4.684 6	3.369 5
	5%	3.592 9	3.932 0	6.132 0
洗衣液	0.5%	4.058 4	4.490 7	4.495 4
	1%	4.157 1	5.197 0	3.105 6
	5%	3.593 9	5.321 9	4.347 2

由表1和表2可知，水平放置的载玻片上粉尘的等效直径要比垂直放置时稍大。而且，涂有表面活性剂的载玻片上的粉尘等效直径要比没有经过处理的大些。随着放置时间的增加，各个载玻片上粉尘的等效直径也有增大的趋势。加入氟碳的吐温60的载玻片上黏附粉尘的等效直径要比其他活性剂的大。

由表3可知，在涂有相同的表面活性剂时，随着浓度和放置时间的增加，载玻片上黏附粉尘的等效直径基本上也在增大。

由图7的折线图可以看出：

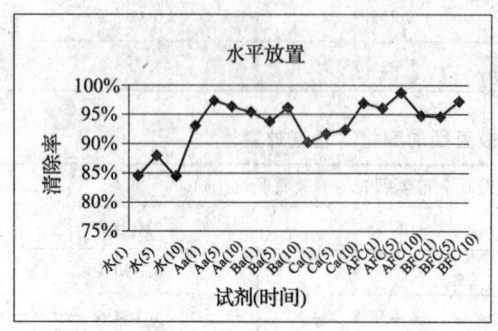

图7　不同表面活性剂的载玻片上粉尘的清除率

（1）没有经过处理的载玻片的粉尘清除率比涂了表面活性剂的载玻片的粉尘清除率要低。

（2）在涂有表面活性剂的载玻片中，加入0.5%氟碳的十二烷基苯磺酸钠的粉尘清除率最高，而洗衣液的最低。

由图8的折线图可知：

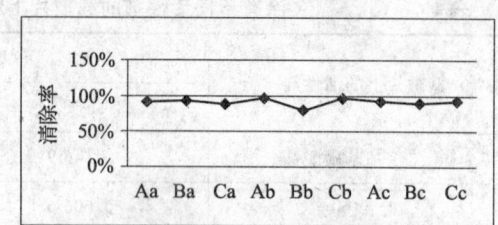

图8　不同浓度活性剂的载玻片上粉尘的清除率（水平放置）

（1）三种表面活性剂在浓度为0.5%和5%时，黏附粉尘的清除率基本上差不多。

（2）浓度为1%的吐温60的粉尘清除率最低。

（3）而在浓度为1%时，三种表面活性剂所表现出的粉尘清除率有明显的变化。不过，三种表面活性剂在浓度为0.5%时的粉尘清除率最高。

4. 结论

（1）将载玻片以不同的角度放置在大气中，载玻片上黏附粉尘的质量增量存在一定的规律。水平放置的载玻片比垂直放置时黏附的粉尘多，因为水平放置时与空气的接触面积最大。

（2）涂有表面活性剂的载玻片上黏附粉尘的质量增量、粉尘数量都要比未处理的载玻片多。而且，它们会随着放置时间的增长而增加。

（3）在相同表面活性剂的不同浓度下，载玻片上黏附粉尘的质量增量和数量基本上会随着浓度的增大而增加。

（4）此外，黏附粉尘的质量增量和数量增加没有一致的规律，也就是说，粉尘的质量增量大的载玻片，其粉尘的数量不一定是最多的。因为，有些表面活性剂主要吸附大颗粒的粉尘。

（5）单一的表面活性剂没有加入了氟碳的活性剂的除尘效率高。另外，加入氟碳的活性剂黏附粉尘的数量和等效直径要比单一活性剂的大一些。这不排除载玻片在黏附粉尘时，粉尘发生碰撞、凝聚等的可能，从而使粉尘的等效直径要大一些。

（6）从粉尘的数量角度来分析粉尘的清除率时，涂有表面活性剂的基体表面的自洁能力比没有涂任何表面活性剂的基体表面提高了15%。在三种表面活性剂中，洗衣液的粉尘清除率最低，但也比没有涂表面活性剂的粉尘清除率高出5%左右。加入氟碳的十二烷基苯磺酸钠的粉尘清除率最好。

◎参考文献

[1] A·W·亚当森. 顾惕人译. 表面的物理化学 [M]. 北京：科学出版社，1984：190 - 216.

[2] 邱冠周，胡岳华，王淀佐. 颗粒间相互作用与细粒浮选 [M]. 长沙：中南大学出版社，1993：28 - 35.

[3] 徐则川，吴志明. 减少涂层表面粉尘附着的初步探索（二）[J]. 红外线技术，1996.

氧化矿堆多热源点温度场计算模型研究

陈宜楷　黄　锐（指导教师）

（中南大学资源与安全工程学院，长沙，410083）

摘　要　硫化矿堆在空气环境达到某种条件时会发生氧化并放出热量。本文主要研究放热区域的放热率，及存在多个热源点时的温度场。通过建立硫化矿石的导热模型，分别对单热源点的温度场和双热源点的温度场进行计算。在单热源点的导热模型中，研究不同导热系数、密度、热容等对温度场的影响；而在双热源点的导热模型中，研究不同放热率的双热源点以及热源点之间的不同距离对温度场分布的影响，为具有多放热区域矿堆的自燃火灾的预测和防治提供指导性作用。

关键词　氧化矿堆　热源点　温度场　数值计算

氧化自热矿堆，指的是在自然环境下因为可燃元素氧化发出热量的矿石堆或精矿粉。如果热量因散失受限而在有限区域大量积聚，就可能发生内因火灾。实际矿石中，会发生自热的矿石主要是指硫化矿石。

硫化矿石自燃发火会带来巨大的经济损失并引起一系列的安全及环境问题，因此在硫化矿石的开采中，需进一步加强对硫化矿石自燃预测预报及防治技术的研究。温度是决定硫化矿堆自燃的一个重要物理量，当硫化矿石的温度因热量积聚达到着火点时，矿石就会发生自燃火灾。硫化矿石的温度场能比较直观地反映采场硫矿氧化自热的程度，及矿堆聚热和散热的难易。而且，在温度场的研究中，硫化矿石的有效导热系数、放热率等是影响温度场的重要参数。

硫化矿堆的自热并不是所有区域均匀氧化反应并升温，有时仅在局部有限范围放热，这和矿石的品位及其在矿堆中的分布有关。把这些区域按矿堆宏观尺度抽象成"热源点"，通过热传导而使其他区域热量积聚，引起非自热区域也发生自热，加快了矿堆温度的升高。在复杂的情况下，大矿堆内有多个区域自热，这些热源点之间的相互作用对整个矿堆的温度场也有很大的影响。确定硫化矿石堆的温度场，可对预防矿石自燃火灾提供重要依据。

1. 热源点放热率的模型计算

自热矿堆中，热源点是指矿堆中一个发生氧化反应而放热的有限空间区域，相对矿堆的空间尺度而等效成一个热源点，这便于研究其放热对其他未氧化放热区域温度分布的影响。同时，热源点模型还有助于分析矿堆多个区域放热时的整体温度场变化。

热源点的放热率在整个传热过程中是个重要的参数，可以通过以下模型计算来求得。

氧化放热源模型假设：

(1) 胶黄铁矿矿堆总体积为 V (m^3)，其中氧化自热区域的体积为 V' (m^3)，为了可以把自热区域看成一个热源点，让 V' 远小于 V，假设该自热区域的半径为 r (m)。

(2) 该矿堆中氧化自热区域的矿石质量为 m (kg)，主要成分为 FeS_2，矿石表观密度为 ρ (kg/m^3)，该氧化反应区域的吸氧速度为 k [ml (kg·s)]，有：

$$m = \rho V' \quad (1)$$

(3) 该放热区域的放热密度以及放热率在实际中是随着温度和空气流动状态的变化而变化的，在本模型中，假设它们为常数。

单位时间内实际参加反应的氧气量 L 为：

$$L = mk \quad (2)$$

参见文献 [1]，胶黄铁矿中 FeS_2 的主要放热反应方程式为：

$$FeS_2 + 2O_2 = FeSO_4 + S \quad (3)$$

根据这个反应方程式，单位质量 FeS_2 反应放热量 $q = 6\ 257.3 \times 10^3$ J/kg。

设单位时间内参加反应的 FeS_2 的质量为 m' (kg)，可以根据方程式中量的对应关系得到式 (4)：

$$\frac{120 \times 10^{-3}}{m'} = \frac{2 \times 22.4}{km \times 10^{-3}} \quad (4)$$

再根据式 (5) 和式 (6) 求自热区域单位时间内的放热量 Q 和单位时间内单位体积的放热量 q_v。

$$Q = m'q \quad (5)$$

$$q_v = \frac{Q}{V} \quad (6)$$

联立式 (1) 到式 (6) 得到：

$$q_v = \frac{120 \times 10^{-6} k\rho q}{2 \times 22.4} \quad (7)$$

通过实验或者查表确定参数的值，现将参数取值如下：

$k = 0.2$ ml/(kg·s)，$\rho = 4\ 762$ kg/m^3，$q = 6\ 257.3 \times 10^3$ J/kg。

将上述参数代入式 (3)，得热源点区域的放热率为：

$$q_v = 15\ 963 \text{ W}/m^3 \quad (8)$$

该氧化自热区域的体积、表面积和放热密度分别为：

$$\begin{cases} V' = \dfrac{4}{3}\pi r^3 \\ S = 4\pi r^2 \\ q_0 = \dfrac{q_v V'}{S} \end{cases} \quad (9)$$

则有
$$q_0 = \dfrac{q_v r}{3} \quad (10)$$

2. 单热源点的温度场模型计算

2.1 模型假设

（1）假设硫化矿石堆为连续的非均相均匀体系，并且各向同性，粒径分布均匀。

（2）内部气体处于静止状态，仅随体系温度场变化发生自然对流。

（3）固体颗粒与空气的导热系数按非均相体系折合为综合导热系数，称为有效导热系数，表征该混合体的当量导热模式。

（4）矿石堆的表观密度和热容为常量。

（5）有效导热系数和点源区域放热率实际是随着温度与空气流动状态变化的，在模型中根据假设（2）和（4），近似认为它们是常数。

（6）忽略矿石中水分的影响。

（7）矿堆周围空气的温度基本为常数，保持不变。

（8）该热源点的计算模型为上一节的计算模型。

假设单热源点硫化矿堆堆积形式如图1所示。

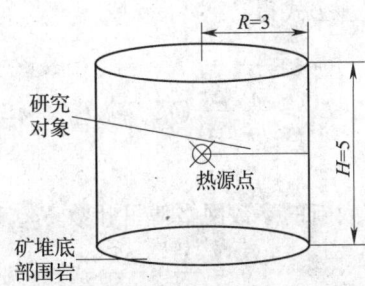

图1 单热源点硫化矿堆堆积形式

2.2 单热源点一维非稳态导热

（1）导热模型和导热微分方程

根据矿堆形态，抽取系统热源点到表面的任一条横截面为单位面积的导热路径，如图2所示的一维导热模型。

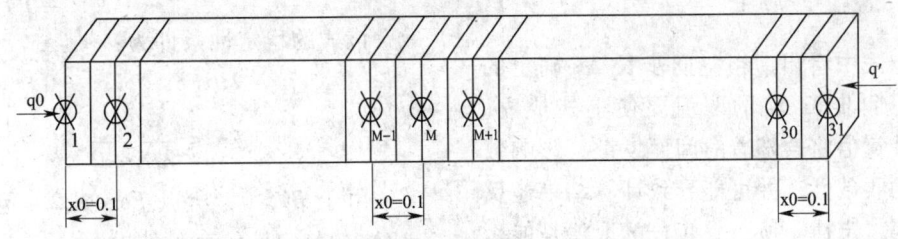

图2 硫化矿堆单热源点一维导热模型

该一维非稳态导热微分方程为：
$$\dfrac{\partial T}{\partial t} = \dfrac{\lambda}{\rho c} \cdot \dfrac{\partial^2 T}{\partial x^2} \quad (11)$$

（2）区域离散化

对该模型区域离散化采用外节点法，参见文献[9]。由于是非稳态，时间也是一个非常重要的变量，需要确定时间步长。由于涉及离散方程的稳定性，后面的步骤给出时间步长稳定性条件，来合理选取时间步长。

（3）节点离散方程的建立

1）内部节点离散方程的建立。

对于一维非稳态导热问题，内部节点 m 所代表的控制容积的热平衡可以表述为：在 t 时刻，单位时间内从相邻控制容积（$m-1$，$m+1$）分别导入的热流量 q_{m-1} 与 q_{m+1} 之和等于控制容积的热力学能的增加 dU，即：

$$q_{m-1} + q_{m+1} = \mathrm{d}U \quad (12)$$

这里涉及节点 m 温度对时间变化率的取值，此处可以采用时间的向前差分，则热平衡方程式为：

$$\lambda \frac{T_{m-1}^t - T_m^t}{\Delta x} + \lambda \frac{T_{m+1}^t - T_m^t}{\Delta x}$$
$$= \Delta x \rho c \frac{T_m^{t+1} - T_m^t}{\Delta t} \quad (13)$$

整理公式得：

$$T_m^{t+1} - T_m^t = \frac{\lambda}{\rho c} \frac{\Delta t}{\Delta x^2}(T_{m-1}^t + T_{m+1}^t - 2T_m^t) \quad (14)$$

引入新的参数网格傅里叶数 Fo，得：

$$Fo = \frac{\lambda}{\rho c} \cdot \frac{\Delta t}{\Delta x^2} \quad (15)$$

所以一维非稳态导热内部节点离散方程为：

$$T_m^{t+1} = Fo(T_{m-1}^t + T_{m+1}^t) + (1 - 2Fo)T_m^t \quad (16)$$

此式称为一维非稳态内部节点离散方程的显式差分格式。该离散方程的稳定性参见文献 [6]。稳定性条件为：

$$Fo \leq \frac{1}{2} \quad (17)$$

从上式中看出，当空间步长 Δx 确定的时候，时间步长 Δt 的取值要使上式成立。否则，计算值将会随着时间而发散，影响数据计算的收敛性，并可能导致计算结果违反热力学第二定律。所以，步长的取值是能否保证稳定性条件的关键。

2) 有热源点的边界离散方程的建立。

根据节点 1 的热平衡公式：

$$q_0 + q_1 = \mathrm{d}U \quad (18)$$

得 $$q_0 + \lambda \frac{T_2^t - T_1^t}{\Delta x} = \frac{\Delta x}{2} \rho c \frac{T_1^{t+1} - T_1^t}{\Delta t} \quad (19)$$

该式化简后得：

$$T_1^{t+1} = \frac{2q_0 \Delta t}{\rho c \Delta x} + 2FoT_2^t + (1 - 2Fo)T_1^t \quad (20)$$

该式的稳定性同内部节点离散方程。

3) 矿堆表面边界节点离散方程的建立。

$$q_{31} + q' = \mathrm{d}U \quad (21)$$

$$\lambda \frac{T_{30}^t - T_{31}^t}{\Delta x} + q' = \frac{\Delta x}{2} \rho c \frac{T_{31}^{t+1} - T_{31}^t}{\Delta t} \quad (22)$$

该式化简后得：

$$T_{31}^{t+1} = \frac{2q' \Delta t}{\rho c \Delta x} + 2FoT_{30}^t + (1 - 2Fo)T_{31}^t \quad (23)$$

根据导热第三边界条件引入物体表面与流体的换热系数 h 后，有：

$$q' = h(T_f^t - T_{31}^t) \quad (24)$$

代入上式并化简得：

$$T_{31}^{t+1} = \frac{2h(T_f^t - T_{31}^t)\Delta t}{\rho c \Delta x} + 2FoT_{30}^t + (1 - 2Fo)T_{31}^t \quad (25)$$

同时引入参数网格毕渥数 Bi，有：

$$Bi = \frac{h \Delta x}{\lambda} \quad (26)$$

化简后得第三边界条件下矿堆表面的边界节点离散方程为：

$$T_{31}^{t+1} = 2Fo(T_{30}^t + BiT_f^t) + (1 - 2BiFo - 2Fo)T_{31}^t \quad (27)$$

该式的稳定性条件为：

$$1 - 2BiFo - 2Fo \geq 0 \quad (28)$$

$$Fo \leq \frac{1}{2Bi + 2} \quad (29)$$

由于 $Bi > 0$，所以 $Fo < 1/2$，包含于式 (17) 的稳定性约束条件中。

联立离散方程式 (16)、式 (20) 和式 (27)，得：

$$\begin{cases} T_1^{t+1} = \dfrac{2q_0 \Delta t}{\rho c \Delta x} + 2FoT_2^t \\ \quad + (1 - 2Fo)T_1^t \\ T_m^{t+1} = Fo(T_{m-1}^t + T_{m+1}^t) + \\ \quad (1 - 2Fo)T_m^t (m = 2, 3, \cdots, 30) \\ T_{31}^{t+1} = 2Fo(T_{30}^t + BiT_f^t) \\ \quad + (1 - 2BiFo - 2Fo)T_{31}^t \end{cases} \quad (30)$$

4) 计算参量的确定。

初始条件：假设矿堆导热过程中周围环境空气温度稳定，不变化，即 $T_f^t=25℃$，矿堆的初始温度都为常温25℃，即 $T_m^t=25℃$。

矿堆的大小 (m)：$R=3$，$H=5$。

氧化自热区域的半径 (m)：$r=0.1$。

氧化自热区域的放热率 (W/m^3)：$q_V=15\,963$。

空间步长 (m)：$\Delta x=0.1$。

时间步长 (s)：$\Delta t=3\,600$。

热源点的热流密度 (W/m^2)：根据式(10)，$q_0=q_V \cdot r/3=532.1$。

有效导热系数 ($W/m\cdot ℃$)：参考文献 [1] 中的值，$\lambda=3.865$。

矿石的表观密度 (kg/m^3)：参考文献 [1] 中的值，$\rho=4\,762$。

矿石的比热容 [$J/(kg\cdot K)$]：参考文献 [1] 中的值，$c=607$。

矿堆表面风速 (m/s)：$v=2$。

矿堆表面对流换热系数 [$W/(m^2\cdot K)$]：参考文献 [1] 中的值，$h=6.184+4.186v$。

5) 离散方程的求解及结果。

通过运行 MATLAB 迭代程序，计算出自热矿堆各个时刻各节点的温度，结果见表1。单热源点硫化矿堆每日最高温度曲线（节点1）如图3所示。

表1　单热源点硫化矿堆每日最高温度（节点1）

天数/d	1	2	3	4	5	6	7	8	9	10
温度/℃	76.77	98.88	115.80	130.03	142.55	153.86	164.25	173.92	183.00	191.59

从表1和对应的图3中看出，矿堆内的最高温度即热源点附近的温度随着时间的推移，温度升高趋势逐渐减弱。从图3中表现的是温度曲线的斜率有所减小。这表明，如果没有其他外界因素的影响，随着矿堆氧化的进行，矿堆体系温度上升速率减缓，但体系温度仍将升高，直至氧化过程结束。

从图4中单热源点10天内矿堆每个节点的温度看出，离热源点距离越远，节点温度升高的幅度越小，边界节点的温升最小。在实际中将表现为矿堆内部升温发生氧化反应时，矿堆表面的温升却并不明显。所以通过测量矿堆表面温度来推测矿堆内部是否达到着火点以及据此采取预防措施欠缺科学性，应该以矿堆内部温度来确定矿堆是否达到自燃条件，是否达到自燃危险的临界值。

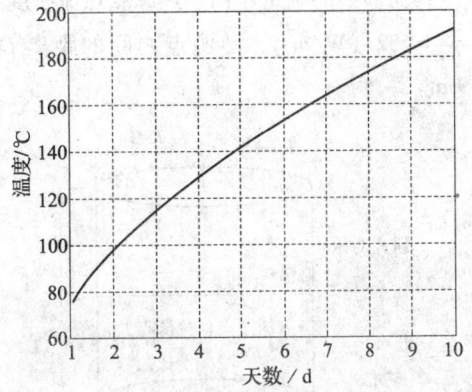

图3　单热源点硫化矿堆每日最高温度曲线（节点1）

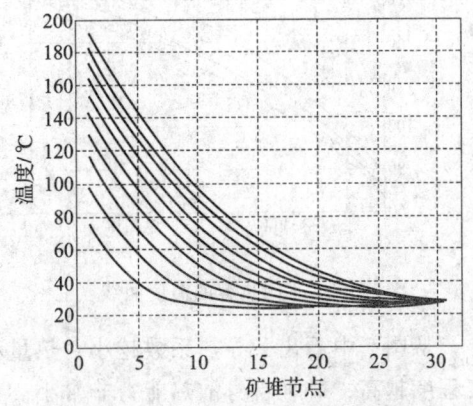

图4　单热源点硫化矿堆每日温度曲线

2.3 单热源点变参量导热模型

当矿堆的导热系数、堆积密度、热容参数发生改变但其他参数保持不变时,各个参数对过程的影响规律分别如图5~图7所示。

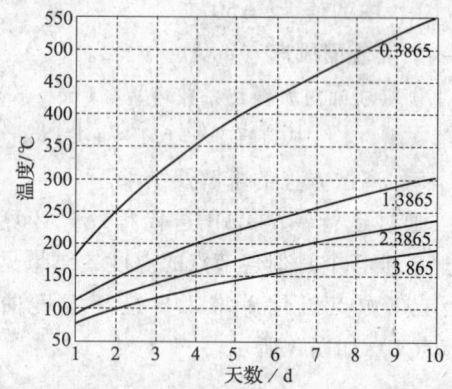

图5 不同导热系数的温度曲线

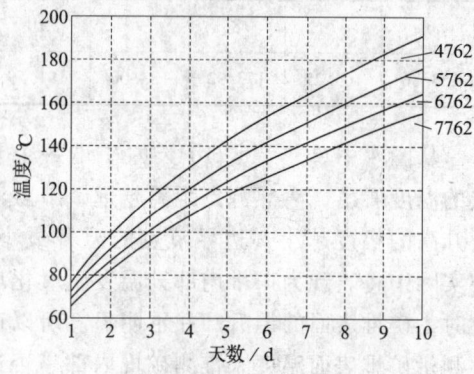

图6 不同堆积密度的温度曲线

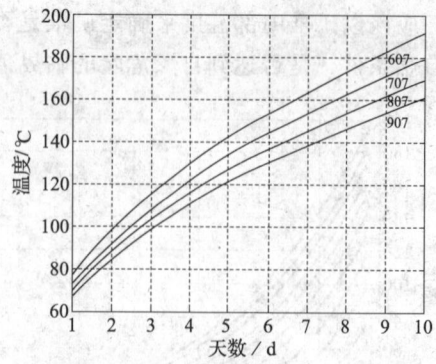

图7 不同热容的温度曲线

从图5中看出,导热系数越小,热量积聚程度越高,矿堆自身散热能力非常小。参见文献[6]有效导热系数模型计算可以知道,有效导热系数跟矿堆中空气的导热系数、矿石的导热系数以及矿堆孔隙率有关。为了让矿堆能较好地传导热量,增大矿石的导热系数,可以通过改变矿粒的大小来改变孔隙率,从而改变矿堆的有效导热系数。

从图6可以看出,矿堆的堆积密度越大,温度升高趋势越缓慢。

从图7中看出,热容越大,温度升高也越慢。这说明增大矿堆的热容对矿堆的自燃有一定的防治效果。所以,对矿堆注入阻化剂、喷水等都对减缓矿堆自燃有一定的效果。值得一提的是,水虽然可以增加矿堆的热容(因为水的比热容比较大),但是水不够多的时候会参加硫化矿物的氧化还原反应,使放热量增加,也可能加速矿堆的自燃。当然,矿堆的堆积密度、热容以及孔隙率之间也有内在的关系,在实际中单方面改变其中一项的数值是不现实的,研究它们之间的关系是非常必要的。

另外,根据图4,矿堆体系表面温度变化不大,故矿堆边界风速对体系温度场的影响不明显。

3. 多热源点的温度场模型计算

3.1 双热源点一维非稳态导热

双热源点硫化矿堆模型与热源点布置如图8所示。研究对象如图9所示,方法同上一小节,最后联立方程如下,参数的选择也同上一节。其他参数的确定:两个热源点热流密度 $q_{01} = q_{02} = 532$ (W/m²),热源点之间的距离 $D = 1.9$ m。

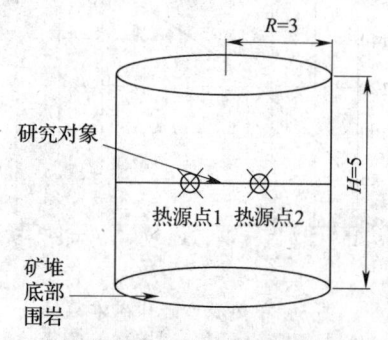

图8 双热源点硫化矿堆模型与热源点布置

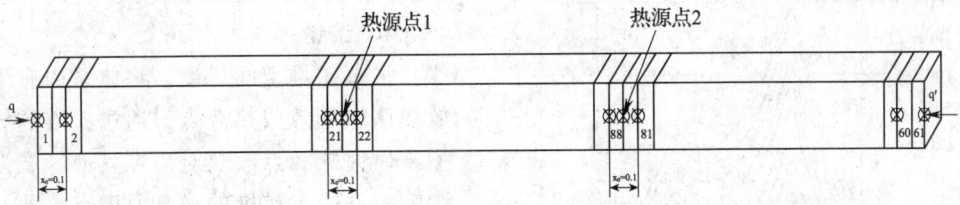

图9 硫化矿堆双热源点一维导热模型

$$\begin{cases} T_1^{t+1} = 2Fo(T_2^t + BiT_f^t) \\ \quad + (1 - 2BiFo - 2Fo)T_1^t \\ T_m^{t+1} = Fo(T_{m-1}^t + T_{m+1}^t) \\ \quad + (1 - 2Fo)T_m^t (m = 2,3,\cdots,20) \\ T_{21}^{t+1} = Fo(T_{20}^t + T_{22}^t) \\ \quad + (1 - 2Fo)T_{21}^t + \dfrac{q_{01}\Delta t}{\rho c\Delta x} \\ T_{22}^{t+1} = Fo(T_{21}^t + T_{23}^t) \\ \quad + (1 - 2Fo)T_{22}^t + \dfrac{q_{01}\Delta t}{\rho c\Delta x} \\ T_m^{t+1} = Fo(T_{m-1}^t + T_{m+1}^t) + (1 - \\ \quad 2Fo)T_m^t (m = 23,24,\cdots,39) \\ T_{40}^{t+1} = Fo(T_{39}^t + T_{41}^t) \\ \quad + (1 - 2Fo)T_{40}^t + \dfrac{q_{02}\Delta t}{\rho c\Delta x} \\ T_{41}^{t+1} = Fo(T_{40}^t + T_{42}^t) \\ \quad + (1 - 2Fo)T_{40}^t + \dfrac{q_{02}\Delta t}{\rho c\Delta x} \\ T_m^{t+1} = Fo(T_{m-1}^t + T_{m+1}^t) + (1 - 2Fo) \\ \quad T_m^t (m = 42,43,\cdots,60) \\ T_{61}^{t+1} = 2Fo(T_{60}^t + BiT_f^t) \\ \quad + (1 - 2BiFo - 2Fo)T_{61}^t \end{cases} \quad (31)$$

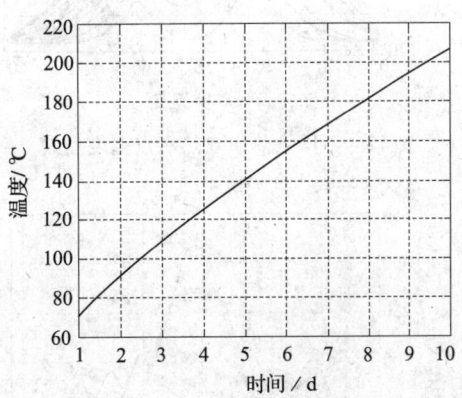

图10 双热源点硫化矿堆每日最高
温度曲线（节点22和节点40）

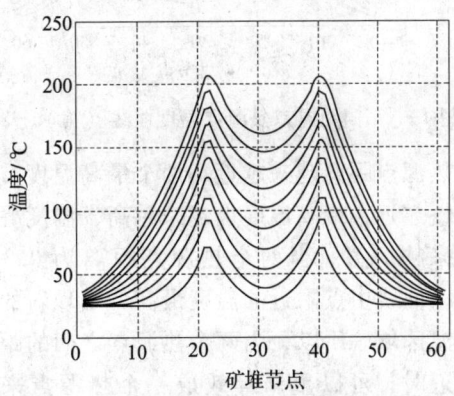

图11 双热源点硫化矿堆每日温度曲线

程序结果如图10、图11所示，当两个热源点放热率相同时，在矿堆热源区域附近形成两个高温节点。

3.2 双热源点变参量导热模型

当两个热源点取不同的放热率时的温度曲线如图12所示，两个热源点距离发生改变时的温度曲线如图13所示。

通过改变两个热源点之间的距离，来观察双热源点温度场的变化。保持两个热源点的放热率不变，原模型中两个热源点之间的距离为1.9 m，现在分别取值为4.9 m、3.9 m、2.9 m、0.9 m、0.3 m，保持其他参数不变，试比较它们在10天后的温度曲线（见图13）。从图中，可以看出，最高温度节点随着热源点之间距离的变化而变化。随

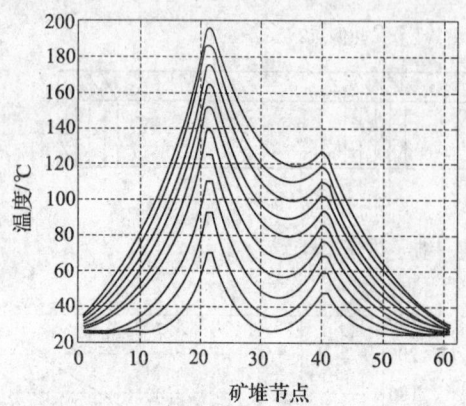

图12　不同放热率双热源点温度曲线

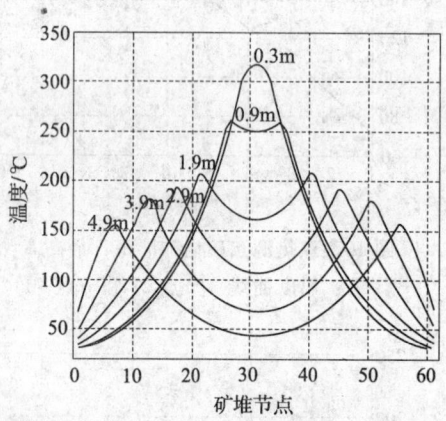

图13　不同距离双热源点温度曲线（第10天）

着热源点距离越来越近，两个最高温度节点慢慢靠近，最高温度也越来越高，温度叠加越来越厉害。当两个热源点距离为0.3 m时，曲线中点附近的温度最高，出现新的最高温区域。所以，当两个热源点之间的距离够近时，可以重新等效成一个热源点来看待，进行计算。

3.3　多热源点温度场模型计算

根据单个热源点温度场计算模型，在矿堆体系中加入第2个热源点，再按照导热模型计算出存在两个热源点的温度场分布。当有3个或者更多的氧化放热区域可以等效成热源点的时候，可以利用同样的方法解决。上述计算结果都是在一维模型条件下完成的，即所有的热源点都在同一直线上。空间多维多热源点温度场模型还有待进一步研究。

4.　结论

根据矿堆空间尺度，将体系内有限氧化放热区域等效成热源点，通过矿堆的导热模型来研究热源点放热对矿堆其他区域温度的影响，并找出矿堆的最高温度点，即易发生自燃的危险区域，以便提前采取预防措施，防止矿堆自燃。

单热源点导热的影响因素，包括热源点的放热功率、堆积密度、热容以及边界风速。其中，边界风速对体系温度场的影响较小，这与该模型矿堆内空气静止假设条件有关。所以，为了防止自热矿堆自燃，可以通过增大矿堆热容或堆积密度等措施减小温度升高幅度。

双热源点的影响因素除了与单热源点一样的影响因素外，矿堆温度场还受两个热源点之间距离的影响。不同热源点放热率大小的改变，以及热源点间距离的改变都会使温度场产生很大的变化，并可能产生新的最高温度点。

当矿堆多个区域发生氧化放热时，矿堆最高温度点不一定在矿堆体系规则的地方。此时对各区域的温度监测应全面，以便做好防范措施。

◎参考文献

[1] 吴超，孟廷让. 高硫矿井内因火灾防治理论与技术[M]. 北京：冶金工业出版社，1995.

[2] 余时芬，吴超，阳富强，等. 基于ANSYS软件的硫化矿石堆温度场数值模拟[J]. 工业安全与环保，2008，34（9）.

[3] 李孜军. 硫化矿石自燃机理及其预防关键技术研究[D]. 长沙：中南大学，2007.

[4] 吴超，孟廷让，王坪龙，等. 硫化矿石自燃的化学热力学机理研究[J]. 中南矿冶学院学报，1994，25（2）.

[5] 宋学义，文彦. 硫化矿岩自燃机理的研究[J]. 湖南冶金，1989（4）.

[6] 毛丹. 散堆硫化矿石典型导热特性研究[D]. 长沙：中南大学，2008.

[7] 吴超,孟廷让. 硫化矿石自然发火的事故树分析[J]. 湖南冶金,1994(6).
[8] 侯镇冰,何绍杰,李恕先. 固体传导热[M]. 上海:上海科学技术出版社,1984.
[9] 陶文铨. 数值传热学[M]. 西安:西安交通大学出版社,1988.
[10] 杨世铭. 传热学[M]. 北京:高等教育出版社,1987.
[11] 张学学,李桂馥. 热工基础[M]. 北京:高等教育出版社,2000.
[12] 贺兵红,吴超. 硫化矿石自燃倾向性的测定方法与应用[J]. 安全与环境工程,2006(1).

矿业软件在矿井通风系统设计与优化中的应用研究

吴 璠 毕 林(指导教师)

(中南大学资源与安全工程学院,长沙,410083)

摘 要 在采矿事故中,重特大事故大多与矿井通风因素相关,因此解决好通风问题就能有效地减少恶性事故的发生。能快速准确地解算、分析井下的通风状况,对减少采矿重特大事故的发生有重大意义。本文简要介绍了国内外矿业软件发展状况以及矿井通风系统解算原理。重点介绍了矿业软件DIMINE的开发背景及其通风模块的实际操作和应用。最后应用DIMINE对东庞矿三区混合通风的复杂矿井通风网络进行了分析,描述如何利用DIMINE软件对东庞矿通风系统进行分析解算,最终方便快捷地确定风机选型,从而达到优化矿井通风网络的目的。本文还就研究中取得的进步和存在的问题进行了总结,并提出了以后的发展方向和改善意见。

关键词 矿井通风 网络解算 DIMINE

矿井通风系统是由纵横交错的井巷构成的一个复杂系统。由于其具有巷道数量众多、拓扑结构复杂等特点,使得矿井通风网络的解算工作成为一项非常复杂、计算量非常大的工作。因此,用图论的方法对通风系统进行抽象描述,把通风系统变成一个由线、点及其属性组成的系统——通风网络,并将计算机技术用于矿井通风网络分析是目前快速、准确地解决这一问题的唯一方法。

1. 矿业软件应用情况及研究成果

1.1 应用情况

计算机解算通风网络的数学模型目前广泛采用的是斯考特—恒斯雷(D. Scott—F. Hinsley)法,根据数学模型设计编制计算机程序。用电子计算机对矿井复杂网络进行解算、模拟预测和优化,是近年来通风学科的重要进展之一,也是通风管理现代化和科学化的一个基本手段。矿井通风网络理论及算法的研究,是20世纪80年代以来矿井通风理论研究的重要内容之一,目前已取得了一系列成果,对各种算法已编写出了相应的计算机软件[①]。

1.2 近年来的研究成果

近半个世纪以来,矿井通风网络分析方面取得了许多成果。矿井通风网络分析发展很迅速,在理论上变得越来越完善,其相关

---

① 详见参考文献[1]。

计算机软件的功能也越来越强大、实用，操作越来越简单。从大的方面来看，矿井通风网络分析软件经历了如下几个阶段①。

1953年，D. Scott和F. Hinsley首先使用计算机来解决通风网络问题。

1967年，Wang和Hartman开发出解算含多风机和自然通风的立体通风网络程序。

1974年，Stefanko和Ramani发表了论文《矿井通风系统中柴油废气浓度的数值模拟》，研究了井下柴油机对通风系统的影响，并提出了一系列的相关数学公式。随后，西方国家涌现了大批早期的通风软件。

我国的科技人员在这方面也做了大量的工作。1987年，中南大学资源与安全工程学院副院长吴超完成专著《Mine Ventilation Network Analysis and Pollution Simulation》②。该专著回顾了国内外通风网络分析的发展历史，阐述了通风网络基本理论，并给出了相关的源代码。

1996年，淮南工学院刘泽功的著作《通风安全工程计算机模拟与预测》，对促进计算机技术在矿山通风安全中的应用起了推动作用。此外，2000年以来，国内多所高等院校、科研院所、企事业单位等相继设立了与数字矿山有关的研究所、研究中心、实验室或工程中心。其中，本文研究的通风软件DIMINE就是由中南大学资源与安全工程学院于2005年设立的数字矿山实验室开发研制的③。

2. 矿井通风系统解算传统方法及其与计算机实现方法的比较

2.1 通风网络中风流流动的基本规律

通风网络基本规律有三个，分别是风量平衡定律、风压平衡定律以及阻力定律。

风量平衡定律是指在稳态通风条件下，单位时间内流入与流出某节点的各分支的质量流量的代数和等于零。

风压平衡定律是指在任一闭合回路中，无自然风压及风机工作时各分支阻力的代数和等于零。

阻力定律是指在整个网络系统中，任意分支的阻力等于该分支上风阻值与风量值平方的乘积。

2.2 通风网络解算原理

通风网络解算原理是：针对每个分支先拟定一个近似值，将该值代入推导后得到的风量增量计算公式，从而得到新的近似值。反复迭代该值直至增量值小于给定的精度要求，此时得到的风量就是解算结果④。

2.3 传统算法与计算机实现方法的比较

由于具有巷道数量众多、拓扑结构复杂等特点，使得矿井通风网络的解算工作成为一项非常复杂、计算量非常大的工作。矿井通风网络解算的复杂性导致现场工作人员不愿意对通风网络进行科学的解算，全凭经验配风、调风，这样给井下通风系统的管理带来许多不便。在计算机技术高速发展的今天，开发快速、高效的通风系统管理软件，成为矿井通风系统管理的必然趋势。DIMINE软件具有强大的演算能力，可以在通风系统中确定几个主要巷道的通风参数，根据计算公式自动生成系统解算结果，省去了烦琐复杂的计算过程。

3. DIMINE软件在矿井通风系统解算方面的实现

DIMINE数字矿山系统是由中南大学数

---

① 详见参考文献[2]。
② 详见参考文献[3]。
③ 详见参考文献[4]。
④ 详见参考文献[6]。

字矿山研究中心和长沙迪迈信息科技有限公司软件开发团队，在全面研究了国内外数字矿山相关软件和国内矿业企业实际需求的基础上，经过多年艰苦努力，研究开发出的一整套基于数字矿山整体解决方案的矿山数字化软件系统。

3.1 DIMINE 通风模块主要功能介绍

（1）提取通风系统图：自动提取交点、端点，自动建立拓扑关系，生成系统图。

（2）编辑属性：在分支属性对话框中，通过编辑其实体属性来为各分支属性赋值。

（3）添加风机：在需要的分支的相应节点点击确定风机插入点。

（4）编辑风机属性：点击"曲线参数"按钮，输入拟合坐标以模拟风机属性。

（5）解算：系统对整个通风网络进行解算，分别点击某条分支或风机、节点可方便地查看解算结果。

3.2 DIMINE 软件在东庞矿的应用实例

本文采用的实例为河北东庞矿井下通风系统。该实例的主要目的是：通过 DIMINE 数字矿山软件对通风系统进行建模、输入巷道属性数据、进行自动解算等一系列步骤得到通风动力装置所需的风量、功率等主要性能参数，省去了烦琐复杂的计算过程，最终生成可视化3D模型，便于直观分析系统和查询数据。

3.2.1 通风系统图绘制

通风系统图的绘制有两个步骤，先根据工程图样对系统进行三维建模，再利用 DIMINE 的"提取通风系统图"功能直接生成通风系统图。

3.2.2 修改巷道属性

双击需要修改属性的巷道，弹出巷道属性列表，本实例主要参数是"是否固定分支"，将其值修改为"是"，并对照表1修改对应的固定风量值。

表1 固定风量分支的风量值

固定分支巷道名称	固定风量（m³/s）
主井	1.00
副井	207.00
南翼集中皮带巷	8.33
南翼运输巷及配风巷	8.33
南大巷	53.66
北翼集中皮带巷	5.00
北翼运输巷	5.00
集中皮带巷	5.00
三水平轨道巷	33.33

3.2.3 通风系统解算

点击"解算"按钮，系统将根据固定分支的通风量以及各个分支之间的拓扑关系，进行一系列解算操作，最终得出各个分支的风量及所有节点压能。解算完毕后，就可根据解算结果确定风机的性能。点击"添加风机"按钮，在需要添加风机的三个节点处单击鼠标左键。该通风系统风机工作方式皆为抽出式，所以风机方向朝上。然后根据上一步的解算结果对风机选型。解算结果见表2。

表2 各回风井解算结果

风井名称	风机风量（m³/s）	风压（Pa）
南风井	97.79	1 774.44
北风井	78.68	2 634.28
东风井	95.53	2 512.77

本实例采用的是淄博风机厂 DK 系列矿用节能风机，经过查询该系列风机特性表，选定 DK-45-6-NO.19 以及 DK-45-6-NO.20 两个型号的风机。并通过查看两种风机对应的风机曲线图确定拟合点，根据性能曲线图选取 3~5 个特征点，将对应的风量和风压输入风机拟合对话框，风机特征点见表3、表4。至此，就完成了风机选型工作。使用 DIMINE 进行通风系统解算简单易行，准确性高。

表3　DK-45-6-NO.19风机特征点

拟合点序号	风量（m³/s）	风压（Pa）
1	40	3 300
2	60	3 050
3	80	2 650
4	100	1 900
拟合角度30°		

表4　DK-45-6-NO.20风机特征点

拟合点序号	风量（m³/s）	风压（Pa）
1	60	3 450
2	80	3 100
3	100	2 450
4	110	1 750
拟合角度30°		

4. 结论

矿井通风对于井下开采具有十分重要的意义，也是采矿安全的一个重要方面。本文就井下通风的核心问题——通风系统网络解算展开研究，并且以矿业软件在矿井通风系统设计中的应用为研究重点。

首先，通过文献系统检索，大量查阅、搜集资料，并综合整理后，作者对近年来国内外矿业软件通风功能模块现状及应用情况进行了简要综述。作者分析了通风系统解算的知识背景，介绍了通风系统解算的基本术语、基本定律、风量调节以及解算原理。作者查阅了DIMINE软件的操作手册并通过亲自上机实践总结，对该软件的通风模块进行了详尽的文字介绍。最后，应用DIMINE软件对具体实例——河北东庞矿的井下通风系统进行三维模拟并解算该网络以确定矿井风机选型。作者在详细了解了东庞矿区概况及通风系统现状和方式等一系列实例背景的基础上，使用DIMINE对井下巷道系统进行3D建模，并利用DIMINE提供的强大功能自动生成通风系统图、确定固定分支，最后自动解算系统，确定通风井处所需风量，极大方便了风机选型工作。最后的应用实例充分说明了DIMINE矿业软件使原本复杂烦琐的矿井通风解算变得方便快捷，它省去了传统算法频繁的公式迭代，把工程师从低效的重复劳动中解放出来。但是软件的易使用性、易操作性、易维护性及可视化效果还有待改进，做到用户界面简洁友好、易于掌握是此类矿业软件的一个发展方向。

◎参考文献

[1] 张惠忱. 计算机在矿井通风中的应用 [M]. 徐州：中国矿业大学出版社，1992.

[2] 吴立新. 中国数字矿山进展 [J]. 地理信息世界，2008（10）：6-12.

[3] 吴元宝. 矿井通风网络解算和诊断的研究和实现 [D]. 哈尔滨：哈尔滨工程大学，2005：4-6.

[4] 采矿手册编辑委员会. 采矿手册：第六卷 [M]. 北京：冶金工业出版社，1991.

[5] 徐瑞龙. 通风网络理论 [M]. 北京：煤炭工业出版社，1993：37-38，66-81，161-179.

[6] 吴珊. 矿井通风软件的研究与实现 [D]. 哈尔滨：哈尔滨工程大学，2006：2-3.

[7] 黄继声. 矿井通风设计自动化 [J]. 煤炭工程师，1995（3）：7-11.

[8] 刘师少，张大同. 计算机通风信息管理系统的设计与实现 [J]. 计算机系统应用，1994（3）：15-17.

[9] 赵昕成，谢贤平. 矿井通风理论与技术进展评述 [J]. 云南冶金，2002（6）：24-26.

[10] 蒋瑾瑜. 计算机在矿井通风系统设计中的应用 [J]. 有色冶金设计与研究，1989，10（3）：1-4.

[11] 谢贤平，严春风. 矿井通风自动监控系统数学模型的研究与实现 [J]. 金属矿山，1995（5）：24-28.

[12] 范明训，李秉芮. 矿井通风网路解算与系统图绘制的一体化 [J]. 煤炭科学技术，1993（8）：19-22.

[13] 吴中立. 矿井通风与安全 [M]. 徐州：

中国矿业大学出版社，1989．
[14] 谭国运．矿井通风网络分析及电算方法[M]．北京：煤炭工业出版社，1991：165－173，196－200．
[15] 李恕和，王义章．矿井通风网络图论[M]．北京：煤炭工业出版社，1984：112－133．
[16] 王立磊，王李管．依托DIMINE软件实现中国矿山的数字化[J]．现代矿业，2009（3）：25－26．

建筑火灾隐患分析及消防系统综合性评价

戴　军　周智勇（指导教师）

（中南大学资源与安全工程学院，长沙，410083）

摘　要　论文详细分析建筑物存在的各类火灾隐患及其成因，并讨论消防系统的安全设计，建立基于模糊综合评价方法的建筑消防系统评价模型，运用此模型对某高层建筑进行模糊综合评价，得出相应的评价结果。研究结果表明，模糊综合评价方法具有理论性、规律性、创新性和实效性等特点，其评价也较为全面、客观、科学。将其应用于建筑消防管理，能够取得较好效果，对保障建筑物的安全性具有重要意义。

关键词　建筑火灾　火灾隐患　建筑消防系统　安全评价　模糊综合评价

1. 前言

伴随着社会经济的不断发展，人类的生活水平不断发生改变，鳞次栉比的高楼大厦、舒适优美的花园小区、豪华气派的庄园别墅，为人类提供了安身之地、栖息之所。但随着建筑楼宇的多样化，对其设计和建设也相应复杂化，许多建筑往往因为消防设计缺陷招致大火，顷刻间将一切化为灰烬。

人类要保证自己有一个安全舒适的居住环境，就必须提高建筑的安全性能，了解建筑可能存在的各类安全隐患，并加以预防和排除。必要时要对建筑的消防系统进行综合评判，即采取适当的评价方法对整个消防系统的安全性能做出全面的综合分析评价，通过评价结果分析判断出整个建筑的安全防火性能，从而预防建筑火灾的发生。因此，在建设过程中必须全面考虑各类安全因素，合理设计、施工，建立一套完整有效、实用的建筑消防系统，提高建筑物的安全可靠性，保护人类的生命和财产安全。

2. 建筑火灾隐患成因分析

随着我国经济建设的飞速发展，高层建筑如雨后春笋，拔地而起，给城市建设注入了无限生机。但是，火灾隐患仍在一定程度上大量存在，消防安全形势仍不容乐观。下面就建筑物当中存在的一些火灾隐患作如下分析[①]。

（1）建筑设计工程中存在的火灾隐患：防火间距不足；消防车道不符合要求；高层建筑缺乏登高扑救面，消防设施无法到达；安全疏散问题突出，主要表现为安全出口数量不足，疏散楼梯间设置不符合规范要求，安全疏散不畅，疏散楼梯未分开设置等；消防电梯设置不符合要求；防火门、防火卷帘

---

① 详见参考文献[2－4]。

不符合要求；室外消防给水未按要求设计、施工；擅自将自动喷水灭火系统设置为简易自动喷水灭火系统，主要表现为消防水源无保障，系统工作压力无保障，管道材质和管径不符合要求、连接方式不规范，喷头的保护面积严重超过规范标准等；本应设置控制中心报警系统的建筑或场所，而设置为集中报警系统或区域报警系统，有的甚至根本不考虑火灾自动报警系统的设置；室内消火栓给水系统设置混乱；消防电源无法保证消防用电设备需要；应急照明、疏散指示标志缺乏、照度不够；防烟排烟系统设计、施工随意性大；灭火器选型错误等。

（2）客观存在的火灾隐患：建筑内部可燃物多，电气设备多，高层建筑楼层高、竖井多，缺乏必要的消防系统设施等。

（3）人为因素导致的火灾隐患：建筑内部人员多且杂；在火灾来临时产生恐烟性、恐热性、向光性、向阔性等心理，阻碍安全疏散；在建筑内部设备的使用过程中出现违章操作等。

导致高层建筑火灾最直接的原因是火源因素，主要是：生活和生产用火不慎，电气设备设计、安装、使用维护不当，自燃、雷击、静电、地震等自然灾害事故，小孩玩火、人为纵火等。控制火源可以防止火灾的发生和减小高层建筑的火灾隐患。但更重要的隐患来自于高层建筑的设计、施工及管理过程。

（4）其他因素造成火灾隐患的原因还来自于以下几个方面：1）消防安全意识淡薄，缺乏火灾忧患意识。2）专业人员素质参差不齐，业务水平低，技术能力不强。3）消防系统管理不善。4）缺乏有效管理和监督。5）消防培训教育不到位。

3. 建筑消防系统设计研究

3.1 建筑工程防火设计

建筑物在规划之初和建造过程中，要尽可能地提高建筑物的防火设计要求，以避免建筑物建成以后火灾的发生，减小火灾的影响。建筑工程防火设计需要从建筑物的位置、火灾荷载、耐火等级、防火间距、防火分区和防火分隔以及安全疏散等方面入手，进行全面设计。在其设计过程中必须每个参数都保证达到相关的规范标准，制订出合理的设计方案，保证整个消防设计系统的合理性和安全性，提高建筑物的安全可靠性。

3.2 火灾自动报警系统

火灾自动报警系统一般由触发器件（火灾探测器、手动火灾报警按钮）、火灾报警装置（火灾报警控制器）、火灾警报装置（声光报警器）、控制装置（包括各种控制模块）等构成。火灾自动报警网络的结构有区域报警系统、集中报警系统和控制中心报警系统三种。

3.3 减灾防护系统

减灾防护系统的主要作用是有效地防止火势蔓延，减小火灾的影响范围，便于人员及财物的疏散，尽量把火灾损失降到最低。主要设置设施有防排烟系统、机电消防设备、应急控制装置等。

3.4 建筑灭火系统

建筑物内部在确认火灾发生后，应及时采取恰当的灭火措施，控制火势发展，消灭火灾。灭火设施和灭火剂的设置需要根据火灾的特征、燃烧物燃烧的特性合理选择。建筑物中常见的灭火系统有消火栓灭火系统和自动喷水灭火系统。特殊场所根据实际情况还可以考虑采用气体灭火系统、泡沫灭火系统、干粉灭火系统、水喷雾灭火系统、气溶胶灭火系统等。

3.5 火灾档案管理系统

随着科学技术的发展，微处理器（CPU）已广泛应用于建筑消防系统的管理和控制。档案管理系统通过微处理器（CPU）、存储器、模拟显示屏、屏幕图文显示、快速打印机等设备可以实现收集传送报警信号,处理和输出灭火控制命令,报警和记录、显示火灾部位、时间等功能[1]。

4. 模糊综合评价方法

模糊综合评价作为模糊数学的一种具体应用方法,是一种对不易定量的多因素事件进行半定量化分析的方法。它可将某种定性描述和人的主观判断用量级形式表达,通过模糊运算,用隶属度的方式确定系统的危险等级。模糊处理可在一定程度上检查和减少人的主观影响,从而使分析更科学。近年来,这种方法在许多安全管理部门受到密切注意,也很适用于建筑火灾危险度的分析[2]。模糊综合评价流程图如下:

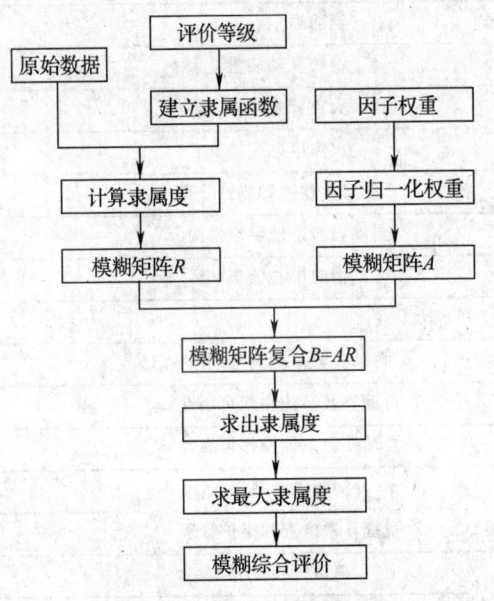

图 1 模糊综合评价流程图

5. 高层建筑消防系统模糊综合评价

5.1 高层建筑火灾的特点

高层建筑火灾具有以下一些特点:

(1) 高层建筑火灾蔓延速度快且途径多,危害大。

(2) 高层建筑火灾安全疏散困难,扑救困难。

(3) 高层建筑火灾持续时间长,危害面大。

(4) 高层建筑多功能、多设备、装修量大。

5.2 建立评价指标体系

高层建筑火灾消防系统综合评价指标体系见表1。

5.3 评价计算

高层建筑火灾消防系统综合评价指标体系是多层次结构,因此,是多级模糊综合评估过程,从而将涉及人主观因素的隶属度和权重限制在单一的、很小的范围内,使主观评判较为准确,也保证了对因素状态和重要程度的确定都更加符合客观实际[3]。

(1) 评判因素的论域为:$U = \{U_1, U_2, U_3, \cdots, U_{18}\}$。

(2) 建立评价集,火灾消防系统的评价集为 $V = \{V_1, V_2, V_3, V_4, V_5\}$,$V_1$:好,$V_2$:较好,$V_3$:一般,$V_4$:较差,$V_5$:差。

(3) 权重集的确定方法有德尔菲法、专家调查法和判断矩阵分析法等。

以上述评价指标体系中火灾发生阶段为例,根据表2利用判断矩阵分析法确定准则层因素权重和指标层因素权重,分别见表3~表6。

(4) 按照多层次的综合评判方法求模糊关系矩阵,进而得到模糊评判结果。模糊综合评判结果用最大隶属度原则进行处理。

---

① 详见参考文献 [5-7]。
② 详见参考文献 [1]。
③ 详见参考文献 [8-9]。

表 1　　高层建筑火灾消防系统综合评价指标体系

目标	阶段	准则层因素	指标层因素
高层建筑火灾消防系统综合评价指标体系	火灾发生阶段	火灾安全管理 U_1	建筑内人员消防素质 u_{11}
			消防管理组织、规定及落实 u_{12}
			建筑地理环境 u_{13}
			当地气候条件 u_{14}
		建筑及其占用情况 U_2	火灾荷载情况 u_{21}
			建筑老化（楼龄）及维护情况 u_{22}
			建筑阻燃防火材料的使用情况 u_{23}
			建筑通风散热情况 u_{24}
		建筑主要火灾危险源 U_3	建筑输配电线路及用电器情况 u_{31}
			建筑内火源的使用情况 u_{32}
			物质自燃 u_{33}
			人员操作失误及纵火 u_{34}
	自动报警阶段	消防报警设施 U_4	火灾探测装置 u_{41}
			手动火灾报警装置 u_{42}
			消防通信设施 u_{43}
			消防联动装置 u_{44}
			火灾警报装置 u_{45}
			火灾应急广播 u_{46}
		自动报警系统管理 U_5	系统日常检查和维护管理 u_{51}
			自动报警系统供电情况 u_{52}
			消防中心值班 u_{53}
		火灾发生阶段火灾发展情况 U_6	
	自动扑救阶段	自动扑救系统 U_7	自动扑救系统响应效率 u_{71}
			自动扑救系统在线可用性 u_{72}
			自动扑救系统操作可靠性 u_{73}
		自动扑救系统管理 U_8	消防供水系统 u_{81}
			系统日常检查和维护管理 u_{82}
			消防中心值班 u_{83}
		阻燃、防火结构及建筑构造 U_9	防火分区、放烟分区 u_{91}
			防火门、防火墙、防火卷帘 u_{92}
			建筑构件及管道井 u_{93}
			通风与排烟系统 u_{94}
		自动报警阶段火灾发展情况 U_{10}	

续表

目标	阶段	准则层因素	指标层因素
消防员手动扑救阶段		消防施救设施 U_{11}	消防车通道 u_{111}
			消防施救楼梯 u_{112}
			消防员电梯 u_{113}
			消防供水系统 u_{114}
			消防电源、配电及火灾事故照明 u_{115}
		灭火救援预案的制订 U_{12}	
		阻燃、防火结构及建筑构造 U_{13}	防火分区、放烟分区 u_{131}
			防火门、防火墙、防火卷帘 u_{132}
			建筑构件及管道井 u_{133}
			通风与排烟系统 u_{134}
		当地消防队情况 U_{14}	119 火警线达标率 u_{141}
			市政消防供水能力 u_{142}
			15 min 消防时间达标率 u_{143}
			专用消防设备配备水平 u_{144}
			专业消防人员数量 u_{145}
			指挥中心自动调动系统 u_{146}
		自动扑救阶段火灾发展情况 U_{15}	
人员安全疏散评估		疏散系统 U_{16}	事故广播、诱导系统 u_{161}
			应急疏散照明系统 u_{162}
			疏散通道、疏散距离、安全出口及出口指示 u_{163}
			避难楼层、消防直升机停机坪及消防电梯 u_{164}
		人员状况 U_{17}	人员身体素质 u_{171}
			人员心理素质及消防意识 u_{172}
			消防组织人员数量及工作能力 u_{173}
			人员数量及分布 u_{174}
		疏散预案及演习情况 U_{18}	

表 2 　　因素重要程度的判断值表

因素 u_i、u_j 相比较的重要程度等级	$f_{u_j}(u_i)$	$f_{u_j}(u_j)$	备注
u_i 与 u_j "同等重要"	1	1	
u_i 比 u_j "稍微重要"	3	1	
u_i 比 u_j "明显重要"	5	1	
u_i 比 u_j "强烈重要"	7	1	
u_i 比 u_j "绝对重要"	9	1	
u_i 比 u_j 的重要程度介于各等级之间	2、4、6、8 之一	1	两个等级的判断值的中值

表 3　火灾发生阶段准则层因素权重

重要度	U_1	U_2	U_3	w
U_1	1	1/2	1	0.250
U_2	2	1	2	0.500
U_3	1	1/2	1	0.250

表 4　火灾发生阶段火灾安全管理指标层因素权重

重要度	u_{11}	u_{12}	u_{13}	u_{14}	w
u_{11}	1	1	3	5	0.395
u_{12}	1	1	3	5	0.395
u_{13}	1/3	1/3	1	2	0.132
u_{14}	1/5	1/5	1/2	1	0.078

表 5　火灾发生阶段建筑及其占用情况指标层因素权重

重要度	u_{21}	u_{22}	u_{23}	u_{24}	w
u_{21}	1	5	1/2	7	0.299
u_{22}	1/5	1	1/6	2	0.060
u_{23}	2	6	1	6	0.598
u_{24}	1/7	1/2	1/6	1	0.043

表 6　火灾发生阶段建筑主要火灾危险源指标层因素权重

重要度	u_{31}	u_{32}	u_{33}	u_{34}	w
u_{31}	1	3	5	3	0.536
u_{32}	1/3	1	3	2	0.178
u_{33}	1/5	1/3	1	1/2	0.108
u_{34}	1/3	1/2	2	1	0.178

根据某建筑大厦的火灾事故资料统计，对火灾发生阶段中各指标进行取值[①]，见表 7。

根据表 7 中的数值，得到各单因素评价集的模糊矩阵 R_i，再求出各隶属度行 B_i，然后得到建筑火灾各阶段的评判矩阵 R。下面根据上述模糊评价的计算分析方法分别就火灾发生阶段的因素集进行模糊评价。

$B_1 = A_1 R_1 = [0.395\ \ 0.395\ \ 0.132\ \ 0.078]$

$$\begin{bmatrix} 0.10 & 0.20 & 0.50 & 0.10 & 0.10 \\ 0.05 & 0.10 & 0.50 & 0.25 & 0.10 \\ 0.20 & 0.10 & 0.40 & 0.20 & 0.10 \\ 0.20 & 0.30 & 0.30 & 0.10 & 0.10 \end{bmatrix}$$

$= [0.101\ 3,\ 0.168\ 3,\ 0.458,\ 0.172\ 5,\ 0.1]$

$B_2 = A_2 R_2 = [0.299\ \ 0.060\ \ 0.598\ \ 0.043]$

$$\begin{bmatrix} 0.05 & 0.05 & 0.20 & 0.50 & 0.20 \\ 0.10 & 0.30 & 0.40 & 0.10 & 0.10 \\ 0.05 & 0.10 & 0.50 & 0.30 & 0.05 \\ 0.20 & 0.20 & 0.30 & 0.20 & 0.10 \end{bmatrix}$$

$= [0.059\ 45,\ 0.101\ 35,\ 0.395\ 7,\ 0.343\ 5,\ 0.1]$

$B_3 = A_3 R_3 = [0.536\ \ 0.178\ \ 0.108\ \ 0.178]$

$$\begin{bmatrix} 0.10 & 0.30 & 0.40 & 0.10 & 0.10 \\ 0.30 & 0.30 & 0.20 & 0.10 & 0.10 \\ 0.20 & 0.20 & 0.20 & 0.30 & 0.10 \\ 0.20 & 0.30 & 0.25 & 0.15 & 0.10 \end{bmatrix}$$

$= [0.164\ 2,\ 0.289\ 2,\ 0.316\ 1,\ 0.130\ 5,\ 0.1]$

$B = AR = [0.250\ \ 0.500\ \ 0.250] \begin{bmatrix} B_1 \\ B_2 \\ B_3 \end{bmatrix}$

$= [0.250\ \ 0.500\ \ 0.250]$

$$\begin{bmatrix} 0.101\ 3 & 0.168\ 3 & 0.458 & 0.172\ 5 & 0.1 \\ 0.059\ 45 & 0.101\ 35 & 0.395\ 7 & 0.343\ 5 & 0.1 \\ 0.164\ 2 & 0.289\ 2 & 0.316\ 1 & 0.130\ 5 & 0.1 \end{bmatrix}$$

$= [0.096\ 1,\ 0.165\ 05,\ 0.391\ 375,\ 0.247\ 5,\ 0.1]$

$\approx [0.10,\ 0.16,\ 0.39,\ 0.25,\ 0.10]$

---

① 详见参考文献 [10]。

通过以上计算,根据最大隶属度原则,确定被评价对象的评价等级。由于 $\max B = 0.39$,则该建筑火灾发生阶段的消防系统安全性为一般。

表7　　　　　　　　　　　　　指标取值

阶段	准则层因素	指标层因素	好	较好	一般	较差	差
火灾发生阶段	火灾安全管理	建筑内人员消防素质	0.10	0.20	0.50	0.10	0.10
		消防管理组织、规定及落实	0.05	0.10	0.50	0.25	0.10
		建筑地理环境	0.20	0.20	0.20	0.20	0.20
		当地气候条件	0.20	0.30	0.30	0.10	0.10
	建筑及其占用情况	火灾荷载情况	0.05	0.05	0.20	0.50	0.20
		建筑老化(楼龄)及维护情况	0.10	0.30	0.40	0.10	0.10
		建筑阻燃防火材料的使用情况	0.05	0.10	0.50	0.30	0.05
		建筑通风散热情况	0.20	0.20	0.30	0.20	0.10
	建筑主要火灾危险源	建筑输配电线路及用电器情况	0.10	0.30	0.40	0.10	0.10
		建筑内火源的使用情况	0.30	0.30	0.20	0.10	0.10
		物质自燃	0.20	0.20	0.20	0.30	0.10
		人员操作失误及纵火	0.20	0.30	0.25	0.15	0.10

6. 结论

(1)通过分析,要预防火灾的发生,将损失降低到最低状态,归根结底最大程度依赖于管理,包括建筑消防设计管理、施工管理,以及建设后期管理等,必须制定出严格的管理制度,增强人员的消防意识,把好消防关。

(2)要预防建筑火灾的发生,最有效的方法是把好设计源头关。建筑的安全性能依赖于完善的消防设施系统,因此,在建筑建设过程当中必须严格按照各项规范标准合理设计各类消防设施,包括防火设计、火灾报警系统、减灾防护系统以及灭火系统等,缺一不可。

(3)模糊综合评价方法是一种对难以定量的多因素体系做出定量评价的方法,它可以将定量的问题以及人们对此问题的主观判断用数量的形式表达出来,并进行模糊运算处理。它在一定程度上能减少人的主观错误,使评价更加全面、客观、科学化。

◎参考文献

[1] 刘方,廖曙江. 建筑防火设计性能化设计[M]. 重庆:重庆大学出版社,2007.
[2] 杨宝宽. 浅析高层建筑火灾成因及其预防对策[J]. 甘肃科技,2007,23(10).
[3] 邓文强. 建筑火灾隐患及成因分析[J]. 消防科学与技术,2006,25:138-140.
[4] 张薇,刘亚利. 建筑消防设施火灾隐患的分析与对策[J]. 河北建筑工程学院学报,2002,20(1):73-74.
[5] 刘春玲,张哲,张振英. 高层建筑火灾特点及防火设计要求[J]. 铁道建筑,2004(12):66-67.
[6] 梅雪皎. 现代建筑消防系统的设计[J]. 智能建筑电气技术,2007,1(6):8-12.
[7] 张淑敏,檀丽丽. 构建完善的建筑消防系统[J]. 石家庄铁路职业技术学院学报,2006,5(1):80-82.
[8] 杜红兵,周心权,张敬宗. 高层建筑火灾风险的模糊综合评价[J]. 中国矿业

大学学报，2002，3：242－245.
[9] 田玉敏，刘茂.高层建筑火灾风险的概率模糊综合评价方法[J].中国安全科学报，2004，14（09）：99－104.
[10] 张树平，马宏伟.西安民生大厦防火性能与安全措施[J].消防科学与技术，2002（7）：20－22.
[11] 毕少颖，王志刚，张银花.消防安全评估方法的分析[J].消防科学与技术.2002（1）：15－17.

矿井采空区探测与可视化技术应用研究

孙 磊 毕 林（指导教师）

（中南大学资源与安全工程学院，长沙，410083）

摘 要 本文结合汤丹铜矿工程实际，综合运用安全信息技术、采空区精密探测系统CMS、大型三维数字化矿山DIMINE软件等手段，开展基于采空区形态精密探测的可视化技术应用研究。文章中首先论述了采空区对矿区安全生产的危害，以及采空区探测及可视化对安全生产的重要性，然后介绍了采空区CMS精密探测技术，结合汤丹铜矿的采空区群，在采用数据预处理软件CMS PosProcess对探测数据进行处理的基础上，运用DIMINE软件实现了采空区三维模型的构建，从而为采空区的安全处理提供了可靠的科学依据。

关键词 采空区 安全生产 采空区探测 CMS DIMINE软件 可视化技术

金属矿床地下开采形成的大量采空区不仅危及矿山的安全，而且对资源的充分回收造成严重的困难。因此，以先进的采空区探测系统为手段，开展以采空区精密探测为基础的相关技术的研究与应用，已经成为我国金属矿山安全生产所面临的重大前沿研究课题。

1. 采空区探测及可视化对矿区安全生产的意义

1.1 采空区的危害

发生采空区危害，主要是物的不安全状态造成的。采空区可能造成的危害包括直接影响矿山安全生产和间接影响矿山人员、财产安全两方面。采空区围岩失稳主要表现为采空区大范围垮落或陷落、地面大范围陷落、采场顶板大范围垮落或陷落、巷道或采掘工作面的冒顶、片帮等[1]。

采空区的危害涉及各个方面，若不能清楚地分析采空区灾害的影响因素、正确地处理采空区，它对矿区的安全生产具有极大的威胁，甚至对矿区具有毁灭性。

1.2 采空区灾害的主要影响因素

采空区灾害与采空区的几何参数、地质因素、埋藏深度以及开挖条件等密切相关[2]，其中，几何参数及埋藏深度等都可以经过采空区探测及可视化过程获得。

1.3 采空区探测及可视化对矿区安全生产的重要意义

我国地下矿山经过多年开采，留下了大量的采空区未加处理，再加上矿业开采秩序混乱，乱采滥挖形成了大量的不明采空区，成为影响矿山安全生产及矿区居民生命财产安全的最主要危险源之一。采空区探测及可

视化技术为采空区安全、经济的处理提供了资料,对整个矿区安全生产具有重要意义,具体表现在:

(1) 保护人的生命安全,避免人员伤亡。

(2) 预防矿区地面房屋和建筑物、井下采场的破坏。

(3) 为井下生命线工程的顺利运行提供了一定的保障。

2. 采空区 CMS 精密探测技术

三维激光采空区监测系统(Cavity Monitoring System,CMS)是基于激光扫描原理开发的可用于地下矿山采空区的激光探测系统。

2.1 CMS 探测工作原理

CMS 系统采用的是一种激光测距仪扫描头。激光扫描头伸入采空区后作 360°旋转并连续收集距离和角度数据。每完成一次 360°的扫描后,扫描头将自动地按照操作人员事先设定的角度抬高其仰角进行新一轮的扫描,收集更大旋转环上点的数据。如此反复,直至完成全部的探测工作[3]。CMS 探测工作原理如图 1 所示。

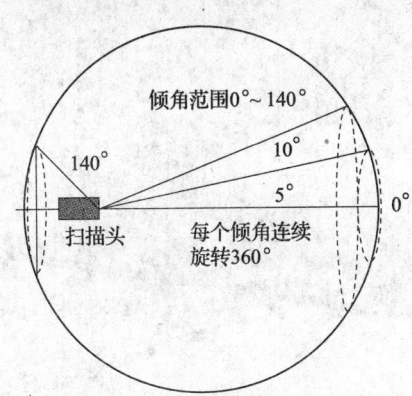

图 1　CMS 探测工作原理

2.2 采空区 CMS 现场探测

CMS 采空区激光探测系统能较好地适应井下环境,系统的工作环境温度为 -10 ~ 50℃,湿度范围为 0 ~ 95%。应用上,CMS 系统具有如下主要特点:

(1) 设备移动、架设及清理简便。

(2) 快速、准确、全方位地探测地下采空区,精度达 2 cm。

(3) CMS 扫描头伸入危险或人员无法进入的空间,而操作人员则位于安全舒适的位置,作业安全。

(4) 探测精度高,单次探测数据点可达 10 万个。

CMS 采空区探测基本方法[4]如下:

(1) 根据采空区探测现场的具体情况,综合考虑安全、便于设备架设和便于测定支架上两点坐标等因素,选择一个合适的设备架设地点,进行探测设备的安装。

(2) 将探测扫描头伸入待测采空区内(注意尽可能地避免对激光的遮挡)。

(3) 设备架设妥当后,运用 CMS 无线控制器实施探测并监控探测过程。

(4) 为了将探测数据纳入矿区坐标体系,需要在对采空区进行探测的同时,用全站仪测定 CMS 扫描头支架上两个测点的坐标。通常将距离激光扫描头距离较近的测点称为测点 1,而距离相对较远的称为测点 2。准确记录测点基本数据(包括支架上的两个测点的坐标和测点 1 与扫描头中心的距离)。

(5) 探测数据处理和应用。

运用上述方法,中南大学资源与安全工程学院项目组人员完成了汤丹铜矿 1770 中段 13 个采空区的现场探测工作,主要探测的采空区为:东 4、东 5、东 6、东 7、东 8、马 7、马 8、马上 5、马下 5、马上 6、马下 6、中 3、中 5,共 13 个。

2.3 CMS 原始探测数据预处理

运用 CMS 探测采空区获得的原始探测数据为".txt"格式文件,其记录的是两个角度和一个距离值。采用 CMS 自带的处理软件 CMS PosProcess 对原始探测数据进行预处理，可转换成".dxf"格式的文件。".dxf"格式是 AutoCAD 的文件格式，DIMINE 软件可以导入这种格式的文件。

3. 采空区三维可视化

3.1 采空区可视化

采空区的可视化是矿山工作人员了解采空区形状、大小、空间位置的最好方法，尤其对人员无法进入的地下空间和地下特别危险采空区具有很好的测量效果。用 CMS 探测，可以得到采空区原始数据，然后便可对采空区进行建模，能极好地实现采空区的可视化。

3.2 DIMINE 软件介绍

DIMINE 是一款大型矿业软件，它可应用于地质、勘探、资源估计、储量计算、露天和地下采矿设计、通风解算，以及矿山的快速建模。它能与多数同类矿山软件接口，实现数据的共享和交换，如 AutoCAD、Micromine、Datamine 和 Surpac 等。该套系统的数据采集部分使用的是 CMS，它能快速地进行数据采集，为后续的一系列工作提供详尽可靠的三维坐标数据。DIMINE 作为一套完整而且全面的数字矿山解决方案，它极大地改进了地质工程师、测量工程师、采矿工程师在生产管理过程中的技术信息交流状况。

3.3 采空区三维模型构建

本节将用 DIMINE 软件对汤丹铜矿 1770 中段采空区进行三维建模，建模对象主要有东4、东5、东6、东7、东8、马7、马8、马上5、马下5、马上6、马下6、中3、中5，共 13 个采空区。

首先用软件 CMS PosProcess 对所有采空区探测原始数据进行预处理，使".txt"格式的文件转换成".dxf"格式的文件，然后依次导入 DIMINE 软件，经过一系列的操作，将采空区的视图变成封闭的实体，即计算机可以识别并可以进行操作的实体，然后合并为一个视图，便可得到采空区群的三维实体模型，如图2所示。它们从左到右，从上到下依次为中5、中3、马8、马7、马上6、马下6、马上5、马下5、东8、东7、东6、东5、东4。将采空区跟开拓、采矿工程结合，便可以得到整个中段的三维模型。如图3所示是主矿体东部的三维模型，从左到右的采空区分别为东8、东7、东6、东5、东4。

图2 采空区群的三维实体模型

图3 主矿体东部的三维模型

经过可视化分析，1770 中段所有采空区没有和上下中段连通，相邻的采空区也没有连通。1770 中段采空区的几何参数及空间分布见表1。

表1　　　　　　　　　　　　1770中段采空区的几何参数及空间分布

采空区位置	采场名称	尺寸（m）			体积（m³）	与相邻采空区的距离（m）			
		长	宽	高		左	右	底柱	顶柱
中段	东部								
	东4	35	11	30	11 079.69	20	废石	83	0
	东5	64	11	56	9 935.05	12	15	2	0
	东6	36	3	65	7 689.83	30	12	0	5
	东7	48	4	62	12 997.09	10	15	17	5
	东8	30	10	71	20 314.26	废石	10	0	3
	中部								
	中3	27	8	77	13 749.88	30	10	20	30
	中5	40	9	76	28 947.21	12	15	2	35
	马柱硐								
	马上5	45	24	42	19 348.09	15	15	10	26
	马下5	45	24	34	14 895.58	15	15	11	15
	马上6	11	38	42	17 436.66	15	15	7	24
	马下6	16	38	28	10 462.67	15	15	26	10
	马7	47	20	76	54 340.33	15	15	20	32
	马8	36	2	108	67 245.85	5	5	10	0

4．采空区探测及可视化在安全分析中的应用

4.1 用于采空区危险度数值分析[5]

数值模拟是一种评价岩体稳定性的方法。经过数值分析软件 FLAC^{3D} 和 Phase^2 的有限元分析并参考采空区形态特征，便可对采空区进行危险度分级。

4.2 用于采空区危险度人工神经网络分析[5]

BP（反向传播神经）网络模型是最常用的人工神经网络模型，它可以通过大量样本的学习来抽取出隐含在样本中的因果关系，可用于矿山采空区危险度辨识。在获得采空区形态、体积、周边情况等信息后，输入相应参数便可获得采空区危险度等级，从而为矿山采空区危险状况评价提供实用、简捷的方法。

4.3 用于采空区风险评估

采空区风险评估是根据灾害发生概率和破坏损失程度得出采空区所产生的风险值，风险值和社会财富总体价值得出损失率，通过损失率的大小判断出风险指数，根据风险指数制定相应的风险控制措施。

在对采空区风险进行评估计算的过程中，风险值、灾害损失率、灾害风险指数都跟采空区可视化之后获得的信息密切相关（其计算过程可参考文献［1］）。

5．结束语

实践表明，采用采空区激光精密探测系统 CMS 可实现对金属矿采空区的三维精密探测，以探测数据为基础，运用 DIMINE 矿业软件可以准确地建立采空区的三维可视化模型，从而直观地展现出采空区的三维形态，准确获得采空区的空间位置和实际边界。运用以 CMS 探测数据为基础建立的采空区三维模型，不仅可以准确地计算出采空区的体积，而且还可以形成任意方向上的采空区剖面，从而对采空区的安全管理、安全评价等提供重要的基础性依据。显然，基于 CMS 的采空区精密探测与建模技术具有重要的实际应用价值。

◎ 参考文献

[1] 李山存. 金属矿山地下采空区危害辨识与风险评估研究 [D]. 长沙：中南大学，2007.
[2] 段瑜. 地下采空区灾害危险度的模糊综合评价 [D]. 长沙：中南大学，2005.
[3] 过江，古德生，罗周全. 金属矿山采空区 3D 激光探测新技术 [J]. 矿冶工程，2006，26（5）：16-19.
[4] 刘晓明. 基于实测的采空区三维建模及其衍生技术的研究与应用 [D]. 长沙：中南大学，2007.
[5] 杨彪. 基于 CMS 实测的采空区危险度分析及其处理 [D]. 长沙：中南大学，2008.

中美职业安全管理体系的比较研究

陈苇霖　李　明（指导教师）

（中南大学　资源与安全工程学院，长沙，410083）

摘　要　随着我国经济、社会、生活水平的不断提高，人们对职业安全与健康问题越来越关注，作者以职业安全管理体系为研究对象，介绍了该体系的主要内容和发展历程，从多个方面对中、美两国的情况进行了系统的分析比较，这对推动我国职业安全管理体系建设具有重要意义。

关键词　职业安全　管理体系　法律体系　运行机制

由于发展历程、国家性质及体制、东西方文化等因素的差异，造成了不同国家之间职业安全管理体系存在许多不同，作者从整套法律体系、运行机制、监察管理等多角度对中、美两国职业安全管理体系进行比较，这对推动我国职业安全管理体系建设具有重要意义。

1. 职业安全法律体系构成的比较

比较美国和中国的职业安全法律体系，二者虽然在内容上有相似之处，但在形式、立法特征等方面都有显著的不同。

1.1　法律形式的不同

美国在涉及劳动的每个方面都有专门的、规范化的法律或法规，不仅在内容上比较完备，而且在执法过程中便于让有关执法部门查找依据。美国的《职业安全与健康法案》是一部全国综合性的职业安全卫生法，其所规定的标准适用于全国各州的所有雇主和雇员，通过保证每位雇员都能在安全和卫生的条件下从事工作，保护了国家的人力资源，改变了过去只由各州制定安全卫生法规的局面，从而加强了对各州的职业安全卫生工作的领导。

中国有很多的法律法规、条例、规定、办法、规则等，在内容上较全面，尤其是近年来中国颁布了许多单行法，但问题是这些法规等比较零散，不够完整，缺乏协调配套性，影响了法律的权威性和实际执行效果。在立法上，我国至今尚未颁布一部综合性的劳动安全卫生法律。

1.2　法律特征不同

美国《职业安全与健康法案》的规定

十分细致,如该法第 15 节涉及与职业安全相关商业秘密的机密性问题,第 28 节涉及对小企业在职业安全建设方面经济援助的硬性规定等,实用性高、可操作性强。

中国的三部核心职业卫生法律,层次性较强,内容的表述上比较系统,主要是按照职业安全行为的发生来表述的,如《职业病防治法》中,首先规定预防,然后是劳动过程中的行为,最后是职业病的诊断以及后续的保障。

1.3 严谨性的不同

(1) 对术语的定义

在美国的《职业安全与健康法案》中对大量的术语进行了定义,如国家一致标准、职业安全卫生标准等,职业安全卫生领域用语的规范性体现了职业安全工作的规范化。

中国相关法律中通常只对直接相关的术语进行定义,如《职业病防治法》中只对"职业病"进行了定义,而并没有对法律中出现的其他术语进行定义。中国有专门的术语标准出版,如《职业安全卫生术语》,在一部法律中遇到的术语需要另外翻阅其他的文献,无疑造成了不便。

(2) 对适用范围的描述

美国法案中对适用范围的描述也非常详细,如《职业安全与健康法案》第 4 节第 1 条在法令适用范围中还对边远大陆架、没有美国地方法院行使司法权的地方等做出了规定,体现了其法案的严谨性以及对法律的严谨态度。

中国在相关法案中对适用范围的描述通常都比较笼统,如《职业病防治法》中对该法适用范围的描述"本法适用于中华人民共和国领域内的职业病防治活动"。这里没有对"领域"作详细说明。

总的来说,中国的这几部法律在内容的细致性、可操作性以及规范性上都远不如美国的《职业安全与健康法案》,而美国的法律在表述上没有中国的系统性强。

1.4 处罚力度的不同

美国政府对违反法案的处罚力度较大,如对违反《职业安全与健康法案》的人罚款最高可达 500 万美元,例如,第一次企业没有告知职工关于工作中可能存在的危害问题,即违反知情权利法的罚款是每种化学物质罚 1 000 美元,第二次罚 10 000 美元。

中国的处罚力度较小,而中国的处罚后果就相对较轻,对一些问题的处罚甚至没有涉及,如违反知情权的处罚。

中美职业安全法律体系构成的比较见表 1。

表 1 中美职业安全法律体系构成的比较

比较内容	中国	美国
法律形式	法律法规、条例、规定、办法、规则等很多,内容较全面,但比较零散,不够完整,缺乏协调配套性	涉及劳动的每个方面都有专门的、规范化的法律或法规,内容上比较完备,且便于执法
综合性劳动安全卫生法	无	有,《职业安全与健康法案》
法律特征	层次性较强,表述上比较系统,主要是按照职业安全行为的发生,如《职业病防治法》中,首先规定预防,然后是劳动过程中的行为,最后是职业病的诊断以及后续的保障	规定上十分细致,涉及与职业安全相关的商业秘密的机密性问题、对小企业在职业安全建设方面经济援助的硬性规定等,实用性高、可操作性强

续表

比较内容		中国	美国
严谨性	术语定义	只对直接相关的术语进行定义	对大量的相关术语进行了定义
	对适用范围的描述	描述比较笼统，如《职业病防治法》中对该法适用范围的描述"本法适用于中华人民共和国领域内的职业病防治活动"。没有对"领域"进行详细说明	描述非常详细，如《职业安全与健康法案》第4节第1条对边远大陆架、没有美国地方法院行使司法权的地方等做出了规定
处罚力度		处罚力度相对较小，对一些问题的处罚还没有涉及，如对违反知情权的处罚	处罚力度较大，违法罚款最高可达500万美元，处罚范围较宽

2. 职业安全卫生工作运行机制比较

三方协调机制是国际通行维护劳动者权益，协调、稳定劳动关系的有效机制。三方协调机制中的三方关系如图1所示。

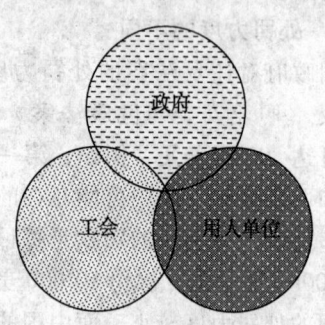

图1 三方协调机制中的三方关系

由于中国现行相关法律没有关于"三方协调机制"的规定，不利于全面开展职业安全卫生工作，特别是导致职业安全卫生的利益相关者——职工（由工会代表）参与能动作用没有得到发挥，这是目前职业安全卫生工作法律法规得不到很好落实的重要原因之一。虽然有关法律对工会在职业安全卫生工作中的权利和职责有所规定，但没有规定工会行使权利和职责的机制与具体保证手段，使其相关规定无法落实，特别是容易使职工和工会的权利弱化、虚化。

美国三方协调机制较健全，在《职业安全与健康法》中明确规定了各方权利及义务，包括国会、劳工部长、雇主、雇员、咨询委员会、复查委员会、国家职业安全与卫生研究所、州工人补偿法全国委员会。各方关系互相联系、互相制约、互相配合，对保证职业安全卫生提供有效机制。

3. 职业安全健康监察管理体制

中国监察机构主要有五个，分别是国家安全生产监督管理总局、国家煤矿安全监督局、国家质检总局、卫生部、劳动和社会保障部[1]（人力资源和社会保障部）。

美国监察机构主要有三个，分别是职业安全与健康复审委员会、职业安全与健康管理局（OSHA）、矿山安全与健康监察局。

3.1 机构设置不同

（1）隶属关系不同

中国的职业安全职能于1998年从劳动部脱离出来，职业安全工作开始归属于不同的政府部门。

美国的劳动安全和职业卫生工作是统一由劳工部负责的。OSHA隶属于美国劳工部，其局长一般由劳工部副部长担任。

（2）机构设置的特征不同

中国受政治经济体制影响，有明确的职能部门以及相应人员配备，上下级间有对口机构或部门。

美国大多数社会经济生活的调节依靠详细的标准、完备的法规及严密的司法体系予以解决，不需要设立单独、庞大的专门政府机构去执行相关职能。

3.2 权力分散与制衡方面的不同

中国在这方面缺乏专门的机构。美国的

职业安全和卫生体系中还有一个重要的机构,就是职业安全与健康复审委员会,当受到 OSHA 执法的企业不服时,可以向该委员会提出复议。这对于 OSHA 来说是个权力制衡。因为既当执法者又当裁判员,可能无法导致执法的公正和客观性,而由另一个机构来对 OSHA 做出的判决进行复议,做到了权力分散,利于法令执行中的公平,利于被监督者积极配合执法者的行为,也有利于减少被监管者对监管者的对立行为。

3.3 安全计划的不同

美国的安全计划更多样化。OSHA 并不依赖单一的方法去实现其安全卫生使命和目标,而是多种手段并用,多管齐下,充分发挥被监管的雇主和雇员的积极性,采取多种手段激励他们积极参与 OSHA 的安全计划,系统地实现其工作目标和使命。

中国比较注重政府职能部门的单向作用,而将被监管者、企业的雇员当作被动的主体。实际上,他们也是局中人,博弈结果的好坏或者说安全目标能否很好实现,有赖于他们各自的行为战略。因此,在未来职业安全和卫生监管中,可以借鉴美国的做法,充分调动被监管者与工人的积极性,采取多种多样的方法,例如与企业开展合作计划,为企业和工人开展安全培训等。

中美职业安全健康监察管理体制的比较见表 2。

表 2　　　　　中美职业安全健康监察管理体制的比较

比较内容		中国	美国
机构设置	隶属关系	安全职能于 1998 年从劳动部脱离出来,安全工作开始归属于不同的政府部门	统一由劳工部负责,OSHA 隶属于美国劳工部
	机构设置的特征	职能部门以及相应的人员配备明确,上下级之间还存在对口的机构或部门	依靠详细标准、完备法规及严密司法,不用设立单独、庞大的专门政府机构
权力分散与制衡		无专门机构	职业安全与健康复审委员会
安全计划		比较注重政府职能部门的单向作用,而将被监管者、企业的雇员当作被动的主体	多种手段并用,充分发挥被监管的雇主和雇员的积极性,采取多种手段激励他们积极参与 OSHA 的安全计划,系统地实现其工作目标和使命

4. 其他方面的比较

中美两国在职业病的诊断与鉴定、工伤保险、安全生产培训、职业安全咨询方面也有诸多的不同点。

4.1 职业病的诊断与鉴定

目前,中国和美国都已将职业病的诊断纳入工伤赔偿或保险系统。

4.1.1 司法方面的不同

中国的职业病诊断标准是由国家卫生部颁布的,因为职业病的诊断需要多学科、多种专业人员参与,不管判定机构设立在卫生部门、劳动保障部门或是安全监督部门,编制职业病名单和判定职业病的指导性文件统一由卫生部负责有利于规范职业病的诊断工作。

美国由于职业病判定涉及赔偿,必须有严格的司法程序与之配合,因此美国并不以国家的名义发布职业病"诊断标准",只是由 CDC(美国疾病预防控制中心)下的 NIOSH(美国国家职业安全卫生研究所)编制指导文件,提供信息方面的支持,如发布职业病识别指南等[2]。

4.1.2 职业病诊断标准的不同

中国根据目前国情的需要,增加分级与治疗方面的条款。

美国在其指导文件中列举14种不同物理形态,涉及各种器官系统的致病物质引起的职业病的判定方法,其内容相当于我国的职业病诊断标准。

4.1.3 配套性的不同

美国的职业病诊断标准与职业病名单是相配套的。中国的职业病诊断标准与职业病名单并不配套,因此在这方面还需加强。

4.1.4 对职业病的界定不同

判定职业病过程中必须考虑职业病的一些特殊性,如职业病的因果关系,即疾病与接触物质或工作条件的关系不容易搞清楚;职业病发生缓慢,其症状容易与年龄、吸烟和饮酒等因素相混淆;接触史通常不易获得或获取不完全,每一个体对接触同一致病物质会有不同的反应,工作外的接触也会成为疾病和事故的主要原因等。此外,职业病的诊断还涉及临床医生、工业卫生医生、法律工作者和政府官员等各类专业人员以及信息支持系统。因此,职业病不能单靠诊断(diagnosis)来确认,它超越了临床医生的业务范围。

美国已经使用"decision-making(判定)"一词来替代"诊断",以体现这是一个严格的司法程序,界定更加明确。

中国目前在《职业病防治法》中,仍然在使用"诊断"一词,在理论研究上有一定的滞后。

中美职业病诊断与鉴定的比较见表3。

表3　　中美职业病诊断与鉴定的比较

比较内容	中　国	美　国
司法方面	统一由卫生部负责颁布职业病诊断标准、编制职业病名单和判定职业病的指导性文件,有利于规范职业病的诊断工作	不以国家的名义发布职业病诊断标准,只是由CDC下的NIOSH编制指导文件,提供信息方面的支持
职业病诊断标准	根据目前国情的需要,增加分级与治疗方面的条款	指导文件中列举14种不同物理形态、涉及各种器官系统的致病物质引起的职业病的判定方法,其内容相当于我国的职业病诊断标准
配套性	较差	职业病诊断标准与职业病名单相配套
对职业病的界定	仍然在使用"诊断"一词,在理论研究上有一定的滞后	使用"decision-making(判定)"一词来替代"诊断",以体现严格的司法程序,界定更加明确

4.2 工伤保险

4.2.1 工伤保险保障的工人范围方面

相同点:不是所有的工人都可以得到工伤保险的保障。在中国,大量的农民工是没有工伤保险福利的;在美国,家庭佣人和农业工人没有工伤保险,仅有少数几个工人的雇主也可不投保。

不同点:美国明确规定了不投保的工人范围,但中国的农民工问题刚刚开始得到关注。此外,在赔偿范围内,中国的实际覆盖范围与美国比较会更窄一些,主要集中于国有企业职工,非国有经济企业、城镇职工还有一部分人仍未参加工伤保险,乡镇企业职工参加工伤社会保险的就更少了。

4.2.2 赔偿责任方面的不同

中国采取的政策是先划分伤害责任，再确定赔偿情况。

美国的处理方式就比较特别，法律均以不考虑雇主或雇员的过失为基础，将工作中受伤的工人的赔偿，包括工人的医疗费用和工资收入的损失作为雇主的责任，但作为妥协的一部分，也规定工人应放弃由于工伤或患职业病而起诉雇主的权利[3]。

4.2.3 对赔偿项目的划分不同

中国对赔偿费用的内容划分得非常详细，如医疗费、专人护理费、医疗期间的生活费、交通费和住宿伙食费、伤残补助费、残疾辅助器具费。每一项都有赔偿额度的规定。

美国的划分相对简单，分为现金赔偿和伤残补助，由于划分不同，支付就不同。中国按各项分开支付赔偿金，对患者来说过程过于繁复。

4.2.4 工伤保险基金支出不同

中国在这方面也不够合理，工伤保险基金支出中预防和康复所占比例偏低。

美国把加强安全生产、减少事故发生、使受工伤的劳动者早日康复的工作作为更积极、更有效的工伤保险工作，工伤保险基金支出中预防和康复所占比例远远高于中国，工伤预防和康复基金更充足，其中伤残补助份额较大，占赔偿数额的三分之一。

4.2.5 赔偿期限的规定不同

中国的赔偿没有涉及遗属方面的规定，此外对医疗期间的生活费最长只支付一年。

美国对长期部分丧失劳动力的工人，保障其在医治期间可得到暂时完全丧失劳动力的现金赔偿，遗属也可以得到现金津贴。

4.2.6 保险的购买方式不同

中国的工伤保险一律由用人单位代买。

美国的购买方式相对较多，有从私营商业保险公司处购买、从州基金或私营保险公司处购买、自保、向垄断的州基金购买等方式。

4.2.7 工伤保险条例的执行不同

中国虽然有《工伤保险条例》，但是执行情况并不理想。很多情况下发生了安全事故，相对重视安全事故的调查、责任的追究，而对善后处理工作或者工伤死亡职工的赔偿工作则重视不够。

美国在OSHA成立之前，在州的层次上运用工人赔偿法来保护职业安全和卫生。OSHA成立之后，工人赔偿制度也并没有废止，一样在发挥作用。

4.2.8 保险费率的不同

中国工伤保险费率不够合理，表现在行业类别少、费率档次少，费率按不超过1%的标准进行筹集，未考虑长期工伤待遇费用，统筹和服务范围窄。

美国行业类别多、费率档次多、全部行业平均费率在2.5%左右。

中美工伤保险比较见表4。

表4　　　　　　　　中美工伤保险比较

比较内容	中国	美国
	不是所有的工人都可以得到工伤保险的保障	
保障范围	实际覆盖范围窄，主要集中于国有企业职工，非国有经济企业、城镇乡镇职工还有一部分人仍未参加工伤保险，农民工问题刚刚开始得到关注	美国明确规定了不投保的工人范围，如家庭佣人和农业工人没有工伤保险，仅有少数几个工人的雇主也可不投保。实际覆盖范围宽

续表

比较内容	中国	美国
赔偿责任	采取的政策是先划分伤害责任，再确定赔偿情况	处理方式比较特别，不考虑雇主或雇员的过失，将受伤工人的赔偿作为雇主责任，工人应放弃起诉雇主的权利
对赔偿项目的划分	对赔偿费用的内容划分得非常详细，如医疗费、专人护理费、医疗期间的生活费等，每一项都有赔偿额度的规定，但分开支付对患者来说过程过于繁复	划分相对简单，分为现金赔偿和伤残补助，由于划分的不同，支付就不同
工伤保险基金支出	工伤保险基金支出中预防和康复所占比例偏低	工伤保险基金支出中预防和康复所占比例远高于中国，工伤预防和康复基金充足，其中伤残补助份额较大，占赔偿数额的三分之一
赔偿期限	没有涉及遗属方面的规定，对医疗期间的生活费最长只支付一年	对长期部分丧失劳动力的工人，保障其在医治期间可得到暂时完全丧失劳动力的现金赔偿，遗属可以得到现金津贴
购买方式	一律由用人单位代买	购买方式较多，可向私营商业保险公司、州基金或私营保险公司、垄断的州基金购买或自保
条例的执行	执行情况不理想，相对重视事故的调查、责任的追究，而对善后处理工作或者工伤死亡职工的赔偿工作则重视不够	工人赔偿制度没有废止，持续在发挥作用
保险费率	不够合理，表现在行业类别少、费率档次少，费率按不超过1%的标准进行筹集，未考虑长期工伤待遇费用，统筹和服务范围窄	行业类别多、费率档次多、全部行业平均费率在2.5%左右

4.3 职业安全培训

从业人员的安全生产意识和安全技能，直接关系到生产经营活动的安全可靠性。统计表明，90%以上的安全生产事故是由于人的不安全行为造成的[3]，人的不安全行为主要来源于人的安全意识不强、安全知识不够、安全习惯不良，而加强教育培训正是改变这一状况的最有效手段之一。

4.3.1 安全生产培训的不同

中国企业的员工安全生产培训工作兴起较晚，而且大多是模仿西方国家的模式，没有形成自己的体系，培训工作还没有规范化。

美国在安全生产培训方面，经历了多次改革，已经进入了规范化阶段，在世界处于领先地位。

4.3.2 教师的教学水平的不同

中国主要靠聘请科研院所或生产技术岗位上的人员来授课，虽然这部分人员具有一定的理论知识和较为丰富的实践经验，但受各种因素影响，难以保证培训内容的系统性和培训工作的前后连贯性，而作为安全生产培训机构的专职教师往往又讲不了专业技术课[4]。

美国职业安全培训机构的教师已经规范化、专门化，培训机构的专职教师完全能教授专业技术课。

4.3.3 培训机构的不同

中国的一些专职培训机构在企业减员提效过程中常被合并掉，或形同虚设，一些机构连起码的教职员工都配备不足，或者将培训机构作为转岗分流人员的安置场所。此外，培训所必需的设施、设备陈旧、老化、教学资料不足。

美国不仅有专门进行职业安全培训的机构，而且政府、高校、专业机构之间有层次地进行职业安全培训的分工。

4.3.4 培训规划的执行情况不同

中国尽管大多数企业每年都要制订安全生产培训计划，甚至提交职代会审议通过，看起来对安全生产培训工作十分重视，但是这些安全生产培训计划往往流于形式，随着职代会的结束而"沉睡"在资料袋里，对全年的安全生产培训工作没有太大的实际指导意义。

美国因为在职业安全领域有一系列法规进行规定，执行情况较中国要更好一些。

4.3.5 培训内容的不同

中国大部分培训机构的培训内容比较单一、缺乏针对性，尚存在着理论脱离实际的情况。如一次集中脱产培训，往往将几个专业工种集中在一起上课，培训内容完全一样。这样，尽管培训人数可观，但收效甚微。

美国的培训内容不仅细致，而且有详细的授课内容的规定，十分规范。而培训的针对性也比较强，尤其是一些专门化公司或企业提供的培训专业性更强。如 Online Hazmat School，该学校是一所专门提供关于危险化学品培训的网络学校，已有近 20 年的建校历史，开设课程达 24 门之多[5]。

4.3.6 培训模式、方法的不同

中国培训模式缺乏灵活性，培训方法缺乏生动性。目前，大多数企业的安全生产培训工作搞"大一统"式的培训，集中脱产培训，是以课堂教学为主，以理论灌输为主，缺少必要的案例剖析和讨论活动，学员始终处于被动接受的状况。更有甚者，有些单位选派参加培训的人员总是一些熟悉的"老面孔"，把安全培训变成了"专业户"式的培训，使本应接受培训的人员失去了受训的机会。大多数培训机构必要的辅助教学手段也不完善，即便是有了电化教学设施，多数情况下也只是一种摆设，有的设施只是为了满足达标需要而设置的，达标过后即物归原处或闲置不用。

美国培训手段较灵活多样，尤其能充分发挥网络的作用进行教学管理，而授课的时候采用视频形式来模拟现场，能让受训人有身临其境的体验，效果较佳。由于美国有许多专业从事职业培训的机构，因此良性的竞争也要求各机构丰富和优化培训模式和方法，有利于提高其培训效果。

4.3.7 培训考核的不同

中国培训考核存在发证把关不严的情况。以往大多数安全生产培训都是由培训部门自己组织培训、自编教材、自己出题考试、自己组织批卷，然后上报领证，不管培训效果如何，只要参加培训，人人都可以过关。至于培训上岗后效果如何，培训部门很少进行回访或跟踪调查。由于对培训质量缺乏严格的考核认证，对培训机构和受训人员缺乏有效的双向制约机制，使培训中"宽进宽出""高分低能"，甚至"只要交了钱就能拿到证"的现象难以杜绝，这是造成培训流于形式的症结所在。

美国的考核是通过网络进行的，人为操作的可能性较小，因此考核透明度较高。对

于上岗后的效果验收,也要通过严格的安全基本原理考试和综合实践考试,按规定持证从业人员每年都要进修,竞争十分激烈。

4.4 职业安全咨询

专门从事职业安全咨询的机构作为企业以外的安全顾问,一般拥有广泛丰富的分析安全问题的经验,在没有偏见的情况下,能够为企业提出适当的改善方法,当企业内负责安全的人员遇到问题而又无法解决时,求助于企业以外的职业性安全咨询顾问,对企业来说是十分有益的。

4.4.1 体系的建立

中国和美国在职业安全咨询方面都已经建立起了较为科学合理的安全管理体制与相关配套体系,但中国的法规建设相对落后。

4.4.2 职业安全咨询机构的不同

中国职业安全专业服务组织还没有形成完善的体系,目前中国职业安全咨询机构主要是进行体系标准的认证工作,还没有真正意义上的职业安全管理咨询机构[6]。

美国职业安全中介服务组织体系完善,组织的形式也多种多样。

总的来说,中国与美国相比,在这个领域差距较大。

中美职业安全培训的比较见表5。

表5 中美职业安全培训的比较

比较内容	中　国	美　国
安全生产培训	企业的员工安全生产培训工作兴起较晚,而且大多模仿西方国家的模式,没有形成自己的体系,培训工作还没有规范化	经历了多次改革,已经进入了规范化阶段,在世界处于领先地位
教师的教学水平	培训教师主要来自科研院所或生产技术岗位,难以保证培训内容的系统性和连贯性,作为安全生产培训机构的专职教师常讲不了专业技术课	职业安全培训机构的教师已经规范化、专门化,培训机构的专职教师完全能教授专业技术课
培训机构	一些专职培训机构在企业减员提效过程中常被合并掉,或形同虚设 一些机构连起码的教职员工都配备不足,或者将培训机构作为转岗分流人员的安置场所 必需设施设备陈旧老化、教学资料不足	不仅有专门进行职业安全培训的机构,而且政府、高校、中介机构之间有层次地进行职业安全培训的分工
培训规划的执行情况	尽管大多数企业每年都制订安全生产培训计划,甚至提交职代会审议通过,但是这些安全生产培训计划往往流于形式,对全年的安全生产培训工作没有太大的实际指导意义	因为在职业安全领域有一系列法规进行规定,执行情况较中国要更好一些
培训内容	大部分培训机构的培训内容比较单一,缺乏针对性,尚存在着理论脱离实际的情况。如一次集中脱产培训,往往将几个专业工种集中在一起上课,培训内容完全一样。这样,尽管培训人数可观,但收效甚微	培训内容不仅细致,而且有详细的授课内容的规定,十分规范。而培训的针对性也较强,尤其是一些专门化公司或企业提供的培训专业性更强

续表

比较内容	中 国	美 国
培训模式、方法	培训缺乏灵活性和生动性 大多数企业的安全生产培训工作采用"大一统"式培训，缺少必要的案例剖析和讨论活动 有些单位选派参加培训的人员总是一些熟悉的"老面孔"，使本应接受培训的人员失去了受训的机会 大多数培训机构必要的辅助教学手段也不完善，即便是有了电化教学设施，多数情况下也只是一种摆设，有的设施只是为了满足达标需要而设置的	培训手段较灵活多样，尤其能充分发挥网络的作用进行教学管理，而授课的时候采用视频形式来模拟现场，能让受训人有身临其境的体验，效果较佳 由于美国有许多专业从事职业培训的机构，因此良性的竞争也要求各机构丰富和优化培训模式和方法，有利于提高其培训效果
培训考核	培训考核存在发证把关不严的情况 对培训上岗后的效果，培训部门很少进行回访或跟踪调查	网络考核，透明度较高 上岗后效果验收，要通过严格的安全基本原理考试和综合实践考试，按规定持证从业人员每年都要进修，竞争激烈

5. 总结

通过对中美两国职业安全管理体系的比较研究，对中美两国的职业安全管理体系的相同与不同有了更系统更深刻的认识，这些不同主要表现在法律体系方面，在法律形式、法律特征、有无综合性劳动安全卫生法、处罚力度以及法的严谨性上存在差异；中美在职业安全卫生工作运行机制方面也存在不同；在执法机构方面，主要不同点有机构设置（隶属关系、机构设置的特征）、权力分散与制衡、安全计划；在职业病的诊断与鉴定方面，在司法、职业病诊断标准、配套性、对职业病的界定上存在不同；在工伤保险制度方面，不同点有保障范围、赔偿责任、对赔偿项目的划分、工伤保险基金支出、赔偿期限、购买方式、条例的执行、保险费率；在职业安全培训方面，两国在培训规划的执行、培训机构、安全生产培训、教师的教学水平、培训内容、培训模式和方法、培训考核等方面都存在不同；在职业安全咨询方面，不同处主要表现于体系的建立和职业安全咨询机构的不同。

◎参考文献

[1] 崔学军，孙荣志，程大伟，等. 以人为本提高安全监察工作水平[J]. 林业劳动安全，2002，15（2）.

[2] 胡世杰. 职业病诊断与鉴定几个有关问题的探讨[J]. 中国职业医学，2005（4）.

[3] 周慧文，陈真. 美国工伤保险政府管制的初步分析[J]. 财经论丛，2004（1）.

[4] 樊晶光，王宇航. 我国企业安全生产培训工作问题及对策[J]. 中国安全生产科学技术，2005，1（4）.

[5] 彭成，徐志刚. 世界发达国家的安全培训情况[J]. 现代矿工，2004（8）.

[6] 周力丁，辉姚飞. 关于建立职业安全管理咨询体系的研究[J]. 研究与探索，2002（8）.

矿山安全专家系统知识库模型的建立

方 妮 黄 锐（指导教师）

（中南大学资源与安全工程学院，长沙，410083）

摘 要 知识库是矿山安全专家系统的核心部分，构建知识库是建立矿山安全专家系统的关键工作。本文介绍了矿山安全专家系统知识库模型知识的分类以及知识的获取过程，利用谓词逻辑表示法和产生式规则表示法分别表示矿山安全领域的事实性知识和启发性知识，然后采用 Microsoft Office Access 建立了知识库模型，为最终建立和实现矿山安全专家系统奠定了良好的基础。

关键词 矿山安全 专家系统 知识库 产生式规则

矿山安全专家系统是一个利用专家经验知识判断矿山是否安全生产的人工智能程序。专家系统由知识库、推理机、人机接口、数据库、知识获取部分、解释部分等组成[1]，其中知识库是决定专家系统能力的关键，是矿山安全专家系统的核心，主要用于存储矿山安全生产的理论知识和领域专家经验。因此，知识库的构建是矿山安全专家系统的核心工作。在目前国情下，矿山只要严格按照国家规定的有关矿山安全生产的法律法规、安全规程、技术标准来组织开发矿产资源，基本上不会发生较大人为损失事故。因此，要构建矿山安全专家系统知识库，就从法律法规、安全规程、技术标准中提取国家对矿山安全生产的有关规定，作为知识库中数据库和规则库的内容，对矿山安全与否做出判定，产生结论。本文主要构建矿山安全专家系统知识库模型。

1. 矿山安全专家系统知识的获取

1.1 知识的分类

对矿山生产现状进行分析和判断是一项综合性的工作，为此必须对矿山生产的各个环节，如采矿、掘进、提升、运输、通风、供排水、供电等系统进行全面的了解，从而达到对矿山安全知识能熟练运用的目的。根据矿山生产系统的特点[2]，把知识库的知识分为总图布置、开拓系统、采矿系统、通风系统、供电系统、排水系统、提升系统、运输系统8大类，每一类就是一个大的模块。

1.2 知识的抽取

按照矿山安全专家系统的知识类别，把矿山安全领域专家以及各类文献（如《采矿概论》[3]《金属非金属矿山安全规程》[4]等）的知识经过识别、理解、筛选、归纳，抽取出来，用于建立知识库。本文选择通风系统

---

[1] 详见参考文献 [3]。
[2] 详见参考文献 [6，7]。
[3] 详见参考文献 [10]。
[4] 详见参考文献 [9]。

和供电系统两个模块作为知识库模型，从《金属非金属矿山安全规程》中筛选出关于这两个子系统的有关规定，用事故树的分析方法找出各个知识点及它们之间的逻辑关系，构成知识库模型的事实知识和规则知识。

1.3 知识的转换

把抽取的矿山安全知识由一种形式变化为另一种形式，即把从矿山安全领域专家以及文献那里抽取的知识转换为某种知识表示形式[1]。

1.4 知识的输入

把用适当模式表示的知识经编辑、编译送入知识库。

1.5 知识的更新

由于矿山生产的工作面在不断变动，为了适应这种动态的变化，矿山安全专家系统知识库就要根据采掘工作面、井巷开拓系统和法律法规、安全规程及技术标准的更新进行补充、完善，因此该知识库应该有自学习功能。

2. 矿山安全专家系统知识库的表示

矿山安全专家系统知识库按其作用分为事实性知识和规则性知识，它们分别构成知识库的事实库和规则库。事实性知识用谓词逻辑表示法来表达，其一般形式为 $P(X_1, X_2, \cdots, X_n)$，其中 $X_1, X_2, \cdots, X_n$ 为个体常量，表示某个独立存在的事物或者某个抽象的概念；P 是谓词名，用于表示个体的性质、状态或个体之间的关系。规则性知识用产生式规则表示法表达，其形式为：IF <条件> THEN <结论>。例如，通风系统中的某一条规则可以用产生式规则表示为：

IF <进风质量达标> AND <通风运作正常> AND <局部通风良好> AND <防尘措施到位>

THEN <通风系统安全>

这条规则的含义是：若进风质量达标，通风运作正常，且局部通风良好，防尘措施到位，那么矿井通风系统就是安全的。

3. 矿山安全专家系统知识库模型的建立

矿山安全专家系统知识库规则采用 Microsoft Office Access 2007 来储存。Microsoft Office Access 2007 是 Microsoft Office 2007 套装办公软件中的一个重要组件，集表、窗体、查询、报表、宏和模块等对象于一体[2]。基于 Microsoft Office Access 2007 建立的知识库主要是采用一系列二维表来储存知识。矿山安全专家系统的知识库由事实库和规则库组成，在事实库中，由事实表来存储事实性知识；在规则库中，由条件表、结论表和规则表来存储启发性知识。

3.1 事实库的建立

事实表由 3 个字段组成（ID，Name，Fact）。ID：事实号，唯一标识 1 个事实；Name：事实名；Fact：事实的具体描述，见表 1。

表 1　事实表

ID	Name	Fact
…	…	…

模型示例如下：

通风事实表		
ID	Name	Fact
F001	T	通风系统安全
F002	A1	进风质量达标
F003	A2	通风运作正常
F004	A3	局部通风良好

3.2 规则库的建立

（1）规则库中的条件表用于存储规则

---

①详见参考文献［5］。
②详见参考文献［11］。

和知识的条件部分,由 4 个字段组成(ID, Condition, Rule ID, Match Sign)。ID:唯一标识 1 个条件;Condition:条件的具体描述;Rule ID:该条件所属的规则号;Match Sign:匹配标志,用 0/1 表示,0 表示匹配失败,1 表示匹配成功,默认值为 0,见表 2。

表 2　　　　条件表

ID	Condition	Rule ID	Match Sign
…	…	…	…

模型示例如下:

供电条件表			
ID	Condition	Rule ID	Match Sign
C001	X26	R－X01	0
C002	X27	R－X01	0
C003	X28	R－X01	0
C004	X29	R－X02	0

(2)结论表用于存储规则和知识的结论部分,由 4 个字段组成(ID, State, Rule ID, Last State)。ID:唯一标识 1 条规则结论;State:规则结论的具体描述,即矿山安全状态;Rule ID:该结论所属的规则号;Last State:最终结论标志,用 0/1 表示,0 表示中间结论,1 表示是最终结论,默认值为 0,见表 3。

表 3　　　　结论表

ID	State	Rule ID	Last State
…	…	…	…

模型示例如下:

供电结论表			
ID	State	Rule ID	Last State
J001	D1	R－X01	0
J002	D2	R－X02	0
J003	D3	R－X03	0
J004	D4	R－X04	0

(3)规则表用于存储规则的基本信息,由 6 个字段组成(Rule ID, Rule, Conclusion, ConNum, MatCNum, Use)。Rule ID:规则表示号,唯一标志 1 条规则;Rule:规则的具体描述;Conclusion:结论的具体描述;ConNum:表示该规则包含的条件数;MatCNum:表示已经匹配成功的条件个数;Use:表示该规则是否被执行过,若该规则已经执行过 1 次则此项变为 1,默认值为 0,见表 4。

表 4　　　　规则表

Rule ID	Rule	Conclusion	ConNum	MatCNum	Use
…	…	…	…	…	…

模型示例如下:

通风规则表					
Rule ID	Rule	Conclusion	ConNum	MatCNum	Use
R－X01	IF 主进风流不通过采空区、塌陷区 OR 有假巷引流	THEN 主进风流顺畅	2	0	0
R－X02	IF 主进风流顺畅 AND 主进风井巷没有堆放材料、设备 AND 主回风巷没有堆放材料、设备 AND 及时密闭采空区	THEN 风流顺畅	4	0	0
R－X03	IF 有专人负责检查、维修 AND 风桥规格合格	THEN 通风构筑物严密	2	0	0

4. 矿山安全专家系统知识库的维护

矿山安全专家系统知识库的建设是一个长时间反复测试、修改和扩充的过程。当系统出现以下两种情况时，应对系统的知识进行修改与扩充：当从现有知识出发无法对矿山安全生产状况进行判断时，知识工程师应向专家求助来补充缺少的经验知识；当判断有误时，应该允许专家修改现有知识库，更正存在缺陷的知识。

5. 结束语

利用上述方法建立的矿山安全专家系统知识库具有以下特点：

（1）建立事实表将所有的条件和结论转换成一个符号，然后在知识库中所有的记录均用相应的符号来表示条件和结论。当知识库具有庞大的数据量时，可以建立有效的索引加速查询和推理过程；由于大量的文字信息用简单的符号代替可以节省空间，而且更有利于书写 SQL 语句。

（2）利用产生式规则表示法表达矿山安全生产领域的启发性知识，便于对规则进行设计；便于保证规则的正确性；便于在知识获取时对规则库进行知识的一致性和完整性检测。

（3）基于关系数据库的知识库结构合理，便于知识库的使用、管理和维护，具有良好的开放性，可以有效地实现矿山安全生产知识的关联和知识库构建。

◎参考文献

[1] 周昌达. 矿山安全技术［M］. 成都：成都科技大学出版社，1987.

[2] 马玉祥，武波. 专家系统［M］. 成都：电子科技大学出版社，1994.

[3] 曹文君. 知识库系统原理及其应用［M］. 上海：复旦大学出版社，1995.

[4] 刘秀礼. 浅述专家系统在矿山安全方面应用研究的现状与展望［J］. 江西有色金属，1996（12）：4.

[5] 刘小生，孙群. 矿山安全预警专家系统知识库的研究［J］. 矿业安全与环保，2008（6）：3.

[6] 国家安全生产监督管理局，国家煤矿安全监察局. 煤矿安全规程［M］. 北京：煤炭工业出版社，2004.

[7] 李国轩，李瑞华. 矿山安全性评价与安全事故的预防及处理实务全书［M］. 北京：中国商业出版社，2002.

[8] 张世雄. 矿物资源开发工程［M］. 武汉：武汉工业大学出版社，2004.

[9] 国家安全生产监督管理总局. GB 16423—2006 金属非金属矿山安全规程［S］. 北京：中国标准出版社，2006.

[10] 陈国山. 采矿概论［M］. 北京：冶金工业出版社，2008.

[11] 神龙工作室. 新编 Access2007 数据库管理入门与提高［M］. 北京：人民邮电出版社，2008.

[12] 李英龙，童光煦. 应用神经网络建立采矿经验知识库［J］. 北京科技大学学报，1996（16）：6.

高硫矿石自热过程的高温区域探测技术

杨金锋　黄　锐（指导教师）

（中南大学资源与安全工程学院，长沙，410083）

摘　要　本论文从研究现状介绍着手，讨论了氧化放热矿堆的温度测量技术，并说明了实验设计与主体思路，进而从实验数据出发，归纳总结出了硫化矿堆内部温度的变化规律，最后分析了实验矿堆聚、散热的能力。

关键词　自热自燃　硫化矿　温度测量　热传导

内因火灾是硫化矿山的主要灾害之一。据统计，我国有 20%～30% 的硫铁矿、5%～10% 的有色金属或多金属硫化矿具有内因火灾危害[①]。内因火灾使大量的有用矿物资源遭受损失，恶化井下劳动条件，有时还会造成人身伤亡事故。

温度是描述硫化矿堆自燃的一个重要物理量，它能反映采场硫矿氧化自燃的程度及矿堆积热或散热条件的优劣。实验结果表明[②]：氧浓度的减少只能说明矿石有氧化现象，因它保持相对稳定，不能说明氧化所处的阶段；SO_2 是自热后期即临近自燃期和发火期的产物，不能作为划分发火初期阶段的依据；温度的变化既能表示氧化的现象，又能表示氧化的程度，它是一个既可定性又能定量的综合指标，可以按矿石堆升温率的大小来划分发火初期阶段。因此，研究硫化矿堆中的温度变化规律，对于分析硫化矿堆高温点、积热和散热条件，判定自燃位置，确定控制自然发火技术决策是十分重要的依据。本文在实验的基础上，使用热电耦测量技术，测定硫化矿堆内部温度的变化规律，并在散热系数思想的指导下，讨论实验矿堆的聚热能力。

1．实验设计

1.1　矿堆参数

粉状高硫铁矿堆，自然堆积；锥形底面圆周半径 $r = 20.5$ cm，锥体高 $h = 16.3$ cm；矿石品位 60%～90%，导热系数 $\lambda = 3.865$ W/(m·k)，比热容 $C = 0.607$ J/(kg·k)，孔隙率为 40.13%；粒度组成见表1。

1.2　实验仪器

CENTER 可记录温度计，具有四组 T1、T2、T3、T4K 型热电耦，四组数据同时显示等特点。

表1　模拟矿石堆粒度组成

粒径/mm	<0.25	0.25～0.5	0.5～0.8	0.8～1	1～5	>5
含量/%	33.85	11.64	5.67	8.98	29.67	10.19

1.3　实验条件

这里实验条件简化包括，假设矿堆内部组成的均匀性，传热的各向同性，实验环境

[①] 详见参考文献 [17]。
[②] 详见参考文献 [1]。

风速为零,没有矿石进行氧化放热反应,矿堆内部只有热源散热,实验矿石理论放热计算时所需反应式按1∶1的比例参加反应,反应放热为均匀放热。

实验条件的控制:

(1) 由于实验室用于测量的矿堆体积小,其氧化放热量微小,传热过程需用人工热源模拟。将热源放入矿堆,并在矿堆内部标记测点位置,如图1所示。

(2) 在每次实验开始前都应将矿石重新搅拌均匀,使得测点周围富含未发生氧化反应的矿石。

(3) 对均匀矿石进行随机采样,进而计算矿堆的孔隙率与粒径分布情况。

(4) 为了使实验更接近实际操作现场的工作情况,堆积矿堆时应等速均匀地将热源与测点埋起来,使矿堆成为自然堆积型。

(5) 本次实验只是在一维空间进行测量,为了确保各测点在同一竖直平面上,特选用金属网片固定测点,既能达到目的又不会阻挡矿堆内部的热量传递。

(6) 为了分析热源对各测点温度变化的影响,如图1所示,将4#测点固定在热源表面。

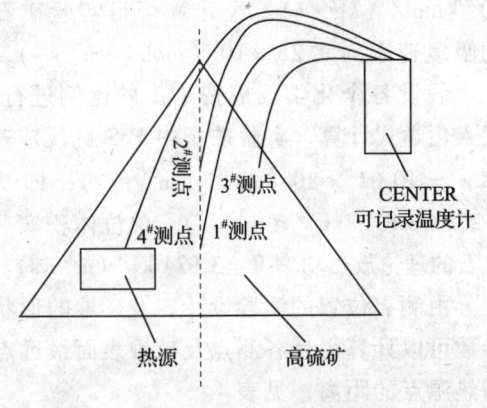

图1 实验装置布置图

1.4 实验步骤

实验操作步骤及测量方法:

(1) 取矿堆底面为X轴,中垂线为Y轴建立坐标系,按照图2及表2的数据设计将测点固定,并将热源、测点埋好,记录实验条件。

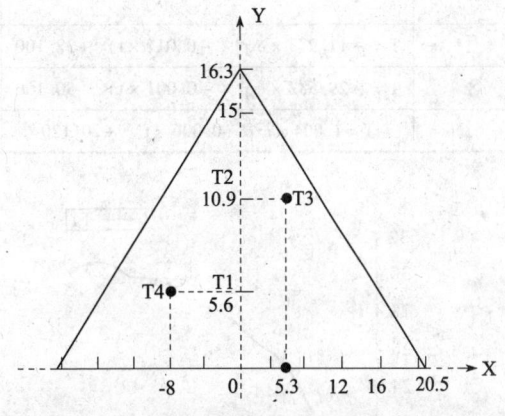

图2 测点坐标布置图

(2) 将CENTER可记录温度计设置到准确工作状态,并将时间间隔设定为1 min。

(3) 记录温度数据并开启热源电源,测量时间为3 h左右。

(4) 保存温度数据文件。

(5) 实验数据的分析与处理。

表2 测点位置的实验设计

	1#	2#	3#	4#
X (cm)	0	0	5.3	−8
Y (cm)	5.6	10.9	10.9	5.6

2. 实验数据分析及讨论

2.1 测点温度随时间变化的研究

通过对测点温度随时间变化的初步分析,如图3所示为测点温度变化曲线,可看出1#、2#、3#测点温度总体上呈指数变化,4#测点温度在21.9~62.1℃波动变化。由此假设1#、2#、3#测点温度随时间变化的函数为:$T = a \times \exp(b \times t) + c$。利用MATLAB进行拟合分析得出结果(见表3),从各个数据指标可以看出,这些函数的拟合程度都很高,由此可以认为1#、2#、3#测点的温度是按照以上规律变化的。

表3　　测点温度拟合回归方程

测点	拟合回归方程	相关系数(R)	均方差(RMSE)	决定系数(DC)	卡方系数(Chi-Square)
1#	$T = -11.973 \times \exp(-0.011 \times t) + 32.100$	0.997	0.222	0.994	0.204
2#	$T = -29.582 \times \exp(-0.001 \times t) + 50.166$	0.995	0.179	0.990	0.138
3#	$T = 1.004 \times \exp(0.006 \times t) + 20.120$	0.993	0.076	0.986	0.026

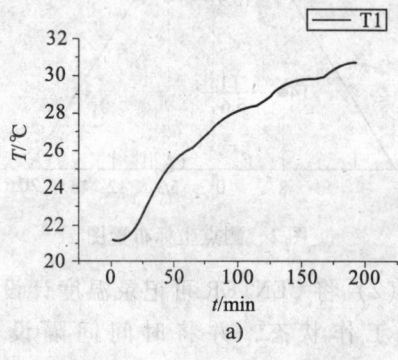

a)

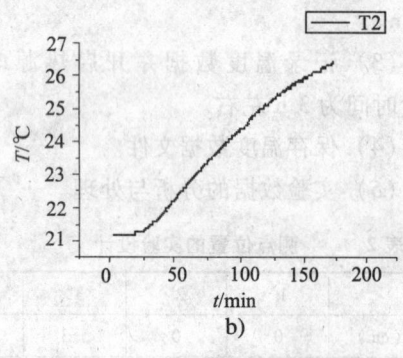

b)

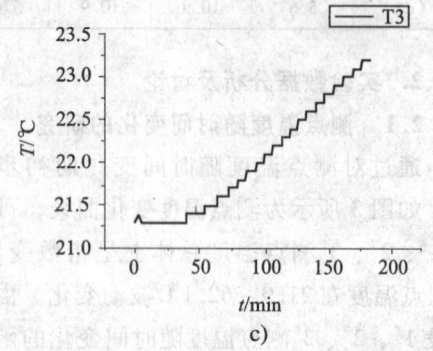

c)

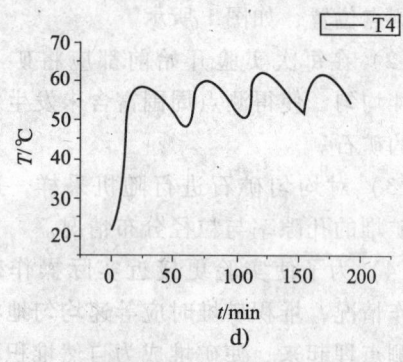

d)

图3　测点温度变化曲线

2.2　矿堆聚热能力的研究

由文献研究数据[①]，可知实验矿石的吸氧速率为 $0.1 \sim 0.2$ ml/(kg·s)，为方便计算，这里取值为 0.112 ml/(kg·s)。常温常压下，O_2 的摩尔体积为 22.4 L/mol，则实验矿石的吸氧速率又可以表示为 5×10^{-6} mol/(kg·s)。经计算可得实验矿石的吸氧速率为 9.25×10^{-3} mol/(m^3·s)。

假设各个化学反应按 1:1 的比例进行，代入化学式计算，实验矿石中 FeS_2 的反应速率 $v = 10.02 \times 10^{-3}$ mol/(m^3·s)，即为 1.2024×10^{-3} kg/(m^3·s)。单位体积实验矿石的理论放热功率 $W = 3.924$ kJ/(m^3·s)。

由测点位置的实验设计，及矿堆的形状参数可以计算得到各测点及矿堆表面最远点到热源点的距离，见表4。

---

① 详见参考文献 [24]。

表4　各测点及矿堆表面最远点到热源点的距离

各点	热源点	1#测点	2#测点	3#测点	矿堆表面最远点
距离(cm)	0	8	9.6	14.3	29

以矿堆内部达到稳定传热及热源温度逐步上升为原则,选取108~121 min的实验数据进行分析处理。

通过对实验数据的处理分析,测点到热源的距离与测点的温度可通过S型曲线的拟合得到较为理想的结果。拟合公式为:$y = b + (a-b)/\{1+\exp[(x-c)/d]\}$,由拟合的相关数据推得矿堆表面温度结果,见表5。

由于实验仪器及数据处理手段中存在的不可避免的误差,使得推测结果中出现了某些与相关理论不符的结果,但是,从整体上看表面温度是呈上升趋势的,所以有一定的可信性。

实验矿堆的导热系数$\lambda = 3.865$ W/m,用传热学的相关原理计算每个时间点的热流密度q、时间间隔内矿堆的散热量Q,并与矿堆理论放热量相对照,得到实验矿堆的散热能力,见表6。

综合以上的研究结果可知,在实验矿堆中有热源,并且热源温度处于60℃这一阶段时,单位体积实验矿堆的理论放热功率$W = 3924$ J/(m³·s),远远超出了其散热能力。进而可以推测,在相近的环境条件下,该矿堆会因为自身的氧化放热而聚集热量,而且速度会很快。

表5　矿堆表面最远点温度推测结果

时间 t (min)	108	109	110	111	112	113	114
温度 T (℃)	22.035	22.035	22.018	22.016	21.995	22.107	22.112
时间 t (min)	115	116	117	118	119	120	121
温度 T (℃)	22.111	22.091	22.097	22.097	22.047	22.047	22.173

表6　实验矿堆的散热能力

时间 (min)	热源温度 (℃)	表面温度 (℃)	q (J/m³·s)	单位时间散热量 (J/s)
108	50.8	22.035	383.368 017 2	64.630 108 69
109	52.1	22.035	400.693 879 3	67.550 986 6
110	53.8	22.018	423.577 344 8	71.408 799 39
111	55.6	22.016	447.593 655 2	75.457 589 79
112	57	21.995	466.532 155 2	78.650 337 38
113	58.2	22.107	481.032 569	81.094 890 07
114	59.2	22.112	494.293 517 2	83.330 487 43
115	60.1	22.111	506.301 672 2	85.354 882 63
116	60.8	22.091	515.897 534 5	86.972 601 33
117	61.2	22.097	521.148 603 4	87.857 852 95
118	61.6	22.097	526.479 637 9	88.868 927 13
119	61.9	22.047	531.144 293 1	89.542 976 59
120	62	22.047	532.477 051 7	89.767 659 74
121	62.1	22.173	532.130 534 5	89.709 242 12

3. 讨论

根据上述研究工作，从硫化矿石氧化放热的理论着手，在实验的基础上，研究了硫矿堆内部温度变化与矿堆聚热、散热的能力，即硫化矿堆内部温度随时间的变化形式和该硫化矿石理论放热量与实验基础上散热能力比较，继而说明其聚热能力，为研究硫化矿石自热自燃提供必要的理论基础。

（1）各测点温度的函数拟合结果表明，矿堆内部各点温度随时间呈指数变化，而由指数函数的特点可知，当矿堆内部的氧化放热使某处出现温度偏高的现象，就会使其周围矿石的温度明显增高。根据以往的研究表明，硫化矿石的氧化速率是随着温度的升高而加快的，而氧化速率的加快又进一步促进了矿石的氧化，进而又加速矿堆的温度升高。所以在实际情况中，一定要防止硫矿堆堆积时间过长，而造成不必要的资源损失。

（2）随着各测点依次远离热源，它们受热源的影响程度依次减弱，从而导致各测点的升温速率依次递减，甚至出现升温速率在热源温度影响下明显波动与升温停顿截然不同现象的出现。所以在现场矿堆自热自燃的检测过程中应尽可能着重测量矿堆内部深处的温度变化，同时加强通过矿堆表面测量温度推测内部温度变化的计算研究。

4. 展望

鉴于本文硫矿堆测温研究仍有不少工作需要继续进行，一些理论问题也需要进一步探讨研究。这里列举以下几点建议：

（1）从研究深度来讲，本实验只得到了矿堆内部各点温度随时间呈指数变化的定性规律，如果能进一步得到该规律与测点距热源距离之间的关系，将会对现场预防硫矿堆自热自燃工作提供更加实际的指导意义。

（2）由于矿堆深层测温可借鉴的技术经验有限，所以在此次实验中对矿堆组成、环境因素、数据处理条件等进行了简化，但是这些因素在现实环境中也起着相当的影响作用，希望以后的研究工作中能充分考虑这些因素的影响。

（3）从实验条件的限制因素来讲，此项研究工作的结果应该是得到矿堆内部温度场的分布情况，但是这需要尽可能多地布置测点，目前实验室的温度记录仪可同时测得4个点的温度，数据尚需补充。

（4）已有研究理论表明，受含氧量的影响，硫化矿堆内部的温度应该是随着深度的变化先增高再降低的，由于实验矿堆尺寸限制这种现象并未出现。

（5）建议今后在实际现场对实际硫矿堆做类似实验，将会取得更实际指导结果。

◎参考文献

[1] 吴超，孟廷让，王坪龙，等. 硫化矿石自燃的化学热力学机理研究[J]. 中南矿冶学院学报，1994，25（2）：156-161.

[2] 吴法春. 新桥硫铁矿矿石自燃的原因及防灭火措施[J]. 矿业安全与环保，2002，29（3）：55-56.

[3] 叶红卫，王志国. 高硫矿床开采的特殊灾害及其发生机理[J]. 有色矿冶，1995（4）：38-42.

[4] 张虹，张春生. 黄铁矿自燃机理及其预防[J]. 铜业工程，2004（3）：53-68.

[5] 钱柏青. 铜山铜矿井下采场硫化矿石自燃的机理探讨及预防措施[J]. 有色金属，2005，57（3）：99-102.

[6] 余斌. 矿石自燃机理分析与火区开采方法选择[J]. 西部探矿工程，1998，10（3）：44-48.

[7] 仇勇海，陈白珍. 金属硫化矿体自燃的电化学机理[J]. 中国有色金属学报，1995，5（4）：1~4.

[8] 周勃，吴超，李茂楠，等. 硫化矿石预氧化前后自燃倾向性的比较研究[J]. 中国矿业，1998，7（5）：77-79.

[9] 贺兵红，吴超. 硫化矿石自燃倾向性的

实验室测定方法与应用[J].安全与环境工程,2006,13(1):92-95.
[10] 李孜军,古德生,吴超.高温高硫矿床矿石自燃危险性的评价[J].金属矿山,2004(5):57-64.
[11] 宋学义,文艳.硫化矿岩自燃倾向性的研究[J].湖南冶金,1991(3):10-15.
[12] 朱挺廷.硫化矿床自燃倾向性的实验研究[J].金属矿山,1989(8):25-30.
[13] 李济吾.溶液pH值对硫化矿石氧化速度的影响研究[J].南方冶金学院学报,1993,14(2):95-101.
[14] 李萍,叶威,张振华,等.硫化亚铁自然氧化倾向性的研究[J].燃烧科学与技术,2004,10(2):168-170.
[15] 万鑫,赵杉林,李萍,等.氧气浓度对铁的硫化物自燃性的影响[J].腐蚀与防护,2005,26(12):512-526.
[16] 罗新荣,蒋曙光,李增华,等.采场自燃发火危险预测方法与控制原理研究[J].中国矿业,2000,9(2):83-88.
[17] 邬长福.高硫金属矿床内因火灾及其灭火措施[J].矿业安全与环保,2002,29(2):21-22.
[18] 黄跃军.高温高硫矿床矿石自燃性及防治技术研究[J].有色矿冶,2000,16(1):13-15.
[19] 赵国彦,古德生,吴超.硫化矿床内因火灾综合防治措施研究[J].矿业研究与开发,2001,21(1):17-19.
[20] 吴法春.新桥硫铁矿矿石自燃的原因及防灭火措施[J].矿业安全与环保,2002,29(3):55-56.
[21] 吴大敏.新桥硫铁矿矿石自燃特征及综合防治措施[J].化工矿物与加工,2001(10):20-28.
[22] 吴超,孟廷让.高硫矿井内因火灾防治理论与技术[M].北京:冶金工业出版社,1995.
[23] 俞昌铭.热传导及其数值分析[M].北京:清华大学出版社,1982.
[24] 景小宁.智能热电测温技术及其实现[J].微型机与应用,2001(1):43-44.

多因素条件下玻璃表面粘尘实验研究

刘一静 李 明(指导教师)

(中南大学资源与安全工程学院,长沙,410083)

摘 要 论文主要针对固体表面的防尘自洁问题,查阅了大量的文献,总结出固体表面颗粒的黏附机理和影响因素。针对各种因素设计了一系列和多因素条件下防尘技术相关的实验,同时首次将氟碳类表面活性剂作为添加剂进行了实验研究。并且通过设计的一系列固体表面防尘实验(黏附粉尘部分和清洗部分),比较了玻璃放置角度、放置时间,以及不同种类、不同浓度的表面活性剂对玻璃粘尘造成的影响,并最终得出实验结论。

关键词 固体表面 防尘技术 黏附 粉尘 表面活性剂

众所周知,当固体材料暴露在空气中时,就不断地会有粉尘颗粒黏附在其表面上,如果没有外力的作用,它们就很难从所黏附的表面上脱离,这样就给人们的生活带来了一定的困扰。近几年的研究主要针对清洗建筑物表面的方法，以及粉尘黏附的机理，但是关于玻璃表面和粉尘之间黏附的影响因素的研究却较少。本文主要通过实验（粘尘部分和清洗部分）得到关于玻璃粘尘影响因素的结论。

1. 玻璃表面粘尘实验的方案设计

1.1 玻璃表面粘尘实验的目标和要求

本实验的目标是在现有防尘技术研究的基础上，选取不同特性的实验试剂（分别为十二烷基苯磺酸钠、吐温60、氟碳类表面活性剂，以及雕牌全渍净洗衣液）对载玻片进行表面预处理，在粉尘实验室中进行模拟实验，使涂抹有不同种类、不同浓度表面活性剂的载玻片在近似相同的环境中吸收粉尘实验室内的粉尘。同时，对用不同化学试剂进行表面预处理的载玻片的粉尘吸收程度和粉尘吸收种类进行检测、数据记录、数据处理以及分析。并对涂抹不同种类溶液的载玻片进行对比，分析不同的表面活性剂的性价比，以及如何使其经济效益最大化。最后，展望玻璃表面防尘技术的前景。

1.2 玻璃表面粘尘实验的设计方案

1.2.1 黏附类实验设计方案

（1）实验器材

显微镜，标准载玻片（70 mm × 20 mm × 1 mm）216 片，滴瓶，数字化电子天平，鼓风电热恒温干燥箱，粒度分析仪，图像显微分析系统等。

（2）实验试剂

蒸馏水（H_2O），十二烷基苯磺酸钠（阴离子表面活性剂），吐温60（阳离子表面活性剂），氟碳类表面活性剂和十二烷基苯磺酸钠（特种表面活性剂作为添加剂），氟碳类表面活性剂和吐温60（特种表面活性剂作为添加剂），雕牌全渍净洗衣液。

文中定义说明：A、B、C、AFC、BFC、W 代表不同试剂，a、b、c 代表不同浓度。其中，A 代表十二烷基苯磺酸钠，B 代表吐温60，C 代表雕牌全渍净洗衣液，AFC 代表浓度各为 0.5% 的十二烷基苯磺酸钠和氟碳类表面活性剂混合溶液，BFC 代表浓度各为 0.5% 的吐温60和氟碳类表面活性剂混合溶液，W 代表蒸馏水。a 代表质量分数为 0.5%，b 代表质量分数为 1.0%，c 代表质量分数为 5.0%。0°和 90°分别代表放置的载玻片与水平面所成夹角。1、2、3、4、5、6、7、8、9 代表相同试剂处理的载玻片编号，其中，1、2、3 为采样 1 天，4、5、6 为采样 5 天，7、8、9 为采样 10 天。

例如，Aa－0°－4 则代表用质量浓度为 0.5% 的十二烷基苯磺酸钠溶液预处理的载玻片，与水平面所成夹角为 0°，该载玻片编号为 4。

（3）实验步骤

1）清洗载玻片，放于干燥箱（85℃高温）中进行干燥处理，并进行载玻片的标记，称重，并记录。

2）随机抽取 20 个载玻片进行清洁度测量，取平均值为其原始清洁度，并记录数据。

3）将十二烷基苯磺酸钠按试剂质量浓度为 0.5%、1.0%、5.0% 进行配制，每种溶液分别配制 25 g，搅拌均匀，放于不同滴瓶中待用。并给不同的滴瓶标号。

4）将浓度为 0.5% 的十二烷基苯磺酸钠溶液分别均匀涂抹在 18 片载玻片上表面（覆盖载玻片上表面除标签外的所有表面积）。

5）将载玻片置于 85℃高温的干燥箱中进行干燥，取出并称重，按标号记录干燥后载玻片的质量。

6）取涂抹浓度为 0.5% 的十二烷基苯磺酸钠的干燥后的载玻片，9 片水平放置于清洁的白色瓷片上置于粉尘实验室中，另外 9 片固定在清洁白色瓷片上，并将白色瓷片垂直放置于同一区域内。

7) 对其他不同种类、不同浓度的试剂，分别重复实验步骤4) ~6)。

8) 取18片清洁的载玻片，其中9片水平放置于清洁白色瓷片上，其他9片固定于清洁白色瓷片上，并将白色瓷片在同一区域内垂直放置，用于对比。

9) 在载玻片处理后的第1天、第5天、第10天分别依次取出不同种类、不同浓度、不同方向的载玻片各3片，用显微分析系统对载玻片进行观察，数据测量，并记录数据，进行数据分析。

(4) 实验数据处理

1) 每次分别抽取3片不同浓度、不同种类、不同角度放置的载玻片进行称重，并计算与浸染溶液后载玻片的质量差，取3片载玻片质量差的平均值，即吸附粉尘的质量。记录数据。

2) 在显微镜下观察载玻片，观察内容包括粉尘覆盖面积、粉尘密集度，并测量粉尘粒径大小，记录数据，并比较。

1.2.2 清洗类实验设计方案

(1) 实验器材

超声波清洗仪，鼓风电热恒温干燥箱，粒度分析仪，图像显微分析新系统。

(2) 实验试剂开米力净玻璃清洗剂，蒸馏水。

(3) 实验步骤

1) 配制玻璃清洗液体积：蒸馏水体积为1:400的溶液若干，搅拌均匀，等待使用。

2) 将粘满粉尘的载玻片分多组分别垂直放入超声波清洗仪内，并用双面胶进行固定。

3) 将配制好的溶液倒入超声波清洗仪内（不超过载玻片上所黏附的标签）。

4) 将载玻片于超声波清洗仪内震动清洗2 min后取出，置于蒸馏水中浸泡3 min。

5) 用镊子取出载玻片，水平放置于清洁的白色瓷片上。将放有清洗后载玻片的白色瓷片置于干燥箱中，于85℃高温下进行干燥。

6) 取出载玻片，用显微分析系统对载玻片进行观察，数据测量，并记录数据，进行数据分析。

(4) 数据处理

1) 对所有清洗后的载玻片进行称重，并计算和原始清洁载玻片的质量差，记录数据。

2) 在显微镜下观察载玻片，观察内容包括粉尘覆盖面积、粉尘密集度。并测量粉尘粒径大小，记录数据，并比较。

2. 玻璃表面粘尘实验数据处理及数据分析所得到的结论

2.1 粘尘实验数据处理

实验得到的数据经处理后，见表1~表5。

2.2 粘尘实验数据分析及结果讨论

根据以上5个表可得到图1~图7。

根据表1~表5、图1~图7，可得到关于载玻片是否被表面活性剂预处理的结论，以及放置角度不同、表面活性剂种类不同、浓度不同对黏附粉尘造成的影响等结论。

2.2.1 载玻片是否被表面活性剂预处理的分析讨论

涂有表面活性剂的载玻片上黏附的粉尘颗粒的质量、数量都高于没有涂抹表面活性剂的载玻片，而表面涂有表面活性剂基本不会影响黏附颗粒的大小。

涂有不同表面活性剂的基体表面在超声波清洗仪内的震荡和清水的冲泡下，自洁除尘能力大小排序并不是很严格，各种活性剂的清除粉尘效率随着实验的不同会稍有变化，这是因为实验本身不是很精确，另外，它们之间的差别也不是很明显，所以结果就会显得有些随机性。但是涂有表面活性剂的基体表面比没有涂抹表面活性剂的基体表面自洁除尘能力强得多,它们的总体效果与没有涂抹活性剂相比,并不具有随机性。因此,可得出涂有表面活性剂的载玻片表面的自洁能力比没有涂抹表面活性剂的表面有了很大提高的结论,这在生活中具有现实的意义。

表1 载玻片清洗前后黏附粉尘的质量变化 μg

溶液类型及放置角度		载玻片上黏附粉尘的质量				溶液类型及放置角度		载玻片上黏附粉尘的质量			
		1天	5天	10天	清洗后			1天	5天	10天	清洗后
W	0°	0.53	2.23	2.40	0.189	Bc	0°	0.10	0.21	2.37	0.222
	90°	0.17	1.33	1.40	0.456		90°	0.67	0.97	1.57	0.211
Aa	0°	0.17	1.57	1.77	0.267	Ca	0°	0.23	3.33	2.27	0.178
	90°	0.30	0.53	0.47	0.200		90°	0.33	0.90	0.97	0.178
Ab	0°	0.23	1.43	1.73	0.200	Cb	0°	0.30	2.07	1.80	0.156
	90°	0.20	0.53	1.27	0.233		90°	0.20	0.53	0.47	0.233
Ac	0°	0.67	4.77	4.90	0.189	Cc	0°	0.23	2.75	1.77	0.211
	90°	0.23	2.73	3.03	0.178		90°	0.20	0.67	0.70	0.211
Ba	0°	0.50	1.27	1.57	0.189	AFC	0°	0.70	1.47	1.50	0.500
	90°	0.27	0.97	1.23	0.189		90°	0.67	0.73	0.87	0.111
Bb	0°	0.30	1.33	1.53	0.244	BFC	0°	1.07	2.37	2.50	0.189
	90°	0.23	0.33	0.037	0.256		90°	0.27	0.40	1.23	0.144

表2 载玻片清洗前后黏附粉尘数量变化 个

溶液类型及放置角度		载玻片上黏附粉尘的数量				溶液类型及放置角度		载玻片上黏附粉尘的数量			
		1天	5天	10天	清洗后			1天	5天	10天	清洗后
W	0°	194.00	337.67	910.00	28.11	Bc	0°	868.50	357.00	593.33	99.22
	90°	136.17	297.50	632.00	41.33		90°	311.67	406.33	163.50	83.11
Aa	0°	415.33	806.67	390.67	20.33	Ca	0°	362.33	279.17	528.00	166.00
	90°	659.88	410.67	508.50	39.22		90°	204.17	198.33	391.33	20.11
Ab	0°	1 722.83	396.00	687.50	31.11	Cb	0°	552.33	381.17	1 108.33	34.89
	90°	1 231.67	455.00	963.00	34.22		90°	224.00	221.83	601.67	81.78
Ac	0°	643.67	855.67	484.33	27.44	Cc	0°	299.00	381.33	1 005.83	33.11
	90°	620.17	397.17	315.50	31.78		90°	523.33	191.33	404.67	33.78
Ba	0°	309.17	490.50	1 028.50	52.44	AFC	0°	1 465.33	1 338.50	1 862.50	37.78
	90°	240.17	284.17	429.67	179.56		90°	2 966.33	1 671.67	1 524.33	39.89
Bb	0°	1 587.50	1 474.83	1 215.50	119.89	BFC	0°	458.67	727.83	1 037.33	30.33
	90°	1 531.00	1 216.83	1 116.50	53.44		90°	276.33	463.83	762.17	27.33

表3　载玻片清洗前后黏附粉尘的粒径大小变化　　　　　　　　　　　　　　　　　　　μm

溶液类型及放置角度		载玻片上黏附粉尘的粒径大小				溶液类型及放置角度		载玻片上黏附粉尘的粒径大小			
		1天	5天	10天	清洗后			1天	5天	10天	清洗后
W	0°	3.9267	5.2257	4.3832	3.4782	Bc	0°	3.8280	6.8240	5.9576	3.4174
	90°	3.9983	3.4712	2.9065	2.8755		90°	3.5929	3.9321	6.1320	3.1770
Aa	0°	3.8469	3.8670	5.4401	3.2847	Ca	0°	4.5543	5.9120	4.6309	3.1667
	90°	4.1460	3.6665	4.3902	2.4377		90°	4.0581	4.4908	4.4955	5.1233
Ab	0°	3.3205	5.7328	5.1535	3.0394	Cb	0°	4.6193	6.2644	4.5108	3.8642
	90°	3.4857	4.4613	3.5882	2.8505		90°	4.1572	5.1970	3.1057	4.6292
Ac	0°	4.4124	4.8218	6.4280	2.6997	Cc	0°	4.7277	4.8752	4.4962	3.1443
	90°	4.6847	6.4396	7.7899	2.7926		90°	3.5930	5.32192	4.3472	3.5902
Ba	0°	5.6066	6.0489	5.7761	3.6622	AFC	0°	3.1772	4.3980	3.8185	3.3556
	90°	5.1498	4.8585	5.1647	3.0752		90°	2.5746	3.8557	3.2121	2.7705
Bb	0°	3.9983	4.4869	3.8890	3.1378	BFC	0°	5.2430	6.2540	6.0314	3.2895
	90°	4.6710	4.6846	3.3696	3.1681		90°	4.2740	3.1250	3.6997	2.8060

表4　载玻片表面黏附粉尘面积占总面积的百分比

溶液类型及放置角度		载玻片上所有粉尘颗粒的面积占总面积的百分比（%）				溶液类型及放置角度		载玻片上所有粉尘颗粒的面积占总面积的百分比（%）			
		1天	5天	10天	平均值			1天	5天	10天	平均值
W	0°	0.6804	1.2823	1.9317	1.2981	Bc	0°	1.7268	3.7341	5.5735	3.6781
	90°	1.4395	3.7321	3.1734	2.7817		90°	5.4336	4.4932	15.4355	8.4541
Aa	0°	2.8741	2.7695	3.8080	3.1506	Ca	0°	1.7473	1.1683	2.2043	1.7066
	90°	3.6673	5.7988	3.8080	4.4247		90°	1.9573	3.3473	3.33140	2.8787
Ab	0°	1.9522	2.9372	7.0956	3.9950	Cb	0°	2.8190	1.9880	2.2455	2.3510
	90°	4.3250	4.3443	3.7130	4.1275		90°	4.1041	4.0192	5.5416	4.5550
Ac	0°	19.0758	26.7606	26.0547	23.9637	Cc	0°	4.1041	10.4253	3.4920	6.0071
	90°	19.4766	26.3093	14.4013	20.0624		90°	2.6578	1.6648	8.3939	4.2389
Ba	0°	3.0449	1.0464	11.3244	5.1386	AFC	0°	5.6335	8.6440	8.9347	7.7375
	90°	5.9526	6.4485	14.2521	8.8844		90°	18.1189	10.7004	11.9470	13.5890
Bb	0°	11.1481	13.2645	1.5708	8.6611	BFC	0°	2.7968	9.3641	12.3644	8.1751
	90°	6.4511	15.2880	6.2931	9.3440		90°	20.1584	24.1991	19.80026	21.38591

表5　　　载玻片表面黏附粉尘颗粒粒径的极差　　　　　　　　　μm

溶液类型及放置角度		载玻片上所有粉尘颗粒粒径大小的极差				溶液类型及放置角度		载玻片上所有粉尘颗粒粒径大小的极差			
		1天	5天	10天	平均值			1天	5天	10天	平均值
W	0°	19.025 6	27.817	21.748	22.863 53	Bc	0°	58.141	76.534	63.690 2	66.121 73
	90°	25.117	30.867	16.82	24.268		90°	37.993	23.464	65.226	42.227 67
Aa	0°	28.491	24.751	42.311	31.851	Ca	0°	51.508	33.688	34.232	39.809 33
	90°	25.693	46.825	28.576	33.698		90°	28.232	45.669	21.07	31.657
Ab	0°	28.283	17.032	62.533	35.949 33	Cb	0°	25.479	31.653	22.243	26.458 33
	90°	65.97	4.072	21.748	30.596 67		90°	28.232	23.387	20.781	24.133 33
Ac	0°	193.134	193.134	127.106	171.124 7	Cc	0°	73.182	196.1	27.217	98.833
	90°	241.869	201.497	126.857	190.074 3		90°	21.44	37.96	44.707	34.702 33
Ba	0°	42.061	22.675	66.443	43.726 33	AFC	0°	38.894	33.544	26.809	33.082 33
	90°	50.951	32.097	53.874	45.640 67		90°	75.726	28.166	39.977	47.956 33
Bb	0°	27.351	29.463	19.586	25.466 67	BFC	0°	38.349	100.357	70.912	69.872 67
	90°	31.184	27.529	33.097	30.603 33		90°	208.015	208.015	53.619	156.549 7

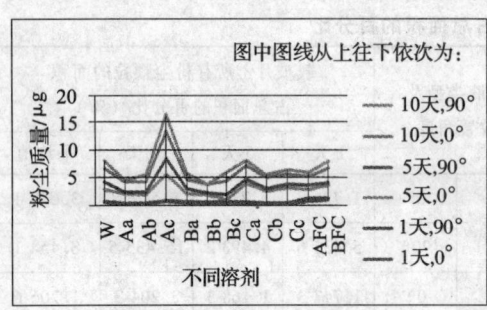

图1　不同溶剂载玻片黏附粉尘的质量变化

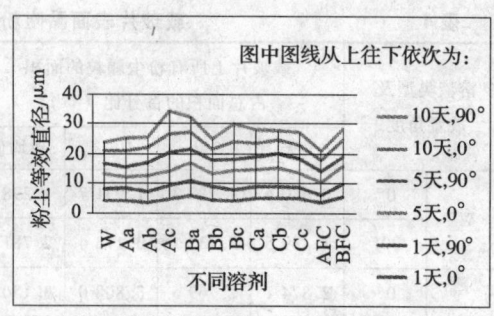

图3　不同溶剂载玻片黏附粉尘的粒径平均值变化

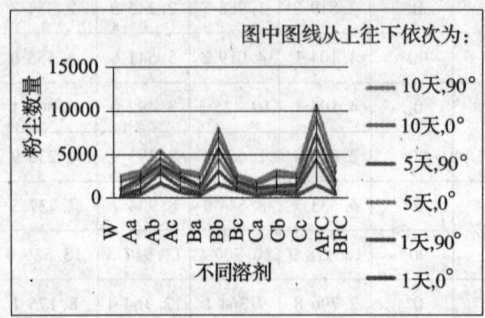

图2　不同溶剂载玻片黏附粉尘的数量变化

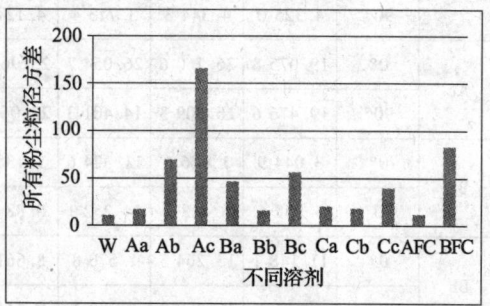

图4　不同溶剂载玻片黏附粉尘的粒径方差

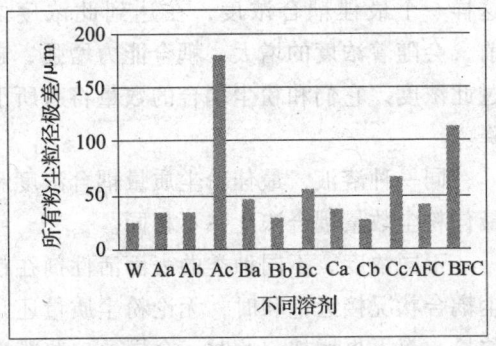

图 5 不同溶剂载玻片黏附粉尘的粒径极差

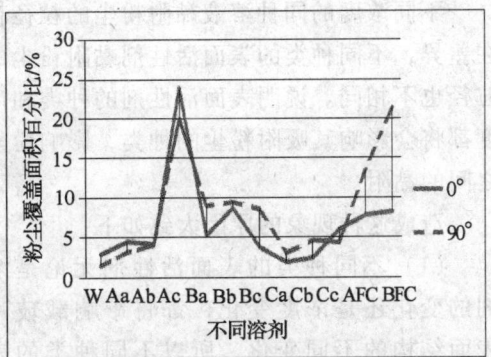

图 6 不同溶剂载玻片黏附粉尘的覆盖面积

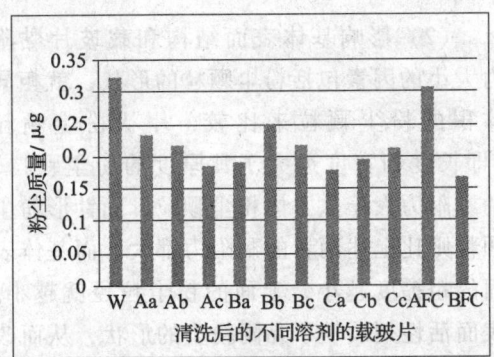

图 7 不同溶剂载玻片清洗后黏附粉尘的质量对比

造成这一现象的可能原因如下：

（1）未处理的载玻片和粉尘颗粒的黏附多为物理吸附，即粉尘之间，以及粉尘和载玻片表面之间的黏附力多为范德华力。物理吸附是一种可逆过程，当固体表面分子与气体或液体分子间的引力大于气体或液体内部分子间的引力时，气体或液体的分子就被吸附在固体表面上。

而用表面活性剂预处理的载玻片表面性质发生变化，会与大气中某些类型的粉尘颗粒产生化学黏附。化学黏附时主要起作用的力为化学键力。化学键亲和力的大小可以差别很大，但它大大超过物理吸附的范德华力。所以，黏附在被处理的载玻片表面上时，物理吸附容易转变为化学吸附，从而增大了黏附力，使得用表面活性剂预处理的载玻片吸附粉尘能力增强。

（2）载玻片表面被表面活性剂处理以后，载玻片表面的结构发生变化。根据文献记载，固体表面的结构主要是指表面的粗糙程度，因为这对表面是否会黏附粉尘颗粒有很大的关系。当粉尘颗粒和表面之间的接触是在单个点上有效，这样就减小了有效接触面积，相应就减小了附着力。当载玻片被表面活性剂处理后，粉尘颗粒和表面之间的接触点增多，增大了黏附力，使得载玻片黏附颗粒的能力增强。

（3）表面活性剂具有亲水和亲油的性能，所以当把它们涂抹在基体表面上之后，放在外界与大气接触时，随着时间的推移它们就会自动地吸附空气中的水蒸气和带有油污的污染粉尘。当基体表面出现一定量的液态水时，在毛细力的作用下，空气中的粉尘颗粒就更加容易黏附在基体表面上。

（4）表面活性剂之所以能够大大地提高建筑物表面的防尘自洁能力，是因为当水溶液中存在表面活性剂时，在表面活性剂的作用下，水溶液很容易渗入到粉尘颗粒和基体表面之间的接触部位，从而大大地降低了粉尘颗粒在基体表面上的粘接力，因此黏附其上的粉尘颗粒在水流的冲洗下很容易从基体表面脱落。当然不含表面活性剂的水流因为表面的张力相对较大，当水流与粉尘颗粒接触时，不太容易渗入粉尘颗粒与基体的接触表面，并不能有效地降低两者之间的作用力，清除基体表面的粉尘颗粒主要是靠的是水流的冲击力。这就是涂有表面活性剂的基体表面比没有涂表面活性剂的基体表面防尘自洁能力强得多的主要原因。

2.2.2 载玻片放置方向不同的分析讨论

由于重力等的作用，颗粒在竖直表面上不容易黏附，即使在活性剂的作用下黏附了一定质量和数量的粉尘颗粒，但是总体而言，相对于水平表面，它们的质量和数量还是很小。在当今高楼林立的社会中，玻璃窗户是每座高楼大厦不可或缺的一部分，但是垂直设计的玻璃窗，即使被表面活性剂处理过，也并不能最大程度地发挥其和粉尘颗粒的耦合能力。

无论水平放置还是垂直放置，同一浓度、同一种类溶液预处理的载玻片所吸附粉尘的等效直径相差不多，可见同一种类的载玻片黏附粉尘的种类大致相同。

造成这一现象的原因大致如下：

（1）由于重力的作用，使粉尘颗粒和垂直放置的基体表面的黏附力大大减小，使得粉尘颗粒相比于水平放置的基体表面更容易脱落。

（2）垂直放置的载玻片相比于水平放置的载玻片而言，与粉尘的接触面积大大减小。

（3）同一种类、同一浓度溶液预处理的载玻片吸附粉尘的等效直径相差不多，说明同种类型的表面活性剂更容易和同种类型的粉尘耦合，这是由表面活性剂的性质以及浓度决定的。

2.2.3 不同浓度、不同种类的表面活性剂的分析讨论

不同种类的溶液，粉尘耦合数量最多、质量最多的浓度不一样，但各种溶液都存在这样一个最佳耦合浓度，在达到此浓度之前，会随着浓度的增大，耦合能力增强，超过此浓度，它们和粉尘耦合的数量将有所下降。

同一种溶液，最佳粉尘质量耦合浓度和最佳粉尘数量耦合浓度并不相同。

不同浓度、不同种类的表面活性剂在粉尘耦合状况接近饱和时，无论粉尘质量还是数量，都不再增加。此时，会导致一些粉尘的脱落，一些粉尘的凝结。

不同浓度的同种溶液黏附粉尘的粒径存在差异，不同种类的表面活性剂黏附粉尘的粒径也不相同。说明表面活性剂的种类和浓度都将会影响其吸附粉尘的种类，影响粉尘之间的黏附。

造成这种现象的原因大致如下：

（1）不同种类的表面活性剂无论是溶剂的变化还是浓度变化，都将影响载玻片表面结构的不同变化，所以不同种类的表面活性剂预处理的载玻片粉尘耦合的能力不同。

（2）影响基体表面结构和载玻片黏附力大小的因素包括粉尘颗粒的形状，就相同体积的粉尘颗粒来比较，片状粉尘颗粒（即长度和宽度远大于其厚度的粉尘颗粒）的黏附力大于立方体粉尘颗粒，而针形粉尘颗粒则比上述两者的黏附力都大。而基体表面的粗糙度越小，上面的粉尘粒径就越小。表面活性剂改变了黏附粉尘的形状，从而改变了粉尘和基体之间的黏附力。

（3）环境中的湿度主要是通过改变毛细力和静电力来影响基体表面对粉尘颗粒的吸附。当大气中的湿度较大时，在粉尘颗粒和基体表面之间的空隙内就会出现弯液面，从而引起毛细力的出现，这时，黏附力上升。液体的表面张力越大，粉尘颗粒的粒度越粗，相互接触的表面可湿性越好，则产生粉尘颗粒黏附的毛细力就越大。大气中的湿

度较小、空气干度相对较大时，粉尘颗粒和固体表面的导电性就会下降，因此很容易在上面附带一些多余的电荷，这样在基体表面吸附粉尘颗粒的过程中，静电力就会起到一定的作用。由以上的论述可知，由于大气中湿度的影响，毛细力和静电力在粉尘颗粒的黏附过程中是不可能同时起作用的。空气中湿度的变化会对粉尘颗粒和基体表面的耦合程度产生影响。

（4）空气中气流如果过大，而粉尘颗粒和基体表面黏附力过小时，导致粉尘颗粒容易从基体表面脱离。

（5）当粉尘颗粒之间、粉尘颗粒和基体表面之间黏附力较小时，粉尘颗粒之间的摩擦导致一些粉尘从载玻片表面脱离。

2.2.4 单一表面活性剂和复合类表面活性剂的对比分析讨论

表面活性剂两两复合后它们与粉尘耦合的能力有了进一步的增强。吐温类复合表面活性剂黏附粉尘的能力高于十二烷基苯磺酸钠类复合表面活性剂。

复合类表面活性剂在粉尘耦合状况接近饱和时，无论粉尘质量还是数量，都不再增加。此时，会导致一些粉尘的脱落，一些粉尘的凝结。其他性质和单一表面活性剂相似。

2.2.5 基体表面防尘实验中不同类型载玻片上粒径分布的结果讨论

由于粉尘重力的作用，导致粉尘和载玻片表面活性剂的黏附力变小，或者水平放置的载玻片和粉尘接触面积要大于垂直放置的载玻片和粉尘的接触面积，几乎对于所有类型的载玻片，水平放置时粉尘所占选区面积百分比要高于垂直放置的载玻片上粉尘所占选区面积的百分比。可见垂直放置时，涂有表面活性剂的载玻片不容易黏附粉尘。

总体来说，即使黏附粉尘面积百分比较小的十二烷基苯磺酸钠预处理的载玻片，其黏附粉尘的面积也大于未用任何表面活性剂预处理的载玻片。虽然不同表面活性剂黏附粉尘的能力不同，但是表面活性剂都具有很强的黏附粉尘的能力。

水平放置和垂直放置的载玻片上黏附粉尘的离散程度并不存在明显的趋势。

未处理的载玻片相比于用表面活性剂处理的载玻片来说，黏附粉尘的粒径比较集中，或者说未处理的载玻片可以黏附的粉尘种类比较单一，可见表面活性剂的确具有很强的黏附粉尘的能力。

3. 全文总结

（1）处理过的载玻片上所黏附粉尘颗粒的质量、数量、面积都高于没有涂抹表面活性剂的载玻片，同时涂有表面活性剂的载玻片表面的自洁能力比没有活性剂的表面有了很大的提高。

（2）由于重力等的作用，以及接触面积较小等原因，颗粒在竖直表面上不容易黏附，即使在表面活性剂的作用下，黏附了一定质量和数量的粉尘颗粒，但是总体而言，相对于水平表面，它们的质量和数量还是很少。

（3）不同种类的表面活性剂，粉尘数量耦合最多的浓度和粉尘质量耦合最多的浓度不一样。但不同类型表面活性剂都存在这样一个粉尘耦合最多的浓度，在达到此浓度之前，会随着浓度的增大，耦合能力增强，超过此浓度，它们和粉尘耦合的能力将有所下降。

（4）同一种类的表面活性剂，粉尘数量耦合最多的浓度和粉尘质量耦合最多的浓度不一样。如十二烷基苯磺酸钠溶液的粉尘数量耦合最多的浓度为1.0%，而粉尘质量耦合最多的浓度为5.0%。

（5）不同浓度、不同种类的表面活性剂在和粉尘耦合状况接近饱和时，无论粉尘质量还是数量，都不再增加。此时，会导致一些粉尘的脱落，一些粉尘的凝结和另一些粉尘的层叠。

(6) 不同浓度的同种溶液黏附粉尘的粒径存在差异，不同种类的表面活性剂黏附粉尘的粒径、黏附粉尘颗粒的覆盖面积也不相同。说明表面活性剂的种类和浓度都将会影响其吸附粉尘的种类，影响粉尘之间、粉尘和基体表面之间的黏附。

(7) 表面活性剂两两复合后它们与粉尘的耦合能力都有了进一步的增强。添加了氟碳类表面活性剂的吐温60溶液黏附粉尘的能力高于添加了氟碳类表面活性剂的十二烷基苯磺酸钠溶液。

(8) 未处理的载玻片相比于用表面活性剂处理的载玻片来说，黏附粉尘的粒径比较集中，或者说未处理的载玻片可以黏附的粉尘种类比较单一，可见表面活性剂的确具有很强的黏附粉尘的能力。

◎参考文献

[1] 吴超，欧家才，吴国珉. 阴离子型湿润剂与硫化矿尘的耦合性实验团 [J]. 中国矿业大学学报，2006, 35 (3)：323 - 328.

[2] 夏长念，吴超，彭小兰. 湿润剂与铅锌矿尘耦合试验及井下应用研究 [J]. 矿业研究与开发，2006 (增刊)：102 - 105.

[3] 吴超. 化学抑尘 [M]. 长沙：中南大学出版社，2003.

[4] 夏长念. 建筑物表面防尘技术 [M]. 长沙：中南大学出版社，2003.

[5] 夏长念，吴超，贺兵红. 微颗粒黏附、清除和预防的研究成果综述 [J]. 清洗世界，2006 (12)：24 - 29.

水力送风机换热装置设计与热学计算

陈志冲　黄　锐（指导教师）

（中南大学资源与安全工程学院，长沙，410083）

摘　要　本文所构建的螺旋筛板换热塔的数学传热模型即水力送风机换热装置的主体（冷却塔部分）。在传热模型的构建过程中，分析了螺旋筛板换热塔换热的传热形式以及对流换热的传热效果的主要影响因素，并采用MATLAB编写了相应的计算程序，得出了多层塔节螺旋筛板换热塔的各塔节的温度分布情况，以及空气经换热冷却后的最终温度，能够为螺旋筛板换热塔的设计提供一定的数据支持和指导作用。

关键词　螺旋筛板换热塔　传热模型　换热系数　数值计算

随着矿井不断向深部开采，热害已经成为除水、火、瓦斯外又一重大灾害，而且呈现出热害矿井越来越多、单个矿井热害越来越严重的趋势。热害严重影响矿工身体健康，大大降低劳动生产率，提高井下事故发生率。因此，必须采取及时有效的措施对深井热害进行治理。

目前，国内外采用了不同的降温控制方法，常见的有隔离热源、通风降温及个体防护等。但随着开采深度的不断增加，这些传统的降温方法已不能很好地满足生产的需要，人工制冷降温在这种条件下随之产生。目前，国内矿井采用的人工制冷降温技术多以水冷却系统为主，同时为了提高冷却效果，许多冷却系统采用了10℃左右的冰水冷却。本文把工业通风空调技术应用于矿井通风空气的冷却，并构建了水力送风机的换热装置——螺旋换热塔的数学模型，并尝试计算系统的冷却效果。

1. 建立对流换热模型

螺旋结构的气液直接接触换热塔，其整体结构如图1所示。基本原理是液体从塔顶部向下喷淋，通过每个塔板挡水沿边，积在螺旋曲面板上，所积液体又从螺旋塔板上的许多小孔向下一塔节流动，在气体经过的螺旋通道中形成液体雨帘；气体从塔底沿螺旋通道向上运动，并与从孔洞流下的雨帘传质换热，实现有效的热交换过程和有害气体吸收过程。

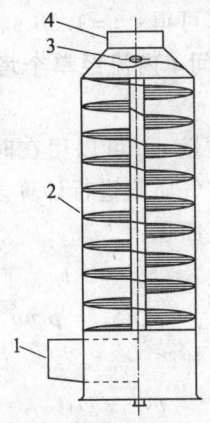

图1 螺旋塔整体结构图
1—进气口 2—螺旋塔节 3—喷液管 4—排气口

螺旋结构可以有效增加气液换热时间，并通过板上一定数量的小孔保证较大的换热传质面积，而且螺旋板对塔体还起到稳定塔身的作用。另外，螺旋塔为单通道，清洗方便，由于自旋离心作用，不易发生沉降结垢堵塞。气体通过螺旋通道上升到叶轮机部位，而冷却水从叶轮机部位向下流到螺旋板片上，在挡水板内积聚后从板片上小孔向下均匀流动，与气体在螺旋通道中充分换热。空气在螺旋结构中流动时，其中的粉尘由于旋转运动的离心作用，在螺旋空间中与气体分离，可以起到一定的除尘作用。

空气与水在螺旋塔里的换热过程存在许多不确定但对换热计算影响不大的因素，因此整个换热过程是十分复杂的，为了便于计算进行以下简化假设：

（1）在换热过程中，不计空气中杂质如灰尘等对换热的影响。

（2）换热过程中空气是强迫对流形式，换热过程完全呈现湍流形态。

（3）在换热过程中，空气湿度会改变，但对换热过程的影响可以忽略。

（4）换热过程无相变。

（5）空气流速为3 m/s。

首先根据换热基本公式：

$$R_e = \frac{uL\rho}{\mu} = \frac{uL}{v} \quad (1)$$

$$P_r = \frac{\mu c_p}{\lambda} = \frac{v}{a} \quad (2)$$

$$q = \alpha s \Delta T \quad (3)$$

$$\Delta T = T_k - T_s \quad (4)$$

$$\alpha = 0.023 \frac{\lambda}{d} R_e^{0.8} P_r^{0.4} \quad (5)$$

热平衡公式：

$$Q = qt = m_k c_{p,k} \Delta T_k = m_s c_{p,s} \Delta T_s \quad (6)$$

式中 q——对流换热热流量（W）；

α——对流换热系数 [W/(m²·k)]；

s——对流换热表面面积（m²）；

ΔT——各塔节空气平均温度与水的平均温度之差；

T_k、T_s——塔节内空气、水的平均温度；

ΔT_k、ΔT_s——塔节内空气、水的平均改变温度量;

Q——塔节换热总量(J);

t——气液接触时间(s);

m_k,m_s——在时间t内空气、水流经各塔节的质量(kg);

$C_{p,k}$,$C_{p,s}$——空气、水的比定压热容[J/(kg·k)]。

根据式(1)~式(6),经过迭代运算,可以最终确定各塔节内气液的温度,以及通过螺旋塔换热器换热后空气和水的温度,进而了解螺旋塔换热器的换热效果。

2. 求模型中各个参数

2.1 各塔节对流换热表面积的求法

由图1知,被冷却空气是从螺旋换热塔底部进入换热塔,然后经流道螺旋上升直至塔顶流出,完成整个换热过程。液体水从图2中的小孔流出,形成液柱,进而流到下一层塔板,液柱与空气接触,完成换热要求。图2为每层塔节的1/12圆周螺旋曲面板的拓扑形状与俯视投影图,小孔直径 $D=4 \times 10^{-4}$ m,每片塔板小孔个数 $n=10$。

流道截面的高 $a_1 = R - r$,宽 $b = 400$ mm,则流道截面积为:

$$s = 12n\pi D a_1 \tag{7}$$

特征长度为:

$$L = \frac{a_1 b}{2(a_1 + b)} \tag{8}$$

2.2 求气液接触时间

由图3知,塔节展开图为矩形,对角线即为塔板所在的螺旋线。以塔节外径的0.707倍为半径的虚拟塔节展开图,可进行气液接触时间的计算。如图4所示,R'内外圆的面积相等,即可认为此面为气体流经的中面,对角线长 L' 为:

$$L' = \sqrt{(2\pi R')^2 + h^2} \tag{9}$$

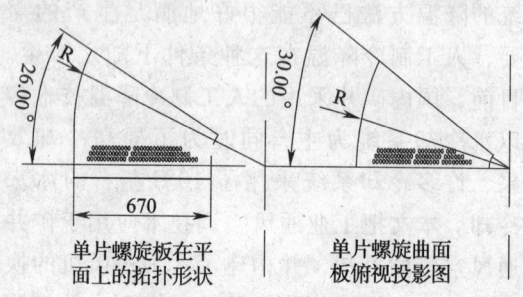

图2 1/12圆周螺旋曲面板的拓扑形状与俯视投影图

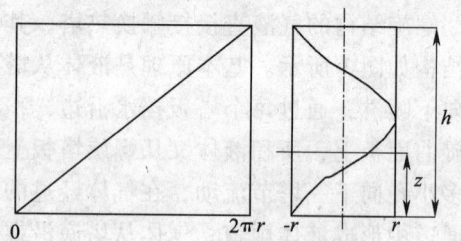

图3 螺旋塔塔节展开图

式中,h 为塔节高,$h = 1\ 200$ mm。

$$t = L'/u \tag{10}$$

代入数据计算可得:$t = 1.50$ s。

2.3 时间 t 内流经单个塔节的空气和水的质量

空气的质量 m_k 可以用在时间 t 内流经流道截面的空气质量进行计算。

流道截面面积:

$$S_1 = a_1 b \tag{11}$$

故

$$m_k = \rho_k u S_1 = \rho_k u a_1 b \tag{12}$$

水的质量为:

$$m_s = m_1 t \tag{13}$$

式中,m_1 表示每秒水的消耗量,为 0.4 kg。

2.4 其他参数的确定

由表1可以确定空气在标准大气压下的一些物理参数,密度 ρ、比定压热容 C_p、热导率 λ、热扩散率 α、动力黏度 μ、运动黏度 ν、普朗特数 P_r 等均可以查表得到。由表1可知,空气的密度、热导率、热扩散率、动力黏度、运动黏度、普朗特数等均随

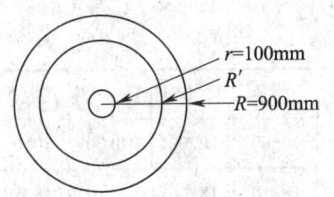

图4 螺旋塔截面示意图
R—螺旋塔外径 r—螺旋塔内径

着温度的改变而改变,或上升或下降,并且可以简化成一定的线性关系,例如密度,温度升高10℃,密度大致降低 $0.04\ T_k$,其他参数也有类似的线性关系。

可得以下线性关系式：

$$\rho = 1.293 - 0.004T_k \quad (14)$$
$$\lambda = (2.44 + 0.008T_k) \times 10^{-2} \quad (15)$$
$$v = (13.28 + 0.093T_k) \times 10^{-6} \quad (16)$$
$$P_r = 0.0707 - 0.0002T_k \quad (17)$$

式(15)、式(16)、式(17)中,T_k 仅表示空气温度值,从0℃开始计算,即10℃记为10。螺旋换热塔换热器内所用冷却水为10℃冰水,即 T_s 的初始值为10;被冷却空气的初始温度为40℃,即 T_k 的初始值为40。

表1 干空气的物理参数 ($p = 1.01325 \times 10^5$ Pa)

T/℃	ρ kg/m³	C_p kJ/(kg·K)	λ (×10²) W/(m·K)	α (×10⁶) m²/s	μ (×10⁶) kg/(m·s)	v (×10⁶) m²/s	P_r
0	1.293	1.005	2.44	18.8	17.2	13.28	0.707
10	1.247	1.005	2.51	20.0	17.6	14.16	0.705
20	1.205	1.005	2.59	21.4	18.1	15.06	0.703
30	1.165	1.005	2.67	22.9	18.6	16.00	0.701
40	1.128	1.005	2.76	24.3	19.1	16.96	0.699

3. 计算分析螺旋换热塔塔内气液温度分布情况

所计算的螺旋换热塔共分五个塔节,示意图如图5所示。

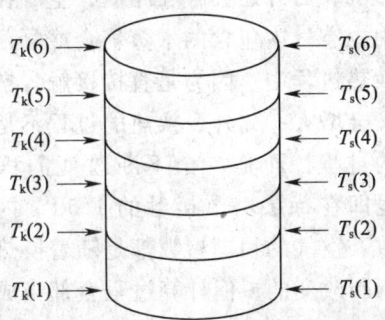

图5 螺旋塔各塔节温度分布情况示意图

T_k(1)表示空气进入换热塔时的初始温度;T_k(2)表示空气经过一个塔节换热冷却后的温度,也是流入下一个塔节的空气的初始温度;T_k(3)表示空气经过两个塔节换热冷却后的温度;以此类推,T_k(6)表示空气经过五层塔节换热冷却后,流出螺旋换热塔时的最终温度。T_s(6)表示液体水进入换热塔时的初始温度;T_s(5)表示经过一个塔节换热升温后水的温度,也是进入下一个塔节的水的初始温度;以此类推,T_s(1)表示经过五个塔节与空气的换热升温,水流出螺旋换热塔时的最终温度。计算的最终目的是确定各塔节的温度,并分析影响温度分布的因素,即影响换热效果的主要因素,进而为改进螺旋塔换热器提供技术数据支持。

温度的确定是一个非常复杂的计算过程,因为并不能通过一次计算而确定结果,需要很多次的迭代运算来确定最终数值。而计算过程采用计算机软件编程来实现,可以大幅度减少手工运算量,提高效率,因此本人采用了MATLAB编写了一个迭代计算程序来实现整个计算过程。

经过程序调试运行,结果见表2。

表2　　　　　　　　　　　　　T_k、T_s 分布情况　　　　　　　　　　　　　　　℃

	$T_k(1)$	$T_k(2)$	$T_k(3)$	$T_k(4)$	$T_k(5)$	$T_k(6)$	$T_s(1)$	$T_s(2)$	$T_s(3)$	$T_s(4)$	$T_s(5)$	$T_s(6)$
初始温度	40.00	40.00	40.00	40.00	40.00	40.00	10.00	10.00	10.00	10.00	10.00	10.00
1次迭代	40.00	30.42	30.42	30.42	30.42	30.42	18.10	18.10	18.10	18.10	18.10	10.00
2次迭代	40.00	33.01	26.56	26.56	26.56	24.01	24.01	21.48	21.486	21.48	15.60	10.00
3次迭代	40.00	34.09	29.38	24.97	23.14	21.39	26.48	24.63	22.88	18.63	14.57	10.00
4次迭代	40.00	35.09	30.55	26.01	21.74	19.06	28.78	25.94	21.58	17.46	13.65	10.00
5次迭代	40.00	35.51	30.82	26.44	22.16	18.10	29.74	25.26	21.05	17.07	13.27	10.00
6次迭代	40.00	35.29	30.93	26.50	22.34	18.39	29.24	24.98	20.84	16.91	13.39	10.00
7次迭代	40.00	35.21	30.72	26.53	22.41	18.51	29.04	24.77	20.76	17.01	13.44	10.00
8次迭代	40.00	35.14	30.63	26.42	22.45	18.57	28.89	24.69	20.77	17.05	13.46	10.00
9次迭代	40.00	35.11	30.59	26.37	22.38	18.59	28.82	24.68	20.78	17.04	13.47	10.00
10次迭代	40.00	35.11	30.58	26.34	22.35	18.54	28.84	24.68	20.76	17.03	13.45	10.00
11次迭代	40.00	35.11	30.57	26.33	22.32	18.52	28.82	24.66	20.75	17.01	13.44	10.00
12次迭代	40.00	35.10	30.57	26.31	22.31	18.50	28.81	24.66	20.73	17.00	13.43	10.00
13次迭代	40.00	35.10	30.56	26.31	22.30	18.49	28.80	24.64	20.72	16.99	13.43	10.00
14次迭代	40.00	35.10	30.56	26.30	22.29	18.49	28.80	24.64	20.71	16.99	13.42	10.00
15次迭代	40.00	35.10	30.56	26.30	22.29	18.48	28.80	24.63	20.71	16.98	13.42	10.00

通过15次的迭代运算，各塔节内的温度改变量已经在矿井通风所需的范围之内，由此可以确定，塔内的最终温度分布情况如图6所示。

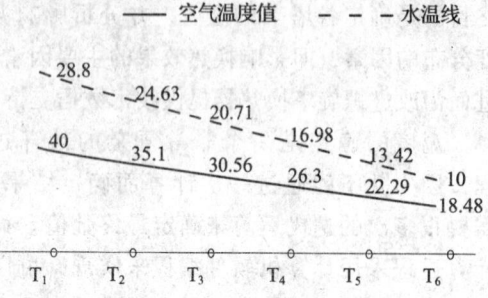

图6　螺旋换热塔各塔节温度分布图

经过螺旋换热塔的冷却换热，40℃热空气的温度下降到18.48℃，考虑到在换热过程中不可能完全为湍流换热，还存在自然对流的影响；另外还会存在相变，空气在冷却过程中，空气内包含的水蒸气会冷凝，同时气液换热过程中，因为是直接接触，空气的湿度又会增大；此外，换热的过程不是一个恒定的过程，而是一个不断改变的积分过程，也即在每层塔节接触的1.50 s内，换热系数、空气的物理参数都是随着换热的进行而不断改变的，但计算过程全部当成了静态过程，把每次换热过程中的参数全部当成了恒定值，而这些假设的恒定值由于全部是初值，肯定会放大换热效果。综合以上可知，实际换热效果不会如理想状态计算的这样让人满意，但是不会从根本上影响换热效果，完全满足矿井通风降温的需要。

4. 结论

(1) 把工业通风与空调中的气液直接对流换热应用于矿山通风能够取得一定效果,需要进一步实验研究。

(2) 螺旋换热器能够较好地完成矿井通风空气冷却的需要。

◎参考文献

[1] 黄锐. 螺旋结构冷却塔的塔板设计方法[J]. 中国工程科学, 2008 (11).

[2] 张学学, 李贵馥. 热工基础[M]. 北京: 高等教育出版社, 2000.

[3] 周亨达. 工程流体力学[M]. 北京: 冶金工业出版社, 1988.

[4] 史美中, 王中铮. 换热器原理与设计[M]. 南京: 东南大学出版社, 1989.

[5] 朱聘冠. 换热器原理及计算[M]. 北京: 清华大学出版社, 1987.

[6] 卓宁, 孙家庆. 工程对流换热[M]. 北京: 机械工业出版社, 1982.

[7] 刘晓明, 罗周全, 夏长念, 等. 深井高温矿山热害控制新技术[J]. 安全与环境工程, 2006 (01).

[8] 李荫堂, 李安平, 王双, 等. 烟气脱硫喷淋塔气体旋流实验研究[J]. 环境技术, 2005 (01).

[9] 刘岭梅, 陆卫平. 螺旋板换热器在SPVC装置汽提系统中的应用[J]. 化工科技市场, 2004 (05).

硫化矿床开采防火防爆技术的最新研究进展

李红俊 吴 超(指导教师)

(中南大学资源与安全工程学院, 长沙, 410083)

摘 要 在广泛检索国内外硫化矿床开采防火防爆技术领域相关文献的基础上,对最新的文献资源进行了整理、分析、归纳,展示了硫化矿床开采防火防爆技术的最新研究进展。文中概述了硫化矿石氧化自热和炸药自爆机理,详细介绍了最新的硫化矿石自燃倾向性鉴定方法,研究了硫化矿石炸药自爆危险性的评定,较系统地介绍了硫化矿石自燃的预测预报技术,最后总结了硫化矿石开采防火防爆技术措施。这些对指导硫化矿山的安全生产和向此领域的科技工作者展示最新成果具有重要的意义。

关键词 硫化矿床 防火 防爆 检索

我国有20%～30%的硫铁矿及5%～10%的有色金属矿或多金属硫化矿都存在内因火灾的危险[1],有自燃火灾危险的硫化矿山同时存在炸药自燃自爆危险,而硫化矿山的内因火灾和炸药自爆是硫化矿床开采过程中的两种重大危害。硫化矿石自燃发火会带来巨大的经济损失并引起一系列的安全及环境问题,并且引起炸药自爆早爆事故[2]。

硫化矿石自燃自爆问题的研究已有多年,并已取得一些成果。但是相关的文献资源分布于广袤的信息世界里,非常零散,不成体系。近年来,相关研究进展如何,取得了哪些新成果,笔者检索了2000年以来较新的学位论文文献4篇、专利文献5篇和期刊论文文献38篇,在此基础上试图对这一问题进行研究论述。

1. 硫化矿石自燃自爆机理研究进展

1.1 硫化矿石自燃机理

关于硫化矿石自燃机理，目前国内外还没有一致的认识，归纳起来，有这样的四种观点：

（1）物理机理

宏观描述硫化矿石氧化过程的5个阶段，即矿石破碎、氧化、聚热、升温和着火。该机理同时探讨了矿石块度、孔隙率和水渗透率对矿石氧化过程和速度的影响。

（2）化学热力学机理

认为硫化矿石自燃的机理是其氧化放热，该机理描述了硫化矿石的氧化放热过程，认为硫化矿石在开采过程中的氧化与其在地表的自燃氧化具有相同的化学反应变化过程。影响硫化矿石氧化的因素主要有矿物成分、温度、湿度等外界条件[3]。

（3）电化学机理

认为硫化矿石的氧化是一种电化学过程，硫化物晶格间的某些缺陷或不完整性，在湿空气环境中产生了微电池作用，发生了氧化还原反应，在某种程序上类似于金属的腐蚀过程[4]。

（4）生物作用机理

硫化矿的生物氧化机理为一种接触氧化机理，即在生物氧化体系中，细菌首先附着在硫化矿物表面上，然后通过其分泌的EPS（胞外聚合物）作为媒介，EPS中的Fe^{3+}与硫化矿发生化学反应，产生Fe^{2+}和硫代硫酸盐，通过自养作用，T.f菌及L.f菌再将Fe^{2+}氧化成Fe^{3+}，T.f菌及T.t菌则将硫代硫酸盐分解产生的硫氧化为硫酸盐[5]。

1.2 硫化矿石开采炸药自爆机理

分析硫化矿开采中的炸药自爆机理，目前还没有一致的认识，归纳起来有以下三种观点[6]：

（1）认为硝铵类炸药与孔壁直接接触，当硫化矿石中的水溶性$Fe^{2+}+Fe^{3+}$离子和水分达到一定量时，它们与炸药中的硝酸铵反应，产生大量的气体和热量，使孔内温度不断上升，炸药的爆燃点下降，从而引起自爆。

（2）认为孔底高温是引起炸药自爆的重要因素：实际上炮孔孔底之所以会形成高温，这与矿石的氧化自燃性有着密切的关系，在某种程度上也反映了矿石的含硫量、硫化矿物的种类、含水量、Fe^{2+}和Fe^{3+}离子的含量等。

（3）认为矿石水分中含酸量（pH值）的多少是引起炸药自爆的主要原因。

2. 硫化矿床开采矿石自燃倾向性和炸药自爆危险性研究进展

2.1 硫化矿石自燃倾向性

由于现阶段矿岩自燃倾向性鉴定的技术指标、测定方法及所用的仪器装置尚未标准化，因此之前国内外不同的研究者所用的测定方法及装置可能有一定的不同。目前最新的一种测定方法是由中南大学提出的、比较成熟的多因素综合鉴定法。多因素综合鉴定法需要测定的指标与鉴定流程如图1所示。

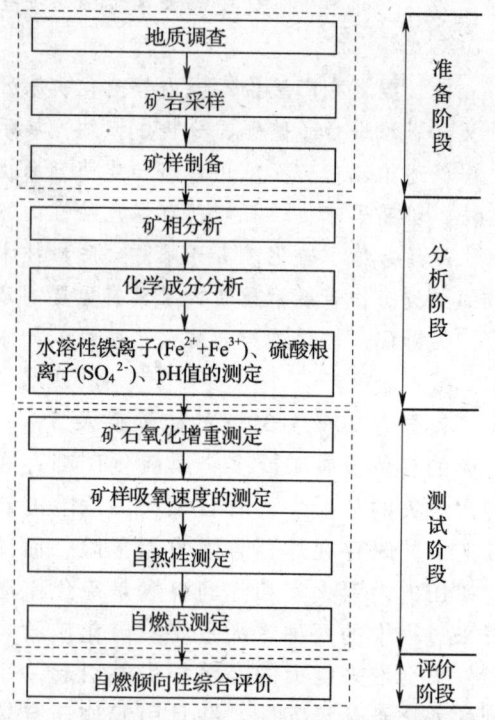

图1 硫化矿石自燃倾向性综合鉴定流程

2.2 炸药自爆危险性

有学者根据炸药自爆机理的三种观点提出了用于评判炸药自爆危险性的方法，由于炸药自爆机理不明确，所以这些方法都有一定的片面性。而且最新研究成果表明：炸药自爆主要由矿样性质决定，也受矿样暴露时间、环境温度和湿度等因素影响。矿样中 $Fe^{2+} + Fe^{3+}$ 的含量可作为自爆原因和判据，并可用 pH 值表示。目前最先进的炸药自爆危险性评价的研究流程如图 2 所示[6]。

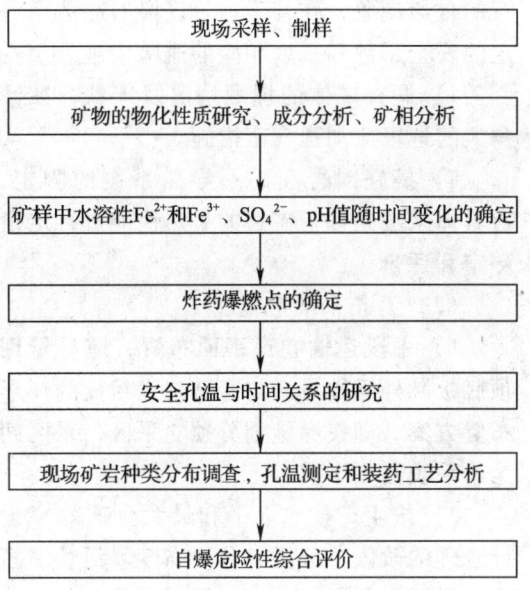

图 2 炸药自爆危险性评价的研究流程

3. 硫化矿石自燃的预测预报技术研究进展

3.1 硫化矿石自燃预测技术

近年来，氧化增重法、灰色预测模型[7]、人工神经网络[8]、突变级数法[9]等模型和方法越来越多地应用于硫化矿石堆自燃的预测研究中。目前，自燃预测技术主要有以下几种[10]：

（1）自燃倾向性预测法

含硫矿石自燃倾向性是指矿层开拓之前，其自燃发火的可能程度。目前，国内外较为成熟的自燃倾向性预测法主要是通过实验室来测定矿石的有关数据。

（2）综合因素评判预测法

综合因素评判预测法是指采用对与含硫矿石自燃发火相关的各种内、外影响因素进行综合评分的方法，其指导思想是：首先，对含硫矿石的自燃倾向性进行鉴定，评出其分值；然后，在大量统计分析的基础上，对影响含硫矿石自燃发火危险程度的外在因素进行主观评判，给出分值，将两者综合相加就得出了相应条件下的含硫矿石自燃发火的总分值及其分类。

（3）统计经验预测法

统计经验预测法是通过对已有的自燃发火事故统计分析，预测松散矿体实际开采条件下的自燃危险程度。根据矿井自燃事故的统计资料分析，矿床中某些地段，如果断裂构造特别发育，则空气与水分易于渗入矿石中，就能促进矿石的氧化和自燃。经验证明，在矿柱中由于开采爆破和承受较大压力的影响，往往裂隙较多，特别易于产生自燃。

（4）数学模型模拟预测法

数学模型模拟预测法是指通过建立含硫矿石自燃发火数学模型，并进行含硫矿石自燃过程的实验模拟和数值解算，得出不同边界条件下矿体的自燃发火危险程度值。

3.2 硫化矿石自燃预报方法

硫化矿石自燃早期预报方法有以下几种[10]：

（1）标志气体分析法

标志气体分析法预报技术主要利用硫矿石自燃时释放的 SO_2 作为指标气体预报其自燃的发展过程。对于含有碳质页岩的硫矿，其标志气体成分较为复杂，需根据发展态势分别加以测定。标志气体指标分为两类：一类是利用某些标志气体的浓度直接进行预报；另一类是利用某些气体组分的变化率或某些气体组分间的变化规律。监测手段主要有检知管、气体传感器、便携仪表等。硫化矿石在氧化自热阶段，会分解出反映自燃征兆的气体产物，如 SO_2。当矿质一定时，该气体产物和温度之间存在一定的规律，由检测到的气体浓度可以判断硫矿自燃的危险性。标志气体分析法预报技术比较完善，相应的分析技术和监测系统都已配套，但由于指标气体（如 SO_2）是矿体自燃发展过程中温度升高产生的氧化气体，只能在矿体已经自热或自燃时才能检测到，而且气体产量较少，并随着风流流动。该预报技术无法确定高温区域、自燃发展速度和趋势以及矿体可能达到的温度。

（2）测温法

测温法就是测定井下矿体与周围介质的温度变化情况，因为松散矿体及周围介质温度的升高直接反映硫矿石的氧化程度，测温法是发现矿石自热和探寻高温点及火源的最直接、可靠的方法。目前，探测煤自然发火的测温仪主要有红外线测温仪和温度传感器两种。鉴于红外线测温仪对于测量煤堆的自燃十分有效，该仪器可以运用到硫矿堆自燃预报当中，但它只能探测出物体表面与仪器垂直部位的温度，而且要求中间无遮挡物，因此，不适用于松散矿体内部或相邻采空区内部的温度检测。

（3）其他预报法

可以考虑将标志气体分析法与测温法结合起来使用，还可以使用示踪物质来预报硫矿自燃的特征参数和规律。

4. 硫化矿开采防火防爆技术措施研究进展

4.1 硫化矿开采防火技术措施[11]

（1）地质工作措施

1）对于可能存在自燃的矿井，在划分矿石类型时，不应根据选冶加工技术条件或者是否可分采等常规方法，而应根据与自燃有关的矿石地质特点来划分。

2）进行自燃倾向性实验鉴定时，地质采样工作要根据划分的矿石类型来进行。鉴定时，不仅要考虑矿石中矿物成分及含量，而且还要考虑其结构构造特点。对有自燃倾向性的矿石在矿体中的分布情况应在平面地质图和剖面图上标注，以供设计和生产时参考。

3）要调查矿床的水文地质条件及断裂、裂隙等构造发育状况。因为含地下水丰富和断裂、裂隙等构造发育的地点易发生矿石的自燃现象，在开采这一区段时应考虑一定的安全系数和采取相应的避险措施。

4）调查矿体的埋藏情况及产状，在倾角大的地段应加强安全措施。

5）搞好围岩和矿石导热系数的测定，对具体采场条件下矿石的聚热性能进行定量测定和评价。

（2）开拓采准措施

1）中段运输巷道平面布置，应尽量用顶底板脉外运输巷道与穿脉巷道组成的环形布置方案，即按穿脉划分独立采区，采区间生产系统互不干扰。

2）按生产技术水平和最大生产效率设计合理的阶段、分段、分层高度。尽量缩短矿体暴露氧化时间，缩短循环和阶段总的回采时间。

3）在开采顺序上，应尽量采用多翼回采。对极厚矿体尽量划分独立的矿区，避免在平面布置上出现矿块和采区的相互制约，影响开采的强度。对于自燃倾向性较强的块段应优先回采出矿，尽量缩短矿石在采场滞留的时间。另外，要力求减少向采区的漏风，缩短巷道维护的时间，减小地压，保持矿体的完整，使之便于严格按设计的顺序进行回采。

（3）开采工艺措施

1）采用高效率、低成本，安全度高的充填采矿方法及工艺。如尾砂、水砂分段充填法、块石胶结充填法，尽量不采用崩落法。

2) 推行强化开采工艺。采用高效率的凿掘、装矿、出矿设备，采用多工作面强化开采，控制一次崩矿量，提高工作效率，缩短回采循环时间。

3) 控制崩矿参数。如采取较合适的补偿空间、合适的崩矿方向、孔网密度、装药量，使矿堆处于最有利的散热状态。

4) 对于有底部结构的采矿方法，要考虑到底部结构受破坏，如卡斗等造成不能按时出矿时的应急处理方法。

5) 对不能及时出矿的自燃倾向性较强的矿石采取预处理措施，如预先喷洒阻化剂或水以保持矿石的长期湿润，将矿石的氧化控制在低温缓慢状态，延长矿石的自燃发火周期。

6) 当采场矿石已经出现高温或自燃时，不允许继续崩矿。

(4) 通风措施

1) 采用压抽混合式主扇通风方式，避免采用自然风压通风方式。主扇应有良好的反风性能。通风工况应保证采场有足够的排热风量及避免向采场的不必要的漏风。

2) 通风网络应尽量采用分区通风系统，并对采空区或坍塌区及废旧巷道及早严密封闭。

3) 降低进风风温，有条件时，可增设辅扇以加大供风量，并在采场回风侧设调节风窗，以便提高采区通风风流的风压，加快排热。

4) 采取封堵、密闭等方法以消除压差或降低采区两侧压差，利用均压通风技术改善采区通风状况。

(5) 管理措施

1) 加强采场矿体的顶板支护和管理。防止顶板冒落而恶化采场矿石的散热条件。

2) 加强矿体和矿石温度及有关特性的监测，一旦有异常迹象，即采取措施处理，如排除少量高温危险矿石，对高温地段的矿石先降温后再进行开采等。

3) 保持采矿各工艺环节的连续衔接，减少矿石在空气中无效暴露氧化时间，即做到不提前拉开矿体，开采后不拖延出矿。

4) 针对矿山实际情况、矿石氧化自燃的特点及现有的技术水平，确定适合矿山实际情况的合理的采场爆堆警戒温度，以便于及时主动地采取措施防止矿石的自燃。

4.2 硫化矿开采防自爆技术措施

到目前为止，防治硫化矿开采中炸药自爆的技术措施有以下方面[12]：

(1) 使炸药与矿物隔绝。为防止硝铵炸药与硫化矿石直接接触，用 0.1 ~ 0.15 mm 的玻璃丝布包在药卷的外层，避免装药时矿石与炸药直接接触。

(2) 孔内不装雷管。在炮孔内不装雷管，用导爆索起爆。因为导爆索起爆点在 260 ℃以上，比雷管的起爆点高（雷管起爆点为 155 ~ 170 ℃）。

(3) 用木塞充填孔口。正常爆破，孔口充填都采用炮泥，但在有自爆现象的矿岩中，爆破时孔口充填采用木塞。

(4) 在药包自爆之前完成爆破。根据经验公式：

$$T_k = 1\,317 e^{-2.21 \times 10^{-2} t} \times G^{-0.509}$$

式中　T_k 为自爆延滞时间 (min)；

t 为药包周围矿石温度；

G 为矿石中硫酸铁的质量分数（Fe^{3+}的质量分数，矿石中同时存在 Fe^{2+} 时，均按 Fe^{3+} 考虑）。

计算得出：当矿石中 Fe^{3+} 的质量分数为 0.4% ~ 0.5%，矿石温度为 30 ~ 80℃时，其自爆延滞时间为 3 ~ 1 h。因此，爆破作业时，必须根据预先求得的自爆延滞时间，确定出从装药至起爆的安全工作时间,采用快速装药。这对防止药包自爆有十分重要的作用。

(5) 大爆破严格按照程序操作。高硫化矿床爆破程序是:取样分析及测孔温→爆破设计及审核→爆破材料加工及爆破施工组织→装药爆破。

(6) 采用防自爆炸药。目前防自爆炸药已研制成功,可直接用于生产。

5. 结论

以上研究论述表明:

(1) 国内外硫化矿床开采防火防爆相关研究进展缓慢,多年来没有实质性的突破,迄今还没有一本较系统地论述硫化矿开采防火防爆问题的专著问世。硫化矿石自燃自爆过程的复杂性,相关科研经费和投入研究人力的短缺是研究停滞的重要原因。中南大学课题组在这方面做了大量的工作,并且取得了一系列科研成果。

(2) 介绍了硫化矿石氧化自燃和炸药自爆的几种机理,提出了一种最新的、比较成熟的多因素综合鉴定法来测定硫化矿石的自燃倾向性。

(3) 系统地总结了现阶段最新的硫化矿石自燃预测预报技术,并提出了炸药自爆危险性评定方法,最后介绍了硫化矿开采防火防爆技术措施。

期待更多相关科研工作者将更多的精力投入到此领域的研究中,出更多的文献,出更多的成果,从而有所突破。

感谢吴超教授在此论文的撰写过程中提供的指导和修改意见。

◎参考文献

[1] 邬长福. 高硫金属矿床内因火灾及其灭火措施 [J]. 矿业安全与环保, 2002, 29 (2): 21-22.

[2] 吴超, 孟廷让. 高硫矿井内因火灾防治理论与技术 [M]. 北京: 冶金工业出版社, 1995: 2.

[3] 吴超, 孟廷让, 王坪龙, 等. 硫化矿石自燃的化学热力学机理研究 [J]. 中南矿冶学院学报, 1994, 15 (2): 156-161.

[4] 仇勇海, 陈白珍. 金属硫化矿体自燃的电化学机理 [J]. 中国有色金属学报, 1995, 5 (4): 1-4.

[5] 李孜军. 硫化矿石自燃机理及其预防关键技术研究 [D]. 长沙: 中南大学, 2007: 25-27.

[6] 李孜军, 古德生, 吴超. 高温高硫矿床开采中炸药自爆危险性的评价 [J]. 中国矿业, 2002, 11 (2): 15-18.

[7] 许春明, 吴超, 陈沅江. 硫化矿石堆自燃的灰色预测研究 [J]. 安全与环境学报, 2008, 8 (4): 125-127.

[8] 李明, 吴超, 李孜军. 多因素耦合条件下硫化矿石自燃神经网络动态预测模型研究 [J]. 中国安全科学学报, 2007, 17 (8): 32-36.

[9] 高科, 李明, 吴超, 等. 突变级数法在硫化矿爆堆自燃发火预测中的应用 [J]. 金属矿山, 2008, (2): 20-24.

[10] 阳富强, 吴超, 吴国珉, 等. 硫化矿石堆自燃预测预报技术 [J]. 中国安全科学学报, 2007, 17 (5): 89-95.

[11] 李孜军. 硫化矿石自燃机理及其预防关键技术研究 [D]. 长沙: 中南大学, 2007: 148-152.

[12] 万勇, 龚浩源. 开采高硫矿床的防炸药自爆技术 [J]. 采矿技术, 2004, 4 (4): 46-48.

不同国家应急管理体系分析研究

杨 巍　周智勇（指导教师）

（中南大学资源与安全工程学院，长沙，410083）

摘　要　我国正处于社会转型期，切实加强应急管理，提高预防和处置突发公共事件的能力，是构建社会主义和谐社会的重要内容。本文从研究国内外应急管理体系现状入手，比较国内外在应急管理方面的做法，分析我国应急管理存在的不足，在参考国外成功做法的基础上，初步给出构建我国应急管理体系的思路和方法。

关键词　应急预防　应急响应　应急保障　应急管理体系　突发事件

长期以来，人类社会的进步常常以其赖以生存的环境的不断恶化为代价，其后果必然是自然或人为灾害的不断增多。近年来，随着社会经济的发展，城市面积不断扩大，人口、资产密度迅速提高，使人为灾害、自然灾害以及复合型灾害的发生频率、影响范围与危害程度均在增长，国内外综合性重大突发公共事件的发生频率与危害已呈现不断增大的趋势，如自然灾害、突发公共卫生事件、突发社会安全事件、特大安全事故等，这些都产生了严重的社会连锁反应和政治后果。这种不可预测的、规模较大的突发公共事件，往往会对人类的生存和发展造成预料不到的灾难性后果与危害[1]。美国"9·11"事件和2003年发生的"非典"公共卫生事件等，充分显示了当前人类应急管理水平的滞后，如何应对突发事件及其引起的危机，已成为世界各国政府、各个地区都必须认真对待的重大问题。

1. 国外应急管理体系现状

1.1 美国应急管理体系概况

突发事件在美国又被称为紧急事件，美国对其定义是：由美国总统宣布的，在任何场合、任何情景下，在美国的任何地方发生的需联邦政府介入，提供补充性援助，以协助州和地方政府挽救生命、确保公共卫生、安全及财产或减轻、转移灾难所带来威胁的重大事件[2]。

美国自第二次世界大战以来，就相当重视突发事件应急管理体系建设。早在1947年，美国就通过了《国家安全法》，1967年建立了覆盖全国的911紧急救助服务系统，1979年摒弃传统的分灾种、分部门的单一应急管理模式，建立了以联邦应急管理局（Federal Emergency Management Agency，简称FEMA）为核心的政府应急管理体系，并于20世纪90年代逐步形成功能完备的突发事件应急管理体系，该应急管理体系以总统直接领导的国家安全委员会为决策指挥中心，以应急性危机决策特别小组为行动指挥，国防部、联邦调查局、国土安全部等相关部门分工负责、跨部门协调[3]。美国应急管理体系将高效协调机构、应急管理网络和应急管理计划有机融合到一起。美国国土安全部强调，应急不仅是国家和地方的责任，也是公民的个人责任，要求公民平时就做好应急准备，备好足够3天生存所需的应急物品，这些物品包括换洗衣物、睡袋、食品和水、手电、半导体收音机、药品等。

1.2 俄罗斯应急管理体系概况

自20世纪90年代以来，因苏联解体，国内社会制度发生巨变，俄罗斯经历了长期、急剧的政治动荡、金融危机、民族冲突，经受着北约东扩带来的巨大外部压力。因此，俄罗斯形成了与美国有所不同的应急管理体系，该体系由总统直接领导，以联邦安全会议为决策机关，以联邦安全局、国防部、紧急情况部、外交部、联邦通信与情报局等权力部门为执行机关，各部门既有分工又相互协调（见图1）。

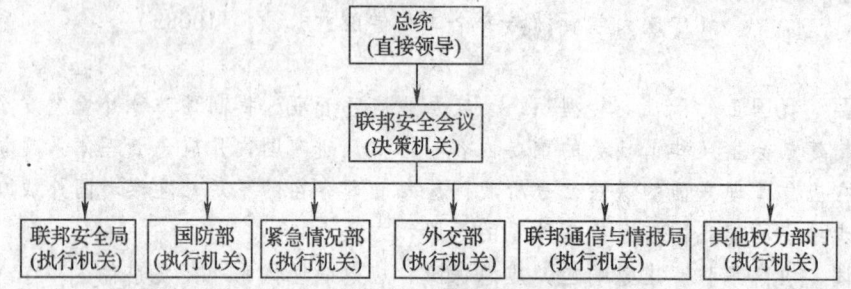

图1 俄罗斯应急管理框架

1.3 日本应急管理体系概况

日本是一个自然灾害类突发事件频发的国家，也是世界上最重视突发事件应急管理体系研究的国家。为最大限度减小因突发事件造成的巨大损失，日本政府不仅在防灾法律、行政组织建设方面下了很大工夫，还在防灾资金的投入上也给了充分保障[4]。日本各类专业防灾研究机构、灾害研究中心以及防灾学会达数十家之多，日本高等院校的应急管理专业人才培养在世界上也是首屈一指的。这些情况都表现出日本应急管理体系日常化的特点。

日本的应急管理体系是在战后50多年的防灾管理体系的基础上建立起来的，大致经历了三个发展阶段（见图2）：以单项灾种管理为主进行防灾减灾管理阶段、从单项灾种防灾管理转向多项灾种综合防灾管理阶段、从综合防灾管理转向国家危机管理阶段。当前，日本正处于完善综合性应急管理体系的阶段。进入20世纪90年代后，日本先后发生阪神大地震、奥姆真理教投放毒气等一系列重大突发事件后，引发了全国关于"政府中枢如何迅速、有效应对危机"的大讨论，并逐步建立和完善了综合性应急管理体系。

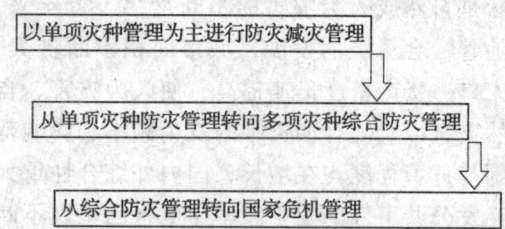

图2 日本应急管理体系的三个发展阶段

1.4 国外应急管理体系的主要特点

通过研究分析以上几个国家的应急管理体系，得出国外应急管理体系的主要特点为：

（1）公民的危机意识较为普及

在国外，为提高公民危机意识和应急管理能力，许多国家的政府都很重视全民应急管理培训或演练演习等素质教育，尤其是在日本，忧患意识和危机意识已深入民心。

（2）中枢决策系统较为强大

美国的中枢决策系统是总统和国家安全委员会，俄罗斯的中枢决策系统是总统和俄罗斯联邦安全会议，日本的中枢决策系统是首相和内阁官房，此类中枢决策系统是应急管理体系的核心。同时，还建立起相应的辅助系统，确保中枢决策系统能够掌握全面、准确的信息，并作出正确决策。

（3）组织结构较为健全

从国际上看，一些发达国家对建立强有力的应急管理体系协调制度都相当重视。如美国的联邦应急管理局、俄罗斯的紧急情况部等，这些部门在突发事件的应急管理中，在中央与地方之间、政府与社会之间起到桥梁作用，是应急管理中的重要协调、执行机构。

（4）法律体系趋于完善

许多国家非常重视应急管理体系的法律法规建设，都有这方面的专门立法，如美国有《国家安全法》《全国紧急状态法》和《反恐怖主义法》等，俄罗斯有《俄罗斯联邦紧急状态法》《俄罗斯联邦战时状态法》《紧急事件和救援服务以及救援者的地位法》等，日本有《武力攻击事态对应法案》《安全保障会议设置法修正案》等。

（5）社会力量广泛参与

如美国通过制定各级救灾组织、指挥体系、作业标准流程等规定，充分利用民间组织及社区救灾力量，通过广播呼吁社会中的建筑师、医护人员等专业人士投入救灾工作，广泛调度民间人力资源；俄罗斯的民防抢险救援机构的专业水平极强。民间社会力量的参与，既能缓解政府部门的压力，也能发挥民间社会力量广泛性、基础性的优势，提升应急管理的整体能力与水平。

2. 国内应急管理体系现状分析

2.1 当代中国应急管理的现状

近年来，我国发生的一系列重、特大公共事件反映出我国在应急管理方面存在的问题仍然十分突出，其原因主要是我国的应急管理体系一直是由政府各职能部门归口管理、分兵把守、自成体系，未建立起统一指挥、分级负责、互相协调的应急管理机制，

信息系统的通信平台、数据接口、数据库结构、功能要求等缺乏统一标准，无法实现互联互通和共享资源。此外，有些应急信息系统平时缺乏信息积累、应急演练和日常维护，也致使应急信息系统往往在关键时刻难以发挥作用。

为了提高政府保障公共安全和处置突发公共事件的能力，最大程度地预防和减少突发公共事件的发生及其造成的损害，保障公众的生命财产安全，维护国家安全和社会稳定，促进经济社会全面协调、可持续发展，依据宪法及有关法律、行政法规，我国制定并正式施行了《国家突发公共事件总体应急预案》，并已编制完成105个专项和部门预案，以及绝大部分省级应急预案，已初步形成全国应急预案体系。随着应急预案工作的深入，同样面临着如何发展应急技术来支撑应急预案实施的问题。我国地域广阔、地区发展不平衡、人口多、灾害事故种类繁多且形式复杂等国情使应急技术的研发相比大多数发达国家面临更大挑战，而传统的"单灾种""条块分割"的应急模式则给应急技术的发展构成体制难题。《国家突发公共事件总体应急预案》规定，由国务院应急管理办公室履行值守应急、信息汇总和综合协调职责，发挥运转枢纽作用，并要充分整合现有资源，继续发挥相关专业机构的作用，逐步形成与分级响应、属地管理的纵向网络相适应的应急体系。

当前，我国的卫生、公安、洪灾、地震和海上搜救等专业领域都建立了各自的应急信息管理和应急通信系统，在各领域的应急救援工作中发挥了重要作用。我国应急管理方面存在的问题主要有以下两个方面：在纵向上，涉及国家到省、市、县、基层的若干层次，不同层次的应急技术和应急平台在功能和要求上有着相当大的差异，其研发要与统一指挥、分级响应、属地为主的应急体制

相一致，不重复建设，不浪费资源；在横向上，应急技术和应急平台的设计应能改变同级部门间条块分割、独立作战的局面，充分体现协同应急的功用[5]。

2.2 我国应急管理存在的不足及原因分析

（1）应急意识普遍缺乏

中国传统的历史文化养成了中国人以不变应万变的性格，向往"永世不易"的理想社会，公众的突发事件应急意识比较淡薄。由于缺乏突发事件应急意识，当突发事件来临时，人们的心理承受能力极差，立即陷入恐慌之中，给政府处理突发事件带来极大困难。

（2）部门分割，协调不足

从组织管理看，各个应急管理部门的纵向应急管理体系较为完备，但各部门横向之间的职责分工关系并不十分明确，职责交叉和管理脱节现象并存，缺乏统一协调。

（3）民间力量参与不足

当国家面临各类突发事件时，应尽可能集中全社会的力量，而不单单是政府的孤军奋战。在我国，政府在应急反应中势单力薄，没有充分利用民间公益组织的力量、发挥其作用，使得民间公益组织参与应急处理渠道不畅通，造成的结果是：在突发事件中许多本可以由民间公益组织参与完成的事务，不得不由政府单独完成，加大了政府的工作成本，也延长了突发公共事件处理的进程。

（4）应急预警机制不完善

目前我国大多数城市的应急预警能力不足，导致政府很难发觉突发事件发生之前特定潜伏期内的种种外部迹象。突发事件发生后，又由于信息沟通不够，进一步扩大了不良后果。

（5）公共安全投入严重不足

应急管理机制的建立与完善在很大程度上依赖于资金投入的保证程度。仅从城市政府财政支付能力看，集中应对少数突发事件的力量是具备的，但从全方位防范和常规性防范的要求看，资金的投入远远不足。

（6）应急处理滞后

一方面，目前我国政府特别是地方政府，缺乏专门的、常设的机构从事突发事件的管理工作，至多是针对某一事件临时抽调部分人员组成的非常设机构，这具有较强的临时性和不确定性，不利于突发事件的有效处理。另一方面，从事政府应急管理工作的人员大多不具有专业背景而且没有受过正规的、系统的应急管理培训，这在很大程度上也不利于应急管理工作的有效开展。

（7）应急信息沟通不畅

现代社会中信息的沟通不可缺失，信息不仅要在政府决策中心内部充分流动，也必须在更大的社会范围中充分准确流动。传统的金字塔行政管理组织结构，纵向层次多信息的渠道长流动受阻；横向各职能部门相互隔离，信息联动机制不良，常常造成信息扭曲失真。

3. 应急管理体系的构建研究

3.1 我国应急管理的指导原则[6]

（1）以人为本、以预防为主的原则

公众生命安全是应急管理的首要责任，尊重生命权，在处理突发事件上以人为本、把保护和挽救公众生命安全放在首位，把突发公共事件的监测、预警、预防等作为应急管理的中心环节。

（2）指挥统一、运转协调的原则

任何一种突发公共事件的应对和管理都会涉及多个部门，它们之间的配合与沟通是有效控制的关键。从我国实际情况看，加强应对应急能力的中心环节，就是通过组织整合、资源整合和行动整合，建立统一指挥、统一行动、分工合作的综合应急管理体制。

（3）依法行政的原则

众所周知，行政合法性原则是行政权行使最基本的原则，在正常运行的社会中，行政机关一般会遵循这个原则。然而，当紧急情况出现时，行政机关往往首先想到的是如何解决突发事件，至于行政行为合法性的考虑则退居次位。因此，当人们无法预料的突发事件降临时，法律规范的缺位必然导致无法可依的局面。

（4）行政应急性原则

运用紧急权力的目的是使局势迅速正常化，恢复法律秩序下的社会常态，有学者认为应急性原则是现代行政法治原则的重要内容。

（5）效率原则

由于突发公共事件的突发性和严重性，政府为了防止灾难后果的产生或者扩大，必须采取高效、迅捷的对抗措施来排除危险。为了维护社会秩序和公共利益，应当强调集权，强调效率，否则就难以达到排除紧急危险的目的。

3.2 突发公共事件的确认

突发公共事件的确认是指在法定条件下由法定主体依法定程序对突发公共事件予以认定或决定并依法宣布的活动。突发公共事件的确认属于一种紧急决策权或决定权，具有下列特点：法定性、高度裁量性、动态性[7]。

突发公共事件确认的方式有三种：事前确认（即预警）、事中确认、事后确认（即追认）三种（见图3）。

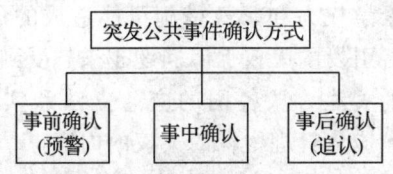

图 3 突发公共事件确认的方式

总的来说，突发公共事件或紧急事态的确认权在性质上属于决策权，因此，与突发公共事件的具体应急处置权相比，它需要更多的集中[8]。

3.3 应急预警与反应

应急预警是整个突发公共事件管理过程的第一个阶段，目的是有效地预防和避免突发公共事件的发生。应急预警指的是以先进的信息技术平台，通过预测和仿真技术对突发事件态势进行有效的动态检测，做出前瞻性分析和判断，及时评估各种灾害的危险程度，并给出参考性对策建议，提高应急管理的效率和科学性。

从突发事件对预警功能的界定和国际应急预警体系的经验和教训来看，一个完善的预警机制可能涉及以下几个方面：

（1）完善的突发事件分类及标准。
（2）完备的信息处理过程。
（3）公共安全科技及应急监测系统。
（4）有效的警情发布和行动准备机制。
（5）及时编制预警方案[9]。

3.4 应急参与主体

3.4.1 中枢指挥系统

依法组建一个应对突发事件的中枢指挥系统，是整个应急管理机制的灵魂。突发事件发生后，行政应急组织负责处理应急管理的日常工作，发挥上传下达的作用。政府在应急管理方面有着首当其冲的责任。我国目前需要建立起强有力的应急管理中枢指挥系统，建立专门的常设应急组织。应急管理中枢指挥系统应该具有以下几方面的特点：

（1）该系统需具有足够的权力。
（2）该机构可以依法享有应急管理方面的协调、调度、政策制定、信息处理等权力。
（3）该机构在应急管理中是其他行政部门的领导机构，需要果断决策[10]。

3.4.2 决策参谋系统

为防止决策的盲目性，提高决策的科学性和透明度，应在相关领域中设立专家资源储备库,建立安全防护决策研究专家委员会,赋予其参与政府决策的法律地位,以保证政府决策的科学性和社会透明度[11]。

3.4.3 公众支持系统

(1) 民间公益组织的参与

在日本、加拿大、韩国这些国家,国家发生突发事件后,民间组织往往表现得非常活跃,并显示出及时、高效、灵活的特点。经过长期的发展,这些民间组织已经逐渐专业化,在政府的应急管理中发挥了非常重要的作用[12]。但是在我国,发生突发事件后,民间组织的力量却没有被充分利用起来。如何把民间组织规范地引入到行政应急处理过程中,是首先要解决的问题,有以下几条途径:

1) 制定和完善管理法规,对民间公益组织的主体资格、活动范围、责任义务、违法违纪行为等明确加以规定,使民间组织能在正确的法制轨道中健康发展。

2) 政府机关加快职能转变,向有限政府的方向转变,实行政社分开。

3) 加强对民间公益组织的指导和监督[13]。

(2) 媒体力量的参与

在美国,媒体被称为第四种权,与行政权、司法权、立法权并列。媒体在当今社会里,在各个国家都起着监督的作用,不仅监督国家机关的行为,也监督公众的社会行为,起到提高公民公众意识的作用。在国家发生突发事件后,媒体是公众掌握突发事件信息的主要渠道,媒体报道真实、完整与否都影响着社会公众的心态,从而影响社会的稳定。

3.5 应急信息管理

作为突发事件发展过程中最缺乏的一种资源,信息本身不仅存在着数量庞大、种类繁多的特点,而且还常常会随着时间的推移不断地发生变化[14]。因此,要想使它在应急管理过程中能够更好地发挥作用,就必须引入现代管理思想对它进行科学的管理,以便最终将信息的收集、传递、处理以及使用等工作都纳入科学的轨道。针对我国应急信息管理的现状,为进一步加强应急信息管理,提高政府应对突发事件的能力,提出以下措施:

(1) 完善信息情报系统。

(2) 建立信息披露机制。

(3) 加强突发事件公关,正确发挥媒体作用。

(4) 建立国际沟通与协作机制。

3.6 应急法律体系与人权保障

我国在应急管理的实践过程中,法制建设存在很多问题:一是相当长时间内没有统一的紧急状态法[15];二是有关的突发事件处理法规对政府可以采取的紧急措施规定得不够清楚,特别是一些必要行政程序的缺乏,很容易为政府随意扩大行政紧急权力留下法律漏洞;三是对公民的权利保障没有底线,这样很容易使公民的权利在紧急状态时期遭受各方面的侵害,而无法获得法律上的有效救济[16]。应急法律体系的立法应遵循以下原则:

(1) 法治原则。

(2) 效率原则。

(3) 人权保障原则。

(4) 行政应急性原则。

突发事件应对法治需要消除的有两种危害或威胁:一是突发事件本身造成的危害,二是紧急权力和紧急措施可能造成的危害。由后者引发的人权保障问题越来越受到人们更多的关注。从各国的应急立法和实践来看,在应急管理中保障人权的内容正是通过下列对"权利限制"的限制得以体现的:

(1) 权利限制的宪法保留和法律保留。

(2) 最低人权标准或不得克减的权利。

(3) 比例原则[17]。

3.7 应急保障

充分的社会资源保障是进行有效应急管理的基础，其贯穿于突发事件预防、突发事件处理、突发事件救治三个阶段，根本作用在于化解风险，维护社会稳定。要做好以下几方面：

（1）应急信息保障（通信保障、网络信息保障）。

（2）应急人力资源（应急管理人员、应急专家、应急专业人员、应急人力动员）。

（3）应急物资保障（包括建立应急物资目录、整合应急物资标准、应急物资实物储备、应急物资生产能力储备、应急物资紧急采购和进口、非政府物资征用）。

（4）应急基础设施保障（包括避难交通工具、道路桥梁、临时房屋）。

（5）应急资金保障[18]。

4. 结论

（1）应急管理的价值取向是增进社会公平和公共利益；其手段应以行政和法律手段为主，经济手段为辅；其管理权限具有垄断性，运用的资源具有公共性。

（2）应急管理是人类社会和平进程中一项长期的任务，不是一项临时、突发性的工作。它是人类征服自然、改造自然、利用自然的必需进程。应急管理就是为了进行研究找出规律，趋利避害，有效地控制和防范各类危机的突然爆发。

（3）突发事件具有双重性。危机事件的爆发会给人类社会带来灾难和损失，同时，每次危机事件爆发之后，推动人们对这一事件或灾害深入研究，探索规律，认真防治。

（4）应急管理体系建设必须与社会经济发展相适应，必须与科学文明进程相协调。否则，社会的发展进程将可能受到阻碍，科学文明进程将可能受到新的挑战。

（5）应急管理是一个政府的基本职能和常规性工作，而并非一项临时性和突发性的工作。

◎ 参考文献

[1] 郭济. 政府应急管理实务 [M]. 北京：中共中央党校出版社，2004.

[2] 杨明杰. 国际危机管理概论 [M]. 北京：时事出版社，2003.

[3] 钟开斌. 政府危机管理的五大软肋 [J]. 决策，2005（8）：26.

[4] 肖金明. 另一类法制：紧急状态法制 [J]. 山东大学学报，2004（3）：139.

[5] 马怀德. 中国行政法的崛起 [M]. 北京：北京大学出版社，2005：36.

[6] 万军. 浅析政府应急管理的八项指导原则 [J]. 中国党政干部论坛，2003（10）：34.

[7] 杨海坤. 中国行政法学 [M]. 北京：中国人事出版社，2000：186.

[8] 莫于川. 公共危机管理中的行政指导措施引出的行政法学思考 [J]. 法律适用，2004（10）：9.

[9] 郭春明. 紧急状态法律制度研究 [M]. 北京：中国检察出版社，2004：78-79.

[10] 罗伯特·希斯. 危机管理 [M]. 北京：中信出版社，2001：19.

[11] 杨涤非. 俄罗斯联邦紧急状态法研究 [J]. 北京市政法管理干部学院学报，2004（2）：50.

[12] 斯蒂芬·L·埃尔金，卡罗尔·爱德华·索乌坦. 新宪政论：为美好的社会设计政治制度 [M]. 北京：生活·读书·新知三联书店，1997.

[13] 于安. 制定紧急状态法的基本问题 [J]. 法学杂志，2004（4）：7.

[14] 姜明安. 我国行政程序立法模式选择 [J]. 中国法学，1995（6）：44.

[15] 于安. 制定紧急状态法的基本问题 [J]. 法学杂志，2004（4）：19.

[16] 赵志立. 加强危机管理与提高党和政府执政能力 [J]. 社会科学研究，2005（5）：46.

[17] 韩大元，莫于川. 应急法制论 [M]. 北京：法律出版社，2005：52-56.

[18] 陈新民. 中国行政法学原理 [M]. 北京：中国政法大学出版社，2002：35.

建筑施工主要安全事故事故树分析

李恒春　周智勇（指导教师）

（中南大学资源与安全工程学院，长沙，410083）

摘　要　针对建筑施工过程中经常发生的几种事故，采用事故树分析的方法，在查阅大量资料的基础上对各事故进行原因分析。通过事故树分析，分析导致事故发生的中间事件与基本事件，得出事故预防的主要途径。

关键词　建筑施工　安全事故　事故树分析

据统计，建筑施工行业高处坠落、坍塌、物体打击、触电、起重伤害等事故的死亡人数分别占全部事故死亡人数的45.46%、20.36%、11.56%、6.62%、6.42%，总计占全部事故死亡人数的90.42%。由此可以看出，在建筑工程施工中，若能采取有效的措施，避免这几类事故的发生，将会大大改善我国建筑业安全状况，促进建筑业的健康发展。

1. 建筑施工高处坠落事故的事故树分析

高处坠落事故，即高处作业坠落事故，多年来一直是建筑施工现场各事故之首，其事故死亡人数占建筑施工现场全部事故死亡人数的一半以上。因此，深入分析高处坠落事故产生的原因，采取必要的措施加以预防，进而逐步减少甚至杜绝高处坠落事故的发生就显得尤为重要和迫切[1]。

1.1　建筑施工高处坠落事故的事故树构造

从安全系统工程学的角度来看，施工作业发生高处坠落的原因可以从人、机、环境三个方面进行分析。人、机、环境三个方面的任何一个出现缺陷，均会引起高处坠落事故，从而造成人身伤亡。下面采用事故树分析方法，对建筑施工高处坠落事故的影响因素进行分析，以发生高处坠落事故作为事故树的顶上事件 T_0，找到发生坠落事故的基本影响事件 X，根据事件间的逻辑关系，可以构造出事故树，从而对其进行安全因素重要度分析。建筑施工高处坠落事故的事故树如图1所示，共包含14个基本事件。

1.2　事故树最小径集的计算

图1所示的建筑施工高处坠落事故的事故树，表明了影响顶上事件 T_0 的14个基本事件的相互逻辑关系。此事故树用最小径集分析较为方便。将事故树转换为成功树（图略），列出布尔代数式：

$$T_0' = M_1' + M_2' = M_3' + M_4' + M_5'M_6'$$
$$= M_7'M_8' + M_9'M_{10}' + X_1'X_2'X_3'X_4'$$
$$= X_{11}'X_{12}'X_{13}'X_{14}'X_5'X_6' +$$
$$X_7'X_8'X_9'X_{10}' + X_1'X_2'X_3'X_4'$$

得到3个最小径集，分别为：

$$P_1 = \{X_5', X_6', X_{11}', X_{12}', X_{13}', X_{14}'\}$$
$$P_2 = \{X_7', X_8', X_9', X_{10}'\}$$
$$P_3 = \{X_1', X_2', X_3', X_4'\}$$

1.3　基本事件结构重要度求解

根据结构重要度近似判别法可知，X_1'、X_2'、X_3'、X_4 和 X_7'、X_8'、X_9'、X_{10}' 各在

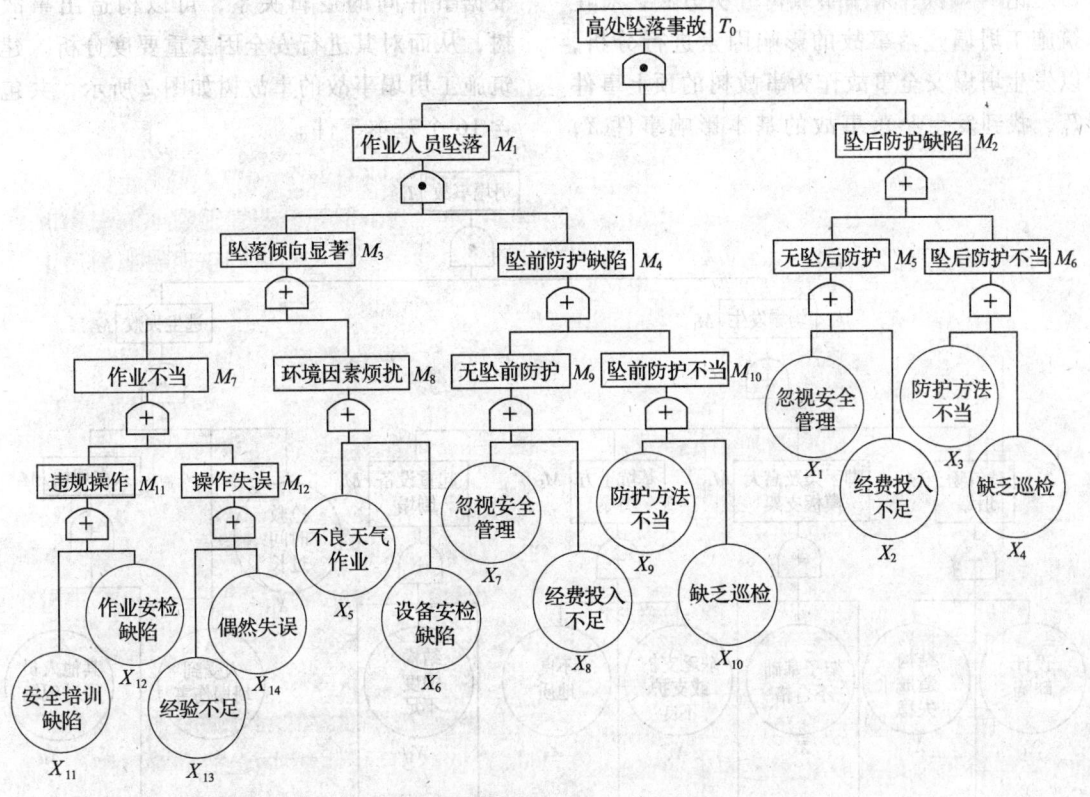

图1 建筑施工高处坠落事故的事故树

一个由四个基本事件组成的最小径集内，X_5'、X_6'、X_{11}'、X_{12}'、X_{13}'、X_{14}'在一个由两个基本事件组成的最小径集内，故结构重要度排序如下：

$$I_{(1)} = I_{(2)} = I_{(3)} = I_{(4)} = I_{(7)} = I_{(8)}$$
$$= I_{(9)} = I_{(10)} > I_{(5)} = I_{(6)} = I_{(11)}$$
$$= I_{(12)} = I_{(13)} = I_{(14)}$$

1.4 事故预防途径分析

本成功树有3个最小径集，即4条事故预防途径，分别如下：

（1）P_1（没有坠落倾向）。由X_5'、X_6'、X_{11}'、X_{12}'、X_{13}'、X_{14}'共6个基本事件组成，其中任一基本事件不成功，即导致P_1失败，即坠落发生，由于此途径包括基本事件较多，故较难控制。

（2）P_2（坠前防护合理）。由X_7'、X_8'、X_9'、X_{10}'四个基本事件组成，由于此途径包括基本事件较少，故相对容易控制。

（3）P_3（坠后防护合理）。由X_1'、X_2'、X_3'、X_4'四个基本事件组成，由于此途径包括基本事件较少，故相对容易控制。

2. 建筑施工坍塌事故的事故树分析[2,3]

坍塌一般指建筑物、堆置物倒塌和土石塌方等。

近年来，建筑主体向深基础、高楼层迅速发展，建筑施工伤亡事故中坍塌事故比例急剧增大，建设部已将坍塌事故列入多发性事故专项治理的主要内容，要求各施工现场必须认真做好预防工作。

2.1 建筑施工坍塌事故的事故树构造

针对建筑施工坍塌事故频繁发生的情况，收集了大量的典型事故案例，对造成坍塌事故的原因进行了归纳，结合系统安全分析理论的知识，采用事故树分析方法，对建筑施工坍塌坠落事故的影响因素进行分析，以发生坍塌安全事故作为事故树的顶上事件 T_0，找到发生坠落事故的基本影响事件 X，根据事件间的逻辑关系，可以构造出事故树，从而对其进行安全因素重要度分析。建筑施工坍塌事故的事故树如图2所示，共包含16个基本事件。

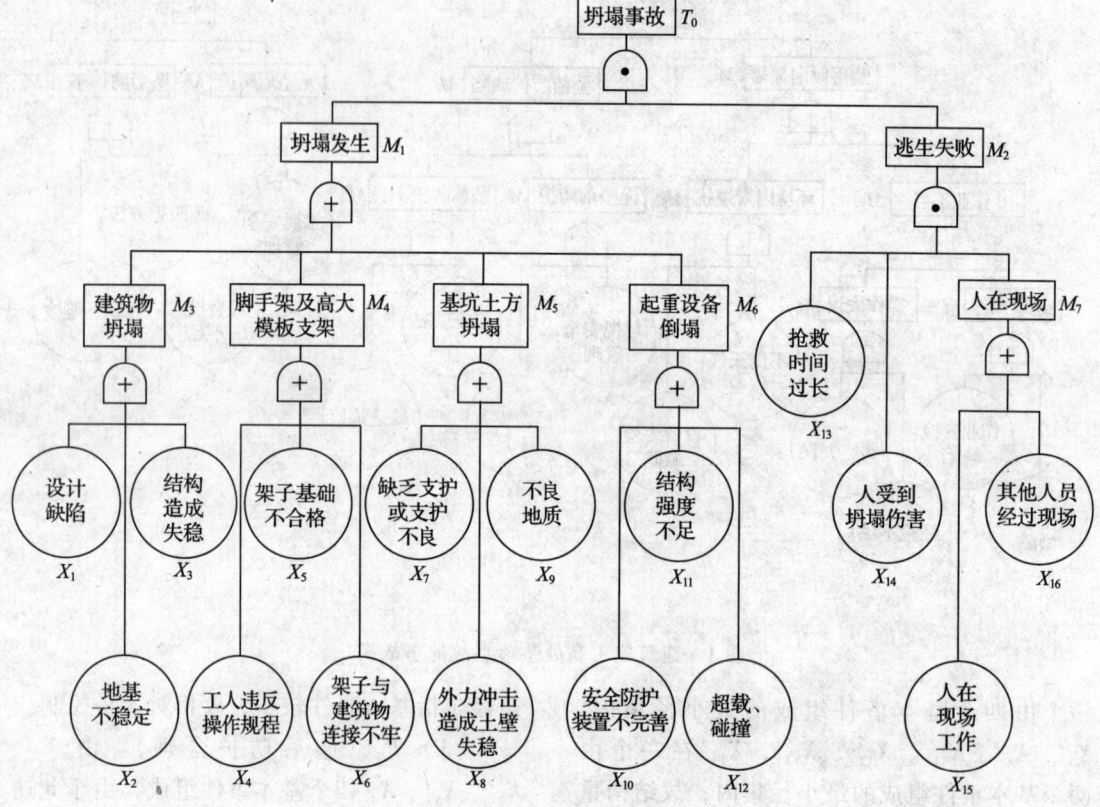

图2 建筑施工坍塌事故的事故树

2.2 事故树最小径集的计算

从图2可知，此事故树用最小径集分析较为方便。将事故树转换为成功树（图略），列出布尔代数式：

$$T_0' = M_1' + M_2'$$
$$= M_3'M_4'M_5'M_6' + X_{13}' + X_{14}' + M_7'$$
$$= X_1'X_2'X_3'X_4'X_5'X_6'X_7'X_8'X_9'X_{10}'X_{11}'X_{12}' + X_{13}' + X_{14}' + X_{15}'X_{16}'$$

得到4个最小径集，分别为：

$$P_1 = \{X_1', X_2', X_3', X_4', X_5', X_6', X_7', X_8', X_9', X_{10}', X_{11}', X_{12}'\}$$

$$P_2 = \{X_{15}', X_{16}'\}$$

$$P_3 = \{X_{13}'\}$$

$$P_4 = \{X_{14}'\}$$

2.3 基本事件结构重要度求解

根据结构重要度近似判别法可知：X_{13}'、X_{14}'各在一个由一个基本事件组成的最小径集内，X_{15}'、X_{16}'在一个由两个基本事件组成的最小径集内，而 X_1'、X_2'、X_3'、X_4'、X_5'、X_6'、X_7'、X_8'、X_9'、X_{10}'、X_{11}'、X_{12}'同在一个由14个基本事件组成的最小径集内，故结构重要度排序如下：

$$I_{(13)} = I_{(14)} > I_{(15)} = I_{(16)}$$
$$= I_{(1)} = I_{(2)} = \cdots = I_{(12)}$$

2.4 事故预防途径分析

本成功树有4个最小径集,即有4条事故预防途径,分别如下:

(1) P_1(未发生坍塌)。由 X_1'、X_2'、…、X_{12}' 共12个基本事件组成,其中任一基本事件不成功,即可导致 P_1 失败,即坍塌发生,由于此途径包括基本事件很多,故很难控制。

(2) P_2(现场无人)。由 X_{15}'、X_{16}'(即现场无人工作并且无其他人员经过)两个基本事件组成,由于此途径包括基本事件较少,故相对容易控制。

(3) P_3(人未受到伤害)。由 X_{13}'(即劳保用品规范使用)一个基本事件组成,由于此途径包括基本事件较少,故相对容易控制。

(4) P_4(人被及时抢救)。由 X_{14}'(即救援组织得力)一个基本事件组成,由于此途径包括基本事件较少,故相对容易控制。

3. 建筑施工物体打击事故的事故树分析[4,5]

物体打击指施工过程中的砖石块、工具、材料、零部件等在高空下落时对人体造成的伤害,以及崩块、锤击、滚石等对人体造成的伤害,不包括因爆炸而引起的物体打击。

建筑施工中物体打击伤害的主要物体是建筑材料、构件和工具。物体打击不但直接致人死亡,而且对建筑物、构筑物、管线设备、设施等均可造成损害。长期以来,物体打击一直是造成建筑职工伤亡的重要原因之一,因此,国家制定发布了不少法规,对防止物体打击事故的发生曾作过许多规定。但是,还有一些建筑施工企业,从领导到操作工人,对预防物体打击事故的许多规定不了解或不执行,以致这类事故至今仍然屡见不鲜。

3.1 建筑施工物体打击事故的事故树构造

针对物体打击事故居高不下的情况,收集了大量的典型事故案例,对造成物体打击事故的原因进行了归纳,结合系统安全分析理论的知识,根据施工现场实际情况绘制了事故树,如图3所示。

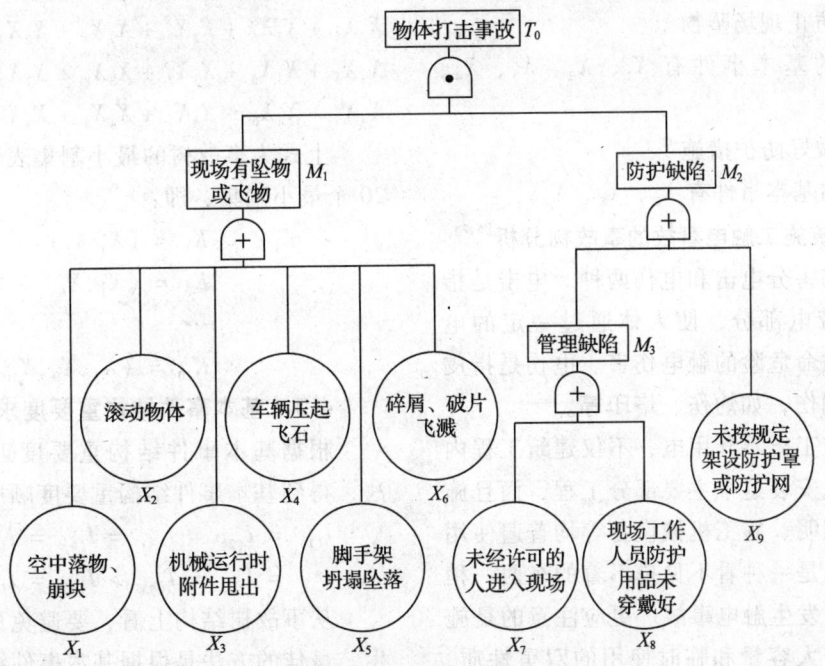

图3 建筑施工物体打击事故的事故树

3.2 事故树最小割集的计算

该事故树的结构函数为：

$$T_0 = M_1 M_2 = (X_1 + X_2 + X_3 + X_4 + X_5 + X_6)(M_3 + X_9)$$
$$= (X_1 + X_2 + X_3 + X_4 + X_5 + X_6)(X_7 + X_8 + X_9)$$

把上式展开后，可以得到 18 组最小割集，即：

$$K_1 = (X_1, X_7)$$
$$K_2 = (X_2, X_7)$$
$$\cdots$$
$$K_{18} = (X_6, X_9)$$

3.3 基本事件结构重要度求解

根据基本事件结构重要度近似判别方法，得到基本事件结构重要度顺序为：

$$I_{(7)} = I_{(8)} = I_{(9)} > I_{(1)} = I_{(2)}$$
$$= I_{(3)} = I_{(4)} = I_{(5)} = I_{(6)}$$

3.4 事故预防模式分析

从上节的分析中不难看出，预防物体打击事故最主要途径是防止现场坠物、做好防护措施。

（1）防止现场坠物

对应的基本事件有 X_1、X_2、X_3、X_4、X_5、X_6。

（2）做好防护措施

对应的基本事件有 X_7、X_8、X_9。

4. 建筑施工触电事故的事故树分析[6,7]

触电伤害分电击和电伤两种。电击是指直接接触带电部分，使人体通过一定的电流，是有致命危险的触电伤害。电伤是指皮肤局部的创伤，如灼伤、烙印等。

建筑施工离不开用电，不仅建筑工程内含建筑电气安装这个主要部分工程，而且施工现场的照明、施工机械设备等均普遍使用电能。但电是一种看不见摸不着的东西，稍有不慎极易发生触电事故。更应注意的是施工用电具有大容量和临时使用的双重性质，容易使施工企业在电线架设，电气元件、电线质量的选择，各类电器的选配以及电路的设置等方面存在着短期行为，比较简陋，因此更易引发触电事故。

4.1 建筑施工触电事故的事故树构造

结合系统安全分析理论的知识，根据施工现场实际情况，下面采用事故树分析方法，对建筑施工触电事故的影响因素进行分析，以发生触电事故作为事故树的顶上事件 T_0，找到发生触电事故的基本影响事件 X，根据事件间的逻辑关系，可以构造出事故树，从而对其进行安全因素重要度分析。建筑施工触电事故的事故树如图 4 所示，共包含 10 个基本事件。

4.2 事故树最小割集的计算

该事故树的结构函数为：

$$T_0 = M_1 M_2 = (M_3 + M_4)(M_5 + M_6)$$
$$= [(X_1 + X_2) + (X_3 + X_4)][(X_5 + X_6 + M_7) + X_9 X_{10}]$$
$$= (X_1 + X_2 + X_3 + X_4)[X_5 + X_6 + (X_7 + X_8) + X_9 X_{10}]$$
$$= X_1 X_5 + X_1 X_6 + X_1 X_7 + X_1 X_8 + X_1 X_9 X_{10} +$$
$$X_2 X_5 + X_2 X_6 + X_2 X_7 + X_2 X_8 + X_2 X_9 X_{10} +$$
$$X_3 X_5 + X_3 X_6 + X_3 X_7 + X_3 X_8 + X_3 X_9 X_{10} +$$
$$X_4 X_5 + X_4 X_6 + X_4 X_7 + X_4 X_8 + X_4 X_9 X_{10}$$

上式为事故树的最小割集表达式，共有 20 个最小割集，即：

$$K_1 = (X_1, X_5)$$
$$K_2 = (X_1, X_6)$$
$$\cdots$$
$$K_{20} = (X_4, X_9, X_{10})$$

4.3 基本事件结构重要度求解

根据基本事件结构重要度近似判别方法，得到基本事件结构重要度顺序为：

$$I_{(1)} = I_{(2)} = I_{(3)} = I_{(4)} = I_{(5)} = I_{(6)}$$
$$= I_{(7)} = I_{(8)} > I_{(9)} = I_{(10)}$$

从事故树结构上看，要避免顶上事件发生，最佳的方法是根据基本事件结构重要度依次采取措施。

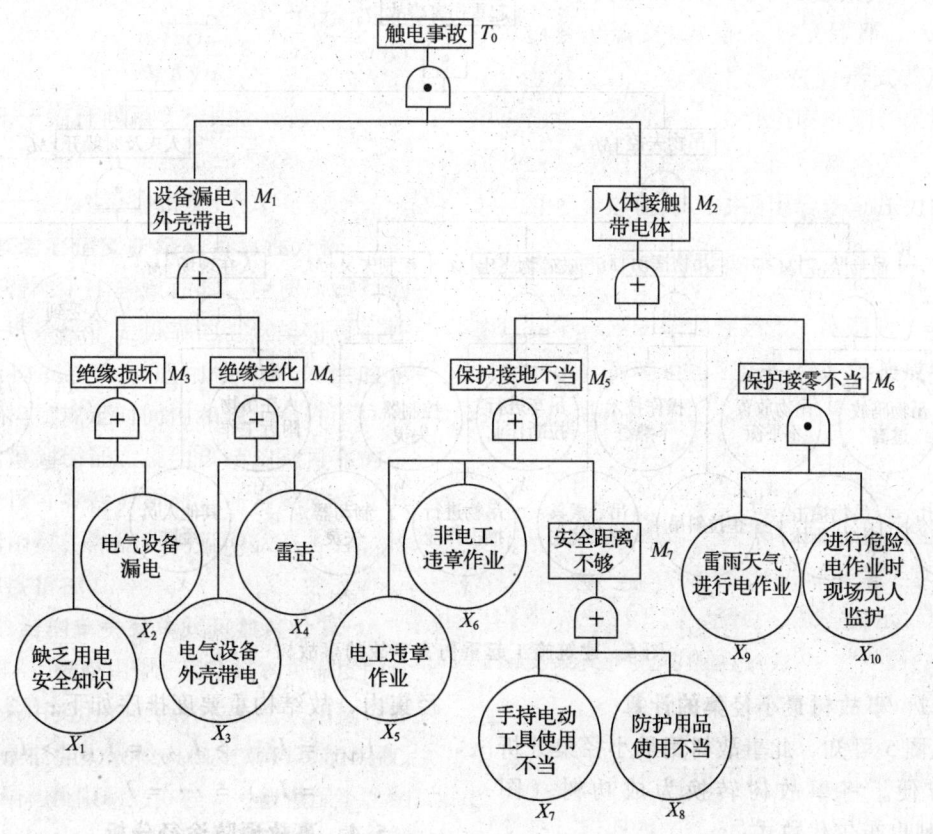

图 4 建筑施工触电事故的事故树

4.4 事故预防模式分析

从上节的分析中不难看出,预防触电事故最主要途径是保持电气设备处于安全状态、确保电工按章操作和杜绝非电工进行电作业。

(1) 保持电气设备处于安全状态

对应的基本事件有 X_1、X_2、X_3、X_4、X_7、X_8。

(2) 确保电工按章操作和杜绝非电工进行电作业

对应的基本事件有 X_5、X_6、X_9、X_{10}。

5. 建筑施工起重伤害事故分析[8]

起重伤害是指起重设备在操作过程中所引起的伤害。

建筑施工中的起重作业的特点是吊运(或安装)重物,且伴有高处作业,因此稍有不慎,极易发生重大伤亡事故。此外起重机械设备性能不良或使用不当、起重机械操作工人无证上岗等也易造成伤害事故。更有甚者,极少数施工企业为了片面追求经济效益,使用不合格的自制起重设备或使用已报废的起重机械,导致重大伤亡事故的发生。

5.1 建筑施工起重伤害事故的事故树构造

根据多件起重伤害事故的分析结果,下面采用事故树分析方法,对建筑起重伤害事故的影响因素进行分析,以发生起重伤害事故作为事故树的顶上事件 T_0,找到发生坠落事故的基本影响事件 X,根据事件间的逻辑关系,可以构造出事故树,从而对其进行安全因素重要度分析。建筑施工起重伤害事故的事故树如图 5 所示,共包含 15 个基本事件。

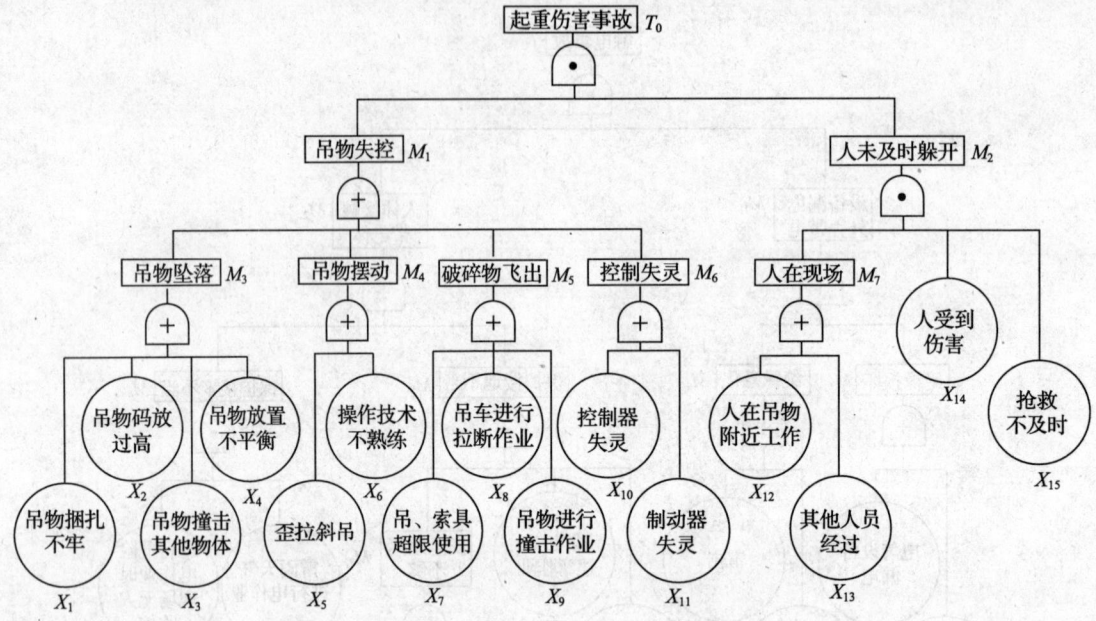

图 5 建筑施工起重伤害事故的事故树

5.2 事故树最小径集的计算

从图 5 可知，此事故树用最小径集分析较为方便。将事故树转换为成功树（图略），列出布尔代数式：

$$T_0' = M_1' + M_2' = M_3'M_4'M_5'M_6' + M_7' + X_{14}' + X_{15}'$$
$$= X_1'X_2'X_3'X_4'X_5'X_6'X_7'X_8'X_9'X_{10}'X_{11}' + X_{12}'X_{13}' + X_{14}' + X_{15}'$$

得到 4 个最小径集，分别为：

$$P_1 = \{X_1', X_2', X_3', X_4', X_5', X_6', X_7', X_8', X_9', X_{10}', X_{11}'\}$$
$$P_2 = \{X_{12}', X_{13}'\}$$
$$P_3 = \{X_{14}'\}$$
$$P_4 = \{X_{15}'\}$$

5.3 基本事件结构重要度求解

根据结构重要度近似判别法可知：X_{14}'、X_{15}'各在一个由一个基本事件组成的最小径集内，X_{12}'、X_{13}'同在一个由两个基本事件组成的最小径集内，而 X_1'、X_2'、X_3'、X_4'、X_5'、X_6'、X_7'、X_8'、X_9'、X_{10}'、X_{11}'同在一个由 11 个基本事件组成的最小径集内，故结构重要度排序如下：

$$I_{(14)} = I_{(15)} > I_{(12)} = I_{(13)} > I_{(1)} = I_{(2)} = \cdots = I_{(11)}$$

5.4 事故预防途径分析

本成功树有 4 个最小径集，即有 4 条事故预防途径，分别如下：

（1）P_1（即吊物受控）。由 X_1'、X_2'、X_3'、X_4'、X_5'、X_6'、X_7'、X_8'、X_9'、X_{10}'、X_{11}'共 11 个基本事件组成，其中任一基本事件不成功，即可导致 P_1 失败，即吊物失控。

（2）P_2（现场无人）。由 X_{12}'（即人远离吊物工作）、X_{13}'（即无其他人员经过）两个基本事件组成，由于此途径包括基本事件较少，故相对容易控制。

（3）P_3（人未受到伤害）。由 X_{14}'（即劳保用品规范使用）一个基本事件组成，由于此途径包括基本事件较少，故相对容易控制。

（4）P_4（人被及时抢救）。由 X_{15}'（即救援组织得力）一个基本事件组成；由于此途径包括基本事件较少，故相对容易控制。

6. 结论与展望

结合建筑工程施工特点，采用事故树分析方法，建立主要伤亡事故的事故树模型。在此基础上，对事故树进行了最小割集（径集）求解。通过对求解结果的分析，获得了造成事故的影响因素，分析了预防事故的主要途径。可以看出，采用事故树的定性分析的方法，为建筑施工过程中防止事故发生提供了积极、科学、合理的措施和制度建议，将为建筑施工安全作业提供可靠保证。

论文只是进行了事故的定性分析，若能获得可靠的事故树基本事件发生概率，将可以获得事故的比较精确的分析结果，无疑会对建筑业的安全作业管理起到更好的推动作用。因此，仍有必要对如何获取可靠的概率分布资料开展更深入的研究。

◎参考文献

[1] 郭豪收，张建设. 建筑施工高处坠落伤亡的事故树安全研究[J]. 山西建筑，2007, 33 (19): 197-198.

[2] 张军，周晶，卢振勇. 事故树分析方法在建筑施工模板坍塌中的应用[J]. 辽宁工程技术大学学报，2007, 26 (5): 706-708.

[3] 卢文刚，张勇，姜耀武. 浅论施工坍塌事故发生原因及预防措施[J]. 建筑安全，2008, (3): 13-16.

[4] 黄跃光. 浅议物体打击事故的防范措施[J]. 安全、健康和环境，2002, 2 (8): 40.

[5] 张树义，白继承. 铁路隧道施工人员伤亡事故树分析[J]. 世界隧道，2000 (3): 57-61.

[6] 黄相岩，程文东. 基于事故树理论的矿山人员触电事故致因分析[J]. 中国西部科技，2008, 7 (17): 38-39.

[7] 常登刚，张敬武，王琦. 运用故障树分析预防电气检修作业过程的触电事故[J]. 化工劳动保护，2001, 22 (7): 235-237.

[8] 石春霄，杨涛. 典型起重伤害事故树模型分析[J]. 科技情报开发与经济，2006, 16 (16): 177.

某矿井安全评价的实践

苏小娥　毕　林（指导教师）

（中南大学资源与安全工程学院，长沙，410083）

摘　要　通过对矿井各种重大危险源的分析与辨识，提出矿井重大危险源的评价方法，针对苍山铁矿的具体情况提出了相应的评价方法，特别是事故树法的应用。应用评价结果，找出相应的重大危险源，再采用相应的控制措施，从而降低整个矿井的事故发生率，确保矿井的安全生产。

关键字　地下矿山　危害辨识　风险评价　风险控制

近年来，我国的采矿业随着国民经济的发展而快速发展。但是我国的金属非金属矿山整体安全状况较差，安全生产形势较为严峻。据最近几年的统计，非煤矿山事故每年死亡 2 000 人左右，在工矿企业中仅次于煤矿，居第二位。基于以上原因，本文通过收集、整合有关矿井生产的安全技术知识，将其运用于苍山铁矿实际情况中，通过对矿山各种重大危险源的分析与辨识，提出矿山重大危险源的评价方法，确保矿山的安全生产。

1. 危险源辨识方法及步骤

以咨询人员作指导，由公司专业人员、管理人员、一线员工参与来完成。

（1）发动每个一线员工查找出本岗位的危险源，要在专业人员或者管理人员指导下进行。

（2）做好危险源汇总、统计、归类工作。

（3）经公司辨识评价组完善的危险源清单必须发给全体员工确认、补充，使每个员工进一步辨识出本岗位的危险源，再将危险源清单反馈回公司辨识评价组。

（4）公司辨识评价组再组织专业人员、管理人员按 $D = LEC$ 的公式计算 D 值。

（5）公司辨识评价组根据以上分级，编制出危险源清单、重要危险源清单和重大危险源清单，报公司领导或者公司安委会审核确认。

（6）公司组织有关部门对重大危险源应当编制事故应急预案；对重要危险源应当制定安全管理规定，并制订相应的应急措施或者应急预案。

2. 危险源风险评价方法

风险评价的常用方法

（1）定性评价方法

定性评价方法是根据经验对生产中的设备、设施或系统等，对工艺、设备、环境、人员配置和管理等方面的状况进行定性判断，评价结果用危险集合给出，如安全检查表法、风险评价指数矩阵法等。

（2）半定量评价方法

用一种或几种可直接或间接反映物质和系统危险性的指数（指标）来评价系统的危险性大小。作业条件危险性评价法（LEC）是一种简单易行的评价方法，即人们在具有潜在危险性的环境中作业时，进行危险性半定量评价的方法。这种方法是使用与系统风险率有关的三种因素指标值之积，评价系统人员伤亡风险大小。

（3）定量评价方法

定量评价法是用系统的事故发生概率和事故严重程度来评价，主要有故障树分析（FTA）、事件树分析（ETA）、故障类型和影响危险性分析（FMEA）等。

3. 苍山铁矿危险源辨识、风险评价和风险控制

矿区位于山东省临沂市苍山县与枣庄市交界处，行政区划属苍山县鲁城乡。烟台—汕头的 206 国道距离矿区很近，从矿区南侧通过，苍山县至枣庄的沥青公路通过矿区，矿区东至苍山县城 28 km，西至枣庄市 19 km，该区属大陆性季风气候区，四季分明。

3.1 评价单元的划分与评价方法的选择

（1）评价单元的划分原则

该项目安全评价单元划分的原则是：

1）以可能发生的伤害或破坏的类别划分单元，对所划分单元进行危险、危害性分析。

2）选择造成事故可能性较大的危险有害因素作为独立的评价对象，进行定性或定量的安全评价，提出针对性的事故预防措施建议。

（2）建设项目评价单元划分

划分单元的目的是对所评价单元中可能存在的危险有害因素进行充分的识别和分析。合理地划分单元是确保评价工作全面、细致的基础。在对该矿建设项目进行安全预评价的过程中，为全面、客观地进行评价，分为以下 12 个单元进行：

1) 总平面布置单元。
2) 地压灾害单元。
3) 水害单元。
4) 提升运输伤害单元。
5) 中毒窒息伤害单元。
6) 电气设备及设施伤害单元。
7) 火灾单元。
8) 高处坠落与物体打击单元。
9) 爆破及火药爆炸伤害单元。
10) 排土场危害单元。
11) 职业危害单元。
12) 其他危害单元。

(3) 评价方法的选择

为了对拟建工程评价分析，最大限度地识别该矿在生产过程中可能发生伤害事故的危险有害因素，本评价报告依据该项目实际情况和特点，针对不同类型的危险、有害因素，选择了不同的评价方法。

1) 事故树分析评价法。

事故树也称"故障树"，是一种描述事故因果关系的有方向的"树"，是安全系统工程中重要的分析方法之一。它能对各种系统的危险性进行识别评价，既适用于定性分析，又能进行定量分析，具有系统性、准确性和预测性等特点，简明、形象，是一种先进的科学的评价方法。

2) 故障假设分析评价法。

"如果……怎么办"（What…if）是一种对某一生产工艺操作过程，通过提出一系列"如果……怎么办"的问题，对系统进行彻底检查、分析和评价的方法，具有针对性和可操作性。

3) 预先危险分析法。

预先危险分析也称初始危险分析，是在每项生产活动之前，特别是在设计的初始阶段，对系统存在的危险类别、出现条件、事故后果等进行概略的分析，尽可能评价出潜在的危险性。

3.2 危险源辨识及危险有害因素分析

（1）地压灾害

虽然该矿区的工程地质条件简单，开采技术条件较好，但是在进行地下开采的过程中，由于预留矿柱超采严重等原因造成岩石的应力重新分布，所以地压灾害仍然是该矿区开采过程中的一大安全隐患。

（2）水害

矿体与围岩中含有不均匀的裂隙水，富水性弱，透水性差。矿体虽有断层切割并与水库沟通，但多为不透水断层。区内无大的地表水体，地表水随季节变化而变化，并受大气降水补给。地下水主要接受大气降水的补给，渗透性微弱，属含水微弱的不均匀的岩层，个别地段受地质构造影响，单位涌水量有所增加。

（3）提升运输伤害

各中段采用分散的定点集中装矿方式，在各中段内布置有轨运输巷道，将各分散定点矿石溜井中的矿石装入矿车，由电机车牵引至中段定点的矿石溜井卸矿。因此，井下运输十分复杂，运输伤害事故的概率和频率必须高度重视和控制。

（4）爆破伤害

爆破伤害是指在爆破作业中发生的伤害事故。该矿在建设和生产过程中，需要大量使用爆破器材，频繁进行爆破作业，容易发生爆破伤害事故。易发场所主要是爆破器材加工点、爆破作业的工作面和采场、爆破后的工作面和采场及其他需要进行爆破作业的地点。

（5）电伤害

矿井在建设和生产中必然使用较多的电气设备，如果这些电气设备制造、安装不合格，使用不当，点检、维修不及时，尤其是如果电气工作人员缺乏必要的电气安全知识，容易发生电气伤害事故，危及人身和财产安全。因此，防止伤害事故发生，确保电气使用安全，是两矿建设项目安全生产的重要方面之一。

（6）机械伤害

矿井生产中使用的机械设备较多，由于缺少安全防护装置、工件装卡不牢、员工违章作业、设备故障等原因，易造成机械伤害。该矿区易造成机械伤害的设备主要有提升运输机械、凿岩设备、排水设备、通风设备等。

（7）火灾

火灾是指在时间和空间上失去控制的燃烧所造成的灾害。可能发生火灾的地点主要有地面配电所、地面卷扬机房、井下硐室、巷道、井筒、采掘工作面、井底车场、采空区等。

（8）职业危害

粉尘危害是矿井建设及生产过程中的主要职业危害。矿井在生产过程中会产生大量的粉尘，尤其是凿岩、爆破、矿岩装卸、运输等过程。长时间吸入含超量粉尘的空气，容易导致矽肺病，其危害程度与粉尘的组分、粒度有关，有害元素含量越高、粉尘粒度越小，其危害性也就越高。

（9）高处坠落

高处作业，是指在距基准面 2 m 以上（含 2 m）有可能坠落的在高处进行的作业。在此作业过程中因坠落而造成的伤亡事故，称为高处坠落事故。苍山铁矿建设项目在投入生产后可能发生高处坠落的部位主要有竖井、罐笼、竖井井架、采场、巷道、硐室、地面建筑物，以及其他距基准面 2 m 以上（含 2 m）有可能发生坠落的高处。

（10）中毒窒息

引起中毒、窒息的因素有爆破后产生的炮烟、积聚的有毒有害气体、火灾产生的有毒烟气等。其中，爆破作业形成的炮烟是造成井下作业人员中毒、窒息的主要因素。

（11）火药爆炸

火药爆炸是指炸药等爆破器材在运输、储存、发放、领用过程中发生的意外爆炸事故。矿区在建设和生产过程中，可能发生炸药爆炸的环节主要是爆破器材的运输、储存和发放。

3.3 危险有害因素定性、定量评价实例

（1）掘进巷道冒顶伤害事故树建立

掘进巷道冒顶伤害事故是矿井顶板事故的一个类型。其发生频率虽无采面冒顶事故高，但也占有相当的比例，危害甚大，对此类事故的预防是减少顶板事故发生的重要环节。导致巷道冒顶伤害事故发生的因素较采场简单些，但其发生机理是一样的。为做好预防工作，建立事故树进行分析，找出巷道冒顶伤害事故发生的途径（见图1）。

（2）事故树的分析

1）求最小割集。

$$T = ABC = (X_1 + X_2 + X_3)(X_4 + X_9 + X_{10} + X_{11} + X_{12} + X_{13} + X_{14} + X_{15})(X_5 + X_6 + X_7 + X_8)$$

$$= X_1X_4X_5 + X_1X_4X_6 + X_1X_4X_7 + X_1X_4X_8 + \cdots + X_3X_{15}X_8$$

可得到最小割集 96 组，且每个基本事件的结构重要度相同，说明在导致掘进巷道冒顶事故中，避开地质不良条件，采取科学的支护措施，切实加强管理均显得尤为重要。

2）求最小径集。

$$T' = A' + B' + C'$$
$$= X_1X_2X_3 + X_4X_9X_{10}X_{11}X_{12}X_{13}X_{14}X_{15} + X_5X_6X_7X_8$$

可得到三组最小径集：

$P_1 = \{X_1, X_2, X_3\}$

$P_2 = \{X_5, X_6, X_7, X_8\}$

$P_3 = \{X_4, X_9, X_{10}, X_{11}, X_{12}, X_{13}, X_{14}, X_{15}\}$

根据结构重要度的判定原则，可知：

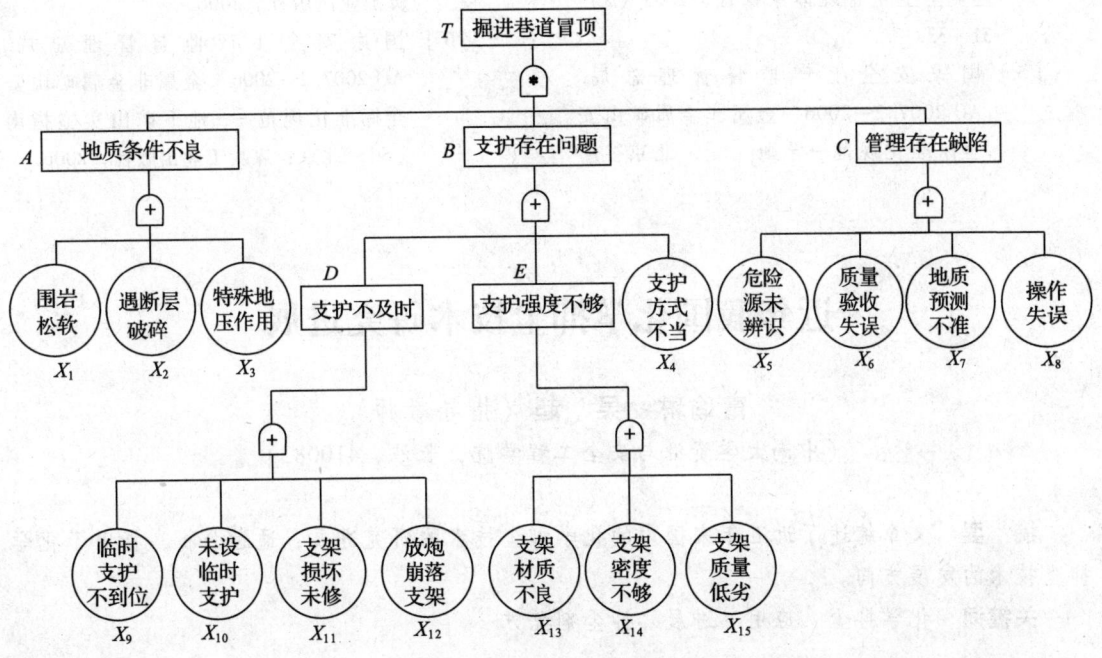

图1 巷道冒顶事故树

$$I(1) = I(2) = I(3) > I(5)$$
$$= I(6) = I(7) = I(8) > I(4)$$
$$= I(9) = I(10) = I(11)$$
$$= I(12) = I(13) = I(14)$$
$$= I(15)$$

通过结构重要度大小说明，预防冒顶事故要从根本上尽可能避开地质不良条件，若不能够避开时，应加强安全管理，包括制度落实、规程执行及技术措施管理等方面，以确保巷道支护措施落实。同时，也可从中看出管理在事故预防中的作用。

由事故树可知，可能导致顶上事件发生的基本事件有15个，这些基本事件是工作时应努力克服的安全隐患。

从最小割集的分布及各基本事件结构重要度可看出，最主要的原因是违章作业和支护不及时或强度不够，其次是遇特殊地质条件和管理存在缺陷。

4. 结论

在生产实践过程中，必须建立并实施一个规范、科学、系统的安全管理体制，切实推行职业健康安全管理体系，使其符合生产实际的需要，而该体系的核心就是危险源辨识、风险评价和风险控制。矿山企业应根据自身的特性，建立并积极推行符合自身实际情况的职业安全管理体系，合理选择危险源、风险评价方法，系统化地进行危险源辨识和风险评价，制定切实可行的控制措施，以增强安全管理的科学性和预防性，实现全过程控制和改进，降低组织和从业人员的职业健康安全风险，提升社会和经济效益。

◎**参考文献**

[1] 方涌敏. 安全管理学 [M]. 北京：煤炭工业出版社，1991.

[2] 杨殿编. 金属矿床地下开采 [M]. 长沙：中南大学出版社，1999.

[3] 周昌达. 矿山安全技术 [M]. 成都：成都科技大学出版社，1987.

[4] 马世海，魏利军. 浅谈如何开展危害辨识、风险评价和风险控制 [J]. 中国职

业安全卫生管理体系认证，2003（3）：31~33.

［5］ 国家安全生产监督管理总局. AQ 2007.2—2006 金属非金属矿山安全标准化规范—导则［S］. 北京：煤炭工业出版社，2006.

［6］ 国家安全生产监督管理总局. AQ 2007.2—2006 金属非金属矿山安全标准化规范——地下矿山实施指南［S］. 北京：煤炭工业出版社，2006.

近年我国化学抑尘技术研究进展

甯瑜琳　吴　超（指导教师）

（中南大学资源与安全工程学院，长沙，410083）

摘　要　文章综述了近五年来国内的化学抑尘技术的研究进展，通过分析，指出了化学抑尘技术的发展方向。

关键词　化学抑尘　应用　进展　抑尘剂配方

工业和交通运输业飞速发展，引发的粉尘污染越来越严重，已成为世界公害之一。在我国，随着采矿业的发展，尤其是采矿机械化程度的提高，粉尘越来越成为极其严重的污染物，对环境和人体健康都产生了极大的危害，逐渐引起人们的高度关注。各种防尘、抑尘技术也得到了迅猛发展。在诸多技术中，化学抑尘技术以其有效和新颖的特点，自20世纪出现以来，得到了不断创新和发展，已成为该领域中不可或缺的一门技术。利用化学抑尘剂作为粉尘治理的手段之一，有很好的应用前景和发展空间。

我国化学抑尘技术的研究开展得比较晚，但发展迅速，特别是近年来，由于化学抑尘技术的显著优点，新开发的化学抑尘剂数量明显增加，它的发展和应用推广迅速。根据对近五年化学抑尘相关文献检索研究，该领域的研究进展主要有：新型化学抑尘剂的开发、化学抑尘技术的实际应用研究以及化学抑尘机理研究等方面，其中，取得成绩较多的是前两个方面。

1. 新型化学抑尘剂的开发进展

化学抑尘剂按照抑尘机理，可以分为黏结剂、润湿剂、凝聚剂三类。

黏结剂是利用覆盖、黏结、硅化和聚合等原理防治泥土和粉尘飞扬，目前主要的研究和应用是黏结型有机化学抑尘剂，其主要成分是有机黏结材料，如乳化沥青、渣油等水系乳化液，对于此类抑尘剂，吴超等人研究了其应用于路面防尘的抑尘性能，结果表明，该类抑尘剂抑尘有效时间长，且具有一定的养路护路作用。

润湿剂是一种由吸湿性化学物质和表面活性剂配制而成的混合剂，主要应用于提高水的抑尘效率，广泛应用于煤尘的防治，近五年间，国内对润湿剂的开发及其性能进行了大量研究，如徐英峰等人对润湿剂润湿煤尘影响因素的研究，结果表明，不同润湿剂的润湿效果是不一样的，非离子表面活性剂抑尘性能优于阴离子表面活性剂，对粗尘的润湿效果大于细尘；金龙哲等人对比研究了多种材料的吸湿保湿能力和几种表面活性剂的润湿性能，结果表明，在所选润湿剂中，氯化钙和氯化镁的吸湿保湿能力明显优于其他吸湿性抑尘剂，是比较理想的润湿剂基料；杨静等人用动态接触角测定法研究了润湿剂对煤尘的润湿性能，测定了水和3种不同浓度的润湿剂与煤的动态接触角，根据液体润湿煤尘的机制，建立了液体润湿煤尘的动力学模型，研究了不同浓度的JFC、SDS和快渗T在煤尘上的润湿动力学行为，结果表明，3种润湿剂对煤尘均有较好的润湿效果，对煤尘的润湿能力由强到弱的顺序为JFC、快渗T、SDS。

凝聚剂是由能吸收大量水分的吸水剂组成，它们能使泥土或粉尘保持较高的含湿量从而防止粉尘飞扬，常用于控制路面扬尘、物料搬运和物料仓库产尘。近年来，随着化工产品的迅速发展，此类抑尘剂中合成高分子吸水抑尘材料广泛应用，如丙烯酸系高倍吸水树脂的研究应用。丙烯酸系高倍吸水树脂具有良好的保水性和吸水性，且具有优良的耐候性、耐水性、耐酸碱性和耐腐蚀性，因此应用范围及其广泛。胡涛等人进行了丙烯酸系高倍吸水树脂的性能、改性及应用研究，介绍了其主要性能和应用途径；韩娟娟等人研制了一种新型的丙烯酸酯抑尘剂，并对其作为固沙抑尘剂的抑尘效果进行了实验研究，该类丙烯酸酯对沙土具有一定的黏合作用，可以满足室内外抑尘需要，是一种环保型抑尘材料。

针对化学抑尘剂的研究，主要是对新型抑尘剂的开发和抑尘剂的性能进行研究，其目的是为了开发出数量更多、抑尘效果更好的抑尘剂。近年化学抑尘剂数量统计如图1所示，2004—2008年间国内化学抑尘剂配方见表1。

2. 化学抑尘技术应用研究进展

化学抑尘技术作为一种有效的粉尘防治

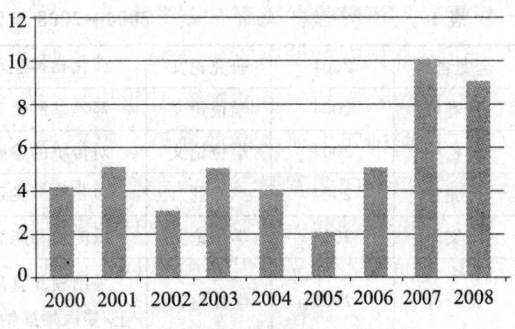

图1 近年化学抑尘剂数量统计

手段，效果显著，优点突出，因此，在实际中获得了广泛的应用推广，并都取得了良好效益，如矿山、各类路面防尘等。

化学抑尘技术的应用包括使用抑尘剂和使用基于化学抑尘技术设计的除尘器等，主要有针对不同抑尘剂在同种条件下的应用研究、同种抑尘剂在不同使用条件下的性能研究，以及对该类除尘器性能的研究。如高谦对化学抑尘剂在矿山破碎车间的抑尘效果进行了工业应用实验研究，通过对所测大量数据的分析可得，实验所用化学抑尘剂除尘效果好，操作简单，具有广泛的推广应用前景；通过李满等人对化学抑尘剂在抑制煤尘中的应用探讨及对化学抑尘剂应用的经济效益和社会效益的论述，得出化学抑尘剂的可广泛推广性；葛世友在对高压喷雾降尘机理和湿式除尘器除尘理论分析总结的基础上，设计了一套高压喷雾湿式纤维栅除尘系统；王静等人分析了高倍吸水树脂抑尘剂在公路施工中的应用，在研究了高倍吸水树脂主要性能的基础上，分析了高倍吸水树脂抑尘剂在路面施工应用的意义，表明高倍吸水树脂抑尘剂应用于路面可取得很好的经济效益，具有很好的应用前景。

3. 结论

通过对国内近五年来化学抑尘相关文献的研究分析，可以总结出化学抑尘技术的研究现状以及今后的发展方向：

表 1　　　　　　　　　　　　2004—2008 年国内化学抑尘剂配方

作者	年份	类型	配方
金龙哲等	2004	研究论文	卤化物抑尘剂：以 $CaCl_2$ 和 $MgCl_2$ 为主，配以 1% 的表面活性剂
肖春妹	2004	学位论文	羟乙基纤维素基高吸水性材料合成
林松柏	2004	学位论文	对传统的溶胶—凝胶方法进行改进，提出原位—凝胶水溶液聚合法
金龙哲	2004	专利	卤化物抑尘剂：以 $CaCl_2$ 和 $MgCl_2$ 为主，配以 1% 的表面活性剂
康文术	2005	学位论文	以淀粉和脂肪醇为原料合成新型非离子表面活性剂烷基多糖苷
夏开胜	2005	学位论文	采用湖北宜昌煤系煅烧高岭土超细粉体与高分子复合，研制得到煅烧高岭土/聚丙烯酸钠高吸水保水复合材料
范恩飞等	2006	研究论文	多种不饱和烯烃组成的复合乳液体系材料和一种含羟基的有机高分子材料作为光固化成膜材料，将它们有机地复合在一起，并添加天然无机纳米材料，形成复合型煤粉尘污染抑制剂
王宽等	2006	研究论文	由高分子聚合物乳液、AEO—9 润湿剂、OP—10 乳化剂及醇脂—12 低温成膜助剂复配而成，其中高分子聚合物乳液为两种带有烯烃基团的物料共聚的乳液
王树禹等	2006	专利	由膨润土、丙烯酰胺、丙烯酸和尿素四种单体辐射共聚而成的超强吸水剂
叶学海等	2006	专利	壬基酚聚氧乙烯醚：OP—4 2%～15%，OP—15 4%～24%，乙二醇 0.5%～10%，甘油 1%～10%，十二烷基苯磺酸钠 ABS 0.1%～5%，余量用自来水
郑日强等	2006	专利	以树木分泌的天然物质即烷基氢化菲树脂酸为原料合成
王婷等	2007	研究论文	由成膜剂、一种淀粉类物质和表面活性剂配置而成
韩娟娟等	2007	研究论文	丙烯酸丁酯（BA）、甲基丙烯酸甲酯（MMA）为主要单体，采用传统的乳液聚合方法合成稳定的聚丙酸酯水溶性抑尘剂乳液
张丽丹等	2007	研究论文	采用氧化淀粉和 3 次投加尿素进行改性的工艺，合成改性磺化三聚氰胺脲醛树脂抑尘剂
刘凤月等	2007	研究论文	以水溶性高分子和淀粉为原料经接枝改性、催化氧化制成
陈勇	2007	学位论文	采用反相悬浮聚合法，以过硫酸钾（KPS）为引发剂，N，N—亚甲基双丙烯酰胺为交联剂，聚甘油单硬脂酸酯为分散剂，环己烷为连续相，合成聚丙烯酸系高吸水树脂
董波等	2007	专利	原料组成为羧基纤维素钠 0.3%～2%，变性淀粉 0.5%～3%，水 95%～99.2%
冯威	2007	专利	由多种化合物复合组成的水性材料配制
刘生玉等	2007	专利	采用天然淀粉、催化剂、氧化剂、表面活性剂和水经过可控反应形成
潘德顺等	2007	专利	发泡剂 10%～40%，稳泡润湿剂 4%～25%，余量为水
张丽丹等	2007	专利	采用氧化淀粉和 3 次投加尿素进行改性的工艺，合成改性磺化三聚氰胺脲醛树脂抑尘剂
曹晓锋等	2008	研究论文	以氯化钙和表面活性剂作为固尘剂的原料，配制固尘剂
王丽	2008	学位论文	氧化淀粉—丙烯酸—AMPS 和交联羧甲基淀粉这两种淀粉组分的制备工艺和复配淀粉基高吸水性树脂的制备

续表

彭雷	2008	学位论文	以一种水溶性良好的醋酸乙烯酯—丙烯酸丁酯共聚物乳液为原料配制
白莉等	2008	研究论文	主体成分采用水溶性有机物或通过乳化方式添加非水溶性物质，并添加少量无机引发剂
李伟等	2008	研究论文	以木质素磺酸盐为原料，与聚合物单体接枝改性
韩恒等	2008	研究论文	采用丙三醇、环氧氯丙烷、十二醇及氯磺酸为主要原料，合成三联阴离子表面活性剂Ⅲ-12 s
叶修	2008	专利	合成水溶性聚合物2%~7%，改性纤维素类水溶性聚合物0.1%~5%，水85%~95%，硫酸铜0~2%
肖彤	2008	专利	由水溶性聚丙烯酸酯、聚丙烯酸钠、无水$CaCl_2$、无水$MgCl_2$、表面活性剂和水组成
张英华等	2008	专利	由10%~20%的十二烷基苯磺酸盐、2%~5%的琥珀酸二酯磺酸盐、4%~8%的椰子油二乙醇酰胺、1%~2%的助剂及水组成

（1）国内近年来化学抑尘技术的开发主要与高分子合成材料的研究有关，且大多数开发的抑尘剂都是高倍吸水树脂类。

（2）目前，化学抑尘技术主要应用于采矿业中粉尘的防治，但应用领域有拓宽的趋势，如用于交通运输业。

（3）国内对化学抑尘的研究主要是针对两个方面：新抑尘剂的开发和抑尘技术的应用研究。

（4）随着工业和交通运输业等的发展，化学抑尘技术的研究应用将得到更多的推广，取得更大的成绩。

◎参考文献

[1] 吴超. 化学抑尘 [M]. 长沙：中南大学出版社，2003.

[2] 金龙哲. 抑尘阻燃剂：中国，CN1570013 [P]. 2004.

[3] 肖春妹. 羟乙基纤维素基高吸水性材料的合成及性能研究 [D]. 泉州：华侨大学，2004.

[4] 彭小兰，吴超. 化学抑尘剂新进展研究 [J]. 中国安全生产科学技术，2005，1(5)：44-47.

[5] 徐英峰，冯海明. 对润湿剂润湿煤尘影响因素的研究 [J]. 中国煤炭，2005，31(3)：39-40.

[6] 王磊，刘泽常，李敏，等. 化学抑尘剂进展研究 [J]. 有色矿冶，2006，22（增刊）：119-120.

[7] 林松柏. 有机树脂/二氧化硅杂化高吸水性材料的研究 [D]. 天津：天津大学，2004.

[8] 康文术. 烷基糖苷非离子表面活性剂制备及应用研究 [D]. 兰州：兰州理工大学，2005.

[9] 夏开胜. 煅烧高岭土/聚丙烯酸钠高吸水保水复合材料的研制及机理探讨 [D]. 武汉：中国地质大学，2005.

[10] 韩娟娟. 水溶性丙烯酸酯固沙抑尘剂的合成与性能研究 [D]. 北京：北京化工大学，2007.

[11] 李满，等. 化学抑尘剂在抑制煤尘中的应用探讨 [J]. 中国煤炭，2007，33(8)：46.

[12] 葛世友. 高压喷雾湿式纤维栅除尘技术研究及应用 [D]. 北京：北京科技大学，2007.

[13] 王静. 高倍吸水树脂抑尘剂在公路施工的应用分析 [J]. 科技创新导报，2008，(5)：114.

[14] 胡涛，周苏闽，李登好，等. 丙烯酸系高吸水树脂的应用研究 [J]. 精细石油

化工进展, 2006, 7 (4): 5-8.
[15] 杨静, 谭允祯, 王振华, 等. 煤尘表面特性及润湿机理的研究 [J]. 煤炭学报, 2007, 32 (7): 737-740.
[16] 吴超, 彭小兰, 李明, 等. 粉尘湿润剂的性能测定新方法及其应用 [J]. 中国有色金属学报, 2007, 17 (5): 830-835.
[17] 杨秀莉, 贾勇. 聚丙烯酰胺复配物在自激式除尘器中的试验 [J]. 环境科学学报, 2007, 27 (11): 1863-1867.
[18] 魏光平, 侯凤才, 王乐平, 等. 国内外湿润型抑尘剂研究与应用 [J]. 中国矿业, 2007, 16 (9): 90-92.
[19] 王宽, 陈宜华. 新型堆场抑尘剂YC-1的研制 [J]. 矿业快报, 2006 (444).
[20] 吴超, 欧家才, 吴国珉. 阴离子型湿润剂与硫化矿尘的耦合性实验 [J]. 中国矿业大学学报, 2006, 35 (3): 323-328.
[21] 苏义华, 李利东. 环保型扬尘抑制剂性能研究与应用 [J]. 化学工程师, 2006, (5): 44-45.
[22] 吴超, 欧家才, 周勃, 等. 湿润剂溶液在硫化矿矿尘中的反向湿润行为研究 [J]. 安全与环境学报, 2005, 5 (4): 65-68.
[23] 吴超, 左治兴, 欧家才, 等. 不同实验装置测定粉尘湿润剂的湿润效果相关性 [J]. 中国有色金属学报, 2005, 15 (10): 1612-1617.
[24] 白向兵, 刘建, 闫英桃, 等. 城市扬尘污染和抑尘剂研究现状及展望 [J]. 陕西理工学院学报, 2005, 21 (4): 43-47.

矿山安全专家系统推理机及逻辑运算

李 宁 黄 锐（指导教师）

（中南大学资源与安全工程学院，长沙，410083）

摘　要　矿山专家系统是在计算机内依据专家的生产经验建立的基于采矿知识的系统，该系统能够提供智能化建议或对处理功能做出智能决策。它是以矿山安全生产领域中的大量知识为基础的，这些知识按危害类别组织成一定的安全规则，系统应用这些规则根据矿山现状得出安全结论。专家系统在矿山各大系统中的应用可确保矿山企业的安全生产，为矿山的发展创造良好的条件。

关键词　生产安全　非煤矿山　人工智能　专家系统

1. 矿山安全与专家系统

1.1 矿山安全生产特点

近年来，我国的采矿业随着国民经济的发展而快速发展，但是我国的金属非金属矿山整体安全状况一般，安全生产形势较为严峻。据最近几年的统计，非煤矿山事故每年死亡2 000人左右，在工矿企业中仅次于煤矿，居第二位。

这些事故的类型主要是坍塌、透水、顶板塌落和物体打击等。发生这些事故的主要原因为：矿山企业安全管理较差，安全技术设施不足，不具备基本的安全生产条件，安全生产法规建设与矿山生产现状有偏差。

针对金属非金属矿山事故频发，安全生产形势趋于严峻的问题，国家近几年来采取了一系列举措进行专项整治，以国有大矿、尾矿库、火药库、毒品库、采场库、选矿厂为重点，突出做好防垮塌、防爆破、防污染、防透水、防冒顶工作，以遏制金属非金属矿山重特大事故多发势头。国家进一步加强了对金属非金属矿山安全生产的监督管理，完善了安全生产法律法规，如《安全生产法》《安全生产许可条例》《非煤矿矿山企业安全生产许可证实施办法》等。

1.2 专家系统的需求分析

（1）开发专家系统的可能性

开发矿山安全专家系统最重要的要求之一是要有真正的该领域的专家存在，就是人们普遍承认在该问题领域中具有相当高水平的人。如果没有丰富的经验提供准确的判断，开发所作的努力是不能产生真正灵活和实用的程序的。

该领域的专家应该对问题领域答案的选择和精确度有基本一致的看法，否则，要验证专家系统是几乎不可能的事情。专家还必须能够描述和解释他们解决领域问题的方法。如果不能做到这点，知识工程师就很难从他们那里成功地"抽取"出知识并把它加入到程序中去。

（2）开发专家系统的合理性

具有开发特定任务的专家系统的可能性，并不意味着这样的人工智能系统就一定是人们所希望的，所以需要探讨其合理性。有许多案例证明专家系统开发的努力是合理的。

当任务的解决能带来较高的效益时，一个公司就会认为专家系统开发是合理的。例如，矿物勘探专家系统能发现价值数百万元的丰富矿藏。如果有高效益补偿的可能性，那么开发专家系统就十分必要。

另外，当专家必须在不友好或危险的环境中作决策时，专家系统的开发也是合理的。

2. 专家系统介绍

2.1 专家系统推理机

（1）推理的几个概念

1）演绎推理。

从已知的一般性知识出发，推理出适合某种个别情况的结论的过程为演绎推理。它是一种由一般到个别的推理方法。最常用的演绎推理形式是三段论式，即"大前提，小前提，结论"。

2）归纳推理。

从大量特殊事例出发，归纳出一般性结论的推理过程为归纳推理。它是一种由个别到一般的推理方法。归纳推理的基本思想是：从已知事实中猜测某个结论，然后对该结论的正确性加以证明，如数学归纳法。

3）确定性推理。

指推理使用的证据、知识及推出的结论都是可以精确表达的，其真值要么为真，要么为假，不会出现第三种情况。

4）不确定性推理。

指推理使用的证据、知识不全是确定的，推出的结论有一定的概率。

（2）推理的控制策略

推理的控制策略包括推理方向、搜索策略、冲突消解策略、求解策略、限制策略，而推理方法指在推理控制策略确定之后，在进行具体推理时所要采取的匹配方法或不确定性传递算法等方法。

1）正向推理。

从已知事实出发，正向使用推理规则，它是一种数据驱动的推理方式，又称前项链推理或自底向上推理。正向使用推理规则指使用工作数据库中的事实去匹配知识库中的规则的前提条件，从而选取推理规则。

2）反向推理。

反向推理是一种以某个假设目标为出发点，反向运用推理规则的推理方式，它是一种目标驱动的推理方式，又称反项链推理或自顶向下推理。反向运用推理规则指在进行推理时，用事实数据库中的已知事实（实际就是假设的目标或推出的子目标）与知识库中知识的结论部分（或规则后件）进行匹配，选择可用的知识或规则。

3）双向推理。

双向推理即混合使用正、逆向推理。双向推理的工作方式：一般是先根据动态数据库中的原始数据（事实），通过正向推理，帮助系统提出假设；再运用反向推理，进一步寻求支持假设的证据，如此反复这个过程，直至得出结论。

2.2 建造专家系统

（1）建造专家系统的任务

专家系统开发过程可以看作识别、概念化、形式化、实现、测试五个高度相关、相互重叠的阶段。图1说明了这些阶段间的相互作用。尽管我们可以区分出建造专家系统的这些阶段，但是并不能简单地描述它们出现的次序。

识别总是最先发生，而测试也总是最后执行。但是在系统开发的任何时候，知识工程师却可以致力于这些过程中的任何一个。从测试指向前面各阶段的箭头就表示这是如何发生的。事实上，为使图示更精确，我们应该画出从每个阶段到其他各个阶段的箭头。

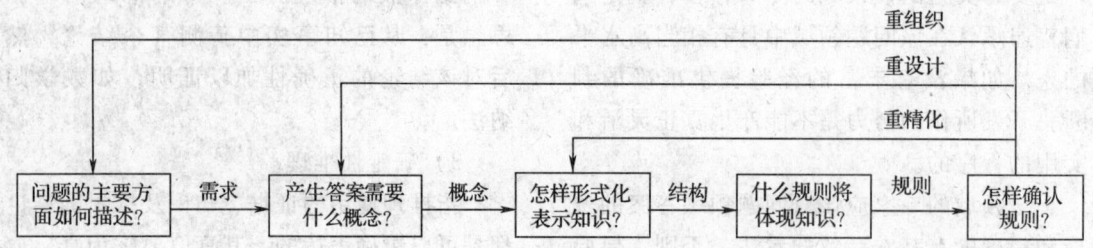

图1　专家系统开发阶段间的相互作用

（2）知识的获取过程

专家系统中的知识可能来自多个知识源，如报告、教材、数据库、实例研究、经验数据以及个人经验。在个人经验方面，专家系统的主要知识源是领域专家，知识工程师通过与专家的直接交互来获取知识，形成判断规则。

这种交互包括一系列深入的系统的面谈，通常长达好几个月。在面谈过程中，知识工程师把所需解决的实际问题提给专家，这些问题正是设计专家系统所要处理的实际问题类型。

3. 专家系统在矿山安全方面应用实例

专家系统通风安全系统的示例

（1）规则1

如果：进风质量未达标、通风运作故障、局部通风障碍、防尘措施不到位，则：通风不畅。

（2）规则2

如果：自然通风且风压不够、未及时调整通风系统、有效风量率低于60%、风流不畅、通风构筑物不严密、主扇故障，则：通风运作故障。

（3）规则3

如果：掘进工作面无局部通风设备、通风不良、采场未局部通风、局扇损坏、独头工作面无局部通风设备、风筒漏风严重，则：局部通风障碍。

……

专家系统程序实现：

该程序在盘上的文件名为 mine safety 1.lsp，具体程序如下：

```
(define members
        (lambda(item  L)
             (cond((null? L)nil)
                 ((equal? item(car  L))t)
                 (t(members item(cdr  L))))))
(define 通风不畅?
     (lambda ( )
          (cond ((进风质量未达标?)t)
                ((and(通风运作故障?)
(局部通风障碍?)(防尘措施不到位?))  t)
                (t nil))))
……
(define 风筒漏风严重?
     (lambda ( )
          (cond ((接头不严密?)t)
                ((and(车碰?)(炮崩?))t)
                (t nil))))
(define mine safety
     (lambda ( )
          (cond ((eq?（通风不畅?)  t)
(displys "通风不畅"))
……
          (t (newline)(writeln"很抱歉,我无法确定")))
(return)))
(define displys
(lambda(x)
(newline)
(newline)
(writeln"该危害可能是"x"!")))
(define return
(lambda( )
(newline)
(newline)
(writeln"您要再来一遍吗?")
(writeln"如果想再来请按 A 键")
(cond((eq?（read)'a)(mine safety1))
(t(writetn"再见"))))))
```

4. 结论

无论在理论上，还是在实践上，矿山专家系统的研制对智能科学的研究与发展都有着重大意义。矿山专家系统作为理论研究的工具推动了人工智能的发展。矿山专家系统强调人类智能活动是以知识为中心开展，包括知识表示、知识利用和知识获得三个基本环节。这种观点使专家系统获得巨大的成功，人工智能的基本技术在矿山专家系统中得以实际应用。由此强有力地说明了在智能活动中以知识为中心的重要性。

矿山专家系统的应用不断向人们提出新的研究课题，从而促进人工智能基本理论和基本技术研究的发展。矿山专家系统的研究和应用具有广阔的前景，也是必要的和可行的，但要真正在矿山得到普遍应用，还有一段距离，尚需进一步的艰苦努力、联合攻关和人工智能技术的进一步发展和完善。

◎ 参考文献

[1] F·海斯罗斯. 建立专家系统 [M]. 成都：四川大学出版社，1986.

[2] 武波，马玉祥. 专家系统 [M]. 西安：电子科技大学出版社，1994.

[3] 黄可鸣. 专家系统导论 [M]. 南京：东南大学出版社，1995.

[4] 马鸣远. 人工智能与专家系统导论 [M]. 北京：清华大学出版社，2007.

[5] 蔡自兴，约翰·德尔金. 高级专家系统 [M]. 北京：科学出版社，2005.

[6] 陈世福，陈兆乾. 人工智能与知识工程 [M]. 南京：南京大学出版社，1997.

我国安全生产的发展与问题分析

万盛强　李　明（指导教师）

（中南大学资源与安全工程学院，长沙，410083）

摘　要　随着我国经济、社会的不断发展，安全问题越来越得到广泛重视和关注，成为保障我国经济高速、健康发展的必要条件。由于各个行业发展水平、技术力量等方面的差异，安全问题行业特征明显。

关键词　安全生产现状　法律法规　监管体系　差异分析

安全生产水平是社会文明进步的重要标志之一。安全生产与经济社会发展水平、产业结构、监管体制、法制、教育、科技、文化等因素密切相关。

1. 我国目前安全现状分析

我国政府历来高度重视安全生产工作，特别是进入改革开放新时期以来，中央领导多次对安全生产工作做出重要批示。党中央国务院相继采取一系列重大措施，加强对全国安全生产工作的领导，促进了全国安全生产形势总体稳定，趋于好转。

1.1 安全生产形势总体趋于稳定、好转

全国安全生产形势总体稳定，趋于好转，总体表现在以下几个方面：

（1）事故总量和伤亡人数进一步下降。2008年，死亡人数同比下降18.3%，事故数同比下降10.2%。

（2）安全生产总体水平进一步提高。与2007年相比，亿元GDP事故死亡率由0.413降到0.312，降幅24.5%；工矿商贸十万就业人员事故死亡率由3.05降到2.82，降幅7.5%。

（3）安全生产控制考核指标实施情况较好。全国各类事故死亡总数控制在全年指标的91%。

（4）煤矿等重点行业领域安全生产状况持续改善。与2007年相比，2008年各重点行业领域事故数和死亡人数：煤矿行业分别下降19.3%和15.1%。金属非金属矿山行业分别下降24.9%和5.8%，危险化学品行业分别下降5.2%和2.5%。道路交通行业分别下降19%和10%，建筑施工行业分别下降0.5%和0.7%。

1.2 安全生产形势依然严峻

当前我国事故总量仍然较大，安全生产水平依然落后，安全生产形势还没有根本好转。一些行业领域和地区重特大事故没有得到有效遏制，2008年全国发生9起一次死亡30人以上的特别重大事故，影响恶劣。

职业危害严重的问题也越来越引起人们的关注。近年来，国外一些严重危害从业者身体健康和污染环境的产业向我国转移，出现了一些过去罕见的化学和放射性伤害病例。还有，一些小矿山、小金工、小电子、小型制鞋厂和箱包工厂等，由于缺乏必要的安全生产条件，频频发生机器伤人事故。据不完全统计，全国每年被切断、压碎手臂、手指的，就多达4万人。因此，职业安全卫生健康方面形势也十分严峻。

事故特征对比如下：

伤亡人数方面，交通最多，其次是矿山，再次是危险化学品，样本中没有看到建筑安全事故比较明显的伤亡数据，作者觉得是因为建筑的主要伤亡来自建筑私营企业，同时伤亡人数较少，于是在统计数据中看不出来。在 2001 年的伤亡统计中，建筑事故 1 004 起，死亡 1 293 人。

2. 安全管理的发展

在我国经济发展的时期，安全管理经历了以下几个时代的发展：

（1）20 世纪 50—60 年代，建立了劳动保护管理体系，颁布实施了"三大规程"（《工厂安全卫生规程》《建筑安装工程安全技术规程》《工厂职员伤亡事故报告规程》），以及"五项规定"（安全生产责任制、安全技术措施计划、安全教育、安全检查、伤亡事故的调查和处理）。

（2）20 世纪 70 年代，在劳动保护管理体系下，强调了事故管理体系，提出了事故处理"三不放过"原则。

（3）20 世纪 80 年代，正式确定将"安全第一、预防为主"作为我国安全生产的指导方针。开始实行"国家监察、行政管理、群众监督"这一新的安全管理体制，使我国安全管理工作由行政管理转入了法制管理的轨道。

（4）进入 20 世纪 90 年代，现代安全科学管理的理论和方法体系逐步发展和完善，如系统安全工程、安全人机工程、安全行为科学、安全法学、安全经济学、风险分析与安全评价等。系统安全管理的理念和方法逐渐被接受，并开始了理论和实践的研究[1]。

近年来，我国工矿商贸等各行业的安全生产形势有所好转，但总体安全生产形势依然严峻，职业伤害事故发生率依然很高。究其原因，除安全生产投入不足和安全欠账多、从业人员素质低、安全生产意识薄弱、劳动保护条件差、生产设备和技术落后之外，还需要解决以下几方面深层次的问题，妥善处理深层次的关系。

（1）如何解决经济发展与安全生产的矛盾，是安全生产管理工作长时期内面临和需要解决的问题。

（2）行业安全标准与本地区具体情况不适应，针对地区特点的安全生产与行业标准缺失，使安全生产监督管理机构常常无所适从、进退两难。

（3）如何解决安全生产监督管理工作任务艰巨、执法力量薄弱和专业技术人员缺乏之间的矛盾，是亟须解决的又一难题。

（4）如何加强培训，真正提高企业管理者和从业人员素质，是安全生产管理工作亟须解决的又一重要课题。

（5）事故处理过程中，如何协调部门之间的关系，如何协调地方利益与全局利益的关系，尚未引起重视。

（6）工会在争取劳动保护权益和安全生产监督中作用的充分发挥及其与雇主关系的妥善处理，是又一与安全生产密切相关的问题。

总之，安全生产工作不仅仅是"管"的问题，更包括不同部门的合作与协调、不同专业领域的融合与实施，应当根据我国当前的部门分工、历史渊源和现实社会经济环境采取综合性的措施。只有从长期战略的高度进行规划，才能从根本上实现生产安全可持续的和谐发展。

3. 企业安全管理现状以及存在的主要问题

就企业层面分析，其安全管理可分为以下三种模式：传统安全管理模式、现代安全管理模式、当代安全管理模式。

传统安全管理模式靠个人的经验进行安全管理，我国中小企业特别是私营企业，目前多采用这种模式。

现代安全管理模式靠科学的安全管理原理和原则进行安全管理，是在传统安全管理基础上形成的。它基于过程的标准化安全管理模式，重在解决安全管理中的执行问题，但对安全管理的重大决策问题没有进行综合的研究分析和系统的理论论证，我国目前一些大中型企业采用这种安全管理模式。

当代安全管理模式基于系统的标准化安全管理，重在研究企业安全管理活动的规律，特别强调系统化、数量化、信息化和人的智能开发。目前，我国已经有少数大中型企业的安全管理进入了这个阶段。

综上所述，我国企业的安全管理正处在从传统安全管理模式向现代安全管理模式及当代安全管理模式过渡的阶段，以传统安全管理模式和现代安全管理模式为主，三种管理模式并存。

同时，根据处理方式以及重点的不同又可分为以下几种安全管理模式[2]：

（1）以"人为中心"的企业安全管理模式：以纠正人的不安全行为、控制人的误操作作为管理目标。例如，上海浦东钢铁有限公司的"安全人"管理模式。

（2）以"管理为中心"的企业安全管理模式：建立在"一切事故的原因来自管理缺陷"的认识基础上，如鞍钢的"0123"管理模式。

（3）事后型安全管理模式：一种被动的，以事故或灾难发生后"亡羊补牢"为特征的管理模式。

（4）预防型管理模式：主动、积极地预防事故或灾难发生的对策。显然这是现代管理模式和减灾的重要方法。

随着改革的不断深入、经济的不断发展，企业的安全管理出现了新的矛盾：

（1）国有大型企业转型改制，原有的安全生产管理体系被打破或被转换，新的安全生产管理体系运作不畅，或被削弱。

（2）外商投资企业、合资企业、私营企业、乡镇企业迅猛发展，因规模小或初步经营，其生产条件、技术水平和管理手段低下。

（3）随着分包制度的实施和普遍采用，低成本经营中大量使用未经安全知识培训的非熟练工人。

由于这些矛盾存在，从而导致了一系列安全事故接连不断地发生，暴露了我国安全生产还远未形成良好的环境和秩序，我国安全法规未形成体系，国家安全机制不健全，监察力度不足，对跨行业、跨地区、跨部门的综合性安全问题缺乏研究和对策，基层组织没有形成一个良好的安全文化氛围等问题。

然而，可喜的是根据国民经济与社会发展规划，"十五"及以后时期国家将从以下方面加强安全与健康工作：强化安全生产工作的综合管理和国家监督职能，建立健全安全法规体系；推行企业自我约束机制；推广企业安全文化；依靠科技进步，改善安全生产条件。

提高企业自我约束机制，推广企业安全文化是要通过推进OHSAS职业安全与健康标准管理体系来实现的。事实上，许多国家或地区亦依据体系之要素和程序建立了相应的法规体系。因而政府建立以标准体系为依据的法律体系，企业按照OHSAS职业安全与健康标准管理体系实施自我规管，是目前世界安全管理公认的有效途径，也是我国安全管理的方向。

4. 安全法律法规现状以及发展

每个行业领域的安全法规体系有如下共同点：

第一，具有一般法规体系所具有的规范性、强制性的特征。

第二，调整的关系是产品生产过程中有关安全生产的各种关系。

第三，由一系列不同位阶的法律规范性文件构成有机整体，这些法律规范性文件可能分属不同的部门，但是都是围绕着各行业安全生产来设定有关主体的权利义务的。

第四，从法律规范性文件的外在形式上来看，既有通常意义上的法律、行政法规、规章等，也有被赋予法律效力的技术标准规范。

第五，保护的对象是建筑活动从业人员的生命安全和身心健康，以及生产资料和国家财产。

由于行业的不同特点，以上体系也相应地会有不同，由于行业的安全生产特征不同，在法律的地域、分管部门以及复杂程度上会大有不同。

首先，地域性不同。体系的第三层——行业地方安全法规，根据地域的不同，地方的安全法规也不同，如山西省有《山西省乡镇煤矿安全生产规定》。由于我国幅员辽阔，各地的经济发展状况各不相同，行业安全发展现状也不相同，所以安全法规在地域各不相同。

其次，行业安全法律的负责部门以及复杂程度各不同，行业的安全事故各有特征，比如矿山以及建筑安全事故主要发生在生产环节，危化品的安全连锁事故却贯穿由生产到运输到使用的整个过程，危化品的安全管理涉及的部门相对要多得多，比如环保、交通等多个部门，法律也相对复杂。

最后，法律体系的完善程度各不相同。安全法律的依据来自事故，而事故是伴随经济而发展的，由于各行业的经济形态以及发展程度各不相同，例如，由于近年来矿山安全事故频发，所以矿山安全的法律数量上和质量上的发展相对其他行业法律要快。随着行业经济的发展，行业的安全法规也将进一步完善。

当然，作为发展中的我国，法律体系依旧有很多的不足，各行业的安全法规也是如此，我国安全法规有如下缺点：

（1）各位阶法律规范性文件未充分发挥相应作用，权威性不高[3]。

一个完善的法规体系，应该是不同位阶法律规范性文件的有机组合，而且每个位阶的法律规范性文件都应发挥其应有的作用。较高位阶的法律规范性文件决定着这个法规体系的法律效力和权威性，而且越对这一法规体系调整的领域具有直接的强制和规范作用，其法律效力和权威性就越高。我国安全生产法规体系在形式上确实是由法律、行政法规、规章等不同位阶法律规范性文件构成的，但是各个位阶尤其是法律这一位阶并未充分发挥其应有的作用，从而影响了整个法规体系的法律效力和权威性。

（2）有关法律法规配套规章制度制定缓慢，系统性不强。

法规体系的系统性是指该法规体系主线明确、组织严密、内在协调和统一，形成了从法律到与法律相配套的一系列法规、规章的完备、合理的结构。法规体系的系统性是判断这个法规体系是否完善的重要标志。

（3）部分法条过于原则，可操作性不强。

"法贵于行"，法律的生命力在于可操作性，便于执行、易于操作的法律才是好法律。法律不仅应规定应当做什么，还应规定应当如何做，以使相关当事人做出正确行为，并能够对于自己行为的后果有较为准确的预期。一部法律或者一个法规体系，如果没有可操作性或者可操作性差、太过原则、过于笼统的话，便会导致法律实践中产生许多不确定性，就会陷入"纸上谈兵"的境地，不但会使当事人无所适从，而且会降低人们对法律的敬畏之心，其不良影响甚至大于无法可依。

根据国家有关高层的规划,我国的安全生产法制建设将有如下发展:

(1) 随着我国政府机构改革的深化和职能的到位,面对新的形势、新的要求和新的运行模式,对新中国成立以来颁布的各类安全生产法规,需要按机构改革的职责分工和执法主体的变化,进行修订和完善;各类安全生产技术标准需要系统、认真地进行清理;国家安全生产方面的法规,如《劳动法》《矿山安全法》《消防法》等需要制定配套规程和条例;各省市、行业的法规、条例等也需要进行完善和修订。

(2) 充分发挥现有的安全生产法规的效力。50年来,我国制定和颁布的安全生产法律、法规是安全生产和事故经验的总结,是企业和职工用生命与健康为代价换来的珍贵财富,也是安全生产科学实验的结晶。因此,企业、个人和员工如何守好法和用好法,国家如何立好法、执好法,将需要进一步完善和提高。

5. 结语

虽然我国目前的安全形势依然十分严峻,但是随着经济的发展、社会的进步,社会各界越来越重视安全,重视安全生产,相信安全工程的发展会越来越迅速。

◎参考文献

[1] 梁海慧. 中国煤矿企业安全管理问题研究 [D]. 沈阳:辽宁大学,2006.
[2] 崔国璋. 安全管理 [M]. 北京:海洋出版社,1997:43.
[3] 孟飞. 危险化学品安全管理在化学品供应链中的整合研究 [D]. 北京:北京化工大学,2004:13-15.

事故应急救援的立法分析

张灵杰　周智勇(指导教师)

(中南大学资源与安全工程学院,长沙,410083)

摘　要　目前我国有关重大事故应急救援的法制基础薄弱,未形成体系,应急救援法律法规体系建设尚处在起步阶段。构建重大事故应急救援的法律法规体系,对于提高国家应对突发事件和风险的能力,明确各级政府在应急救援工作中的责任,规范重大事故应急处置的相关程序等具有重要意义。本文结合国内外重大事故应急救援立法情况,分析我国应急救援立法存在的问题,提出我国重大事故应急救援法律法规体系的建设构想,并就应急救援工作制度体系的建设进行相关的探讨。

关键词　事故　应急救援　安全法律　制度体系

1. 国外应急救援的立法情况

世界各国为了保护公众的生命和财产,减少各种突发事件的发生,提高政府的应急管理能力,都制定了各自相应的法律制度,这些法律文件大都以突发事件应急管理形式出现,包括自然灾害、技术性灾害和恐怖事件等。目前,世界上一些发达国家(如美国、日本、俄罗斯等)的应急法制基础比较健全,其范围涉及自然和人为灾害,如水灾、地震、火山喷发、重大交通事故、安全生产事故、放射性或有毒物质泄漏及其他危害公共安全的事件和公共卫生事件。

目前，美国建立了较完备的应急救援法律法规体系，早在20世纪70年代初，美国政府就组织有关部门、救援专家和专业人士开展了应急救援的立法工作，并于1992年出台了《美国联邦应急救援法案》[1]。它是一部具有美国应急救援特色的权威性法律，包括了自然灾害、技术性灾害和恐怖事件的应急救援方面的规定。这部法律规定了美国各种灾害事故应急救援的基本原则、救助的范围和形式，政府各部门、军队、社会组织、美国公民等在灾害中的职责和义务，明确了美国政府与州、郡政府的应急救援权限，同时对应急救援的资金和物质保障做出了明确规定。

日本是世界上较早制定有关灾害应急救援管理法律法规的国家。20世纪50年代，日本就进行了相关的立法工作。日本的重大事故应急救援包含在灾害应急救援之中，目前，日本制定的灾害应急方面的法律有30多部，其中最重要的是1947年10月制定的《灾害救助法》和1961年11月制定的《灾害对策基本法》。《灾害救助法》主要规定各级政府在灾害发生后进行应急救援的任务和权限；规定各级政府在平时做好计划、建立应急组织及政府在紧急状态时对救助物资的征用权限等；规定救助资金的来源、使用、管理以及违反该法的法律后果等。《灾害对策基本法》对有关防灾组织、防灾计划、灾害预防、灾害应急对策、灾害恢复的财政金融措施、灾害紧急状态及其他事项做出了具体的规定。

俄罗斯联邦立法机关于1994年通过了联邦共同体应急管理法案，建立了俄罗斯联邦预防和消除紧急情况的统一国家体系（ESEPE），法案规定了应急基本原则、主要任务和联邦、区域或地方政府的职责以及当联邦和区域处于紧急状态下的相关援助程序。到2001年，俄罗斯联邦对于应急救援已经通过了40个联邦法律和约100个联邦法规，俄罗斯联邦政治实体的立法机构也通过了约1 000个行政区法案。其中，《俄罗斯民防、紧急情况和消除自然灾害后果部工作条例》和《俄政府关于建立国家预防和消除紧急情况的统一国家体系条例》就重大事故应急救援做出了详细规定。

2. 我国应急救援的立法情况分析

当前我国的安全生产形势依然严峻，尤其是各类重特大事故频发，导致安全生产伤亡事故的人数居高不下，给国家和社会造成巨大的损失。导致这种后果有诸多方面的原因，其中一个重要原因就是重大事故应急救援的法律法规体系不健全、不完善，其法制基础建设薄弱。

我国已经颁布了一系列涉及应对突发事件的法律、行政法规和部门规章，包括35件法律、36件行政法规、55件部门规章，其中对突发事件应急管理做出比较详细规定的主要有《核电厂核事故应急管理条例》《破坏性地震应急条例》《突发公共卫生事件应急条例》这3部条例，作为我国应对突发事件的高层次法律文件《紧急状态法》目前正在立法过程中，还没有颁布。

在重大事故应急救援工作方面，尽管《安全生产法》对生产事故应急救援做出了一些规定，但至今我国还没有一部统一的处置各种重大事故的紧急状态法规，缺乏适用于各类安全生产事故的紧急状态法律规范，这将在一定程度上严重影响我国重大事故应急救援各项工作有效开展。我国现行的重大事故应急救援制度还不够完善，如应急预案编制、审核和备案制度、报告与信息发布制度、应急救援的分级响应制度、应急救援演习制度、应急救援的资金补偿制度等一系列急需建立的制度仍尚未通过法律法规形式确定下来[2]。

随着各种重大事故应急救援工作越来越受到人们的重视，必须制定和完善应急救援方面的法律法规，加快重大事故灾难应急处理的立法步伐，确立重大事故应急救援工作的权威性、稳定性和一致性，以法律法规形式明确各级政府、有关部门、各组织和人员在应急管理工作中的职能、权限和义务，协调应急救援工作中国家、企事业单位、社会团体及个人之间的关系，规范有关应急准备、应急响应和应急恢复的各项制度，逐步把应急救援工作纳入法制轨道。

3. 我国重大事故应急救援法律法规体系建设构想

我国重大事故应急救援法律法规，根据立法机关的不同，可以分为不同的层次。根据实际需要，我国重大事故应急救援管理包括法律、行政法规及部门规章地方性法规及规章3个层次的内容。

3.1 法律

《紧急状态法》是直接指导重大事故应急救援管理工作的国家法律，它主要规定当国家突发公共事件，危及全国、省（区、市）或者省（区、市）范围内部分地区的人民生命财产安全、社会安全和秩序、国家安全和制度时，用以控制和消除严重社会危害的特别应急法律措施。《紧急状态法》在突发公共事件的报告和公布、应急处理的预备、等级和阶段、紧急状态的决定和宣布、应急机构和人员、应急立法措施、应急行政措施、司法诉讼和国家补偿补贴等方面做出详细的规定。

需要强调，"公共事件"是指自然灾害、生物灾害、安全生产事故或其他灾难性技术事故、资源危机或金融信用危机、其他严重经济失常、暴乱或恐怖袭击和其他重大社会冲突等。可见《紧急状态法》将重大事故应急救援工作纳入法律范畴，其内容更宽、更广。因此，《紧急状态法》将会从宏观上指导和规范我国重大事故应急救援工作[3]。

3.2 行政法规及部门规章

由于我国目前尚未出台比较全面规定重大事故应急救援工作的法规，因此，应尽快制定《重大事故应急救援条例》。《条例》应当根据国家机构设置情况，明确事故应急管理过程中各项具体任务，明确应急指挥与功能的分配。国家综合性应急救援工作管理部门、各专业应急救援工作管理部门积极推动国务院颁布有关突发性事故灾难应急救援的行政法规，以及应急准备、应急响应和应急恢复阶段应贯彻的具体制度和措施，包括联系会议制度，预案编制、审核和备案制度，资格认定制度，培训和演练制度，救援费用补偿制度，事故指挥系统，多机构协调系统和公众动员系统等。

部门规章是指国家综合性应急救援工作管理部门、各专业应急救援工作管理部门根据有关法律和行政法规在各自权限范围内制定的有关重大事故应急救援工作管理的规范性文件，其内容应是对具体管理制度和措施的进一步细化，说明详细的实施办法。

3.3 地方性法规及规章

地方性重大事故应急救援法规是为了执行国家有关重大事故应急救援的法律法规，以及根据本行政区域的实际需要而制定的规范性文件。地方人大根据本地潜在事故灾难的风险性质与种类，结合本地应急资源的实际情况，制定相应的地方法规，对突发性事件应急准备、应急响应、应急恢复等各阶段的制度和措施提出针对性的规定与要求。

地方政府规章是各省（区、市）人民

政府、省（区、市）人民政府所在地的市人民政府及国务院批准的较大的市人民政府根据有关法律、行政法规、地方性法规和本地实际情况，制定的本地区关于重大事故应急管理制度和措施的详细实施办法。

4. 重大事故应急救援工作制度

通过重大事故应急救援法律法规体系建设，实现应急救援制度的确立，确保应急救援工作的制度化，这些制度主要有：联席会议制度，应急预案编制、审核和备案制度，报告与信息发布制度，应急救援的分级响应制度，应急救援演习制度，应急救援的资金补偿制度和应急救援的奖惩制度等[4]。

4.1 联席会议制度

该制度规定各级重大事故应急救援主管部门定期组织召开由各应急救援成员单位参加的联席会议。联席会议制度旨在改进和加强各成员单位之间的沟通、协调与合作，提高应急工作的水平和能力。

联席会议的主要职责和议题包括：传达、贯彻上级政府关于重大应急工作的方针和政策，根据应急工作中出现的新情况、新问题，协调有关部门和机构及时研究制定相关政策；督促、检查和指导本行政管辖范围内的应急救援准备工作；通报最新情况；就有关问题进行协调并提出解决办法，重大问题向上级请示、报告。

4.2 应急预案编制、审核和备案制度

重大事故应急救援体系中的各级应急救援机构及各有关部委均应编制本单位、本部门对应的重大事故应急预案，应急预案将根据上一级部门的统一要求进行编制。应急预案由上一级应急救援机构组织有关专家和人员进行审核，各级应急救援指挥机构应当明确预案审核的具体要求，确保应急预案的可操作性和科学性。

各级预案应当报送预案相关部门进行备案，并对应急预案根据应急工作或实际情况的变化定期进行修改，修改的意见应及时反馈到应急预案的备案部门，并进行沟通。

4.3 报告与信息发布制度

为了加强重大事故应急管理，及时、准确、全面地掌握重大事故应急管理的情况和有关信息，以便迅速、有效地组织和协调所需响应行动，故建立信息报告制度。信息报告制度包括常态下的信息报告制度和应急状态下的信息报告制度。信息报告制度将针对不同的信息内容，对其报送程序和办法作详细规定，尤其明确应急状态下信息的报送办法，确保信息报告程序的快捷、高效。

应急救援信息的发布制度是指按规定发布事故的发生时间、伤亡人数、经济损失、影响范围及救援情况等内容，以及规定信息发布的渠道和方式。应急救援信息的发布要符合国家的有关要求，发布的内容要客观、真实和权威。

4.4 应急救援的分级响应制度

各级、各专业安全生产事故应急救援指挥机构应当制定一定范围应急救援应当坚持的分级原则、响应制度及其相应的等级标准。应急救援分级响应制度应当明确响应的程序，阐明事故发生后通报的组织、顺序、时间要求、主要联络人、应急响应的内容和处置方式，尤其是跨区域、跨部门的重大事故应当针对实际情况，明确具体的响应方法和程序。

4.5 应急救援演习制度

各级政府、各专业应急救援体系管理部门、各应急救援指挥机构、救援基地、救援队伍和救援人员都应定期开展针对性的演习，演习的具体形式可以是桌面演习、功能演习和全面演习，演习过程中应安排专人对演习过程中的不足进行评价和记录，并在事后进行总结，及时发现并解决预案、资源、程序、能力、协同应急等方面存在的不足，持续提高应急能力。

4.6 应急救援的资金补偿制度

各级应急救援指挥机构调动应急救援队伍和物资必须依法给予补偿，资金首先由事故责任单位承担，事故责任单位无力承担的由当地政府财政承担，公共事业的应急救援行动所需要的经费由当地政府财政承担，参加保险的由保险机构依照有关规定承担。

在应急救援过程中，国家在采取合法的强制性行为（如强制搬迁等）时造成损害的，国家应给予补偿；在应急救援过程中，国家借用个人或集体交通工具、救援装备等使公民财物受损害的，国家应补偿其损失；无过错的危险事故造成的损害，国家予以适当补偿。

4.7 应急救援的奖惩制度

在应急救援工作中有优秀表现的个人或单位，国家应当给予奖励，并且规定奖励的形式和标准。此外，在安全生产事故应急救援工作中，如有个人或单位违反有关规定，应当对其进行相应的责任追究，规定处罚的形式和程度，确保应急救援工作的权威性。

5. 结论

本文结合国内外重大事故应急救援立法现状，指出我国事故应急救援立法中存在的一些问题，提出了建立重大事故应急救援法律法规体系和完善其工作制度的构想。对于建立健全重大事故应急救援法律法规体系，实现我国重大事故应急救援工作规范化、法制化和科学化具有重要意义。

◎ 参考文献

[1] 彭成. 美国煤矿事故调查与处理程序[J]. 煤矿安全, 2001, 27 (3): 45-48.

[2] 邢娟娟. 重大事故的应急救援预案编制技术[J]. 中国安全科学学报, 2004, 14 (1): 57-59.

[3] 刘铁民, 刘功智, 陈胜. 国家生产安全应急救援体系分级响应和救援程序探讨[J]. 中国安全科学学报, 2003, 13 (12): 5-8.

[4] 刘铁民. 重大事故应急体系建设[J]. 劳动保护, 2004, 346 (4): 6-10.

校园安全事故管理信息系统的开发

刘紫曜　李　明（指导教师）

（中南大学资源与安全工程学院，长沙，410083）

摘　要　论文采用 Visual Basic 语言，运用计算机技术对校园安全管理信息系统进行设计，研究内容包括：1. 校园安全事故的类型及输入的标准化参数。2. 安全事故信息管理中信息查询的一些基本功能。3. 提出了增加数据备份功能、增加日志功能和升级系统等系统改进的几点意见。

关键词　校园安全　信息管理系统　安全事故

随着各种安全事故的复杂化，校园安全部门传统的档案手工管理烦琐、效率低下而且容易出错，已经无法适应现代校园安全管理的快速、高效、和谐发展的管理要求。随着计算机急速地迅猛发展，办公自动化成为现实，通过计算机进行简单操作从而获得大量校园安全信息资源的校园安全信息管理系统的设计与开发势在必行。

1. 需求分析

1.1 现状分析

校园的安全与否是一个学校得以稳定发展甚至赖以生存的重要标准，校园安全信息是学校有关安全方面的一项重要的数据资源，校园安全信息管理也是学校一项重要的常规性工作。长期以来，校园安全信息管理都是依赖人工管理和档案记载的，而在实际情况中，校园安全信息涉及学校各种安全事故以及学校的各个部门相互联系、相互协调、相互调配的运作方式等，是非常复杂的。面对如此众多的校园安全信息，其工作量可想而知，而且人工管理存在大量的不可控制因素，对具体的校园安全信息管理也存在着不规范的行为。因此，利用计算机进行简单操作就可以较好地管理校园，安全信息的管理信息系统的建立显得十分必要。

1.2 设计目标

本系统以某个校园的安全管理模式为例，结合校园安全管理的相关理论，设计并开发一个校园安全管理信息系统，提供一个"安全第一、预防为主、教育辅助"的校园安全管理解决方案。针对校园内不同的登录用户，就安全信息管理侧重点的不同，提供一个不同界面的校园安全信息管理系统。系统的目标如下：

（1）尊重传统的校园安全管理制度和文化，满足校园安全管理人员和校园普通学生对校园安全信息内容的不同需求。

（2）通过安全管理信息系统的建立，使校园的安全管理更加科学化。

（3）提供灵活、方便的操作。

（4）节约安全管理的成本，提高校园安全管理的效率。

（5）对系统提供必要的管理权限。

（6）为校园实现整体信息化的其他相关系统提供必要的数据支持。

1.3 设计内容

本信息系统的校园安全管理信息的内容主要是指校园 n 年之内发生的各种校园安全事故[1]，其中包括火灾、盗窃[2]、交通事故、校园暴力事件[3]、网络危害[4]、食物中毒、用电危害和传染疾病八类校园安全事故。学生以及校园负责安全的各部门主管人员可以查阅各类安全事故的相关信息，以火灾事故为例，校园安全管理信息中存储了近 n 年来本校园发生的每次火灾的具体情况，分别以各种标准参数的形式显示给用户，火灾的各种标准参数分别为事故名称（火灾）、发生时间、发生地点、直接原因（如电线老化）、伤亡人数、经济损失、火灾等级（特别重大火灾、重大火灾、较大火灾和一般火灾四个等级）、火灾隐患（如电线老化）、相关部门应采取的措施（如加大日常检查力度）、事故性质（如责任事故）、事故调查结论（是什么原因导致的这场火灾事故）、事故处理意见（对相关部门的安全负责人进行处罚）、事故编号（如00001）、事故经验教训（应该吸取怎样的教训，以后应该怎么做）。

2. 校园安全管理信息系统的设计

2.1 系统介绍

本系统是一个基于不同用户类型的系统，主要针对学生用户和校园安全各主要负责部门主管用户。对于学生用户而言，可以查看和了解涉及本校园安全的相关信息。而对于校园安全各主要负责部门主管用户而言，不但可以收集和查看校园安全的各种相关信息，还可以根据需要修改校园安全的各种信息，并且能够按照多种条件进行校园安全信息的查询，将查询结果以报表的形式打印出来，以方便参考。

2.2 数据库设计

根据系统的功能要求，本系统数据库采用 Microsoft office Access，它不但适合工作的需求，而且所支持的数据类型十分丰富，维护简便，费用较低，容易升级，人员素质要求不是很高。

在校园安全信息管理系统的数据库 Accident 中，需要包含各种校园安全事故的信息表和事故分类表，其中校园安全事故主要有火灾、盗窃、交通事故、校园暴力事件、网络危害、食物中毒、用电危害、传染疾病。

2.2.1 使用 Access 创建数据库

在软件安装完成后，从"开始"菜单依次选择"程序 > Microsoft Office > Microsoft office Access"，就可以启动 Access 创建一个数据库。

2.2.2 设计数据库结构[5,6]

（1）在创建完一个 Access 数据库文件后，会自动打开该文件。

（2）双击"使用设计器创建表"，打开表设计器，在数据库中定义一些字段和相应的数据类型（可使用 OLE 对象存储图片数据）。

（3）在设计好字段后，从主菜单上选择"文件 > 保存"，将数据表保存。这时将会弹出一个对话框，然后键入一个合适的数据表名，单击"确定"按钮就可以将数据表保存了。这个时候还会弹出警告框，询问是否创建主键，设计选择否。然后，进行数据的录入工作。

2.3 系统功能设计

根据学校安全信息管理的实际要求，结合校园安全信息管理的实际流程，本系统中将用户分为两类，即学生和校园安全各主要负责部门主管。学生用户是指当前系统中所有想了解本校安全信息状况的学生，该类用户只能对自己学校的安全管理信息进行浏览和查询，不具有对相关安全信息进行管理的权限。而对于校园安全各主要负责部门主管来说，他们有权限对系统中的所有安全信息进行浏览、查找，并且可以添加、编辑和删除学生记录，也可以使用相应的报表功能。

2.3.1 通用模块

本模块包括信息管理和信息查询两个常用的功能。

2.3.2 系统模块

本模块提供了系统的关于窗口、重新登录和退出系统 3 种功能。系统模块组织结构图如图 1 所示。

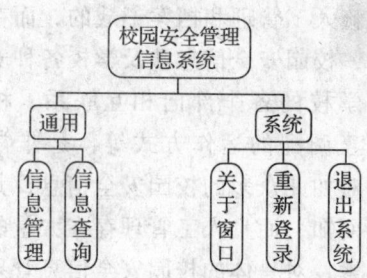

图 1 系统模块组织结构图

根据学校安全信息管理流程，结合上述的各功能模块，设计出校园安全信息管理系统的整体流程，如图 2 所示。

2.4 系统的具体创建与设计

包括创建系统、创建启动窗体、创建登录窗体、创建 MDI 窗体、创建信息管理窗体、创建报表打印模块、创建信息查询窗体等部分。在此不做具体设计的论述。

3. 系统测试与评价

3.1 系统功能的实现

3.1.1 系统登录

双击软件包中的文件名为"校园安全管理信息系统.exe"的文件，首先将会出现 frmSplash 窗体，如图 3 所示。按任意键

校园安全事故管理信息系统的开发 **115**

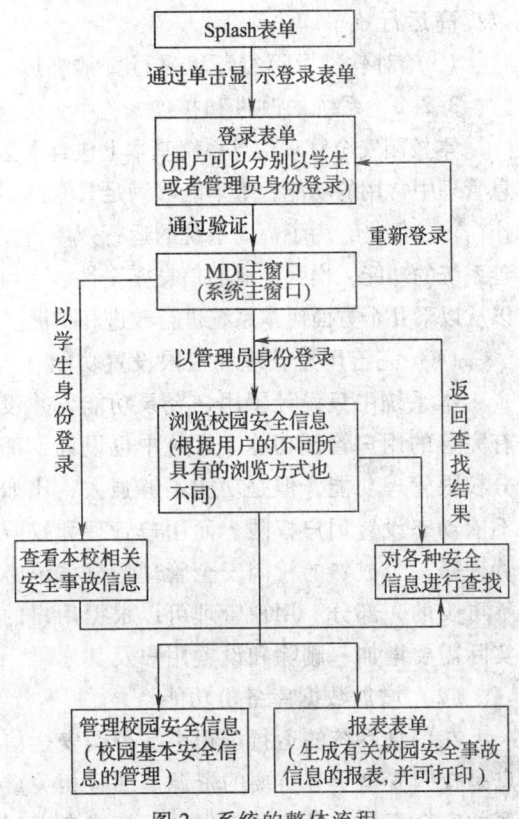

图2 系统的整体流程

图3 frmSplash 窗体

之后，此时的 frmSplash 会立即消失，随之出现的是登录界面，如图4所示。

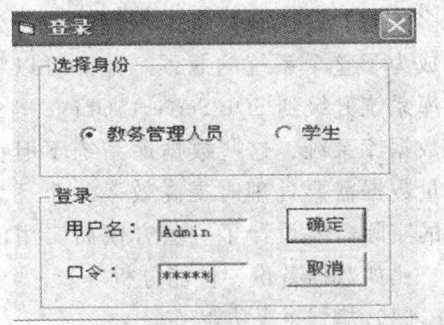

图4 登录界面

在用户名和口令的文本框中输入相应的事先设置好的字母和数字，如

教务管理人员：

用户名：Admin　口令：Admin

学生：

用户名：liu　口令：001

输入用户名和口令之后便可以进入 frmMain 窗体界面，如图5所示。

图5 frmMain 窗体界面

3.1.2 安全事故信息查询

当用户想查询某一校园安全事故时，点击"信息查询"快捷按钮，就会出现"信息查询"界面，如图6所示。

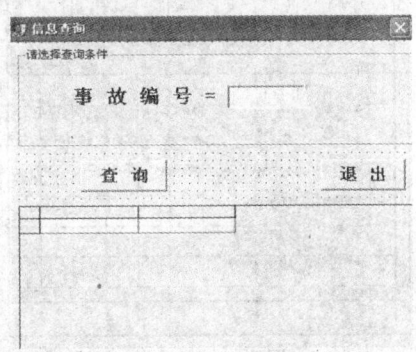

图6 "信息查询"界面

3.1.3 安全事故信息管理

当用户想要对校园安全信息进行详细查询或者进行管理时，点击"信息管理"快捷按钮，就会出现信息管理界面，由于不同用户可见的信息管理页面不同，故有两种界面分别如图7和图8所示。

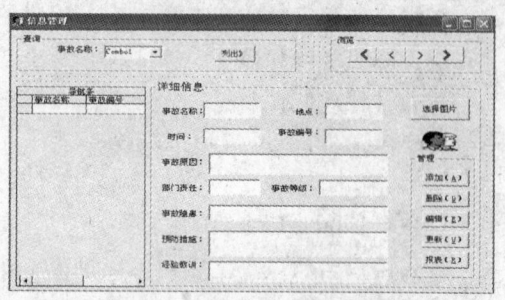

图7 教务管理人员所见界面

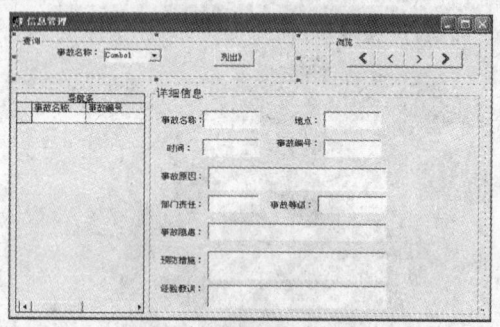

图8 学生用户所见页面

3.1.4 安全事故信息报表打印

当点击信息管理界面中的"报表"按钮时，就可以把某些校园安全事故以报表的形式打印出来。火灾报表如图9所示。

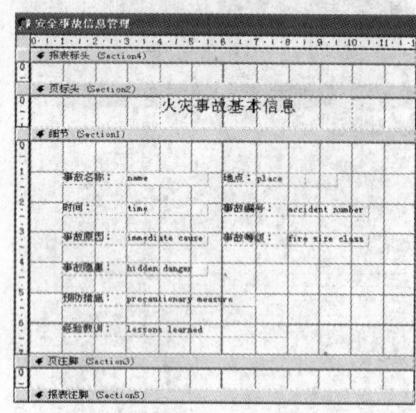

图9 火灾报表

3.2 系统运行和维护

3.2.1 运行维护[7]

经过测试，该系统运行稳定，在使用和维护中应该注意以下几个问题：

（1）定期备份数据库，以免丢失数据。

（2）定期清理数据库中的无效数据，以提高运行效率。

（3）对软件及运行环境进行日常维护。

3.2.2 系统的改进和扩展

本校园安全管理信息系统基本上包含了信息管理中常用的功能，基本能够满足日常的工作需求。但是，为了提高系统的运行效率，完善系统的功能，增强企业的信息安全性，还可以从以下几个方面对本系统进行改进和扩展。

（1）完善用户管理和权限设置功能

本系统中只设计了用户登录功能，并没有完善的用户管理功能。系统中也设计了部分权限管理功能，但是功能不够强大，比如不能动态设置用户权限，而用户管理和权限管理是一个成熟的校园安全管理信息系统必不可少的一部分。用户管理可以根据用户的实际需要增加、删除和设置用户及其密码。

（2）增加数据库备份功能

在信息系统的运行过程中，校园安全信息是校园安全十分重要的资源。一旦相关重要的安全事故信息意外丢失、损坏或者遭到恶意破坏，学校的信息系统就会严重受损，甚至造成系统瘫痪，无法正常运行，因此完备的数据备份功能是成熟系统的必备功能。

（3）升级数据库系统

本系统的数据库采用的是 Access 数据库。当学校的安全数据不太多、校园安全信息处理的数量不太大的时候，这种小型数据库系统就足够使用了。但是当校园安全信息越来越庞杂，需要处理的信息越来越多的时候，这种数据库系统的运行效率就成为了整个系统的瓶颈。此时可以将数据库系统升级到 SQL Server、Oracle 等大中型数据库系统，这些数据库系统不但在有大量数据需要处理时提高效率，而且为校园的实际需要设计了一些方便而实用的功能，比如数据备份、性能分析等。

（4）增强报表功能

本系统中设计了报表生成和打印功能，

但是这些功能还非常简单,不足以完全满足用户的需求。比如不能打印一个事故大类中所有事故的信息报表。Visual Basic 中提供了报表控件,能够生成和打印报表。虽然这个控件的功能并不是十分强大,但是基本可以满足日常的工作需求。

(5) 增加日志功能

为了监督用户的操作,防止校园安全信息泄露和遭受破坏,日志功能是很多大型系统普遍采用的一种安全措施。当用户登录系统时,系统就会在后台记录下登录的时间和登录的名称,将这些信息写入日志文件。当用户登录成功进行各种操作时,系统在后台也会记录下操作时间、用户名称、操作类型等信息,并将其写入日志文件。这样,当校园的安全系统发现问题的时候,系统管理员可以通过查看日志文件来确认问题产生的根源。

(6) 本系统在信息表述上不够完备,通用性不强,比如权限的设置不够灵活,一些模块的信息不够详细,提供的报表有限。下一步可以在各个界面上进一步添加所需要的字段;在熟悉系统模块的设计后,增加一些模块,扩充系统的功能。

4. 结论

本文论述了校园安全管理数字系统,管理系统方便快捷,为安全工作人员提供了便利。本校园安全管理信息系统基本上包含了信息管理中常用的功能,基本能够满足日常的工作需求。但是,为了提高系统的运行效率,完善系统的功能,增强校园的信息安全性,还可以从以下几个方面对本系统进行改进和扩展。

(1) 完善用户管理和权限设置功能。
(2) 增加数据库备份功能。
(3) 升级数据库系统。
(4) 增强报表功能。
(5) 增加日志功能。
(6) 增加系统模块,扩充系统功能。

◎参考文献

[1] 李奇志. 论大学校园安全问题及应对措施 [J]. 沈阳工程学院学报,2008,4 (1):42-44.

[2] 徐文后,郭炫宙,王陆洋. 校园不安全因素分析 [J]. 职业圈,2007,3 (24):173-172.

[3] 陈永峰. 浅谈校园暴力治理与社区警务之契合 [J]. 苏州职业大学学报,2007,19 (2):84-86.

[4] 施春军,吴增军. 校园周边环境对校园安全的影响 [J]. 苏州职业大学学报,2004,15 (4):16-17.

[5] 周春艳,李俊民,刘彬彬. Visual Basic 数据库开发案例精选 [M]. 北京:人民邮电出版社,2006.

[6] 郭瑞军,谢晗昕,唐邦民. Visual Basic 数据库开发实例精粹 [M]. 北京:电子工业出版社,2007.

[7] 郭东强. 现代管理信息系统 [M]. 北京:清华大学出版社,2006.

近年我国矿井通风的研究进展综述

封 叶 吴 超(指导教师)

(中南大学资源与安全工程学院,长沙,410083)

摘 要 本文通过对近年来矿井通风文献资料的收集和整理,对专著教材型文献、科技论文型文献、学位论文型文献和近年来的技术进展作文献综述，从中总结出矿井通风技术的发展现状、趋势及热点研究问题，并针对矿井通风专业技术的特点，建设一个专题网站，为读者提供查阅和学习的平台。

关键词 矿井通风 文献检索 网站建设

矿井通风系统是矿井生产系统的重要组成部分，随着科学技术的进步和先进设备的利用，矿井的生产能力越来越大，开采深度和强度不断加大，开采的地质条件也更加复杂，矿井通风对矿井的生产与安全产生越来越大的影响。

众多专家学者都将矿井通风技术列为研究对象，与其相关的理论、技术发明及新应用层出不穷，经搜索，以矿井通风为关键词的文献多达上千篇，其中包括各个专业方向的专著或论文，这为矿井通风的资料提取造成一定的难度，因而必须对其进行区分、整理，归纳为更加有条理、更加系统的文献索引平台。

对于矿井通风技术文献资料的整理，首先必须从各种技术、系统和节能多方面考虑分类，尽可能做到全面收集原始资料。目前，对于矿井通风技术还没有一个专门的网站提取文献的，虽然近年来不断涌现出大量相关的前沿研究成果和文献专著，但没有一个很好的平台来归纳和呈现。鉴于上述问题，本论文将收集的各类矿井通风文献资料进行整理归纳，并制作专题网站将其呈现给读者。

1. 矿井通风教材和专著文献综述
1.1 通风技术

通风阻力，通风构筑的最佳造型、网络结构，风流分配与变化规律，风流调节技术，动压通风与冲击风流，通风系统优化，通风节能系统设计计算，防尘技术，矿井通风网络解算的基本原理和解算方法，风流调节可控制，局部通风，扇风机理论，矿井通风动力，风量测算，掘进工作面通风，矿井通风三维仿真模拟理论，矿用空气幕理论发展，矿井风流的能量变化规律与测算，矿井通风阻力的类型、变化规律与测算等。

1.2 通风安全

井下水灾、火灾等自然灾害的客观规律及其预防治理理论和技术，冒顶事故、矿井高温热害及噪声、自救与互救、抢险救灾、事故处理，运用安全系统的理论和知识对矿井通风进行分析管理。如安全系统工程概论、事故致因理论、安全检查表分析方法、预先危险分析法、因果分析法、事件树分析法、安全评价、安全管理等。

1.3 通风检测技术

测风，测尘，测定井下气温，解算通风网络，通过介绍各种通风检测仪器仪表来引入矿井通风的空气检测[①]。

2. 矿井通风研究论文综述
2.1 新理论

从建立矿井通风信息管理系统的目的出发，确定了信息界定的原则、依据、方法和范围，将矿井通风信息分为通风动力信息、通风网路信息、通风调控设施信息、通风管理人员信息和矿井空气品质信息；介绍了矿井通风网络自然分风计算机解算方法原理、特点及其算法；在分析现有矿井通风能力核定办法不足的基础上，提出一种更为合理、科学的新核定理论体系，新方法弥补了现有核定办法的缺陷，在实际应用中更加全面地

---

① 详见参考文献 [1, 2]。

反映矿井通风的效果和能力；运用未确知测度理论建立矿井通风系统安全评价指标体系，构造了未确知测度模型，计算各配件指标的未确知测度值。

2.2 新应用

分析人工智能领域中的专家系统技术和CAD技术在矿井通风中的应用现状；采用工业控制计算机与PLC组成风机的自动控制系统，确定了计算机通风程序和PLC程序框图；运用虚拟现实技术对矿井通风系统的可控与可视化进行研究，实现了矿井巷道和通风设施数据的全面数字化。

2.3 新方法

用高级语言QBASIC编制矿井通风自然分风节点风压解算方法；运用布尔代数给出了矿井通风网络可靠度的计算方法，提出了矿井通风网络平衡方程组的Jacobin行列式；采用多级模糊综合评判法对初拟的矿井通风系统改造方案进行解算，开发了相应的计算机应用程序，实现了智能化、系统化、信息化矿井通风管理；用Visual Basic 6.0编制了模糊综合评判法和BP网络评价法程序。

从技术论文的主要内容来看，将新方法、新思路运用于矿井通风技术是科技发展的一个重要趋势和科技成果，其热点和焦点内容主要集中于矿井通风网络解算、矿井通风节能、矿井通风网络优化调节的研究和矿井通风控制技术及装备[1]。

3. 矿井通风学位论文综述

3.1 矿井通风网络解算技术综述

在金属矿矿井通风网络解算方面，虽有大量研究，但研究重点放在软件开发上，而对于开发软件的解算结果是否可靠及影响网络解算结果的因素分析甚少；在矿井通风系统稳定性方面，主要集中在角联风向的判断上，对整个矿井通风系统稳定性分析不深入，特别是正常生产时期，由于矿井通风系统的复杂性、动态性、通风外部条件和通风参数的多变性，对矿井通风系统稳定性有很大影响[2]。

3.2 矿井通风网络优化调节研究综述

矿井通风网络是实际矿井通风系统的数学表达，是矿井风流路线及其有关参数的组合，是一个关联程度很高的复杂系统，其中一条分支的风量可能通过在多条分支中安设调节设施而改变。因此，满足通风需求的调节方案多种多样。如何确定一种既能满足通风需求和生产条件的限制、符合有关法规规定，又能使矿井通风所需费用最少的调节方案，是矿井通风长期以来研究的热点和难点问题之一。

3.3 矿井通风控制技术及装备综述[3]

（1）矿井通风网络状态的监测与模拟。

（2）控制方案的决策。

（3）控制方案的实施。

对矿井通风控制的大量研究也都可以归结为对这三个方面的研究。目前，我国大多数矿井的通风控制仍主要是由人工进行的。有些矿井安装了遥控风门，可远距离控制风门的开与关。由人工遥控，其目的主要是发生灾变时迅速实现局部反风。现有的矿井自动风门主要是相对于行车与行人而言的，并不是根据通风控制的要求进行自动控制。风机与风窗的调节也主要靠人工完成。瓦斯、风、电闭锁与监测系统遥控则属于局部反馈控制。它们都是通过检测环境变量（如瓦斯浓度），当测值超过设定值时，则自动切断某些设备的电源，而不是控制风量的大小。

---

[1] 详见参考文献[3]。
[2] 详见参考文献[5]。
[3] 详见参考文献[6]。

3.4 人工智能在矿井通风技术中的应用①

在矿井通风设计的智能化研究中，针对矿井通风设计，提出了专家系统技术与建模优化技术相结合的智能化计算机辅助设计方法。首先分析了矿井通风的设计过程及专家系统技术和建模优化技术在设计过程中的作用，然后研究了用专家系统技术解决系统设计问题所需知识的类型和获取方法。从分析矿井通风设计的实际过程及其特点入手，提出便于实现矿井通风设计专家系统的相关知识，并给出了相应的推理方法。智能化矿井通风设计系统是一个高度智能化的矿井通风设计集成环境，即将矿井通风设计的数据管理、图形处理、设计计算、灾变过程模拟、决策分析等功能进行有机结合，辅助解决设计中的结构化问题、半结构化问题和非结构化问题，图1所示为智能化矿井通风设计系统框架图。其中，设计过程控制模块是智能化矿井通风设计系统的核心，是接收人的指令，指挥调度其他模块解决问题、回答问题的指挥部。

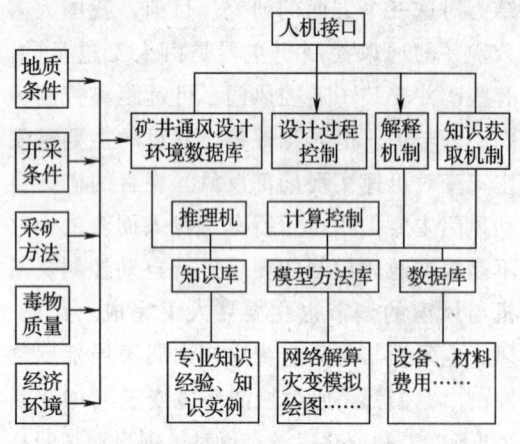

图1 智能化矿井通风设计系统框架图

3.5 矿井防尘与风流净化技术综述②

除尘是改善井下作业环境的一种重要手段，在其他工业部门早已进行应用，但是矿山井下防尘技术却是近几十年才开始发展起来的。其原因在于矿山井下生产条件复杂，作业空间狭小多变，设备安全性能要求高，要求除尘器体积小、重量轻、处理风量大、除尘效率高、使用维护方便等，由于这些要求常常是互相矛盾的，很难兼顾得到解决，这就增加了矿用除尘器研制的难度，影响了矿用除尘技术的发展。

4. 近年矿井通风新进展综述

4.1 多风机多级机站技术综述③

多风机多级机站具有显著的优越性，它既可提高矿井有效风量率，又可节省电能。我国自1983年开始该通风技术的试验研究以来，先后有几十个大中型非煤矿井采用此技术，改造原有的通风系统，取得了明显的社会效益和经济效益。所谓多风机多级机站，即由多级（至少是三级以上）风机站接力地将地表新风直接送到井下作业区，将污风抽排到地表。其需风点的风量调节基本上由风机控制，尽量避免用风窗调节，以提高系统的可控性，使矿井通风系统真正做到按需供风。多风机多级机站的一个显著特点是节能效果好。风机的功率与风量立方成正比。大型风机风量大、风压高、功率消耗大；多级机站采用机站间风机串联及机站内风机并联，这样所选的风机风量小、风压低，故功率消耗也小，还可选用新型高效节能风机，因此能耗低。实测证明，采用该通风技术改造的矿井，比原采用统一的70—82主扇通风系统，装机容量可降低$1/3 \sim 1/2$，大幅度地节约了用电量。

---

① 详见参考文献[7]。
② 详见参考文献[8]。
③ 详见参考文献[9,10]。

4.2 通风节能技术综述

我国金属矿矿井自 20 世纪 50 年代开始采用机械通风，但风机的运转效率一直较低。据统计，风机运转效率仅约 40%，比设计的风机效率低一半以上。通风能耗约占矿井总能耗的 1/3，通风电耗约占通风能耗的 70%，大型矿井的风机装机功率高达数千千瓦，年通风电费达数百万元。例如，云南锡业公司地下矿井原风机装机总容量 4 048 kW，矿井通风电耗十分惊人。对矿井通风系统进行优化改造和选用 K 系列风机建立多风机多级机站，在改善了井下作业环境的同时节约了电能，年节电 2 345 万 kW·h。因此，研究矿井通风节能技术有重要意义。

造成矿井通风系统能耗高的主要原因是：

（1）通风方法和设计手段。

（2）风机性能。

（3）管理水平。

我国矿井通风系统设计多数采用统一的主扇通风系统，漏风系数取得大，以及按最困难时期的最大风压选择风机，使选取的风机风压过高，通风系统建成后，由于金属矿矿井开采技术的特点，致使主扇的工况点风压比设计的风压低得多。风机等积孔与矿井通风网络等积孔不匹配，使风机长期在低效率区运转。矿井通风节能技术研究的进展和方向主要是：

（1）在矿井通风系统技术改造与建设中，不存在统一的技术模式，应根据各自系统的具体条件，沿着多种技术途径发展。这些途径主要是：分区通风系统、多风机多级机站通风系统、主—辅扇多风机系统、统一主扇通风系统。

（2）新型、高效、节能矿用风机的研制与应用。

（3）采用通风优化设计技术。

（4）矿井通风系统的计算机自动控制技术研究。

4.3 空气幕技术的应用综述

从国内外矿井风流控制及空气幕的研究与发展的现状可以看出：

（1）在发达国家，矿井风流自动控制系统研究与应用的情况较好，但国内矿山仍处于试验研究阶段，受矿山条件的影响，对井下风流大多是采用传统的人工调控方法，因而，矿井通风的全自动控制系统在可预见的一个时期内仍将处于试验研究阶段。

（2）空气幕研究最早是用于隔断建筑物大门内外的风流和在工业厂房内控制污染源或隔断风流等方面，国内外此领域的研究比较多，在空气幕流场分布与控制及空气幕设计等方面做了大量工作，也取得不少经验，较为成熟。

（3）20 世纪 60 年代，虽然有人将空气幕应用于地下矿山的风流控制——阻隔风流，但其主要是在巷道断面较小、需隔断的风流阻力较小的巷道中应用单机空气幕来实现，且隔断风流的效率难以适应环境条件的变化，空气幕的作用比较单一，对于大断面大压差巷道一般不易满足要求。

（4）地下开采矿山井下风流的控制与地表建筑物大门或工业厂房的风流控制有着非常大的区别，因此，研究与应用的大门空气幕技术及理论不能直接应用于井下的风流控制，尤其是在大断面、大压差的井下运输巷道内不能简单引用[1]。

5. 结论

通过认真研究和努力工作，收集并整理了百篇矿井通风文献资料，由矿井通风发展历史和发展现状总结出了矿井通风技术的发展趋势。

---

[1] 详见参考文献 [11, 12]。

◎ 参考文献

[1] 鲍庆国,马福昌. 改善通风环境以提高对煤层自然火灾的防治[J]. 矿业安全与环保,2001(2):37-39.

[2] 史文启,傅德军. 优化矿井通风系统促进经济效益增长[J]. 矿业安全与环保,2001(S1):7-8,11.

[3] 成新龙. 合理优化通风系统实现通风节能[J]. 矿业安全与环保,2001,28(6):57-58,60.

[4] 王树刚,刘宝勇,刘贵文. 矿内空气非定常流动能量方程及在测阻中的应用[J]. 矿业安全与环保,2001(1):28-30.

[5] 李铁磊,陈开岩,陈发明. 矿井巷道空气动力学老化对巷道风阻的影响[J]. 中国矿业大学学报,2001(3):277-280.

[6] 杨娟,王耀青. 矿井通风计算机动态管理系统的研究及实现[J]. 工业安全与防尘,2001(2):5-7.

[7] 陈海炎. 矿井通风阻力实测与数据处理[J]. 四川冶金,1998(4):1-4.

[8] 马心校,马民,余海龙,罗晓梅. 矿井通风系统调节性的研究[J]. 煤炭工程师,1998(2):2-3,6.

[9] 王惠宾. 论风门对矿井通风网络的影响[J]. 煤炭工程师,1998(2):23-26.

[10] 王坪龙,吴超. 某矿通风系统的测定与评价及其优化改造实践[J]. 湖南有色金属,1998(1).

[11] 王洪德,马云东. 矿井通风系统可靠性理论与应用研究[M]. 北京:煤炭工业出版社,2004:152-169.

[12] 徐瑞龙. 通风网路理论[M]. 北京:煤炭工业出版社,1993.

[13] 陈君. 基于人工神经网络的矿井通风系统安全可靠性评价[J]. 矿业安全与环保,2007(3):60-61,68.

[14] 黄祥瑞. 可靠性工程[M]. 北京:清华大学出版社,1990.

[15] 金佩剑,刘剑,李雨成. 通风仿真系统的建立及在赵庄矿的应用[J]. 矿业快报,2008(7):110-111.

[16] 刘玉兰. 矿井通风设备的选型[J]. 科技情报开发与经济,2008(21):212-213.

[17] 谭允桢. 矿井通风系统管理技术理论[M]. 北京:煤炭工业出版社,1998.

[18] 王海宁,姚维信,拜生学. 多机并联增阻空气幕在龙首矿的应用研究[J]. 有色金属,2004,56(2):107-108.

水力送风机机械设计及力学计算

李旭强　黄　锐(指导教师)

(中南大学资源与安全工程学院,长沙,410083)

摘　要　本论文主要是在机翼型叶轮离心通风机设计方法的基础上对水力送风机进行系统的研究,探讨水力送风机叶轮的现代设计方法,以机翼型叶轮作为研究对象,从理论设计过程中得出送风机各部件的几何尺寸,及与之相关的各项性能参数,通过对实际产品不同叶轮参数进行测试,分析得出水力送风机叶轮参数对性能影响的关系,对水力送风机做改进设计。在此基础上运用有限元方法对送风机的叶轮进行具体分析,对分析结果进行模拟试验,得出最优的设计方案。

关键词　普洛尔法　有限元方法　流体力学　CAD 技术

随着埋藏较浅、容易开采的矿产资源的日益消失，深埋矿井的建设无疑将在矿业领域占据主导地位。在深井的建设和深埋矿产的开采中，气温高，湿度大，空气含氧量低，工作环境极度恶劣。本文在以上工程生产缺陷的基础上，探讨水力送风机叶轮的现代设计方法，以机翼型叶轮作为研究对象，从理论设计过程中得出送风机各部件的几何尺寸，及与之相关的各项性能参数，通过对实际产品不同叶轮参数进行测试，分析得出水力送风机叶轮参数对性能影响的关系，对水力送风机做改进设计。

1. 理论研究基础

本文主要研究水力送风机的叶轮，通过对叶轮的重新设计和改装，得到效率更高和工作性能更好的水力送风机。本文在理论研究设计的过程中引用了有限元方法和 CAD 技术，利用有限元方法对送风机的总体设计进行了理论分析，从而使理论模型的建立成为可能。在送风机设计的流体力学计算过程和研究过程中，CAD 技术作为产品设计的辅助手段，在很大程度上增强了送风机研究设计的成功率。

本文研究的重点是送风机的性能测试，以及叶片安装角度对送风机性能的影响。其研究的理论基础是：在送风机总体设计的基础上对送风机性能与内部流场进行测试，测试数据是在提供的物理和数学公式的基础上，结合参考资料中的数据得出的。

2. 送风机性能测试步骤

送风机性能测试与内部流场测试

根据实验目的和要求的不同，送风机试验参数可分为以下几类：

（1）压强的测试。
（2）流量的测试。
（3）功率的测试。

送风机性能测试分为 3 种：

（1）进气试验：在进口端测试流量和压强。
（2）出气试验：在出口端测试流量和压强。
（3）进出气试验：在进口端测流量，出口端测压强。

2.1　进气测试

2.1.1　试验装置

如图 1 所示，进气测试试验装置由集流器、风筒、进气管等部件组成。集流器的作用是使气流收敛，从而均匀地进入风筒。

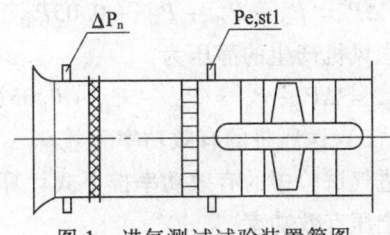

图 1　进气测试试验装置简图

2.1.2　性能计算

利用送风机性能试验所直接测量的结果，按规定和一定的计算公式进行性能计算。

（1）送风机的流量

用进口集流器获得静压，其进口流量（m^3/s）的计算公式为：

$$Q_1 = A_1 \Psi (2P_{stj}/\beta_1)^{0.5}$$

（2）送风机进口动压

送风机进口动压 P_{d1} 用集流器测定的动压绝对值 P_{stj} 表示为：

$$P_{d1} = 0.5\beta_1 C_1^2$$
$$= 0.5\beta_1 [\beta(2P_{stj}/\beta_1)^{0.5}]^2$$
$$= \beta^2 P_{stj} Pa$$

流量系数取为：$\beta = 0.99$。

（3）送风机的动压

送风机的动压 P_d 以出口动压 P_{d2} 表示：

$$P_d = P_{d2} = 0.5\beta_2 C_2^2 = 0.5\beta_2(Q_1/A)^2$$

式中，A 为送风机出口截面积

（4）送风机的全压和静压

为计算送风机的全压和静压，首先要确定管道阻力的大小。管道中主要的阻力损失、测压管道摩擦损失

$$\Delta_1 = \Delta h_f = f(L/D)\beta/2C_1^2 = f(L/D)P_{d1}$$

式中，f 为摩擦阻力系数，取 $f = 0.025$；L 为测压管道的长度；D 为测压管道的直径。对于圆形管道有 $L = D$，所以得：

$$\Delta h_f = 0.05 P_{d1}$$

则进气试验阻力损失为：

$$\Delta_1 = 0.05 P_{d1}$$

进气试验装置中，送风机出口为大气，故出口压强为 $P_{st2} = 0$。于是送风机的全压为：

$$\Delta P = P_d - P_{d1} + P_{st1} + 0.05 P_{d1}$$

送风机产生的静压为：

$$\Delta P_{st} = \Delta P - P_d = P_{st1} - P_{d1} + 0.05 P_{d1}$$

（5）送风机的有效功率和效率

进气试验中的有效功率按下式计算：

全压有效功率：

$$P_e = \Delta P Q_1 / 1\,000 = (P_d - P_{d1} + P_{st1} + 0.05 P_{d1}) Q_1 / 1\,000$$

全压有效功率：

$$P = \Delta P_{st} Q_1 / 1\,000 = (P_{st1} - P_{d1} + 0.05 P_{d1}) Q_1 / 1\,000$$

效率由下列各式计算：

全压效率：$\eta = P_e / P_s$

静压效率：$\eta_{st} = P_{ste} / P_s$

全压内效率：$\eta_i = P_e / P_i$

全压外效率：$\eta_{sti} = P_{ste} / P_i$

2.2 出气测试

2.2.1 试验装置

同进气测试试验装置一样，出气测试试验装置由集流器、风筒、进气整流闸等部件组成。

2.2.2 性能计算

利用送风机性能试验所直接测量的结果，按规定和一定的计算公式进行性能计算。

（1）送风机的流量

用皮托管在出口端测试动压，其出口流量（m³/s）的计算公式为：

$$Q_2 = A_2 (2 P_{d2} / \beta_2)^{0.5}$$

（2）送风机出口动压：

$$P_d = P_{d2}$$

（3）送风机的全压和静压

在出气装置中，送风机进口静压为 $P_{st1} = 0$，进口动压为 $P_{d1} = 0$。

测压管道摩擦损失：

$$\Delta_2 = \Delta h_f = 0.025(6D/D)P_{d2} = 0.15 P_{d2}$$

于是送风机的全压为：

$$\Delta P = P_{d1} + P_{st1} + 0.15 P_{d2}$$

送风机产生的静压为：

$$\Delta P_{st} = P_{st2} + 0.05 P_{d2}$$

（4）送风机的有效功率和效率

全压有效功率：

$$P_e = \Delta P / 1\,000 = (P_{d2} + P_{st2} + 0.15 P_{d1}) Q_1 / 1\,000$$

静压有效功率：

$$P = \Delta P_{st} Q_1 / 1\,000 = (P_{st2} + 0.15 P_{d1}) Q_1 / 1\,000$$

效率的计算和进气试验是完全相同的。

2.3 模拟测量数据分析及处理

在此仅对 45°、50° 叶片安装角性能试验进行数学分析讨论。

试验设备参数如下：

进气风管直径 $D_1 p = 1.000\,0$ m

风机进口面积 $A_1 = 4.700\,0$ m²

风机出口直径 $D_2 = 1.000\,0$ m

风机出口面积 $A_2 = 3.140\,0$ m²

标准压力：101 325.00 Pa

出气风管直径 $D_2 p = 0.800\,00$ m

静压测点到风机进口长度 $L_1 = 4.000$ m

静压测点到风机出口长度 $L_2 = 1.000$ m

风机进口直径 $D_1 = 1.500\,0$ m

标准温度：20.0 ℃

标准密度：1.20 kg/m³

标准转速：1 450.0 r/min

标准叶轮直径：1.200 00 m

水力送风机空气动力性能数学计算模拟测试报告（1）（叶片安装角 = 45°），其具体参数见表1、表2。

水力送风机空气动力性能数学计算模拟测试报告（2）（叶片安装角 = 50°），其具体参数见表3、表4。

表1 送风机（45°）数学计算结果

序号	流量 Q（m³/min）	全压（Pa）	静压（Pa）
1	1 331.99	557.2	398.3
2	1 271.29	629.4	466.5
3	1 241.05	661.7	506.6
4	1 196.44	697.4	553.3
5	1 147.29	741.2	608.9
6	1 108.93	775.0	651.5

表2 水力送风机空气动力性能数学计算模拟测试报告（1）

序号	标态流量（m³/min）	标态全压（Pa）	标态静压（Pa）	标态动压（Pa）
1	1 299.72	513.4	354.25	156.67
2	1 240.49	560.24	415.2	141.49
3	1 210.98	589.52	451.35	133.5
4	1 167.45	621.6	493.23	124.02
5	1 119.49	661	543.47	113.89
6	1 082.06	691.9	581.65	106.78

表3 送风机（50°）数学计算结果

序号	流量 Q（m³/min）	全压（Pa）	静压（Pa）
1	1 210.54	481.5	334.4
2	1 180.3	519.1	379.3
3	1 149.38	554.8	422.4
4	1 101.69	601.5	480.0
5	1 044.8	653.8	544.7
6	977.0	700	605.4

表4 水力送风机空气动力性能数学计算模拟测试报告（2）

序号	标态流量（m³/min）	标态全压（Pa）	标态静压（Pa）	标态动压（Pa）
1	1 392.1	575.1	392.5	179.7
2	1 342.0	631.9	462.2	165.6
3	1 272.3	686.2	533.7	147.3
4	1 220.7	706.7	566.3	135.2
5	1 161.5	727.7	600.6	121.8
6	1 082.1	754.4	644.0	105.0

3. 模拟测试数据分析

下面以50°叶片送风机作为主要研究对象进行压力损失研究。

虚拟试验进行的环境条件为风机工作环境的大气环境，工作转速为 $n = 1\,450$ r/min。送风机虚拟实验的风机出口动压、进口压力等试验数据列于表5中。

表中列出了在标准安装角50°时送风机六个性能点的虚拟试验数据，该数据是从虚拟性能试验中采集或者间接计算出来进出口截面的性能参数。在这里采用了七种方法（表中①~⑦）对动压数据进行采集或计算，具体表达如下：

①获得该截面由绝对速度产生的动压，报告形式为质量加权平均。

②获得该截面由绝对速度产生的动压，报告形式为面积加权平均。

③按照 $P_d = 0.5\rho C_z^2$ 公式编制自定义函数，获得该截面由轴向速度产生的动压，经过质量加权平均。

④按照 $P_d = 0.5\rho C_z^2$ 公式编制自定义函数，获得该截面由轴向速度产生的动压，经过面积加权平均。

⑤先获得该截面的质量加权平均轴向速度，由该速度按照 $P_d = 0.5\rho C_z^2$ 公式计算出该截面由轴向速度产生的动压。

⑥先获得该截面的面积加权平均轴向速

表 5　　　　　　　　标准安装角（50°）送风机虚拟试验进出口性能参数

50°		1	2	3	4	5	6
进口静压（Pa）		−561.6	−579.7	−598.4	−598.4	−626.0	−638.0
理论进口动压（Pa）		183.34	170.39	153.14	140.98	127.64	110.79
出口动压(Pa)	出口静压（Pa）	1.591 2	1.894 4	2.213 7	2.446 4	2.929 4	2.688 2
	全速度 ①	380.48	356.19	326.37	301.99	279.27	244.16
	②	300.25	280.52	256.16	235.15	214.72	189.08
	轴向速度 ③	304.27	287.00	264.25	248.97	235.02	207.24
	④	239.77	225.47	206.79	193.19	179.46	158.78
	计算轴向速度 ⑤	274.5	259.0	238.3	224.5	211.4	186.4
	⑥	196.3	184.5	169.1	157.5	145.3	129.1
	计算 ⑦	183.3	170.4	153.1	141.0	127.6	110.8

度，由该速度按照 $P_d = 0.5\rho C_z^2$ 公式计算出该截面由轴向速度产生的动压。

⑦根据一元设计理论，由流量除通风机出口面积计算速度，而由轴向速度决定动压。

通过虚拟试验，获得了大量的数据，包括流场中每个网格节点上的压力、速度等参数。下面把标准安装角射流风机总体的风机性能、各种类型的压力等数据列于表 6。

表 6　　　　　　　　　标准安装角（50°）送风机虚拟试验数据

50°	1	2	3	4	5	6
流量（m³/min）	1 392.12	1 342.06	1 272.3	1 220.72	1 392.12	1 342.06
风机静压（Pa）	422.134 7	443.331	475.031 9	527.999	551.244 7	589.759 8
风机动压（Pa）	365.768 2	345.932 8	171.558 5	156.034 4	243.290 1	201.231 1
风机全压（Pa）	787.902 9	789.263 2	790.197 9	797.821 5	794.534 8	790.990 9
效率（%）	64.71	63.79	62.36	61.59	59.74	56.19

同理，也能得到当该送风机 45°时的测试数据。

4. 总结

结果表明，在 45°安装时得到的效率高于 50°时的安装效率。以上分析表明了安装角度对各种损失的影响。从而可以得出叶片的不同安装角度对送风机性能的影响，以此得出最优的安装角度和结果。

从以上分析的结果来看，在所研究的安置角范围内，送风机随着安置角的增加，损失增大，效率降低。但当安装角度低于 40°时效率也会降低。在安装角不变的情况下，随着流量的增大，叶轮的损失下降比电动机部分损失得快。

通过以上分析可知安装角度在 40°~45°时是最佳的选择。

◎参考文献

[1] 刘士学，方先清. 透平压缩机强度与振动 [M]. 北京：机械工业出版社, 1997.

[2] 龙驭球. 新型有限元引论 [M]. 北京：清华大学出版社, 1992.

[3] 郭书祥，冯立富. 实用有限元计算方法的若干进展 [M]. 北京：机械工业出版社, 2000.

[4] 崔俊芝,梁俊. 现代有限元软件方法[M]. 北京：国防工业出版社,1999.
[5] 刘顺隆. 计算流体力学[M]. 哈尔滨：哈尔滨工程大学出版社,1998.
[6] 马延文,傅德燕. 现代计算流体力学[D]. 北京：北京航空航天大学,2002.
[7] 李世煌. 叶片泵的非设计工况及其优化设计[M]. 北京：机械工业出版社,2005.

奶制品生产质量保障体系研究

周　晶　周智勇（指导教师）

（中南大学资源与安全工程学院，长沙，410083）

摘　要　近年来，我国奶业发展迅速，随着人们对奶制品消费需求日益增加，奶制品质量安全的重要性日益突显。我国目前原奶及乳制品质量问题仍然很多，质量安全事件时有发生，质量安全管理现状急需改善。论文针对我国原奶及乳制品质量安全管理问题展开研究，提出了相应对策及建议。

关键词　奶制品　生产质量　食品安全　质量保障体系

近年来，随着我国经济高速发展，奶业已成为我国农业产业中相对独立且最具活力、发展前景巨大的支柱性产业，对于我国农业结构调整、促进农民增收以及提高人民生活水平都具有重要意义。我国奶业还处在初级发展阶段，在发展过程中还存在着许多急需解决的问题。突出问题之一就是质量安全问题，回顾过去几年，奶制品安全事件频繁发生，从阜阳奶粉事件到2008年三鹿奶粉"三聚氰胺"事件，对于中国乳业来说，绝对是应该铭记的。

1. 我国奶制品安全现状分析

1.1 奶制品的不安全因素分析

奶制品的不安全因素可以从两个方面去分析，一是牛奶本身存在的不安全因素，二是在奶制品加工过程中由于人为原因造成的不安全因素。

牛奶本身的不安全因素主要是指牛奶本身带有的对人体健康有害的残留物质，主要有异物残留、过敏物质和微生物。异物残留主要包括饲料农药残留物、饲料变质或不洁残留物，另外还有药物或接触残留物。过敏物质主要是针对少数人，这类人群对牛奶中的蛋白质或其他物质过敏，会出现呕吐、腹泻等症状。牛奶中的致病微生物很多，如葡萄球菌、结核菌、溶血性链球菌、病原性大肠菌等，这些病原菌一旦存活在牛奶中，就会引起食物中毒，或感染疾病。

奶制品加工过程中的不安全因素主要有：一些中小型企业生产环境、设备或生产者本身卫生不达标准，造成生产过程中二次污染；企业生产操作不规范，导致营养成分流失；另外，还有就是有的企业利欲熏心，掺杂造假，造成重大安全事故隐患。

1.2 我国奶制品品质现状分析

虽然我国奶业有了长足的发展，但是目前仍然问题颇多，我国奶制品在品质方面与国外奶业发达国家仍有较大差距。按当前市场上奶制品的主要品种分类，主要表现在以下几个方面。

（1）原料奶

目前原料奶质量是影响奶制品质量的主要因素，而造成原料奶质量差的主要原因是手工挤奶、饲料结构不合理以及供奶方掺假。目前大多数奶农采用手工挤奶方式，生产器具消毒不及时造成菌落总数超标。绝大多数农户采用传统的饲养方式，没有采用优质苜蓿草喂养奶牛，不能满足奶牛的营养需求。有的奶农为使原奶达标，在原奶中掺入碱、水、豆浆等，更有甚者，掺入羧甲基纤维钠或十二烷基苯磺酸钠等。另外，由于我国奶牛养殖规模普遍较小，地点分散，导致原料奶收集不便，造成进一步的污染。

（2）巴氏杀菌乳及高温灭菌乳

这两种产品是由原奶经净化、冷却、标准化、均质，再经过巴氏杀菌，灌装成巴氏杀菌乳，或经过高温灭菌，无菌包装成灭菌乳。这两类产品易由于企业生产操作不规范，导致营养成分流失、奶制品口味差。有的厂家根本就不按照巴氏灭菌法和高温灭菌法的规范步骤操作，一律都采取超高温，这样导致奶制品营养成分大量流失。品质问题主要有：脂肪和蛋白质不达标、硝酸盐和亚硝酸盐超标、微生物超标（主要是菌落总数和大肠杆菌两项）。另外，还有的企业对奶制品成分管理不严，加上原料奶来源分散，掺假现象严重，使得消毒奶大多汁清味淡，不能与国外同类产品相比。

（3）酸奶

酸奶的生产是在杀菌后的原料奶中混入工作发酵剂，然后灌装发酵制成凝固型酸牛奶，若发酵后搅拌则制成搅拌型酸牛奶。这两类产品品质的关键在于原料奶的杀菌和发酵剂的制作。目前市场上一些中小企业生产的酸牛奶出现的问题主要表现为产品微生物超标、在保质期内发生酸败变质。

（4）奶粉

目前我国市场上奶粉的种类主要包括普通奶粉（全脂奶粉、全脂加糖奶粉及脱脂奶粉）和调制奶粉（婴儿奶粉、中老年奶粉及强化奶粉等）。奶粉是我国市场上奶制品的主体，其质量状况总体上较好。奶粉所存在的主要质量安全问题：一是许多企业使用棕榈油等植物油作原料，以降低成本；二是原料奶中加入碱，以中和酸度，导致奶粉的复原乳酸度变低；三是调制奶粉中营养强化剂量不足；四是微生物超标，主要是车间、设备及人员卫生污染所致。

2. 我国的奶业质量安全管理体制

2.1 管理部门

我国奶业质量安全管理体系中的政府主管部门主要有农业部、卫生部和国家出入境检验检疫主管部门，它们之间分工协作，分管不同领域。农业部主要负责组织实施产品质量监督、认证和对产品投入品的质量监测、鉴定和执法监督管理，组织、监督国内奶牛饲养的防疫、检疫工作，发布疫情并组织扑灭。卫生部负责执行产品的国家质量管理规范并负责产品审批认证，依法组织实施对奶制品的国家监督抽检工作。国家出入境检验检疫主管部门则负责对进出口奶制品的检验监督，组织实施对进出口奶制品及其生产单位的卫生注册、登记及对外注册管理。

地方政府、县级以上政府畜牧行政管理部门是本行政区奶业行业主管部门，具体负责本辖区原料奶的生产、经营和监督管理，以及协调奶业发展工作。卫生、质量技术监督、工商等行政管理部门在各自的职责范围内，负责奶业生产、经营相关环节的监督管理工作。

2.2 质量认证体系现状

我国现有乳与乳制品的认证主要包括体系认证和产品认证，其中主要的体系认证包括 ISO 体系、GMP（良好生产规范）、GAP

（良好农业生产规范）和 HACCP（危害分析与关键控制点）等，及数以千计的通用食品相关标准和 250 条左右的乳品相关标准构成的国家标准体系。据了解，目前我国一些国内知名的大型乳制品加工企业基本上都通过了 ISO 体系、GMP、GAP 和 HACCP 等，但中小型乳制品企业则大多没有这样的实力和意识。

2.3 奶业质量安全管理法律法规

随着奶业的快速发展，政府对奶制品质量安全逐渐重视起来，奶业质量安全管理法律法规体系从无到有。近年来，与奶业质量管理有关的法律法规不断增加，到目前为止有《农业法》《食品卫生法》《农产品质量安全法》《产品质量法》《动物防疫法》，此外还有卫生部已经颁布实施的《乳与乳制品卫生管理办法》和《混合消毒牛乳卫生管理办法》等。虽然我国政府对奶业质量安全逐渐重视起来，也制定了一些相关的规章制度，但是真正符合我国奶业发展需要的质量安全法律法规还不是很多，也不是很具体，还有待进一步完善。

2.4 奶业质量标准体系

经过多年努力，农业部门已组织制定与奶业相关的标准达百余条。1999 年，农业部、财政部联合启动了农业行业标准制订（修订）专项计划。在此计划中，动植物疫病防治、药物使用与残留、农产品产地环境条件等与奶制品质量安全直接相关的关键控制技术等都被列为制标重点。近几年，奶制品质量标准制定工作速度加快。

2.5 奶制品质量检测检验体系

产品检测检验体系建设已形成雏形。国家和农业部分别组建了乳品质检中心，农业部在建好部级乳品质检中心的同时，还指导地方农业部门建立省级乳品质量安全检验站，此工作已经起步，已经建立起数目相当的省级检验站。并且通过政府和企业投资，一定程度上改善了监测手段和条件。

2.6 质量安全管理技术支撑体系

奶业质量安全管理技术支撑体系已经初步建立并初见成效。大部分奶业发达省份已经建立优质奶源基地、奶牛良种育种体系和奶牛疫病防治体系。各级地方政府也都纷纷出台相关政策，鼓励支持发展规模化饲养、规模化生产、基础设施建设、良种培育与引进、新技术研究与推广应用。

3. 我国奶业质量安全管理中存在的主要问题

（1）法律法规及标准体系仍不健全

虽然我国政府对奶业质量安全逐渐重视起来，也开始制定了一些相关的规章制度，但是真正符合我国奶业发展需要的质量安全管理法律法规还不是很多，也不是很具体。真正关于奶业的法律法规还有待进一步完善。相比较，标准体系起步较快，近几年我国发布的多项国家或行业标准都与奶业有着直接或间接关系。但是就目前而言，我国奶业质量标准体系还远不能适应我国奶业发展的需要，地方标准急需制定和完善。现行的企业标准存在很多不合理，如企业标准的名称绝大多数没有国标和行标的过渡性品种，报县级以上技术监督局批准即合法，为其不合格产品披上了合法的保护衣。另外，我国现行标准的要求与国际标准和奶业发达国家的标准还有较大的差距，尤其是原料奶的质量标准更为偏低。例如，由于相关标准制定过低，我国一级奶标准在多数国家甚至都判定为不能作为液态奶的原料。

（2）检验检测体系仍需完善

虽然我们已经建立了国家级的检验机构，但是相对来说省级检测机构还是比较少，地、市、县级检测机构更是少之又少，根本不能满足奶业质检需要。在质量检测方面，只有少数大型加工企业在收购原料奶时做简单的质量检测,难以确保鲜奶的质量,因而更加难以保障奶制品的质量安全。此外,我国奶业质量安全的检测设备及检验手段相对落后,因而难以完全规范生产和按标准化组织生产,造成奶制品质量安全性不高。

(3) 产品安全认证制度尚未完全推行

认证是保证产品、服务、管理体系符合技术法规和标准要求的合格评定活动。认证活动主要包括体系认证和产品认证两种。以产品认证为例,实行产品认证后,凡是经过认证的商品都带有特定的认证标志,就向消费者提供了一种质量信息,即带有认证标志的商品由经过公正的第三方认证机构对其进行了审核和评价,证明了其质量符合国家规定的标准或具有某种特定的功能和特性。在国际市场上,产品认证已普遍成为顾客选择商品和评定合格供应商的依据,甚至已成为许多国家市场准入和政府采购的必要条件。但是,在我国奶业行业,产品安全认证制度尚未完全推行。仅有数目不多的一些大型企业通过了一系列的认证,比如ISO系列的体系认证。但是对于大多数中小企业,他们有的生产工艺落后,设备简陋;有的根本不具备生产条件,生产出来的产品营养成分含量很低,产品标签不合标准;有的甚至偷工减料,掺杂造假,牟取暴利,其产品质量令人担忧。

(4) 技术支撑体系仍需较大投入

奶业是一项资金密集型和劳动密集型产业,同时更是一项技术密集型产业。生产者在其产品产前、产中和产后都需要较高的技术支撑。目前我国奶农大多还处在缺乏技术、养殖分散、规模小、手工挤奶的状态下,生产企业大多规模较小,也急需技术服务。但是目前技术服务部门力量薄弱,难以提供全面有效的技术支撑,造成奶牛发病率高、乳房炎发病率高、奶牛淘汰率高,从而导致原料奶质量难以控制,质量不高,进而导致奶制品质量安全性难以保障。

4. 完善我国奶业质量安全管理的对策建议

(1) 加快奶业质量安全法律法规和标准体系的建设

要使奶业生产安全化,就必须建立健全相关的法律法规和标准体系,这样才能有法可依、有标可循。所以,目前当务之急是结合奶业质量安全工作的实际情况,参照WTO的有关协定和相关国际标准,加快建立和完善一系列新的奶业质量安全法律、法规和标准,使之更能适应我国奶业质量安全管理的需要。加快奶制品药物残留、动植物疫病以及有害有毒物质限量行业标准的制定(修订)进程,加快奶制品产地环境、生产技术规范和产品质量安全标准的制定并完善配套。例如,应尽快制定《奶牛生产技术规范》《无公害牛奶生产技术规范》等相关行业标准或地方标准。另外,还要尽量统一地方标准和企业标准,严格企业标准的审批。

(2) 建立健全奶业质量检测及监控体系和应急反应机制

建立和完善奶制品质量检验检测体系,通过配备仪器设备,完善检测手段,提高检测能力,逐步实现与国际接轨,争取国际多边或双边认证。另外,还需建立和完善奶制品质量安全监控网络,快捷高效地收集关于奶制品质量安全信息,有利于开展奶业质量安全管理的危险性评估,创建奶制品质量安全预警系统。这不仅能保护国内消费者的健康与安全,还有利于提高我国民族工业的市场竞争力。为此,应该建立不同层次的、具有第三方公正性的产品安全认证网络体系,做到及时、准确、全面、有效。

现阶段，由于质量安全管理工作落后，奶制品安全事件时有发生，所以应做好防范工作，建立完善有效的防范重大安全事故的应急体系，建立应急准备基金等。要对重大安全事故实行强制监测，认真落实奶制品安全生产保障体系。

（3）建立完善的技术支撑体系

由奶业发达国家的成功经验表明，建立和健全从配种、饲养、防疫到奶制品检测消毒、包装和流通等一整套社会化技术服务体系，是生产安全奶制品的重要保障。长期以来，我国奶业很是缺乏完善的技术服务体系，因此，有必要进一步完善奶业发展所需要的技术支撑体系，确定一批重点支持项目和企业，以点带面，进一步完善技术支撑体系。例如，要重点支持规模化优质奶源基地建设、优质牧草生产和秸秆综合利用示范基地建设、奶牛良种种质产业化建设，以及龙头企业技术改造和新品种开发。

（4）加强对生产企业的管理，规范企业行为

生产的主体是企业，因此，产品质量的好坏也取决于企业。而我国奶业生产企业大多规模较小，因此更应该加强对生产企业的规范管理，增强其质量安全意识，保证产品质量安全。具体成功的经验为推行生产许可证制度，在企业生产中实施乳品卫生规范（GHP）或良好生产规范（GMP），积极推行危害分析与关键控制点（HACCP）方法等。

（5）加强奶制品质量安全的宣传教育

这里指的教育对象不仅包括生产者，也包括消费者。对生产者，应让所有的从业人员学习奶制品安全生产规范材料，使其在生产过程中增强安全意识，按规范操作。对消费者，通过宣传教育，使其改变对奶制品的消费观念和消费习惯，提高奶制品质量安全自我保护能力，尤其是在农村及不发达地区，推广、普及奶制品安全知识具有重要意义。

5. 结论

通过以上研究，可以得出以下结论：

（1）我国奶业存在质量安全问题。主要表现为：

1）随着奶业供应链的加长，供应链各环节控制不严，奶制品生产出现质量安全问题。

2）政府对奶制品行业的安全监管不到位，监管措施力度不够，法规标准不完善。

（2）健全的奶业安全管理体制与机制是奶和奶制品质量安全的组织保证。国内外的经验证明，奶业安全管理体制包括两方面：一方面是政府，其中包括立法、执法和司法三方面的部门施政；另一方面是行业协会，规范行业行为，起到企业和政府之间的纽带和桥梁作用；再一方面是企业本身建立质量安全控制体系，进行质量安全的控制。

（3）建立健全奶业安全法规和标准是保证奶和奶制品质量安全的关键。包括：

1）建立健全科学管理、饲料及添加剂、防疫、加工等方面的法律法规条例。

2）制定和修订关于奶牛饲养管理标准，奶和奶制品质量、检测方法的标准，加工技术规范、兽药使用规范、操作规范以及奶制品企业和奶制品的认证。

（4）全程控制是奶制品质量安全管理的核心。全程控制要求对原料奶生产、加工和销售的各环节都不能忽视，只有提高各环节的质量与安全，才能提高最终奶及奶制品的质量与安全。这就要求奶制品质量安全管理必须从牧场抓起，需要对奶牛的饲养、原料奶采集、加工、包装、储运、销售直到消费等多环节进行严格控制。目前，HACCP危害点控制法虽然仅对关键危害点进行选择控制，但它实际上也是一种较好的全程控制方法。各环节控制效果的好坏，既取决于各

环节的标准完善与执行程度，又取决于法制的维护和科技水平的运用状况。所以，制定和实施完善的与国际接轨的标准体系，采用先进的科技含量高的控制手段，并在有效的法律框架内依法进行质量与安全监控，是全程控制得以实现的基本条件。

针对我国奶业发展的趋势以及存在的问题，本文提出了加强我国原奶及奶制品质量安全管理的对策建议。这些措施包括：加强政府管理行为，进一步完善我国原奶及奶制品质量安全管理保障体系；规范企业行为，提高生产技术能力，保证安全生产，提高我国原奶及奶制品质量；加强奶业行业协会的作用，确保原奶及奶制品质量安全；加强对消费者的宣传教育，引导消费者健康消费奶制品。

总之，奶业在我国是一个朝阳产业，随着我国经济发展、人民生活水平的提高，奶业将会进一步快速增长，因此加强奶制品质量安全管理对于推进我国奶业的健康发展、改善国人膳食结构、提高国民身体素质都具有重要的意义。

◎ 参考文献

[1] 谢继志，范立冬，赵平. 液态奶乳制品科学与技术 [M]. 北京：中国轻工业出版社，1999.

[2] 刘成果. 乳品质量安全是奶业发展的生产线 [J]. 中国奶业，2004.

[3] 范小建. 中国农产品质量安全的总体状况 [J]. 农业质量标准，2003 (1).

[4] 中华人民共和国农业部. NY/T472—2006 绿色食品兽药使用准则 [S]. 北京：中国标准出版社，2006.

[5] 中华人民共和国卫生部中国国家标准化委员会. GB 19301—2003 鲜乳卫生标准 [S]. 北京：中国标准出版社，2003.

[6] 中华人民共和国国家质量监督检验检疫总局中国国家标准化委员会. GB 7718—2004 预包装食品标签通则 [S]. 北京：中国标准出版社，2004.

[7] 国家标准局. GB/T 6914—1986 生鲜牛乳收购标准 [S]. 北京：中国标准出版社，1986.

[8] 中国营养学会. 中国居民膳食营养素参考摄入量 [M]. 北京：中国轻工业出版社，2001.

[9] 中华人民共和国质检总局，中国国家标准化管理委员会. GB/T 4789.27—2008 食品卫生微生物学检验 鲜乳中抗生素残留检验 [S]. 北京：中国标准出版社，2008.

[10] 王锡昌，惠心怡，陶宁萍. 食品流通领域及其安全保障体系的建立 [J]. 食品工业，2006 (2).

[11] 夏毅. 从"阜阳劣质奶粉事件"看农村的商品市场 [J]. 乡镇经济，2004 (5).

[12] 国家技术监督局监督管理司. 产品标识标注指南 [S]. 北京：中国标准出版社，2008.

[13] 中华人民共和国国家质量监督检验检疫总局，中国国家标准化委员会. GB 13432—2004 预包装特殊膳食用食品标签通则 [S]. 北京：中国标准出版社，2004.

[14] 葛少芸. 畜产食品质量安全与政府监管机制 [J]. 草业科学，2004 (3).

地下金属矿山地质灾害安全预警系统研究

施洪福　周智勇（指导教师）

（中南大学资源与安全工程学院，长沙，410083）

摘　要　对矿山安全信息进行有效的监测与综合管理是矿山安全生产的关键，本论文运用安全工程学原理，通过物的监测监控和人的管理相结合，为矿山安全监测预警与管理提供了一整套参考方案。本论文分析了地下金属矿山工程地质灾害事故产生的类型与原因，提出了矿山工程地质灾害的控制与防治技术，认为通过采用适当的工程地质灾害控制技术、控制措施和控制工程，实行预防为主的控制方针，利用通信技术、数据库技术及信息技术系统设计开发地下金属矿山地质灾害安全预警系统，对于解决地下金属矿山的地质灾害问题有重要意义。

关键词　地下金属矿山　地质灾害　地压监测　安全预警系统

由于国家经济的发展对矿产品的需求量增大、市场经济条件下形成的对国有矿山企业的冲击、个别矿山片面追求经济效益、安全管理和环境保护意识的淡化、开采技术及设备的相对落后、民采的干扰等，导致矿山多年开采积聚的灾害隐患爆发、开采环境不断恶化，矿山工程地质灾害问题日趋严重，造成人员伤亡、环境破坏、矿产资源严重浪费。近年来，金属矿山冒顶、突水、地表塌陷等重大工程地质灾害事故不断发生，矿山灾害事故难以抑制，而且存在的各类灾害隐患未能及时有效地消除。

依托矿山建立快速的预警系统可以针对矿山安全的确定和非确定信息，利用数学模型进行预测优化，解决矿山安全管理工作中存在的安全隐患问题，并且提供辅助决策的信息和方案,提高矿山安全工作质量，从而保证矿山安全管理向科学化和现代化方向发展。

地下金属矿山地质灾害安全预警系统不但可以及时确保矿工的生命安全，而且还可以保护重要设施不受或者少受损失。同时，为可能发生的矿山灾难做好有效的应急准备工作，从而可以大大减少人员伤亡，减少财产损失，防止灾害扩大。它打破了现有多个指挥中心间的数字鸿沟，使离散的数据库和信息资源得以互联和共享，发挥更大的作用。由于采用了统一的指挥调度系统，不同部门得以互通和相互协调、配合，使统一指挥、协调作战成为可能，真正实现了社会服务联合行动。

1. 金属矿山不同类型工程地质灾害形成条件

1.1　崩塌—滑坡形成条件

崩塌—滑坡是严重的斜坡变形现象，它的发生一方面取决于斜坡自身的基础条件，另一方面与斜坡受到的应力作用有关。因此，将崩塌—滑坡形成条件分为基础条件和外界条件两类[1]：

（1）基础条件地貌是形成崩塌—滑坡的最基础条件。从区域地貌条件看，崩塌—滑坡形成于山地、高原地区，通常情况下，海拔高程越大，切割越剧烈，崩塌—滑坡越发育。从局部地形看，要有适宜的斜坡坡度、高度和形态，以及便于形成岩体崩落、滑动的临空间，这些对崩塌—滑坡形成具有最直接的作用。岩土体是崩塌—滑坡的物质基础，它的性质和结构对崩塌—滑坡活动具有决定性作用。一般情况下，性质坚硬、结构完整、抗剪强度大、抗风化能力强的岩石，斜坡整体性好，不容易发生崩塌—滑坡。相反，岩性松软、结构不完整，特别是裂隙发育、斜坡岩土体中存在软弱夹层时，容易失稳变形，发生崩塌—滑坡。

地质构造是崩塌—滑坡活动的重要影响因素。断裂构造不但使斜坡岩土体发育大量裂隙，甚至使斜坡变得支离破碎，而且促进了斜坡岩土体的风化作用和地下水活动，降低了斜坡的稳定性，加大了崩塌—滑坡活动的可能性。

（2）外界条件是导致崩塌—滑坡活动的诱发因素。主要由于暴雨、洪水、融雪、水库渗漏溃决，以及人工灌溉或排水等原因，使大量地表水或地下水进入斜坡，岩石抗剪强度急剧下降，从而诱发崩塌—滑坡。此外，由于地震、人为爆破、工程开挖、填弃碴土等原因改变斜坡应力状态，也会引起斜坡失稳，而诱发崩塌—滑坡[2]。

1.2 岩溶塌陷形成条件

岩溶洞隙发育的可溶岩是岩溶塌陷最根本的基础条件。我国发生塌陷活动的可溶岩除部分地区的晚中生界、第三系、第四系富膏盐芒硝或钙质的砂泥岩、灰质砾岩及盐岩外，主要是古生界、中生界的石灰岩、白云岩、白云质灰岩等碳酸盐岩。大量实践表明，岩溶塌陷主要发生在覆盖型岩溶和裸露型岩溶分布区，部分分布在埋藏型岩溶分布区[3]。

除可溶岩岩性和岩溶类型外，碳酸盐岩的岩溶发育程度和岩溶洞穴的开启程度是决定岩溶塌陷的直接因素。从岩溶塌陷形成机理看，可溶岩洞隙一方面造成岩体结构的不完整，形成局部不稳定地带；另一方面为容纳溶蚀陷落物质和地下水的强烈活动提供了充分条件。因此，一般情况下，可溶岩的岩溶越发育，岩溶洞隙的开启性越好，岩溶塌陷越严重[4]。

2. 总体设计

矿山灾害预警应急管理系统由人机交互界面、数据库管理模块、预警方案管理模块和应急方案管理模块等组成，如图1所示。

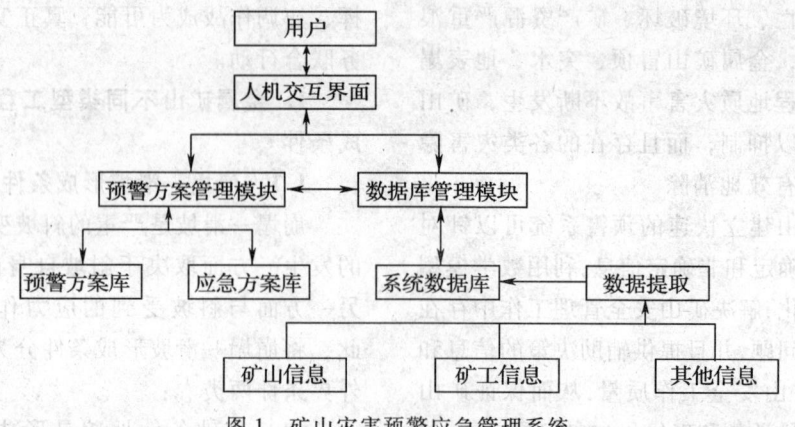

图1 矿山灾害预警应急管理系统

2.1 人机交互界面

人机交互界面是用户和系统的接口、控制操作核心，它是系统和用户之间进行交互和信息交换的媒介，它实现信息的内部形式与人类可以接受的形式之间的转换。管理者通过人机交互界面将信息输入，并且通过数据库、方案库选择运算模型，将运算结果返回给用户。这种模式具有针对性、具体化的特点，易于管理者的使用和操作。

2.2 预警方案管理模块

预警方案管理模块是预警应急系统的上层，它通过分析获取的安全因素、安全信息，结合方案库中已经存储的矿工信息、矿井信息、设备信息，采用数学预测算法，最大限度地做出预警方案，尽可能避免灾害损失。

2.3 应急方案管理模块

应急方案管理模块是预警应急系统的中层，它在系统中与预警方案管理模块交互，通过面向对象方式，将预警方案和应急预案封装在一起得出最佳应急预案交付使用。

2.4 数据库管理模块

数据库管理模块是预警应急系统的核心部分，可进行各方案库的建立，及各种算法、模型的查询、增加、删除、组合等功能，它是预警方案库和应急方案库的基础和数据来源。

3. 网络构架与系统组成

3.1 网络构架

地下金属矿山地质灾害安全预警系统的网络构架如图2所示。

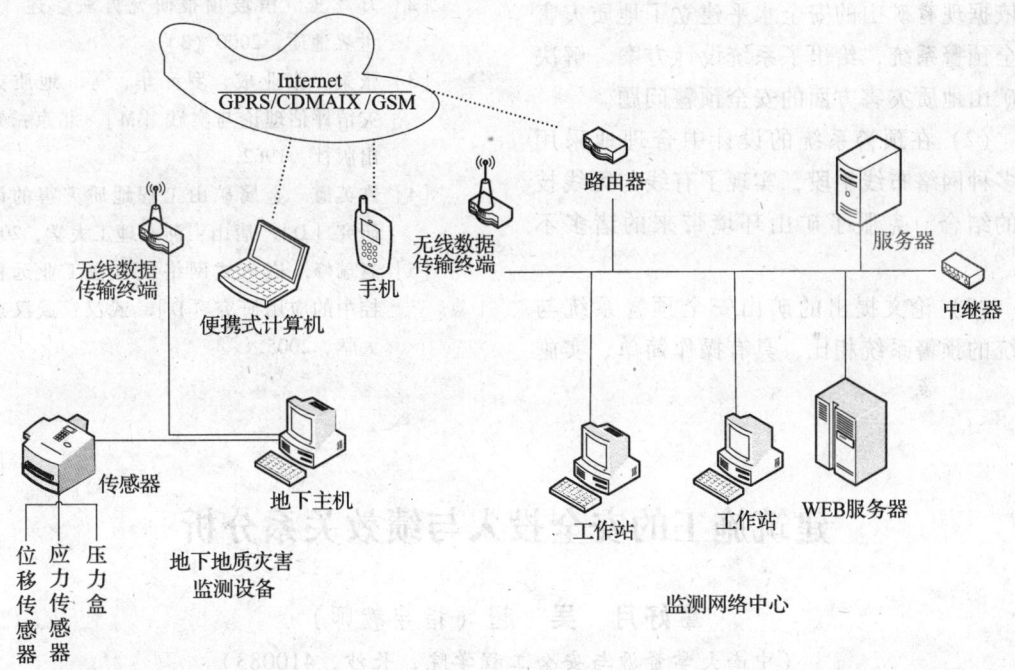

图2 地下金属矿山地质灾害安全预警系统的网络构架图

3.2 系统组成

地下金属矿山地质灾害安全预警系统是由井下监控子系统、数据传输子系统、网上实时监察子系统组成。

（1）井下监测系统

由监控分站、智能数据传输接口、各种传感器、显示井下数据的主机组成。由监控分站、智能数据传输接口及各类传感器组成的系统，可以将环境信息经过采集、处理、传输到计算机中，并可经配置由计算机自动发出指令来驱动执行机构，达到改变部分环境参数的目的。

（2）数据传输子系统

由安装于各个矿井的监控计算机上的数

据传输软件及有线、无线监察终端组成。它的主要功能是把各矿井监控系统的数据通过主控服务器的标准接口和内嵌软件传送至数据终端，经处理后通过终端利用有线网络、GPRS 或 CDMAIX 发送至安全管理中心。

（3）网上实时监察子系统

网上实时监察子系统由安装在用户数据库的中心服务器和 WEB 服务器组成。通过网上实时监察子系统可以实时了解地下矿井传感器的运行状态和参数变化[5]。

4. 结论及建议

（1）作为三大高危行业中的采矿行业，对于地质灾害的安全预警是非常重要的，论文依据现有矿山的安全水平建立了地质灾害安全预警系统，给出了系统设计方案，解决了矿山地质灾害方面的安全预警问题。

（2）在预警系统的设计中合理地采用了多种网络布线手段，实现了有线与无线技术的结合，克服了矿山环境带来的诸多不便。

（3）论文提出的矿山安全预警系统与传统的预警系统相比，具有操作简单、实施方便、可视化效果较好等优点。

地下金属矿山地质灾害的安全预警系统是一个复杂而庞大的系统，本文中的预警系统还存在不足之处，需要进一步完善，主要为：

（1）建立地压数据的详细数学算法模型，使之更加精确，系统更加优化。

（2）在系统中加入预测模型。

（3）在系统中加入地下员工的定位模块，实现人员的可视化。

◎参考文献

[1] 冯俊录. 岩土体斜坡稳定性分析[J]. 中国地质灾害与防治学报，2000（3）.

[2] 郑孝玉. 滑坡预报研究方法综述[J]. 世界地质，2000（3）.

[3] 张梁，张业成，罗元华，等. 地质灾害灾情评估理论与实践[M]. 北京：人民出版社，1962.

[4] 许英霞. 金属矿山工程地质灾害的评估研究[D]. 唐山：河北理工大学，2004.

[5] 赵瑞峰. 嵌入式网络技术在工业远程监控中的应用研究[D]. 武汉：武汉理工大学，2005.

建筑施工的安全投入与绩效关系分析

覃妤月　吴　超（指导教师）

（中南大学资源与安全工程学院，长沙，410083）

摘　要　建筑业是我国的支柱产业，也是安全事故率最高的行业之一，其安全管理问题成为全社会关注的焦点。在"安全第一，预防为主"基本方针的指导下，各级政府及有关部门以及建设行业在建设工程的各个环节都采取了一定的对策和措施，投入了一定的人力、物力、财力用于安全管理，但是投入的效果并不明显，那么怎么投入才有效？对安全的经济效益分析，可揭示安全在经济中的作用，明确安全工作的出发点和归宿。因此，本文尝试对各种不同的观点进行归纳和整理，以利于在比较中分析利弊，抓住问题的实质。

关键字　建筑业　安全管理　经济效益

1. 引言

建筑业是我国国民经济的支柱产业之一。由于其特殊的生产方式，建筑业的安全状况一直不容乐观。建筑业安全事故中，建筑施工企业作为最直接的参与者，甚至可以说建筑施工企业是许多安全事故的制造者，因此研究建筑施工企业的安全问题显得尤为重要。为了减轻安全事故给家庭、企业、社会带来的巨大损失，我国建筑施工企业在建筑安全方面做了一定的投入。然而，相对于在建筑质量、工期等方面的投入，安全方面的投入存在严重的不足。目前，对于安全方面的投入主要集中于建筑安全事故发生后的事故处理费用和一些简单的宣传费用，并且这些宣传费用大多数都是为了应付各种检查，真正达到宣传教育目的的很少。本文通过分析施工安全投入与绩效的关系，以进一步提升建筑施工企业安全管理的能力。

2. 建筑施工安全投入的概念及其分类

建筑施工企业安全投入，即安全成本，就是建筑施工企业在从事建筑活动过程中发生的与安全有关的一切费用的总和。可以进一步认为是建筑施工企业在产品生产中为保证实现一定的安全水平而支付的一切费用和因安全事故的发生而产生的一切损失，或者理解为为了预防生产过程中发生人身伤害、设备损坏等事故，保证建筑施工活动的安全健康而发生的费用以及没有达到上述目标所造成的损失。

建筑施工安全成本分类的方法有很多，可以根据分类的不同目的、要求分为不同的类型。根据建筑施工企业安全成本的概念主要分为两部分：主动支付的费用和被动承受的费用。

（1）主动安全成本与被动安全成本

根据建筑施工安全投入的意识即按照安全投入的主动和被动，分为主动安全成本与被动安全成本。

主动安全成本是指在建筑安全生产活动中，建筑施工企业主动投入的与安全相关的费用；被动安全成本是指因为安全事故的发生对建筑安装企业造成的被动安全投入。

（2）保证性安全成本和损失性安全成本

也可把安全成本大致分为两大类、四个组成部分，如图1所示。

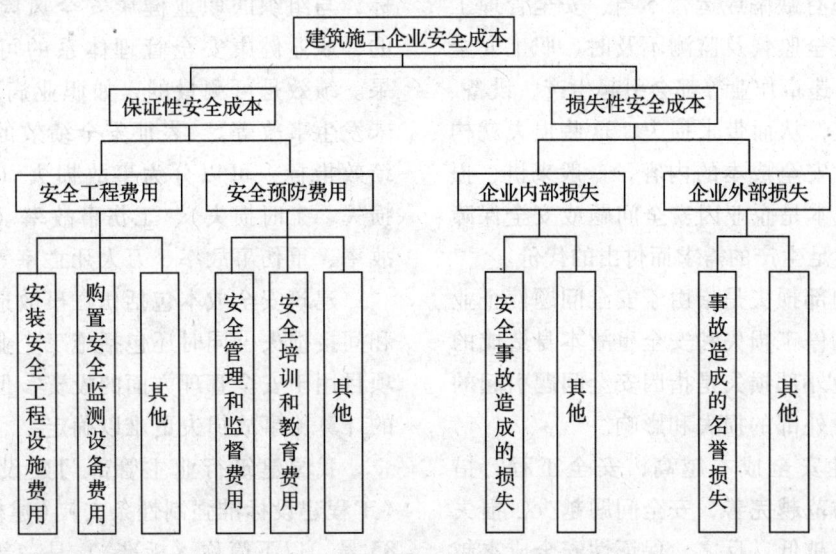

图1　建筑施工企业安全成本分类（1）

保证性安全成本是指为保证和提高安全生产水平而支出的费用，它包括安全工程费用和安全预防费用两部分。为保证安全生产，需要构筑安全工程、安装安全设备、采取安全管理措施、进行安全监督以及进行安全培训和教育等。所有这些活动，都要支出费用，这些费用就构成了保证性安全成本的内容。一般来说，保证性安全成本支付的意义在于通过保证安全生产，提高企业的经济效益。这就决定了保证性安全成本的控制必须以安全生产的必要性为前提。

安全工程费用是为构筑、安装安全工程、设施，以及购置安全监测设备、仪表等支出的费用。其经济目的就是为实现一定的安全生产水平而提供基础条件。

安全预防费用是指为运营安全工程的设施、进行安全管理和监督、安全培训和教育而支出的费用。其经济目的就是防止安全问题的产生，使保证性安全措施发挥应有的效能。

损失性安全成本是指因安全问题影响生产（或因安全水平不能满足生产需要），以及安全问题本身而产生的损失，它包括企业内部损失和企业外部损失两部分。由于安全工程、设施有缺陷或运营不当、安全管理工作不利、安全监督及监测不及时、职工安全意识不高、违章作业等都会引起生产、设备、人员等事故，从而带来损失，这些损失就构成了损失性安全成本的内容。一般来讲，损失性安全成本是企业因安全问题或安全保障程度不能满足生产的需求而付出的代价。

企业内部损失是指由于安全问题使企业内部引起的停工损失和安全事故本身造成的损失。企业外部损失是指因安全问题引起的发生在企业外部的损失和影响。

保证性安全成本越高，安全工程、措施、管理防范越完善，安全问题越少，损失性安全成本越低。反之，保证性安全成本越低，损失性安全成本越高。

（3）保险成本与非保险成本

这对概念在保险体系发达的国家用得比较多，因为我国目前保险体系还存在诸多的问题，适用性有限，因此本文也不做深入分析。

（4）显性成本与隐性成本

根据成本是否可以直接量化，本文将建筑施工企业安全成本分为显性成本和隐性成本。显性成本主要是指能够直接量化的费用，可以进一步分为预防成本和事故直接损失成本。预防成本是前期投入的费用。事故直接损失成本是指因为事故的发生造成计划外费用的支出。

隐性成本是指因为了预防安全事故和事故发生后无法直接量化的投入和损失费用，主要包括四个方面的内容：企业其他投入成本、企业其他损失成本、社会成本、环境成本，如图2所示。

3. 建筑施工企业的安全投入与绩效的关系

3.1 建筑施工安全绩效的含义

《职业健康安全管理体系规范》将安全绩效定义为"基于职业健康安全方针和目标，与组织的职业健康安全风险控制有关的，职业健康安全管理体系的可测量的结果。绩效是可测量的，如职业病减少多少，未发生事故等。"表征安全绩效的量即安全绩效指标，可以分为事故损失（包括经济损失、工时损失）、工伤事故率（如轻伤事故率、重伤事故率、万人死亡率等）。

建筑安全成本包括伤亡事故造成的直接和间接损失，同时还包括施工企业或者建设项目用于安全管理方面的投资，但安全绩效的计算比事故损失更难以确定。

我国建筑行业主管部门建设部发布的《工程建设标准强制性条文》（建标［2002］85号，以下简称《标准》）是一部强制性行业标准。该标准采用系统工程学的原理，

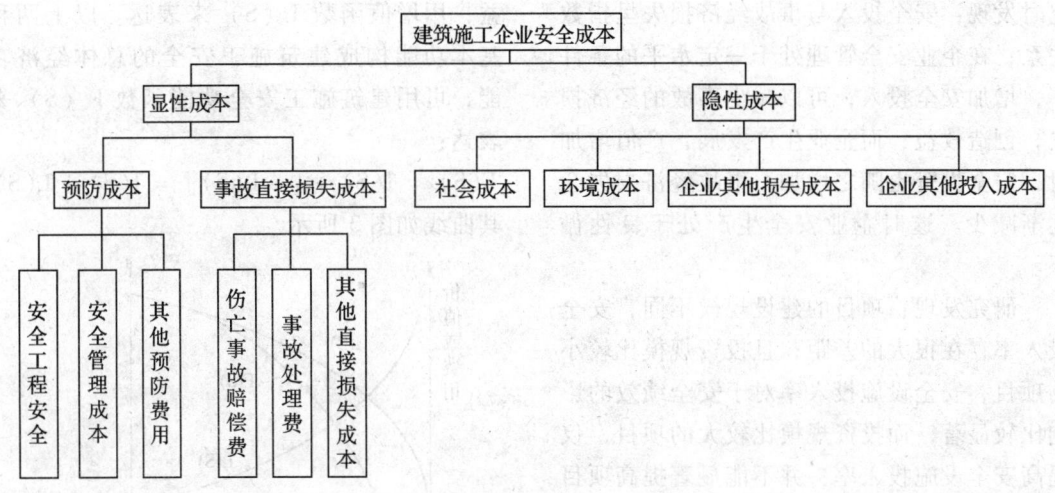

图 2　建筑施工企业安全成本分类（2）

将施工现场作为一个完整的系统，利用数理统计的方法，对五年中发生的职工因工死亡的 810 起事故的类别、原因、发生的部位等进行了统计分析，得到高处坠落、触电、物体打击、机械伤害、坍塌这五类事故占总数的 86.6%。为此，将消除以上事故确定为整体系统的安全目标。这些事故集中在安全管理、文明施工、脚手架、基坑支护与模板工程、"三宝"利用及"四口"防护、施工用电、物料提升机与外用电梯、塔吊、起重吊装和施工机具十个方面。

尽管《标准》仍有很多可以改进的地方，但作为指导施工现场安全生产和文明施工的行业检查评分标准，该标准基本包括了反映建设项目施工现场安全现状的主要指标。而目前国内事故损失、工伤事故率等直接的安全绩效指标很难获得。因此，将根据该标准对建设项目进行的安全检查评分作为安全绩效指标。

安全的"全效益"应该包括：保护人的生命安全与健康的直接社会效益及间接企业经济效益，避免环境危害的直接社会效益，减少事故损失造成的企业直接经济效益，保护企业正常生产的间接经济效益，促进生产作用的直接经济效益等。

分析安全效益可揭示安全经济在经济生产中的作用，明确安全工作的出发点和归宿，从而提高安全资源的利用率；安全效益分析也是衡量安全活动有效与否，安全方案、规划、目标合理与否的重要标准之一；安全效益分析是建筑产品生产中加强安全保障的重要依据。

3.2　建筑施工安全效益分类

建筑安全投资效益分为减损效益和增值效益。减损效益表现为建筑安全投资对降低事故损失的作用。增值效益是指通过安全投资，使生产技术和生产能力得到保障和维护，从而间接实现的经济增值。减损效益又分为经济减损效益和非经济减损效益。非经济减损效益就是社会效益，是指安全投资对减少企业信誉、职工生命健康及其家庭幸福等损失所起的积极作用。由于对事故的非经济损失和投资的增值效益的认识存在分歧以及难以量化，过去的研究一般都只考虑安全投资的经济减损效益。因此，过去对建筑安全投资效益的研究实际上就是对建筑安全投资与安全事故经济损失数量关系的研究。

3.3　建筑施工安全投入与绩效的关系

在对企业的安全投入与安全绩效进行研

究时发现：安全投入与事故经济损失呈指数关系；在企业安全管理处于一定水平的条件下，增加安全投入，可以减少事故的经济损失，创造效益；而企业生产发展，产值增加时，安全投资也随之增加，事故经济损失会逐渐减少。这时企业安全生产处于良性循环。

研究发现：项目的建设规模不同，安全投入率存在很大的差距；且投资规模比较小的项目，安全设施投入率对于安全绩效的影响比较显著，而投资规模比较大的项目，仅提高安全设施投入率，并不能显著提高项目安全绩效，同时也发现项目安全投入率和安全绩效之间存在着指数关系。

另外，我国企业在20世纪90年代的安全生产投入相对值趋于平稳下降，投入比例与20世纪90年代我国GDP的高速增长不相适应。

对于不同的建筑企业，由于管理水平和管理体制的差别，安全投入率与安全业绩之间的关系也不相同。经过线性拟合，发现项目安全投入率和安全评分之间存在指数关系。在安全投入各分项所占的平均比例中，绝大部分的安全投入都用于购置现场安全设施，而用于现场人员的安全教育和个人劳动防护所占的比例却很少，处于比较低的水平。

4. 运用安全经济学原理对建筑施工安全投入与绩效的分析

4.1 建筑施工安全的产出效益分析

从经济的着眼点看，建筑施工安全具有两项主要功能：一是直接减轻或免除事故或危害事件给人、社会和自然造成的损伤，减少无益损耗和损失的功能；二是维护生产力与保障社会经济财富增值的双重功能和作用。

第一种功能称为减损功能，可用损失函数 $L(S)$ 来表达；第二种功能称为本质增益，用增值函数 $I(S)$ 来表达。以上两种基本功能构成建筑施工安全的总体经济功能，可用建筑施工安全功能函数 $F(S)$ 来表达：

$$F(S) = I(S) + [-L(S)] = I(S) - L(S)$$

其曲线如图3所示。

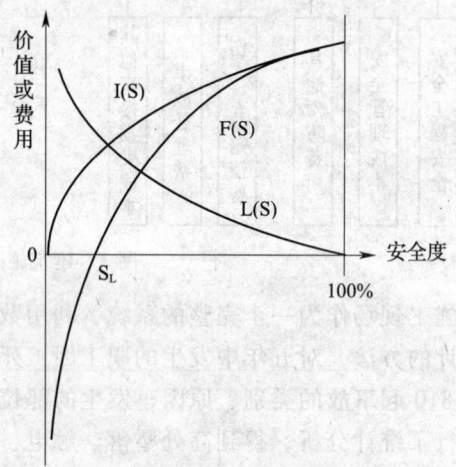

图3　建筑施工安全功能函数曲线

对建筑施工安全功能函数 $F(S)$ 进行分析，可得出如下结论：

（1）当建筑施工安全度趋向于零时，即整个建筑施工安全系统毫无安全保障，则企业不但毫无利益可言，还将出现无穷大的损失。

（2）当建筑施工安全度达到 S_L，由于正负功能抵消，此时系统功能为零，因此 S_L 是安全度的基本下限。当 $S > S_L$ 后，随着建筑施工安全度的增加，功能递增。

（3）当S值趋近100%时，功能增加的速率逐渐降低，并最终局限于建筑施工企业技术系统本身的功能水平。

4.2 建筑施工安全投入分析

建筑安全功能函数反映了建筑安全系统输出状况。显然，提高或改变安全度，需要付出代价或成本。建筑施工安全度要求越高，需要成本越大。从安全经济学理论上讲，要达到100%的安全，所需投入趋向无穷大。建筑施工安全成本函数曲线如图4所示。

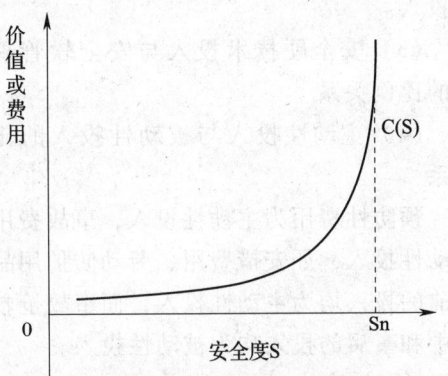

图4 建筑施工安全成本函数曲线

对建筑施工安全成本函数 C（S）进行分析，可得出，实现系统的初步安全所需要的成本是比较小的，随着S的提高，成本增大，递增率也越来越大；当S趋于100%时，成本趋向无穷大，在实际中这种现象是不可能存在的。施工企业具体的安全投入数额应当根据企业的具体情况和对安全投入的研究，再结合本年施工企业工程项目的具体情况进行确定。当S达到接近100%的某一点时，建筑施工安全功能与成本抵消，系统毫无效益。

4.3 建筑施工的安全投入与安全绩效分析

建筑施工安全功能函数 F（S）与建筑施工安全成本函数 C（S）之差就是建筑施工安全绩效，用安全绩效函数 E（S）来表达就是：

$$E(S) = F(S) - C(S)$$

建筑施工安全效益函数曲线如图5所示。

从图5中可以看出，在 S_0 点附近，能取得最佳安全效益。由于S增至 S_0 时，成本增值C大大小于功能增值F，因而当 S < S_0 时，提高S是值得的。分析建筑施工安全效益，揭示安全在生产中的作用，明确安全

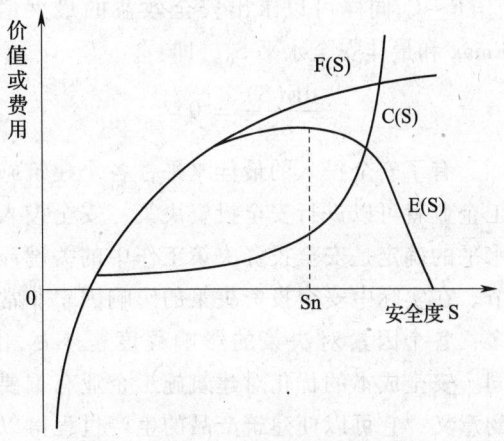

图5 建筑施工安全效益函数曲线

工作的出发点和归宿，从而提高安全资源的利用率。

5. 建筑施工安全投入和安全绩效的优化

5.1 建筑施工安全投入优化原则

安全投入的优化无非体现在两个方面：一方面是安全经济消耗最少；另一方面是安全效益最大。

因此，对于安全投入的优化可以从这两方面入手进行研究。

（1）安全经济消耗最少

根据前面的内容可以知道安全经济消耗主要包括两个方面：预防成本和事故损失成本，两者之和共同构成了安全经济消耗，如果用公式表示，如下：

$$C = C_1 + C_2$$

C：表示安全经济消耗；
C_1：表示预防成本；
C_2：表示事故损失成本。

要使安全经济消耗 C 最小，那么在某一点 S_0 处有 C_{min}，即：

$$\frac{dC(S)}{dS} = 0$$

通过上式就可以求得 S_0 点和 C_{min}。

（2）安全效益最大

根据上一节中安全效益的公式：

$E = F - C$，同样可以求出安全效益的最大值 E_{max} 和最佳安全水平 S_0，即：

$$\frac{dE(S)}{dS} = 0$$

有了安全投入的最佳水平，各个建筑施工企业就可以进行安全投资决策，安全投入水平的确定是安全投资决策工作中的关键环节。在实际中安全投资决策的影响因素非常多，各个因素对决策的影响程度也不尽相同。安全成本的优化对建筑施工企业有重要的意义，它可以使建筑产品的生产过程得以安全、卫生地进行，进而保障建筑产品的质量，树立良好的产品形象和企业形象，同时又可以降低安全成本，增加企业效益。

5.2 提高建筑施工安全绩效的基本途径

提高建筑施工安全绩效的基本途径有两个：一是提高安全水平，二是合理配置安全投入。也就是说，通过建筑安全科学技术的发展，社会经济的进步，努力提高安全生产水平；同时要对安全投入进行合理的配置，即在适当的时间，对不同的项目进行合理的投入，并且处理好各项费用的比例关系。

合理配置建筑施工安全投入，需要处理好以下四个方面建筑施工安全投资的合理比例。

（1）安全措施经费中各项安全费用的比例关系

国家对从更新改造费中提取的安全措施费用，分为安全技术费用、工业卫生费用、宣传教育费用和辅助设施费用四种。对每年提取的总费用怎样合理地分配，是提高建筑施工企业安全效益的基本保证。

（2）安全技术性费用和防护费用的比例关系

安全技术性费用是指实现本质安全化的投入，如执行"三同时"的安全设施费用，即更新改造费中提取安措费等从系统的本着手所进行的投入；被动防护性费用是个体防护、辅助设施等作为外延性、辅助性的安全投入。

（3）安全硬技术投入与安全软管理投入的比例关系

（4）主动性投入与被动性投入的比例关系

预防性费用为主动性投入，事故费用为被动性投入，如安措费用、劳动防护用品等事前的投入均为主动性投入，而事故抢救等事中和事后的投入均为被动性投入。

6. 结论

本论文通过归纳和整理不同观点，主要应用安全经济学原理，分析建筑施工安全投入和建筑施工安全绩效两方面理论。具体的研究内容及成果如下：

（1）对建筑施工安全投入和绩效的概念和分类进行归纳和总结，分析国内外学者对安全投入和绩效在建筑施工安全领域的研究情况。

（2）根据安全经济学原理，对建筑施工安全的投入产出，及绩效参数规律进行数学描述与分析。重点不在于对其定量精确描述，而在于表述安全经济活动的规律，有助于正确认识建筑施工安全经济问题，指导安全经济决策。

（3）通过对建筑施工安全投入和绩效的分析，确定最佳安全投入，同时提出提高建筑施工安全绩效的基本途径。

◎参考文献

[1] 罗云，王永承. 安全经济学 [M]. 北京：中国劳动社会保障出版社，2007.

[2] 罗云. 建筑安全经济学 [M]. 北京：化学工业出版社，2004.

[3] 龙英，刘长滨. 建筑安全的经济学分析 [J]. 北京建筑工程学院学报，2005，21(3)：77-80.

[4] 黄胜仁. 20世纪90年代我国企业安全生产的投入分析与研究 [J]. 中国安全科

学学报,2002,12(5):19-25.
[5] 国家标准化委员会,国家认证认可管理委员会. GB/T 28001—2001. 职业健康安全管理体系规范[S]. 2001.
[6] 李云献,杜金山,孔祥城. 建筑安全生产重在合理投入[J]. 建筑安全,2006,8:38-41.
[7] 曹洪炘. 工程项目施工中的安全管理[J]. 建筑经济,2006,7:191-193.
[8] 黄俊东. 建筑施工安全成本浅析[J]. 建筑安全,2005,11:26-27.
[9] 夏鑫,隋英杰. 建筑施工企业安全成本优化和控制的策略构想[J]. 建筑经济,2007(5):94-96.
[10] 叶贵. 建筑施工企业安全成本核算研究[D]. 重庆:重庆大学建设管理与房地产学院,2004.

安全工程0502班论文

硫化矿石结块性评价实验室研究

黄 义 李孜军（指导教师）

（中南大学资源与安全工程学院，长沙，410083）

摘 要 本文分析了硫化矿物的理化性质，探讨硫化矿石结块的机理，通过实验找出一种科学合理、经济可行的评价硫化矿石结块性的方法，并实验条件下证明硫化矿石结块性与环境因素的相关性及结块程度的评价指标。

关键词 硫化矿石 结块机理 增重法 强度测定法 评价 结块指标

高含硫量的矿石长时间堆放有自燃的倾向性和结块的倾向性，如果不及时采取有效的措施，就可能导致严重的安全事故，危及工人的生命安全。同时，也会造成资源的严重浪费，使企业蒙受不必要的经济损失。从这种意义上讲，开展硫化矿石结块倾向性研究是必须的，也是必然的。

1. 实验矿物成分分析

本次研究的矿样来自于某铜矿矿山，该矿山是目前国内埋藏最深的大型铜矿床，矿石含硫量高（平均含硫量为16.84%）。该矿每年副产硫精矿100万t，含硫量为37%~38%，含铁量为52%~53%，其中磁硫铁矿占48.7%，该矿石属于一种复杂、难处理的硫精矿，实验矿样的主要矿物和化学成分含量见表1。其开采或堆放过程中发生的结块问题严重制约了企业的正常生产。在前人的研究中，已得出了该矿床部分矿石具有氧化自燃性的结论，本文是在前人基础之上开展的该类型矿石的结块特性研究。

硫化矿石结块的原因与其本身的矿物成分息息相关，因此，在实验之前必须搞清楚所选取矿样的组成（见表1）。

表1　实验矿样的主要矿物和化学成分含量[1]

矿样编号	1	2	3	4	6	7	8
主要矿物	FeS_2, FeS	FeS_2, FeS	FeS_2, FeS	FeS_2, FeS	FeS_2, FeS	FeS_2, FeS	FeS_2, FeS
其他矿物	$CuFeS_2$	$CuFeS_2$	$CuFeS_2$, ZnS	$CuFeS_2$	$CuFeS_2$	$CuFeS_2$	$CuFeS_2$
含硫量（%）	31.59	30.30	32.26	34.48	28.23	33.09	27.20
含铁量（%）	54.51	55.63	56.63	58.27	48.95	57.00	47.71
晶体粒径	\multicolumn{7}{c}{FeS 0.05~0.8 mm; FeS_2 0.05~0.6 mm; $CuFeS_2$ 0.02~0.3 mm}
硫化物平均含量	\multicolumn{7}{c}{FeS 41.67%; FeS_2 9.25%; $CuFeS_2$ 3.21%}

2. 常见硫化矿物的理化性质

从化合物类型来看，硫化矿物属于离子化合物，但它的一系列物理性质却与典型离子晶格的晶体有明显的差别。这是由于在一些硫化矿物中表现出明显的共价键特征，而在另一些硫化矿物中则显示金属键特征。硫化矿物化学键的这种复杂性是由组成硫化矿物原子的特殊电子结构组态所决定的。此外，在硫化矿物中，还存在多键型晶格，如具有链状和层状结构的硫化矿物中，键与链之间、层与层之间主要由分子键力连接。

每种硫化矿物都有一定的化学组成，矿物中的原子、离子或分子，通过化学键的作用处于相对平衡状态。当硫化矿物与空气、水及各种溶液接触时，将会发生一系列不同的化学变化，如氧化、水解和电解等[2]，从而表现出一定的化学性质。由于各种硫化矿物的化学组成和键性互不相同，所以表现出的化学性质往往也有差异。

3. 硫化矿石结块性分析

在完全了解硫化矿物基本理化性质的基础之上，可以将硫化矿石结块机理归结为以下几种类型进行解释。

（1）氧化结块

硫化矿物本身含有大量的 Fe^{2+} 和 S^{2-} 离子，这些低价的矿物离子易在氧环境条件下发生氧化反应，与之相应的矿物晶型也随之发生变化，矿物颗粒因晶型变化而聚集成块。

（2）溶解结块

硫化矿物组分大都具有溶解的特性，当矿物处于水量充足的条件下，矿物开始溶解于水直至饱和状态，而硫化矿物本身具有自燃倾向性，一段时间以后部分水因温度升高而挥发，硫化矿物也因溶解过程中相互渗入而黏结成块。

（3）电解结块

硫化矿物在有水、湿空气的条件下，矿物表面易发生电解反应，当反应发生在相邻矿物颗粒表面间，就打破了单颗粒的晶体类型，从而形成更加复杂的共享晶体结构，众多的电解腐蚀反应同时发生，促使矿物大面积结块。

（4）其他结块机理

硫化矿物是晶体矿物，当然也具有所有晶体该有的特性，那么用在其他晶体领域的结块理论也同样适用，即晶桥理论、毛细管吸附理论和扩散结块理论等。

解释硫化矿石结块性非单一理论可以完成的，而应是一种或多种机理共同作用的结果。

4. 实验方法介绍

4.1 增重法

增重法[3]就是指每隔一段时间称量实验矿样的质量，从质量的变化间接反映矿样的结块程度。硫化矿石结块涉及氧化结块、溶解结块、电解结块和其他结块机理，增重法测定的是一种或多种机理共同作用的结果，用质量变化情况反映出来。经过各组影响因素组内比较，找出相应因素对硫化矿石结块的影响程度。

测定矿样增重的原理[4]：

在矿井环境中，硫化矿石中的氧化介质主要是空气和水，例如，黄铁矿（FeS_2）与空气和水接触时，将发生如下反应：

$$2FeS_2 + 7O_2 + 2H_2O = 2FeSO_4 + 2H_2SO_4$$

其生成物可进一步发生氧化反应：

$$4FeSO_4 + 2H_2SO_4 + O_2 = 2Fe_2(SO_4)_3 + 2H_2O$$

$$12FeSO_4 + 3O_2 + 6H_2O = 4Fe_2(SO_4)_3 + 4Fe(OH)_3$$

所有反应都是在吸氧条件下进行的，所以在矿样发生氧化反应的过程中，由于吸收了空气中的氧将会使矿样质量增加，氧化结块越严重，吸氧量就越多，矿样增加的质量也就越大。同时，矿样处于具有一定含水量的环境中，矿物溶解至饱和，而后结晶成块，在此过程中水也参与结块。电解结块和其他结块机理中矿物结块也牵涉水和空气中氧的参与。因此，可以通过测定矿样质量的变化来判断矿样氧化速度的大小，从而判定硫化矿石结块的程度。

4.2 强度测定法

强度测定法是本实验采用的主要实验方法，它是通过测定渐进加压成型硫化矿石样品直至剪切破碎的力来反映硫化矿石的结块程度。

强度测定法的基本原理和方法：实验中选用了两种成型方法，即塑料杯疏松装料成型和模具轻压成型（见图1和图2）。将成型的矿样放到设定温度和湿度的恒温恒湿箱进行培养，再根据前人经验设定矿样的结块周期，并在一定时间间隔内测定矿样，记录测定值。测定矿样时，选用手动驱动方式，通过渐进加压直至矿样剪切破碎，并记录下剪切破碎过程中压力环刻度盘显示的最大值，这个值反映的是压碎过程的最大变形量，可以通过换算得出相应的最大剪切力，所测得的剪切力越大说明矿物结块越严重，直至矿物在该温度和湿度条件下完全结块，那么最大剪切力不再变化，这个过程可以用来反映硫化矿石的结块周期，还可以通过测定值划分结块程度等级，这为硫化矿石生产选择环境条件和预处理提供了较为科学的依据。

图2　模具轻压成型

5. 实验过程简述

影响因素分为粒度（A）、含水量（B）、压力（a）三组，同组用相同的培养皿等量装料，A组将筛分好的三个等级分别装样，并加入含量相等的水（矿样的10%）；B组先装好同等级的矿样，分别加5%、10%、15%蒸馏水；a组装同等级矿样，再加入10%蒸馏水，为表现压力不同，分压100 g、200 g、300 g的砝码，再拓展加压面积，砝码下加装较小的培养皿，最后粘贴标签。在此之前，打开恒温恒湿箱，设定温度、湿度，待温度、湿度稳定后，将上述已装好的三组矿样装在托盘里放入恒温恒湿箱内开始培养，并按计划每天检查温度、湿度状况，定时用增重法测定矿样结块的特性。

6. 数据整理与分析

6.1 影响因素分析

影响硫化矿石结块的因素很多，大体可分为内在和外在因素。内在因素主要指的是硫化矿石本身的矿物特性，如含硫量、惰性矿物质等；外在因素表现在环境条件上，如温度、湿度、矿体粒度、含水量和压力等。本实验主要验证三个易于控制的主要环境因素对实验矿样结块的影响。首先对实验数据进行分析处理，选择参照基数，对比实验过程中矿样增重情况，绘制如图3、图4和图5所示的曲线。从曲线图可以分析出各因素的影响关系。

图1　塑料杯疏松装料成型

（1）粒度

粒度越小，结块倾向性越强。三组矿样曲线显示，A－1组明显比其他两组增重速率要快得多，而A－2组也比A－3组快，但没有A－1组明显，原因在于A－1组中所筛选的粒度是小于80目，那就包括了小于80目的所有矿粒，矿样比表面积要比后两组大得多，而后两组粒度接近，故增重速率差别不够明显。

（2）含水量

当矿样的含水量超过一定值时，含水量对矿样结块的影响不大。三组实验矿样分别加5%、10%和15%的蒸馏水，含水量较大，硫化矿石结块机理中有溶解结块和电解结块，当含水量过大，矿样溶解过早达到饱和，矿粒表面含水量过大会阻止氧进入，也就阻止了矿样电解结块。

（3）压力

压力的大小对矿样结块的影响不明显，源于硫化矿石属晶体矿物，具有晶体架构，因此具有较稳定的外形，不易发生压缩变形。

尽管各组结果有所差异，但可以总结出它们的共性特点：

（1）都有明显的结块倾向。

（2）都有明显的阶段性增重过程，且最终趋于一个恒定值。

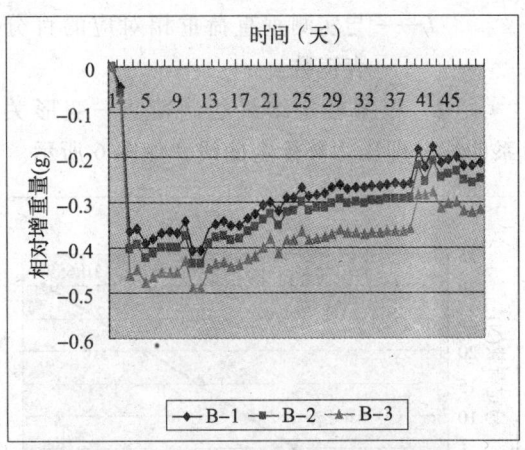

图4　三组同粒度不同含水量矿样的相对增重曲线

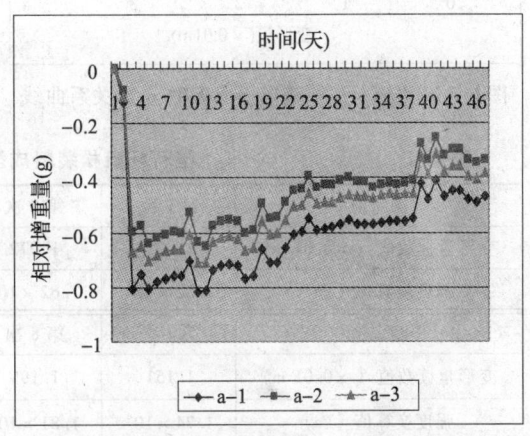

图5　三组同粒度不同压力矿样的相对增重曲线

6.2　结块强度测定结果及分析

实验中用LC－127D型路面材料强度试验仪测定两种不同成型矿样的结块特性，路面材料强度试验仪在本实验中所测得的是矿样加压剪切破碎时最大的变形量，然后将其转化为力的形式反映结块程度。

测试及换算原理：

（1）按压力环上某一实测的百分表读数（×0.01 mm）查压力环标定曲线，即得相应的垂直荷重（N），或根据标定曲线按下式计算实测的垂直荷重。

$$P = bL \quad (1)$$

式中　P——实测垂直荷重，N；

　　　b——标定曲线的斜率；

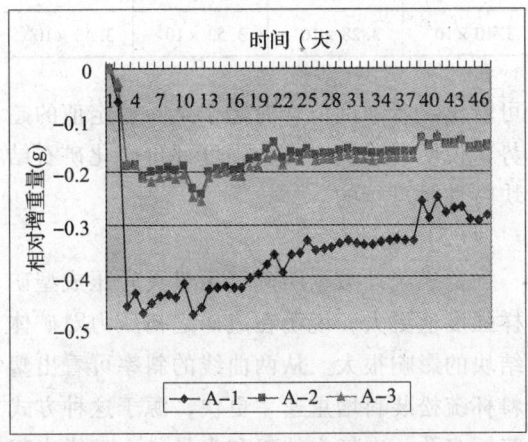

图3　三组不同粒度矿样的相对增重曲线

L——与实测垂直荷重相对应的百分表读数。

（2）根据检定结果绘制荷重—变形关系曲线，即压力环标定曲线，如图6所示。

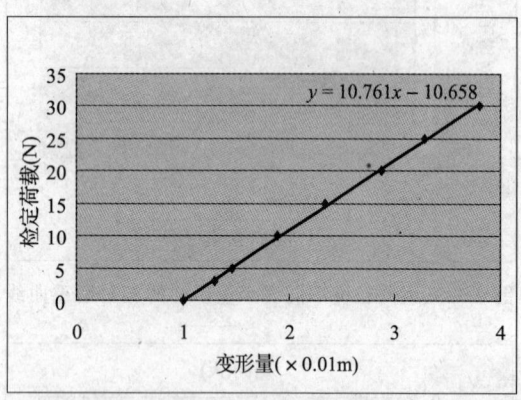

图6　荷重（N）—变形（×0.01 m）关系曲线

可以求出曲线公式：
$$y = 10.761x - 10.658 \quad (2)$$
即直线斜率 $b = 10.761$，再根据式（1）即可求出强度换算值。

实验中采用塑料杯疏松装料成型和模具轻压成型两种矿样成型方法，二者的区别在于矿样的堆积形式。塑料杯疏松装料成型疏松多孔，无固定的成型模式，所成矿样呈圆锥台状，底直径4.4 cm，顶直径5.8 cm，柱高8.2 cm；模具轻压成型则密实，所成矿样呈一致的圆柱形，直径5.0 cm，柱高4.8 cm。通过实验计划的时间间隔间断测试矿样，实验所测数据见表2和表3。

表2　塑料杯疏松装料成型测量数据（加水5%）

测定值	第1次	第2次	第3次	第4次	第5次	第6次
变形量读数值（×0.01 m）	1.005	1.072	1.088	1.105	1.091	1.170
强度换算值（Pa）	1.52×10^4	1.62×10^4	1.65×10^4	1.67×10^4	1.65×10^4	1.77×10^4
测定值	第7次	第8次	第9次	第10次	第11次	
变形量读数值（×0.01 m）	1.151	1.199	1.190	1.182	1.185	
强度换算值（Pa）	1.74×10^4	1.81×10^4	1.80×10^4	1.79×10^4	1.79×10^4	

表3　模具轻压成型测量数据（加水5%）

测定值	第1次	第2次	第3次	第4次	第5次	第6次
变形量读数值（×0.01 m）	1.310	2.192	2.900	2.8	3.012	2.927
强度换算值（Pa）	1.54×10^4	2.57×10^4	3.40×10^4	3.28×10^4	3.53×10^4	3.43×10^4

由于上述表2和表3所统计的数据有限，无法深入评价硫化矿石的结块特性，但可以通过上述数据的统计结果分析两种矿样成型方式的优劣、共性与差异。

图7、图8所示分别为两种矿样成型方式的曲线图。

（1）共性

两种成型方式均可呈现硫化矿石因结块而结构强度明显增加的特点。从图7和图8可看出二者强度值均有趋于某一稳定值的趋势，说明通过测定结块强度评价硫化矿石结块特性是可行的。

（2）差异

两表统计数据明确显示模具轻压成型矿样强度值更大，说明在成矿之初压力对矿体结块的影响很大。从两曲线的斜率可看出塑料杯疏松装料增重速率更快，源于这种方式疏松多孔，空气中的氧和水易进入矿样内部

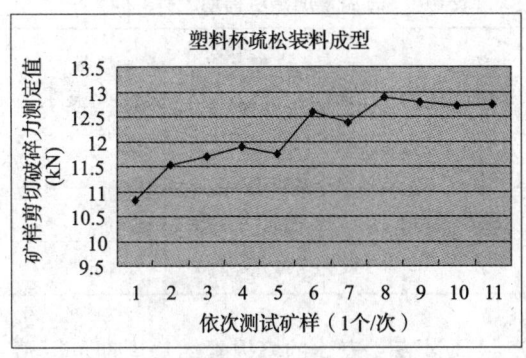

图7 塑料杯疏松装料成型曲线图

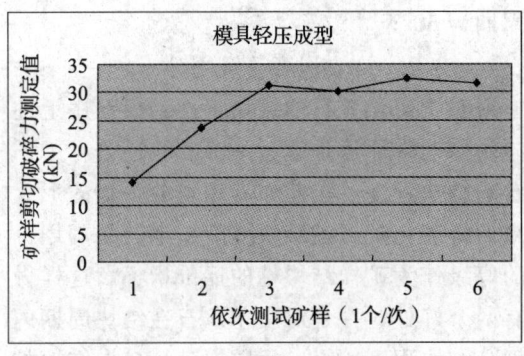

图8 模具轻压成型曲线图

而增大结块程度。

相比两种成型方式，前者更接近生产实际情况，既然科学研究的目的在于应用实际，那么选择塑料杯疏松装料成型方式更科学，更具实用价值。

6.3 结块评价指标

由于实验时间的限制，实验不得不提前结束，然而可以借助计算机数学工具模拟出矿样未来一段时间的增重趋势，从而为评价硫化矿石结块性提供足够的科学判据。本文借助 BP 神经网络模拟矿样的增重趋势，下面简单介绍基于 MATLAB 神经网络工具箱的 BP 网络实现[5]。

BP 网络是一种多层前馈神经网络，由输入层、隐层和输出层组成。层与层之间采用全互联方式，同一层之间不存在互联关系，隐层可以有一个或多个。构造一个 BP 网络需要确定其处理单元——神经元的特性和网络的拓扑结构。神经元是神经网络最基本的处理单元，隐层中的神经元采用 S 型变换函数，输出层的神经元可采用 S 型或线型变换函数。图 9 所示为一个典型三层 BP 网络的拓扑结构。

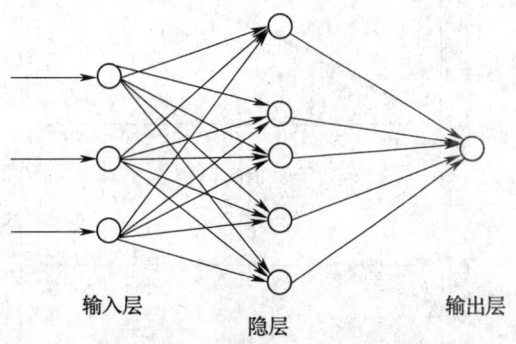

图9 BP 网络的拓扑结构

基于对 BP 神经网络的认识，借助 MATLAB 数学工具对三个环境因素进行预测，模拟出未来一段时间的相对增重数据，如图 10 所示。

6.3.1 结块周期

本次实验的目的是以实验室研究为平台，重点评价硫化矿石的结块特性，以指导实际生产中防治硫化矿石结块。据有关资料和前人的研究成果来看，硫化矿石结块同其他具有结块特性的物质一样具有结块周期，不过这里的周期是建立在一定的环境条件下的，环境条件不同，相应的结块周期也会有相应的变化。这里所说的结块周期便是硫化矿石结块性的评价指标之一。

从上述结块三因素曲线图中，可以看出硫化矿石在实验条件下矿样结块增重变化趋势，虽然实验没有完全结束，但可以借助 BP 神经网络工具模拟的结果预测完全结块所需要的时间。现将三因素结块周期统计成表4。

表4　　三因素的结块周期统计

周期（天）	1组	2组	3组	结块周期（天）（取最大值）
粒度	50	60	40	60
含水量	50	55	45	55
压力	50	60	40	60

通过表4表述的三因素结块周期可以清晰地看出，三因素在该实验条件下的结块周期很接近，取三组中的最大值，即矿样结块周期为60天。

6.3.2　结块程度等级划分

对于硫化矿石的结块特性，仅仅用上述结块周期来评价是远远不够的，还需考虑矿石的结块程度。在此作者用划分等级的形式来评价硫化矿石的结块程度，也就是用划分的等级作为矿样结块性的评价指标。这样做有两个好处，一是对硫化矿石在结块周期内划分结块程度等级，用数据表征矿样结块的特性，为选择防结块措施实施的时机和方法提供了科学依据；二是划分出来的结块程度等级，可以作为类似研究的基础，也可以作为相当类型矿样防结块措施实施的参考。因此，在找出硫化矿石结块周期的同时，把结块程度用划分等级的形式来表达，既不累赘，又是更好的补充。

根据上述三因素结块周期表，可以总结出硫化矿石在该温度和湿度环境条件下矿样增重具有阶段性的特点，可以根据各个阶段矿样结块快慢程度将矿样结块过程划分为缓结阶段、快结阶段和完结阶段共三个阶段（见表5）。三因素结块阶段划分可以有两种表述，即时间表述和增重量表述。由于增重量表述对测试过程精度要求很高，在现有的实验条件限制下无法精确测试，故将矿样结块阶段划分用时间表述。

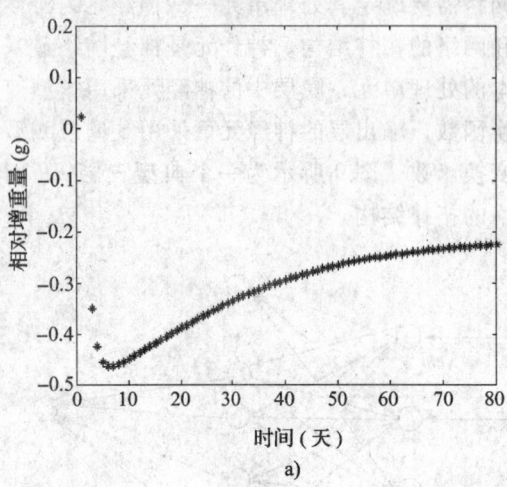

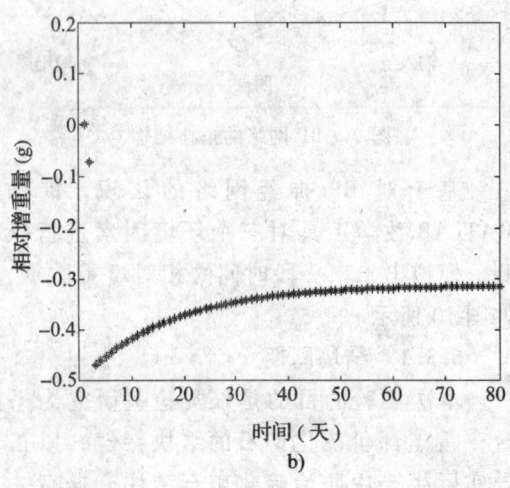

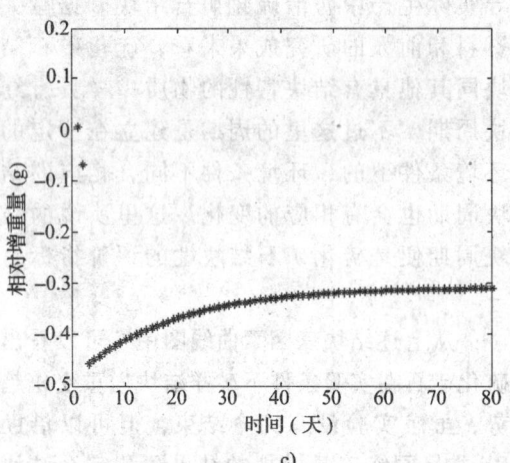

图10　BP神经网络预测三因素相对增重曲线图
a）粒度　b）含水量　c）压力

表5 三因素结块阶段（用时间表述）

阶段划分	缓结阶段（日期）	快结阶段（日期）	完结阶段（日期）
粒度	4.3—4.22	4.23—5.4	5.5—6.4
含水量	4.3—4.22	4.23—5.4	5.5—5.31
压力	4.3—4.24	4.25—5.4	5.5—6.4

从表5的统计结果看，三因素结块阶段划分时间十分接近，所以可以把增重法所测得的在实验条件下的矿样结块程度按时间划分为三个等级，即几乎不结块（0~22天）、局部结块（23~33天）、完全结块（34~60天）。

7. 结论

本文在对矿样组分和理化性质进行分析的基础之上，分析了导致硫化矿石结块的机理，并通过实验检验主要影响矿样结块的因素，检验结块程度，还借助BP神经网络模拟未来的增重情况，再根据增重曲线得出评判结块程度的指标——结块周期和结块程度等级，整个评价指标体系如图11所示。

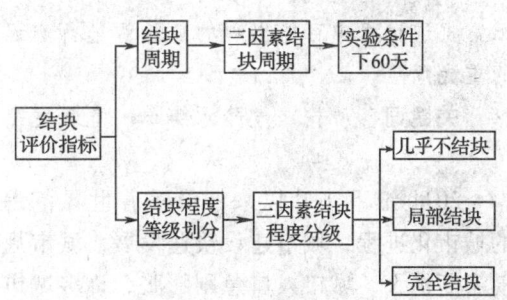

图11 硫化矿石结块程度评价指标体系

◎参考文献

[1] 李孜军，吴超，周勃. 硫化矿石氧化性的实验室综合评判[J]. 铜业工程，2003（1）：40-42.

[2] 吴超，孟廷让，等. 高硫矿井内因火灾防治理论与技术[M]. 北京：冶金工业出版社，1995：1-44.

[3] 李孜军，吴超，李茂楠. 阻化剂性能评价的氧化增重法研究[J]. 金属矿山，2000（3）：43-45.

[4] 吴超，孟廷让，王坪龙，等. 水对硫化矿石氧化速度的影响研究[J]. 西部探矿工程，1994，6（2）：59-62.

[5] 罗成汉. 基于MATLAB神经网络工具箱的BP网络实现[J]. 计算机仿真，2004，5（5）：109-115.

广佛地铁西朗至菊树段盾构危险源的辨识

宋 勇　胡汉华（指导教师）

（中南大学资源与安全工程学院，长沙，410083）

摘 要 现代地铁广泛采用盾构法施工，盾构法施工具有安全可靠、机械化程度高、工作环境好、土方量少、进度快、施工成本低等优点，尤其在地质条件复杂、地下水位高而隧道埋深较大时，只能依赖盾构。盾构法施工的关键之一是确定盾构的类型及其配置。盾构的选型是一项综合性的工作，应根据地质水文情况、工期、经济性、环境保护、安全性、可靠性等各种因素综合考虑。选择合适的盾构类型，配置合理的辅助设备，才能确保隧道工程施工的顺利完成。本文主要是在确定盾构类型及施工方法之后，针对施工现场的工作环境及在正常掘进过程中可能出现的危险源进行辨识及分类，运用危害程度分析方法找出盾构施工中的重大危险源。

关键词 盾构 危险源辨识 危害度

20世纪下半叶以来，伴随着世界范围的城市化进程，城市建设快速发展，城市规模不断扩大，城市人口急剧膨胀，许多城市不同程度地出现了用地紧张、生存空间拥挤、交通堵塞的问题，给城市生活带来了很大的影响，也制约着经济和社会的进一步发展。充分开发地下空间成为现代城市可持续发展的必要手段。由于流动人口以及道路车辆的增加，城市交通呈急剧增长的态势，机动车辆增长尤快，城市道路的相对有限性带来了人口的超饱和、交通堵塞、车速下降、事故频繁、城市绿化面积减少等一系列问题。行车难、乘车难，不仅成为市民工作和生活的一个突出问题，而且制约着城市经济的发展。另外，道路上汽车排放的尾气、噪声等环境污染问题也越来越引起人们的重视。纵观当今世界，发达国家已经把城市地下空间的开发利用作为解决城市人口、资源、环境三大危机的重要措施和医治"城市综合征"、实施城市可持续发展战略的重要途径。

城市地铁具有运量大、速度快、噪声小、污染轻、能耗低等特点。大城市逐步形成了目前以地下铁道为主体，多种轨道交通类型并存的现代城市轨道交通新格局。

广州市是省会城市，其城市交通由于人口数量的庞大和公交车行车路线的限制等因素影响，使得每个来过广州的人都会在上下班时间感觉到城市的拥挤，给日常生活带来很大的不便。所以，要尽可能地对城市的地下空间进行利用和开发，这已成为城市发展的必然趋势，广佛地铁工程就是在这种环境下投建的。

1. 广佛地铁西朗至菊树段工程概述

珠江三角洲城际快速轨道交通广州至佛山段12标段土建施工项目的工程范围为两个明挖车站和两个盾构区间：西朗站、鹤洞站、西朗至菊树段盾构区间、鹤洞至西朗段盾构区间。设计起讫里程为：

YCK18 +424.368 m ~ YCK21 +500.303 m。

现对西朗站和西朗至菊树段盾构区间进行简单工程介绍：

（1）西朗站

西朗站为地下两层车站，车站起点里程为YCK20 +339.868 m，终点里程为YCK20 +726.568 m，车站总长度为386.7 m。本站包括站厅层、站台层、出入口通道和风道。本站设5个出入口，预留3个出入口通道待以后和物业结合，同时还有1个出入口通道与一号线西朗站换乘。地上另设2组风亭、1个冷却塔。

（2）西朗至菊树段盾构区间

右线长1 915.7 m，起点设计里程：YCK18 +424.368 m，终点设计里程：YCK20 +340.068 m；

左线长1 908.007 m，短链7.693 m，ZCK20 +275.786 m对应ZCK20 +283.479 m。

本区间另设置3个联络通道，设计里程为：YCK18 +843.750 m，YCK19 +242.750 m，YCK19 +827.750 m。

其中，YCK19 +242.750 m处2#联络通道与废水泵房合建。

2. 西朗至菊树段盾构区间施工危险源辨识

危险源存在形式复杂多样且不易被发现，这就给危险源辨识带来了很大的困难，现介绍几种常用的辨识方法：

（1）直接询问法

组织有现场工作经验的人员进行交谈，询问某项具体工作有哪些危害，根据交谈来初步辨识出工作中存在的一、二类危险源。

（2）现场观察法

通过对现场工作环境进行检查、观察，发现存在的危险源。

（3）查阅相关事故记录

通过查阅以前的事故记录来发现存在的危险源。

（4）获取外部信息

从有关类似企业、文献资料等方面获取有关危险源的信息，加以分析研究，可以辨识出存在的危险源。

（5）工作任务分析

通过分析企业成员工作任务中所涉及的危害，可以识别出有关的危险源。

（6）安全检查表（SCL）

运用已经编制好的安全检查表，对企业进行系统的安全检查，可以辨识出存在的危险源。

（7）危险与可操作性研究（HAZOP）

危险与可操作性研究是一种对工艺过程中的危险源实行严格审查和控制的技术。它通过指导语句和标准格式寻找工艺偏差，辨识系统存在的危险源，并确定控制危险源风险的对策。

（8）事件树分析（ETA）

事件树分析是一种从初始原因事件起，分析各环节事件"成功"或"失败"的发展变化过程，并预测各种可能结果的方法，即时序逻辑分析判断方法。应用这种方法对系统各环节事件进行分析，可以辨识出存在的危险源。

（9）故障树分析（FTA）

故障树分析是根据系统可能发生的或已发生的事故结果，去寻找与事故有关的原因、条件和规律。通过这样一个分析过程，可以辨识出系统中导致事故的有关危险源。

广佛地铁在施工过程中，主要采用现场观察法、查阅相关事故记录以及获取外部信息等方法识别盾构区间的危险源，最关键的是在施工中采用实时监测的方法对危险源进行观察分析，并采取措施加以防治。

广佛地铁盾构施工分为地下和地上两部分，其主要工程是在地下，地上起辅助作用。地下的环境比地上的环境复杂，机器设备很多，场地狭窄，人员又众多，其照明又主要靠灯光，所以地下的危险源与地上的危险源相比，不仅数量更多，而且危险的严重度较大。

为了保证施工过程中危险源处于可接受的安全状态，需要对地上和地下所有的危险源进行划分，可采用危害度计算的方法进行分类。危害度计算公式为：

$$D = LEC$$

式中　D——风险值；

L——发生事故的可能性等级；

E——暴露于危险环境的频繁程度；

C——发生事故产生的后果。

将每个因素量化，在判断危险源的危害度时，可根据 $D = LEC$ 公式来求得危险源的风险值，其风险值越大，则危险源的危害度越高。

在广佛地铁施工中，借鉴了危害度计算公式，但其中的评分系数有所改动，经过现场施工和精细计算，找出了施工过程中存在的7大类危险源。其中，将 L 的数值按照发生的可能性分为分数1、2、5、8（见表1），同样为了简化，将 E、C 的评判分数也用数字代替（见表2、表3），而对于计算结果，即 D 的数值，见表4。

表1　L（发生事故的可能性等级）

完全可以预料	相当可能发生	可能，但不经常	可能性小，完全意外
8	5	2	1

表2 E（暴露于危险环境的频繁程度）

连续暴露	每天工作时间暴露	每周一次或偶然暴露	每月一次暴露	每年几次暴露
8	5	1	0.8	0.6

表3 C（发生事故产生的后果）

大灾难，许多人死亡	灾难，数人死亡	非常严重，一人死亡	严重重伤	重大致残	引人关注，无伤亡
95	30	10	6	3	1

表4 D（风险值）

D值	D≤5	5<D≤15	15<D≤25	D>25
危害级别	2	3	4	5

在广佛地铁几十个危险源中，处于重大危险源级别的有7大类，运用危害度评分表（见表5）可以清楚地发现每一个危险源发生的可能性、频繁程度和引发的事故严重度。

表5 重大危险源危害度评分表

危险/危害因素	事故结果	重要危害因素评价													D = LEC	危害级别
		直接判断		可能性等级（L）			频繁程度（E）			严重等级（C）					
		是	非	不可能	可能	很可能	肯定	不经常	经常	频繁	轻度	中等	严重	重大		
				分值				分值			分值					
				1	2	3	4	1	2	3	1	2	3	4		
破洞门始发与到达	坍塌	√			√			√				√			4	2
龙门吊起重设备	机械伤害	√				√			√				√		27	5
电瓶车运行溜车	机械伤害	√													18	4
开仓换刀	物体打击		√		√			√						√	12	3
隧道临时用电	触电	√			√				√					√	16	4
管片吊装头断裂	物体打击	√			√									√	8	3
联络通道塌方	坍塌				√			√							12	3

通过上述表格，可以看到在7大危险源的D值比较中，破洞门始发与到达的风险值最小，其主要原因是只要严格按照设计图样及规章制度操作，其发生事故的概率较小，即使发生事故，一般不会有工人在操作界面上，所以也很难出现伤亡事故。

联络通道塌方、开仓换刀、管片吊装头断裂属于第3级危害度危险源。在这三大危险源中，有一个明显的相同点，即事故发生后造成的后果都十分严重。

（1）联络通道作为左线和右线之间沟通的通道，由于盾构的掘进，土层已经被破坏，如果支护不牢靠，极易发生塌方事故，给里面的工作人员和机械带来毁灭性的破坏。

（2）开仓换刀是盾构施工中危险系数非常高的作业，在开仓换刀前，要做好一切可能发生事故的应急措施。开仓换刀除了要时刻注意工作面是否有坍塌风险之外，更重要的是要注意换刀人员是否会受到身体伤害。密封仓作业要关注人员的身体状况，开仓作业则要注意更换刀具时，防止因为葫芦出现问题,从而导致刀具砸伤作业人员。安全员更要时刻坚守岗位,监督作业人员必须严格按照操作规程进行换刀。

(3)管片吊装头断裂,在盾构掘进过程中,需要不停地拼装管片,以起到支护隧道的作用。管片拼装机在将管片吊起后,配合伸缩油缸,按照隧道掘进方向安装管片。危险主要发生在一环中的12点位,因为操作人员可能站在管片安装的下方,如果发生管片吊装头断裂,则会给下方的人员带来很大的安全隐患。

第4级危害度危险源是电瓶车运行溜车和隧道临时用电。

(1)从表格的评分可以看出电瓶车运行溜车发生的概率是相当大的,并且其发生的频繁程度也是最高的,所以应该把电瓶车运行溜车作为平常安全工作的重点来整治。电瓶车运行溜车带来的后果轻则电瓶车车头脱轨,重则后续台车翻车,管片翻倒在轨道上,给人员带来安全隐患,也严重影响工程的正常施工,延误工期。

(2)隧道临时用电,由于盾构施工需要10万V的高压电,经变频后输送到每一台机器上,所以盾构施工中一直存在着隧道临时用电安全的问题。合理地布置线路,避开人员聚集及经常走动的地方,做好线路的防水绝缘,都是确保隧道临时用电安全的重要手段。

第5级危害度危险源是龙门吊起重设备,可能一天的施工中,最繁忙的就属龙门吊了。井下盾构施工的所有设备材料以及挖掘出的泥土都需要用龙门吊从洞口位置运送。并且由于龙门吊司机并不能看到井下的情况,完全需要地面及地下辅助人员发出信号来操控机器,洞口又因为经常有人员进出,所以如果没有正确吊装物料,极有可能发生物料高处坠落,从而砸伤人员的事故。所以,在综合可能性、发生频率及后果严重等级三个因素后,其危害级别是最高的。

3. 其他危险源的危害度评分

在对重大危险源按照危害度进行评分后,针对其他危害度较小的危险源进行评分,见表6。

表6 其他危险源危害度评分表

序号	作业活动	活动的内容	危害因素	D = LEC				危害级别
				L	E	C	D	
1	掘进准备	吊具有缺陷	起重伤害	2	1	2	4	1
2		设备运输中绑扎不牢	车辆伤害	2	2	1	4	1
3		运转前未对电气设备检测	触电	2	1	2	4	1
4		高空作业未系安全带	高处坠落	2	2	2	8	2
5		吊重物不平衡	物体打击	1	2	2	4	1
6		防护装置破坏或失灵	其他伤害	2	2	2	8	2
7		带电作业	触电	2	3	3	18	3
8		破砌门未搭设脚手架	高处坠落	1	2	2	4	1
9		破砌后盾构机未及时掘进	塌陷	2	2	4	16	3

续表

序号	作业活动	活动的内容	危害因素	L	E	C	D	危害级别
				\multicolumn{4}{c	}{D = LEC}	
10	盾构机掘进	盾构机掘进速度过快	坍塌	2	2	3	12	2
11		照明线路未采用安全电压	触电	2	3	3	18	3
12		供气中断	其他伤害	2	2	2	8	2
13		供水管破裂	其他伤害	2	2	2	8	2
14		电气线路未定期检查	火灾、触电	2	3	3	18	3
15		动火作业未进行防护	火灾、爆炸	2	2	3	12	2
16		停电或电气故障	其他伤害	2	2	3	12	2
17		高压油管破裂	机械伤害	2	2	3	12	2
18		照明线路高度低于2.4 m	触电	2	3	3	18	3
19	盾构机到达	盾构机出硐封堵不及时	坍塌、淹溺	2	2	4	16	3

对危险源做危害度评分有助于认清危险源的危害程度，了解其发生事故的可能性以及事故发生后的后果等基本情况，而这些评分几乎都是人工根据经验所评判出的分数，在实际的施工过程中，会存在些许偏差。所以，即使是危害度较小的危险源也应该加以足够重视，防患于未然，才能做到真正的本质化安全。

4. 结论

广佛地铁的危险源按照地上和地下两方面分类，共有20多种。为了在安全员有限的情况下确保盾构施工的安全性，需要参考城市地铁几十年施工中总结出来的各种比较重要的危险源，并结合广佛地铁自身的特征，利用危害度评分的方法，总结出广佛地铁西朗至菊树段的重大危险源。通过对危险源的危害度进行比较，提取出危害度较大的7大危险源，然后在日常盾构施工中，做好安全防治措施，并制订相应应急预案，并设立专人安全监督，随时对重大危险源的状态进行检查记录。而对于危险度较小的危险源，在做好安全防范措施后，主要是通过开展安全教育和定期检查来预防事故的发生。

◎参考文献

[1] 林宗元. 岩土工程勘察设计手册 [M]. 沈阳：辽宁科学技术出版社，1996.

[2] 王振信. 盾构法隧道的耐久性 [J]. 地下工程与隧道，2002.

[3] 杨我清，张凤祥. 盾构工法与工程地质条件的关系 [J]. 上海隧道，1995.

[4] 竺维彬，鞠世健. 广州复合地层与盾构施工技术 [M]. 上海：同济大学出版社，2005.

[5] 竺维彬，鞠世健，王晖. 复合地层中盾构滚刀磨损原因分析及对策 [J]. 现代隧道技术，2006 (4).

[6] 刘建航. 盾构法隧道 [M]. 北京：中国铁道出版社，1991.

[7] 竺维彬，鞠世健. 盾构隧道管片开裂的原因及相应对策 [J]. 现代隧道技术，

2003 (1).

[8] 袁敏正,鞠世健. 广州地铁一号线和二号线盾构机适应性研究和探讨[J]. 现代隧道技术,2004 (3).

[9] 李志南. 地铁盾构隧道管片制作误差的研究[J]. 地铁科级,2001.

基于 BP 网络的建筑工程安全评价研究

陈治强　韩立华（指导教师）

（中南大学资源与安全工程学院,长沙,410083）

摘　要　建筑工程安全评价对于提高行业安全管理有重要意义。现有的各种评价方法具有一定的价值,但也存在很多不足,文章在简要讨论、比较一些安全评价方法之后,引出基于 BP 网络的建筑安全评价方法,并对该方法的模型建立及应用做了深入研究。

关键词　安全评价　BP 网络　建筑工程

当前建设系统安全形势严峻,建筑施工重大事故有上升趋势。2003 年上半年共发生建筑施工事故 519 起、死亡 582 人、重伤 68 人,与 2002 年同期相比,事故起数、死亡人数分别上升 24.5% 和 20.7%。另外,有些失修失养建筑安全管理比较好的地区和资质等级高的企业最近发生的事故明显增多,自开展多发性事故专项治理以来,施工坍塌、高处坠落、塔吊倒塌、房屋拆除倒塌等事故仍处在多发期,建筑安全形势不容乐观[1]。因此通过对建筑工程进行安全评价,对于分析事故隐患从而及早整改、排除隐患具有重要的意义。现在,建筑工程安全评价方法有很多,但是安全检查表法操作简单,不能很好地对评价进行量化及深入分析；AHP 为确定系统框架提供了方法,它虽对权重确定做了较深入的研究,有一定的独到之处,但始终需要依靠人为打分；模糊综合评价法对一类评价对象提供了更接近客观事物和人类思维的思想,虽然对问题的思考方式和 AHP 不同,但解决思路和 AHP 完全相同。

由此可以看出,这些评价方法或多或少都存在一定局限性,还不能充分满足建筑安装施工现场安全评价的要求。因此,在进行评价时需要更新观念,综合利用近年来边缘学科的最新成就,建立科学有效的评价模型,给定人工神经网络 ANN 输入、输出样本,ANN 模型通过网络自动调节权值实现系统输入、输出间的映射关系,并且具有较高的精度。因此,文章尝试将 ANN 应用于建筑工程施工现场安全评价中。

1. 人工神经网络及 BP 网络
1.1　人工神经网络原理

神经网络的基本组成单元是神经元,数学上的神经元模型是和生物学上的神经细胞对应的。或者说,人工神经网络理论是用神经元这种抽象的数学模型来描述客观世界的生物细胞的。最典型的人工神经元网络模型如图 1 所示。

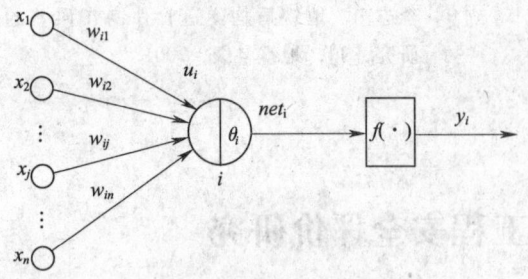

图 1　人工神经元网络模型

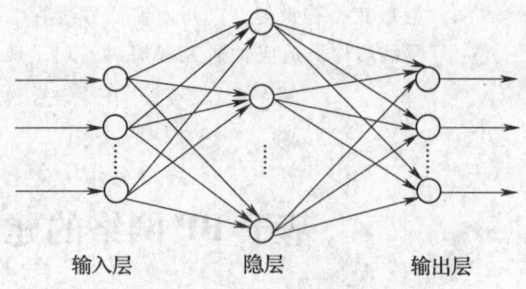

图 2　BP 神经网络结构示意图

将人工神经元通过一定的结构组织起来，就可构成人工神经元网络，简称为神经网络。生物神经网络由数以亿计的生物神经元连接而成，而人工神经网络限于物理实现的困难和为了计算方便，是由相对少量的神经元按一定规律构成的网络[2]。人工神经网络中的神经元常称为节点或处理单元，每个节点均具有相同的结构，其动作在时间上同步。

神经网络的最大特点就是它有学习能力，在学习过程中，主要是网络连接权的值产生了相应的变化，学习到的内容也是记忆在连接权之中[3]。

1.2　BP 网络

BP（Back Propagation）网络是 1986 年由以 Rumelhart 和 McCelland 为首的科学家小组提出的，是一种按误差逆传播算法训练的多层前馈网络，是目前应用最广泛的神经网络模型之一[4,5]。BP 网络能学习和存储大量的输入—输出模式映射关系，而无须事前揭示描述这种映射关系的数学方程。它的学习规则是使用最速下降法，通过反向传播来不断调整网络的权值和阈值，使网络的误差平方和最小。BP 神经网络模型拓扑结构包括输入层（input layer）、隐层（hide layer）和输出层（output layer），如图 2 所示。

2.　BP 网络的建筑安全评价模型建立

2.1　施工现场安全评价指标体系设计

建立符合建筑工程施工现场特点的安全评价指标体系，是一项相当复杂的工作。本文根据国家有关安全法规、条例、标准和规定，以《施工企业安全生产评价标准》（JGJ/T 77—2003）和《建筑施工安全检查标准》（JGJ 59—99）为基础，并结合建筑工程施工现场实际情况，将建筑工程施工现场的安全综合评价指标分为 6 大方面（即准则层），2 个层次，27 个评价指标，其递阶层次结构如图 3 所示。

2.2　训练样本及输入、输出数据预处理

2.2.1　训练样本

本文根据建筑工程施工现场安全综合评价指标体系的 27 个指标（见表 1），在某建筑公司安全部专家的支持下，从实践中收集了 8 组数据经过整理，应用模糊综合评价模型得到相应的评价结果，形成了 8 列样本数据来训练系统的 ANN 网络（见表 2）。

输出层的神经元以不同的安全等级作为目标量，可以客观地表征建筑工程的安全性。在进行建筑工程安全评价时，输出的目标量要进行加权平均，以得到建筑工程安全的量化评价。

基于BP网络的建筑工程安全评价研究

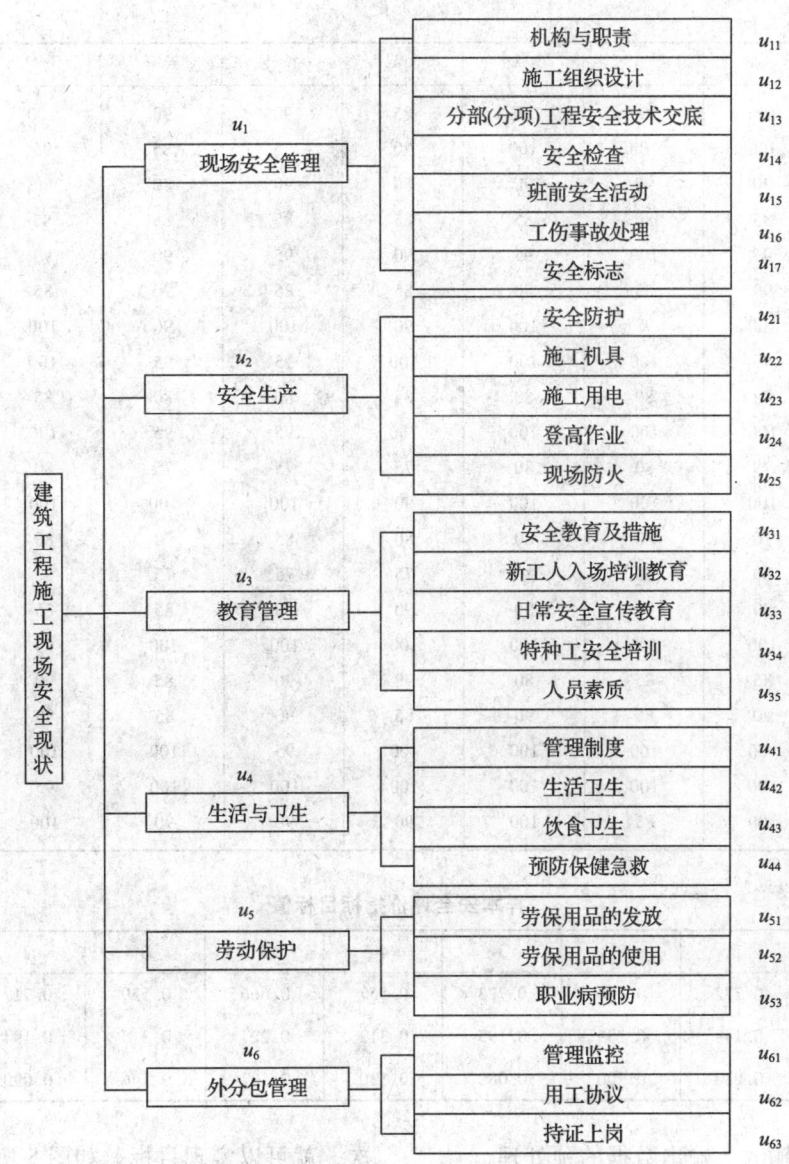

图 3 建筑工程施工现场安全综合评价指标体系

表 1 某建筑工程施工现场 27 个评价指标评分值表

指标	一号	二号	三号	四号	五号	六号	七号	八号
u_{11}	90	90	100	100	100	80	100	100
u_{12}	90	95	95	90	90	85	90	95
u_{13}	95	90	90	80	90	80	90	100
u_{14}	90	80	95	80	80	85	90	95
u_{15}	85	90	80	80	85	80	95	95
u_{16}	90	90	90	85	90	90	90	90

续表

指标	一号	二号	三号	四号	五号	六号	七号	八号
u_{17}	100	100	90	85	90	90	100	100
u_{21}	100	100	100	90	95	85	95	100
u_{22}	90	90	90	80	90	80	80	90
u_{23}	85	80	85	85	85	85	85	85
u_{24}	95	100	95	90	95	90	90	90
u_{25}	90	85	80	85	85	90	85	90
u_{31}	100	95	100	90	100	90	100	100
u_{32}	90	100	100	100	95	95	100	100
u_{33}	85	80	80	85	80	80	85	95
u_{34}	100	100	100	100	95	95	100	100
u_{35}	75	80	80	75	75	75	80	80
u_{41}	100	100	100	100	100	100	100	100
u_{42}	70	80	80	80	85	70	80	80
u_{43}	80	80	80	75	75	75	80	80
u_{44}	90	80	90	90	80	85	85	95
u_{51}	100	100	100	100	100	100	85	100
u_{52}	85	85	80	90	90	85	90	95
u_{53}	90	85	90	85	90	85	90	90
u_{61}	100	100	100	100	95	100	100	100
u_{62}	100	100	100	100	100	100	95	100
u_{63}	100	85	100	90	90	90	100	100

表 2　　样本安全评价指标目标值

样本	1	2	3	4	5	6	7	8
安全级	0.772	0.648	0.723	0.557	0.666	0.539	0.717	0.845
一般安全级	0.148	0.255	0.195	0.312	0.227	0.315	0.194	0.102
危险级	0.080	0.100	0.082	0.130	0.107	0.146	0.090	0.053

2.2.2 输入、输出数据的预处理

当我们利用一些实际数据建立数学模型时，有时不能直接使用这些数据，而要经过数据预处理。本文同样也需要进行数据的预处理工作。这主要是基于两个原因：神经网络隐层激励函数作用范围的限制；数据自身特点对神经网络模型适应程度的影响。

本文在数据预处理时，采用归一化方法，将加快网络的训练速度。如图4所示，没有进行归一化的数据训练时，不能达到训练要求，而进行归一化之后，只需要188次，就可以实现目标，如图5所示。考虑到BP算法经常采用的激励函数为Sigmoid类（S型和双极型）函数，该函数在自变量处于饱和区时，收敛速度慢。因此，将输入与输出数据变换在0.1~0.9或0.2~0.8之间，这样Sigmoid类函数在该区间内变化梯度增大，网络收敛速度提高，网络性能改善。

2.3　BP网络结构设计

2.3.1　BP网络层数的确定

隐层层数的选取需根据问题的复杂性而

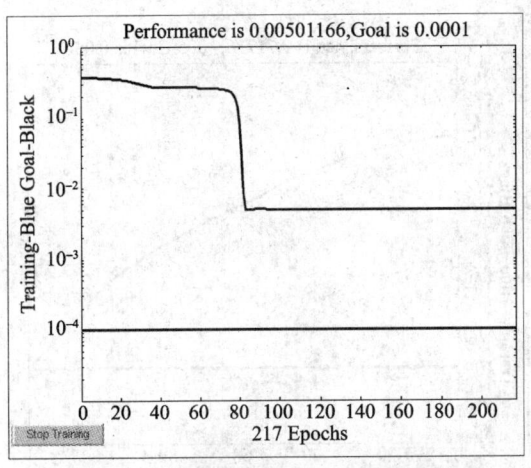

图 4　没有进行归一化的训练结果

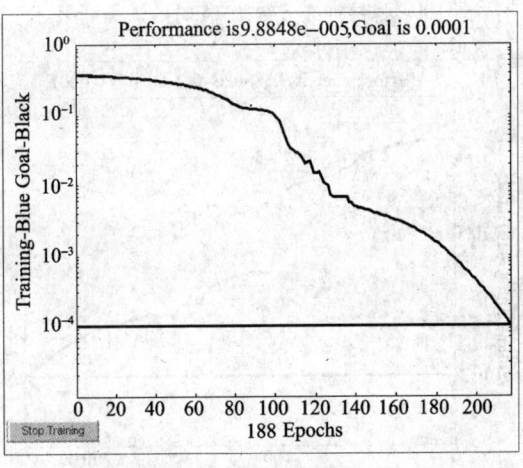

图 5　归一化的训练结果

定。据研究表明,隐层层数增加,可以使网络解决复杂及非线性问题的能力增强,但太多的隐层延长了网络的学习时间。对于 BP 网络,根据 Kolmogrov 定理,一个三层 BP 网络就可以完成任意的 n 维到 m 维的映射,所以用一个隐层就能满足要求。李振然、贾旭彩等研究者的仿真结果表明,一个隐层神经网络,只要隐层神经元数目合理,就可满足精度要求[6],如果将隐数由一层改为两层,对精度影响不大,但网络结构将变得更复杂,训练时间也将会大大延长。因此,本文用含有一个隐层的网络进行训练。

2.3.2　各层神经元数目的选取

如前所述,神经网络的输入层神经元和输出层神经元的数目是由求解问题本身以及数据的表示方式综合确定的。因输出向量有 3 个,所以输出层神经元应该有 3 个。

确定隐层神经元数目采用公式与试算结合。首先由参考公式可知,隐层神经元数约为 6,为此可以设定循环,检验隐层神经元数为 7～16 之间时,何时网络的效率比较高,输出误差比较小。对比训练时的误差和效果,从而确定合理的隐层神经元数目。

通过训练可以得到在隐层神经元数为 7～16 时的训练状况和误差,部分训练结果如图 6～图 11 所示,不同隐层神经元数的收敛比较见表 3。

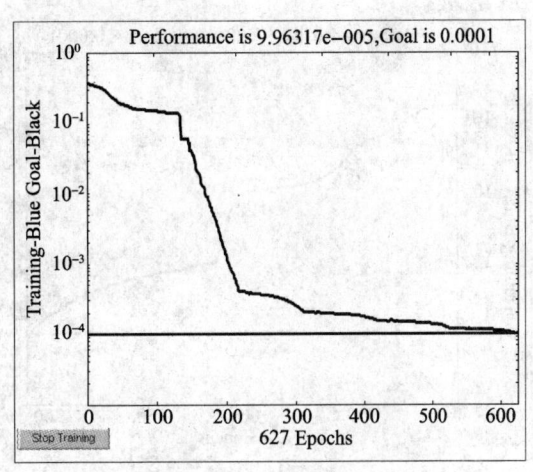

图 6　隐层神经元数为 7 的训练结果图

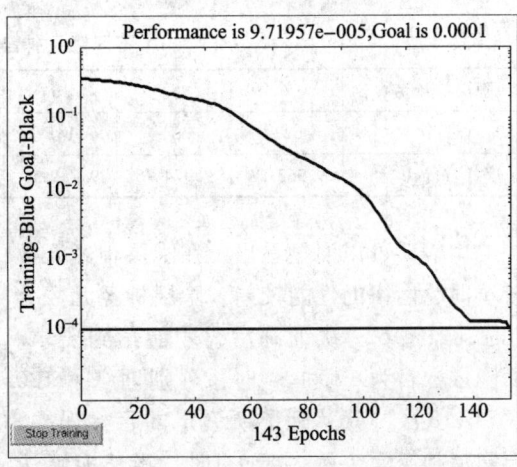

图 7　隐层神经元数为 10 时的训练结果

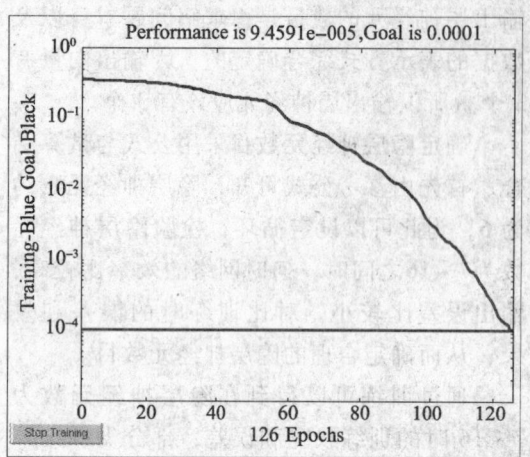

图8 隐层神经元数为 12 时的训练结果

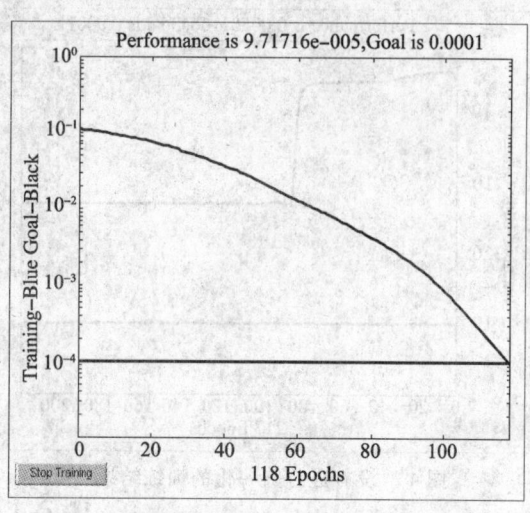

图10 隐层神经元数为 14 时的训练结果

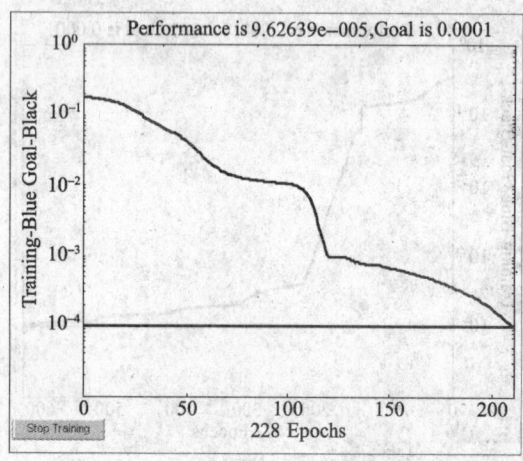

图9 隐层神经元数为 13 时的训练结果

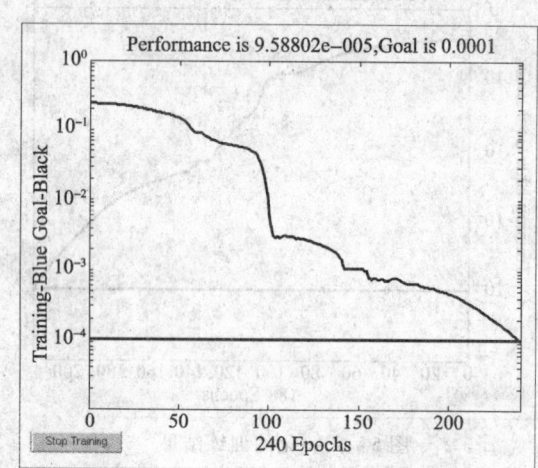

图11 隐层神经元数为 16 时的训练结果

表3　　　　　　　　　　不同隐层神经元数的收敛比较

隐层神经元数	7	8	10	12	13	14	15	16
训练次数	627	331	143	126	228	118	174	240
误差（$\times 10^{-5}$）	9.963 17	9.974 96	9.719 57	9.459 1	9.626 39	9.717 16	9.186 96	9.588 02

由表 3 可以明显看出, 在隐层神经元数较小时, 网络的性能较差。隐层神经元数为 7 时, 经过 627 次训练后, 才能达到要求。而隐层数目为 12 和 14 时, 分别训练了 126 次和 118 次, 就达到了所设定的目标误差。而隐层神经元个数大于 14 时, 虽然能够达到设定的目标误差, 但增加神经元个数并不能明显改善网络的性能, 甚至所需的训练次数还会增加, 而且增加神经元个数也会造成网络负担增大, 因此, 确定隐层神经元数目为 14。

2.3.3 激励函数的选取

网络中间层的神经元传递函数采用 S 型正切函数 tansig, 输出层神经元传递函数采用 S 型对数函数 logsig。这是因为函数的输出位于区间 [0, 1] 中, 正好满足网络输出的要求。

2.3.4 网络训练函数的选择

在选择网络训练函数时, 考虑到样本容量有限, BP 网络的传统算法又有一定的局限, 因此, 考虑用改进的 BP 网络训练算法。函数 traingdx 由于有附加动量项和自适应学习速率, 能够避免陷入局部极小值而出错, 训练精度也较高, 因此, BP 神经网络选用函数 traingdx 作为训练函数[7]。

2.4 网络学习参数的选取

2.4.1 权值和阈值初始值的选取

一般总是希望初始加权后的每个神经元的输出值都接近于零, 这样可以保证每个神经元的权值都能够在其激励函数变化最大之处进行调节, 故一般将权值和阈值的初始值取 (0, 1) 之间的随机数。

2.4.2 学习速率的选取

学习速率的范围一般选取在 0.01~0.7 之间。对于每一个具体的网络都存在一个合适的学习速率, 但对于较复杂的网络, 在误差曲面的不同部位可能需要不同的学习速率。考虑到网络的结构比较复杂, 神经元个数比较多, 学习速率为 0.05。

3. 利用 MATLAB 实现神经网络仿真

MATLAB 神经网络工具箱提供了大部分神经网络应用中所用到的函数和命令, 可以方便地建立 BP 神经网络, 并用来进行训练和计算。

3.1 建立 BP 神经网络

在 MATLAB 中用 newff 函数建立 BP 网络。在本文中, BP 网络的结构为 27—14—3, 传递函数分别为 tansig 和 logsig, 训练函数为 traingdx。调用格式为:

net = newff ([0 1; 0 1; 0 1; 0 1; 0 1; 0 1; 0 1; 0 1; 0 1; 0 1; 0 1; 0 1; 0 1; 0 1; 0 1; 0 1; 0 1; 0 1; 0 1; 0 1; 0 1; 0 1; 0 1; 0 1; 0 1; 0 1; 0 1;], [10, 3], {'tansig', 'logsig'}, 'traingdx');

3.2 数据归一化处理

在 MATLAB 中, 以矩阵的形式输入样本程序, 可以在 MATLAB 下直观输入, 比较容易实现。这些数据都是在实际中得到的原始数据, 原始样本中, 各向量的数量级有一定差别, 为计算方便及防止部分神经元达到过饱和状态, 在研究中, 对样本的输入进行归一化处理。利用 MATLAB 可以很方便地实现向量的归一化, 这里将样本数据都归一化到区间 (0, 1) 之间。具体代码为:

p = [90 90 100 100 100 80 100 100; 90 95 95 90 90 85 90 95; 95 90 90 80 90 80 90 100; 90 80 95 80 80 85 90 95; 85 90 90 80 85 80 95; 90 90 90 85 90 90 90; 100 100 100 90 85 90 90 100 90 95; 85 95 100; 90 90 90 80 90 80 90; 85 80 85 85 85 85 95; 95 100 90 95 90 90; 90 85 80 85 85 90 85 90; 100 95 100 90 100 100 100; 90 90 100 90 95 95 100; 85 80 80 85 80 80 85 95; 100 100 100 100 95 95 100 100; 75 80 80 75 75 75 80 80; 100 100 100 90 100 100 100; 70 80 80 80 85 70 80 80; 80 80 80 75 75 75 80 80; 90 80 90 90 80 85 85 95; 100 100 100 100 100 100; 85 100; 85 85 80 90 90 85 90 95; 90 85 90 85 85 90 90; 100 100 100 95 100 100 100; 100 100 100 100 95 100; 100 85 100 90 90 90 100 100];

t = [0.772 0.648 0.723 0.557 0.666 0.539 0.717 0.845; 0.148 0.255 0.195 0.312 0.227 0.315 0.194 0.102; 0.080 0.100 0.082 0.130 0.107 0.146 0.090 0.053];

for i = 1:27;

P(i,:) = 0.8 * (p(i,:) - min(p(i,:))) / (max(p(i,:)) - min(p(i,:))) + 0.1;

end;

for i = 1:3;

T(i,:) = 0.8 * (t(i,:) - min(t(i,:))) / (max(t(i,:)) - min(t(i,:))) + 0.1;

end;

3.3 BP 网络训练

首先设置训练参数：

net. trainParam. show = 50;

% 显示两次之间的训练次数

net. trainParam. Goal = 1e - 4;

% 网络目标性能

net. trainParam. epochs = 1000;

% 训练次数

net. trainParam. lr = 0.05;

% 设定初始学习率

其余参数取默认值。

训练 BP 网络：

net = train(net, p, t);

通过训练可以得到结果：

TRAINGDX, Epoch 0/1000, MSE 0.204684/0.0001, Gradient 0.120334/1e - 006

TRAINGDX, Epoch 50/1000, MSE 0.105335/0.0001, Gradient 0.0750072/1e - 006

TRAINGDX, Epoch 100/1000, MSE 0.00271429/0.0001, Gradient 0.0100242/1e - 006

TRAINGDX, Epoch 137/1000, MSE 9.08419e - 005/0.0001, Gradient 0.0013783/1e - 006

TRAINGDX, Performance goal met.

如图 12 所示，训练了 137 步后，误差达到了期望误差 0.000 1 的要求，网络收敛结束，训练完成。

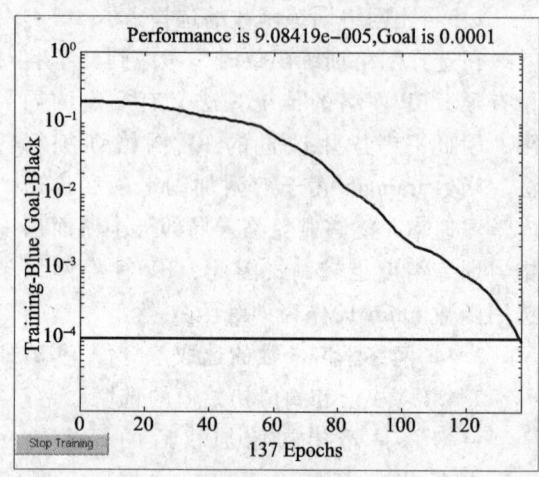

图 12 确定的网络训练结果

3.4 网络仿真及结果讨论

用已确定的 BP 神经网络模型，对训练样本进行仿真：

a = sim(net, P);

% 输出训练结果

E = t - a;

% t 为目标矢量，计算误差

实际输出、目标输出以及仿真输出误差见表 4 ~ 表 6。可以看到，测试数据的输出误差值较小，平均误差约为 0.007 8，在这样的样本数量下，这个精度是完全可以接受的。

神经网络模型得出的结果与模糊综合评价模型得出的结果能较好地吻合。利用 BP 网络得到的输出值和期望值之间的最大误差约为 2.2%，即表明 BP 网络的计算结果与专家组的结论高度一致。因此，训练结束后的

表 4　　　　　　网络仿真实际输出 a

样本	1	2	3	4	5	6	7	8
a1	0.701 1	0.391 3	0.577 2	0.125 8	0.445 9	0.113 4	0.573 4	0.893 6
a2	0.267 1	0.680 1	0.442 7	0.866 8	0.580 0	0.908 2	0.450 6	0.087 6
a3	0.331 2	0.507 2	0.345 8	0.770 2	0.564 4	0.891 6	0.419 9	0.105 1

表5　　目标输出

样本	1	2	3	4	5	6	7	8
a1	0.709 2	0.385 0	0.581 0	0.147 1	0.432 0	0.100 0	0.565 4	0.900 0
a2	0.272 8	0.674 6	0.449 3	0.888 7	0.569 5	0.900 0	0.445 5	0.100 0
a3	0.332 3	0.504 3	0.349 5	0.762 4	0.564 5	0.900 0	0.418 3	0.100 0

表6　　仿真输出误差矩阵

样本	1	2	3	4	5	6	7	8
a1	0.008 1	−0.006 3	0.003 8	0.021 3	−0.013 9	−0.013 4	−0.008 0	0.006 4
a2	0.005 7	−0.005 5	0.006 6	0.021 9	−0.010 5	−0.008 2	−0.005 1	0.012 4
a3	0.001 0	−0.002 9	0.003 7	−0.007 8	0.000 1	0.008 4	−0.001 6	−0.005 1

神经网络很好地获取并保存了安全专家进行安全评价的知识、经验和判断。对于该模型只要输入新的待评价工地的指标数据，BP模型就可以马上输出评价结果，将结果反归一化，并进行分值加权平均，从而得到最终的评价分值。

4. BP 网络评价实例

通过对建筑工程进行调查，利用打分表进行评分，获得了该建筑工程的安全状况，各项评价指标打分总表见表7。

表7　　某建筑工程各项评价指标打分总表

指标	名称	打分分值	指标	名称	打分分值
u_{11}	机构与职责	98	u_{17}	安全标志	99
u_{12}	施工组织设计	92	u_{21}	安全防护	95
u_{13}	分部（分项）工程安全技术交底	92	u_{22}	施工机具	88
u_{14}	安全检查	83	u_{23}	施工用电	82
u_{15}	班前安全活动	88	u_{24}	登高作业	100
u_{16}	工伤事故处理	90	u_{25}	现场防火	90
u_{31}	安全教育及措施	95	u_{44}	预防保健急救	82
u_{32}	新工人入场培训教育	100	u_{51}	劳保用品的发放	100
u_{33}	日常安全宣传教育	82	u_{52}	劳保用品的使用	88
u_{34}	特种工安全培训	100	u_{53}	职业病预防	85
u_{35}	人员素质	80	u_{61}	管理监控	95
u_{41}	管理制度	100	u_{62}	用工协议	98
u_{42}	生活卫生	83	u_{63}	持证上岗	85
u_{43}	饮食卫生	75			

将此数据以相同的归一化原则转化为 [0，1] 之间的数据，调用程序运用训练好的 BP 神经网络模型进行评价，得到的结果如图13所示。

调用程序：

net = newff（[0 1; 0 1; 0 1; 0 1; 0 1; 0 1; 0 1; 0 1; 0 1; 0 1; 0 1; 0 1; 0 1; 0 1; 0 1; 0 1; 0 1; 0 1; 0 1; 0 1; 0 1; 0 1; 0 1; 0 1; 0 1; 0 1; 0 1;]，[14，3]，{'tansig'，'logsig'}，'traingdx'）；

net. trainParam. show = 50;

net. trainParam. lr = 0.05;

net. trainParam. epochs = 1000;

net. trainParam. goal = 1e − 4;

net = train (net, P, T);
a = sim (net, K);
输出为：
TRAINGDX, Epoch 0/1000, MSE 0.264832/0.0001, Gradient 0.149143/1e-006

TRAINGDX, Epoch 50/1000, MSE 0.140189/0.0001, Gradient 0.12519/1e-006

TRAINGDX, Epoch 100/1000, MSE 0.00646549/0.0001, Gradient 0.01413/1e-006

TRAINGDX, Epoch 131/1000, MSE 9.8849e-005/0.0001, Gradient 0.001764/1e-006

TRAINGDX, Performance goal met.

a = (0.355 2, 0.506 3, 0.384 4)

该结果经反归一化运算后，即：

a' = (0.637, 0.287, 0.086)

从结果可以看出，该工地的安全形式良好，评价为安全和一般安全的比重最大，对输出的向量 a 进行安全等级量化，即按 I = 80 × 0.637 + 60 × 0.287 + 40 × 0.086，可得该路段分值为 71.62，即得出的评价结论是：该路段安全性等级属"一般安全"。

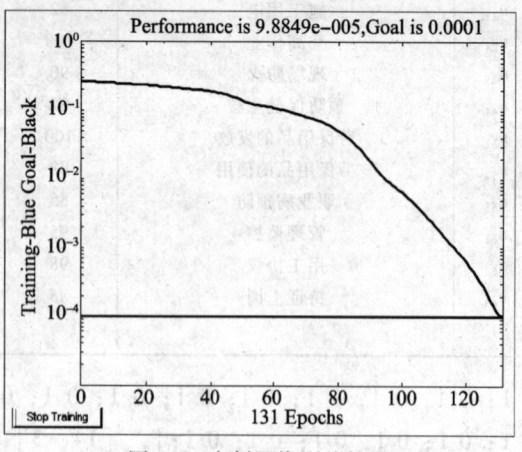

图 13　实例网络训练结果

5. 结论

（1）用足够多的样本训练 BP 神经网络，使它能够达到一定的误差要求，训练成功后，BP 网络就具备了专家的经验和知识，可使用训练成功的 BP 网络模型对施工现场的安全状况进行评价。

（2）运用 MATLAB 软件可以实现 BP 神经网络对建设工程的安全评价，通过样本训练和实例评价，可以看出安全评价网络的精度比较高，训练精度可以达到 10^{-5}。

（3）应用 BP 神经网络能较好地模拟专家对施工现场安全综合水平评价的过程，降低评价过程中人为的不确定因素，有机地综合知识获取、专家系统和模糊推理的功能，形成不同评价专家的不同神经网络综合评价模型，从而为决策者提供多种角度的管理依据。

◎参考文献

[1] 边尔伦. 浅析我国建筑安全生产的现状与对策 [J]. 建筑安全, 2003 (12): 26.

[2] 陈明. 神经网络模型 [M]. 大连：大连理工出版社. 1995: 134-136.

[3] 陈洪转, 王飞, 郑垂勇, 等. 基于 BP 网络的银行竞争力综合评价 [J]. 山东科技大学学报（自然科学版），2003, 22 (4): 96-98.

[4] 韩立群. 人工神经网络理论设计及应用 [M]. 北京：化学工业出版社, 2007.

[5] 陈祥光. 人工神经网络技术及应用 [M]. 北京：中国电力出版社, 2003.

[6] 李振然, 贾旭彩. 基于人工神经网络的短期负荷预测 [J]. 广西电力, 2002 (4): 7-10.

[7] 张巍. 基于 BP 神经网络的道路安全评价研究 [D]. 西安：长安大学, 2006.

多台阶复杂边坡稳定性分析

张 科 胡汉华（指导教师）

（中南大学资源与安全工程学院，长沙，410083）

摘 要 针对多级多层复杂边坡的特点，采用简化 Bishop 法，编写复杂边坡稳定性分析程序，改进搜索变量，通过左、右出滑点和弧高控制滑动面，变量取值范围无须经验假设。在此基础上结合区间搜索的思想，寻找出最危险滑动面和次危险滑动面，为边坡全面支护提供理论计算依据；同时也起到分割搜索区域的作用，增大程序搜索到全局最小值的可能性。程序采用改进的复合形法搜索复杂多级边坡的最小安全系数。针对某复杂边坡的 50 次运算，同基本复合形法和遗传算法相比，自编程序的全局搜索能力大大提高。通过若干工程算例的验证，说明了本程序的有效性，与现有软件相比，本程序具有计算速度快、精度高的优点。

关键词 多级多层边坡 简化 Bishop 法 区间搜索 复合形法

1. 引言

边坡稳定性问题是岩土工程研究领域内的重要问题之一。目前，在边坡实际工程计算及现行边坡规范中通常都以极限平衡理论为基础，条分法分析仍是工程界和规范方面的主流，并建立了一套完整的经验指标和工程指标。因此，寻找边坡最危险圆弧滑动面的研究是有较大的现实意义的。

在实际工程中为满足稳定性要求，常采用逐级放坡，其形状为阶梯状，而边坡岩土体也一般分为多层。如何在多级多层复杂边坡中搜索出最危险滑动面及计算出安全系数，一直是众多学者与工程技术人员研究的课题。

根据相关文献，李华锋等将突变理论引入边坡滑坡机制分析，在建立边坡失稳力学模型的基础上，推导了台阶边坡破坏失稳的力学判据[1]；时卫民等针对匀质土并在假定滑动面为直线的前提下，导出了一种阶梯形边坡稳定性分析的简化计算公式[2]；蒋斌松等同样基于滑动面为直线的假设，用解析法求极值，建立了折线形与台阶形边坡最危险滑动面及最小安全系数的解析计算公式[3]。以上分析都建立在假设滑动面为直线和匀质边坡的基础上，计算结果相对不够准确，具有一定的局限性。

根据相关文献，孙栋梁等运用简化的 Bishop 算法，将阶梯形边坡简化成低阶或单阶边坡，对简化后的边坡进行了稳定性分析[4]；李忠等采用瑞典条分法，提出了一种基于计算机搜索法求解单阶及多阶边坡最危险滑动面的搜索模型[5]，但同样假定边坡土质单一。

根据相关文献，马忠政等针对多级边坡改进二分法，提出了三向搜索法，可以找到坡线间所有滑弧，解决了圆弧滑动法全面搜索的问题[6]，但对于复杂边坡，三向搜索法本质上还是二分法，仍然易于陷入局部极小值；吕文杰等在马忠政研究基础上进行改进，采用罚函数法[7]；邹广电等用滑弧与坡面的左右交点与滑动面圆心纵坐标作为设计变量，并运用障碍函数法和随机投点法建立了全局优化算法[8]，但滑动面圆心纵坐标的确定仍带有经验性；蔡文等利用出口点、入口点和滑弧弧高作为控制因素[9]，但对于破弧排除仍是按经验确定范围，缺乏严密的数学推导，由于采用区格搜索与一维黄金分割法，计算时间相对较长。

2. 多级多层边坡简化 Bishop 法计算方法

从许多学者的研究可以看出，简化 Bishop 法简单、易于计算，并具有较高的精度，与严格的条分法相比，误差在 5% 以下，完全适于实际工程的需要。

不考虑地震力作用，简化 Bishop 法计算多级多层复杂边坡安全系数的公式为：

$$F_s = \frac{\sum m_{ai}[c'_i b_i + (W_i - u_i b_i)\tan\phi'_i]}{\sum W_i \sin\alpha_i} \quad (1)$$

其中

$$m_{ai} = \frac{1}{\cos\alpha_i + \frac{\tan\phi'_i \sin\alpha_i}{F_s}}$$

$$W_i = \gamma_1 b_i h_{1i} + \gamma_2 b_i h_{2i} + \cdots + \gamma_j b_i h_{ji} + \cdots + \gamma_k b_i h_{ki}$$

式中 W_i ——土条 i 的自重力；
　　　k——滑动面所在岩土层的编号；
　　　γ_j——第 j 层岩土体容重；
　　　b_i——土条宽度；
　　　u_i——作用在土条 i 滑动面上的空隙水压力；
　　　h_{ji}——土条 i 在第 j 层岩土体中的高度；
　　　α_i——土条底部坡角；
　　　c'_i、ϕ'_i——滑动面所在岩土层的有效抗剪强度指标。

3. 搜索变量的改进

3.1 搜索变量的选取

现有文献中对搜索变量的选取主要有三种方式：滑弧的圆心坐标 (X_C, Y_C) 与滑弧半径 R；滑弧的圆心坐标与滑弧深度 $R-Y_C$；滑弧与边坡坡面左右交点的两个横坐标 (X_A, X_B) 与滑弧圆心纵坐标 Y_C。第一种、第二种方式参数范围的确定主要靠经验，不同的搜索区域可能导致安全系数的变化，同时，当坡面形状变得复杂的时候，滑动面与坡面交点的求解将会很复杂，每次运算还需判断半径是否与坡面相交，占用计算时间。第三种方式较前两种有所改进，滑弧与边坡坡面的左右交点横坐标的求解比较容易，但是滑弧圆心纵坐标 Y_C 搜索范围的确定仍需靠经验。

本文采用滑动面与边坡面左右交点的两个横坐标 (X_A, X_B) 以及弧高 h，如图1所示。

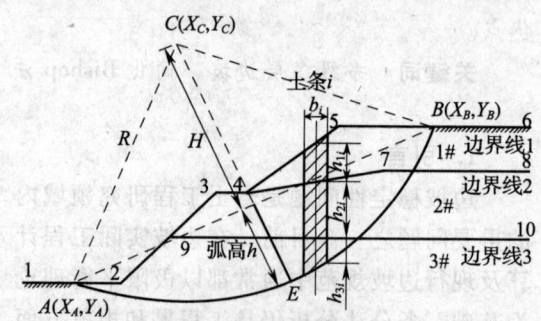

图 1　某边坡剖面及搜索变量选取示意图

3.2 搜索变量取值范围计算

3.2.1 弧高的最大值

对于高陡边坡，在搜索过程中容易出现如图 2 所示的情况，这样的滑动面是不可能出现的。现有软件的处理方法分两种：

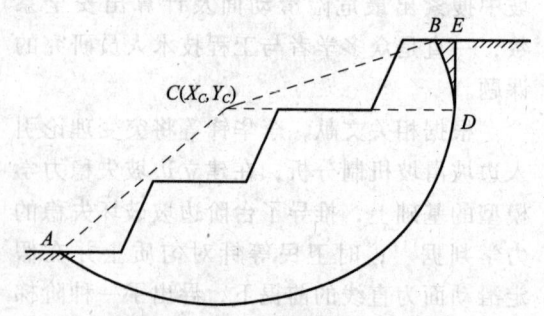

图 2　高陡边坡搜索失败示意图

(1) 过圆心 C 作水平线与滑弧交于 D，由 D 点作垂线，与坡面交于 E 点，得到区域 BED，计算滑动面的质量时将区域 BED 的质量计算在内。

(2) 增加约束条件 $Y_C > Y_B$。

本文采用第 2 种做法，即求解弧高最大值。过 B 点作水平直线 BH，作 AB 连线的中垂线，与 BH 交于 C 点；以 C 作圆心，CB 连线为半径，作圆；CF 的延长线与圆弧交于 E 点，EF 即为弧高最大值，如图 3 所示。弧高最大值 $h_{\max}$ 的推导公式如下。

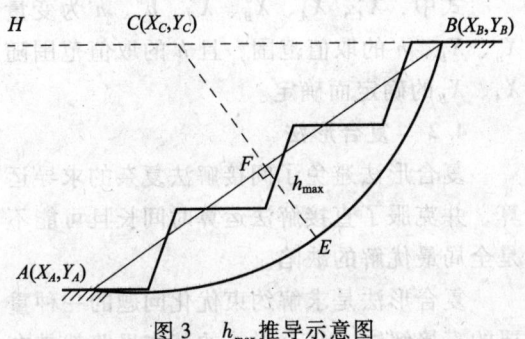

图 3 $h_{\max}$ 推导示意图

F 点为 AB 连线中点，直线 CF 的方程为：

$$Y = K(X - X_F) + Y_F \qquad (2)$$

其中

$$K = \frac{X_B - X_A}{Y_A - Y_B}$$

圆心 C 即 CF 与 BH 的交点，其坐标为：

$$\begin{cases} X_C = \dfrac{Y_B - Y_F}{K} + X_F \\ Y_C = Y_B \end{cases} \qquad (3)$$

滑弧半径

$$R = X_B - X_C \qquad (4)$$

弧高最大值：

$$h_{\max} = |EF| = R - \sqrt{(X_C - X_F)^2 + (Y_C - Y_F)^2} \qquad (5)$$

3.2.2 弧高的最小值

若边坡形状较为复杂时，会出现滑动面与坡面相交的情况，称为"破弧"，如图 4 所示。一般程序处理的时候，将直线 AD、直线 DE、弧 EG、直线 GH、直线 HI 及弧 IB 作为滑动面，这样求出的安全系数是没有任何意义的。而弧 EG 或弧 IB 有可能是最危险滑动面，将导致最危险滑动面被遗漏。对于本文来说，即需要求解弧高最小值。

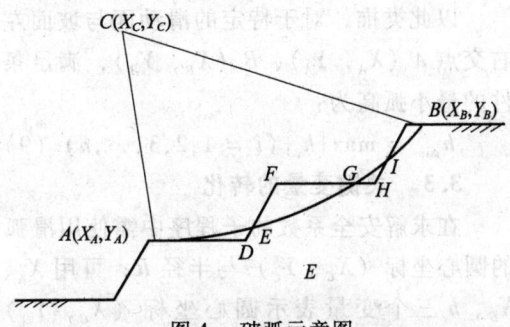

图 4 破弧示意图

当坡脚点位于 AB 弦线上方时，弧高 h 的最小值 $h_{\min} = 0$。当坡脚点位于 AB 弦线下方时，设共有 n 个点满足条件，坐标记为 $E_i(X_{Ei}, Y_{Ei})$ $(i = 1, 2, 3, \cdots, n)$。弧高最小值推导如下：

对于 E_i 点，A、B、E_i 三点构成三角形，计算各边的长度 $\overline{AE_i}$、$\overline{E_iB}$、$\overline{AB}$，如图 5 所示。根据余弦定理可得：

$$E_i = \arccos \frac{\overline{AE_i}^2 + \overline{E_iB}^2 - \overline{AB}^2}{2\,\overline{AE_i}\,\overline{E_iB}} \qquad (6)$$

由正弦定理可得内接圆半径：

$$R_{Ei} = \frac{\overline{AB}}{2\sin E_i} \qquad (7)$$

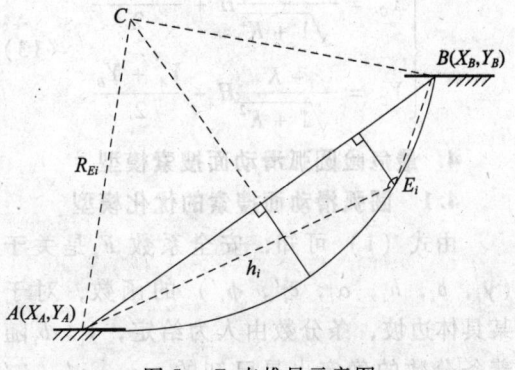

图 5 E_i 点推导示意图

由几何关系，可列方程：

$$R_{Ei}^2 = \left(\frac{\overline{AB}}{2}\right)^2 + (R_{Ei} - h_i)^2$$

解得

$$h_i = \frac{2R_{Ei} - \sqrt{4R_{Ei}^2 - \overline{AB}}}{2}$$

$$(i = 1, 2, 3, \cdots, n) \quad (8)$$

以此类推，对于特定的滑动面与坡面左右交点 $A(X_A, Y_A)$、$B(X_B, Y_B)$，满足条件的最小弧高为：

$$h_{\min} = \max\{h_i\}(i = 1,2,3,\cdots,n) \quad (9)$$

3.3 关键变量的转化

在求解安全系数的子程序中需使用滑弧的圆心坐标 (X_C, Y_C) 与半径 R，可用 X_A、X_B、h 三个变量表示圆心坐标 (X_C, Y_C) 与半径 R，如图1所示。

由几何关系，可列方程：

$$R^2 = \left(\frac{\overline{AB}}{2}\right)^2 + (R - h)^2$$

解得，滑弧半径 $R = \dfrac{\left(\dfrac{\overline{AB}}{2}\right)^2 + h^2}{2h}$ (10)

圆心至弦线 AB 的距离为：

$$H = R - h = \frac{\left(\dfrac{\overline{AB}}{2}\right)^2 - h^2}{2h} \quad (11)$$

线段 CE 与 AB 垂直，故其斜率：

$$K = \frac{X_B - X_A}{Y_A - Y_B} \quad (12)$$

根据以上各式，可得滑动面圆心坐标：

$$\begin{cases} X_C = \dfrac{-1}{\sqrt{1+K^2}} H + \dfrac{X_A + X_B}{2} \\ Y_C = \dfrac{-K}{\sqrt{1+K^2}} H + \dfrac{Y_A + Y_B}{2} \end{cases} \quad (13)$$

4. 最危险圆弧滑动面搜索模型

4.1 圆弧滑动面搜索的优化模型

由式（1）可知，安全系数 F_s 是关于 $(\gamma_i, b_i, h_i, \alpha_i, c_i', \phi_i')$ 的函数，对于某具体边坡，条分数由人为给定，γ_i、b_i 随着条分数的确定也是已知的，α_i、c_i'、ϕ_i' 的取值与滑动面的位置有关，即由滑弧的圆心坐标 (X_C, Y_C) 与滑弧半径 R 决定。根据上节公式的推导，可以用滑动面与边坡面左右交点的两个横坐标 (X_A, X_B) 以及弧高 h 代替圆心坐标和半径。

边坡稳定性分析的数学模型可表示为：

$$\min F_s(X_A, X_B, h)$$
$$\text{s. t.} \quad X_A^u \leq X_A \leq X_A^l$$
$$X_B^u \leq X_B \leq X_B^l$$
$$h = f(X_A, X_B)$$
$$h^u \leq h \leq h^l$$

式中，X_A^u、X_A^l、X_B^u、X_B^l、h^u、h^l 为变量 X_A、X_B、h 的取值范围，且 h 的取值范围随 X_A、X_B 的确定而确定。

4.2 复合形法

复合形法避免了间接解法复杂的求导运算，并克服了直接解法运算时间长且可能不是全局最优解的缺陷。

复合形法是求解约束优化问题的一种重要的直接解法。复合形法的基本思路就是在 n 维设计空间的可行域内，选择 k 个（$n+1 < k < 2n$）可行点构成一个多面体（或多边形），这个多面体称为复合形。复合形的每个顶点都代表一个设计方案。然后，对复合形各顶点的目标函数逐一进行计算与比较，取最大者为坏点，不断去掉坏点，代之以既能使目标函数值有所下降又满足所有约束条件的新点，如此重复，不断构成新复合形，复合形也不断收缩，逐步逼近约束最优解[10-13]。

4.3 边坡最危险滑动面搜索

4.3.1 区间搜索

如图6所示，假设坡面线由 n 个节点组成，从坡角左边开始编号，共有 $n-1$ 条坡面线段。若滑弧右交点在第 i 条坡面线段，滑弧左交点位于坡线 i 下的任一坡线上，依次向下搜索，可搜索到两坡线间的局部最小安全系数。可以用数学模型表述为滑弧右交

点 $X_B \in [X_i, X_{i+1}]$，滑弧左交点 $X_A \in [X_j, X_{j+1}]$，满足 $i > j$，且 $i \leq n - 1$，共有 $(n-1)(n-2)/2$ 条滑弧。

多级复杂边坡中存在多个危险滑弧，一般软件只是求出最危险滑动面，可能存在滑动面的安全系数与最小安全系数相差很小，或虽比最小安全系数大，但小于设定的安全系数。这时如果只对最危险滑动面进行支护，次危险滑动面仍可能发生滑动，导致滑坡。本程序可以找出各级所有最危险滑动面和潜在滑动面，工程应用中可根据计算结果，对所有滑动面进行支护，确保边坡稳定。

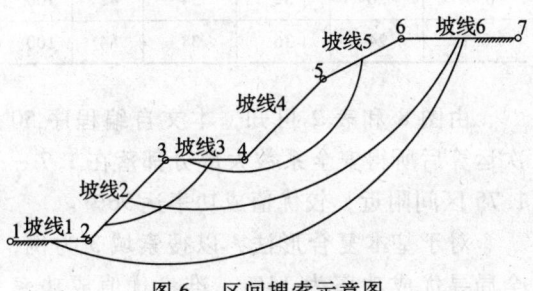

图 6　区间搜索示意图

4.3.2　复合形法在边坡最危险面搜索中的应用

（1）用伪随机数产生 6 个顶点。假设左滑出点区间 $X_A \in [a_1, b_1]$，右滑出点区间 $X_B \in [a_2, b_2]$，6 个初始顶点可直接用 $X_i^{(j)} = a_i + \text{rand}_i^{(j)}(b_i - a_i)$（$i = 1, 2$；$j = 1, 2, \cdots, 6$），顶点满足约束条件，不需要检验。

弧高范围随左右滑出点的确定而动态确定，可根据式（5）和式（9）的推导，结合 $X_1^{(j)}$、$X_2^{(j)}$，求得相应的最小弧高 $h_{\min}[j]$ 和最大弧高 $h_{\max}[j]$（$j = 1, 2, \cdots, 6$）。

（2）计算相应的安全系数。对 6 个安全系数进行排序，并选出安全系数最大的点。

（3）计算除最坏点外其余 5 个顶点的中心点，求映射点。判断映射点是否在可行域内，若满足则继续计算，不满足则令次坏点为上限，最坏点为下限，重新用伪随机数产生顶点，直到满足约束为止。

（4）计算映射点的安全系数值，若比最坏点的值小，则用映射点替代最坏点，构成新的复合形，完成一次迭代计算。

（5）若映射点的安全系数值仍比最坏点的值小，将映射系数减半，重新计算映射点。如新的映射点满足条件，就替代最坏点，完成迭代；否则，将 α 减半，直到小于一个很小的正数 ζ，如果仍不能使映射点优于最坏点，可改用次坏点替换最坏点再行映射。复杂多级边坡很有可能会出现最坏点映射失败，本文通过控制计数器 g 来实现重新生成。程序开始时 $g = 6$，若映射失败，则令 $g \leftarrow g - 1$，直到 $g = 0$，返回步骤（1），重新生成新的初始顶点。

（6）收敛判别。反复执行以上过程，复合形随之收缩，故每次形成新复合形时，皆应进行判别。判别式如下：

$$\left\{ \frac{1}{k} \sum_{j}^{k} [f(X^{(j)}) - f(X^{(c)})]^2 \right\}^{1/2} \leq \varepsilon \quad (14)$$

4.3.3　随机搜索

随机搜索方法的基本思想是应用随机数在研究领域构筑一系列自变量，比较其相应的目标函数，寻找最小的目标函数，这是一种全局最优化算法[14]。

采用以下公式进行随机搜索：

$$X_i^{(j)} = a_i + \text{rand}_i^{(j)}(b_i - a_i) \quad (15)$$
$$(i = 1, 2; j = 1, 2, \cdots, 6)$$

式中　a_1——左滑出点 X_A 的下限；
　　　b_1——左滑出点 X_A 的上限；
　　　a_2——右滑出点 X_B 的下限；
　　　b_2——右滑出点 X_B 的上限。

程序利用式（15）随机选取 10 组初始点，分别作为复合形的初始顶点，比较其大小，得到这 10 组中的最小值，即为最小安全系数。

5.　全局搜索能力分析

根据参考文献[8]，某海堤边坡剖面

情况如图7所示，坡比为1:3，坡高为6 m，各土层材料特性见表1。

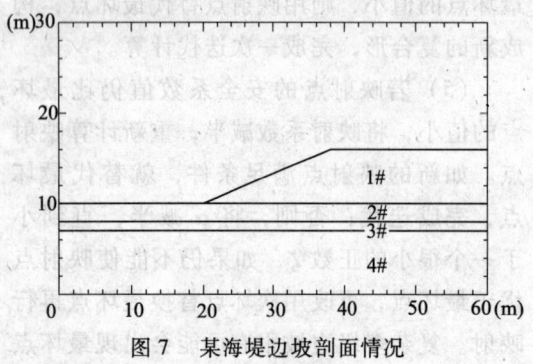

图7　某海堤边坡剖面情况

表1　各土层材料特性

土号	c (kN/m²)	α (°)	γ (kN/m³)
1#土	0	35	19.22
2#土	8	32.5	19.6
3#土	10.5	0	18.5
4#土	10	30	19.8

采用上节的自编最危险面搜索程序，为便于比较，本程序不使用多次运算后求最小值的方法。将本程序的全局搜索能力与遗传算法比较，采用同济曙光边坡稳定性分析软件中的计算模块，运算50次，计算结果如图8所示。为比较本程序与基本复合形法的搜索能力，本文采用滑弧的圆心坐标与滑弧半径作为搜索变量，搜索方法为基本复合形法，采用简化Bishop法[15]，文中选用3组搜索域，运算50次，但只提供了寻优成功率的统计数据。各程序搜索寻优成功率比较见表2。

表2　各程序搜索寻优成功率比较

寻优成功率（%）	基本复合形法			遗传算法	自编程序
	搜索域1	搜索域2	搜索域3		
0.01	8	14	14	30	46
0.03	14	24	22	60	88
0.05	18	30	32	70	96
0.07	20	32	34	82	100
0.1	24	36	38	84	100

由图8和表2可知，本文自编程序50次运算后所得安全系数大部分都落在1.7～1.75区间附近，较优值成功率达96%。

对于基本复合形法，以搜索域3为例，全局寻优成功率为14%，准最优值成功率为22%，较优值成功率为32%，相同条件下自编程序的寻优成功率分别为46%、88%、96%，自编程序的全局寻优成功率提高幅度为32%，准优值成功率提高幅度为66%，较优值成功率提高幅度为64%。

遗传算法是一种全局优化算法，其寻优成功率分别为30%、60%、70%，自编程序较遗传算法全局寻优成功率提高幅度为16%、准优值成功率提高幅度为28%、较优值成功率提高幅度为26%。且遗传算法的计算结果中有7次运算结果误差达30%左右。

对于本例的复杂边坡，通过以上比较可知，自编程序的全局搜索能力较基本复合形法有很大幅度的提高，也优于遗传算法。

6. 结论

本文针对多级多层复杂边坡的特点，采

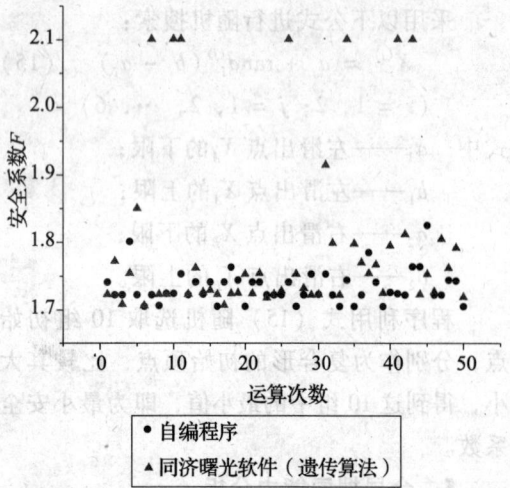

图8　各程序50次运算结果分布图

用简化 Bishop 法，用 C 语言编写边坡稳定性分析程序，能完全满足工程实际要求。主要内容包括：

（1）改进搜索变量，通过左右滑出点和弧高控制滑动面，变量取值范围不需靠经验假设。在此基础上结合区间搜索的思想，寻找出所有最危险滑动面和次危险滑动面，为边坡全面支护提供理论计算依据。

（2）程序采用改进的复合形法和随机搜索法联合搜索复杂多级边坡的最小安全系数，充分利用随机搜索全局优化的特点，使程序搜索不会陷入局部最小值。同时，由于采用区间搜索，将搜索区间分割，增大了程序搜索到全局最小值的可能性，保证计算结果的准确性。

（3）针对某复杂边坡，将本程序与基本复合形法和遗传算法比较，自编程序的全局搜索能力优于其他两种算法。

（4）通过澳大利亚 ACADS 边坡稳定分析的权威考核题验证自编程序的有效性，计算结果表明自编程序的安全系数与裁判答案误差很小，滑动面也有很高程度的吻合。

（5）计算某路堑边坡实例，将本程序计算结果与理正岩土软件和同济曙光软件对比，理正岩土软件虽搜索出最危险滑动面，但耗时过多；同济曙光软件只搜索出局部危险滑动面；而本程序计算结果与理正岩土软件相同，并且还可以搜索出所有次危险滑动面。自编程序具有计算速度快、精度高的优点。

◎ 参考文献

[1] 李华锋，蔡美峰. 基于突变理论的露天矿台阶边坡失稳分析 [J]. 金属矿山，1999，275（5）：9-10.

[2] 时卫民，叶晓明，郑颖人. 阶梯形边坡的稳定性分析 [J]. 岩石力学与工程学报，2002，21（5）：698-701.

[3] 蒋斌松，蔡美峰，都浩. 平面滑动边坡稳定性的解析计算 [J]. 岩石力学与工程学报，2004，23（1）：91-94.

[4] 孙栋梁，侯克鹏，杨春丽. 阶梯形边坡简化计算的研究 [J]. 矿业研究与开发，2005，25（4）：18-19.

[5] 李忠，朱彦鹏. 多级边坡滑移面搜索模型及稳定性分析 [J]. 岩石力学与工程学报，2006，25（增1）：2841-2847.

[6] 马忠政，祁红卫，侯学渊. 边坡稳定验算中全面搜索的一种新方法 [J]. 岩土力学，2000，21（3）：256-259.

[7] 吕文杰，朱合华，李晓军. 边坡稳定分析的一种全面搜索方法 [J]. 岩石力学与工程学报，2004，23（增1）：4456-4459.

[8] 邹广电. 边坡稳定分析条分法的一个全局优化算法 [J]. 岩土工程学报，2002，24（3）：309-312.

[9] 蔡文，曹洪，罗彦，等. 边坡稳定分析的一个全面搜索危险圆弧滑动面的方法 [J]. 广东水利水电，2007（1）：45-52.

[10] 施光燕，董加礼. 最优化方法 [M]. 北京：高等教育出版社，2005.

[11] 孟兆明，常德功. 机械设计最优设计技术及其应用 [M]. 北京：机械工业出版社，2008.

[12] 李亮，迟世春，林皋. 基于最大熵原理的复合形法及其在边坡稳定分析中的应用 [J]. 中国工程科学，2005，7（4）：64-68.

[13] 李亮，迟世春，林皋. 改进复合形法及其在边坡稳定分析中的应用 [J]. 哈尔滨工业大学学报，2005，37（10）：1429-1432.

[14] 陈祖煜. 土质边坡稳定分析——原理·方法·程序 [M]. 北京：中国水利水电出版社，2003.

[15] 李亮. 智能优化算法在土坡稳定性分析中的应用 [D]. 辽宁：大连理工大学，2005.

硫化矿石氧化结块性的测定及防治对策研究

张 岩　陈沅江（指导教师）

（中南大学资源与安全工程学院，长沙，410083）

摘　要　目前许多含硫矿山普遍存在氧化结块的危害，针对硫化矿石氧化结块的倾向性，本文探讨了测定硫化矿石结块性的方法和影响硫化矿石氧化结块的因素。首先，运用实验研究了无侧限抗压强度法、筛析法和氧化增重法三种测定硫化矿石结块性的方法，以及粒度、含水率、压力三个因素对结块的具体影响情况。然后，在实验室内配置各种不同浓度的防结块剂，比较了它们的作用效果。最后，结合实验结果提出了一些防止硫化矿石氧化结块的有效途径，这将对实际生产起到一定的指导作用。

关键词　硫化矿石　结块性　氧化结块　防结块剂

由于我国含硫矿山的分布遍及全国，硫化矿石的氧化结块导致了一系列的安全与环境问题，并造成巨大的经济损失。

硫化矿石氧化结块所造成的危害是多方面而且巨大的，它不仅改变矿石的性质，堵塞放矿口，影响放矿、装矿、运矿和最终选矿效果，还会对选择采矿和选矿方法、工艺流程、设备类型产生重大影响。这直接影响了工艺过程的顺利进行，给生产、使用带来许多不便。对于具有氧化结块倾向性的硫化矿石，实际生产中如何测定其结块性并防止其氧化结块的发生，是许多硫化矿山亟待解决的主要问题。但是迄今为止，还没有一个较好测定硫化矿石结块性的方法。在总结了各种关于结块的知识之后，需对测定硫化矿石结块性的方法进行研究和探讨[1]。

1. 测定硫化矿石结块性方法的探讨

1.1 无侧限抗压强度法测定硫化矿石的结块性[2]

（1）实验原理

样品结块明显，破坏它就需要施加较大的轴向力，反之，结块性倾向小，破坏它就显得轻而易举，所需轴向力就小。

（2）仪器设备

LC-127D 路测仪主机（见图1）、测力环、电子天平、HUTR02C 恒温恒湿箱、成型模具（见图2）、压实柱、量筒、烧杯、玻璃棒、培养皿、卡尺、秒表。

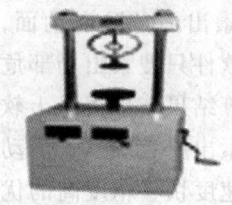 

图1　LC-127D 路测仪主机　　图2　成型模具

（3）样品的制备

1）将大块的硫化矿石研磨成细粒状。

2）取研磨好的矿料过40目的筛子。

3）取用过筛后的矿料，在电子天平上称取一定量放入烧杯中，加5%的水搅拌均匀。

4）称取混合料 360 g，并分 2～3 次灌入成型模具，每次灌入后用玻璃棒轻轻均匀压实。将钢柱放入模具内并使其外露一定高度，用卡尺量得外露高度，然后将钢柱刚好全部压入模具内，维持压力 1 min。

5）松开螺钉将试件取出，拿出钢柱，用直尺量取试件尺寸（准确到 0.1 mm），所得试样直径为 5.0 cm，高度为 4.8 cm，并将制得的样品放入培养皿。

6）用同样的方法制取 6 个相同的圆柱状试样，最后将它们放入恒温恒湿箱中培养。每隔 10 天取出一个矿样进行抗压强度测试。

（4）试样的测试

1）到规定时间后，取出一个试件进行抗压强度试验，将圆柱状矿样放在下加压板上，转动手轮，使试样与上加压板刚好接触。将测力环的量表读数调至零点。

2）继续转动手轮，使试件的形变等速增加，并保持速度约为 1 mm/min。

3）当量表的读数达某一值后，随着继续加压，读数反而下降，即可停止实验，读出量表的最大读数，迅速反转手轮，取下试样。

4）随后每隔 10 天取出一个试件用同样的方法测试，得到各个试件破坏时测力环量表的最大读数，记录数据，填入表 1 中。

（5）实验结果及数据分析

表 1 抗压强度测试数据

圆柱状硫化矿石试样	1	2	3	4	5	6
培养时间（天）	10	20	30	40	50	60
测力环读数（×0.01 mm）	1.310	2.192	2.900	2.800	3.012	2.927
垂直荷重（N）	10 762	23 588	31 207	30 131	32 412	31 497

续表

如图 3 所示为硫化矿石圆柱状试样抗压强度随时间变化的规律。由拟合曲线可知，刚开始一段时间内，硫化矿石试样的抗压强度随着时间的延长而递增；当培养了约 40 天时，矿样的抗压强度达到最大；随着进一步培养，垂直荷重变化较平缓；如继续培养一段时间，矿样的抗压强度反而有所下降。

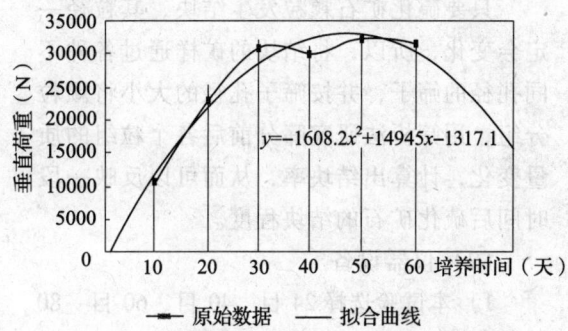

图 3 硫化矿石圆柱状试样抗压强度随时间变化的规律

由原始数据曲线可知，在培养阶段约 30 天前，承载的垂直荷重变化幅度较大；继续培养 10 天左右，抗压强度变化趋于平缓，在 30～40 天达到最大值；进一步培养，承载的垂直荷重反而稍微下降。

因为在开始的一段时间内，具有新鲜表面的硫化矿石颗粒吸湿吸氧，发生氧化作用，随着外界条件的变化，颗粒间粘连在一起，与松散状态相比，其承载垂直荷重的能力明显增强。随着时间的延长，在矿样表面慢慢地形成一层覆盖膜，吸氧、氧化速度减弱，但是氧化、放热作用还在进行，矿样内部热量放不出去，所以结块还在进行，只是速度非常缓慢。随着颗粒的长大，结块在一起的机会大大减弱，并且由于聚热和矿粒间水分的作用，会使大块的矿粒又变得松散，抗压强度反而有所下降。

综上可知，硫化矿石发生氧化结块作用使矿样抗压强度发生变化，所以，可以用垂直荷重来衡量硫化矿石的结块程度。

在矿山实际生产中，可以用这种方法来测定结块性（将各种形状的结成大块的矿石切削成同样大小、规则的矿样进行无侧限抗压强度测试，用承载垂直荷重的大小衡量其结块程度）。

1.2 筛析法研究硫化矿石的结块性

（1）基本原理

只要硫化矿石颗粒发生结块，其粒径一定会变化，所以，将结块的矿样通过各种不同孔径的筛子，并按筛子孔径的大小将颗粒分组，用筛析法研究筛分前后各个粒组的质量变化，计算出结块率，从而可以反映一段时间后硫化矿石的结块程度。

（2）仪器设备

1）本试验选择 24 目、40 目、60 目、80 目筛子，其孔径分别为 0.8 mm、0.45 mm、0.28 mm、0.18 mm。

2）恒温恒湿箱。

3）电子天平等。

（3）操作步骤

1）自上而下依次叠放好 24 目、40 目、60 目、80 目筛子，最底下放一个干净的托盘。

2）将研磨好的矿料分量倒入最上面的筛子进行人工手振动筛分，筛分 3 min 之后，至无颗粒自筛孔掉下，筛分结束后取下各筛。

3）分别称取粒径为 0.8~0.45 mm、0.45~0.28 mm、0.28~0.18 mm、<0.18 mm 的硫化矿粉 50 g、50 g、100 g、100 g，放到浅盘内，并将它们混合均匀。

4）将混合好的硫化矿石试样置于恒温恒湿箱中培养一段时间，恒温恒湿箱的温度设为 40℃、湿度设为 85%。

5）60 天后取出结块的硫化矿石，再用同样的方法进行筛分，筛分结束后称量留在各个筛子和底盘中矿粉的质量，并记录下来。

（4）实验结果及分析

硫化矿石颗粒结块前后粒度分析见表 2。

表 2　硫化矿石颗粒结块前后粒度分析

物料状态	粒径分布					结块率
	24 目 (>0.8 mm)	24~40 目 (0.8~0.45 mm)	40~60 目 (0.45~0.28 mm)	60~80 目 (0.28~0.18 mm)	>80 目 <0.18 mm	
未结块时	0 g	50 g	50 g	100 g	100 g	0
结块后	56.8 g	133.0 g	47.6 g	54.3 g	6.9 g	62.5%

试验过程中发现，孔径为 0.45 mm 的筛子上的颗粒已全部结块，孔径为 0.28 mm 的筛子上有部分颗粒结块，孔径为 0.18 mm 的筛子上颗粒没有结块。

根据所测结果做出粒径分布曲线（见图 4），计算结块率（以留在孔径为 0.45 mm 的筛子上的试料计）。结块率[3] 的计算方法如下：

$$结块率 = \frac{结块后筛子上矿粒的质量 - 结块前筛子上矿粒的质量}{样品总质量} \times 100\%$$

由表 2 可知，粒径小于 0.18 mm 的矿粒质量减少得最多，其次是粒径分布在 0.18~0.28 mm 范围内的矿粒，减少得最少的是粒径为 0.28~0.45 mm 的矿粒；而粒径大于 0.45 mm 的矿粒质量显著增加。由

图 4 可知，结块前后粒径小于 0.45 mm 的矿粒质量百分数差值最大，达到 61.9%。

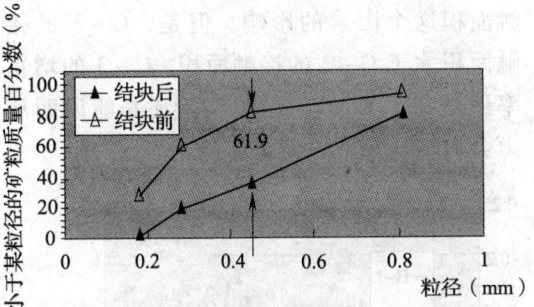

图 4　硫化矿石颗粒结块前后的粒径分布曲线

综上可知，矿粒的粒径越小，就越易结块，这是因为粒径越小，颗粒的比表面积越大，发生结块的概率就会越大。所以在实际生产中，矿山企业应适当控制颗粒的粒径，这样可以有效防止其结块。这种方法不仅可行而且还能较简单地计算出结块率，达到对产品质量适时监控的目的。

1.3　氧化增重法

（1）测定结块性的基本原理

硫化矿石的结块主要是由于其吸氧、吸湿发生氧化作用而引起的，并且硫化矿石在发生结块的同时，也在发生氧化作用，可以通过测定矿样的氧化程度来判断矿样结块程度。所以，用增重法来研究硫化矿石的结块性是可行的。本文用该方法研究影响硫化矿石氧化结块的因素。

（2）实验仪器

烧杯、玻璃棒、量筒、培养皿、电子天平、恒温恒湿箱。

（3）实验步骤

1）将硫化矿样由人工加工成 40 目（0.45 mm）、60 目（0.28 mm）、80 目（0.18 mm）。

2）按要求配置矿样。

3）将原矿样和已配好的试样用电子天平称重，然后将所用试样放入温度为 40℃、湿度为 85% 的恒温恒湿箱中，每天用电子天平称量所有试样质量，并记录下来。

（4）实验结果处理及分析

图 5 所示为不同粒度、不同含水率的硫化矿石的质量变化趋势，图 6 所示为不同压力下硫化矿石的质量变化趋势。

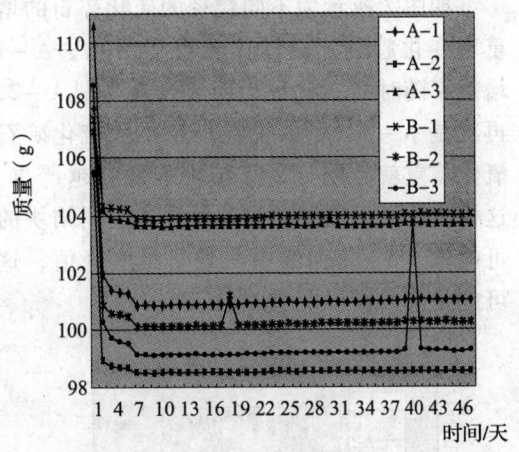

图 5　不同粒径、不同含水率的硫化矿石的质量变化趋势

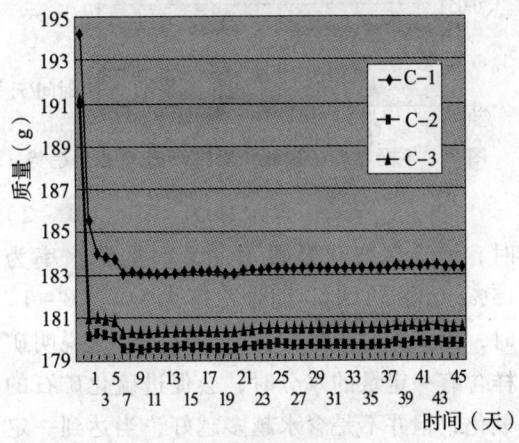

图 6　不同压力下硫化矿石的质量变化趋势

由图 5 和图 6 可知，初始试样的质量有大幅度的减小，主要是因为原矿样含有一定的水分，经过 6 天后水分大部分失去，而后期质量变化幅度非常小，随着时间的延长，试样的质量有缓慢的增加。所以，就以第 6 天试样的质量作为初重，按下式计算增重率[4]。

$$W = \frac{m_1 - m_0}{m_0} \times 100\%$$

式中 W——增重率（%）;

　　　m_0——试样的初重，g；

　　　m_1——过了一段时间后试样的质量，g。

如图7所示为不同粒径的硫化矿石的增重率变化趋势，通过比较可以看出，A-1增重率随时间变化最为明显，其次是A-2，再次是A-3。所以说粒径越小，硫化矿石氧化增重就越明显，其结块程度就越严重。这样，就可以控制矿粒的粒径来削弱结块的可能性。A-3曲线中出现了最大峰值，这可能是读数错误所造成的。

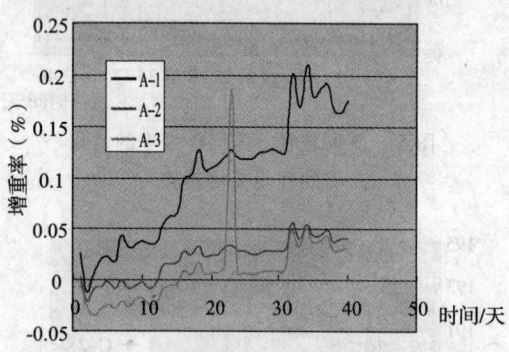

图7　不同粒径的硫化矿石的增重率变化趋势

如图8所示，含水率为10%（B-2）时，增重率变化最显著，其次是含水率为15%（B-3）时，而含水率为5%（B-1）时，则试样增重率变化最不显著，这说明矿样含有一定量的水分时，会促进硫化矿石的氧化，但并不是含水越多越好，当达到一定比例后反而会减弱硫化矿石的氧化作用，这证实了水有时也是一种较好的阻化剂。所以要控制矿料含有的水分，找到使其不易结块又能阻止结块发生的适当的含水率。

如图9所示，C-2的增重率低于C-3，这主要是因为C-3的压力高于C-2。C-1施加的压力最小，但增重率比后两者大，原因可能是施压物与矿样的接触面积小，外界的氧吸附于颗粒表面和进入颗粒内部容易，氧化增重速度比后两者要快。出现这种情况的原因是没排除施压物与试样的接触面积这个因素的影响。但是，C-3的接触面积大于C-2的接触面积，C-3的增重率还是高于C-2，这个实验还是能说明压力会对结块造成一定的影响。

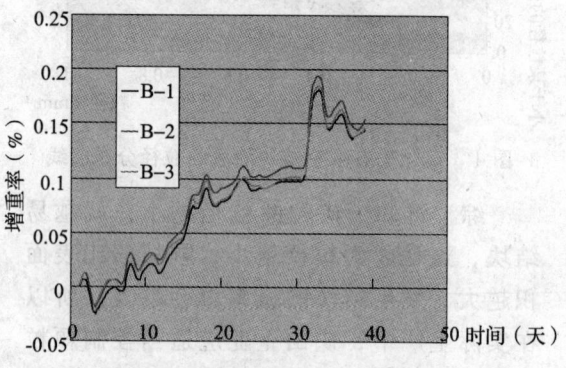

图8　不同含水率的硫化矿石的增重率变化趋势

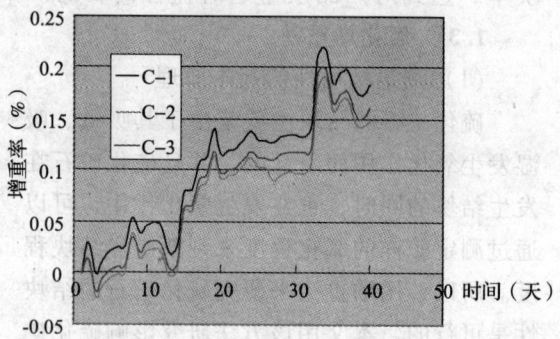

图9　不同压力下硫化矿石的增重率变化趋势

综合图7、图8、图9可以看出，培养一段时间后试样的增重率在缓慢上升，当培养了35天左右，其增重率达到峰值，也就是说，在这个时间硫化矿样结块最为严重，而后继续培养增重率就有所下降。这主要是因为硫化矿石在初始阶段不断从外界环境中吸附氧和水蒸气，发生氧化作用，质量一直增加达到最大值，随着时间的积累会在硫化物上形成一层化学反应覆盖膜（钝化层）。随着覆盖层的增厚，氧化速度就逐渐降低，因为氧气不容易透过覆盖层扩散,增重率开始下降。上面九条曲线都是在波动中上升的,造成这一结果主要是因为在结块过程中颗粒表面水分蒸发,试样质量下降,但是氧化增重始终在进行,所以曲线总体趋势还是上升的。

2. 防治硫化矿石氧化结块的措施

2.1 防结块剂实验

(1) 评价防结块剂的指标

该试验选择筛析法来研究硫化矿石的结块程度,所以,衡量防结块剂效果的指标选择了结块率。结块率越小,防结块剂的效果越明显。

(2) 试验步骤

1) 选择大小相同的培养皿19个和滴瓶18个,并清洗烘干。

2) 将块状硫化矿石研磨加工,使之过40目的筛子,取筛下的矿料储存起来备用。

3) 按表3配置各种浓度的试剂。

4) 每份称取60 g矿料置于培养皿内,按表3分别加入相同量的试剂于培养皿中,并搅拌均匀。

5) 将试样放置在恒温恒湿箱(温度为40℃,湿度为85%)中培养30天。

6) 最后将每个试样过40目筛子进行筛分,并称量留在40目筛子上矿样的质量,将数据记录下来,见表4。

(3) 实验结果处理与分析

如图10所示,试样K的结块率最大,而添加防结块剂后的试样结块率低于未加防结块剂的K试样。对于配置的6种防结块剂可以得出,它们的防结块效果,比较如下:F > A > B > C > D > E。有机防结块剂的效果优于无机防结块剂;F复配型防结块剂的效果最好,其防结块效果优于A和B,该复配型防结块剂的效果优于单一的防结块剂;E复配型防结块剂效果不如A和D两种防结块剂的效果;对于三种不同质量分数的防结块剂,其防结块剂效果 A3 > A2 > A1,B1 > B2 > B3,C1 > C3 > C2,D3 > D1 > D2,E3 > E2 > E1,F2 > F3 > F1。可见,不是防结块剂的质量分数越高,其防结块效果就越好。

表3 试样、试剂制备表

编号	防结块剂	质量分数(%)	m(防结块剂)/m(矿料)(%)	备注
K	无	—	—	补加水至同量
A1	十二烷基苯磺酸钠	1	2	
A2	十二烷基苯磺酸钠	5	2	搅拌均匀
A3	十二烷基苯磺酸钠	10	2	
B1	十二烷基硫酸钠	1	2	
B2	十二烷基硫酸钠	5	2	搅拌均匀
B3	十二烷基硫酸钠	10	2	
C1	硫酸铵	1	2	
C2	硫酸铵	5	2	搅拌均匀
C3	硫酸铵	10	2	
D1	硝酸钾	1	2	
D2	硝酸钾	5	2	搅拌均匀
D3	硝酸钾	10	2	

续表

编号	防结块剂	质量分数（%）	m（防结块剂）/m（矿料）（%）	备注
E1	十二烷基苯磺酸钠 + 硝酸钾	1	2	搅拌均匀
E2	十二烷基苯磺酸钠 + 硝酸钾	5	2	
E3	十二烷基苯磺酸钠 + 硝酸钾	10	2	
F1	十二烷基硫酸钠 + 硫酸铵	1	2	搅拌均匀
F2	十二烷基硫酸钠 + 硫酸铵	5	2	
F3	十二烷基硫酸钠 + 硫酸铵	10	2	

表4 筛分试验结果记录表

编号	K	A1	A2	A3	B1	B2	B3	C1	C2
筛余量（g）	21.494	13.253	11.754	11.362	11.520	11.600	14.542	13.671	16.081
结块率（%）	35.82	22.09	19.54	18.94	19.20	19.33	24.24	22.79	26.80
编号	C3	D1	D2	D3	E1	E2	E3	F1	F2	F3
筛余量（g）	15.505	15.740	16.335	13.850	19.785	16.794	15.903	12.677	9.621	11.494
结块率（%）	25.84	26.23	27.23	23.08	32.98	27.99	26.51	21.13	16.04	19.16

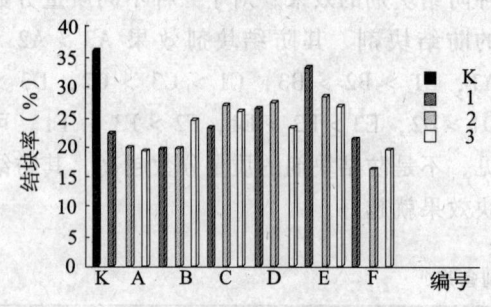

图10 防结块剂实验结果

2.2 防结块措施[5,6]

（1）使用防结块剂。

（2）采用阻化剂防止硫化矿石氧化。

（3）采用助磨和分散技术。

（4）采用现代干燥工艺。

（5）采用除湿技术，降低结块率。

（6）增加分级筛网，加强产品粒度控制。

（7）完善监控技术。

（8）堆放均化，减小堆放高度、时间。

3. 结论

本文主要研究了测定硫化矿石结块性的方法，如无侧限抗压强度法、筛析法、氧化增重法，并结合实验研究了它们的可行性。同样，结合实验研究影响硫化矿石结块的因素和防结块剂的作用。综合各方面的知识，提出了防治硫化矿石氧化结块的措施。

◎参考文献

[1] 韦章能. 安庆铜矿大孔采矿存在大块问题及其处理措施 [J]. 有色金属，2006 (5)：8-9.

[2] 中华人民共和国交通运输部. JTJ 057—94公路工程无机结合料稳定材料试验规程 [S]. 北京：人民交通出版社，1994.

[3] 王汝春. 化肥防结块评价方式研究 [J]. 云南化工，2003，30 (3)：41-43.

[4] 李孜军. 硫化矿石自燃机理及其预防关键技术研究 [D]. 长沙：中南大学，2007.

[5] Rutland D. W. Fertilizer caking: mechanisms, influential factors, and methods of prevention [J]. Fertilizer research, 1991 (30): 99-114.

[6] J. P Gamondes, JB Vamt Hoff. How to prevent fertilizer caking [J]. Nitrogen, 1997 (105): 32-35.

前进煤矿矿井通风系统设计分析

李桂武　胡汉华（指导教师）

（中南大学资源与安全工程学院，长沙，410083）

摘　要　本文根据前进煤矿矿井地质特征、储量、生产能力及开拓方式，设计该矿段 -120 水平的通风系统采用主扇为抽出式的两翼对角式通风系统。在计算各时期各工作面的需风量、矿井总风量以及矿井总阻力的基础上，选择南翼为 4-72-11No.20B 离心式通风机和北翼为 DK40-6-No.16 轴流式通风机。最后，通过通风系统的安全性分析，提出有效的灾害预防措施。

关键词　矿井通风　阻力计算　设备选型　经济概算　安全措施

在生产矿井中，有不少矿井因通风设计不合理造成了不必要的损失，如因所选风机能力不足使生产受限，阻碍生产发展；因所选风机能力过大造成电耗增多，吨煤投资增加等。因此，搞好矿井通风设计对矿井安全生产、增产增效至关重要。本论文根据前进煤矿的地质状况、开采现状及矿体赋存条件，结合国内外矿井通风系统应用情况，对该矿段 -120 水平的通风系统进行了分析设计，提出了较为合理的通风系统方案。

1. 基本情况[1]

（1）前进矿井隶属于湘煤集团白沙矿区南阳煤业分公司，位于湖南省耒阳市东南约 30 km，地处耒阳市南阳镇界石村。矿井地处丘陵，井田西面有耒河自南向北流过，矿井走向长度约 4.6 km，平均倾向宽度为 0.1 km，平面积为 46 万 m^2，立面积 45.7 万 m^3。

（2）据地质报告提供的资料和现已开采的情况，6 煤层 -250 m 水平以上属低瓦斯矿井。井田内各煤层不自燃，无爆炸危险和自燃现象。本区属地温、地压正常区，对矿井生产影响不大。矿井最大涌水量 1 200 m^3/h，最小涌水量 140 m^3/h，正常涌水量 280 m^3/h。

（3）本矿井主要可采 6 煤层及其他局部可采煤层，6 煤层煤厚 0.75～32.40 m，平均煤厚 6.26 m，煤层结构较复杂，该煤层为矿井主采煤层，较稳定。本矿地质储量为 1 387.91At，6 煤层的可采储量是 856.73At，其中第一水平可采储量为 529.73At。设计生产能力定为 21At/年，即小型矿井，第一水平的服务年限是 18 年。

（4）前进矿井于 1983 年 8 月份投产，矿井初步设计分三个水平开采，第一水平 -120 m，第二水平 -250 m，第三水平 -400 m，现生产一水平（-120 m 水平），生产采区为 136、146、156 三个采区，116、126 两个采区已基本采完。矿井开采顺序为采区前进式，由于本矿煤层赋存较稳定，故采用走向长壁后退式采煤方法，手镐或风镐落煤。采用回柱绞车回柱放顶。采区内的开采顺序为从上而下，即先采上区段后采下区段。

2. 矿井通风系统

2.1 通风方式及通风系统的选择

本矿井为低沼气矿井，绝对瓦斯涌出量

为 1.6 m³/min，井田走向长 4.6 km，主井位于井田的中央，因此，通风系统选用中央边界式，通风方法为抽出式。进风井筒为主井，出风井筒为南、北风井。

本矿井按设计选定的通风系统，用于进风和回风的井筒共有三个，即主井为进风井，南、北回风斜井担任全矿井的回风任务，兼作安全出口，井筒服务于 6 号煤层，服务年限同矿井服务年限，即 18 年。

2.2 矿井需风量计算

全矿井安排 7 个采煤工作面、3 个岩掘工作面、3 个煤掘工作面进行正常生产。按采煤、掘进、硐室及其他地点实际需风量的总和计算总风量。通过上述计算，该矿井总风量为[2]：

$$Q_{总} = K(\sum Q_采 + \sum Q_备 + \sum Q_掘 + \sum Q_硐 + \sum Q_{其他})$$

其中，K 为矿井风量备用系数（抽出式通风取 1.20）。

经计算，全矿井工作面同时生产需要进风量 61.8 m³/s，设计取整 62 m³/s（即 3 720 m³/min）。

2.3 矿井总风量分配

计算出的矿井需风量为 $Q_{总} = 62$ m³/s，其中采煤工作面、掘进工作面、独立回风硐室按其需风量配给风量，即：

$$Q_采 = 4 \times 7 \text{ m}^3/\text{s} = 28 \text{ m}^3/\text{s}$$
$$Q_掘 = 17.5 \text{ m}^3/\text{s}$$
$$Q_硐 = 4 \text{ m}^3/\text{s}$$
$$Q_{其他} = 2 \text{ m}^3/\text{s}$$

今后在实际生产中，需根据矿井实际情况在井下设置调节风门，以满足工作面的风量分配与产量相一致。矿井在投产前后必须进行瓦斯涌出量测定，并依据测定结果核算矿井需风量及生产能力。若矿井通风系统发生变化，必须重新进行通风系统设计及风量计算。

2.4 矿井总阻力和矿井等积孔

（1）摩擦阻力

摩擦阻力的计算公式如下：

$$h_摩 = \frac{\alpha L P}{S^3} Q^2$$

式中 $h_摩$——巷道通风摩擦阻力，Pa；
α——摩擦阻力系数，α 值可以从相关资料中查得，或选用相似矿井的实测数据，N·s²/m⁴；
L——巷道长度，m；
P——巷道周长，m；
Q——巷道通风量，m³/s；
S——巷道的净断面积，m²。

矿井的局部阻力可根据总摩擦阻力进行估算，局部阻力大致等于总摩擦阻力的 10%～20%。进行矿井通风总阻力计算时，矿井通风容易时期局部阻力取摩擦阻力的 10%，通风困难时期局部阻力取摩擦阻力的 15%。

经计算可知，矿井北翼：阻力为 867.5 Pa 的 1463-1#南工作面开采时期为通风最容易时期，阻力为 1 201.4 Pa 的 1 464 工作面开采时期为通风最困难时期；矿井南翼：阻力为 887.3 Pa 的 1 364 工作面开采时期为通风最容易时期，阻力为 1 102.6 Pa 的 156 工作面开采时期是通风最困难时期。

（2）自然风压

按经验公式计算：

$$H_n = \frac{P_0 H}{R}\left(\frac{1}{T_1} - \frac{1}{T_2}\right) g \left(1 + \frac{H}{10\ 000}\right)$$

式中 P_0——井口大气压，Pa，查表 $P_0 = 98\ 627$ Pa；
H——井深，m，通风容易时为 147 m，通风困难时为 377 m；
R——矿井空气常数，取 287 J/(kg·K)；
T_1——进风侧温度，取 20 ℃；
T_2——出风侧温度，取 25 ℃。

经计算得出，$H_易 = 28.76$ Pa，$H_难 = 75.45$ Pa。

(3) 矿井总阻力

北翼：通风容易时期为 895.26 Pa，通风困难时期为 1 276.85 Pa；南翼：通风容易时期为 916.06 Pa，通风困难时期为 1 176.05 Pa。

(4) 等积孔

通风等积孔计算公式如下：

$$A = \sqrt{\frac{1.19Q}{h_总}}$$

式中 A——通风等积孔截面积，m^2；
Q——矿井风量，为 62 m^3/s；
$h_总$——矿井通风总阻力，Pa。

经计算得出，北翼 $A_1 = 2.47$ m^2，$A_2 = 2.06$ m^2；南翼 $A_1 = 2.44$ m^2，$A_2 = 2.15$ m^2。

根据计算结果可知，根据目前使用的等积孔分级标准，前进煤矿矿井属于通风容易矿井，即小阻力矿。

3．通风设备选型

(1) 计算通风机的风量 $Q_通$（通风机的工作风量，需要适当考虑加入外部漏风量）

$$Q_通 = KQ_矿$$

经计算得出，北翼总风量为 34.5 m^3/s，南翼总风量为 36.8 m^3/s。

(2) 计算通风机的风压 $H_全$（或 $H_静$）

$$H_全 = h_阻 + h$$

对抽出式通风矿井：

1) 北翼

①选取离心式通风机时：
容易时期，$H_{全小} = 866.5$ Pa；
困难时期，$H_{全大} = 1 305.61$ Pa。
②选取轴流式通风机时：
容易时期，$H_{静小} = 819.81$ Pa；
困难时期，$H_{静大} = 1 352.3$ Pa。

2) 南翼

①选取离心式通风机时：
容易时期，$H_{全小} = 887.3$ Pa；
困难时期，$H_{全大} = 1 204.81$ Pa。
②选取轴流式通风机时：
容易时期，$H_{静小} = 840.61$ Pa；
困难时期，$H_{静大} = 1 251.5$ Pa。

(3) 选择通风机[3,4]

根据计算的矿井通风容易时期通风机的 $Q_通$、$H_{静小}$（或 $H_{全小}$）和困难时期通风机的 $Q_通$、$H_{静大}$（或 $H_{全大}$），在通风机的个体特性图表上选择的 4 - 72 - 11No.20B 离心式通风机能满足南翼的风量和负压要求，考虑到 4 - 72 - 11 型通风机的效率高，而且设备费用较低，故选用 4 - 72 - 11No.20B 通风机；北翼的北二风井选择型号为 DK40 - 6No.16 的轴流式通风机，通风机性能曲线及工况点如图1、图2 所示。

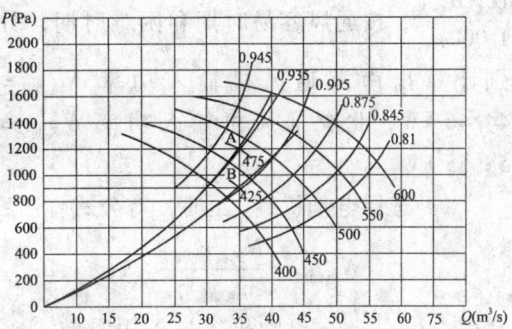

图 1　4 - 72 - 11No.20B 通风机性能曲线及工况点

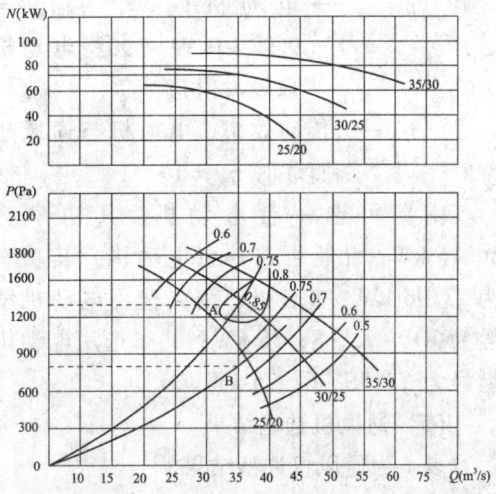

图 2　DK40 - 6No.16 通风机性能曲线及工况点

如图1所示，最大负压时的工况点为 A 点：$Q = 34.5\ \mathrm{m^3/s}$，$H = 1\ 204.81\ \mathrm{Pa}$，$\eta = 93.5\%$，$n = 475\ \mathrm{r/min}$。

最小负压时的工况点为 B 点：$Q = 34.5\ \mathrm{m^3/s}$，$H = 887.3\ \mathrm{Pa}$，$\eta = 90.5\%$，$n = 425\ \mathrm{r/min}$。

如图2所示，最大负压时的工况点为 A 点：$Q = 36.8\ \mathrm{m^3/s}$，$H = 1\ 352.3\ \mathrm{Pa}$，$\eta = 85\%$。

最小负压时的工况点为 B 点：$Q = 36.8\ \mathrm{m^3/s}$，$H = 819.81\ \mathrm{Pa}$，$\eta = 75\%$。

(4) 选择电动机

1) 计算通风机输入功率。

据公式 $N_{风机} = \dfrac{Q_{通}H_{全大}}{1\ 000\eta_{全}}$ 或 $N_{风机} = \dfrac{Q_{通}H_{静大}}{1\ 000\eta_{静}}$，按通风容易时期和困难时期，分别计算出南翼通风机输入功率 $N_{风机} = 44.46\ \mathrm{kW}$，北翼通风机输入功率 $N_{风机} = 58.55\ \mathrm{kW}$。

2) 选择电动机 $N_{电动机}$ 时，有公式：

$$N_{电动机} = \dfrac{N_{风机} k_{电动机}}{\eta_{电动机} \eta_{传}}$$

式中 $k_{电动机}$——电动机容量备用系数，$k_{电} = 1.1 \sim 1.2$；

$\eta_{电动机}$——电动机效率，$\eta_{电动机} = 0.92 \sim 0.94$（大型电动机取较大值）；

$\eta_{传}$——传动效率，电动机与通风机直联时 $\eta_{传} = 1$。

南翼可选一台电动机，其功率为 56.16 kW；北翼可选一台电动机，其功率为 73.96 kW。查表得，南翼选用电动机型号为 $JQ_2 - 92 - 8$，55 kW；北翼选用电动机型号为 Y315S - 6，75 kW。

(5) 通风机选型结果

表1为通风机选型结果。

表1　通风机选型结果

	南翼	北翼
通风机	离心式	轴流式
型号	4 - 72 - 11 No. 20B	DK40 - 6 - No. 16
叶轮直径 D（m）	2	1.8
转速 n（r/min）	250 ~ 710	约 1 000
风量 Q（m³/s）	22.2 ~ 43.8	20.5 ~ 61.5
风压（Pa）	800 ~ 1 500	230 ~ 1 000
电动机型号	$JQ_2 - 92 - 8$	Y315S - 6
电动机功率（kW）	55	75

4．经济分析

矿井通风费用是通风设计和管理的重要经济指标，一般用吨煤通风成本，即矿井每采 1 t 煤的通风总费用表示。吨煤通风电费为主要通风机年耗电费与井下辅助通风机、局部通风机电费之和除以年产量。可用下式计算：

$$W_0 = \dfrac{ED}{T}^{[5]}$$

式中 W_0——吨煤通风电费，元/t；

E——主要通风机年耗电量，$\mathrm{kW\cdot h}$；

D——电价，$D = 1.50$ 元/ $\mathrm{kW\cdot h}$ [湘价重（2006）97号]；

T——矿井年产量，$T = 210\ 000\ \mathrm{t}$。

通风容易时期和困难时期共选一台电动机，因此有：

$$\begin{aligned}
E &= \dfrac{8\ 760\ N_{电动机}}{k_{电动机}\eta_{变}\eta_{缆}} \\
&= \dfrac{8\ 760 \times (44.46 + 58.55)}{1.2 \times 0.95 \times 0.95}\ \mathrm{kW\cdot h} \\
&= 833\ 211\ \mathrm{kW\cdot h}
\end{aligned}$$

$$W_0 = \dfrac{833\ 211 \times 1.5}{210\ 000}\ 元/t = 5.95\ 元/t$$

5．矿井通风系统安全性分析

(1) 矿井设计中央对角式通风，选用抽出式通风方法，采用主井进风，风井回风，通风可靠。采区有独立的进回风系统，工作面采用 U 形通风方式，利用矿井主要通风机抽出式通风，工作面具有独立的进回风系统。

（2）抽出式通风是当前主要的通风方式，适应性广泛，具有漏风量小，通风管理简单等优点，同时，由于井下风流处于负压状态，当主通风机因故停止运转时，井下风流压力提高，可使采空区瓦斯涌出量减少，比较安全。

（3）矿井风量与通风网络对安全的保证程度。前进煤矿的风路简单，能够保证矿井通风安全、可靠。矿井每年安排采掘作业计划时必须核定矿井生产和通风能力，必须按实际供风量核定矿井产量，严禁超通风能力生产。

（4）反风系统及可靠性。根据矿井反风要求，前进煤矿在相应地点分别设置了正向风门和反向风门，目的是保证矿井反风时，使风流方向与正常时期正好相反，这样不会出现风流短路现象。

（5）矿井通风设备及设施的保证措施。矿井风机房内设计配备了 2 套同等能力的主要通风机，其中一套运行，一套备用，并能在 10 min 内开动。矿井主通风机采用双回路供电，保证了主通风机的连续运转。装有主通风机的风井井口安装有防爆门，当风机停止运转时，防爆门打开，可充分利用自然风压的作用。

（6）前进煤矿中，由选择的通风机性能曲线可知，当主要通风机在通风困难时期风压为 1 201 Pa 时，通风机风量能够满足 15 m³/s 工作风量的要求，且通风机的静压效率大于 80%。

6. 总结

矿井通风是矿井中不可缺少的重要环节，合理通风是抑制煤炭自燃和火灾发展的重要手段。通过本文对前进煤矿通风系统的分析设计，得出以下结论：

（1）该矿矿井总进风量为 62 m³/s，最大通风阻力为 1 201 Pa，计算出的等积孔截面积大于 2 m²。这说明，矿井的通风较容易，即通风网络通过风流的能力较强。通风网络中的通风阻力分配合理且与风量相匹配。

（2）矿井南、北翼主通风机的工况点均处在风压特性曲线驼峰的右侧，在合理工作范围之内，运行稳定。矿井南翼 4 个采煤工作面和 2 个掘进头，完全能满足生产需要。主通风机的额定风压为 1 102 Pa，主通风机的工作风压为 850 Pa，小于该风机最大风压的 0.9 倍，符合安全规程。矿井北翼主通风机的额定风压为 1 201 Pa，主通风机的工作风压为 1 000 Pa，小于该通风机最大风压的 0.9 倍，符合安全规程。

问题及建议：

（1）该矿南、北两翼小煤窑密布，小煤窑巷道经常对穿煤矿，造成矿井内部漏风大，严重影响煤矿进风量。建议禁止小煤窑乱采滥挖。

（2）该矿开采水平只有一条主石门进风，主石门断面积为 5.04 m²，进风量有限，而南、北风井排风量潜力大。建议扩大主石门断面或增设类似主石门巷道，以增大矿井总进风量。

（3）加强通风线路的维修，减小风阻，提高矿井通风能力。

◎参考文献

[1]《采矿设计手册》编委会. 采矿设计手册（矿床开采卷·下）[M]. 北京：中国建筑工业出版社，1988.

[2] 吴志义，汪景武，高文礼. 采矿设计手册——矿山机械卷 [M]. 北京：中国建筑工业出版社，1988.

[3] 浑宝炬，郭立稳. 矿井通风与除尘 [M]. 北京：冶金工业出版社，2007.

[4] 卢义王，王克全，李胜红. 矿井通风与安全 [M]. 重庆：重庆大学出版社，2006.

广佛地铁深基坑施工危险源的辨识及防治

马婷婷　李孜军（指导老师）

（中南大学资源与安全工程学院，长沙，410083）

摘　要　本论文根据广佛地铁12标段西朗车站的实际情况，提出了其施工过程中存在的危险源并对其进行辨识与分析，提出该工程中的关键危险源，以及施工单位对存在的危险源需要采取的预防措施和技术处理。

关键词　地铁建设　深基坑　危险源辨识方法　危险源防治措施

1. 引言

为了节省路面空间，地铁车站建设多采用地下施工，深基坑施工是地铁施工的重要部分之一，基坑开挖比地面建设所面对的问题多得多，也困难得多，因为地下存在一定的隐秘性，影响因素也相应比较多，在基坑施工中对地下的管线、地下水、周边建筑的地基等都有不同程度的影响，若其中任何一项在施工中没有得到妥善处理，都将带来严重后果，再加上基坑施工过程中其自身的支护结构施工、防水结构施工等都存在安全生产隐患，因此，在地铁建设中基坑的安全施工是不容小视的。

2. 地铁深基坑施工危险源的辨识

2.1 广佛地铁深基坑施工的说明与介绍

珠江三角洲城际快速轨道交通广州至佛山段施工12标段土建施工项目的工程范围为两个明挖车站和两个盾构区间，即西朗站、鹤洞站、菊树—西朗盾构区间、鹤洞—西朗盾构区间。设计起讫里程为YCK18+424.368 m—YCK21+500.303 m。

西朗站地处花地大道、鹤洞路交叉部位。车站呈西南至东北走向布置，横跨花地大道，东北侧为加油站和民房，西南侧为西朗公共汽车总站，紧邻地铁一号线西朗站。场地较为平整，地面高程为6.78～9.26 m。

广佛地铁12标段西朗站为地下两层车站，车站有效站台中心线的里程为YCK20+391.868 m，车站起点里程为YCK20+339.868 m，车站终点里程为YCK20+726.568 m（包括折返线和围护结构），车站总长度（包括折返线和围护结构）为386.7 m。站台宽度为12 m，有效站台长度为80 m，车站顶板以上的覆土不小于2.25 m（道路下覆盖3 m）。

2.2 危险源辨识方法

危险源存在的形式复杂，而且很多危险源不易被发现，这就给危险源辨识带来了很多困难。生产施工企业单位若能及时发现危险源，控制危险源，可以消除安全隐患，大大地减少事故发生。下面介绍几种国内外常用的危险源辨识方法。

（1）直接询问法

组织有现场工作经验的人员进行交谈，询问某项具体工作有哪些危害，根据交谈来初步辨识工作中存在的一类、二类危险源。

（2）现场观察法

通过对现场工作环境的检查、观察，发现存在的危险源。

（3）查阅相关事故记录

通过查阅以前的事故记录来发现存在的危险源。

（4）获取外部信息

从相关企业、文献资料等方面获取有关危险源的信息，加以分析研究，可以辨识出存在的危险源。

（5）工作任务分析

通过分析企业成员工作任务中所涉及的危害，可以识别出有关的危险源。

（6）安全检查表（SCL）

运用已经编制好的安全检查表，对企业进行系统的安全检查，可以辨识出存在的危险源。

（7）危险与可操作性研究（HAZOP）

危险与可操作性研究是一种对工艺过程中的危险源实行严格审查和控制的技术，它通过指导语句和标准格式寻找工艺偏差，辨识系统存在的危险源，并确定控制危险源风险的对策。

（8）事件树分析（ETA）

事件树分析是一种从初始原因事件起，分析各环节事件"成功"或"失败"的发展变化过程，并预测各种可能结果的方法，即时序逻辑分析判断方法。应用这种方法对系统各环节事件进行分析，可以辨识出系统的危险源。

（9）故障树分析（FTA）

故障树分析是一种根据系统可能发生的或已发生的事故结果，去寻找与事故有关的原因、条件和规律的方法。通过这样一个过程分析，可以辨识出系统中导致事故的有关危险源。

另外，还可采用从发生事故的类型查找能量源、能量载体并分析其影响和控制因素的方法来辨识危险源。

2.3 危险源辨识与分类

在广佛地铁土建12标段施工单位实习期间，作者对其深基坑施工的危险源进行了整理并列成表格。表1为广佛地铁西朗站深基坑施工危险源辨识一览表。

根据施工的不同阶段、危险源引起的施工事故的后果、可能引起事故的因素，可以对广佛地铁12标段西朗车站深基坑施工危险源进行分类。

根据施工的阶段可将表1中的危险源分为基坑维护、结构施工、基坑开挖三大类。

表1　广佛地铁西朗站深基坑施工危险源辨识一览表

序号	危险源	事故结果	直接判断		可能性等级（L）				频繁程度（E）			严重等级（C）				D = LEC	危害级别
			是	非	不可能	可能	很可能	肯定	不经常	经常	频繁	轻度	中等	严重	重大		
					分值				分值			分值					
					1	2	3	4	1	2	3	1	2	3	4		
1	基坑开挖支护	坍塌				✓				✓				✓		12	2
2	水位下降	坍塌	✓			✓			✓					✓		6	1
3	基坑沉陷与位移	坍塌					✓		✓					✓		9	2
4	钢支撑的安装及拆除	其他伤害	✓			✓				✓				✓		12	2
5	地下管线的保护	其他伤害				✓				✓				✓		12	2

续表

序号	危险源	事故结果	直接判断		可能性等级（L）				频繁程度（E）			严重等级（C）				D = LEC	危害级别
					不可能	可能	很可能	肯定	不经常	经常	频繁	轻度	中等	严重	重大		
			是	非	分值				分值			分值					
					1	2	3	4	1	2	3	1	2	3	4		
6	中板钢支撑及高支模	物体打击	√				√			√			√			12	2
7	脚手架工程	物体打击	√				√			√			√			12	2
8	起重吊装作业	机械伤害	√				√			√					√	24	3
9	临时施工用电	触电	√			√			√				√			6	1
10	电气火灾	触电	√			√			√				√			6	1
11	易燃易爆	人员伤害	√			√			√				√			6	1
12	作业人员高处坠落	违章作业	√				√			√					√	24	3
13	机械伤害	机械伤害	√				√			√					√	24	3
14	洞口及临边防护缺陷	人员伤害	√			√				√				√		12	2
15	特种人员作业	人员伤害	√			√				√				√		12	2
16	压力容器	爆炸		√	√				√				√			2	1
17	洪涝及自然灾害	自然灾害	√			√			√				√			6	1
18	风雨雷电	自然灾害	√			√			√				√			6	1
19	基坑涌水及涌沙	人员伤害	√				√			√				√		18	3
20	基坑超挖	坍塌	√				√				√				√	24	3
21	动火作业防护不到位	火灾	√				√			√				√		18	3
		爆炸	√				√			√					√	24	3
22	基坑底积水未及时排除	坍塌	√				√			√				√		12	2
23	未设置上下安全爬梯	高处坠落	√				√			√				√		12	2
24	混凝土浇筑	噪声	√				√			√			√			8	1
25	门机起吊物下站人	起重伤害	√				√			√				√		18	3
26	通风设施故障	其他伤害	√			√			√				√			8	1
27	毒气探测仪故障	中毒	√			√			√					√		18	3

注：D = 0~8，危险级别为 1 级；D = 9~16，危险级别为 2 级；D = 17~24，危险级别为 3 级。危险级别越高，造成的事故严重程度越高。根据可能引起事故的因素对危险源进行分类，可以分为环境因素、人为因素、物的因素、管理因素。

3. 地铁深基坑施工危险源的防治

3.1 关键危险源的提出

地铁施工中的车站深基坑维护施工以及深基坑基础建设都是非常复杂的，存在的危险源也非常多。根据施工现场的水文地质、周围环境、施工条件及施工者的经验、工期、气候等因素影响，各项危险源对工程的危害程度会有所差异。

关键危险源，就是在实际施工中对各项危险源进行综合全面的分析后，得出的对项目施工安全性影响最大的危险源。

3.2 广佛地铁关键危险源的分析

广佛地铁 12 标段西朗站地处珠江三角洲后缘地带，为珠江水网交错的平原区，根据场地地貌成因及形态特征，地貌单元主要表现为珠江三角洲海陆冲积平原，历经多次人工修整。

(1) 水文地质情况

1) 地下水位。

西朗车站场地稳定，水位埋深 0.85～1.50 m（标高 5.53～7.91 m）。地下水位与季节、气候、地下水赋存、补给及排泄有密切的关系。

2) 地下水类型。

地下水类型主要是赋存于基岩风化层中的裂隙水。基岩风化裂隙水含水层主要赋存于强、中、微风化岩的风化裂隙之中，含水层无明确界限，埋深和厚度很不稳定，其透水性主要取决于裂隙的发育程度和性质（包括裂隙的闭合程度、形式、规模、充填物质，以及裂隙的组合形式、密度等）、岩石风化程度等。风化程度越高，裂隙充填程度越大，渗透系数则越小。基岩风化裂隙水为承压水，呈脉状或带状分布。

3) 地层富水性和透水性。

西朗车站主要含水层为强、中风化泥质粉砂岩 <1>、<2>，强、中风化泥质粉砂岩 <1>、<2>，岩体裂隙较发育或稍发育，岩芯较破碎，含有较为丰富的地下水，且富水性极不均匀，抽水试验测得中、微风化岩层的渗透系数为 $k=0.535\sim0.675$ m/s，为富水性较弱的弱透水地层，其余地层为弱含水层或相对隔水地层。

4) 地下水补给。

西朗站地处亚热带季风性气候区，降雨量大于蒸发量，其中大气降雨是本区地下水的主要补给来源之一，每年 4 月至 9 月是地下水的补给期，10 月至次年 3 月为地下水消耗期和排泄期。在天然状态下，基岩风化裂隙水含水层主要靠大气降水和上层地下水的径向越流补给、第四系含水层的渗入补给、越流补给。

由于上覆粉质黏土层、全风化岩层为相对隔水层，使本含水层略具有承压性。地下水的排泄方式主要表现为地表蒸发和植物蒸腾，另外在珠江江水低潮时向江河排泄。

5) 地下水的腐蚀性评价。

地下水对砼结构无腐蚀性，对砼结构中的钢筋无腐蚀性，对钢结构具有弱腐蚀性。

(2) 周围环境

西朗站地处花地大道、鹤洞路交叉部位。车站呈西南至东北走向布置，横跨花地大道，东北侧为加油站和民房，西南侧为西朗公共汽车总站，紧邻地铁一号线西朗站。场地较为平整，地面高程为 6.78～9.26 m。

(3) 施工条件

广州的雨水量非常充足，夏日炎热，台风频频，暴雨也主要集中在夏天，持续时间长。西朗站的施工作业人员主要是农民工，很多工人缺乏基坑施工的经验以及相关知识，且思想较散漫、难以管理。

基于对以上因素与资料的分析，本论文认为，广佛地铁 12 标段西朗站的车站结构防水、基坑的维护支撑、作业人员的安全教育都是必须非常重视的。因此，把西朗站的关键危险源总结为以下几方面：

1) 地下水引起的基坑失稳。

2) 基坑开挖施工过程中，对基坑本身及周边构筑物稳定性的影响。

3) 基坑支护对安全施工的影响。

4) 作业人员违章操作造成的安全事故。

3.3 广佛地铁关键危险源的防治方法与技术

(1) 防治地下水引起的基坑失稳

西朗站采用外包全封闭防水形式，以及结构外包防水层和防水砼结构自防水相结合的防水措施。结构砼的抗渗等级为 S8，防水标准为一级。为此，在施工过程中必须对结构自防水砼、外防水层、施工缝、变形缝、穿墙管、预埋件、预留孔洞、各类型接头、各种结构断面接口、桩头等细部防水结构精心施工，加强管理，保证施工质量，确保达到防水设计要求。

（2）防治基坑开挖施工过程中对基坑及周边构筑物稳定性的影响

西朗站基坑土石方施工采用分层台阶法开挖，竖向分层适应钢管内支撑施工要求，每个台阶、每层土石方按"先中间成槽，后向两边扩展"的顺序开挖。为满足地面交通运输状况及基坑围护结构的实际情况的要求，对西朗站分两段开挖，以花地大道的便桥分界，向车站两端开挖。

为了避免基坑开挖过程中发生事故，施工单位必须制订相应的危险源防治措施和相关的应急预案，并进行演练，保证事故发生时能够做到及时、正确地控制事故进一步发展。以下列举几项施工单位为避免事故发生，在基坑开挖过程中可采取的防治方法：

1）把好方案关。
2）严禁超挖、及时支撑。
3）控制放坡坡度。
4）密切注意基坑外围土体的裂缝情况。
5）密切注意桩（墙）的漏水情况。
6）密切注意桩（墙）的裂缝。
7）及时封底。
8）加快主体施工。
9）控制周边堆载。

（3）对基坑支护施工的安全性进行有效防治的方法

深基坑支护工程是包括基坑的开挖、支护、防水及环境保护于一体的复杂系统，单靠数学、力学方法难以对系统的变化性状作出足够准确的预测，支护结构设计成功与否，要通过施工实践来检验，而施工过程中支护结构的受力与变形状态要通过监测手段来了解。

（4）对由作业人员违章操作造成的安全事故进行有效防治的方法

在西朗站施工中，人员违章作业是造成安全事故的重大危险源之一，其中高空坠落、触电、物体打击是最容易发生的人员伤亡事故。作者在实习期间发现，虽然西朗站对施工人员违章作业的管理体系还算完善，但是在执行方面不是很理想。

为了有效地避免人员违章作业造成安全事故，第一，要严格按照国家规定对新进来的施工人员进行三级教育、技术交底。施工单位的办公区内专门设置的农民工安全教育教室要起到实际的作用，每周要由施工单位的专业安全员进行施工安全总结，对施工人员进行安全教育。

第二，制定详细的安全事故惩罚制度，处罚标准公开透明。对违章操作的施工人员下达惩罚通知单，其中详细写明违章操作发生的时间、工段，责令改正的同时，根据处罚标准进行处罚，必要时还要进行安全教育及考核，考核不过关则不能继续工作。

第三，施工单位要配备足量的专职安全员对基坑施工作业进行跟踪式安全检查，安全员每天要认真填写《安全施工日志》。

第四，保证安全检查的频率。每天有专业的安全员进行检查，现场有指定的安全员值班，对施工现场的施工操作进行监督，对违规操作要及时纠正，不能对此睁只眼闭只眼，安全员要切实履行自己的职责。每周由经理、监理、安全部长、技术人员组成检查小组，对基坑安全施工进行检查。

第五，制定各工种的安全规程，确保特殊工种持证上岗。

（5）基坑施工监测

基坑开挖过程导致周围土体应力状态产

生较大变化，在深基坑开挖的动态过程中，与之相关的土体稳定性和周边环境状态也处于动态变化过程中。在围护结构、周围土体以及周边建筑物各种破坏形式产生之前，通常有大的位移、变形或受力变化等异常情况发生，因此，加强施工过程中的监测，有助于快速反馈施工信息，以便及时发现问题并有针对性地改进施工工艺和施工参数，减小地表和土体变形，以达到信息化施工的目的，保证工程安全。

◎参考文献

[1] 程丽萍, 陈忠汉, 黄书轶. 深基坑工程 [M]. 北京: 机械工业出版社, 1999.

[2] 李克钏. 基础工程 [M]. 北京: 中国铁道出版社, 1995.

[3] 朱胜利, 王文斌, 刘维宁, 等. 地铁工程施工的风险管理 [J]. 都市快轨交通, 2008, 2 (1): 56-60.

[4] 刘骥, 高建明, 关磊, 等. 重大危险源分级方法探讨 [J]. 中国安全科学学报, 2008, 6 (6): 162-165.

[5] 黄莉. 贯彻《建设工程安全管理条例》, 做好安全生产监理 [J]. 安全监理, 2004 (4): 62-63.

[6] 张文良. 深基坑防水抗渗施工技术应用 [J]. 广东土木与建筑, 2003 (6).

基于模糊模式识别的采空区垮塌危险综合评价

张旭芳 李孜军（指导教师）

（中南大学资源与安全工程学院, 长沙, 410083）

摘 要 采用CMS对采场垮塌区进行三维探测，结合Surpac构建起垮塌区三维可视化模型，准确获取采空区面积、体积和实际边界。针对采空区危险的特点，基于风险定义，选取采空区典型事故；应用事故树和事件树分析方法，建立多层次金属矿危险评价指标体系。针对传统模糊综合评价的不足，提出基于权广义距离之和最小模糊模式识别的采空区综合评价模型。分别采用传统方法和模糊识别方法对铜坑矿西南采空区危险性进行评价，得到采空区危险等级处于2级，通过比较证实该评价模型的合理性。

关键词 采空区探测系统 Surpac 事故树 指标体系 综合评价 模糊模式识别

我国矿山安全事故频发，矿山特大事故时有发生，地下采空区是造成矿山特大事故的主要诱因之一。采空区使矿山开采条件恶化，造成矿柱变形破坏，相邻作业区采场和巷道维护困难；大面积的冒落和岩移，引起地表塌陷，危及地面农田及建筑物；采空区突然垮塌的高速气浪和冲击波造成井下连通作业场所人员伤亡和设备破坏；采空区老窿积水形成突水隐患等，给矿山生产和安全带来严重影响。为消除采空区对资源开采安全的威胁，首先必须开展采空区调查摸底工作，以查明矿山采空区的分布、规模，划分其危险等级[1]。

鉴于此，国内外很多学者在此方面做出了卓有成效的贡献，主要包括对地下采空区精确探测技术的研究和采空区危险性评价研究等[2]。本文将从采空区危险评价过程着手，首先介绍采空区信息获取，然后结合事故树分析影响因素，得出采空区指标体系的建立，最后提出基于模糊识别的危险评价方法，并以实例证实其准确性、合理性。

1. 金属矿采空区三维探测及信息获取

金属矿采空区一般隐蔽在地下，且行人难以进入，在缺少资料的情况下，对采空区的位置、大小、数量等需进行精密探测。三维采空区探测系统（3D Cavity Monitoring System，CMS）是专门针对地下采空区的一种基于激光的三维采空区探测系统，是目前非常有效的一种探测手段。本文将介绍以CMS为手段，综合运用矿业软件Surpac获取采空区精确数据的方法。

1.1 CMS探测系统简介

CMS的基本构成包括激光扫描头、控制箱、手持式控制器、支撑杆架及数据处理软件。CMS探测原理如图1所示。

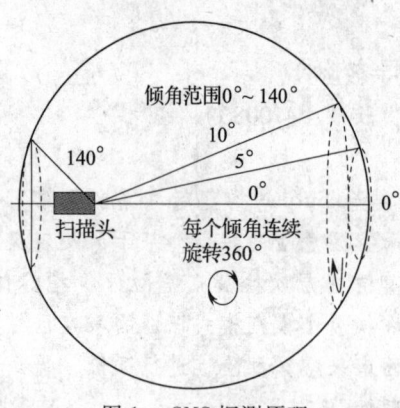

图1 CMS探测原理

探测方法如下：

（1）CMS扫描头安装，并进行位置初始化。

（2）扫描头水平位置调零。

（3）设置扫描参数，包括保存探测数据的文件名、扫描角度范围及扫描精度等。

（4）扫描头开始扫描，并将扫描数据以有线方式传送到控制箱中，同时，控制箱内的数据以无线方式自动发送给手持式控制器。

（5）完成一周扫描后，扫描头自动抬高一个预先设置的角度（通常为1°~3°），进行第二周扫描，直至扫描过程全部结束。

（6）将扫描数据从手持式控制器下载到计算机，并进行数据处理、计算及图形、文件输出等[3-6]。

1.2 基于Surpac的采空区三维模型构建

运用CMS探测采空区所获得的原始探测数据为".txt"格式文件，其记录的是角度和距离值。在应用原始数据之前，需采用CMS自带的预处理软件CMS Pos Process将".txt"格式的原始数据文件转换成".dxf"格式的文件，该文件可被第三方软件Surpac接受，用以生成采空区三维实体模型。

运用Surpac软件，利用探测数据构建采空区三维实体模型的具体方法如下：

（1）利用Surpac数据导入接口，将".dxf"格式文件转换成实体模型的".DTM"格式文件。

（2）验证实体模型。

（3）如果实体模型验证有错误，进入第（4）步，否则进行第（5）步。

（4）重新进行原始探测数据的转换及处理，返回第（1）步。

（5）利用Surpac的实体模型编辑工具对采空区模型进行必要的编辑（通常采用实体模型布尔运算的方法对采空区旁的巷道部分进行切割处理）。

（6）再次验证修改后的实体模型，如有错误返回第（5）步，再次编辑模型，反之，完成采空区三维模型构建。

图2为采用Surpac建立的采空区三维模型。

1.3 采空区信息的获取

（1）采空区体积

采空区三维模型生成后，采用Surpac可计算出采空区体积。具体方法为：

图2　采空区三维模型

1) 将采空区实体模型导入 Surpac 软件。

2) 验证采空区实体模型，如验证错误需对模型进行修改。

3) 采空区实体模型验证无误后，计算采空区体积。

(2) 采空区面积

运用 QVOL 软件计算面积。首先调整角度，水平角为 180°，倾角为 0°，使得采空区模型在空间中水平布置，这个时候采空区网格模型上会有一个红色的剖面线，显示的是剖面所处的位置，而软件右边的红色线圈为剖面线所在位置的采空区剖面。再调整剖面线至顶板位置，即可得出采空区顶板剖面，然后通过 QVOL 自带的剖面面积计算功能能得出顶板暴露面积。

(3) 采空区边界

运用 Surpac 软件获取采空区边界。将采空区模型导入 Surpac 软件后，根据坐标网格即可确定采空区边界。

2. 金属矿采空区危险评价指标体系的建立

金属矿采空区危险评价指标体系是一个多因素、多层次的复杂体系，构成该体系的因素（或指标）众多，因素与因素之间又具有关联关系。依据风险定义 $R = f(P, L)$，得出采空区灾害的主要事故类型——塌陷、突水、冒顶、片帮，运用事故树和事件树的分析方法对采空区危险进行辨识，结合矿岩失稳机理寻找出与灾害相关的因素，并通过事故致因理论和相关的安全分析方法寻找出各指标之间的层次关系，从而建立起完整、科学的指标体系。下面将以采空区塌陷事故树分析为例[7,8]。

2.1　采空区塌陷事故树分析

从图3、图4、图5中看出，侧帮破坏、矿柱质量差和顶板塌陷均可导致采空区塌陷事故发生。这三方面又包含很多的因素，并且这些因素具有很强的关联性。因此，为了防止发生采空区塌陷，应当了解采空区的水文地质情况；严格按照开采顺序"先充填后开采"进行开采；防止长时间水侵蚀；对矿柱进行正确的设计；严格控制顶板的安全厚度和采空区面积等[9-11]。

根据以上分析，影响采空区塌陷灾害的相关因素有地质构造、水文因素、周围开采影响、矿柱的几何尺寸和空间布置、空区面积、采场布置、构造应力等。

2.2　采空区指标体系的建立

依据采空区塌陷、突水和冒顶事故树与事件树分析，可得采空区危害影响因素；再根据现代事故致因理论——导致事故的直接原因是人的不安全行为和物的不安全状态，得其基本原因是管理失误，因此，对于影响金属矿采空区安全性的第一层次，主要着眼于安全管理水平方面，如图 6 所示。针对采空区的特点，对采空区本身的状况又从两个方面来考虑，即采空区所处的环境系统和采空区自身系统[12-15]，如图7、图 8 所示。

3. 基于模糊识别的采空区模糊综合评价

3.1　模糊信息采样

设待评价系统共有 l 个子系统，对金属矿采空区危险评价系统而言，即为：

(1) 安全管理水平系统。

(2) 环境系统。

(3) 采空区自身系统。

各子系统指标总和为系统的指标体系[16-18]。

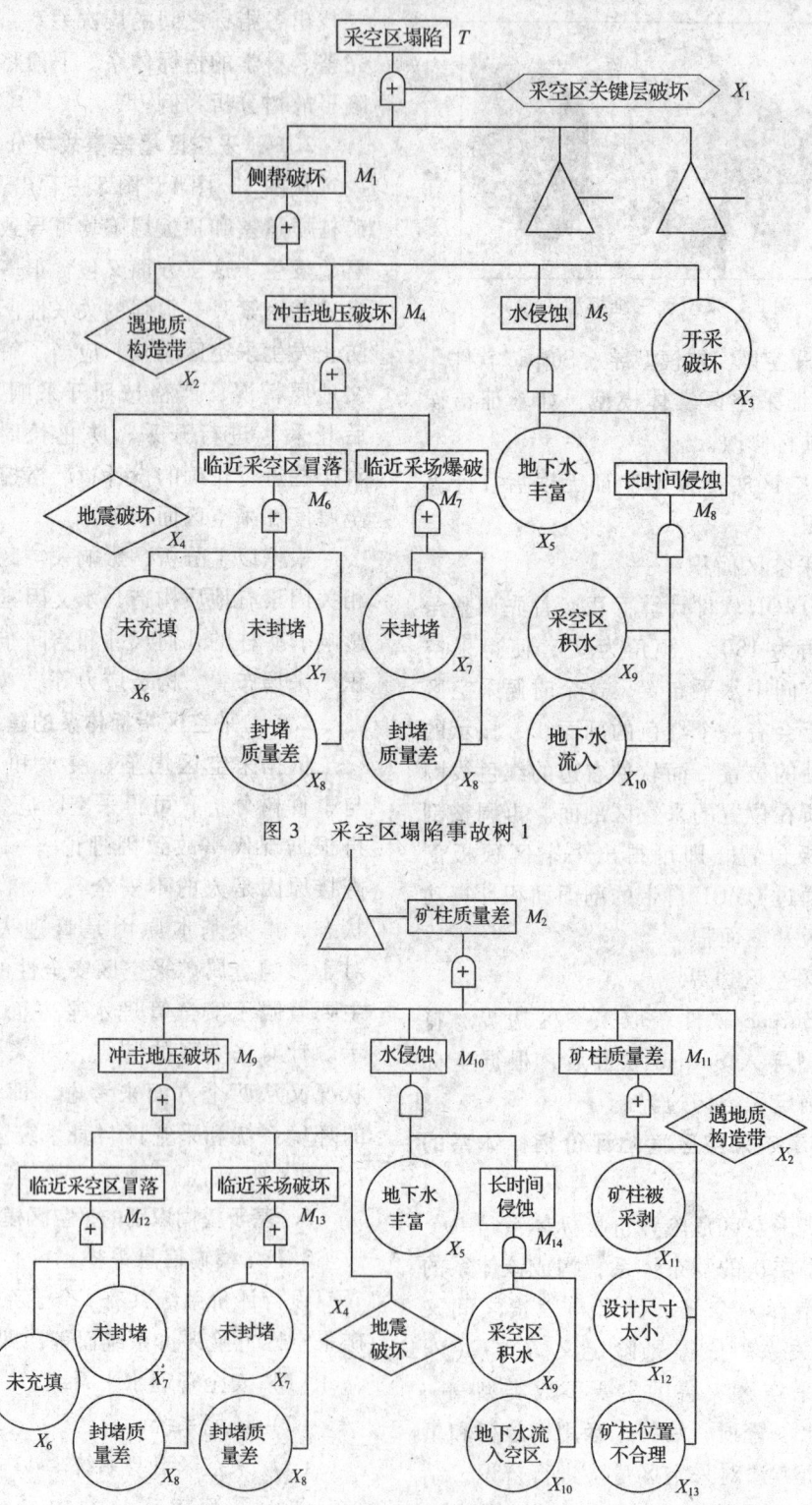

图3　采空区塌陷事故树1

图4　采空区塌陷事故树2

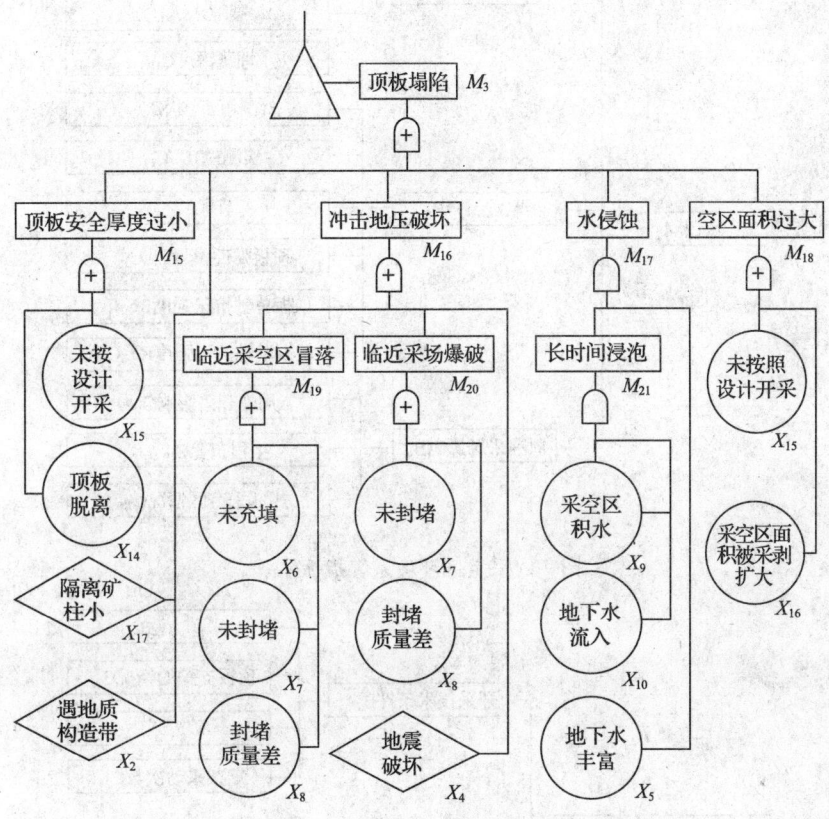

图 5 采空区塌陷事故树 3

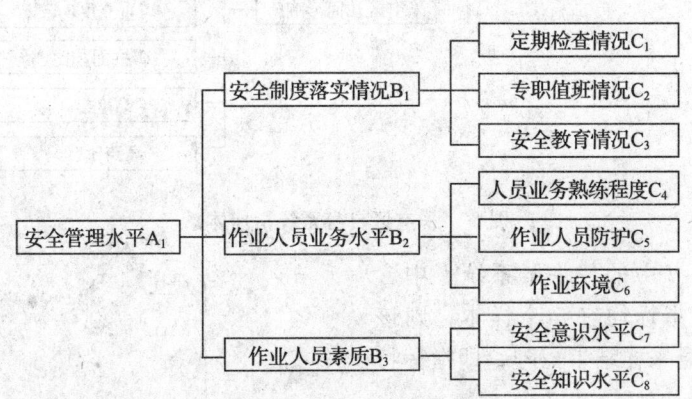

图 6 采空区安全管理水平指标体系

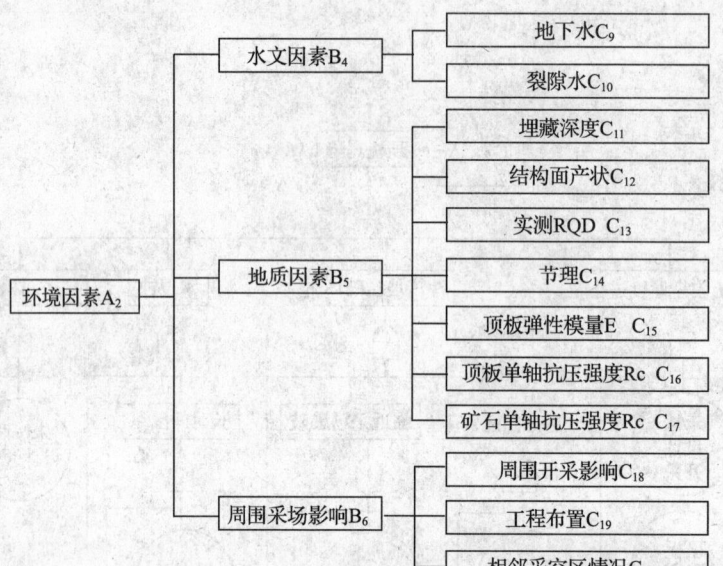

图 7 采空区环境系统指标体系

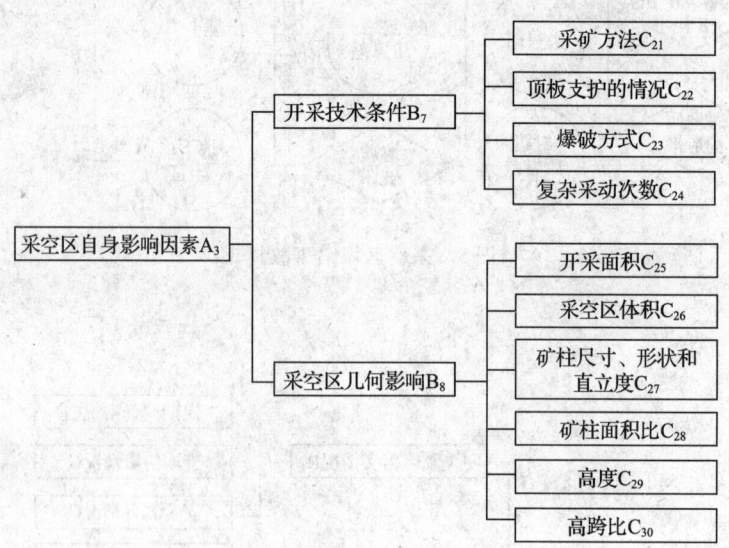

图 8 采空区自身系统指标体系

设子系统 $1\sim l$ 中的任一子系统 k 中含有 m 个指标，各指标均有 n 个样本，则该子系统的模糊信息采样结果矩阵，即指标特征向量矩阵为：

$$_kX_{m\times n} = \begin{pmatrix} _kx_{11} & _kx_{12} & \cdots & _kx_{1n} \\ _kx_{21} & _kx_{22} & \cdots & _kx_{2n} \\ \vdots & \vdots & \vdots & \vdots \\ _kx_{m1} & _kx_{m2} & \cdots & _kx_{mn} \end{pmatrix} = (_kx_{ij})$$

(1)

式中 $_kx_{ij}$——子系统 k 中指标 i 的第 j 样本的指标特征值（$i=1, 2, \cdots, m$；$j=1, 2, \cdots, n$；$k=1, 2, \cdots, n$）。

如子系统 k 中 m 个指标按 c 个级别的已知指标标准特征值进行识别，则 c 个级别的指标标准特征矩阵为：

$$_kY_{m\times c} = \begin{pmatrix} _ky_{11} & _ky_{12} & \cdots & _ky_{1c} \\ _ky_{21} & _ky_{22} & \cdots & _ky_{2c} \\ \vdots & \vdots & \vdots & \vdots \\ _ky_{m1} & _ky_{m2} & \cdots & _ky_{mc} \end{pmatrix} = (_ky_{ih})$$

(2)

式中 $_ky_{ih}$——子系统 k 中指标 i 的级别 h 的标准特征值（$h=1, 2, \cdots, c$；$j=1, 2, \cdots, m$）。

3.2 实测指标相对隶属度矩阵

根据危险评价的模糊性，用相对隶属度进行描述。设 1 级为安全，c 级为非常危险与安全两个极点之间的中介状态。子系统 k 中各指标的相对隶属度 r_{ij} 及指标特征值的相对隶属度 s_{ih} 可参照式（3）和式（4）计算：

$$_kr_{ij} = \begin{cases} 1, _kx_{ij} \geq _ky_{i1} \\ \dfrac{_kx_{ij} - _ky_{ic}}{_ky_{i1} - _ky_{ic}}, _ky_{i1} > _kx_{ij} > _ky_{ic} \text{ 或 } _ky_{i1} < _kx_{ij} < _ky_{ic} \\ 0, _kx_{ij} \leq _ky_{ic} \end{cases}$$

(3)

$$_ks_{ih} = \begin{cases} 1, _ky_{ih} = _ky_{i1} \\ \dfrac{_ky_{ih} - _ky_{ic}}{_ky_{i1} - _ky_{ic}}, _ky_{i1} > _kx_{ij} > _ky_{ic} \text{ 或 } _ky_{i1} < _kx_{ij} < _ky_{ic} \\ 0, _ky_{ih} = _ky_{ic} \end{cases}$$

(4)

式中 $_kr_{ij}$（$_ks_{ih}$）——子系统 k 中的指标 i、级别 j 的样本（h 的标准值）对安全状态的相对隶属度；

$_ky_{ih}$——子系统 k 中的指标 i、级别 h 的标准值。

用式（3）、式（4）将矩阵 $kX_{m\times n}$、$kY_{m\times c}$ 变为相应的安全状态的相对隶属度矩阵：

$$_kR_{m\times n} = \begin{pmatrix} _kr_{11} & _kr_{12} & \cdots & _kr_{1n} \\ _kr_{21} & _kr_{22} & \cdots & _kr_{2n} \\ \vdots & \vdots & \vdots & \vdots \\ _kr_{m1} & _kr_{m2} & \cdots & _kr_{mn} \end{pmatrix} = (_kr_{ij})$$

(5)

$$_kS_{m\times c} = \begin{pmatrix} _ks_{11} & _ks_{12} & \cdots & _ks_{1c} \\ _ks_{21} & _ks_{22} & \cdots & _ks_{2c} \\ \vdots & \vdots & \vdots & \vdots \\ _ks_{m1} & _ks_{m2} & \cdots & _ks_{mc} \end{pmatrix} = (_ks_{ih})$$

(6)

将系统中子系统 k 中样本 j 的 m 个指标对采空区危险状态的相对隶属度 $_kr_{1j}$，$_kr_{2j}$，$\cdots$，$_kr_{mj}$，分别与矩阵 $_kS_{m\times c}$ 的 1，2，$\cdots$，m 行的行向量逐一作比较，可得样本 j 的级别，最小级别值与最大级别值为 $a_{\min}$、$a_{\max}$。

3.3 采空区指标各个级别的相对隶属度矩阵

设系统中子系统 k 中样本 j 对采空区危险状态各个级别的相对隶属度矩阵为：

$$_kU_{c\times n} = \begin{pmatrix} _ku_{11} & _ku_{12} & \cdots & _ku_{1n} \\ _ku_{21} & _ku_{22} & \cdots & _ku_{2n} \\ \vdots & \vdots & \vdots & \vdots \\ _ku_{c1} & _ku_{c2} & \cdots & _ku_{cn} \end{pmatrix} = (_ku_{hj})$$

(7)

式中 $_ku_{hj}$——子系统 k 中样本 j 对采空区危险状态级别 h 的相对隶属度（$h=1, 2, \cdots, c$；$j=1, 2, \cdots, n$）。

且式（7）应满足约束条件：

$$\sum_{h=1}^{c} u_{hj} - 1 = 0 \quad (0 \leq u_{hj} \leq 1) \quad (8)$$

设金属矿采空区危险评价系统中子系统 k 的 m 个指标的权重向量为：

$$_kW = (_kw_1, _kw_2, \cdots, _kw_m)$$

$$\sum_{i=1}^{m} {}_kw_i = 1 \quad (9)$$

则基于权广义距离平方和最小的模糊模式识别模型为：

$$_kU_{ij} = \begin{cases} 1, & h = a_{\min} = a_{\max} \\ 1 \bigg/ \sum_{k=a_{\min}}^{a_{\max}} \left[\dfrac{\sum_{i=1}^{m}(_kW_{ij}|_kr_{ij} - _ks_{ih}|)^p}{\sum_{i=1}^{m}(_kW_{ij}|_kr_{ij} - _ks_{ik}|)^p} \right]^{P/2}, \\ & a_{\min} < h < a_{\max} \\ 0, & h < a_{\min} \text{ 或 } h > a_{\max} \end{cases}$$

(10)

式中 p——距离参数，$p = 1$ 为海明距离，$p = 2$ 为欧氏距离，为了方便计算，在评价中选 $p = 1$。

根据上面所推导出的模型，即可得到子系统 k 中样本 j 对各个级别的最优相对隶属度矩阵：

$$_kU_{c \times n}^* = \begin{pmatrix} _ku_{11}^* & _ku_{12}^* & \cdots & _ku_{1n}^* \\ _ku_{21}^* & _ku_{22}^* & \cdots & _ku_{2n}^* \\ \vdots & \vdots & \vdots & \vdots \\ _ku_{c1}^* & _ku_{c2}^* & \cdots & _ku_{cn}^* \end{pmatrix} = (_ku_{hj}^*)$$

(11)

应用级别特征公式 $H(\mu) = \sum_{h=1}^{c} \mu A_h(\mu) h$，可得：

$$_kH = (1, 2, \cdots, c)_k u_{c \times n}^* = (_kH_1, _kH_2, \cdots, _kH_n) \quad (12)$$

式中 $_kH$——子系统 k 的采空区危险状态级别特征值，用来衡量与评价子系统 k 的采空区危险程度（$k = 1, 2, \cdots, l$）。

3.4 采空区的危险状态特征值

设金属矿采空区危险评价系统的 l 个子系统的权向量为：

$$W = (_1w, _2w, \cdots, _lw)$$

$$\sum_{k=1}^{l} {}_kw = 1 \quad (13)$$

则金属矿采空区危险评价系统的危险状态特征值为：

$$H = (_1w, _2w, \cdots, _lw) \begin{pmatrix} _1H_1 & _1H_2 & \cdots & _1H_n \\ _2H_1 & _2H_2 & \cdots & _2H_n \\ \vdots & \vdots & \vdots & \vdots \\ _lH_1 & _lH_2 & \cdots & _lH_n \end{pmatrix}$$

$$= (H_1, H_2, \cdots, H_n) \quad (14)$$

则 H 为最终的级别特征值。

应用 H 就可以对金属矿采空区危险状态程度进行评价。由于 $1 \leq H \leq c$，当 $H = 1$ 时，系统处于安全状态；$H = c$ 时，系统处于非常危险状态；通常，$1 < H < c$，即系统处于安全与非常危险状态之间的中介状态。

4. 结论

（1）结合先进的采空区探测技术 CMS 及数据处理技术，可准确得出采空区信息，为准确评价采空区危险奠定了基础。

（2）从系统与风险定义角度出发，选取采空区典型事故，运用事故树，结合采空区事故的实际情况，建立评价指标体系。由于采空区事故数据库的缺乏，指标量化存在一定的困难，因此，本文评价体系尚有不足之处，仍需进一步探讨。

（3）基于模糊模式识别的模糊综合评价方法，由于模糊模式识别利用权广义距离之和最小，构成了模糊信息的最优隶属度，在评价过程当中避免了模糊算子选择所带来的误差，因而评价结果更加科学和准确。

（4）基于模糊模式识别的模糊综合评价模型用相对状态特征值来表征最终的安全等级，克服了传统的模糊综合评价结果趋向均化的缺点。

◎ 参考文献

[1] 魏东岩. 矿山地质灾害分析[J]. 化工矿产地质, 2003, 25 (2): 89-93.
[2] 李夕兵, 赵国彦, 李地元, 等. 金属矿地下采空区探测、处理与安全评判[J]. 采矿与安全工程学报, 2006, 23 (1): 24-29.
[3] 刘晓明, 罗周全, 孙利娟, 等. 空区激光探测系统在我国的研究与应用[J]. 西安科技大学学报, 2008, 28 (2): 611-614.
[4] 罗周全, 鹿浩, 刘晓明, 等. 基于空区探测的采场超欠挖量计算及顶板安全分析[J]. 金属矿山, 2007 (12): 36-38.
[5] 过江, 古德生, 罗周全. 金属矿山采空区3D激光探测新技术[J]. 矿业工程, 2006, 26 (5): 16-19.
[6] 罗周全, 刘晓明, 苏家红, 等. 基于Surpac的矿床三维模型构建[J]. 金属矿山, 2006 (4): 33-36.
[7] 涂志胜. 安全系统工程[M]. 北京: 机械工业出版社, 2007.
[8] 王新民, 丁德强. 事故树方法在地下采空区灾害分析中的应用[J]. 金属矿山, 2006 (10): 65-68.
[9] 段瑜. 地下采空区灾害危险度的模糊综合评价[D]. 长沙: 中南大学, 2005.
[10] 董浩君. 系统工程与运筹学[M]. 北京: 国防工业出版社, 2001.
[11] 李广平, 陈一洲. 非煤矿山冒顶片帮事故分析[J]. 中国矿业工程, 2007, 36 (4): 36-38.
[12] 陈一洲, 谢贤平. 非煤矿山冒顶片帮事故及预防措施[J]. 矿业快报, 2007 (12): 52-53.
[13] 高谦, 王少泉, 赵千里. 金川二矿区不良岩层采场巷道片帮冒顶事故树分析[J]. 工业安全与防尘, 2001, 27 (1): 35-37.
[14] 陈锦灿. 安全评价指标因素权重法[J]. 劳动保护科学技术, 1995 (2): 10-12.
[15] 刘爱华, 施式亮, 吴超. 基于模糊模式识别的系统安全模糊综合评价[J]. 工业安全与环保, 2006, 32 (5): 34-36.
[16] 陈守煜. 系统模糊决策理论与应用[M]. 大连: 大连理工出版社, 1995.
[17] 梁保松, 曹殿立. 模糊数学及其应用[M]. 北京: 科学出版社, 2007.
[18] 刘望平. 灾源空区信息获取及管理研究[D]. 长沙: 中南大学, 2007.

前进煤矿巷道支护设计与可靠性分析研究

王 勇　陈沅江（指导教师）

（中南大学资源与安全工程学院，长沙，410083）

摘 要 煤矿软岩巷道支护是当今世界地下工程中一项复杂而极其重要的技术难题，也是当前国内外学术界和工程界共同关注的煤矿安全重要问题之一。该论文以前进煤矿为依托工程，在介绍软岩巷道支护理论与支护技术的基础上，对前进煤矿具有代表性的几类巷道作支护设计，并对其可靠性进行分析评价。

关键词 软岩巷道　锚喷网支护　U型钢支护　可靠度　改进一次二阶矩法

1. 工程概况

前进煤矿位于耒阳市南阳镇，1978年建井，1983年投产，2004年实际生产能力达25万t。该矿井采用多功能立井提升，井口为+110 m，井深220 m，设计分3个水平开采，目前还在开采第一水平，即-120水平。

井田南邻沈家湾井田，北邻泚江井田，井田走向长 6 km，倾向长 1 km，面积为 6 km²。本井田属丘陵区，属剥蚀丘陵地貌，地形最大相对高差为 212 m，矿区地势为东北高、西南低。井田水系较发育，矿井西侧紧邻耒河，地表冲沟发育，主要分布在北翼神仙洞、南翼麻子坪和马黄塘。地层走向一般为北东向，倾向北西。地层倾角为 40°～70°，一般为 65°，井田内褶曲、断层发育。

2. 软岩巷道支护技术介绍

2.1 软岩巷道支护荷载的确定

巷道开挖后，围岩作用在支护结构上的荷载包括地压、围岩松动压力和围岩变形压力等。围岩压力是指引起地下开挖空间周围岩体和支护变形、破坏的作用力，它包括由地应力（即原岩应力）引起的围岩应力以及围岩变形受阻而作用在支护结构上的总作用力，围岩压力也称地压[①]。围岩变形压力过于复杂，这里不介绍，下面介绍围岩松动压力的计算方法。

松动压力是指由于隧道开挖而松动或塌落的岩体结构以重力形式直接作用在支护结构上的压力。这种压力直接表现为荷载的形式，顶压大，侧压小。普氏荷载计算图如图 1 所示。

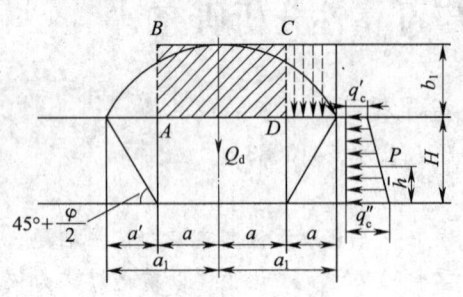

图 1 普氏荷载计算图

普氏荷载计算法以巷道冒落拱内岩石的重量为支护荷载，可按下式计算：

$$Q_d = \frac{4}{3} \gamma \frac{a^2}{f} \quad (1)$$

①，②详见参考文献 [1]。

式中 Q_d——冒落拱岩石的总重量；
γ——冒落拱内岩石的容重；
a——巷道跨度的一半；
f——围岩坚固性系数。

认为 $f < 4$ 时将产生侧压力，其冒落拱跨度增加到 $2a_1$，$a_1 = a + H\cot(45° + \varphi/2)$。根据挡土墙理论，巷道上部侧压力 q_{c1} 和下部侧压力 q_{c2} 分别按下式计算[②]：

$$q_{c1} = \gamma b \tan^2(45° - \varphi/2) \quad (2)$$

$$q_{c2} = \gamma(b_1 + H)\tan^2(45° - \varphi/2) \quad (3)$$

除了普氏荷载计算法外，还可根据太沙基理论计算，何满潮教授也提出了根据围岩松动圈模型计算的方法，限于篇幅这里不作介绍。

2.2 软岩巷道常用支护技术

软岩巷道常用的支护方式有可缩性金属支架支护、锚喷支护和混凝土喷层支护等。

锚固参数如下：

（1）锚杆长度

锚杆长度 L 由锚固段长度 L_1、软弱岩层厚度 H 及锚杆外露长度 L_2 组成，L_2 一般取 0.1 m。

$$L = L_1 + H + L_2 \quad (4)$$

锚固段长度 L_1 以现场测得的围岩松动圈厚度为准，若实测困难，以组合拱理论计算得到的冒落拱厚度为准。

（2）锚杆杆体直径

可通过经验公式来计算，然后对照规格选取。

$$d = 35.52\sqrt{\frac{Q}{\sigma_t}} \quad (5)$$

式中 d——锚杆杆体直径，mm；
Q——设计的锚固力，kN；
σ_t——杆体材料抗拉强度，MPa。

（3）锚杆间距、排距

锚杆间距和排距可根据每根锚杆悬吊的岩石重量确定，即锚杆悬吊岩石重量大于（等于）锚杆的锚固力，可按间距、排距相等原则排列，有：

$$a = \sqrt{\frac{Q}{K\gamma H}} \quad (6)$$

式中　a——锚杆间距、排距，m；

　　　K——锚杆安全系数，一般取 1.5~2；

　　　γ——岩体重力密度，kN/m³。

3. 软岩巷道支护结构可靠性分析

在进行地下工程设计时，应使所设计的结构在一定条件下是可靠的。这里将可靠性定义为结构安全性、适用性和耐久性的总称。若结构在规定时间内和规定条件下，其可靠性能得到保证，说明该结构是可靠的。

在进行可靠性分析时，通常要先建立其结构功能函数，然后得到极限状态方程，计算出可靠度指标。

3.1 结构单失效模式可靠度计算

在实际工程应用中，对于结构可靠度的计算，一般采用实用的近似计算方法。结构可靠度的分析是根据失效模式确定结构功能函数，由此建立结构极限状态方程。一般情况下，结构存在强度破坏、结构失稳和变形过大等多种失效模式，每一种失效模式对应一个功能函数。根据结构可靠度 β 的定义，有：

$$\beta = \frac{\mu_Z}{\sigma_Z}$$

$$= \frac{g(x_1^*, \ldots, x_n^*) + \sum_{i=1}^{n} \left.\frac{\partial g}{\partial X_i}\right|_{P^*}(\mu_{x_i} - x_i^*)}{\left[\sum_{i=1}^{n}\left(\left.\frac{\partial g}{\partial X_i}\right|_{P^*}\sigma_{X_i}\right)^2\right]^{1/2}} \quad (7)$$

设计验算点的坐标为：

$$P_i^* = \mu_{X_i} + \cos\theta_{X_i}\beta\sigma_{X_i} \quad (8)$$

$$\cos\theta_{X_i} = \frac{-\left.\frac{\partial g}{\partial X_i}\right|_{P^*}\sigma_{X_i}}{\left[\sum_{i=1}^{n}\left(\left.\frac{\partial g}{\partial X_i}\right|_{P^*}\sigma_{X_i}\right)^2\right]^{1/2}} \quad (9)$$

验算点初值选在均值点，然后采用迭代法来计算可靠度。

3.2 典型支护形式可靠度计算

(1) 金属支架支护可靠度计算

金属支架支护属刚性支护形式，属结构—荷载支护模式，结合强度准则，采用荷载—强度模型可列出其功能函数。

对于岩体应力，根据围岩松动压力的计算方法，垂直应力可按式 $Q_d = \frac{4}{3}\gamma\frac{a^2}{f}$ 来计算，其中，围岩坚固性系数 f 可通过 $f = R_c/10$ 计算；a 为巷道跨度的一半，转换成巷道跨度 b，则有：

$$Q_d = \frac{10}{3}\gamma\frac{b^2}{R_c} \quad (10)$$

材料的屈服强度可根据所选用的金属，从标准《矿山巷道支护用热轧 U 型钢》（GB 4697—91）中查取，用 R 表示，则 U 型钢支架支护的功能函数为

$$Z = R - \frac{10}{3}\gamma\frac{b^2}{R_c} \quad (11)$$

式(11)中有随机变量 γ、b 和 R_c，先不考虑它们的概率分布类型，假设它们的均值和标准方差分别为 μ_γ、μ_b、μ_{R_c} 和 σ_γ、σ_b、σ_{R_c}。由于三个变量是非线性关系，因此，采用改进的一次二阶矩法，这样误差会较中心点法小，可得到在设计验算点 P^* 的极限状态方程：

$$Z \approx R - \frac{10\gamma^*(b^*)^2}{3R_c^*} - \frac{10(b^*)^2}{3R_c^*}(\gamma - \gamma^*) -$$

$$\frac{20\gamma^* b^*}{3R_c^*}(b - b^*) +$$

$$\frac{10\gamma^*(b^*)^2}{3(R_c^*)^2}(R_c - R_c^*) = 0 \quad (12)$$

由此，可求出 Z 的均值 μ_Z 和标准方差 σ_Z：

$$\mu_Z = R - \frac{10\gamma^*(b^*)^2}{3R_c^*} - \frac{10(b^*)^2}{3R_c^*}(\mu_\gamma$$

$$- \gamma^*) - \frac{20\gamma^* b^*}{3R_c^*}(\mu_b - b^*) +$$

$$\frac{10\gamma^*(b^*)^2}{3(R_c^*)^2}(\mu_{R_c} - R_c^*) \quad (13)$$

$$\sigma_Z = \sqrt{\left(-\frac{10(b^*)^2}{R_c^*}\sigma_\gamma\right)^2 + \left(-\frac{20\gamma^* b^*}{3R_c^*}\sigma_b\right)^2 + \left(\frac{10\gamma^*(b^*)^2}{(R_c^*)^2}\sigma_{R_c}\right)^2}$$

$$(14)$$

然后，根据迭代法就能求出可靠度指标 β。

(2) 锚喷支护结构可靠度计算

锚喷支护是锚杆与混凝土喷层（挂金属钢筋网）共同作用的支护形式，因此，在考虑其可靠度时，其支护力是由喷层的承载力 P_C、锚杆锚固力 P_M 和岩石承载环的承载力 P_H 三部分组成。根据巷道支护基本原理，支护结构承载力应大于或等于最小支护抗力，由此可得出其失效的极限状态方程为：

$$Z = P_{T1} - P_{min} = 0 \quad (15)$$

这里把所有巷道断面转化成圆形断面，即等代圆，根据剪切滑移理论[①]，可得到圆形断面锚喷结构法向支护抗力的计算公式，其中岩石承载环的承载力 P_H 视为常量。

$$P_{T1} = \frac{2F_W R_T}{Ab\sin(45° - \frac{\varphi}{2})} + \frac{2eF_G\sigma_t\cos\frac{1}{2}(45° + \frac{\varphi}{2})}{a^2 b} + P_H \quad (16)$$

阻止围岩向空区移动所需要的最小支护抗力 P_{min} 可通过下式计算：

$$P_{min} = \frac{1}{2}\gamma R_0\left(\frac{R_{min}}{R_0} - 1\right) \quad (17)$$

因此，由式（15）、式（16）、式（17）可得到锚喷支护的极限状态方程：

$$Z = \frac{2F_W R_T}{Ab\sin(45° - \frac{\varphi}{2})} + \frac{2eF_G\sigma_t\cos\frac{1}{2}(45° + \frac{\varphi}{2})}{a^2 b} + P_H - \frac{1}{2}\gamma R_0\left(\frac{R_{min}}{R_0} - 1\right) = 0 \quad (18)$$

其可靠度的计算方法和金属支架相同。

4. 前进煤矿巷道支护设计与可靠度计算

4.1 巷道支护设计方案

(1) 支护参数计算

每根锚杆所负担的岩体重量为其所承受的荷载，由式（10）可求出单根锚杆荷载。通过式（5）、式（6）可分别求出锚杆直径和间距、排距。

锚杆安全系数 K 取 2，由式（10）计算得到 $Q_d = 24.02$ kN，则通过式（6）计算间距 $a = 0.78$ m，取 0.8 m。在应力集中处间距可缩小到 0.7 m。由于围岩松动圈为 0.6～1.25，属中—小松动圈，选用普通左旋螺纹钢锚杆即可，根据标准《岩土锚杆（索）技术规程》中所给的型号，选用杆体直径最小的 $\phi 16$ mm 锚杆，其 σ 取 340 MPa，钻孔孔径为 24 mm。

锚杆的长度可通过式（4）来计算，其中软弱岩层厚度 H 即围岩松动圈厚度，取 0.9 m，锚杆外露长度 L_2 取 0.1 m。通过计算得到锚固段长度 L_1 分别为 0.34 m 和 0.38 m，取 0.38 m，则锚杆长度为 1.38 m，取 1.4 m。

锚杆布置方式为由巷道轴线顶部开始向两帮呈辐射状布置，钻孔尽量做到垂直岩层，在靠近底板 0.2～0.3 m 处布置靠底板的锚杆，使钻孔下倾 15°左右，这样能减小底板底鼓量。

对于部分地压较大、围岩较破碎的区域，为保证锚喷支护的有效性，可在喷层前

---

① 详见参考文献 [3]。

挂金属网，金属网选用 10#铁丝，由于围岩松散破碎程度一般，网格可稍微取大些，现场为 80 mm × 80 mm，这里取 100 mm × 100 mm，金属网规格为 1.0 m × 1.0 m。

对于混凝土喷层的厚度，这里松动圈为中—小型松动圈，可按喷层破坏形式是冲切型破坏还是撕开型破坏来计算喷层的厚度，参考文献 [5] 中式（4-10）、式（4-11）计算，取喷层厚度为 90 mm。

对 156-72 中巷支护后，支护结构如图 2 所示。

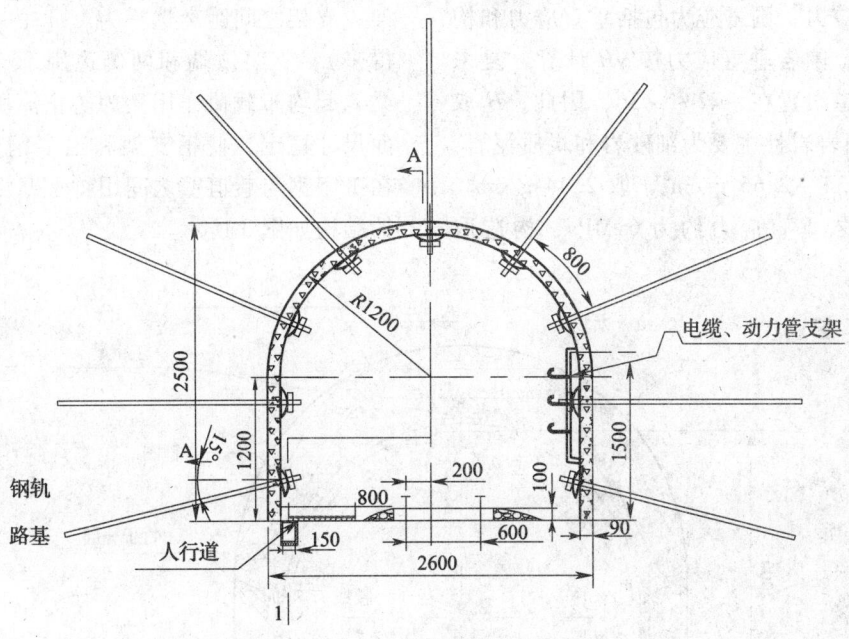

图 2　156-72 中巷断面支护结构图

（2）1364 复采工作面

1）根据 1364 复采工作面岩性特征及现场支护结构的破坏情况，认为巷道破坏原因可能为：

①围岩有较明显的软岩特征。该复采工作面直接顶为粉砂岩，老顶为细砂岩，且都是泥质胶结，节理、层理发育，本身强度不高，在巷道开挖后，极难自稳，顶板向采空区变形大。加之底板泥岩较松软，极不稳定，有一定程度的底鼓现象，这样加剧了顶板和两帮的变形，因此矿压显现更为严重。

②原有支护方式与围岩不匹配。通过井下观测，现有支护主要是梯形棚架支护，即顶板用圆木贴紧，两帮用灌木枝条或竹枝，然后在圆木下用工字钢架一横梁，再用梯形棚支护。现场观察发现，圆木很多被压碎，枝条断裂，工字钢有一定的变形，不时有小岩块掉落，而且底板也有凸出现象，造成支护结构不能有效地发挥其支护作用。

③水的影响。巷道开掘后，由于应力的重新分布，在巷道周围形成松动圈，顶板裂隙砂岩水沿着节理裂隙面渗下来，使煤岩体强度降低，影响了巷道的稳定。在此巷道中水的影响尤为突出，造成煤帮片帮，底鼓速度快，移近量大，而且泥化充分。

由于 1364 复采工作面处于 6 煤层中，6 煤层赋存于龙潭阶上段（P_2L_2），属古生代形成的软岩，岩块的吸水率不高，因此可把围岩划为高应力型软岩。

2）支护方案。

该工作面服务年限在半年左右，因此支护为临时性支护。围岩破坏的主要原因是围岩自身强度较小,由于裂隙较发育,受水影响较大等。根据此前支护形式所出现的不足,对于复采工作面巷道,现采用全断面可缩性 U 型钢支护;对于工作面支护,采用单体液压支柱配铰接梁支护。

所选择的 U 型钢屈服强度必须大于或等于围岩应力,围岩应力包括垂直应力和构造应力等,围岩垂直应力按 γH 计算,复采工作面巷道布置在 $-72 \sim -36$,因此,H 取 226 m;围岩岩性主要为细砂岩和炭质泥岩,密度为 $2.34 \sim 2.66$ g/cm^3,取 2.44 g/cm^3,可得到围岩垂直应力约为 6 MPa,构造取 4.8 MPa(构造应力与垂直应力之比为 0.8),得到围岩应力为 10.8 MPa。这远小于《矿山巷道支护用热轧 U 型钢》标准中列出的 U 型钢屈服强度,因此选用 16MnK 型钢。1 个金属支架由 4 个一定曲率的 16MnK 型钢通过卡箍连接成一个封闭的支架,支架之间距离选择为 1 m(一般按经验得来),支架顶端和两侧边用 16#工字钢作梁,起均布载荷作用。为防止掉块,维持断面尺寸稳定,使钢支架和工字钢受力均匀,在工字钢与巷道壁之间用竹子塞填密实。支护结构如图 3 所示。

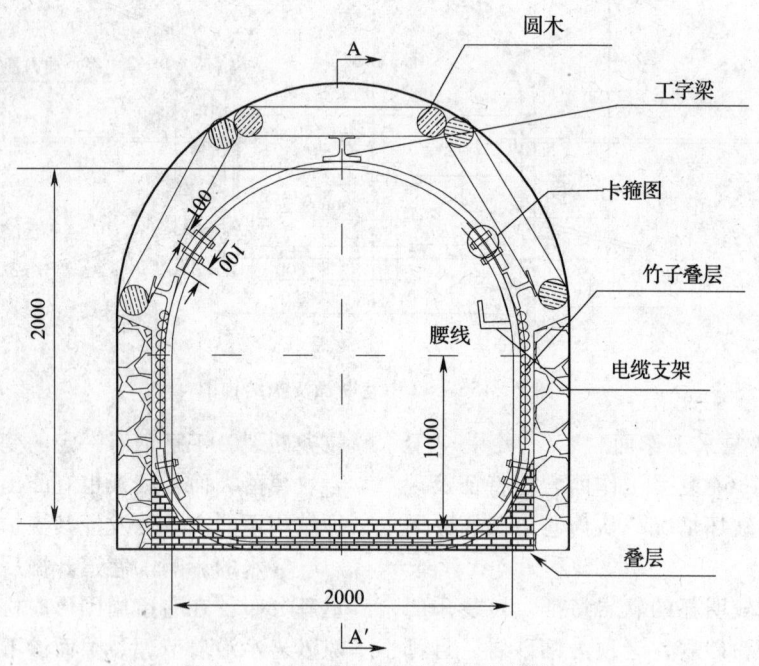

图 3　1364 复采工作面巷道支护结构图

由于采煤工作面随开采进程不断前移,因此,其支护方式要求比工作面巷道更方便拆卸、组装,同时要保证支护安全。根据采煤工作面设计所规定的尺寸,工作面净高为 2 m,宽度不小于 2.4 m,在垂直于采煤工作面推进方向布置液压支柱,布置方式为支柱按排布置,最少三排,最多四排,"见四留三",最大控顶距离为 3.2 m,最小为 2.4 m。同一排中,支柱与支柱之间距离不大于 0.8 m。单体液压支柱通过铰接梁支撑顶板,三排铰接梁通过横栌连接为一整体,横栌上面为圆木,又称挑包木,直接与顶板接触,用工字钢作横栌和铰接梁,其中铰接梁两底边是带有齿形的,以方便与支柱铰接。通过这样不断循环使工作面向前推移。支护结构如图 4 所示。

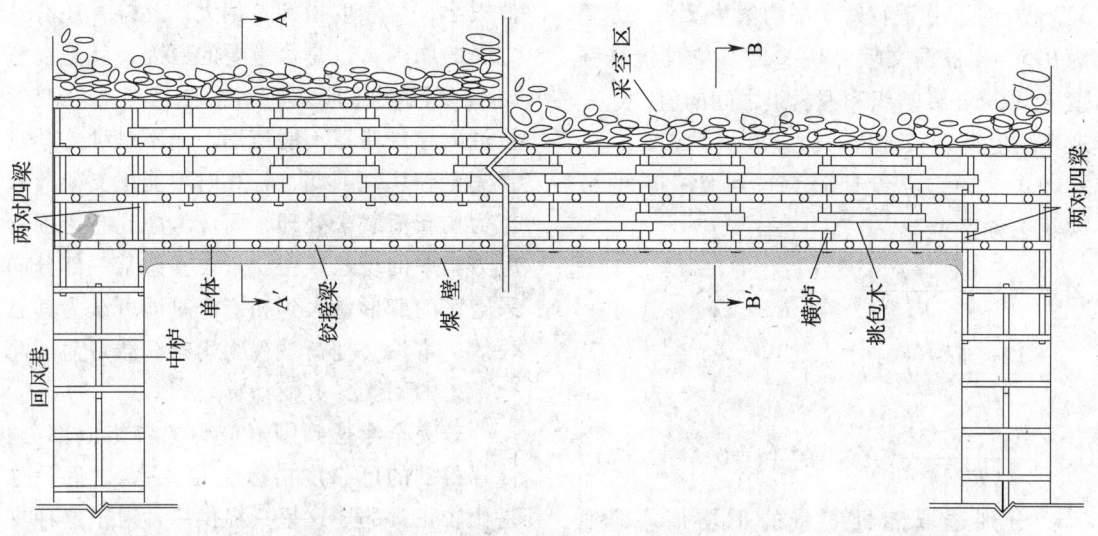

图 4 1364 复采工作面支护结构图

4.2 巷道支护结构的可靠度计算

（1）156-72 中巷

该中巷采用锚杆+混凝土喷层+金属网（局部）支护形式。下面分析极限状态方程中的其他随机变量：

1）地层内摩擦角 $\varphi = 24.6° \sim 25.4°$，变异性不大，计算时作为确定性参数考虑，取 25°。容重平均值 $\mu_\gamma = 24.9$ kN/m³，方差 $\sigma_\gamma = 3.53$ kN/m³。

2）喷网力学参数：铁丝网铁丝直径取平均值为 3.2 mm，横向间距为 100 mm，铁丝抗剪强度以标准给出范围为准。

3）锚杆相关参数：锚杆间距、排距平均值为 0.8 m，方差为 0.2 m；锚杆直径取平均值为 16 mm，方差为 1.2 mm；锚杆抗拉强度也以标准为准。

4）巷道宽度平均值为 2.6 m，方差为 0.5 m。

5）P_H 为岩体承载环的承载力，取现场测量的统计值。

6）等代圆半径 $R_0 = $（净高+净宽）/4 = (2 600 + 2 500) mm/4 = 1 275 mm。

代入极限状态方程后得到下式：

$$Z = \frac{16.08 R_T}{535.73 b} + \frac{2\,242.48 \sigma_t}{a^2 b} + P_H + \frac{\gamma}{2} - \frac{\gamma R_{\min}}{2} = 0 \quad (19)$$

式（19）中有铁丝抗剪强度 R_T、巷道净宽 b、锚杆抗拉强度 σ_t 和锚杆间距 a、围岩松动圈半径 $R_{\min}$、岩层容重 γ 及岩体承载环的承载力 P_H 七个随机变量。利用前面介绍的改进一次二阶矩法求出可靠度指标。

（2）1364 复采工作面

这里只对复采工作面巷道的支护可靠性作分析，工作面的可靠性分析是先对各单体进行可靠性分析，然后采用多失效模式或复杂失效模式结构体系的可靠度计算方法进行分析计算。根据文献 [1]，取构造应力为垂直应力的 0.8 倍，则极限状态方程为：

$$R - 6\gamma \frac{b^2}{R_C} = 0 \quad (20)$$

式（20）中随机变量有 U 型钢 16MnK 屈服强度 R、岩石容重 γ、巷道宽度 b 及岩石单轴抗压强度 R_C，R 取常数 95 kN，岩石容

重 γ 平均值为 24.4 kN/m³，方差为 3.2 kN/m³，巷道宽度 b 平均值为 2 m，方差为 0.5 m，根据文献 [1]，岩石单轴抗压强度 R_c 取介于砂岩组和泥岩组之间的值，这里取平均值为 24.7 MPa，方差取 4.1 MPa。

式（20）在设计验算点线性化后的极限状态方程为：

$$Z \approx R - \frac{6\gamma^*(b^*)^2}{R_C^*} - \frac{6(b^*)^2}{R_C^*}(\gamma - \gamma^*) -$$

$$\frac{12\gamma^* b^*}{R_C^*}(b - b^*) +$$

$$\frac{6\gamma^*(b^*)^2}{(R_C^*)^2}(R_C - R_C^*) = 0 \quad (21)$$

分别选取随机变量的平均值，即取 $\gamma^* = 24.4$，$b^* = 2$，$R_C^* = 24.7$。由式（9）计算 $\cos\theta_{X_i}$ 的值：

$$\cos\theta_\gamma = \frac{-6 \times 3.2 \times 4/24.7}{\sqrt{\begin{array}{l}(6 \times 3.2 \times 4/24.7)^2 \\ + (12 \times 2 \times 0.5 \times 24.4/24.7)^2 \\ + (6 \times 24.4 \times 4 \times 4.1/24.7^2)^2\end{array}}}$$

$$= -0.242$$

$$\cos\theta_b = \frac{-12 \times 2 \times 0.5 \times 24.4/24.7}{\sqrt{\begin{array}{l}(6 \times 3.2 \times 4/24.7)^2 \\ + (12 \times 2 \times 0.5 \times 24.4/24.7)^2 \\ + (6 \times 24.4 \times 4 \times 4.1/24.7^2)^2\end{array}}}$$

$$= -0.921$$

$$\cos\theta_{R_C} = \frac{-6 \times 24.4 \times 4 \times 4.1/24.7^2}{\sqrt{\begin{array}{l}(6 \times 3.2 \times 4/24.7)^2 \\ + (12 \times 2 \times 0.5 \times 24.4/24.7)^2 \\ + (6 \times 24.4 \times 4 \times 4.1/24.7^2)^2\end{array}}}$$

$$= -0.306$$

由式（7）计算可靠度指标 β：

$$\beta = \frac{95 - 6 \times 4 \times 24.4/24.7}{\sqrt{\begin{array}{l}(6 \times 3.2 \times 4/24.7)^2 \\ + (12 \times 2 \times 0.5 \times 24.4/24.7)^2 \\ + (6 \times 24.4 \times 4 \times 4.1/24.7^2)^2\end{array}}}$$

$$= 5.539$$

然后，再计算新的验算点。这里由于围岩应力简化太多，导致计算得到的围岩应力值很小，可靠度指标 β 偏大。此外，还有一方面的原因，也是最重要的原因，就是在考虑 U 型钢破坏形式时，主要是考虑其变形量过大导致巷道不能使用，而不是考虑其是否完全破坏，因此，计算时不能把支架荷载作为均布荷载来处理，而应考虑到巷道围岩应力集中的现象，主要考虑支架某一部分向采空区的变形量大到相应值时即可认为其已失效，本论文把荷载视为均布荷载是为了简化考虑的因素，方便计算。

若完全考虑到围岩应力的各组成部分，计算得到的可靠度指标应在 2～5 之间，这是比较正常的。这里只提供一种对于这种支护方式的可靠度计算方法作为参考。

5. 结论

本论文主要有以下结论：

（1）本论文所采用的支护设计方法是实践中应用比较广泛的，其中相关参数的确定基本上是通过一些经验或半经验公式得来的，并没有作相关的模拟实验和较深的数值分析，因此，所得到的数值准确性方面可能稍有欠缺，不过根据实践经验这是可行的，完全可以满足安全生产的需要。

（2）根据巷道围岩松动圈模型，在没有进行支护时，塑性软化区和硬化区是主要的承力拱，塑性流动区通过锚杆的连接可以和软化区形成一组合拱，塑性流动区厚度不能用作锚杆锚固段长度，因此，在对 156 - 72 中巷进行支护设计时，把松动圈厚度作为锚杆锚固段长度是比较合理的。

（3）在进行支护设计时，对围岩应力进行了简化处理，仅考虑了地应力，实际工程中围岩应力不仅包括地应力，还包括构造应力、巷道开挖后的围岩变形应力等。因此，本论文计算得到的支护参数也可能偏小。

（4）对支护方案进行可靠性分析过程

中，采用了相对比较简单的中心点法和验算点法，中心点法计算简便，但也有其致命缺点，验算点法计算稍复杂，但能得到较准确的计算结果。两者一般都是用于单失效模式结构的可靠度近似计算方法。在实际中一般不可能是单一的失效模式，而且验算点法在极限状态方程非线性程度较高时，误差较大。

（5）本论文所做的全部工作虽然建立在前进煤矿这一实际工程中，但由于生产现场获得的数据有限，一些围岩重度、抗压强度等数据是类比其他矿得出的，因此，计算的结果可能与实际存在偏差。

软岩巷道支护是一个世界性难题，软岩巷道联合支护可靠性分析及优化设计又是一项庞大的系统工程，影响因素繁多，相互作用关系复杂，需要投入大量的人力、物力，需要各相关的生产部门、科研单位协同合作，群策群力，共同攻关。本论文虽然对巷道支护设计及可靠性分析作了部分研究，上面也提到设计过程中遇到的不少问题，在以后的工作实践中，随着工作经验的积累，应能更好地处理。

◎参考文献

[1] 靖洪文，李元海，赵保太，等.软岩工程支护理论与技术［M］.徐州：中国矿业大学出版社，2008.

[2] 张永兴，等.岩石力学（2版）［M］.北京：中国建筑工业出版社，2008.

[3] 高谦，吴顺川，等.土木工程可靠性理论及其应用［M］.北京：中国建材工业出版社，2007.

[4] 董方庭，等.巷道围岩松动圈支护理论及应用技术［M］.北京：煤炭工业出版社，2001.

[5] 何满潮，景海河，等.软岩工程力学［M］.北京：科学出版社，2002.

浅析道路交通安全设施的设置

李永贞　陈沅江（指导教师）

（中南大学资源与安全工程学院，长沙，410083）

摘　要　道路交通安全设施作为高等级公路（高速、1级、2级公路）系统的重要组成部分，能够保障车辆行驶的安全性与便捷性，对于道路交通安全起着至关重要的作用。本文分析和归纳了道路交通安全设施各子系统（包括道路交通标志、标线、安全护栏、防眩设施、视线诱导设施）的设置要求，并结合驾驶员生理、心理特性，以安全人机工程学为出发点，提出上述设施在设置过程中存在的问题及改进措施。

关键词　道路交通安全设施　安全人机工程学

交通安全设施包括交通管理设施和安全防护设施两部分。交通管理设施主要包括交通标志和标线，它们可以通过对驾驶员及其他人员的指示和引导来保证交通流的有序运行，保证公路充分发挥其安全、快速、舒适的特点，大幅度减少由于无序而造成的交通事故。安全防护设施主要包括护栏、防眩设施、视线诱导设施等，主要作用是防止行人、动物及杂物进入或落入高速公路，减少夜间对象灯造成的眩光，使正常行驶车辆免受不必要的干扰，同时，在发生交通事故时，将事故车辆及有关人员的损害降至最低限度，尽量避免二次事故的发生，并起到保护沿线其他设施安全的作用。本论文对交通安全设施的设置要求进行归纳，并分析和解决设置过程中存在的问题。

1. 设置要求及设置中存在的问题

1.1 交通标志

交通标志是用图形、符号、颜色和文字传递特定信息，设置在路侧或道路上方，用以管理道路交通的安全设施。

1.1.1 交通标志的设置要求

（1）安装角度

路侧式标志应尽量减少标志板面对驾驶员的眩光。在装设时，应尽可能与道路中线垂直或成一定角度：禁令标志和指示标志为 0°~45°，指路标志和警告标志为 0°~10°，如图 1 所示。

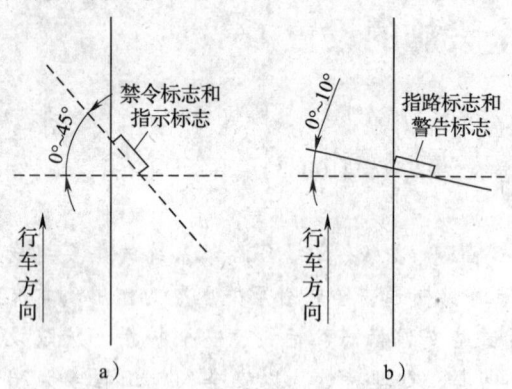

图 1　标志安装角度

（2）前置距离

对设置在距交叉口适当位置的路侧标志，驾驶员要依次经过读标志距离、判断距离、行动距离，才能安全顺畅地完成必要动作，如变换车道、改变方向、减速或停车等。如果驾驶员读完标志后到标志的距离比消失距离短，驾驶员就不能从容地读完标志。因此，标志的设置地点必须满足驾驶员读完标志后到标志的距离大于消失距离。

（3）空间位置

交通标志在道路横断面位置上的设置方式一般有路侧式、悬臂式、门架式、附着式等。对于内容单一、信息量少的标志，驾驶员容易接受，宜采用路侧式安装；对于指示方向、地点、距离的诱导标志，由于信息量大且对沿线重要地点作出向导，属于重要标志，应按悬臂式安装；警告、禁令、指示标志由于信息量大、多采用图形符号，通常情况下一般采用路侧式安装；对于不同的交叉口，为了提高驾驶员的视认性，采用头顶安装会收到较好的效果。

1.1.2 交通标志设置存在的问题

（1）标志设置位置不合理

在现实中，许多交通标志位置设置不合理，通过观察发现有以下三种情况：

1）禁令标志没有预先提醒，驾驶员到达禁令路口才发现禁令标志的存在。

2）道路交通标志设置位置使人产生歧义。

3）禁令标志往往与其他标志并设在一起，对驾驶员的瞬间辨识增加了负担，所以，除特殊要求外，一般应避免并设。

（2）标志设置角度不合理

根据有关实验，驾驶员发现标志的视角需在 10°以上[1]。这样使驾驶员有充足的时间完成视认、视读、反应这一过程，提前采取措施，但现在许多交通标志设置时往往角度不够或根本没有角度。

（3）标志信息承载量过大

交通管理信息集中描述在一块标志牌上，给驾驶员的认知造成了障碍。一般情况下，驾驶员要清晰辨认交通标志上的信息平均需要 1 s[2]。当驾驶员高速行驶时，对交通信息量较大的交通标志，驾驶员在很短的时间内完成从发现到理解这一认知过程是无法实现的。

1.2 交通标线

交通标线是由标画于路面上的各种线条、箭头、文字、立面标记、突起路标和轮廓标等构成的交通安全设施。

1.2.1 交通标线的设置要求

（1）标线的颜色

路面标线一般为白色及黄色，以白色为主，白色标线的反射性比黄色标线高53%，在有雾的情况下，和白色标线相比，黄色标线可见性减少1/5，黎明和黄昏时明显地减少可见性。因此，我国目前较少使用黄色交通标线，一般在同方向有两条以上机动车道且道路照明条件较好的情况下才使用。

（2）标线的宽度

纵向标线对司机的心理指标不产生影响，国家标准《道路交通标志和标线》规定纵向标线的宽度为10～15 cm，高速公路边缘线宽度为15～20 cm，一般采用下限值，在需要强调的地方可采用上限值。横向标线宽度应比纵向标线宽，因为驾驶员在行车中发现横向标线往往是由远到近，尤其在距横向标线较远的时候其视角范围很小，加上远小近大的原理，加宽横向标线是很有必要的，一般宽度为20～40 cm，斑马线为45 cm。

（3）标线实线与间隔长度的比例

实线段与间隔距离太近，会造成闪现率过高而使虚线出现连续感，对驾驶员产生过分的刺激；但实线段与间隔距离太远，闪现率太低，使驾驶员在行驶中获得的信息量太少，起不到标线应有的作用。根据透视原理，规定纵向标线的最小宽度为10 cm，纵向标线虚线的实线段最小长度为3 m。

（4）导向箭头的形式

为寻求导向箭头的最佳形式，需要对各种直行、转弯、直行和转弯组合箭头进行比较。根据认读速度和错误率试验的结果来统计分析，最好的箭头形式可归纳如下：直行箭头的宽度约为箭杆宽度的4倍，箭头长度要比箭杆短；转弯箭头的特征在很大程度上是由不对称的形式来显示方向的，其特征是保持箭头的转弯部分清晰。

1.2.2 交通标线设置存在的问题

（1）字符尺寸的设计不够规范

目前国内还没有对标线字符的尺寸进行统一的规定，各地大都根据自己的经验来设计，很难确定合理有效的设计尺寸，给驾驶员准确把握信息带来很大难度。

（2）标线设置给驾驶员识读带来不便

在一些道路的不同车道上通常会有"超车道""行车道"或"小型汽车""大型汽车"等标志。通过观察发现大部分标志的书写顺序是逆着车辆行车顺序的，驾驶员通常是读了前面的字而忘了后面的字，在此情况下，即使驾驶员捕捉到了标线提供的信息也不能利用，标志设置形同虚设。

（3）标线设置不够灵活

标线在设置过程中没有充分考虑到交通参与者的实际需求与使用习惯。在许多交叉路口，无论大小，标划人行横道线统一标划3～5 m宽，没有考虑行人过街的流量大小。

1.3 安全护栏

安全护栏是防止车辆驶出路外或闯入对向车道而沿着道路路基边缘或中央隔离带设置的一种安全防护设施。

1.3.1 安全护栏的设置要求

（1）一般护栏的高度要求

现代的轿车有向微型化发展的趋势，其质量变得越来越小，为了减小空气阻力，前车盖更趋于流线型而变低，这种车辆在与护栏相碰时，很容易钻入护栏的横梁下面而造成严重的后果。另外，一些大型车和重型车在与护栏碰撞时，可能产生跳跃问题。上述两种情况都是不应该发生的，这就要求确定护栏的合理安装高度。

根据经验，防止车辆钻撞和越出护栏的高度是：

1）缆索护栏：从地面到最上一根缆索顶的高度为 950 mm。

2）箱梁护栏：从地面到箱梁顶的高度为 700 mm。

3）波形梁护栏：从地面到横梁顶的高度为 755 mm。

上述护栏高度几乎可以适应所有乘用车，以及大部分轻型货车、箱式货车、多用途车[3]。

（2）桥梁护栏的高度要求

桥梁护栏除满足车辆碰撞的强度要求外，还应给道路使用者以心理安全感。根据我国长期以来桥梁栏杆的使用经验，对桥面高出地面或水面 3 m 以上的护栏，护栏高度应不低于 1.0 m。

（3）护栏的最小设置长度

当根据结构要求设置的护栏较短时，高速行驶的汽车会把护栏立柱撞弯或把整段护栏撞翻，起不到防护的作用。另外，还会发生汽车冲出护栏碰撞到本应受到保护的物体上。因此，必须对护栏最短长度进行规范。护栏的最短长度 L，主要取决于碰撞能量。碰撞能量的大小与车速有关，不同设计行车速度对护栏最小结构长度的要求如下：

1）当设计行车速度 $v<70$ km/h 时，其长度不小于 28 m。

2）当 $v<100$ km/h 时，其长度不小于 48 m。

3）当 $v>100$ km/h 时，其长度不小于 60 m。

1.3.2　安全护栏设置存在的问题

（1）护栏设置的连续性问题

《高速公路交通安全设施设计及施工技术规范》规定的路侧护栏最小设置长度为 70 m[4]。而目前国内很多高速公路路侧设置的护栏都达不到这个要求，从而降低了护栏的整体防撞能力。

（2）切方路段没有设置护栏

根据规范，在距土路肩边缘 1.0 m 以内存在高出路面 30 cm 以上的混凝土基础、挡墙等应设置路侧护栏。目前很多高速公路为了节约投资，切方路段并没有设置护栏。

1.4　防眩设施

防眩设施是指设置在中央分隔带上，夜间行车防止对面车辆前照灯眩目的构造物。

1.4.1　防眩设施的设置要求

（1）遮光角

遮光角是一个非常重要的技术参数，它将是防眩设施设计的重要依据。直线路段防眩设施的遮光角不得低于 8°，平（竖）曲线路段防眩板的遮光角为 8°~15°。在植树防眩中，由于考虑到绿化植物的枝叶稀疏等因素，植树防眩建议采用遮光角 10°较好。

（2）防眩设施的高度

防眩设施的高度与车辆前照灯高度、驾驶员视线高度、道路纵断面曲线及前照灯的最小几何可见度角、配光性能等因素有关[5]。图 2 是防眩设施最小高度计算图示。当道路是平坦无横坡的直线段，则防眩设施最小高度可按驾驶员恰好看不见对向车前照灯这一几何关系进行计算。

图 2 中 L 为汽车前照灯的远光照距，当防眩设施设置在中央分隔带时：

$$H = h_1 + (h_2 - h_1)\frac{B_1}{B}$$

或

$$H = h_2 + (h_2 - h_1)\frac{B_2}{B}$$

式中 H——防眩设施高度，m；
h_1——汽车前照灯高度，m；
h_2——驾驶员视线高度，m；
B_1、B_2——在车道上车辆距防眩设施中心线的距离，m，$B = B_1 + B_2$。

式中不同车辆的前照灯高度（h_1）与驾驶员视线高度（h_2）的建议采用值见表1。

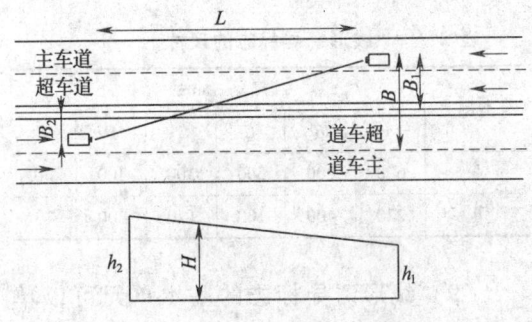

图2 防眩设施最小高度计算图示

表1 h_1 和 h_2 的建议采用值

车种	视线高度 h_2（m）	前照灯高度 h_1（m）
小型车	2.0	1.0
大型车	1.30	0.8

竖曲线路段的防眩设施高度应根据前后纵坡情况进行适当的调整，以满足遮光要求。

在植树防眩中，考虑车辆前照灯高度、驾驶员视线高度、道路状况和车型组合等制约因素，平直路段和平曲线路段适宜的高度为 1.20～1.40 m，不宜超过 1.40 m。凸形竖曲线段高度以最小防眩高度为准，凹形竖曲线路段应大于最小防眩高度 10～20 cm。

（3）防眩设施宽度

防眩设施宽度按下式计算，图3为计算图示。

当防眩设施与设置中线垂直时：
$$b = L\tan\beta$$

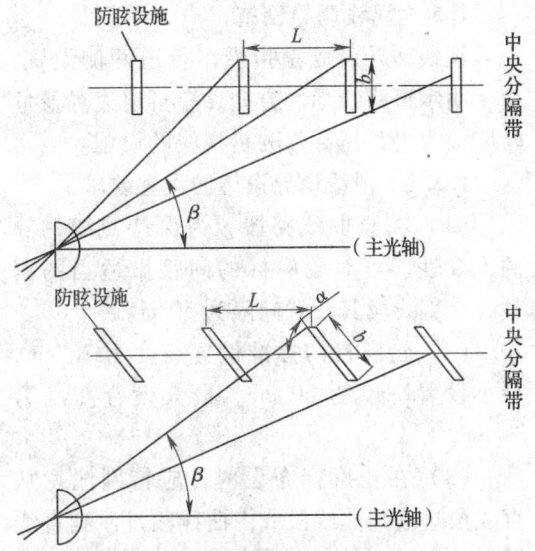

图3 防眩设施宽度计算图示

当防眩设施与设置中线偏转 α 角时：
$$b = \frac{L\tan\beta}{\sin\alpha + \cos\alpha\tan\beta}$$

式中 b——防眩设施的宽度，cm；
β——防眩设施遮光角（°）；
L——防眩设施间距，cm；
α——防眩设施的偏转角（°）。

在植树防眩中，植树防眩宽度以不超出中央隔离带侵入行车道为限，因此植树防眩宽度应比中央隔离带宽度小 1 m 以上。

（4）防眩设施的间距

防眩设施的间距一般定为 50 cm，这主要是为了与护栏设置间距相吻合。植树防眩的间距为 5～6 m。

1.4.2 防眩设施设置存在的问题

防眩设施的设置高度未从实际出发，如在道路的坡顶位置，由于行车角度的问题，相向行驶的机动车的灯光会越过道路中心防眩板，从而影响对向机动车的行驶。因此，在上述地点，应当适当提高中心防眩板的高度，在路段上真正发挥防眩板的作用。

1.5 视线诱导设施

视线诱导设施是指沿车行道两侧设置，用于明示道路线形、方向、车行道边界及危险路段位置，诱导驾驶员视线的设施。

1.5.1 视线诱导设施的设置要求

（1）在竖曲线路段，为保持视线诱导的连续性，可对轮廓标的间距做适当的调整，在直线段其设置间隔为 50 m。

（2）轮廓标的标准设置高度为 70 cm，最小设置高度为 60 cm，最大设置高度为 80 cm。

（3）在轮廓标布设时，应特别注意从直线段过渡到曲线段或由曲线段过渡到直线段时的布设处理，应使视线诱导保持连续性，能平顺圆滑地过渡[6]。

（4）在设置护栏的路段，设置附着式轮廓标；在没有设置护栏的路段，设置柱式轮廓标。

（5）当道路设有中央分隔带时，轮廓标为单面；当道路没有中央分隔带时，轮廓标为双面。

（6）突起路标的反射面应尽可能与驾驶员视线垂直，高出路面一般不超过 2.5 cm，并应符合交通安全的要求。突起路标一般应和路面标线配合使用。一般的间隔距离为 6～15 cm，可根据路面标线的设置情况及需要强调的程度选择。突起路标也可单独使用，以代替路面标线。

（7）线形诱导标志的设置应和线形一致，并垂直于车的行驶方向，至少在 150 m 远处就能看见，其设置间距应保证驾驶员至少能看到三块线形诱导标或能辨明前方进入弯道运行[7]。在曲率半径较小的匝道上，驾驶员应连续看到不少于三块的线形诱导标。

（8）线形诱导标志的基本单元如图 4 所示，尺寸应符合表 2 的规定。表中 I 型适用于行车速度大于 100 km/h 的公路，II 型适用于行车速度小于 100 km/h 的公路。

图 4　线形诱导标志的基本单元

表 2　线形诱导标志的尺寸

类型	尺寸（mm）					
	A	B	C	C′	D	E
I	600	800	300	300	400	30
II	220	400	100	120	200	15

（9）线形诱导标志的基本单元可以单独使用，也可把几个基本单元组合使用。

（10）线形诱导标志的颜色规定为：指示性线形诱导标志，一般道路为蓝底白图案，高速公路为绿底白图案；警告性线性诱导标志为红底白图案。

（11）分合流标志的颜色规定为：高速公路诱导标志的底为绿色，其他公路为蓝色，诱导标志的符号均为白色。

1.5.2 视线诱导设施设置存在的问题

视线诱导设施设置位置不明确，传统的诱导标的设置原理都是以进入曲线之前的直线段来考虑的，这样就导致第一个线性诱导标志的位置不明确，可能处于缓和曲线上，也有可能被安置在进入曲线前的直线上，从而使驾驶员对曲线的起点错误判断，导致驾驶员转弯过早或过晚，引发交通事故。

2. 对存在问题的改进

（1）设置在路口的禁令类交通标志，设置时不仅要与路口有一定的距离，也应当在该路口的前一个路口设置预先提醒标志，告知驾驶员前方路口应采取的措施，以便驾驶员及时选择。

（2）路面标志在设计时可以考虑使标志的书写顺序顺着车辆的行车顺序。路面标志的长宽是根据车道宽度选取的，其长宽比为 5:2。

（3）对图 5 所示的曲线路段，应设置如下交通安全设施：

1）根据该公路的设计车速设置限速标志。限速标志采用与其他路段不同的颜色，通过颜色的改变可以引起驾驶员的视觉反应，消除麻痹心理，使驾驶员将注意力放在该标志上。

2）设置行车道振动标线强制减速，但从车辆行驶的舒适性考虑，一般曲线路段可采用视觉错视原理设计彩色立体减速标线代替振动标线，使驾驶员在进入弯道之前就能降低车速，提高通过弯道的安全性。

3）在距弯道 50 m 处设置"前方弯道，减速慢行"等提醒标志。通过限速标志、提醒标志、彩色立体减速标线三者的共同作用，确保弯道的行车安全。

图 5　曲线路段

（4）我国相关规范规定，直线路段最大长度应小于 $20v$（v 为设计车速）[8]。但考虑到实际情况，直线路段总是设计得比较长，如图 6 所示，在这样的路段上，可以考虑在不增加驾驶员感知负荷的前提下，在超出设计长度的路段加大限速标志，增加提醒标志的数量，重复提醒驾驶员注意车速、提高警惕。但是，光有这些标志，对驾驶员的刺激作用还不够明显，因为长时间在单调的直线路段上行驶，驾驶员对道路两边的交通设施产生了麻痹心理，因此，可在超出设计路段长度起点处设置彩色立体减速标线，引起驾驶员的视觉反应，调节长时间在直线路段上行驶造成的疲劳感。

图 6　长直线路段

3. 结论

科学合理的设置才能使交通安全设施发挥其减轻事故严重度、提高道路服务水平、提供视线诱导等作用。同时，在设置过程中，要强调以人为本的设计理念，才能很好地预防和减少各类交通事故。

◎参考文献

[1] 曹鹏,吴文静. 基于认知心理学的驾驶员交通标志视认性理论分析 [J]. 中国安全科学学报, 2005（4）.

[2] 刘会学. 高速公路网络环境下交通标志的设计 [J]. 中国公路学报, 2004（12）：142 – 144.

[3] 何勇. 我国的护栏设计条件及波形梁护栏结构机理 [J]. 公路交通科技, 1994（2）：99 – 102.

[4] 中华人民共和国交通部. 《高速公路交通安全设施设计及施工技术规范》JTJ 074—94 [S]. 北京：人民交通出版社, 1994.

[5] 李爱民. 高速公路防眩设施研究 [J]. 公路交通科技, 1994（3）：166 – 169.

[6] 黄建镇,丁艺. 线形诱导标志在带有缓和曲线的平曲线上的设置 [J]. 森林工

程，2004（3）：44-47.
[7] 毛慧. 线形诱导标设置[J]. 公路交通科技，2001，6（5）：77-81.
[8] 裴玉龙，马骥. 道路交通事故道路条件成因分析及预防对策研究[J]. 中国公路学报，2003，16（4）：78.

某铁矿岩质边坡安全系数的BP神经网络模拟计算

杨龙罕　韩立华（指导教师）

（中南大学资源与安全工程学院，长沙，410083）

摘　要　露天采场的岩质边坡稳定性影响着矿山的安全生产。对于边坡稳定性，有很多的计算方法，其中人工神经网络模拟具有极强的自学习能力及容错性等，并且较简便。本文针对某拟建铁矿的露天岩质边坡的实例，使用MATLAB人工神经网络工具箱中的BP模型模拟计算边坡安全系数，而模拟的参数是根据CSMR岩体稳定性评价体系及采用该评价体系的工程实例样本，模拟结果显示误差在可接受范围内。最后根据CSMR评价相应模拟参数，计算该拟建矿山的边坡安全系数，结果显示该边坡很稳定。

关键词　CSMR　安全系数　岩质边坡 BP神经网络

分析露天矿边坡稳定性的方法种类很多，有定性分析方法和定量分析方法，有传统的极限平衡分析方法和数值分析方法，如边界元法、有限元法，另外还有人工神经网络方法等[1,2]。由于影响边坡稳定性的因素十分复杂，而且边坡的水文、地质因素的不确定性给以上的一些分析方法带来了困难，而神经网络的分析方法不受太多因素的影响。神经网络方法通过建立的非线性网络结构，可使得边坡稳定性分析取得满意的结果。另外，利用神经网络的非线性映射关系，抛开对影响边坡稳定性的各种复杂因素的探究，找出两者之间的必然联系，可以避免用其他量化方法寻找两者之间关系时所遇到的困难。人工神经网络（Artificial Neural Network）自20世纪80年代以来，吸引了大批研究人员对其理论模型、学习算法、开发工具、实际应用和与其他机器学习方法的结合方面进行了广泛深入的探索，范围涉及人工智能、认知科学、行为科学、物理学、心理学、神经科学、图像处理、语言学、控制论等广泛领域[3]，它的基本思想是[4]：大量神经元的非线形组合可以构成任意复杂的分类曲面，使神经网络具有与人类似的分辨能力，它的特点在于信息的分布式存储和并行协同处理[5]，虽然，单个神经元的结构极其简单，功能有限，但大量神经元构成的神经网络系统却能实现丰富多彩的行为，从而具有集体运算的能力和自适应的学习能力，极强的容错性和鲁棒性，善于联想、综合和推广，可以用来解决利用传统方法无法解决或技术处理上有困难的问题。BP神经网络是目前较为成熟并且应用最广泛的神经网络模型之一，运用误差反向传播学习法（BP算法）的多层前向网络，通常称为BP神经网络（Back Prop-agation Neural Network）。本文结合MATALAB人工神经网络工具箱中的BP模型与CSMR岩体质量评价体系进行某铁矿露天岩质边坡的安全系数计算。下面分别介绍 CSMR 体系和 BP 神经网络。

1. CSMR 岩体质量分类体系介绍

现今世界各国应用较多的边坡岩体质量分类体系是 Bieniawski 于 1976 年提出的 RMR（Rock Mass Rating）分类和 Romana 于 1985 年在 RMR 分类基础上提出的 SMR（Slope Mass Rating）分类。RMR 分类主要考虑了完整岩石的抗压强度、岩体 RQD 值、节理间距、节理条件、地下水这五个岩体及结构面特征值，作为对岩体质量进行量化描述的依据，该分类中虽对岩体本身质量评定方面给出了十分详细的标准，但未详细考虑对边坡岩体稳定起重要作用的控制性结构面的影响。而 SMR 分类最大的特点就是充分考虑了岩体结构面特征对边坡稳定的影响，对工程边坡最常见的滑动、倾倒和楔体破坏这 3 类问题都给予了适当的考虑，但该分类未考虑边坡高度对稳定性评价的影响，也没有区分控制结构面条件对边坡稳定性的影响[6]。

我国在采用 RMR 和 SMR 分类方案的前提下，考虑边坡高度及结构面对边坡稳定性的影响，采用积差评分模型对 RMR 值进行了修正，提出了 CSMR（Chinese system for SMR）分类体系。所以，CSMR 分类是对 SMR 分类的改进，本文采用 CSMR 分类体系进行岩体稳定性评价，下面介绍三种体系的评分标准及修正公式。

（1）RMR 分类体系

RMR 分类参数及评分标准见表1。

表1 RMR 分类参数及评分标准[6]

参数		评分标准				
岩石强度（MPa）	点荷载强度	>10	4~10	2~4	1~2	
	单轴抗压强度	>250	100~250	50~100	25~50	<25
	分值	15	12	7	4	<2
岩石质量指标 RQD（%）		90~100	75~90	50~75	25~50	<25
分值		20	17	13	8	3
结构面间距（m）		>2	2~0.6	0.6~0.2	0.06~0.2	<0.06
分值		20	15	10	10	5
结构面条件	粗糙度	很粗糙	粗糙	较粗糙	光滑	擦痕、镜面
	分值	6	4	2	1	0
	充填物	无	<5 mm（硬）	>5 mm（硬）	<5 mm（软）	>5 mm（软）
	分值	6	4	2	1	0
	张开度	未张开	<0.1 mm	0.1~1 mm	1~5 mm	>5 mm
	分值	6	5	4	1	0
	结构面长度	<1 m	1~3 m	3~10 m	10~20 m	>20 m
	分值	6	4	2	1	0
	岩石风化程度	未风化	微风化	弱风化	强风化	全风化
	分值	6	5	3	1	0
地下水状况	状态	干燥	湿润	潮湿	滴水	涌水
	透水率/Lu	<0.1	0.1~1	1~10	10~100	>100
	分值	15	10	7	4	0

(2) SMR 分类体系

SMR 修正公式及修正系数：
$$SMR = RMR - F_1 F_2 F_3 + F_4 \quad (1)$$
各修正系数：

1) F_1 为取决于影响边坡稳定性的不利结构面倾向与边坡坡面倾向之间平行程度的调整因子，取值范围 0.15~1.0。当两者之间的夹角大于 30°时，边坡破坏的可能性很低；当 F_1 = 1.0 时，结构面与边坡坡面近于平行，这时的结构面很不利。F_1 值最初是凭经验给的，后来发现它与下列关系式近似匹配：

$$F_1 = (1 - \sin A)^2 \quad (2)$$
其中，A 为坡面倾角与结构面倾角的差值。

2) F_2 为在平面破坏中结构面倾角（β_j）的调整因子，取值范围为 0.15~1.0。
$$F_2 = \tan\beta_j \quad (3)$$
在倾倒破坏中，$F_2 \equiv 1.0$。

3) F_3 为反映坡角与结构面倾角之间关系的调整因子，其值在 0~60 之间，见表 2。

4) F_4 为取决于开挖方法的调整因子，见表 3。

表 2　F_3 评分标准

边坡破坏情况		很有利	有利	一般	不利	很不利
P	$\beta_j - \beta_s$	>10°	0°~10°	0°	10°~0°	<-10°
W	$\beta_j - \beta_s$	—	—	—	—	—
T	$\beta_j + \beta_s$	<110°	110°~120°	>120°	—	—
P/W/T	F_3	0	6	25	50	60

表 3　F_4 评分标准

开挖方法	自然边坡	预裂爆破	光面爆破	一般方式或机械开挖	欠缺爆破
F_4	+15	+10	+8	0	-8

(3) CSMR 分类体系

CSMR 修正公式及修正系数：
$$CSMR = \xi RMR - \lambda (F_1 F_2 F_3) + F_4 \quad (4)$$
各修正系数：

1) ξ 坡高修正系数。

计算式：
$$\xi = 0.57 + 0.43 \times (H_r/H) \quad (5)$$
式中 H_r = 80 m，H 为边坡高度（m）。

2) 结构面条件系数。

结构面条件系数 λ 取值见表 4。

表 4　结构面条件系数 λ 取值

结构面条件	λ
断层、夹泥	1.0
层面、贯穿裂隙	0.8~0.9
节理	0.7

CSMR 体系建立与 SMR 和 RMR 体系的基础上，较全面地考虑了岩体本身的物理性质、几何形态、开挖条件及开挖高度等，并且经过我国科学家结合我国工程实例进行验证，能较准确评估边坡稳定性及相应的安全系数。

2. BP 神经网络

神经网络模型很多，像自组织算法、延时反馈算法、BP 算法等，本文采用应用较成熟、应用较广泛的 BP 算法。

BP（Back Propagation，反向传播）神经网络是 1986 年由以 Rumelhart 和 McClelland 为首的科学家小组提出的，是一种按误差逆传播算法训练的多层前馈网络，它并不需要精确的数学方程，而是通过同一相关事物大量数据的输入和输出来学习并掌握这些数据之间的映射关系。

BP 神经网络是由两层结构组成：隐含层（中间层）和输出层，也有把输入当成一层的看法，即由三层组成：输入层、隐含层（中间层）和输出层，本文采纳第二个观点，即由三层组成（见图1）。神经元（节点）是 BP 神经网络的基本处理单元，图2给出了一个代号为 j 的基本 BP 神经元（节点），它是一个多输入/单输出的非线性元件，它的输出除受输入信号的影响外，还会受到神经元内部其他因素的影响，所以在建模的时候，会人工加一个信号，称为阈值。图中 $x_1, x_2, \cdots, x_i, \cdots, x_n$ 分别代表来自神经元 $1, 2, \cdots, i, \cdots, n$ 的输入；$w_{j1}, w_{j2}, \cdots, w_{ji}, \cdots, w_{jn}$ 则分别表示神经元 $1, 2, \cdots, i, \cdots, n$ 与第 j 个神经元的连接强度，即权值；b_j 为阈值；$f(\cdot)$ 为传递函数；y_j 为第 j 个神经元的输出[7]。

第 j 个神经元的净输入值 S_j 为：

$$S_j = \sum_{i=1}^{n} w_{ji} \cdot x_i + b_j = W_j X + b_j \quad (6)$$

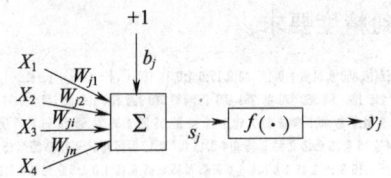

图1 BP 神经网络结构

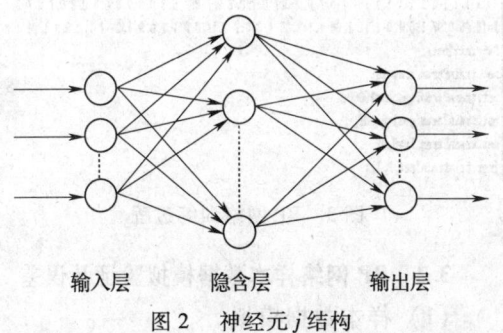

图2 神经元 j 结构

其中，$X = [x_1, x_2, \cdots, x_i, \cdots, x_n]^T$

$W_j = [w_{j1}, w_{j2}, \cdots, w_{ji}, \cdots, w_{jn}]$

若视 $x_0 = 1$，$w_{j0} = b_j$，即令 X 及 W_j 包括 x_0 及 w_{j0}，则：

$X = [x_0, x_1, x_2, \cdots, x_i, \cdots, x_n]^T$

$W_j = [w_{j0}, w_{j1}, w_{j2}, \cdots, w_{ji}, \cdots, w_{jn}]$

于是，神经元 j 的净输入值 S_j 可表示为：

$$S_j = \sum_{i=0}^{n} w_{ji} x_i = W_j X \quad (7)$$

净输入值 S_j 通过激活传递函数（Activiton Transfer Function）$f(\cdot)$ 后，便得到神经元 j 的输出值 y_j：

$$y_j = f(s_j) = f(\sum_{i=0}^{n} w_{ji} \cdot x_i) = F(W_j X) \quad (8)$$

3. BP 神经网络模拟计算

本文采用 MATLB 神经网络工具箱，应用的关键就是选择激活传递函数、训练函数以及神经网络参数初始化设置，工具箱中有一系列激活传递函数和训练函数，只需初始化网络参数，输入样本矩阵，训练网络，然后就可以使用训练好的网络进行模拟预测。

3.1 BP 神经网络结构选择及样本训练

（1）结构选择

BP 神经网络的结构有三层：输入层、隐含层、输出层，其中隐含层可以有一个或多个，1998 年 Robert Hecht-Nielson 证明了对任何在闭区间内的连续函数，都可以用一个隐含层的 BP 网络来逼近，因而一个三层的 BP 网络可以完成任意的 n 维到 m 维的映照，故本次选用一个三层的 BP 网络，含一个输入层、一个隐含层和一个输出层。

根据 CSMR 体系，输入层有 8 个节点（神经元），包括坡高、RMR 评分值、结构面调整因子 F_1、F_2、F_3 和开挖方式调整因

子 F_4、坡高修正系数 ξ 和结构面条件系数 λ；输出层有 1 个节点（神经元），为边坡安全系数 F；而隐含层的节点数则由经验公式选取。

$$n_1 = \sqrt{n+m} + a \qquad (9)$$

式中，n 为输入节点个数，m 为输出节点个数，a 为 1~10 之间的常数。针对本论文，n_1 取值范围为 4~13，确定为 10 个。

（2）样本

表 5 是工程实例的样本。

表 5　边坡工程实例[8]

序号	坡高（m）	SMR 岩体质量评分					修正系数		安全系数
		RMR	F_1	F_2	F_3	F_4	ξ	λ	
1	200	37.8	1.0	0.85	15	15	0.74	1	0.95
2	255	41.9	0.84	0.15	60	15	0.705	1	0.97
…	…	…	…	…	…	…	…	…	…
33	150	47.7	0.15	0.15	60	0	0.80	0.8	1.1
34	100	53	0.15	0.15	60	0	0.914	0.8	1.15

（3）样本训练

1）传递函数选取。

输入层与隐含层和隐含层与输出层之间各有一个传递函数，可以相同，可以不同，MATLAB 中提供了很多种函数：purelin 函数输入和输出可取任意值；logsig 函数输入可取任意值，输出为 0~1；tansig 函数输入可取任意值，输出为 -1~+1。

在本文中，根据样本的取值范围和输出范围，选择 tansig 函数作为输入层和隐含层之间的传递函数，而隐含层与输出层之间选用 purelin 函数。

2）训练函数选取。

MATLAB 中提供有 train、traingd、traingdm 及 trainlm 函数等，其中 tranlm 函数采用 L-M（Levenberg-Marquardt）算法，比前述几种使用梯度下降法的 BP 算法要快得多，所以训练函数选取 trainlm 函数。

（4）BP 网络初始化

随机生成各项节点的权值矩阵，由计算机随机生成。对训练函数进行参数设置，包括最大循环次数、精度期望值和学习率。对于 BP 算法，其停止运算条件包括达到精度期望值和达到最大循环次数，以上两个值可以不断调试；而学习率就是梯度下降算法中的梯度，这个值取大会导致收敛过快产生大误差，值取小则收敛很慢，需要调试。实际训练过程如图 3 所示。其中最大循环次数选择为 10 000 次，精度期望值为 0.001，学习率为 0.02，由于是用 trainlm 函数进行训练，所以只用 38 次循环便达到精度要求。

```
>> net=newff([0,450;0,71;0,1;0,1;0,60;0,15;0,1;0,1], [10,1], {'tansig','purelin'}, 'trainlm');
P=[200 255 210 124 156 350 220 85 250 100 150 132 380 120 135 110 82 170 110 90 380 300 44{
37.8 41.9 34.9 35 45.6 39.8 60.2 40.1 45 32 67 35 30.1 58 37 55 60 59.8 45 56.4 48 51.9
1.0 0.4 1 0.85 0.85 0.85 1 0.85 0.85 0.85 0.7 0.85 1 1 0.85 0.85 0.7 0.85 1 0.85 0.7 0.1
0.85 0.15 0.15 0.15 0.15 0.4 0.4 0.85 0.15 0.85 0.15 1.0 1.0 0.16 0.8 1.0 0.98 0.9
15 60 60 60 60 60 60 60 60 60 60 25 60 60 60 60 19 5 5 60 60 8 60 60 60 (
15 15 15 10 10 15 15 15 0 10 15 0 8 0 0 0 0 0 15 15 8 8 15 15 10 0 15 0 (
0.748 0.705 0.734 0.847 0.791 0.668 0.726 0.975 0.708 0.914 0.799 0.829 0.661 0.857 0.8;
1 1 1 1 1 1 1 1 1 1 0.7 0.9 0.7 0.7 0.7 0.7 0.8 0.8 0.8 0.8 0.8 0.7 0.7 0.7
T=[0.95 0.97 1.0 1.0 1.12 1.05 1.1 1.05 1.0 0.9 1.17 0.9 1.1 0.9 1.04 1 1.2 0.9 1.04 1.0 1.
net=init(net);
net.trainParam.show=100;
net.trainParam.epochs=10000;
net.trainParam.goal=0.001;
net.trainParam.lr=0.02;
[net,tr]=train(net,P,T);
```

图 3　BP 网络训练过程

3.2　BP 网络样本数据模拟验证及误差

（1）样本数据模拟

对模拟的样本进行验证，如图 4 所示。

某铁矿岩质边坡安全系数的BP神经网络模拟计算

表6 安全系数模拟误差

工程实例序号	实际安全系数	模拟安全系数	误差（%）
1	0.95	0.938 9	-1.17
2	0.97	1.069 6	10.27
…	…	…	…
33	1.1	1.100 1	0.01
34	1.15	1.135 1	-1.30

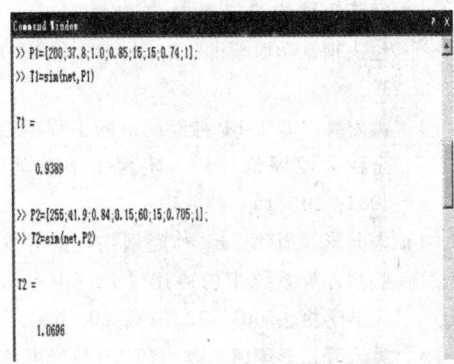

图4 验证过程

图中，P_n 为各工程实例的8项影响因素和修正系数，T_n 为各工程实例的模拟安全系数（$n=1, 2, \cdots, 34$）。

（2）误差计算

将实际安全系数和模拟安全系数进行对比，如图5所示。

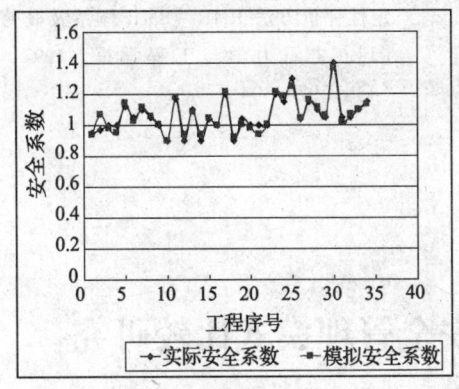

图5 实际安全系数与模拟安全系数对比

下面计算各个点的误差，见表6。

（3）结论

从数据对比图和误差计算表可以看出，误差基本在10%以下，偏离实际数据的幅度很小，而且分布在实际数据上下很均匀，对数据模拟情况良好，可以用来计算其他CSMR体系下评价的岩质边坡的安全系数。

4．岩质边坡安全系数计算

根据表1~表5，式（2）、式（3）、式（5）评价岩体CSMR体系的各因素值得出最终露天边坡待模拟计算的数据（见表7），计算过程如图6所示。

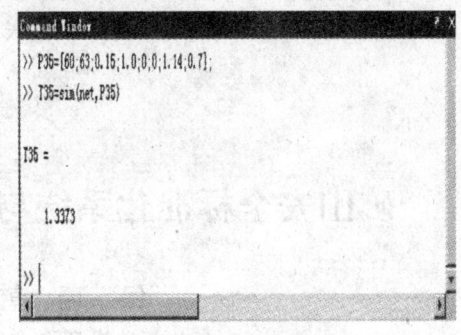

图6 露天边坡安全系数计算过程

表7 待求数据

序号	坡高（m）	SMR岩体质量评分					修正系数		安全系数
		RMR	F1	F2	F3	F4	ξ	λ	
35	60	63	0.15	1.0	0	0	1.14	0.7	待求

最终计算出某铁矿露天开采边坡的安全系数为1.34。边坡安全系数F定义为最危险破坏面作用的最大抗滑力与下滑力的比值，大于1即为安全，故10号露天开采边坡是安全的，而且，在所选用工程样本中比较也是很安全的。

5．小结

露天矿边坡的稳定性分析有很多理论与

方法，CSMR 体系只是其中一类，若从岩体力学的角度去计算、分析稳定性，势必有很多公式及数据，而将人工神经网络与边坡安全系数计算结合，最大的好处就在于，不必知道精确的公式，只需要确定影响边坡稳定性的因素，并且只要有一定数量和代表性的实际数据，就可以比较精确地模拟计算出样本以外的实例边坡安全系数。

当然，人工神经网络也有它的缺陷，若样本数量不多，或是样本取值范围过于集中，那么，模拟出来的数据就会有很大误差，而且，在选取网络结构和参数时需要很多时间调试，并反复验证，以减小误差。所以，在使用人工神经网络时一定要注意实例样本积累，并要仔细调试，以寻找最合适的网络结构。

◎ 参考文献

[1] 刘丽峰，朱明，岳鑫，等. 用 BP 神经网络分析露天矿边坡的稳定性 [J]. 中国矿山工程，2008，37 (1)：44 – 46.

[2] 刘占魁，张立丰. BP 神经网络在露天矿圆弧边坡安全系数估算中的应用 [J]. 包头钢铁学院学报，2004，23 (1)：1 – 3.

[3] 孟宏睿. 基于 BP 神经网络的工程项目安全耐久性评价 [J]. 陕西工学院学报，2004，20 (1)：48 – 50.

[4] 朱向彩，周伟. BP 神经网络在矿井安全监测评价系统中的应用 [J]. 山东科技大学学报，2003，22 (2)：60 – 62.

[5] 吴云芳，李珍照. 改进的 BP 神经网络模型在大坝安全监测预报中的应用 [J]. 水电站设计，2002，18 (2)：21 – 24.

[6] 杨天俊. 边坡岩体质量分类体系介绍 [J]. 西北水电，2004，2：8 – 9，38.

[7] 丛爽. 面向 MATLAB 工具箱的神经网络理论与应用 [M]. 北京：中国科学技术出版社，2003.

[8] 孙亚东，陈祖煜，杜伯辉，等. 边坡稳定性评价方法 RMR – SMR 体系及其修正 [J]. 岩石力学与工程学报，1997，16 (4)：297 – 304.

矿山安全标准化系统与传统安全管理模式比较研究

保 瑞 韩立华（指导教师）

（中南大学资源与安全工程学院，长沙，410083）

摘 要 通过对我国矿山安全管理现状及其存在问题的分析研究，以某铅锌矿安全管理工作的实际经验和存在问题为例，从金属非金属矿山安全标准化系统的 14 个要素出发，将安全标准化系统与企业传统安全管理模式进行系统的比较与研究，表明安全标准化系统在金属非金属矿山应用中的优越性，以期补充和完善安全管理模式的理论研究。

关键词 矿山企业 安全管理模式 传统安全管理 安全标准化

随着我国人口的持续增长，国民经济的高速发展，人们对矿产资源的需求也急剧增加。然而，我国矿山片面追求经济效益、安全管理和环境保护意识的淡化、开采技术和设备的相对落后以及安全监管手段滞后，造成矿难事故频频发生，给国家、矿山企业以及广大人民群众造成了巨大的生命财产和经济损失，产生了不良的社会影响，严重制约了国民经济和矿山企业的可持续发展。

我国矿山企业已建立了安全管理体制，制定并实施了一整套与生产较为适应的安全法规、标准，逐步形成并不断完善了安全生产责任制，还实施了安全教育、安全检查、安全考核等管理制度，对保证我国矿山安全生产发挥着重要作用[1]。

我国矿山安全管理中主要存在着企业管理水平较低、法规体系不健全、监管体制不完善、安全投入不足、安全教育培训不到位等问题。企业的安全状况完全取决于其安全管理的运行模式，良好的安全管理模式可以保证企业生产得以平稳、顺利地进行，而落后的不合时宜的安全管理模式，则会影响企业的生产，给企业造成严重的危害。因此，在新形势下，我国矿山企业都要改善安全管理模式，实现安全生产，保证劳动者的生命财产安全。

1. 某铅锌矿传统安全管理模式概述

某铅锌矿通过四十多年的不断努力，特别是近几年随着企业的不断改革、强化管理，形成了较完善的安全管理机构，并制定了一系列安全规章制度和安全管理措施，主要体现在以下几方面：

（1）安全管理机构

矿下设安全部，各主体生产单位设有安全科或安环科，其他辅助单位和采矿车间基层单位工区队设有专（兼）职安全员，地表基层单位各工段和班组设有不脱产安全员，全部专（兼）职安全人员共200余人。

（2）安全生产标准

制定有19项安全管理标准和19项安全生产技术标准。

（3）常规安全管理制度

包括安全活动日制度、安全互保制度、现场碰头会制度、安全预测会制度、安全指令书制度、安全确认制度、查岗制度、安全标志制度、派班工作制度、交接班工作制度、班后工作制度。

（4）日常安全管理措施

落实责任、分级把关，开展形式多样的安全教育活动，加强安全宣传教育和培训，抓好现场安全管理，严格安全管理制度的执行，外包施工安全管理。

（5）专项安全管理措施

通风防尘防毒，采场安全管理，环境保护治理。

（6）事故应急救援

制订了重大事故应急救援预案，成立了重大事故应急救援组织机构，明确了应急救援组织机构和主要职责。

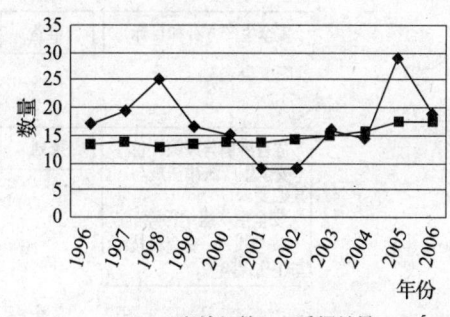

图1 采矿车间1996—2006年年度事故总数与采掘总量的关系

由图1可知，该采矿车间在1996—2006年的时间里，其事故发生趋势与其生产采掘总量之间的关系不明确。生产采掘总量由130万t逐渐增长到170万t，随着生产量增加，年度事故发生起数却不是一直增加，而是上下波动。一般来说，劳动强度越大，人员暴露在危害因素下的时间与面积相对增加，事故发生的可能性也随之增加。上述情况说明，与企业近几年的安全管理水平的提高有很大关系。在发展生产的同时，应该同样更加重视安全工作，这样就可以有效地预防事故发生。但企业每年发生事故起数还较多，且各项规章制度大多是沿用国家规定和安全规程，很少基于企业自身风险特点而制定，并不完全适合企业自身状况。各项规章制度、管理措施等并未有效传达，也没有做到文件化、制度化、系统化、完整性、可查询性，执行力不强，企业安全管理状况还有待改进。

2. 矿山安全标准化系统

为了提高非煤矿山企业的安全生产意识和能力，减少非煤矿山安全事故及其损失，提高非煤矿山企业的整体安全水平，借鉴风险管理的理念和方法，国家安全生产监督管理总局首先在金属非金属矿山推行安全标准化系统，并于2006年11月2日以安全生产行业标准向全社会发布《金属非金属矿山安全标准化规范》（以下简称《规范》），标准号为 AQ 2007—2006。

《规范》中的14个核心要素构成了企业风险管理的核心内容[2-4]，创建安全标准化系统包括准备、策划、实施与运行、监督与评价、改进与提高等步骤，每一个步骤都包含一个或几个核心要素，每个核心要素都是风险管理运行过程中重要的一部分，如图2所示。

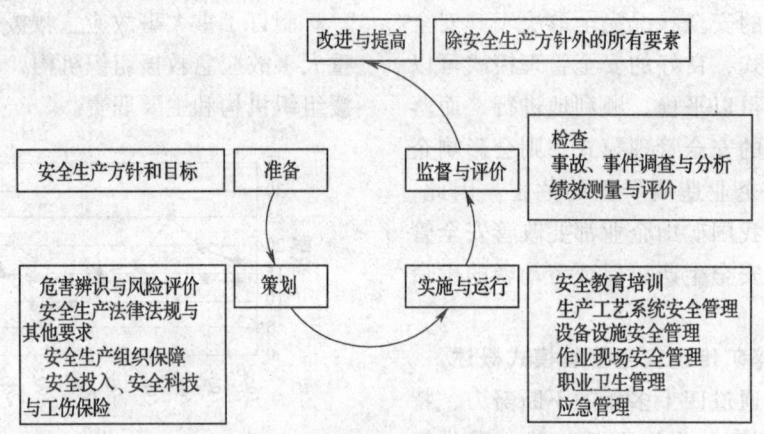

图2 安全标准化基本要素与创建过程

金属非金属矿山企业安全标准化管理系统的建设，注重科学性、规范性和系统性，立足于危害辨识和风险评价，充分体现风险管理和事故预防的思想，并可以与企业其他方面的管理有机结合[5]。

3. 矿山安全标准化系统与传统安全管理模式对比分析

本节对比、分析了某铅锌矿安全标准化系统创建前后安全管理模式的差异性。表1根据金属非金属矿山安全标准化系统的14个要素，将安全标准化系统与传统安全管理模式进行系统的比较与研究。

通过对各要素的对比研究可知，安全标准化系统是一个科学、系统、标准的管理模式，其核心是实施风险管理，实施的基础是对危险源辨识和风险评价，其中融合了多种系统安全管理思想与理念，相对于传统的矿山安全管理模式，体现了以下新型的安全管理特点：

（1）系统性

传统的矿山安全管理只有彼此孤立的与具体因素相关的制度文件，而没有工作系统风险控制的文件，更没有整个组织的安全生产方针、目标和管理过程控制的文件；或者虽然有一些这样的文件，但总体上不系统，相互支持、约束性不强，没有构成一个完整、有机的系统。

安全标准化系统是在文件的支持和指导

下运行的,有一套从方针、管理手册、规章制度、作业文件到运行记录的文件系统,通过 PDCA 运行模式的有机整合,形成密切配合、互相包容、互相关联的一个有机整体,从而克服了安全监管不力、规章执行不严的传统管理缺陷。

(2) 基于风险

传统矿山安全管理往往忽视风险管理,风险管理还停留在静态、定性的层次上。该铅锌矿只是在每三年一次的安全现状评价工作中才进行全面的危害辨识与风险评价,其余时间都是通过日常安全检查发现隐患,采取处理措施,没有专门的危害辨识与风险评价体制。

安全标准化系统则是根据企业实际情况,通过有效的危害辨识和风险评价方法,对现有危险源可能产生的风险进行评价和分级管理,针对不同等级的风险,制订并实施相应的风险控制计划,最终达到对不可接受风险的控制。该铅锌矿在创建安全标准化系统过程中,各单位所评价出的风险统计分布图如图 3 所示,针对各项风险所制定的控制措施见表 2。

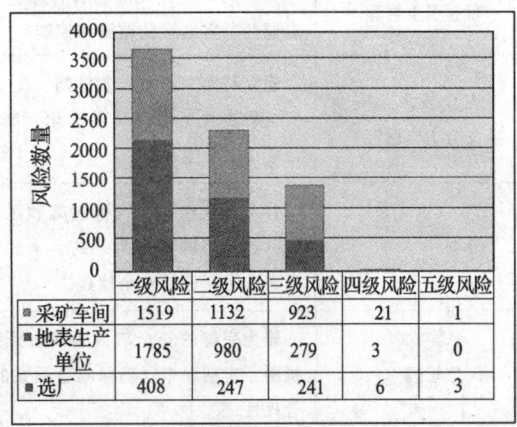

图 3　某铅锌矿风险统计分布图

	一级风险	二级风险	三级风险	四级风险	五级风险
采矿车间	1519	1132	923	21	1
地表生产单位	1785	980	279	3	0
选厂	408	247	241	6	3

表 1　安全标准化系统与传统安全管理模式对比

比项	安全标准化系统	传统安全管理
方针和目标	体现两个承诺并定期进行评审,方针的制定要符合组织的状况	固定,企业的安全生产方针和目标不符合企业的实际情况,比较空泛
法律法规和其他要求	建立制度,从法律、法规及其他要求的识别、获取、融入、培训、评审等方面进行管理	企业员工的法律法规意识普遍不高,企业也没有建立和保持了解各级人员法律法规意识的程序
安全生产组织保障	科学完善的组织保障体系,管理制度化、系统化,重视员工参与	安全生产责任的描述不够具体,界定不够清晰,忽略了工余安全管理
风险管理	进行全方位、系统化的风险分析,按风险是否可接受分类,建立风险预先控制顺序,从而达到系统安全	隐患排查制度、"三级"安全检查制度、隐患整改制度、专项检查
安全教育与培训	识别需求,建立适宜的评估反馈机制	仅强调培训计划,忽略培训结果,忽视培训评审
生产工艺系统安全管理	建立三同时制度,充分考虑风险评价结果,从设计、采矿工艺、生产保障系统和变化等方面进行系统化管理	多数企业工艺设计文件不完整,标准操作程序、操作条件过时,忽略了变化管理的重要性
设备设施安全管理	建立设备设施管理制度,对生产设备、设施的规划、采购、安装、调试、验收、使用、报废方面进行控制和管理	没有关于设备安全的正式的管理保障体系,主要依赖个人的经验和设备操作规程,对规章制度遵守程度低

续表

比项	安全标准化系统	传统安全管理
作业现场安全管理	控制各岗位各作业步骤中所存在的风险,提供良好的工作环境,考虑人机工效方面的因素,保障员工的安全健康	监督不严,依赖于安全操作规程,对作业环境的要求大多限于不发生安全事故,达到检测检验要求即可
职业卫生管理	完善的安全预测和监督体系,实现对所有职业危害因素的监测与控制	仅对少数的职业危害因素采取了控制措施
安全投入、安全科技与工伤保险	建立科学完善的长效机制,使安全投入、安全科技与工伤保险科学化、制度化,保证矿山安全生产	短视效应,不愿意花大量的人力、财力、物力来进行安全技术的研究,安全投入不足
检查	针对各项作业、设备设施和工艺的特殊性,制定不同的、系统的、全面的安全检查表,定期进行安全检查	只注重从上至下的安全管理奖惩制度,局限于安全管理的传统性和单一性,容易漏掉隐蔽的危险源点
应急管理	较为完善的安全事故预防、预警和预控机制,定期评审,确保应急预案的准确性、合理性	不完善,没有将工艺风险分析的结果纳入应急计划和措施当中,缺乏实践演习
事故、事件报告、调查与分析	建立有效的程序,发现、分析和消除事件、事故发生的根本原因,防止类似事故的再次发生	责任追究制度,事后处理模式,易埋下隐患,事故分析不全面
绩效测量与评价	科学完善的绩效测量与评价体系,持续改进,以保持安全标准化系统的符合性和有效性	各项工作仅仅凭着领导个人的经验和能力评价好坏,缺乏科学完善的绩效评价体系

(3) 目标管理

传统安全管理模式下的企业并没有根据自身的风险特点和核心业务制定适合企业自身的安全生产方针和目标,而只是单一机械地执行国家安全生产方针。

表2 某铅锌矿风险控制措施汇总表

控制措施	选厂	地表生产单位	采矿车间
控制计划A(目标管理方案)	24	2	23
控制计划B(安全规章制度)	7	0	10
控制计划C(应急措施或预案)	11	6	22
控制计划D(关键任务作业指导书)	33	80	112
控制计划E(工作票)	1	0	0
控制计划F(危险作业审批表)	1	0	0

续表

控制措施	选厂	地表生产单位	采矿车间
控制计划G(安全操作规程)	16	1	13
控制计划H(安全检查表)	102	198	268
控制计划I(加强培训教育措施)	45	5	55

安全标准化系统目标管理是让矿山企业各级管理人员和员工亲自参加安全目标的制定,在工作中实行"自我控制"并努力完成既定目标的一种管理方法。安全标准化系统安全生产方针包括遵守法律法规以及事故预防、持续改进安全生产绩效的承诺,体现企业生产特点和安全生产管理现状,并随企业情况变化及时更新。安全生产目标的确

定，基于安全生产方针、现状评估的结果和其他内外部要求，适合企业安全生产的特点和不同职能、层次的具体情况。

由此可见，安全标准化系统目标管理是一种重视人、激励人、能充分调动主观能动性的动态管理方法，其最终目的是实现矿山安全的整体优化，即使矿山生产达到最佳的整体安全运行效应。良好的方针能指导企业有效地实施和改进管理体系，同时，方针和目标也在此过程中得到必要的修正。

（4）全员参与

传统的安全管理是通过规章制度来约束员工，但是，员工往往认为安全管理是领导的分内事，与自己关系不大，参与的积极性不高。在矿山企业中，人数最多的就是直接从事生产和服务的一线员工，他们直接接触各类风险，在此基础上获取的知识和经验是别人无法比拟的，他们往往能提出一些极具价值的问题和建议，并能加以实施改进，最终达到良好的效果。安全标准化系统的实施强调企业的全员参与，上至最高管理者，下至每一个员工，特别是一线员工的参与。

（5）持续改进

传统的安全管理一般是通过行政命令和当时情况的需要而变化的，不能促进企业安全绩效的持续改进。组织的内部和外部不断发生各种变化，持续改进是企业永恒的目标，安全标准化管理系统具有针对变化而不断更新的能力。随着安全标准化管理系统的不断发展，组织的安全绩效不断提高，每次新的循环（PDCA）开始时的绩效水平都比上次循环开始时的绩效水平高[6]，从而保证了体系的持续改进。

4．结语

传统的安全管理模式缺乏科学性，过于简单化、形式化，大多数都是事后管理模式，主要靠制度来约束员工的行为，实施过程中很难见到实效。金属非金属矿山作为高危行业，存在较多的隐患，传统安全管理模式缺乏有效的危险源辨识与控制，风险控制水平低，隐患容易演化为事故。金属非金属矿山安全标准化系统是一种科学化、系统化和标准化的安全管理模式。安全标准化采用科学的标准，以实现对"人、机、环境"系统的管理，获得最佳的生产秩序和经济社会效益。安全标准化注重全员参与、过程控制和持续改进，引入 PDCA 管理循环，转变消极、被动的安全管理方式为积极、主动的安全管理方式，对实现矿山本质化安全和提高安全管理水平具有重大的意义。

◎参考文献

[1] 代张音．新型办矿模式下安全管理模式的研究 [D]．昆明：昆明理工大学，2006．

[2] 薛剑光．《金属非金属矿山安全标准化规范》解读 [J]．法律法规，2007（8）．

[3] 国家安全生产监督管理总局．AQ 2007.1—2006 金属非金属矿山安全标准化规范—导则 [S]．北京：煤炭工业出版社，2006．

[4] 国家安全生产监督管理总局．金属非金属矿山安全标准化规范——地下矿山实施指南 AQ 2007.2—2006 [S]．北京：煤炭工业出版社，2006．

[5] 史秀志，张舒，杨志强．金属非金属矿山创建安全标准化系统的探析 [J]．安全生产工作研究，2007．

[6] 宋大成．做有用的体系——职业安全健康管理体系理解与实施 [M]．北京：化学工业出版社，2006．

高层建筑施工安全评价研究

费 维　毕 林（指导教师）

（中南大学资源与安全工程学院，长沙，410083）

摘 要　根据高层建筑施工特点，建立高层建筑施工安全评价指标体系，并通过多级模糊综合评价法对高层建筑施工现场进行评价。

关键词　高层建筑施工　安全评价　模糊综合评价

随着科学技术的进步和社会的发展，我国高层建筑物的数量急剧增多，但由于高层建筑具有层数多、工程量大、工序复杂、技术要求高等特点，在建筑施工期间存在许多安全问题。因此，本论文研究高层建筑施工过程中的安全评价。引起高层建筑施工危险的原因有：基础开挖深度深、作业高度大、交叉立体作业多、建筑施工工期长等。针对这些因素，本文采用事故树分析方法对所评价系统进行危险源辨识，研究中指出了高层建筑施工安全评价的途径，建立安全评价模型，并用多级模糊综合评价方法对高层建筑施工安全进行评价，从而有效地对高层建筑施工安全进行预测、预报、预防，确保施工的安全。高层建筑是城市化和工业化发展的产物，随着科学技术的不断进步，在建筑领域内出现了不少新结构、新材料和新工艺，这些为高层建筑的发展提供了有利条件。同时，世界各国旅游业的发展、商业的繁荣和国际交往的日益频繁，更促进了高层建筑的蓬勃发展。因此，高层建筑将成为国内外施工的主要内容。

目前，我国已有大批高层、超高层建筑在建设中，还有一些更高、更先进的高层建筑正计划兴建，可以预期，我国高层建筑将以更快的速度向前发展。

1. 高层建筑施工特点

高层建筑的楼层多、高度大，但并非是低、多层建筑的简单叠加。从建筑结构和使用功能等方面，针对高层建筑的特点，有一些新的要求，并从设计上进行了各种处理。高层建筑要求施工具有高度连续性和高质量，施工技术和组织管理复杂，除具有一般多层建筑施工的特点外，还具有以下施工特点。

1.1　结构层数多，施工周期长

目前国内兴建的高层建筑，一般多为20层左右，有的多达数十层，但一般除基础和地下工程、底层、顶层和设备层外，多采用标准层，这就为施工活动提供了较大的空间，有利于组织流水作业，从而达到降低成本、缩短工期的目的。

1.2　技术复杂，工程量大

一般高层建筑多采用深基础，其结构材料多为预制或现浇（或现浇与预制相结合）的钢筋混凝土及钢结构，并采用了各种不同的结构体系（包括框架、框架—剪力墙、剪力墙、筒体等），施工技术复杂，精度要求高，工程量大。据测算，在高层建筑中，钢筋混凝土的工程量一般为 $0.25\ m^2/m^2$，钢结构用钢量上万吨，且铆、焊的工作量很大。

1.3 材料、构配件、设备和机具等用量大，品种繁多

高层建筑施工所需的材料和构配件品种繁多，有时甚至超过万种，且数量庞大，供应渠道也来自各方面，有的甚至需要进口，这样就给施工活动的组织和管理增加了不小的难度。由于工程量大，工期紧迫，因此，在高层建筑施工过程中需要大量的设备和机具，如基础工程施工中的各种大型土方机械、各类打桩机、钻孔机、扩孔钻机、土层锚杆钻眼机、振动拔桩机等；主体工程施工中的塔式起重机或其他类型的起重机、混凝土泵、快速井架、施工电梯等。

1.4 高空作业多，垂直运输量大

这是高层建筑施工不同于一般多层建筑施工的一个显著特点，由此给施工带来了一系列新的问题，诸如垂直运输机械的选用、高空安全保护措施、通信联络，以及防火、防雷等。

1.5 生产关系复杂

在整个高层建筑施工过程中，从施工准备到竣工交付使用，生产关系，复杂多变，涉及纵向、横向各方面关系。有时工程的设计单位、材料设备供应单位和分包施工单位多达十几个甚至几十个，各专业工种如土建、设备、供电、给水、暖通，还需穿插配合施工。因此，加强与建设单位、设计单位的密切配合，做好总包和分包单位各专业工种之间的协调，在施工组织管理工作中显得尤为重要。

1.6 层数多、高度大，安全防护要求严

高层建筑层数多，高度大，一般施工场地较窄，常采取立体交叉作业，高空作业多，需要有各种高空安全防护设施，及通信联络和防水、防雷、防触电等措施。为保证施工操作和地面行人安全，不出现各类安全事故，相应地也需增加安全措施费用。

1.7 结构装修、防水质量要求高，技术复杂

考虑到结构的耐久性，及美化城市环境的要求，对高层建筑主体结构和建筑物立面装饰标准要求高；基础和地下室墙面、厨房、卫生间的管道和防水都要求不出现任何渗漏，对土建、水、电、暖通、燃气、消防设施的材质和施工质量均要求达到优良，施工必须采取有效的技术措施来保证，特别是采用大量的新技术、新工艺、新材料和新机具设备和各种工艺体系，施工精度要求高，施工技术十分复杂。

1.8 平行流水、立体交叉作业多，机械化程度高

高层建筑标准层多，为了扩大施工面，一般均采用多专业工种、多工序平行流水、立体交叉作业；为提高工效，大多采用机械化施工，比一般建筑施工配合复杂，需要解决好多工种、多工序的立体交叉配合及纵横向方面的关系问题，以保证施工有条理、有节奏地进行。

2. 危险源辨识

危险、有害因素的系统发掘是危险源辨识的重点和主要工作内容，目的在于全面掌握各种事故发生模式。实际操作中，先综合采用查阅资料、现场调查和向有关人员询问等方法，然后结合 FTA 结果以及国内外有关事故案例，较全面地发掘出各种事故模式，并逐个登记在设计好的危险源辨识登记表上。系统危险源辨识的工作流程图如图 1 所示。分析高层建筑施工工艺特点，目前在基础施工和主体施工阶段存在的主要安全事故有以下几种类型。

2.1 高处坠落

包括从脚手架或垂直运输设施上坠落，从洞口、楼梯口、电梯口、天井口和坑口坠落，从楼面、屋顶、商台边缘坠落，从施工

安装中的工程结构上坠落，从机械设备上坠落，其他原因（如滑跌、踩空、拖带、碰撞、翘翻、失衡等）引起的坠落。

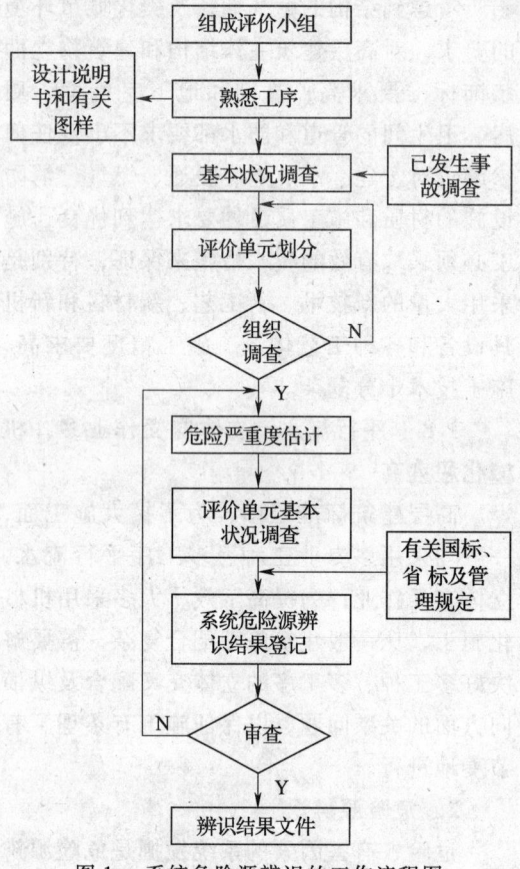

图1 系统危险源辨识的工作流程图

2.2 机械伤害

包括机械转动部分的绞入、碾压和拖带伤害，机械工作部分的钻、刨、削、锯、击、撞、挤、砸、轧等伤害，滑入、误入机械容器和运转部分的伤害，机械部件飞出造成的伤害，机械失稳和倾翻事故造成的伤害，其他因机械安全保护设施欠缺、失灵和违章操作所引起的伤害。

2.3 起重伤害

包括起重机械设备的折臂、断绳、失稳、倾翻事故造成的伤害，吊物失衡、脱钩、倾翻、变形和折断事故造成的伤害，操作失控、违章操作和载人事故造成的伤害，加固、翻身、支撑、临时固定等措施不当事故造成的伤害，其他起重作业中出现的砸、碰、撞、挤、压、拖等伤害。

2.4 物体打击

包括空中落物、崩块和滚动物体的砸伤，触及固定或运动中的硬物、反弹物的碰伤、撞伤，器具、硬物的击伤，碎屑、碎片的飞溅伤害。

2.5 触电

包括起重机械臂杆或其他导电物体搭碰高压线事故造成的伤害，带电电线断头、破口的触电伤害，电动设备漏电伤害，拖带电线机具电线绞断、破皮造成的伤害，电闸箱、控制箱漏电和误触造成的伤害，强力自然因素导致的电线断裂造成的伤害。

2.6 坍塌

包括沟壁、坑壁、边坡、洞室等的土石方坍塌，因基础掏空、沉降、滑移或地基不牢等引起的其上墙体和建筑物的坍塌，施工中的建筑物坍塌，施工临时设施的坍塌，堆置物的坍塌，脚手架、井架、支撑架的倾倒和坍塌，强力自然因素引起的坍塌，支撑物不牢引起其上物体的坍塌[1]。

建筑施工的安全隐患多存在于高空作业、交叉作业、垂直运输以及各种电气工具使用，伤亡事故多发生于高处坠落、物体打击、机械和起重伤害、触电四个方面。统计资料表明，每年建筑施工在这四方面发生的事故占总事故的70%以上，其中高处坠落事故约占43.1%，触电事故约占10.96%，物体打击事故约占12.49%，机械伤害事故约占8.77%。如能采取措施避免这四大伤害，建筑施工伤亡事故将大幅度下降。所以，避免四大伤害是建筑施工安全技术要解决的主要问题[2]。

3. 高层建筑施工多级模糊综合评价

3.1 建筑施工安全评价体系

建筑施工安全评价体系是由一系列衡量建

筑施工安全评价水平的指标或标准组成,是用于安全评价的安全因素的集合。安全评价体系是安全评价的核心问题,该体系设置得合理与否关系到评价结果的准确性和可信度[3]。

3.2 高层建筑施工安全多级模糊综合评价

模糊评价是利用模糊数学的基本理论——隶属度,将模糊信息定量化,合理地选择因素域值,再利用传统数学方法对多因素进行定量评价,从而科学地得出评价结论的一种方法,其优点在于不会忽略因素在程度上的差异。

进行模糊评价首先要建立影响评价因素集,并对各因素赋予相应的权数。然后由评价者建立评价集对各因素进行评价,从而得出评价矩阵。最后由相应的权数与评价矩阵形成系统评价矩阵,由此求出系统总得分再对照安全等级。模糊综合评价法给出了一个数学模型,是对多因素、多层次的复杂问题评价效果比较好的方法,也是别的数学分支和模型难以代替的方法,其适用性也比较广[4]。

模糊综合评价是以模糊数学为基础,应用模糊关系合成原理,将一些边界不清、不易定量的因素定量化、进行综合评价的一种方法。模糊综合评价分为单级和多级,对于建筑施工安全这样一个复杂的系统,本文采用多级模糊综合评价方法。

3.3 模糊综合评价的基本步骤

模糊综合评价是通过构造等级模糊子集把反映被评价事物的模糊指标进行量化(即确定隶属度),然后利用模糊变换原理对各指标进行综合,一般按以下程序进行:

(1) 确定评价对象的因素论域

$U = \{u_1, u_2, \cdots, u_p\}$,也就是 P 个评价指标。这一步是要确定评价指标体系,解决从哪些方面和用哪些因素来评价客观对象的问题。

(2) 确定评语等级论域

$V = \{v_1, v_2, \cdots, v_p\}$,即等级集合,每一个等级对应一个模糊子集。正是由于这一论域的确定,才使得模糊综合评价得到一个模糊评判向量,被评价对象对评语等级的隶属度的信息通过这个模糊向量表示出来,体现评判的模糊性。

从技术处理的角度看,评语等级数 m 取 [3,7] 之间的综合整数,如果 m 过大,用语言难以描述且不易判断等级归属;如果 m 太小,又不符合模糊综合评价的质量要求。m 取奇数的情况较多,因为这样可以有一个中间等级,便于判断被评价事物的等级归属,具体等级可以依据评价内容用适当的语言描述,例如,评价数据管理制度,可取 $V = \{好,较好,一般,较差,差\}$,评价施工质量可取 $V = \{优,中,劣\}$ 等。这样处理得到综合评判结果后,便于进一步比较隶属度对比指数(比例优良度)。

(3) 进行单因素评价,建立模糊关系矩阵 R

在构造了等级模糊子集后,就要逐个对被评价事物从每个因素 u_i($i = 1, 2, \cdots, p$) 上进行量化,也就是确定从单因素来看被评价事物对各等级模糊子集的隶属度。一个被评价事物在某个因素 u_i 方面的表现是通过模糊向量 (R/u_i),进而得到模糊关系矩阵:

$$R = \begin{bmatrix} R/u_1 \\ R/u_2 \\ \cdots \\ R/u \end{bmatrix} = \begin{bmatrix} r_{11} & r_{12} & \cdots & r_{1m} \\ r_{21} & r_{22} & \cdots & r_{2m} \\ \cdots & \cdots & & M \\ r_{p1} & r_{p2} & & r_{pm} \end{bmatrix}_{p \times m} \quad (1)$$

矩阵 R 中的第 i 行第 j 列元素 r_{ij} 表示某个被评价事物在 u_i 方面的表现是通过模糊向量 $(R/u_i) = (r_{i1}, r_{i2}, \cdots, r_{im})$ 来刻画的,而其他评价方法中多是由一个实际指标来刻画的,因此,从这个角度讲,模糊综合评价要求更多的信息。

(4) 确定评价因素的模糊权向量 $A = (a_1, a_2, \cdots, a_i)$。

确定权重的方法很多，可以采用专家咨询法、层次分析法等。一般情况下，p 个评价因素对被评价事物并非是同等重要的，各单方面因素的表现对总体表现的影响是不同的，因此，在合成之前要确定模糊权向量，在模糊综合评价中，权向量 A 中的元素 a_i 本质上是因素 u_i 对模糊子集（对被评价事物重要的因素）的隶属度，因而一般用模糊方法来确定，并且在合成之前要归一化。即 $\sum_{i=1}^{n} a_i = 1 a_i \geq 0 (i = 1, 2, \cdots, n)$

(5) 利用合适的合成算子将 A 与被评价事物的矩阵 R 合成，得到各被评价事物的模糊综合评价向量 B。

R 中不同的行反映了某个被评价事物从不同的单因素来看对各等级模糊子集的隶属程度。用模糊权向量将不同的行进行综合，就可得到该被评价事物从总体上来看对各等级模糊子集的隶属程度，即模糊综合评价结果向量 B，模糊综合评价的模型为：

$$A \circ R = (a_1, a_2, \cdots, a_p) \begin{bmatrix} r_{11} & r_{12} & \cdots & r_{1m} \\ r_{21} & r_{22} & \cdots & r_{2m} \\ \cdots & & & M \\ r_{p1} & r_{p2} & \cdots & r_{pm} \end{bmatrix}$$
$$= (b_1, b_2, \cdots, b_m) \Delta B \quad (2)$$

其中，$\circ$ 代表合成算子；b_m 是由 A 与 R 第 j 列运算得到的，它表示被评价事物从整体上看对 v_i 等级模糊子集的隶属程度。

$$b_j = [a_1 * r_{1j}] \dot{+} (a_2 * r_{2j}) \dot{+} \cdots \dot{+} [a_n * r_{nj}]$$
$$j = (1, 2, \cdots, m) \quad (3)$$

简记为 $M [*, \dot{*}]$。其中"$*$"为广义模糊"与"运算，"$\dot{*}$"为广义模糊"或"运算。广义"与"运算是全面考虑各种因素时，u_i 的评价对等级 v_i 的隶属度，即根据 u_i 在所有因素中的重要程度，对原来单因素评价的 r_{ij} 作一修正，公式中的广义"或"运算就是对修正后的隶属度进行合成处理，以求得一个综合评判向量。

(6) 对模糊综合评价结果向量进行分析

每一个被评价事物的模糊综合评价结果都表现为一个模糊向量，这与其他方法中每一个被评价事物得到一个综合评价值是不同的，它包含了更丰富的信息，对不同的一维综合评价值可以方便地进行比较并排序，而对不同的多维模糊向量进行比较排序就不那么方便了。

以上为模糊综合评价的 6 个基本步骤，其中第（3）步和第（5）步为比较核心的两步。第（3）步为单因素评价，本质上是求隶属度，在实际应用中往往要凭经验来选取合适的方法，并且工作量相当大，第（5）步的合成本质上是对模糊单因素评价结果的综合，真正体现了综合评价。

4. 实例分析

某办公楼工程，总建筑面积 42 400 m²。地面 17 层、地下 1 层，地下室高 5.7 m，地上一层高 5.7 m，地上 2 层高 4.2 m，3 层以上为标准层，层高为 3.7 m，建筑檐高 72.5 m，为线框架—剪力墙结构。

工程准备的使用材料如下：ϕ48 mm × 3.5 mm 钢管脚手架（其力学性能符合 GB/T 700—2006《碳素结构钢》中 Q235A 的规定，扣件符合 GB 15831—2006《钢管脚手架扣件》的规定），50 mm 厚的木板、阻燃型密目安全网 1 500 mm × 6 000 mm/cm²、电焊条、各种机械设备。另外，还有施工前的人员安全教育安全培训，安全技能情况，施工组织情况等[5]。

对该建筑施工现场的安全状况进行多级模糊综合评价，由于施工综合评价因素较多，只考虑影响建筑安全的四个方面，见表 1。

表1　　　　　　　　　　　　　高层建筑施工安全综合评价

项目权重（%）	类别权重（%）	具体项目	评价矩阵 R				项目权重（%）
			安全	较安全	临界	危险	
脚手架（40）	护栏（60）	立杆基础	2	5	1	0	30
		两杆间距	1	6	1	0	40
		绑扎	1	7	0	0	30
	脚手板（40）	材料	3	5	0	0	40
		受力	2	5	1	0	40
		搭接	2	5	1	0	20
机械车辆（20）	搅拌机（40）	安装位置	1	6	1	0	35
		离合器制动钢丝	1	7	0	0	45
		保险挂钩	3	4	1	0	20
	卷扬机（60）	地锚	4	4	0	0	25
		卷筒上保险装置	4	3	1	0	35
		操作相线	2	5	1	0	40
施工用电（20）	手持电动工具（40）	保护接地或接零	3	4	1	0	40
		触电保护器	1	6	1	0	40
		场所的环境	2	6	0	0	20
	高低压（60）	小于规定距离要求	1	7	0	0	40
		高压线附近的物体	1	6	1	0	35
		低压线穿堵过洞	2	5	1	0	25
安全管理（20）	安全生产责任及安全教育（30）	各部门执行责任制	5	3	0	0	50
		各部门安全教育	2	6	0	0	20
		特种作业	1	6	1	0	30
	检查处理（70）	检查项目	1	6	1	0	45
		事故处理	1	7	0	0	30
		检查员配置	1	7	0	0	25

（1）初级层次的综合评价

1）脚手架"护栏"安全综合评价。

首先，确定评价因素，根据表1，影响"护栏"安全的因素有3个，由此组成的论域为：

U = {立杆基础（u_1），两杆间距（u_2），绑扎（u_3）}；

评价集有4个，由此组成评价论域为：
V = {安全（v_1），较安全（v_2），临界（v_3），危险（v_4）}。

其次，确定各因素隶属度，评价组中对"立杆基础"的评价：25%的人认为"安全"，62.5%的人认为"较安全"，12.5%的人认为"临界"，没有人认为"危险"。

则"立杆基础"的隶属度为 r_1 = （0.25，0.625，0.125，0）

"两杆间距"的隶属度为 r_2 = （0.125，0.75，0.125，0）。

"绑扎"的隶属度为 r_3 = （0.125，0.875，0，0）。

则"护栏"中3个因素组成的评价矩阵为:

$$R_1 = \begin{bmatrix} 0.25 & 0.625 & 0.125 & 0 \\ 0.125 & 0.75 & 0.125 & 0 \\ 0.125 & 0.875 & 0 & 0 \end{bmatrix}$$

再次,确定权重。根据建筑公司的施工现状和对评价因素的分析,评价组对影响施工安全的因素进行了安全重要性的对比,并将对比结果作了综合统计,得到各种评价因素的权重值。则"护栏"中"立杆基础"的权重为30%,"两杆间距"的权重为40%,"绑扎"的权重为30%。

这些权重数必须满足归一化的要求,即:
$$0.3 + 0.4 + 0.3 = 1$$

这3个权重数构成因素集 U 的一个模糊向量:
$$A = (0.3, 0.4, 0.3)$$

由此可得"护栏"的安全综合评价为:
$$B_1 = A_1 R_1 = (0.3, 0.4, 0.3)$$
$$\begin{bmatrix} 0.25 & 0.625 & 0.125 & 0 \\ 0.125 & 0.75 & 0.125 & 0 \\ 0.125 & 0.875 & 0 & 0 \end{bmatrix}$$
$$= (0.163, 0.75, 0.087, 0)$$

因 $0 + 0.163 + 0.75 + 0.087 + 0 + 0 = 1$,这是归一化的评价结果。如果评价结果不归一,可以用评价结果各项除以总和。

2)依据以上的推论,同理,"脚手板"的综合评价结果为:
$$B_2 = A_2 R_2 = (0.4, 0.4, 0.2)$$
$$\begin{bmatrix} 0.375 & 0.675 & 0 & 0 \\ 0.25 & 0.625 & 0.125 & 0 \\ 0.25 & 0.625 & 0.075 & 0 \end{bmatrix}$$
$$= (0.3, 0.625, 0.075, 0)$$

(2)二级层次的综合评价

1)"脚手架"的二级层次综合评价

由"护栏""脚手板"权重数构成了"脚手架"的一个模糊向量 $A_1^* = (0.6, 0.4)$,则得到"脚手架"的综合评价结果为:

$$B_1^* = A_1^* \begin{bmatrix} B_1 \\ B_2 \end{bmatrix}$$
$$= (0.6, 0.4) \begin{bmatrix} 0.163 & 0.75 & 0.087 & 0 \\ 0.3 & 0.625 & 0.075 & 0 \end{bmatrix}$$
$$= (0.218, 0.7, 0.082, 0)$$

B_1^* 综合评价结果表明,对"脚手架"的安全综合评价,21.8%的人认为"安全",70%的人认为"较安全",8.2%的人认为"临界",没有人认为"危险"。认为"较安全"所占比重最大,所以对"脚手架"的评价结果为"较安全"。

2)同理,"机戒车辆"的综合评价结果为:
$$B_2^* = (0.4, 0.6)$$
$$\begin{bmatrix} 0.18 & 0.76 & 0.06 & 0 \\ 0.4 & 0.51 & 0.09 & 0 \end{bmatrix}$$
$$= (0.312, 0.61, 0.078, 0)$$

3)依据以上推论,同理,"施工用电"的综合评价结果为:
$$B_3^* = (0.3, 0.7)$$
$$\begin{bmatrix} 0.4 & 0.56 & 0.04 & 0 \\ 0.13 & 0.82 & 0.05 & 0 \end{bmatrix}$$
$$= (0.211, 0.742, 0.037, 0)$$

(3)三级层次的综合评价

由脚手架、机械车辆、施工用电和安全管理的权重数构成该建筑公司施工安全评价的模糊向量:
$$A^* = (0.4, 0.2, 0.2, 0.2)$$

则三级综合评价结果为:
$$B^* = A^* \begin{bmatrix} B_1 \\ B_2 \\ B_3 \\ B_4 \end{bmatrix} = (0.4, 0.2, 0.2, 0.2)$$
$$\begin{bmatrix} 0.218 & 0.7 & 0.082 & 0 \\ 0.312 & 0.61 & 0.078 & 0 \\ 0.2 & 0.722 & 0.078 & 0 \\ 0.211 & 0.742 & 0.037 & 0 \end{bmatrix}$$
$$= (0.231\,8, 0.694\,8, 0.076\,8, 0)$$

以上的三级综合评价结果表明，评价组中23%的人认为建筑行业安全，70%的人认为较安全，8%的人认为处于临界状态。不应该忽视这8%的临界状态，因为许多事故均源于隐患，只有抓好预防工作，防患于未然，才能保证建筑行业本质安全。

（4）等级参数评价

上述评价结果 B^* 是一个等级模糊子集，即：

$$B^* = (0.231\,8, 0.694\,8, 0.076\,8, 0)$$

为了充分利用 B^* 所反映的信息，不按"最大隶属度原则"取最大的 $b_j = 0.7$ 所对应的等级 v_j 作为评价结果，而是设抉择评语集中各等级 v_j 的参数列向量

$$C = (c_1, c_2, c_3, c_4) = (82, 73, 65, 30)$$

这样，就得到某建筑公司安全综合评价的最后得分为：

$$W = B^* C^T$$

$$= (0.231\,8, 0.694\,8, 0.076\,8, 0)\begin{bmatrix}82\\73\\65\\30\end{bmatrix} = 74.12$$

建筑行业综合评价的安全级别划分见表2。

表2 建筑行业综合评价的安全级别划分

级别	安全级	较安全级	临界级	危险级
分值（分）	82～100	73～81	65～72	0～64

该建筑公司施工评价最后的得分为74.12，依据建筑行业综合评价的安全级别划分，该建筑公司施工的综合评价属于"较安全"级。

◎参考文献

[1] 梁海慧. 中国煤矿企业安全管理问题研究 [D]. 沈阳：辽宁大学，2006.
[2] 泰寿康. 综合评价原理与应用 [M]. 北京：电子工业出版社，2003.
[3] 薛艳梅. 高层建筑施工伤害风险评价研究 [D]. 北京：中国地质大学，2003.
[4] 陈萌. 谈安全评价及其方法 [J]. 工业安全与防尘，1999.
[5] 徐志胜. 安全系统工程 [M]. 北京：机械工业出版社，2008.

前进煤矿小煤窑水害及其防治

李　坚　胡汉华（指导教师）

（中南大学资源与安全工程学院，长沙，410083）

摘　要　以前进煤矿为例，首先重点分析了小煤窑乱采滥挖给大矿所造成的矿井充水条件的影响、矿井涌水量变化等，然后介绍防治小煤窑水害的有效技术措施和重点防治水工程，最后针对前进煤矿的实际情况，对排洪沟以及水闸墙进行了设计，并指出防治小煤窑水害的最根本措施是依法取缔非法小煤窑的无序生产。

关键词　小煤窑　突水　防治水

1. 基本概况

前进煤矿隶属于湘煤集团白沙矿区南阳煤业分公司，地处湖南省耒阳市南阳镇界石村。矿井地处丘陵，井田西面有耒河自南向北流过。矿井设计生产能力为20万t/年，目前实际生产能力约为26万t/年。前进矿井采用立井开拓方式，立井布置在井田中央。矿井设计分三个水平开采，第一水平-120 m，第二水平-250 m，第三水平-400 m，现生产水平为-120 m水平，-120 m水平划分为126、146、166、116、136、156采区。生产采区为136、146、156三个采区，116、126两个采区已基本采完。井田内露出的地层从老到新有：二迭系上统当冲阶、龙潭阶、大隆阶、三迭系下统大冶组、侏罗系茅岭层及第四系。地层岩性为弱透水性，无含水层。该矿南北两翼小煤窑密布，大部分在煤层浅部，包括井田周边的小煤窑及废弃的老窑，总数超过 20 个，这些小煤窑乱采滥挖导致前进煤矿井水文地质条件日趋复杂，安全生产受到严重威胁。

2. 小煤窑水害

小煤窑水害是指包括老窑水、现开采或停产不久的小煤窑积水以及因小煤窑乱采滥挖与大矿沟通或造成边界煤柱变薄而导致对大矿构成充水危害、突水事故及水害威胁。

2.1 对矿井充水条件的影响

小煤窑大部分在煤层浅部，采深一般从 10~60 m，几十米内的采掘活动所造成的导水裂隙可以延伸到地表，导致地表裂缝与塌陷，对大气降水及河水下渗十分有利，同时，小煤窑采空区积水对大矿起重要的充水作用。一方面，小煤窑水透过小煤窑采掘活动所形成的人为导水通道等向大矿充水，随着采空区积水量的增加，其充水作用也进一步增强；另一方面，采空区积水也透过煤层顶底板含水层的触水界面，采掘活动所造成的导水裂隙或突水通道等对含水层起补给作用，从而也加强了含水层对大矿的充水作用。

2.2 矿井涌水量的变化[1]

近年来，由于矿井周围小煤窑开采和关闭的数量增加，关闭的矿井由于排水停止而成为地下积水空间，并积存了大量地下水。当井下采掘工作面接近它们的时候，积水便会成为矿井涌水的水源。特别是一些非法开采的小煤窑，由于缺乏合理的设计和准确的测量资料，其井下巷道的分布特征很不清楚，很容易和生产矿井沟通形成水害，矿井每到雨季时，地表水经小煤窑或塌陷区灌入井下，造成井下涌水量剧增，甚至导致淹井事故，给大矿造成沉重的排水负担。

2.3 矿井水向深部转移

矿井边界煤柱、隔水煤柱等遭受小煤窑的采掘破坏，造成其防隔水功能逐渐减弱并丧失，导致矿井水向深部转移，由此造成矿井浅部水平的排水设施大量闲置，矿井的排水能力渐显不足。例如，1997 年 9 月 2 日，麻子坪地区地表水经小煤窑流入井下，造成井下涌水量剧增，导致矿井被淹，该矿被迫将一水平排水能力扩大到 1 602 m^3/h 以上。

2.4 突水及淹井灾害

当小煤窑采空区积水不能疏泄造成水位上升、水压升高（或采掘活动造成煤柱变薄），超过防水煤柱的抗压能力时，即会导致突水现象的发生。在汛期，洪水会沿低于洪水水位的小煤窑井口或小煤窑采掘活动所造成的河滩塌陷及裂缝，向大矿渗灌而造成突水灾害，导致矿井停产、淹没采区甚至淹井。例如，2006 年 7 月 17 日，耒河水经小煤窑口直接流入井下，造成矿井被淹，经过几个月的努力，才恢复正常生产。

2.5 小煤窑潜在水害

小煤窑报废停采后，将在井田留下数万立方米到数十万立方米缺乏具体资料的采空区，形成庞大的储水空间，不仅严重改变矿井充水条件和井田地下水的径流途径，而且对大矿造成严重的潜在水害威胁，小煤窑采空区积水普遍成为矿井的重要充水因素。另外，由于缺乏可靠的资料，积水范围往往很难确定。小煤窑的存在常常会给大矿的建设和生产带来很多困难，甚至带来矿井突水事故。

3. 小煤窑水害的防治措施

（1）详细调查。针对小煤窑普遍缺乏技术资料、存在开采范围不清等问题，建议采用访问、下井实测等多种手段，对小煤窑的开拓方式、采深、开采煤层、煤厚、开采范围、采煤工艺、回采率、采空区面积、积水、导水裂隙发育程度、矿井涌水量与地表塌陷及裂缝等情况，尽最大可能进行较为详细的调查，从而为治理小煤窑水害提供依据。

（2）对没有关停的小煤窑进行严格监督，杜绝其穿层越界开采，对小煤窑采煤活动引起的地表塌陷及裂缝等及时封填，最大限度地减少大气降水和河水向矿井的渗灌，以防丰水季节造成突水事故。前进煤矿区域内地表无大的水体，但有三个主要汇水区域，分别是天门神仙洞地区、麻子坪地区和马黄塘地区。这三个地区由于历年来小煤窑的乱采乱挖，造成地表塌陷，矿井每到雨季时，地表水经小煤窑或塌陷区灌入井下，造成井下涌水量剧增，甚至导致淹井事故。

特别是神仙洞地区，它是矿井目前的主要开采区，因此该地区地表的整治工作非常重要。结合目前该地区的填土工程，对排洪沟进行设计，以保证地区积水在丰水季节不对地下矿井生产造成不良影响。具体措施如下：

排洪沟布置在95.0～102.0 m高程之间，将此高程以上汇水面积均分，并设置排水沟将洪水向两个方向排出。一个方向由东向西，沿山坡布置，呈环形，通过北面98.5 m高程处丫口向外排放，长约 2×500.0 m；另一个方向由北向南，沿山坡布置，排至界石村，长约 400.0 m。根据《给水排水设计手册》（第七册）[2]中的设计标准，宜按洪水频率10年一遇进行设计。根据提供的数据资料，10年一遇的洪水流量为 3.0 m³/s，则单沟过流需满足 $\omega = 3.0$ m³/s/2 $= 1.5$ m³/s。若按明渠设计，沟内设计流速控制在 1.5 m/s 以内。排洪明渠断面形状常采用梯形。

1）过水断面面积 ω。

梯形断面排水明渠示意图如图1所示。

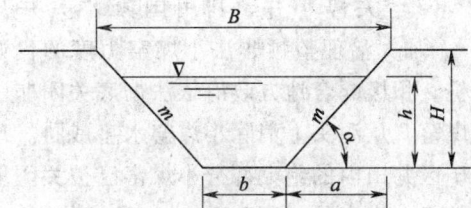

图1 梯形断面排水明渠示意图

$$\omega = (b + mh)h \quad (1)$$

式中 b——排洪明渠底宽度，m；
h——排洪明渠水深度，m；
m——边坡系数，$m = a/H$，a 为边坡底宽。

参考《给水排水设计手册》（第七册）中的表8—11选用。由于表中说明用砾石堆筑或堆石形成的护面，$m \geq 1.5$，这里取 $m = 1.5$。

另外，手册中规定，排洪沟起点沟深应满足构造要求，不宜小于 0.3 m；沟底宽应满足施工要求，不宜小于 0.4 m。由于是单沟，且过水断面面积 ω 设计要求为 1.5 m²，取 $b = 0.5$ m，代入式（1），计算可得 $h = 0.847$ m ≈ 0.85 m。

2）《给水排水设计手册》（第七册）中规定：

①为保证排洪沟排水安全，应在设计水位以上加安全超高，一般不小于 0.2 m，故

$H \geq h + 0.2 \text{ m} = 1.05 \text{ m}$，这里取 $H = 1.1 \text{ m}$。

由 $H = 1.1$，又有 $m = 1.5$，结合式（1）中 $m = a/H$，计算得 $a = 1.65 \text{ m}$。

②梯形断面排水明渠设计图如图 2 所示。

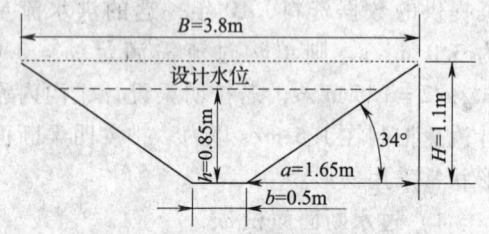

图 2　梯形断面排水明渠设计图

(3) 关停小井。利用国家"关井压产"，加大治理整顿非法小煤窑力度的良好契机，积极配合地方政府依法彻底关闭非法小煤窑，从源头上消除小煤窑水害威胁。现在矿区井田内的绝大部分小煤窑已被关闭取缔，仍在生产的仅剩几个。

(4) 井上、下防治。在地表封填裂缝和塌坑、疏通河道的同时，在井下修建必要的防水闸墙、防水帷幕，以隔绝小煤窑水害。根据矿井涌水量变化，适当扩大矿井排水能力。对于矿井水向深部转移的煤矿，增加深部水平的排水能力。考虑到实际收集的资料有限，这里主要针对防水闸墙的设计进行叙述。

具体的防水闸墙设计情况如下：

前进煤矿 146 采区附近有地方小煤矿，为防止地方小煤矿越界及超上限开采，导致第四系水体和灰岩水突水溃入前进煤矿，造成重大人员伤亡和财产损失，本着"大矿自保"的原则，在满足矿井正常通风的前提下，决定先在威胁较大的 146 采区砌筑一道防水闸墙，以防止小煤矿发生突水时殃及前进煤矿。

防水闸墙设计位置选择：

1) 选择原则。

防水闸墙位置的选择，须考虑以下因素：

①所选位置应少受井下采动影响。
②应尽可能选在较致密岩（煤）层内。
③应远避断层和岩石破碎地带。
④从通风、运输、行人、放水安全等方面考虑，要便于施工和灾后恢复生产。
⑤应尽可能设在单轨运输的小断面巷道内。
⑥不受多煤层开采因素影响。

2) 位置选择。

根据 146 采区的围岩稳定性、通风要求及防水要求，决定在 146 北石门处构筑防水闸墙。

根据选定的水闸墙位置，上述 146 采区北石门处的防水闸墙顶底板岩性为砂岩，但其强度指标较大，为安全起见，选用 31.30 MPa；146 采区北石门为全岩锚喷支护，岩性为中—细粒砂岩，巷道断面为 2.8 m × 2.8 m，设计抗水压能力为 1.0 MPa。设计墙体材料为钢筋混凝土，混凝土至少选用标号 200，根据《煤矿安全手册》确定其轴心抗压强度 10.78 MPa，弯曲抗压强度 13.7 MPa，抗剪强度 2.80 MPa。

按防水闸墙设计计算公式，墙体嵌入围岩的深度和墙体厚度计算如下：

①墙体嵌入围岩深度。

墙体嵌入围岩深度的计算公式为：

$$E = \frac{KPF_1}{[\delta] L} \quad (2)$$

式中　E——墙体嵌入围岩深度，m；
　　　K——安全系数；
　　　P——抗水压能力，MPa；
　　　F_1——墙体迎水面承受水压的总面积，m²；
　　　L——墙体背水面巷道周边长，m；
　　　δ——混凝土或巷道围岩安全抗压强度，MPa。

经计算，$E = \frac{6 \times 1.0 \times 7.84}{31.30 \times 11.6} \text{ m} \approx 0.13 \text{ m}$。

②墙体厚度。

墙体厚度的计算公式为：

$$S = \frac{KPF_2}{[\tau]L} \quad (3)$$

式中 S——墙体厚度，m；

F_2——墙体背水面巷道净面积，m^2；

τ——混凝土安全抗剪强度，MPa。

经计算，$S = \frac{6 \times 1.0 \times 7.84}{2.8 \times 11.6}$ m ≈ 1.50 m。

计算结果参见表1。

③防水闸墙设计图如图3所示。

④重点防治水工程。

为了防治小煤窑水害，前进煤矿每年投入大量资金做防治水工程，投入的资金总量已超过600万元。目前重点防治水工程有神仙洞地区填土和排洪沟工程、麻子坪主水沟底板改造工程。

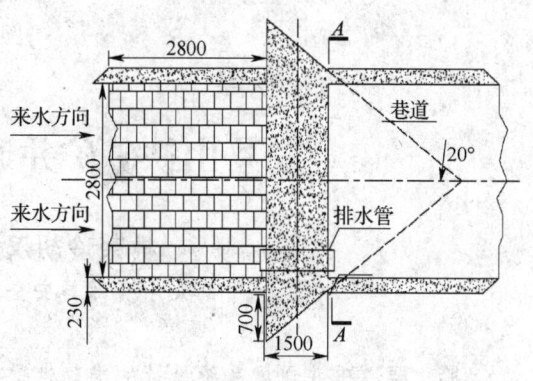

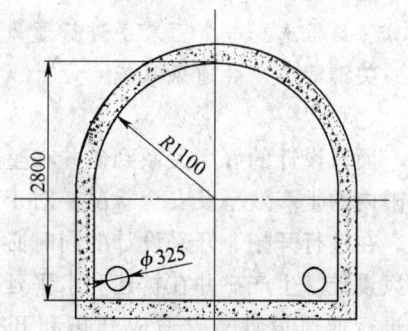

图3　防水闸墙设计图

表1　计算结果

编号	位置	P（MPa）	a（m）	B（m）	δ（MPa）	τ（MPa）	K	E（m）	S（m）
1	146采区北石门	1.00	2.80	2.80	31.30	2.80	6.00	0.13	1.50

4. 总结

近几年前进煤矿采取"查、堵、排"与井上、下相结合的综合防治办法，避免了淹井或淹采区事故的发生，最大限度地减小了小煤窑水害，取得了较好的防治效果。但是，要杜绝小煤窑水害发生，各级政府依法彻底取缔非法小煤窑的无序生产是最根本、最有效的措施。

◎参考文献

[1] 中国煤炭工业劳动保护科学技术学会. 矿井水害防治技术［M］. 北京：煤炭工业出版社，2007.

[2] 中国市政东北设计研究院. 给水排水设计手册（第7册）［M］. 2版. 北京：中国建筑工业出版社，2006.

苍山铁矿矿井通风系统设计分析

林荣玲 胡汉华（指导教师）

（中南大学资源与安全工程学院，长沙，410083）

摘 要 矿井通风系统设计的准确性是矿井通风好坏的基础，本文从矿井需风量、阻力计算、风机选择等方面着手进行通风系统的设计。

关键词 矿井通风系统 设计 需风量 总阻力 风机

通风设计的好坏关系到矿井在整个服务年限内的生产效率及安全状况。对于新建矿井，在进行开拓、开采设计的同时必须进行通风设计。生产矿井在扩建和水平延伸时也要进行通风设计，以适应开拓和开采的需要，满足整个开采年限内各个时期的通风要求，保证各个时期的合理通风。因此，必须密切配合其他生产环节，周密考虑、精心设计，力求实现预期效果[1]。

多年来，井下通风系统中一直存在着风流控制的难题，如新鲜风流短路或漏风、无风死角、风流反向、污风循环等，特别是在主要运输巷道中，此类问题解决的难度更加突出，常常出现井下作业面风量不足、污风不能及时排出等问题，这无疑对井下通风的有效风量率、风流的分配等影响很大，直接威胁到矿山井下的安全生产。因此，在矿山井下生产过程中加强风流调节和通风管理工作就显得十分重要。

一是矿井通风设计中，如风量计算、风机工作点确定、风机选型或电动机选型等方面存在问题；二是施工中或投产以后的问题，如通风系统与设计出入较大，主扇风机调节不当，管理不善，存在外部漏风过大等。

1. 矿区概述

苍山铁矿为埋深较大的隐伏盲矿体，采用地下开采方式。苍山铁矿现处于基建时期，矿山矿体走向较长，矿区范围面积为 $2.6113\ km^2$，井田生产面积较大，年产量为200万t。

矿山采用竖井开拓与斜坡道开拓相结合的开拓方案，其开拓方案如下：采用一主井（箕斗井）一副井（罐笼井）提升，另外配与主井提升相配套的井下破碎系统和两条回风井、一条斜坡道。由于单纯依靠副井和斜坡道进风，风速超过安全规程的规定，因此在矿区东部增加一条进风井。

矿区采用两种类型的采矿方法：

（1）地表没有建筑物的矿段，采用空场法嗣后充填采空区防止地表塌陷。

（2）地表有建筑物需要保护的矿段，采用上向分层充填采矿法。

矿山通风采用中央对角式通风系统。新鲜风流从矿区中部的副井、斜坡道和矿区东部的专用进风井进入井下，污风通过布置在矿体两翼的回风竖井排出地表。

矿山巷道较长，采场大，主要有毒有害物质是尾气和粉尘，抽出式主扇风机使井下风流处于负压状态，一旦主扇风机因故停止运转时，井下风流的压力提高，有可能使采区有害气体涌出量减少，比较安全，故采用抽出式通风方式。

2. 全矿需风量计算

2.1 回采工作面需风量[2]

根据按《地下矿通风规范》，按下列要求分别计算需风量，取其中最大值：

（1）按排尘风速计算

$$Q = sv$$

式中 s——采场内作业地点的通风断面积，m^2；

v——作业地点要求的排尘风速，m/s。

计算结果见表1。

表1　　　　　　　　　风量计算表

序号	项目	断面（m^2）	风速（m/s）	风量（m^3/s）	工作面数（个）	总风量（m^3/s）
	回采					
1	回采凿岩（中深孔台车）	10.24	0.5	5	2	10
2	回采凿岩（浅孔台车）	100	0.15	15	3	45
3	回采出矿（分段空场采矿法铲运机出矿）	16.8	0.3	5	3	15
	回采出矿（房柱法或分层充填法铲运机出矿）	100	0.15	15	3	45
4	装药		0.25	5	1	5
5	尾砂充填工作面			3	4	12
	废石充填工作面			5	1	5
	合计					137

（2）按同时工作的最多人数计算

$$Q = 4\sum n = 4 \times 200 = 800 \text{ m}^3/\text{min} = 13.3 \text{ m}^3/\text{s}$$

式中 $\sum n$——工作面同时工作的最多人数。

（3）按柴油设备计算

$$Q = 4\sum n$$

式中 $\sum n$——同时作业的柴油设备功率，kW。

斜坡道有柴油机4台，单台发动机功率为170 kW；同时工作的汽车10台，单台发动机功率110 kW；副井共有铲车2台，一台为70马力，一台为50马力；共有10台拖拉机，每台18马力，有：

$$Q = 4 \times [170 \times 4 + 10 \times 110 + (70 + 50 + 10 \times 18) \times 0.735] \text{ m}^3/\text{min} = 133.4 \text{ m}^3/\text{s}$$

由上述可知，（1）＞（3）＞（2），所以，回采工作面需风量按排尘风速计算，取137 m^3/s。

2.2 掘进工作面需风量计算[3]

（1）按炸药量计算

$$Q_1 = 25A = 25 \times 8.5 \text{ m}^3/\text{min}$$
$$= 212.5 \text{ m}^3/\text{min} = 3.5 \text{ m}^3/\text{s}$$

式中 A——掘进工作面一次爆破使用的最大炸药量，kg。

（2）按人数计算

$$Q_2 = 4N = 4 \times 4 \text{ m}^3/\text{min} = 16 \text{ m}^3/\text{min} = 0.27 \text{ m}^3/\text{s}$$

式中 N——掘进工作面同时工作的最多人数。

（3）按最低风速计算

$$Q_3 = 0.15 \times 60S = 0.15 \times 60 \times 16.8 \text{ m}^3/\text{min} = 151.2 \text{ m}^3/\text{min}$$
$$= 2.52 \text{ m}^3/\text{s}$$

式中 S——掘进巷道断面积，m^3。

用以上三种方法对掘进工作面进行风量计算，选择最大值作为该掘进工作面的所需风量。取掘进工作面需风量为3.5 m^3/s，共

有 11 个掘进工作面,即:
$$\sum Q_j = 3.5 \text{ m}^3/\text{s} \times 11 = 39.5 \text{ m}^3/\text{s}$$

2.3 硐室需风量计算

(1) 井下炸药库

一般进行矿井设计时,按经验数值选取:大型炸药库的需风量取 1.5~2 m³/s,中小型炸药库的需风量一般取 1.0~1.5 m³/s,现取 1.5 m³/s。

(2) 破碎硐室

井下破碎硐室需风量可按换气量计算。取需风量为 2 m³/s,共有 3 破碎硐室,共为 6 m³/s。

(3) 装卸矿硐室需风量

装卸矿硐室的需风量一般为 1.5~2 m³/s,现取 2 m³/s。

(4) 水泵房

水泵房内有 3 台水泵,功率为 132 kW,共有 2 个水泵房,有:
$$\sum Q = 0.08 \sum N = 0.08 \times 132 \times 3 \times 2 \text{ m}^3/\text{s}$$
$$= 63.36 \text{ m}^3/\text{s}$$

式中 $\sum N$——硐室内所有电动机功率总和,kW。

(5) 空压机硐室

空压机硐室内有 3 台空压机,功率为 110 kW,共有 3 个空压机硐室,有:
$$\sum Q = 0.04 \sum N = 0.04 \times 110 \times 3 \times 3 \text{ m}^3/\text{s}$$
$$= 39.6 \text{ m}^3/\text{s}$$

2.4 总需风量的计算

$$Q_x = \sum Q_s + \sum Q'_s + \sum Q_d + \sum Q_r + \sum Q_H$$
$$= (137 + 24 + 39.5 + 1.5 + 6 + 2) \text{ m}^3/\text{s}$$
$$= 210 \text{ m}^3/\text{s}$$

式中 Q_x——通风单元或通风系统的需风量,m³/s;

$\sum Q_s$——回采工作面所需风量,m³/s;

$\sum Q'_s$——备用回采工作面所需风量,m³/s;

$\sum Q_d$——掘进工作面(包括开拓、采准和切割)所需风量,m³/s;

$\sum Q_r$——炸药库、破碎硐室等要求独立风流通风的硐室所需风量,m³/s;

$\sum Q_H$——其他需风点的需风量,m³/s。

3. 矿井总通风阻力计算

按照矿井通风困难时期计算通风阻力。各区段井巷的摩擦阻力:
$$h_f = \alpha L U Q^2 / S^3 = R Q^2$$

式中 L——各井巷的长度,m;

U——各井巷断面的周边长度,m;

S——各井巷净断面积,m²;

α——各井巷的摩擦系数,N·s²/m⁴;

Q——分配给各井巷的风量,m³/s。

计算结果为东部北翼:1 396.73 Pa;东部南翼:1 150.12 Pa;西部北翼:1 686.27 Pa;西部南翼:1 588.53 Pa。

矿井的局部阻力可根据总摩擦阻力进行估算,局部阻力大致等于总摩擦阻力的 10%~20%。矿井通风容易时期局部阻力取摩擦阻力的 10%,通风困难时期局部阻力取摩擦阻力的 20%。则各分区总阻力为东部北翼:通风容易时期,1 536.40 Pa,通风困难时期,1 676.08 Pa;东部南翼:通风容易时期,1 265.13 Pa,通风困难时期,1 380.14 Pa;西部北翼:通风容易时期,1 854.90 Pa,通风困难时期,2 023.52 Pa;西部南翼:通风容易时期,1 747.38 Pa,通风困难时期,1 906.24 Pa。

4. 通风设备选择[4-6] (见表 2)

4.1 风量 Q_f (m³/s)

$$Q_f = \rho Q_t$$

式中 ρ——扇风机装置的备风量系数(包括井口、反风装置和绕道等处的漏风),一般取 $\rho = 1.1$,当

风井有提升任务时 $\rho = 1.2$，当风机性能可靠，风墙不漏风时可取 1；

Q_t——矿井要求的总风量，m^3/s。

4.2 风压 H_f

$$H_f = h_t + H_n + h_r + h_v$$

式中 h_t——矿井总阻力，分别以容易和困难两个时期的阻力值代入，Pa；

H_n——与扇风机通风方向相反的自然风压，Pa；

h_r——扇风机装置阻力，包括风机风硐、扩散器和消声器的阻力之和，一般取 $h_r = 150 \sim 200$ Pa；

h_v——出口动压损失，Pa（抽出式为扩散器出口动压损失，压入式为出风井口动压损失，若有扇风机静压特性曲线，则可不必计入此项阻力）。

本矿山是多级机站，Ⅱ级站和Ⅲ级站共同承担支路的总通风负压，一般Ⅱ级站约承担该支路总通风负压的 40% ~ 45%。

4.3 轴功率 N_f

$$N_f = \frac{K_b Q_f H_f}{1000 \eta \eta_m}$$

式中 N_f——工况点对应的电动机功率，kW；

K_b——电动机功率备用系数；

η——工况点效率；

η_m——机械传动效率。

5. 通风经济分析

5.1 通风动力费

主扇年耗电量 W_1（kW·h/a）为：

$$W_1 = \frac{N_e t_1 t_2}{\eta_e \eta_t \eta_n}$$

式中 N_e——电动机输出功率；

t_1, t_2——扇风机每年的工作天数及每天的工作小时数；

η_e, η_t, η_n——电动机、变压器、电网输电效率。

$$W_1 = \frac{365 \times 24 \times (250 \times 2 + 160 \times 2 + 110 \times 2)}{0.95 \times 0.8 \times 0.95}$$

$$= 1.26 \times 10^7 \text{ kW} \cdot \text{h/a}$$

同理，局扇和辅扇的年耗电量：

$$W_2 = \frac{12 \times 7.5 \times 365 \times 24}{0.95 \times 0.8 \times 0.95}$$

$$= 1.09 \times 10^6 \text{ kW} \cdot \text{h/a}$$

回采每吨矿石的通风动力费 M_1（元/t）为：

$$M_1 = \frac{W_1 + W_2}{T} \mu$$

式中 μ——电费单价，元/kW·h；

T——矿山年产矿石量，t。

$$M_1 = (1.26 \times 10^7 + 1.09 \times 10^6) \times 0.466 / 200 \times 10^4$$

$$= 3.18 \text{ 元/t}$$

5.2 材料费

$$M_2 = \frac{m}{T}$$

式中 m——全矿年材料费，元。

$$M_2 = 356.19 \times 10^4 / 200 \times 10^4 = 1.78 \text{ 元/t}$$

5.3 人员工资

$$M_3 = \frac{W}{T}$$

$$M_3 = 900 \times 12 \times 30 / 200 \times 10^4 = 0.16 \text{ 元/t}$$

式中 W——矿井通风工作人员工资总额，元。

5.4 专用通风井巷折旧费和维护费

分摊到回采每吨矿石的专用通风井巷工程折旧费和维护费 M_4 为：

$$M_4 = (878.68 \times 10^4 + 659 \times 10^4) / 200 \times 10^4 = 7.69 \text{ 元/t}$$

5.5 通风仪表的购置费和维修费

分摊到每回采一吨矿石的通风仪表的购置费和维修费 M_5 为：

$$M_5 = (84.56 \times 10^4 + 8.46 \times 10^4) / 200 \times 10^4 = 0.46 \text{ 元/t}$$

矿井生产每吨矿石的通风总费用 M（元/t）为：

$$M = M_1 + M_2 + M_3 + M_4 + M_5$$
$$= 3.18 + 1.78 + 0.16 + 7.69 + 0.46$$
$$= 13.27 \text{元/t}$$

6. 结束语

金属矿山矿井通风系统作为矿井生产系统的一个主要子系统,影响矿井通风系统安全、高效、经济平稳运行的因素较多,矿山矿体走向较长,矿区范围面积较大,且机械程度高,处于基建期,设计时难免存在误差,且可能误差不小,在以后投产时根据实际情况进行修改。

表2 风机选择表

参数名称	符号	单位	东部			西部		
			Ⅲ级站	北翼 Ⅱ级站	南翼 Ⅱ级站	Ⅲ级站	北翼 Ⅱ级站	南翼 Ⅱ级站
风机计算风量	Q_f	m³/s	166.32	99.77	66.55	166.32	99.77	66.55
风机计算风压（容易时期）	H_f	Pa	1 745.71	908.37	844.94	1 950.17	968.16	952.43
风机计算风压（困难时期）	H_f	Pa	1 879.42	965.95	896.75	2 102.46	1 031.18	1 014.02
所选风机型号	—	—	K58 – No.27	K40 – 8 – No.25	K40 – 8 – No.22	K58 – No.27	K40 – 8 – No.25	K40 – 8 – No.24
风机风量范围	—	m³/s	99.7 ~ 227.7	67.0 ~ 146	45.7 ~ 99.4	99.7 ~ 227.7	67.0 ~ 146	59.3 ~ 129.1
风机风压范围	—	Pa	552 ~ 2 600	266 ~ 1 229	206 ~ 952	552 ~ 2 600	266 ~ 1 229	245 ~ 1 133
叶片安装角度	—	°	32	26	29	32	26	26
工况点效率	η	—	0.61	0.75	0.68	0.65	0.75	0.65
功率备用系数	K_b	—	1.10	1.15	1.15	1.10	1.15	1.15
机械传动效率	η_m	—	0.98	0.98	0.98	0.98	0.98	0.98
计算电动机功率	N_f	kW	401	129	80	448	138	90
所选电动机功率	N	kW	250（两台）	160	110	250（两台）	160	110
所选电动机型号	—	—	Y450S3 – 8	Y355M – 6	Y315L1 – 6	Y450S3 – 8	Y355M – 6	Y315L1 – 6
电动机额定转速	n	r/min	730	980	980	730	980	980

◎参考文献

[1] 浑宝炬,郭立稳. 矿井通风与除尘 [M]. 北京：冶金工业出版社,2007.

[2] 张荣立,何国纬,李铎. 采矿工程设计手册 [M]. 北京：煤炭工业出版社,2006.

[3] 倪罗平. 掘进工作面配风的计算 [J]. 能源技术与管理,2005 (3).

[4] 乔海涛. 浅谈矿用主要通风机的选型 [J]. 煤矿机电,2008 (6).

[5] 张春苗. 风机选型的注意事项 [J]. 冶金动力,2008 (3).

[6] 潘军义,董振民. 多级机站通风局部阻力的研究 [J]. 金属矿山,2001 (9).

前进煤矿井下生产安全评价

叶建树　胡汉华（指导教师）

（中南大学资源与安全工程学院，长沙，410083）

摘　要　根据煤炭行业实际情况，本文将综合安全评价方法应用于湘煤集团前进煤矿的井下生产安全评价，表明该方法简单有效、易于操作，值得在复杂的煤矿安全评价中推广使用。

关键词　安全　安全评价　安全评分表

前进煤矿属耒阳市南阳镇管辖，为白沙向斜南段东翼之一部分，南邻沈家湾井田，北邻泚江井田，井田走向长 6 km，倾向长 1 km，井田面积 6 km²。

采用一个全能立井的开拓方式，即该井筒担负提升煤矸、物料和上下人员等任务，并作敷设管路、电缆及通风之用。井筒内设金属梯子间作为安全出口。提升间装备钢丝绳罐道，考虑到井筒穿过的大冶灰岩较坚硬，设计采用锚喷支护，井筒净直径为 5.5 m。−250 m 二水平延深采用暗斜井的延深方式，在 120 m 南大巷交叉点前 10 m 的位置开掘绕道，再从绕道里沿煤层底板开掘两条斜井，一主一副，坡度均为 26°，主井提升煤矸、材料及设备，副井专门提升人。初期采用中央边界式通风。在煤层浅部底板布置（一号）斜风井，兼作第二个安全出口，该风井服务于一水平 126、116 二个采区，并作为第二个水平生产时回风和安全出口之用。

安全评价是安全生产管理和煤矿生产监督监察重要手段，也是煤矿安全生产长效机制的支撑。煤矿安全评价就是从煤矿开采的负效应出发，分析、评价由此产生的损失及伤害的可能性、影响范围、严重程度，并提出相应的预防措施。

1. 综合安全评价模型

对一个复杂的安全系统，可将其分解为 n 个子系统进行安全评价，如图 1 所示。

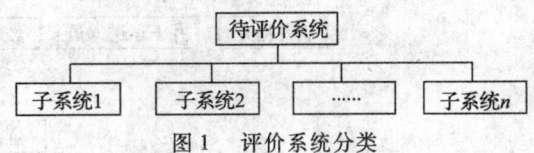

图 1　评价系统分类

（1）建立安全评价分级标准。

（2）分别对子系统进行评价。建立子系统安全评价体系（即评分项目），专家根据评分项目对子系统 i 评分，得子系统分值 X_i，如图 2 所示。

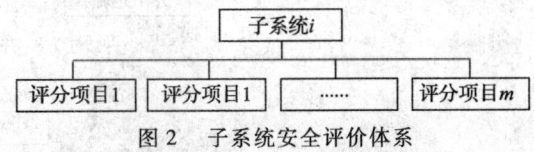

图 2　子系统安全评价体系

（3）再根据各个子系统对整个系统安全的影响，确定子系统的权重值 K_i，计算整个系统的安全度。

$$Q = \sum_{i=1}^{n} X_i K_i \qquad (1)$$

2. 前进煤矿综合安全评价

根据前进煤矿所提供的有关地质、设计、安全专篇和现场实际生产情况等资料，以及实习组亲临现场参观检查结果,认为前进煤矿井下存在的危险、有害因素有矿井水害、矿压危害、矿尘危害、高处坠落危害、跑车事故危害和电气危害等。本文根据前进煤矿的主要危险源和有害因素对该矿井进行单元划分。该矿井可分为以下子系统分别进行安全评价,即排水系统、提升系统、通风系统、井下运输系统和安全管理(见图3)。

按照前进煤矿主要危险源确定各子系统评分项目(见图4~图8)。根据国家相关安全生产法律法规及湖南省地方有关规定,对各子系统的评分项目制定子系统安全评分表。

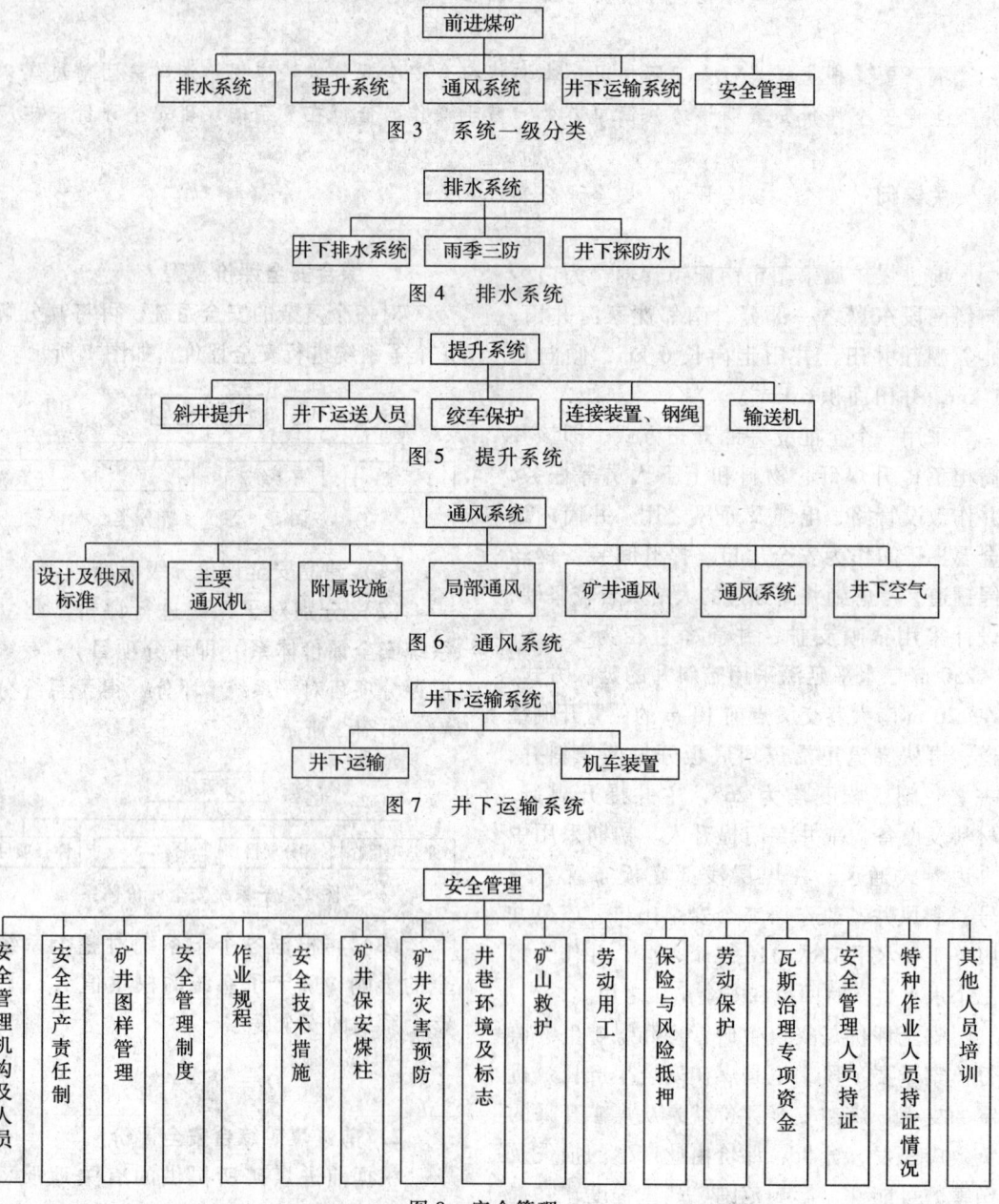

图3　系统一级分类

图4　排水系统

图5　提升系统

图6　通风系统

图7　井下运输系统

图8　安全管理

经专家现场检查和提问，按照评分表逐项检查评分，各子系统评分结果见表1。

表1　子系统评分结果

子系统	专家评分得分	权重值
安全管理	93.5	0.3
排水系统	100	0.2
提升系统	90	0.1
通风系统	90	0.2
井下运输系统	50	0.2

由式（1），$Q = \sum_{i=1}^{n} X_i K_i$
$= 93.5 \times 0.3 + 100 \times 0.2 + 90 \times 0.1 + 90 \times 0.2 + 50 \times 0.2 = 85.05$

参照安全度分级标准（见表2），可见，前进煤矿安全管理制度比较完善，安全管理工作比较到位。属于安全煤矿矿井。

表2　安全度分级标准

优良	安全	不合格
$Q \geq 90$	$60 \leq Q < 90$	$Q < 60$

3. 结论和建议

本文采用安全评分法对前进煤矿进行安全评价，得到较好的评价效果，评价结果令人满意。该评价方法较适合应用于煤矿安全评价，其简单易懂、操作简便、易于上手，是一种值得推荐的安全评价方法。通过对前进煤矿的安全评价，本论义有以下建议：

（1）矿井开采过程中，要加强顶板管理，严格按照《煤矿安全规程》的要求对采掘工作面顶板进行管理，加强顶板支护，维护好采煤工作面上下安全出口；要有正规的设计和施工。

（2）该矿井以单一竖井提升人员和物料以担负提升任务，应制定严格的管理措施和操作规程，避免重大提升事故。

（3）该矿井在开采过程中还存在电气、爆破危害因素，应加强电气管理，严格按《煤矿安全规程》做好电气设备保护，做好爆破器材管理，严格执行"一炮三检"制度，确保矿井爆破安全。

（4）矿井在生产中还存在矿尘等职业安全卫生危害，故应做好通风、防尘等工作，把其危害降至允许范围内，确保职工生命安全与健康。

（5）矿井应切实加强各项规章制度的建设，并采取行之有效的措施，真正做到"有章可循，违章必究"，加强安全生产工作的领导，确保职工生命安全。

从整体看，该矿井各生产系统——排水系统、提升系统、通风系统、供电系统、井下运输系统都达到安全生产要求，安全管理制度比较完善，能达到安全生产的要求。而且，矿井安全标准化作业建设达到了一定水平，安全标准化作业的实施使该矿井安全生产工作更加完善。

该矿井只要认真落实这些预防措施，就可大大减少安全事故发生，最大限度地减轻安全事故危害，最大限度地降低职业病的发病率，从而最大限度保障职工的生命安全与健康。

◎参考文献

[1] 徐志胜. 安全系统工程概论[M]. 北京：机械工业出版社，2007.

[2] 刘明礼，李明，周大为. 安全评价中安全检查表的编制[J]. 石油与天然气化工，2003（5）.

[3] 王三明，蒋军成，姜慧. 基于人工神经网络理论的系统安全评价[J]. 工业安全与防尘，2001，2（27）.

[4] 肖红飞，田云丽. 基于安全控制论的株洲冶炼厂的综合安全评价[J]. 中国安全科学学报，2005，7（15）.

[5] 胡鸿，易灿南，廖可兵. 基于产煤量危险值的煤矿动态安全评价[J]. 煤矿安全，2008（3）.

[6] 李志宏，牛保江. 模糊综合评价法在煤

矿安全评价中的研究应用[J]. 山西煤炭, 2008, 2 (28).
[7] 高文华, 陈鸿章, 谢克明. 地方煤矿安全现状的模糊综合评价研究[J]. 矿业安全与环保, 2008, 2 (3).
[8] 刘海波. 自然权重原理及其在煤矿安全评价中的应用[D]. 长沙: 中南大学, 2006.

中南大学校本部图书馆消防系统设计与管理

朱俊涛　李孜军（指导教师）

（中南大学资源与安全工程学院，长沙，410083）

摘　要　本文主要介绍了中南大学校本部图书馆火灾自动报警系统、自动喷水灭火系统、安全疏散等设计，以及图书馆安全管理方面的情况。

关键词　火灾自动报警系统　自动喷水灭火系统　安全疏散　安全管理

1. 工程概述

中南大学校本部图书馆位于本部校区前部中央部位，图书馆正面朝南，是一个宽阔的草坪，草坪前是一个蓄水池，后面是一栋办公楼，东侧是银行取款点，西侧是道路交汇处，整个地势北高南低，周围都有宽阔的道路围绕，处于一个独立的位置。图书馆建筑总高度34 m，为一类高层建筑，耐火等级为一级，藏书超过100万册。图书馆内主要是书库和阅览室，属于中危险Ⅱ级。

图书馆建筑主体分为南北两部分，南楼共九层，北楼共六层。一层设有自修室、报告厅、消防控制室；二层内有一大厅，北楼设办公室、传达室、两个电子阅览室，南楼设书目查询处、一个报刊阅览室、校团委艺术馆，是人员比较集中的楼层；三层到六层北楼是不同的书库，南楼是一些阅览室；七层到九层就是原南楼，主要是办公室。

2. 火灾自动报警系统

2.1 系统介绍

2.1.1 系统类型

本工程为一类高层建筑，火灾自动报警系统的保护等级按一级设置，采用集中报警控制系统。

2.1.2 系统组成

该系统包括火灾自动报警系统、消防联动控制系统、火灾应急广播专用对讲电话系统、应急照明控制系统。其中，最重要的火灾自动报警系统是由触发件、火灾报警装置以及具有其他辅助功能的装置组成的。在火灾自动报警系统中，自动或手动产生火灾报警信号的器件称为触发件，主要包括火灾探测器和手动火灾报警按钮。图1是火灾自动报警系统原理图。

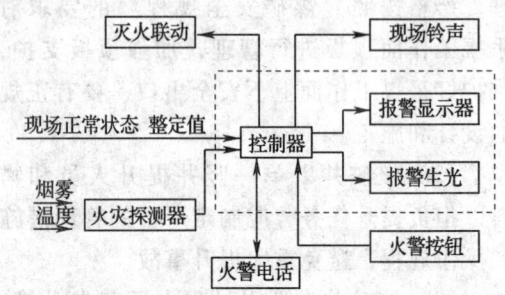

图1　火灾自动报警系统原理图

2.1.3 消防控制室

本工程消防控制室设在一层,并设有直接通往室外的安全出口。消防控制室的报警控制设备由火灾报警控制主机、联动控制台、CRT 显示器、打印机、应急广播设备、消防直通对讲电话设备、电梯监控盘和电源设备等组成。消防控制室可接收感烟火灾报警信号,水流指示器、信号阀、压力报警阀、手动报警按钮、消火栓按钮的动作信号;消防控制室可显示消防水池、消防水箱水位,显示消防水泵的电源及运行状况;消防控制室可联动控制所有与消防有关的设备,还可根据火灾情况,自动打开相应的出入口控制(门禁)系统所控制的门。

2.2 火灾自动报警系统

(1) 本工程采用集中报警控制系统。火灾自动报警系统按两总线环路设计,任一点断线不应影响系统报警。在本工程设计中,探测器、消火栓按钮、模块箱和手动报警按钮的报警线分别独立成环,这样确保了报警系统可靠工作,故障的影响范围最小。

(2) 探测器。图书馆内有大量的装修材料、文件、图书文献等物品,在发生火灾的时候会产生大量的烟雾,所以本工程所有空间均采用感烟探测器。图书馆楼层高在 3.3~6 m 之间,房间的坡度小于 15°,根据以上条件查表 1 得,保护面积 $A = 60 \text{ m}^2$,保护半径 $R = 5.8 \text{ m}$,所以,$D = 2R = 2 \times 5.8 \text{ m} = 11.6 \text{ m}$。

表 1 感烟探测器的保护面积和保护半径

地面面积 S (m²)	屋顶高度 h (m)	$\theta \leq 15°$		$15° < \theta \leq 30°$		$\theta > 30°$	
		A (m)	R (m)	A (m)	R (m)	A (m)	R (m)
$S \leq 80$	$h \leq 12$	80	6.7	80	7.2	80	8.0
$S > 80$	$6 < h \leq 12$	80	6.7	100	8.0	120	9.9
	$h \leq 6$	60	5.8	80	7.2	100	9.0

根据参考文献 [2] 中探测器安装距离的取值曲线,由 $D = 11.6 \text{ m}$,在对应的保护面积 $A = 60 \text{ m}^2$ 的曲线上取一点,保证此点在粗实线上,这点所对应的数值,即安装距离 a、b,由此得到安装间距 $a = 7.5 \text{ m}$、$b = 8 \text{ m}$。

(3) 在本楼所有书库和阅览室以及人员流通集中场所的适当位置设手动报警按钮,消防对讲电话插孔设置在每层中庭走道附近。手动报警按钮及对讲电话插孔底距地 1.5 m。

(4) 在消火栓箱内设消火栓报警按钮。

(5) 在各层疏散楼梯前室走道侧设置火灾声光报警显示装置,安装高度在门框以上 0.1 m(有安全出口指示灯时,安装在安全出口指示灯右侧)。设计中,考虑到声光报警显示不仅仅能引导消防人员及时准确灭火,更能疏散聋哑人员安全逃生,符合目前倡导的无障碍设计。

(6) 在各层消防电梯附近,设置火灾显示盘,距地 1.5 m。当建筑物内发生火灾后,消防控制中心的火灾报警控制器发出报警信号,同时把报警信号传输到失火区域的火灾显示盘上,火灾显示盘将显示报警的探测器编号及相关信息,同时发出声光报警信号,以通知失火区域的人员。

(7) 消防控制室能显示喷洒泵电源状况。

(8) 消防泵房可手动启动喷洒泵。

2.3 火灾应急广播系统

(1) 广播机房与消防控制室合用,在消防控制室设置火灾应急广播机柜。

(2) 广播区域划分在满足火灾应急广播区域划分的前提下,还应满足建筑功能划分的需要。本工程按层划分区域,每层一路。

2.4 消防应急照明系统

当发生火灾时，会切断火灾发生区域内的电源供应，这时消防应急照明灯会工作，火灾区域内人员可以在安全出口指示标志及应急广播的指示下迅速撤离危险区域。

3. 自动喷水灭火系统

本设计内除建筑面积小于 5.00 m² 的卫生间和不宜用水扑救的电子阅览室外，其他所有地方均设置湿式自动喷水灭火系统。

3.1 喷头设计

本设计采用湿式标准下垂式喷头，除走廊等狭窄部位喷头单排布置外，其他所有地方的喷头均采用长方形布置，长方形长边不超过 3.4 m，短边不超过 3.2 m，如图 2 所示。

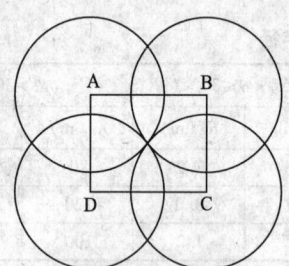

图 2 喷头长方形布置

3.2 管网布置

图书馆消防管网布置采用枝状，管网布置如图 3 所示（以三层为例）。

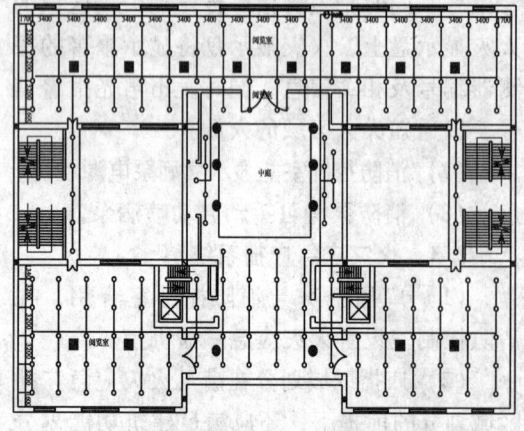

图 3 图书馆三层管网布置

3.3 消防给水

自动喷水灭火系统采用水泵并联供水，消防水泵集中在地下室，初期火灾 10 min 内水量由屋顶高位水箱统一供给，不设中间分区减压水箱，优点是消防水泵集中在地下室，管理、启动方便，缺点是水泵扬程根据最高层最不利处的喷头计算得出。

3.4 水力计算

3.4.1 计算方法

常采用的是面积节点法和逐点法，逐点法计算中，每个喷头流量按特性系数法计算，其流量随喷头处的压力变化而变化。此计算的特点是在系统中除最不利点喷头以外，任一喷头的喷水量或任意 4 个相邻喷头的平均喷水量均超过设计要求，系统计算偏于安全。这种计算法严密细致，工作量大，但计算时按最不利点处喷头起逐个计算，不符合火灾发展的一般规律。实际火灾发生时，一般都是火源点点燃后呈辐射状向四周扩大蔓延，只有失火区上方的喷头才会开启喷水。因此，采用面积节点法以及以作用面积内的喷头计算喷水量是合理的。

3.4.2 计算公式

（1）中危险Ⅱ级基本参数

喷水强度 $q = 8.00$ L/（min·m²）

作用面积 $F = 160.00$ m²

最不利处喷头工作压力 $P = 0.1$ MPa

（2）系统设计流量

$$Q_L = \frac{1}{60} qF \qquad (1)$$

$$Q_S = 1.2 Q_L \qquad (2)$$

式中 Q_L 为系统理论设计流量（L/S）；Q_S 为系统设计流量（L/S）；q 为规范规定的喷水强度 [L/（min·m²）]；F 为作用面积（m²）。

本例中，$q = 8.00$ L/（min·m²），$F = 160$ m²，所以 $Q_S = 25.60$ L/s。

（3）最不利作用面积保护范围线

首先确定最不利作用面积位置，长边平行于最不利处喷头的配水支管，短边垂直于最不利处喷头配水支管，并按喷头距墙边为喷头间距的一半在系统平面中作出虚线，以示作用面积保护范围。本设计中配水支管喷头数为4个，最不利作用面积保护范围线不规则，如图4所示。

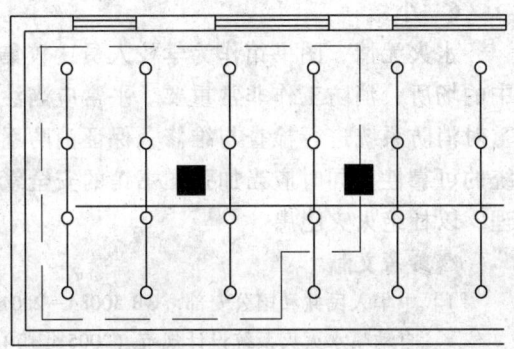

图4 最不利作用面积范围线

(4) 求作用面积内的喷头数及实际作用面积

1) 每根配水支管上最大动作喷头数为：

$$n_0 = \frac{L}{I_1} \quad (3)$$

式中 n_0 为每根配水支管上最大动作喷头数（个）；L 为作用面积长边（m）；I_1 为喷头长边间距（m）。

本设计中，$n_0 = 15.18/3.4 = 4.46$，取5个。

2) 作用面积内配水支管数为：

$$N = \frac{B}{I_2} \quad (4)$$

式中 N 为作用面积内配水支管数（根）；B 为作用面积短边（m）；I_2 为喷头短边间距（m）。

因此，$N = 10.54/3.2 = 3.39$，取3根。

3) 作用面积内的动作喷头数为：

$$n = n_0 N = 5 \times 3 = 15 \text{（个）}$$

4) 本例中实际作用面积长边取5段喷头间距，短边取3段喷头间距，则实际作用面积为：

$$A_1 = n_1 n_2 I_1 I_2 \quad (5)$$

式中 A_1 为实际作用面积（m²）；n_1 为实际作用面积长边跨喷头间距段数；n_2 为实际作用面积短边跨喷头间距段数；I_1 为喷头长边间距（m）；I_2 为喷头短边间距（m）。

所以，本例中实际作用面积 $A_1 = 5 \times 3 \times 3.4 \text{ m} \times 3.2 \text{ m} = 163.2 \text{ m}^2$，稍大于 160 m²，符合要求。

(5) 水力计算表

1) 喷头流量

$$q = K\sqrt{10p} \quad (6)$$

式中 p 为最不利处喷头的工作压力（MPa）；K 为喷头流量特性系数。

$q = 80 \times \sqrt{10 \times 0.1} = 80 \text{ (L/min)} = 1.33 \text{ (L/S)}$

保护面积 $F_1 = 80/8 = 10 \text{ (m}^2\text{)}$

2) 以作用面积内各喷头流量均为 1.33 L/S 进行计算：

$$q = \frac{60 \sum_{i=1}^{4} q_i}{4f} \quad (7)$$

式中 q 为最不利处四个喷头的喷水量（L/S）；q_i 为最不利处作用面积内各喷头的喷水量（L/S）；f 为每个喷头的保护面积（m²）。

本例中，最不利处四个喷头的流量均为 1.33 L/S，所以，本例中最不利处四个喷头的平均喷水量为：

$$q = \frac{60 \times 1.33 \times 4}{4 \times 3.2 \times 3.4} = 7.33 \text{ (L/S)}$$

按《自动喷水灭火系统设计规范》规定，最不利处作用面积内任意4个喷头围合范围内的平均喷水强度，轻中危险级不应低于本规范规定值的85%，而本例中，$7.33 > 8 \times 0.85 = 6.8$，计算结果符合要求。

(6) 水箱高度

$$H = Z + P_0 + \sum h + H_{KP} + H_{SL} \quad (8)$$

式中 H 为水箱高度（m）；Z 为最不利处喷头标高（m）；P_0 为最不利处喷头工作压力

（mH_2O）；$\sum h$ 为从最不利处喷头到水箱的压力损失（mH_2O）；H_{KP} 为湿式报警阀的水头损失（mH_2O）；H_{SL} 为水流指示器水头损失（mH_2O）。

《自动喷水灭火系统设计规范》规定，湿式报警阀、水流指示器局部损失值取为 0.02 MPa，但在校核水箱高度时明显偏高，取 0.08 mH_2O。

所以，$H = 24 + 10 + 0 + 0.08 + 0.08 = 34.16$（m）

为简化计算，水头损失不加以计算。

4. 安全疏散

每个防火分区设有两个消防出口以及疏散楼梯，从房间内最远点到最近出口的距离不超过 15 m，消防走道宽度 2 m。安全出口附近都设有安全出口指示灯，指明安全出口的方向。在各层楼梯间及疏散楼梯前室走道侧，设置火灾声光报警显示装置。安装高度在门框以上 0.1 m（有安全出口指示灯时，安装在安全出口指示灯右侧）。设计中，考虑到声光报警显示不仅仅能引导消防人员及时准确灭火，更能疏散聋哑人员安全逃生，符合目前倡导的无障碍设计。

5. 消防安全管理

（1）消防管理主要包括加强电气设备的管理，明确防火安全责任制，落实巡查制度，建立健全规章制度。

（2）建立事故应急管理预案。

（3）图书馆消防安全应改进的方面：加强电器设备的安装与维护，加强宣传教育并增强消防安全意识，建立消防组织并增强馆员素质，建立消防安全责任制度，开展消防安全检查并控制火源，完善消防设施，切实做好图书馆消防安全的整体规划。

6. 小结

水火无情，图书馆作为学校人员比较集中的场所，消防工作非常重要。平常应当注重对消防系统进行检查与维修，保证消防系统的可靠性，同时应当加强图书馆的安全管理，以杜绝火灾隐患。

◎参考文献

[1] 中华人民共和国公安部. GB 50084—2001 自动喷水灭火系统设计规范（2005年版）[S]. 北京：中国计划出版社，2005.

[2] 中华人民共和国公安部. GB 5016—1998 火灾自动报警系统设计规范 [S]. 北京：中国计划出版社，1999.

[3] 蒋克伦. 自动喷水灭火系统及其水力计算研究 [D]. 西安：西安建筑科技大学，2004.

[4] 孙海东. 图书馆的消防对策 [J]. 山东图书馆季刊，2004（1）：111–113.

[5] 邹永艳. 高层民用建筑火灾自动报警系统的设计浅见 [J]. 科技创新导报，2008，18：65–67.

基于MORT的地铁施工安全评价系统实施

卢腾飞　李孜军（指导教师）

（中南大学资源与安全工程学院，长沙，410083）

摘　要　本文介绍了管理疏忽与危险树（MORT），运用层次分析法对MORT–S分支主干图定量化。采用MORT方法构建地铁安全评价系统，并利用层次分析法确定评价系统中各指标的权重，再借助模糊数学中的模糊综合评价方法，对天津地铁系统中的工地环境子系统进行 MORT 安全评价实施。

关键词　城市地铁　安全评价　MORT　层次分析法

随着我国地铁建设的发展，在建和即将开建的地铁工程越来越多，目前我国已成为世界上地铁工程数量最多、条件最复杂、技术发展最快的国家之一。地铁建设项目所导致的灾难事故频频发生，给国家经济和人民生命财产造成重大损失，此类建设项目的安全管理越来越引起人们的重视。地铁施工安全隐患众多，环境复杂多变，如何科学地评价地铁施工安全管理的水平，及时发现并消除已有的安全隐患，以及发现地铁施工系统的其他安全问题，这些都需要建立科学的、系统的安全评价系统来解决，这就是本文所讨论的主要问题。

本文介绍了 MORT 方法，在此基础上对影响地铁工程安全的因素作了详细分析，特别是管理因素的分析，最后采用 MORT 方法构建了地铁安全评价系统，并利用层次分析法确定评价系统中各指标的权重，再借助模糊数学中的模糊综合评价方法，对天津地铁系统中的工地环境子系统进行 MORT 安全评价实施。

1. 管理疏忽与危险树（MORT）

MORT（the Management Oversight and Risk Tree，管理疏忽与危险树）是采用一种事先安排好的、系统的逻辑树来确定整个系统的危险性并进行安全评价的方法。MORT 也是一种全面的职业事故调查和安全计划分析的方法，适用于安全技术水平高，而且难以进一步提高的企业。它在调查及发现可能使事故发生、发展的管理上的疏忽、失误和缺陷等方面具有特别的价值。MORT 的应用可以使事故率降低一个数量级，对于事故率已经较低，但一旦发生事故就会造成极其严重的社会影响和巨大生命财产损失的系统，MORT 更具有非常重要的意义。

在 MORT 的推广及定量化等方面，沈阳航空工业学院吴穹教授做了大量工作，但其应用仍局限于试飞站等少数领域，尚未得到广泛应用。本文在总结前人研究的基础上试图建立一套通用的地铁 MORT 模型图，以期推动 MORT 在我国的应用。

2. 层次分析法对 MORT–S 分支定量化

2.1 层次分析法

层次分析法（Analytical Hierarchy Process，简称 AHP）是美国运筹学家 T. L. Saty 于 20 世纪 70 年代中期提出的，该法在目标因素结构复杂且缺少必要数据的情况下，需要经决策者靠经验判断定量化时非常实用。层次分析法的主要特点是分析思路清晰，可将系统人员的思维过程系统化、数学化、模型化；分析中所需的定量数据不多，但要求问题所包含的因素及其相互关系具体、明确。这种方法适用于多准则、多目标的复杂问题的决策分析，广泛应用于安全管理、评价、资源规划及安全经济分析等方面。

2.2 层次结构模型

根据 MORT 模型图，将顶上事件分为各组成因素，形成有序递阶层次结构，通过比较判断，确定同一层次中各因素的相对重要度。建立判断矩阵，并通过计算确定该层要素对上一层事件的权重，对 MORT–S 分支分析评价，根据各事件距顶上事件的距离划分层次，把同一缺陷事件下的各因素划分成一组，并比较其对顶上事件的影响程度。限于篇幅，本文仅对地铁工程的工地环境子系统进行分析。

3. 基于 MORT 的地铁施工安全评价系统实施

本节以天津地铁一号线施工系统中的工地环境子系统为评价对象,说明地铁安全评价系统的实施。

首先通过阅读工地环境 MORT 图,确定工地环境子系统安全因素分析过程中的所有指标,如图1所示。

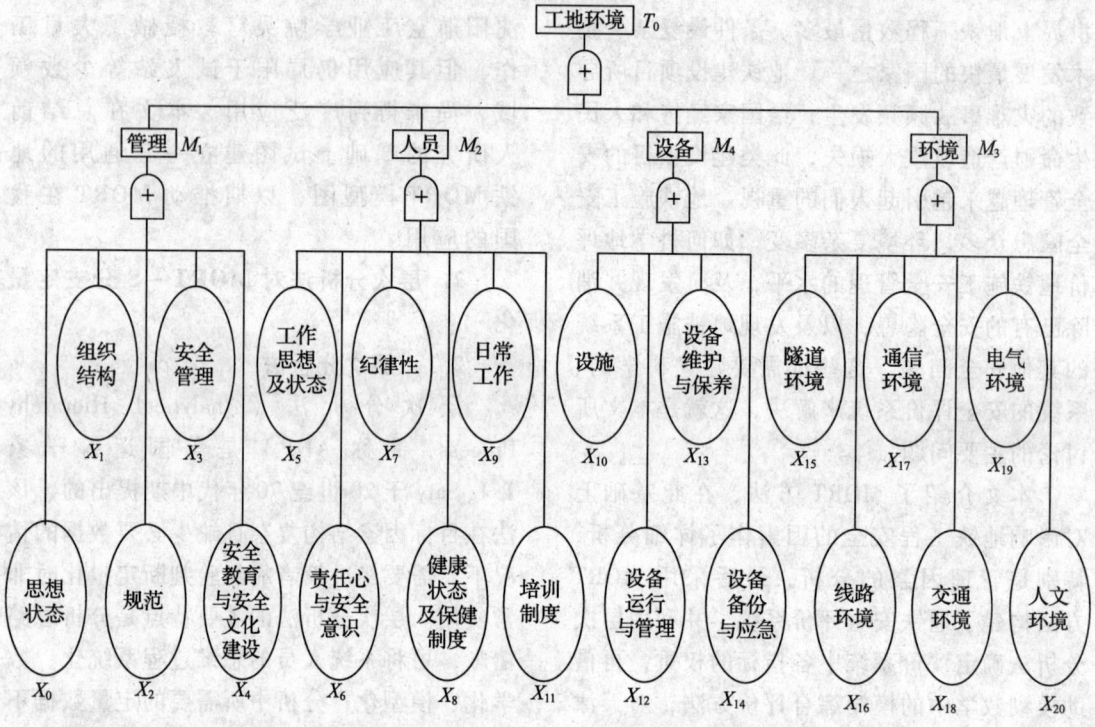

图1 工地环境 MORT 图

邀请安全科学领域的专家对工地环境子系统安全因素分析方面的"管理""人员""设备"和"环境"这四个评价指标进行考察。设"管理"为 A,"人员"为 B,"设备"为 C,"环境"为 D。

依据前文所介绍的判断基准,专家通过对"管理""人员""设备"和"环境"这四个评价指标进行两两比较,可以构造出如下的判断矩阵:

$$A = \begin{bmatrix} 1 & 1/3 & 1/2 & 1 \\ 3 & 1 & 2 & 2 \\ 2 & 1/2 & 1 & 2 \\ 1 & 1/2 & 1/2 & 1 \end{bmatrix}$$

根据层次分析法的求解方法,得出第一层因素 A、B、C、D 的权重分别为 0.119、0.346、0.221、0.313。

用同样的方法可以分别写出各因素的判断矩阵,并计算出其二级因素的权重。

为了向评价者提供整体决策的依据,找出指标中各安全因素对工地环境系统安全的影响程度,还需要在各层次单排序的基础上进行系统整体排序,通过层次总排序可求得各因素对绩效的排序权值,见表1。

表1　工地环境安全因素评价权重表

一级指标 二级指标	管理 0.119	人员 0.346	设备 0.221	环境 0.313	总排序权值
思想状态（A_1）	0.099				0.012
组织结构（A_2）	0.099				0.012
规范（A_3）	0.313				0.037
安全管理（A_4）	0.313				0.037
安全教育与安全文化建设（A_5）	0.176				0.021
工作思想及状态（B_1）		0.095			0.033
责任心与安全意识（B_2）		0.232			0.080
纪律性（B_3）		0.293			0.101
健康状况及保健制度（B_4）		0.137			0.047
日常工作（B_5）		0.122			0.042
培训制度（B_6）		0.122			0.042
设施（C_1）			0.167		0.037
设备运行与管理（C_2）			0.333		0.074
设备维护与保养（C_3）			0.167		0.037
设备备份与应急（C_4）			0.333		0.074
隧道环境（D_1）				0.121	0.038
线路环境（D_2）				0.121	0.038
通信环境（D_3）				0.216	0.068
交通环境（D_4）				0.127	0.040
电气环境（D_5）				0.312	0.098
人文环境（D_6）				0.101	0.032

对总排序进行一致性检验：

$$CR = \frac{\sum_{j=1}^{m} CI(J) a_j}{\sum_{j=1}^{m} RI(J) a_j}$$

$$= \frac{0 \times 0.119 + 0 \times 0.346 + 0 \times 0.221 + 0 \times 0.331}{1.12 \times 0.119 + 1.24 \times 0.346 + 0.9 \times 0.221 + 1.24 \times 0.313}$$

$$= 0 < 0.1$$

当 CR < 0.1 时，认为层次总排序结果具有较满意的一致性并接受该分析结果。

计算好权重之后，可以开始进行评价。

3.1　管理因素评价

首先对管理因素的二级指标进行量化评价，包括思想状态、组织结构、规范、安全管理和安全教育与安全文化建设。参照 MORT 图，找到各二级指标所对应的 LTA，通过回答对应 LTA 下的所有评价项目，最后给出这些二级指标的实际评价（见表2），结果见表3。

表2　管理因素评价表

检查项目	优	良	合格	不合格	权重
思想状态（A_1）	1				0.012
组织结构（A_2）			1		0.012
规范（A_3）	1				0.037
安全管理（A_4）	1				0.037
安全教育与安全文化建设（A_5）		1			0.021

表3　管理因素评价结果表

隶属度	0	0.086	0.033	0
评语	优	良	合格	不合格

单因素评价矩阵为 $R = \begin{bmatrix} 0 & 1 & 0 & 0 \\ 0 & 0 & 1 & 0 \\ 0 & 1 & 0 & 0 \\ 0 & 1 & 0 & 0 \\ 0 & 0 & 1 & 0 \end{bmatrix}$

权重 $A = (0.012, 0.012, 0.037, 0.037, 0.021)$

计算评判矩阵 $B = AR$,

$B = AR = (0.012, 0.012, 0.037, 0.037, 0.021)$

$\begin{bmatrix} 0 & 1 & 0 & 0 \\ 0 & 0 & 1 & 0 \\ 0 & 1 & 0 & 0 \\ 0 & 1 & 0 & 0 \\ 0 & 0 & 1 & 0 \end{bmatrix} = (0, 0.086, 0.033, 0)$

根据最大隶属度原则,天津地铁一号线工程工地环境子系统安全因素评价中的管理因素评价结果为良。

3.2 人员因素评价

首先对人员因素评价中的工作思想与状态、责任心与安全意识、纪律性、健康状态及保健制度、日常工作、培训制度这六项二级指标进行量化测评,方法同管理因素评价。人员因素评价表见表4。参照地铁工程工地环境 MORT 图进行人员因素评价后,得出结果,见表5。

表4　人员因素评价表

检查项目	优	良	合格	不合格	权重
工作思想与状态（B_1）			1		0.033
责任心与安全意识（B_2）			1		0.080
纪律性（B_3）		1			0.101
健康状态及保健制度（B_4）			1		0.047
日常工作（B_5）			1		0.042
培训制度（B_6）				1	0.042

单因素评价矩阵为 $R = \begin{bmatrix} 0 & 0 & 1 & 0 \\ 0 & 0 & 1 & 0 \\ 0 & 1 & 0 & 0 \\ 0 & 0 & 1 & 0 \\ 0 & 0 & 1 & 0 \\ 0 & 0 & 0 & 1 \end{bmatrix}$

权重 $A = (0.033, 0.080, 0.101, 0.047, 0.042, 0.042)$

计算评判矩阵 $B = AR$,

$B = AR = (0.033, 0.080, 0.101, 0.047, 0.042, 0.042)$

$\begin{bmatrix} 0 & 0 & 1 & 0 \\ 0 & 0 & 1 & 0 \\ 0 & 1 & 0 & 0 \\ 0 & 0 & 1 & 0 \\ 0 & 0 & 1 & 0 \\ 0 & 0 & 0 & 1 \end{bmatrix} = (0, 0.101, 0.202, 0.042)$

表5　人员因素评价结果表

隶属度	0	0.101	0.202	0.042
评语	优	良	合格	不合格

根据最大隶属度原则,天津地铁一号线工地环境子系统安全因素评价中的人员因素评价结果为合格。

3.3 设备因素评价

首先对设备因素评价中的设施、设备运行与管理、设备维护与保养、设备备份与应急这四项二级指标进行量化测评。参照地铁工程工地环境 MORT 图进行设备因素评价,表6为设备因素评价表,表7为设备因素评价结果表。

单因素评价矩阵为 $R = \begin{bmatrix} 1 & 0 & 0 & 0 \\ 0 & 1 & 0 & 0 \\ 1 & 0 & 0 & 0 \\ 1 & 0 & 0 & 0 \end{bmatrix}$

权重 $A = (0.037, 0.074, 0.037, 0.074)$,计算评判矩阵 $B = AR$,

$B = AR = (0.037, 0.074, 0.037,$

$$\begin{bmatrix} 1 & 0 & 0 & 0 \\ 0 & 1 & 0 & 0 \\ 1 & 0 & 0 & 0 \\ 1 & 0 & 0 & 0 \end{bmatrix} = (0.148, 0.074, 0, 0)$$

表6　设备因素评价表

检查项目	优	良	合格	不合格	权重
设施（C_1）	1				0.037
设备运行与管理（C_2）		1			0.074
设备维护与保养（C_3）	1				0.037
设备备份与应急（C_4）	1				0.074

表7　设备因素评价结果表

隶属度	0.148	0.074	0	0
评语	优	良	合格	不合格

根据最大隶属度原则，天津地铁一号线工地环境子系统安全因素评价中的设备因素评价结果为优。

3.4　环境因素评价

首先对环境因素评价中的隧道环境、线路环境、通信环境、交通环境、电气环境、人文环境这六项二级指标进行量化测评。同上述过程，参照地铁工程工地环境MORT图进行设备因素评价后得出结果，见表8、表9。

表8　环境因素评价表

检查项目	优	良	合格	不合格	隶属度
隧道环境（D_1）		1			0.038
线路环境（D_2）		1			0.038
通信环境（D_3）		1			0.068
交通环境（D_4）			1		0.040
电气环境（D_5）		1			0.098
人文环境（D_6）		1			0.032

表9　环境因素评价结果表

隶属度	0	0.274	0.040	0
评语	优	良	合格	不合格

根据最大隶属度原则，天津地铁一号线工地环境子系统安全因素评价中的环境因素评价结果为良。

3.5　综合评价

至此，天津地铁一号线工地环境子系统安全因素评价中的管理因素、人员因素、设备因素和环境因素的评价均有了结果，下面可对其进行第一层次的评价，即工地环境子系统安全因素的总体安全水平评价，见表10、表11。

表10　综合评价表

评价项目	优	良	合格	不合格	权重
管理因素（A）		1			0.119
人员因素（B）			1		0.346
设备因素（C）	1				0.221
环境因素（D）		1			0.313

单因素评价矩阵为 $R = \begin{bmatrix} 0 & 1 & 0 & 0 \\ 0 & 0 & 1 & 0 \\ 1 & 0 & 0 & 0 \\ 0 & 1 & 0 & 0 \end{bmatrix}$

权重 $A = (0.119, 0.346, 0.221, 0.313)$

计算评判矩阵 $B = AR$，

$B = AR = (0.119, 0.346, 0.221, 0.313)$

$$\begin{bmatrix} 0 & 1 & 0 & 0 \\ 0 & 0 & 1 & 0 \\ 1 & 0 & 0 & 0 \\ 0 & 1 & 0 & 0 \end{bmatrix} = (0.221, 0.432, 0.346, 0)$$

表11　综合评价结果表

隶属度	0.221	0.432	0.346	0
评语	优	良	合格	不合格

根据最大隶属度原则，天津地铁一号线工地环境子系统安全因素综合评价结果为良，说明天津地铁一号线工地环境子系统的

安全状况良好。对于评价稍差的部分，可以根据对应指标在 MORT 图中找到相应的 LTA，再根据所有评价项目的回答，找出系统存在的问题，以便不断完善地铁系统的安全管理。

4. 小结

从安全评价 MORT 系统的各个子树图中可以看出，每一层次欠佳的因素都是由其下属层次的一个或几个缺陷因素作用引起的，每当进行地铁工程安全评价时，可以从最顶层的事件（安全管理系统因素欠佳）开始，逐个地审查 MORT 图，找出影响上层事件的一个或几个缺陷因素，并将其一一记录下来，对照地铁工程安全评价 MORT 用户手册查找缺陷原因，为其后的评价、控制缺陷因素提供依据，直至找到合适方法。

判断地铁工程安全评价系统中的事件是"满意"还是"欠佳"，必须依据有关标准，这样可以避免人的主观判断和偏见，防止遗漏缺陷因素，从而较全面地查明系统的漏洞和缺陷。地铁工程安全评价系统的使用者，应该把 MORT 图看成是一个调查、分析、评价地铁安全管理系统的工具，用以对整个地铁安全管理系统因素进行评价，也可以对其中的一小部分进行评价，检查局部缺陷因素，甚至可以根据实际情况对某些部分进行调整。

综上所述，掌握地铁工程安全评价系统的关键是对各因素逐个审查 MORT 图，从上到下找出导致上层事件发生的缺陷事件，并根据其因果关系，相应地采取安全控制措施，截断缺陷事件链，防止事故发生或进一步恶化。

◎参考文献

[1] 屈植，李晶晶. 安全评价在城市轨道交通工程中的应用 [J]. 安全生产和监督，2006（6）.

[2] 王山，姚晓晖，汪彤. 地铁安全评价研究 [J]. 华北科技学院学报，2006，3（1）：46－49.

[3] 涂志胜. 安全系统工程 [M]. 北京：机械工业出版社，2006.

[4] 侯先荣，MORT 技术简介 [J]. 质量与可靠性，1994（5）：26.

[5] 贾明涛，肖贵平，聂磊. 工业 MORT 模型及其定量化初探 [J]. 华北科技学院学报，2005，2（3）：11－14.

[6] 万玺，雍岐山. 基于 TSC 理念的企业安全评价模型研究 [J]. 安全与环境工程，2009，16（2）：62－65.

典型国有矿山企业职业卫生现状评价及监管机制研究

王乐平　陈沅江（指导教师）

（中南大学资源与安全工程学院，长沙，410083）

摘　要　通过对苍山铁矿的职业卫生情况现场调查和研究，概括出矿山的职业危害因素，运用职业卫生分级评价方法，对苍山铁矿的职业卫生现状进行评价。由此根据苍山铁矿的实际情况，提出了相应的改善措施。此外，通过对国外发达国家职业卫生工作的学习和借鉴，对我国职业卫生监管的合理机制进行了探讨。

关键词　矿山　职业卫生　现状评价　监管机制

职业卫生又称劳动卫生,是指研究生产劳动中生产工艺过程、劳动过程和作业环境因素等劳动条件对劳动者健康影响的规律或危害程度,从而提出如何改善劳动条件及作业环境、防止职业危害的侵袭、预防职业病发生,以达到保护和增进劳动者健康、提高劳动能力的目的。

劳动是人类生存和发展的基本需要,劳动创造了财富,但劳动过程中存在的各种职业病危害因素无论是在现代化生产中,还是在手工作业中,在一定条件下都可对劳动者的身体健康产生不良影响,如引起职业病、工伤和与职业相关的疾病等。在矿山企业中,职业危害因素种类繁多,最严重的要数粉尘和噪声。矿工患尘肺病和噪声性耳聋的概率居高不下。职业病严重损害工人的身体健康,也让企业蒙受巨大的经济损失,影响国家形象。

为了有效地预防、控制或消除职业病危害因素,改善不良劳动条件,首先要通过建设项目的前期预防、动态的工作场所评价、职业病危害防护评价、职业流行病学调查评价和实验研究,以及必要的健康危险度评价等,充分识别、评价和预测职业病危害因素的危害性质、程度、作用条件、作用方式、防护水平等,并对其远期影响的危险度进行估测,从而防止职业病及与职业相关的疾病发生。因此,职业卫生评价是防治职业病的重要手段。

现阶段,我国的职业卫生监管工作主要存在五个方面的问题:①体制不顺、职能交叉与分割。②三方协商机制不健全,主体责任难以有效落实。③法规标准体系建设滞后,落实不力。④职业卫生技术服务市场化不充分,政府导向作用不突出,职业卫生资源配置存在问题。⑤职业卫生工作投入不足。

1. 苍山铁矿职业危害调查
1.1 矿山简介

矿山位于山东省临沂市苍山县与枣庄市交界处,矿区面积约为 2.611 3 km^2,开采深度为 50 ~ -350 m 标高。地面有 5 个井口和 1 个斜坡道出口,其中 3 个井为风井。开拓方式为竖井开拓与斜坡道开拓相结合。地表主井附近设有选矿厂,采选工程设计生产规模为 200 万 t/a。

1.2 职业危害因素
1.2.1 井下采矿过程

苍山铁矿开采方式为井下分层开采,在打眼放炮、矿石破碎、机械采矿装载、运输等过程中,分别产生粉尘、有害气体、噪声、振动和不良气象条件等职业病危害因素,见表 1。

在这些职业病危害因素中,粉尘和噪声最为严重,因此对这两种职业病危害因素进行检测,结果见表 2、表 3。

表 1 井下职业病危害因素分布

危害因素	存在部位或过程
粉尘	掘进、采矿工作面,矿岩主要运输大巷,矿岩装卸点,矿石破碎点等
有害气体	井下工作地点
噪声和振动	空气压缩机和空压机房,提升卷扬机和卷扬机房,排水泵和水泵房,主扇风机和风机房,凿岩机和凿岩工作面,井下矿岩装卸点等
不良气象条件	井下工作地点

表 2 井下粉尘浓度检测结果

编号	作业场所	采样地点	检测结果(mg/m^3)
1	掘进工作面	-13 m^2#西掘	2.11
2	采矿工作面	斜坡道 -40 m	1.92
3	主要运输大巷	斜坡道	0.87
4	矿岩装卸点	斜坡道 +7 m	1.58
5	矿石破碎点	井下破碎点	1.46

表 3　井下噪声检测结果

编号	作业场所	检测地点	检测结果（dB）	工人接触时间（h/d）
1	空压机房	副井	97.3	8
2	卷扬机房	副井	96.7	8
3	水泵房	井下	94.9	8
4	风机房	井下	95.8	8
5	凿岩工作面	斜坡道 −13 m	93.5	8
6	矿岩装卸点	斜坡道 +7 m	95.2	8

1.2.2　地面选矿过程

选矿过程中的职业病危害主要是粉尘、噪声和振动伤害，粉尘浓度和噪声的检测结果分别见表 4、表 5。

表 4　选矿厂粉尘浓度检测结果

编号	作业场所	采样地点	检测结果（mg/m³）
1	选矿厂	粗破碎车间	0.04
2	选矿厂	中细碎车间 3 阶平台	0.09
3	选矿厂	中细碎车间 2 阶平台	0.05
4	选矿厂	中细碎车间 1 阶平台	0.03
5	选矿厂	筛分车间 3 阶平台	0.10
6	选矿厂	筛分车间 2 阶平台	0.04
7	选矿厂	筛分车间 1 阶平台	0.04
8	选矿厂	粉矿仓	0.05

表 5　选矿厂噪声检测结果

编号	作业场所	检测地点	检测结果（dB）	工人接触时间（h/d）
1	选矿厂	粗破碎车间	99.6	8
2	选矿厂	中细碎车间 3 阶平台	99.2	8
3	选矿厂	中细碎车间 2 阶平台	99.4	8
4	选矿厂	中细碎车间 1 阶平台	95.8	8
5	选矿厂	筛分车间 1 阶平台	95.4	8
6	选矿厂	筛分车间 2 阶平台	97.8	8
7	选矿厂	筛分车间 3 阶平台	94.6	8
8	选矿厂	粉矿仓	96.8	8
9	选矿厂	主厂房系列 1 段	97.6	8
10	选矿厂	主厂房系列 2 段	95.0	8

2．苍山铁矿职业卫生现状评价

2.1　职业卫生评价方法

（1）当工程项目（车间、工段）为单项环境危害因素作用时，可采用单项指数作为卫生评价指数。

1）单项指数计算公式：

$$P_i = C_i / S$$

式中　P_i——某测试点单项指数；

　　　C_i——某测试点实测数据；

　　　S——某测试项目卫生标准。

2）测试项目单项指数：

$$P = \frac{\sum_{i=1}^{n} P_i}{n}$$

式中　$\sum P_i$——所有测试点的单项指数之和；

　　　n——测试点总数。

（2）当项目（车间、工段）有数项环境危害因素对操作人员同时作用时，采用综合指数作为卫生评价指数。

1）综合指数计算公式：

$$I = \sqrt{P_{i\max} \frac{\sum_{i=1}^{N} P_i}{N}}$$

式中 I——综合指数;

$P_{i\max}$——最大单项指数(P_i 的最大值);

$\sum P_i$——各测试项目单项指数之和;

N——同时作用的监测项目数。

2)综合卫生评价级别,见表6。

表6 综合卫生评价级别

综合指数 I	评价级别	综合卫生评价标准	综合指数 I	评价级别	综合卫生评价标准
<1.0	I	合格	1.2~1.5	III	限期治理
1~1.2	II	基本合格	>1.5	IV	不合格

2.2 苍山铁矿职业卫生评价

(1)粉尘作业评价

该矿山中的粉尘只含有少量的二氧化硅,国家规定作业场所最高浓度标准为 10 mg/m³。根据表2和表4所得结果,粉尘浓度均低于国家标准,故粉尘作业评价为合格。

(2)噪声作业评价

根据表7进行评价,评价结果是:卷扬机房、水泵房、风机房、凿岩工作面与矿岩装卸点为II级作业,即中度危害作业;空压机房为III级作业,即高度危害作业。筛分车间1阶平台、中细碎车间1阶平台、筛分车间3阶平台、粉矿仓与主厂房系列2段为II级作业,即中度危害作业;粗破碎车间、中细碎车间3阶平台、中细碎车间2阶平台、筛分车间2阶平台、主厂房系列1段为III级作业,即高度危害作业。

表7 噪声作业评价级别

时间(h/d) \ 声级(dB)	<85	85~88	88~91	91~94	94~97	97~100	100~103	103~106	106~109	109~112	>112
≈2											
≈4	0				I		II		III		IV
≈6											
≈8											

注:0级——安全作业,I级——轻度危害作业,II级——中度危害作业,III级——高度危害作业,IV级——极度危害作业。

(3)综合卫生评价

1)粉尘单项指数按公式 $P_1 = \frac{\sum_{i=1}^{n} P_i}{n}$、$P_i = \frac{C_i}{S_i}$ 计算,有:$\sum_{i=1}^{5} P_i = 2.11 \div 10 + 1.92 \div 10 + 0.87 \div 10 + 1.58 \div 10 + 1.46 \div 10 = 0.794$

$P_1 = 0.794 \div 5 = 0.1588$

2)噪声单项指数按公式 $P_2 = \frac{\sum_{i=1}^{n} P_i}{n}$ 计算,有:$\sum_{i=1}^{6} P_i = 97.3 \div 85 + 96.7 \div 85 + 94.9 \div 85 + 95.8 \div 85 + 93.5 \div 85 + 95.2 \div 85 = 6.7459$

$P_2 = 6.7459 \div 6 = 1.1243$

3)矿岩装卸点等工作地点既有粉尘危害又有噪声危害,其综合指数计算公式为:

$$I = \sqrt{P_{i\max} \frac{\sum_{i=1}^{N} P_i}{N}}$$

$$= \sqrt{1.1243 \times (0.1588 + 1.1243)/2}$$
$$= 0.8493$$

根据表6中综合卫生评价级别，1 < 1.0，为Ⅰ级，合格。

4）地面选矿部分：粉尘单项指数按公式计算，有：

$$\sum_{i=1}^{8} P_i = 0.04 \div 10 + 0.09 \div 10 + 0.05 \div 10 + 0.03 \div 10 + 0.10 \div 10 + 0.04 \div 10 + 0.04 \div 10 + 0.05 \div 10 = 0.044$$

$$P_1 = 0.044 \div 8 = 0.0055$$

5）地面选矿部分：噪声单项指数按公式计算，有：$\sum P_i = 99.6 \div 85 + 99.2 \div 85 + 99.4 \div 85 + 95.8 \div 85 + 95.4 \div 85 + 97.8 \div 85 + 94.6 \div 85 + 96.8 \div 85 + 97.6 \div 85 + 95.0 \div 85 = 11.4694$

$$P_2 = 11.4694 \div 10 = 1.1469$$

6）在选矿厂工作地点既有粉尘危害又有噪声危害，其综合指数计算公式为：

$$I = \sqrt{P_{i\max} \frac{\sum_{i=1}^{N} P_i}{N}}$$
$$= \sqrt{1.1469 \times (0.0055 + 1.1469)/2}$$
$$= 1.1497$$

根据表6中综合卫生评价级别，1.0 < I < 1.2，为Ⅱ级，基本合格。

3. 我国职业卫生监管机制研究

3.1 我国职业卫生监管工作的问题

（1）相关职业卫生的法律法规不完善，"以罚代管"现象严重，职业病鉴定程序烦琐。

（2）保险机制不完善，劳动者患病后待遇差，劳动者受到职业病侵害后获得赔偿困难。

（3）劳动用工制度不完善，合同用工制度没有真正得到落实，无保险、无雇主的工人大量存在。

（4）政府对企业监管困难，政府管理政出多头，分割严重，分工不合理。

（5）基础职业卫生服务提供不足，职业卫生服务覆盖面小，职业卫生服务队伍技术力量薄弱，职业健康监护覆盖面较小。

3.2 国外成功管理实践启示

（1）在政府引导下，通过非营利组织来规范企业行为。德国是以非营利组织管理职业卫生安全的典范。在德国职业保险协会和以其为主建立的国家劳动保护机制的运作中，可以总结出德国职业病管理的三个特点：非营利组织发挥主导作用；职业保险协会成为劳资职业伤害纠纷的仲裁者，避免了政府作为仲裁者造成的争议；职业保险协会的建立和活动只是起到了用行政以外手段进行激励监督的作用，并没有减轻企业主对劳动者保护的责任。

（2）建立完善的社会保险制度。日本依靠完善的社会保险制度在职业卫生管理工作上取得较大成绩，日本的职业伤害社会保障实践有以下三个特点：社会保障法律化、制度化；管理方式多元化；保障程度福利化。

3.3 多元化监管模式的构建

政府主导下的多元共治，是指在我国当前的环境下，以政府为主导，通过政府本身对各种社会监督资源的整合、协调，最终形成政府、企业和社会力量的有机结合，多个管理主体共同协调运作的格局。

（1）形成完善的职业伤害保障法律体系，加强法律的可操作性。

（2）明确政府定位，强化服务功能。政府的监管重点在于给市场运作提供一种外部的制度保障，完善社会保障制度，强化服务功能，从劳动者利益出发，建设服务型政府。

（3）发展社会力量参与职业卫生管理。由于职业病患者势单力薄，凭自己的力量无法向企业和政府维护自身利益，需要社会的互助组织来保障工人的权利。

（4）基础职业卫生服务的推进。推进基础职业卫生服务有以下几方面的工作要做：基本力量建设；职业卫生服务人员培训；机制建设；乡镇卫生院建设。

4. 苍山铁矿职业卫生改善措施

由苍山铁矿的职业危害调查以及评价结果可以看出，苍山铁矿采选工程项目中主要职业危害是粉尘和噪声。为了使本矿山职工能健康工作，使矿山获得更大经济效益和社会效益，在本节特别提出改善本矿山粉尘与噪声危害的措施。

4.1 粉尘危害控制

（1）技术措施。开工前向工作面洒水，选用良好的通风措施，选用产尘少的设备，对产尘设备进行密闭。

（2）管理规章制度。工人上岗前集中体检，并进行职业卫生培训教育；设专业测风测尘人员，及时对除尘设备进行监测和维护；严格监督职工劳动保护用品的使用；对职工进行职业病健康监护，并提供疗养。

（3）个体防护。矿山作业人员在有粉尘产生的工作场所必须佩戴防尘口罩，防尘口罩必须经过检验测试，阻尘率达到国家一级标准要求，对粒径小于 5 μm 的粉尘，阻尘率应大于 99%。口罩还应使用舒适、透气性能良好。

4.2 噪声危害控制

（1）技术措施。对产噪设备进行隔声，建筑隔声罩，若没有条件或不方便建隔声罩，可以建筑隔声室，工人在隔声室内工作；在有产生噪声的厂房天花板和四壁或硐室内设表面装饰吸声材料或吸声结构，在空间悬挂吸声体或装饰吸声屏；对产生空气动力性噪声的设备，如扇风机，采取消声措施。

（2）管理规章制度。工人上岗前集中体检，并进行职业卫生培训教育；设专人对作业场所进行噪声检测，并对降噪设备进行日常维护；严格监督职工劳动保护用品的使用；对职工进行职业病健康监护，并提供疗养。

（3）个体防护。在噪声较强的工作场所，职工必须戴好防噪声耳塞。防噪声耳塞又称隔声耳塞或抗噪声耳塞，一般是由硅胶或是低压泡沫材质、高弹性聚酯材料制成的。插入耳道后与外耳道紧密接触，以隔绝声音进入中耳和内耳，达到隔声的目的，从而使职工能够得到良好的工作条件。

5. 总结

本文现场调查矿山采选工程中最突出的职业危害——粉尘危害和噪声危害，经评价得出：地面和井下的粉尘危害评价均为合格，其中，井下产生噪声的作业场所噪声危害评价均为中度危害以上，空压机房为高度危害作业；地面选矿厂的噪声危害评价也是中度危害以上，破碎车间、筛分车间等工作场所为高度噪声危害作业。对井下的职业卫生的综合评价结果为合格，对地面选厂的综合卫生评价为基本合格。

针对粉尘危害的防治措施是根据国家总结出的"革、水、密、风、护、管、教、查"八字经验，即对噪声危害的防治主要从隔声、吸声、消声以及个体防护四个方面来考虑。职业卫生工作必须"预防为主，防治结合"。

◎ 参考文献

[1] 陈沅江，吴超，吴桂香. 职业卫生与防护 [M]. 北京：机械工业出版社，2009.

[2] 陈沅江，吴超，胡毅夫. 职业卫生知识问答 [M]. 北京：中国劳动社会保障出版社，2005.

[3] 国家安全生产监督管理总局安全生产协调司. 作业场所职业危害预防与管理 [M]. 北京：中国劳动社会保障出版社，

2005.

[4] 郭振龙, 朱兆华. 工业安全卫生预评价方法 [M]. 北京: 化学工业出版社, 1999.

[5] 丁魏. 中华人民共和国职业病防治法释义及实用指南 [M]. 北京: 研究出版社, 2001.

[6] 张忠彬, 孙庆云. 我国职业卫生监管工作现状分析 [J]. 中国安全科学学报, 2008, 18 (6).

[7] 张忠彬, 孙庆云. 我国职业卫生法规标准体系状分析 [J]. 中国安全生产科学技术, 2007, 3 (4).

[8] 陆震伟, 朱磊. 量化分级管理——职业卫生监管的新模式 [J]. 劳动保护, 2006, 12.

[9] 韦冠俊, 蒋仲安, 金龙哲. 矿山环境工程 [M]. 北京: 冶金工业出版社, 2001.

矿山地质钻探施工过程安全评价

陈 清 陈沅江 (指导教师)

(中南大学资源与安全工程学院, 长沙, 410083)

摘 要 针对矿山地质钻探施工安全生产现状及存在问题, 采用系统的理论和方法, 从人、机、环境、管理四个要素入手, 进行矿山地质钻探危险源辨识, 建立合理的矿山地质钻探安全评价体系, 并运用此体系进行安全评价。

关键词 矿山地质钻探 危险源辨识 安全评价

矿山地质钻探是勘察矿体资源的一个重要施工过程, 我国地质工作长期实行计划经济的管理体制和运行机制, 1998 年国务院机构改革将地质勘探单位逐步企业化, 地质单位安全工作的受重视程度面对有史以来最严峻的挑战。矿山地质钻探作业高度流动、分散, 野外作业条件艰险、艰苦, 安全工作十分特殊。

安全评价主要是对施工中的危险因素进行评价, 首先对矿山地质钻探施工过程中的危险因素进行分析及分级。根据矿山地质钻探施工特点, 运用施工安全检查表对危险因素进行安全评价。矿山地质钻探是一个大的系统, 在评价中, 根据其施工作业特点分别对其安全管理、工程作业、物料设备系统、外界环境四个子系统进行评价, 运用专家咨询法对各子系统进行确定, 然后将各子系统的评价运用线性加权综合法进行合成。

1. 矿山地质钻探施工过程的危险源分析及分级

1.1 矿山地质钻探施工过程的危险源分析

经过查阅相关文献资料, 及对矿山地质钻探施工过程实地调研, 发现施工过程中危险事故或危险事件主要有机械设备损坏、触电、爆炸、火灾、物体打击等。下面将运用事故树分析法分别对这些事故的危险源进行分析 (见图1~图4)。

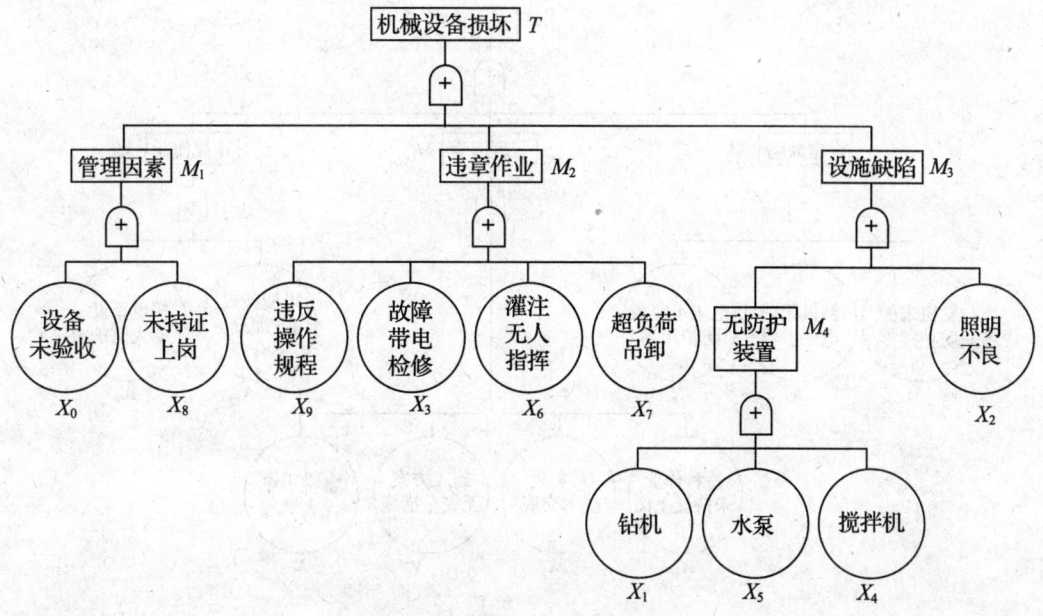

图1 机械设备损坏事故树

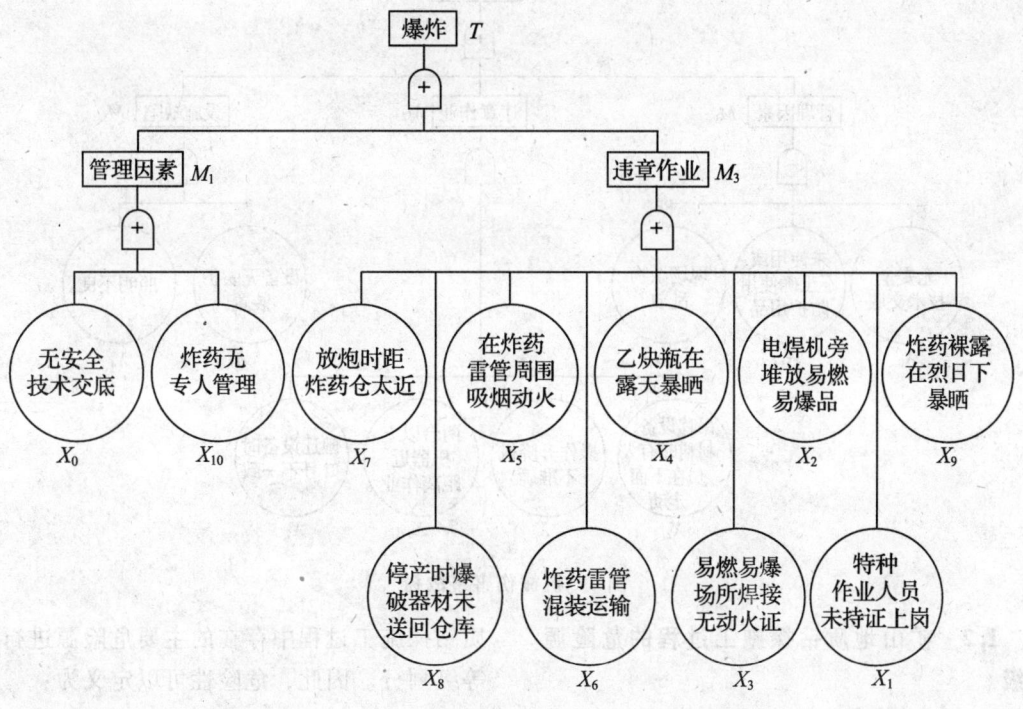

图2 爆炸事故树

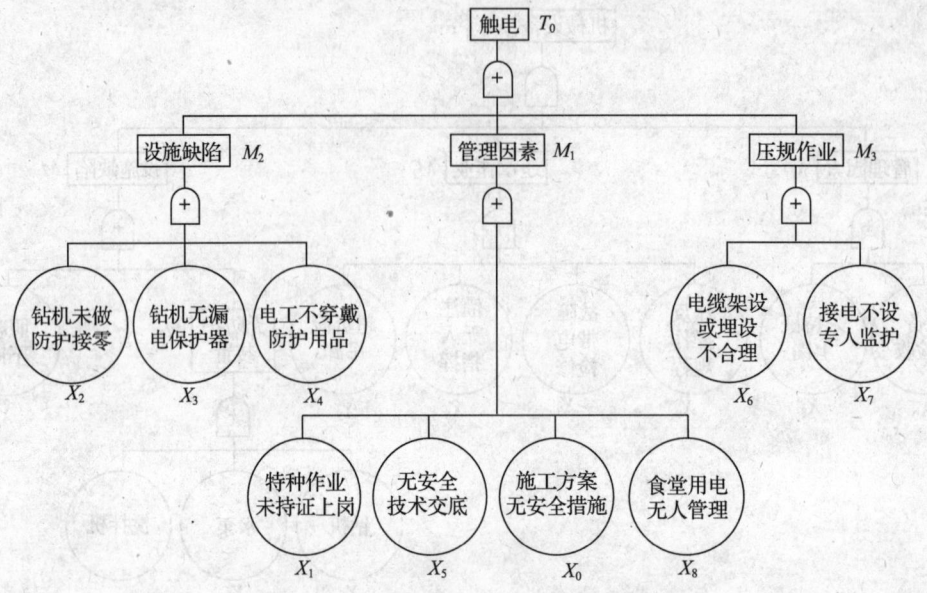

图 3 触电事故树

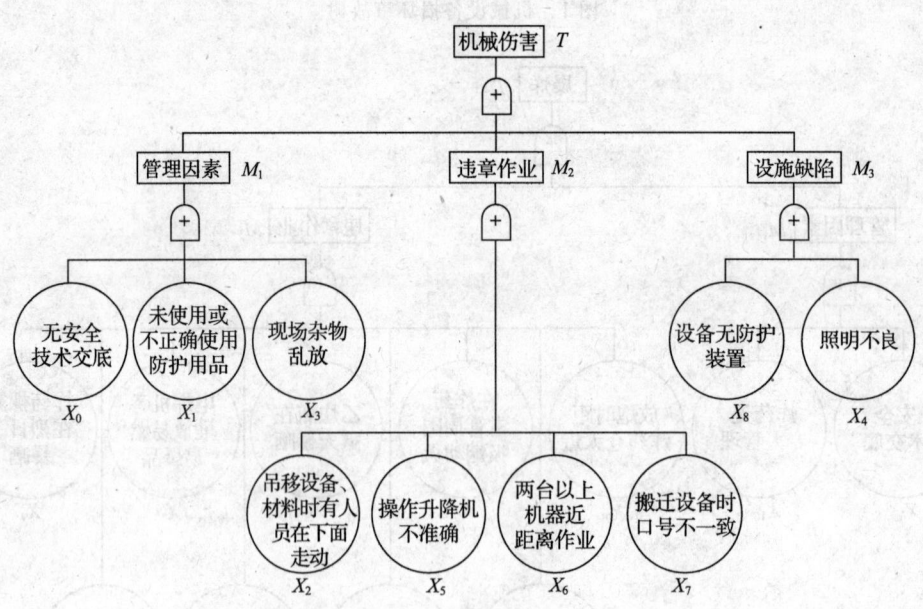

图 4 机械伤害事故树

1.2 矿山地质钻探施工过程的危险源分级

通过对国内矿山地质钻探施工过程中发生的各类事故进行统计，并对其进行分析，针对事故或危险事件发生的可能性、暴露于危险环境中的频率、危险严重度，对矿山地质钻探施工过程中存在的主要危险源进行了等级划分。因此，危险性可以定义为：

$$D = LEC$$

式中 D——危险性；

L——事故或危险事件发生的可能性；

E——暴露于危险环境中的频率;

C——危险严重度。

根据国内外矿山地质钻探施工过程中事故发生情况的分析,矿山地质钻探施工过程中危险源等级划分见表1。

2. 矿山地质钻探施工过程安全评价指标体系的构建

2.1 评价指标体系的建立原则

矿山地质钻探施工过程安全评价指标体系是由若干单项评价指标组成的整体,建立评价指标体系是系统评价的关键,指标体系要实际、完整、合理、科学,尽可能全面反映矿山地质钻探系统安全的所有因素。所以,在建立矿山地质钻探施工过程安全评价指标体系的过程中,应注意体现以下基本原则:系统性、层次性和全面性、定性与定量评价的结合性、指标之间的独立性、可操作性、可比性、科学性和可靠性、动态性与稳定性的结合。

2.2 评价指标体系的组成

本文的评价指标体系可以用图5来表示其构建过程和各层之间的相互关系。

按照上面阐述的评价指标体系的建立原则,通过对安徽池州马头山铜钼矿地质钻探施工现状的分析、研究,构建如图6所示的安全评价指标体系框架。

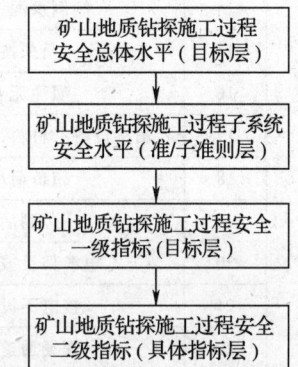

图5 矿山地质钻探施工过程安全评价指标体系的层次结构

表1 矿山地质钻探施工过程中危险源等级划分

作业活动		危险源	危险性（D = LEC）				危险级别
			L	E	C	D	
安全管理	1	施工方案无安全技术措施	3	6	7	126	显著危险
	2	设备设施未经验收	3	6	1	18	稍有危险
	3	无安全技术交底	3	6	7	126	显著危险
	4	特种作业人员未持证上岗	3	3	15	135	显著危险
	5	违反安全技术措施方案	3	6	7	126	显著危险
	6	未使用或不正确使用个人防护用品	3	6	7	126	显著危险
	7	未按要求做安全检查	3	6	7	126	显著危险
钻探施工	1	钻机底座基础不牢	1	3	3	9	稍有危险
	2	钻机无防护装置或防护装置有缺陷	1	6	40	240	重大
	3	钻机未做防护接零	3	3	1	9	稍有危险
	4	钻机无漏电保护器	3	3	1	9	稍有危险
	5	水源坑无防护栏杆和警告标志	1	3	1	3	稍有危险
	6	夜间施工照明不良	1	2	1	2	稍有危险
	7	电焊工不穿戴防护用品和白天、雾天露天作业	3	6	7	126	显著危险
	8	操作升降机不准确	3	6	7	126	显著危险
	9	设备发生故障时,未切断电源就检修	3	6	10	180	重大

续表

作业活动		危险源	危险性（D = LEC）				危险级别
			L	E	C	D	
钻探施工	10	移动设备、管材时口号不一致	1	3	2	6	稍有危险
	11	两台以上钻机近距离作业	3	6	7	126	显著危险
	12	搅拌机无防雨棚和服务台不安全	1	2	1	2	稍有危险
	13	水泵无防护装置或不灵敏	1	2	3	6	稍有危险
	14	倾倒水泥工不戴口罩	3	6	1	18	稍有危险
	15	操作人员未按操作规程作业	1	6	3	18	稍有危险
	16	灌注无专人指挥	3	6	7	126	显著危险
	17	吊移设备、材料，人员在下面走动	3	6	7	126	显著危险
	18	超负荷吊卸作业	1	6	2	12	稍有危险
	19	酒后作业	1	6	2	12	稍有危险
	20	电缆架设或埋设不合理	1	6	2	12	稍有危险
	21	接电不设专人监护	1	6	2	12	稍有危险
	22	现场通道杂物乱放	1	6	2	12	稍有危险
	23	宿舍内吸烟、做饭	3	6	2	36	一般
	24	厂内上、下班不注意车辆行驶	3	6	7	12	稍有危险
易燃易爆	1	电焊机周围堆放易燃易爆物品	3	6	2	36	一般
	2	氧气瓶、乙炔瓶与电焊作业间距不标准	3	6	10	180	重大
	3	焊割时未配灭火器材	3	6	2	36	一般
	4	在易燃易爆场所焊接无动火证	3	6	7	126	显著危险
	5	乙炔瓶在露天暴晒	1	2	3	6	稍有危险
	6	炸药、雷管混装运输	3	6	7	126	显著危险
	7	在炸药、雷管周围吸烟、动火	3	6	7	126	显著危险
	8	放炮时距炸药仓太近	3	6	7	126	显著危险
	9	停产时爆破器材未送回库房	3	6	7	126	显著危险
	10	炸药裸露在烈日下暴晒	3	6	7	126	显著危险
	11	爆炸物品无专人管理	1	6	40	240	重大
	12	施工船上炸药和雷管同放一舱	3	6	7	126	显著危险
冬夏季施工	1	无防冻、防中暑措施	3	6	2	36	一般
	2	汽车运输无防滑措施	3	6	7	126	显著危险
	3	无防雷击、防汛措施	1	6	2	12	稍有危险
职工食堂	1	炊事人员无健康证	3	6	2	36	一般
	2	食堂无消毒、防蝇设施和食物中毒防护设施	3	6	2	36	一般
	3	食堂动火、用电无人管理	3	6	2	36	一般

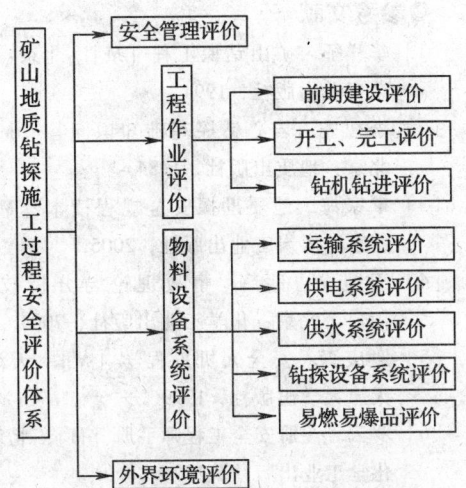

图6 安徽池州马头山铜钼矿地质钻探
施工过程安全评价指标体系框架

2.3 子系统权重的确定

由于矿山地质钻探系统包括多个子系统，且每个子系统所含的评价指标都很多，在进行综合评价时，各子系统对评价对象的作用并不是同等重要的。为了体现各子系统在评价体系中的作用和相对重要程度，在评价体系确定后，必须对各子系统赋予不同的权重系数。本文主要采用专家咨询法，又称德尔菲法（Delphi法），即组织若干对评价系统熟悉的专家，通过一定方式对矿山地质钻探施工安全评价子系统权重独立地发表见解，并用统计方法做适当处理。其具体做法如下：

（1）组织 r 个专家，对每个子系统 x_j （$j=1,2,3,\cdots,n$）的权重进行评估，得到子系统权重估计值 $\omega_{k1}, \omega_{k2}, \cdots, \omega_{k3}$ （$k=1,2,\cdots,n$）。

（2）计算 r 个专家给出的权重估计值的平均值。

$$\overline{\omega}_j = \frac{1}{r}\sum_{k=1}^{r}\omega_{kj}(j=1,2,\cdots,n) \quad (1)$$

（3）计算估计值和平均值的偏差

$$\Delta_{kj} = |\omega_{kj} - \overline{\omega}_{kj}|, (k=1,2,\cdots,r; j=1,2,\cdots,n) \quad (2)$$

（4）对于偏差 Δ_{kj} 较大的第 j 个子系统权重估计值，再请 k 个专家重新估计 ω_{kj}，经过几轮反复，直到偏差满足一定的要求为止，最后得到一组子系统权重的平均估计修正值 $\overline{\omega}_j$ （$j=1,2,\cdots,n$）。

参照专家咨询法，对安徽池州马头山铜钼矿地质钻探施工过程安全评价系统中的四个子系统权重系数设定为 ω = {安全管理，工程作业，物料设备系统，外界环境} = {0.15, 0.4, 0.35, 0.1}。

2.4 评价方法选定

根据其评价内容和种类繁多的特点，为了尽量满足定量评价的要求，选用评分式安全检查表为矿山地质钻探安全主观评价的实现方式较为合适。本评分式安全检查表（见表2）主要由一级指标、二级指标、序号（二级指标序号）、评价内容、分值、得分、评价方法（现场评价方法）、备注、评价人、评价日期等项目组成。

表2 评分式安全检查表的基本格式

一级指标	二级指标	序号	评价内容	分值	得分	备注	评价方法
评价对象		评价人		被评价单位负责人		评价时间 年 月 日	

其中，备注栏用来标注扣分的原因或其他事项，供以后整改用；评价对象、评价人、被评价单位负责人、评价时间等栏供记录、备案用。

3. 对安徽池州马头山铜钼矿地质钻探施工过程的安全评价

根据上面的安全评价指标体系，建立评分式安全检查表，对安徽池州马头山铜钼矿地质钻探施工过程进行安全评价，得出各子系统安全评价得分，安全管理 92.5 分、工程作业 83 分、物料设备系统 84.85 分、外界环境 80 分。

参照专家咨询法，对安徽池州马头山铜钼矿地质钻探施工过程安全评价系统中的四个子系统权重系数设定为 ω = ｛安全管理，工程作业，物料设备系统，外界环境｝= ｛0.15，0.4，0.35，0.1｝。利用线性加权综合法得物料设备系统评价值为：

$$y = \sum_{j=1}^{n} \omega_j x_j = 0.15 \times 92.5 + 0.4 \times 83 + 0.35 \times 84.85 + 0.1 \times 80 = 84.77$$

所以，安徽池州马头山铜钼矿地质钻探施工过程评价得分为 84.77 分，根据安全等级划分属于二等，很安全。

4. 结语

矿山地质钻探施工，一方面属于野外工程作业，临时用电量较大、涉及爆破作业、作业环境艰苦，一旦发生安全事故，很难得到有效的救援处理；另一方面，由于其机械作业力度较轻、施工人员较少，一般情况不会发生人员伤亡事故。所以，在工程作业中，上到国家政府机构下到施工企业，普遍对安全工作重视不够，为了改善矿上地质钻探安全生产现状，须做好安全评价及安全监管工作。

◎ 参考文献

[1] 华祥征. 矿山钻探工程 [M]. 北京：冶金工业出版社，1994.
[2] 李智先. 岩心钻探基础知识问答 [M]. 北京：地质出版社，1984.
[3] 覃家海. 地质勘探安全规程读本 [M]. 北京：煤炭工业出版社，2005.
[4] 王凯全，邵辉. 事故理论与分析技术 [M]. 北京：化学工业出版社，2004.
[5] 谢庆森. 安全人机工程学 [M]. 天津：天津大学出版社，1999.
[6] 罗云. 注册安全工程师手册 [M]. 北京：化学工业出版社，2004.
[7] 徐明. 企业安全生产监督管理 [M]. 北京：中国石化工业出版社，2006.
[8] 张乃禄，刘灿. 安全评价技术 [M]. 西安：西安电子科技大学出版社，2007.
[9] 沈斐敏. 安全系统工程基础与实践 [M]. 北京：煤炭工业出版社，1991.
[10] 陈宝智. 系统安全评价与预测 [M]. 北京：冶金工业出版社，2005.
[11] 刘铁民. 安全评价方法应用指南 [M]. 北京：化学工业出版社，2005.
[12] 梁迪. 系统工程 [M]. 北京：机械工业出版社，2005.
[13] 秦寿康. 综合评价原理和应用 [M]. 北京：电子工业出版社，2003.
[14] 邱东. 多指标综合评价方法 [J]. 统计研究，1990（6）：49 - 51.
[15] 张于心. 综合评价指标体系和评价方法 [J]. 北方交通大学学报，1995（3）：393 - 400.
[16] 王明涛. 多指标综合评价中权系数确定的一种综合分析方法 [J]. 系统工程，1999，17（2）：56 - 61.
[17] 郭亚军. 综合评价的合理性问题 [J]. 东北大学学报（自然科学版），2002，23（9）：844 - 847.
[18] 闫凤茹，申玉兰. 略论综合评价方法 [J]. 山西统计，2003（1）：16 - 17.

铁路重大事故辨识与应急救援预案研究

张增福　韩立华（指导教师）

（中南大学资源与安全工程学院，长沙，410083）

摘　要　通过对铁路交通行车事故案例的实证分析，运用系统工程学理论对人的因素、设备因素、环境因素、管理因素进行了考察和研究，总结了铁路交通事故的成因，有针对性地提出预防措施；围绕铁路线路安全这一主题，对铁路线路的安全评价方法进行了研究与分析，在属性数学的理论基础上，提出了铁路线路安全的属性综合评价方法；编制了铁路事故的应急预案。

关键词　铁路交通事故　安全评价　应急预案

铁路是我国的交通大动脉，随着社会经济生活对铁路运输的需求和科学技术的不断发展，铁路运输能力日益提高，对铁路运输安全的要求更高。然而时至今日，许多同类的行车事故仍在反复发生，如何让事故教训变成财富，如何吸取教训制止流血，这是当前铁路运输安全在"规范管理，强基达标"的过程中给铁路行业提出的一道现实考题。

1. 国内外研究现状

国外对铁路运输安全是相当重视的，充分运用现代科学技术和先进管理方法，改进铁路管理体制，运用人机工程学、系统工程学、事故树和现代管理理论对铁路行车事故进行分析，查找原因，制定预防措施。

国内针对优化铁路安全管理体制，加大对铁路的科技投入，提高铁路的科技含量等方面进行了研究。但是，针对山区铁路道口多、小半径曲线多、线路基础差、牵引定数低等特点，如何确保山区铁路运输安全，对行车事故进行分析，有针对性地提出防范措施就较少，所以有必要进行铁路行车事故的全面分析与决策研究[1]。

2. 铁路重大事故分析[2]

2.1　旅客列车火灾、爆炸事故分析

2.1.1　原因分析

（1）机车方面

内燃机车因油管和燃油系统漏油，排气系统积炭或故障，司机随意丢弃沾有油污的油棉丝；电力机车因电网或电气系统故障产生电弧或火花，被润滑油污染的部分又碰到点火源，整流器的触头在油中短路、动力电路短路等；蒸汽机车因防火星装置状态不良、司机随意倾倒灰渣等均会引起火灾。

（2）货物列车方面

货物列车因车辆装备不良，货物装卸、调车不符合规定，铸铁闸瓦摩擦起火，轴箱过热起火。特别是运输危险货物，违反了危险品运输规程，如押运人员用火不慎，采暖、照明不符合规定，调车作业速度过高，以及列车相撞、颠覆，犯罪分子作案等均会造成火灾。

（3）旅客列车方面

旅客列车因电气故障、采暖设备状态不

良、旅客违章携带危险品以及旅客吸烟不慎等引起火灾。这种火灾又由于车体、车内装饰、家具、卧具以及旅客携带行李物品可燃性强，车内空间狭小，人员高度密集，列车运行中风助火势，若未能及时发现和扑灭，往往造成车毁人亡的重大事故。

2.1.2 预防对策

在火灾事故发生前，严格执行我国铁道部颁发的《旅客列车防火安全管理办法》和有关规定、制度，充分发挥"三乘一体"的作用，严格"三品"宣传、查堵。在火灾事故发生后，积极进行旅客疏散，列车司机、车长以及列车员使用紧急制动阀使列车停车，避免风助火威而引发火势蔓延。

硬件方面，在制造旅客列车车厢时，尽量使用不燃、阻燃材料，在火车上装设火灾探测装置和自动灭火装置。

2.2 列车冲突事故分析

2.2.1 列车冲突事故原因分析

统计证明，在列车冲突事故的致因中，人的因素占90%以上，人的因素中有以下两种情况：

（1）铁路工作人员失误

1）列车操纵人员失误，例如司机打瞌睡、车长失职等。

2）调度指挥人员失误，例如调度命令错误、值班员失误等。

3）行车作业人员失误，例如扳道员失误、调车员失误等。

（2）非铁路工作人员肇事

如破坏列车制动系统，关闭折角塞门、拔掉闸瓦钎等。

除人的因素外就是设备故障，设备故障主要有列车故障、制动系统故障、信号故障、道岔故障及线路故障等。

2.2.2 预防对策

安装自动停车装置。

2.3 列车脱轨事故分析

2.3.1 列车脱轨事故原因分析

首先是不可预知的自然摧毁力，比如大风、暴雨、海啸、地震、沙尘暴及泥石流等。

其次是人为造成的杀伤力，超速行驶、制动过猛过快、违章施工，工务人员违章抽换轨枕等，引起该处铁轨下沉和轨道几何尺寸严重超限，在铁路上放置危险物品、故意破坏铁路设施、放牧牛羊等牲畜，都是致使火车脱轨的罪魁祸首。

最后是火车机械故障，铁路线路有问题，车辆本身存在隐患。还包括驾驶员疲劳、带病上岗以及违规操作等。

2.3.2 预防对策

在硬件方面，安装探测器以及研究开发一些新的技术；在软件方面，则应加强组织管理，将人的失误降到最低。

3. 基于属性数学的铁路线路安全评价

属性数学是我国学者程乾生教授于1994年创立的一门新的数学分支。经过短短十几年的发展，这一理论已经初具规模，被广泛地应用于人工智能如模式识别、聚类分析、决策系统，以及质量评价等方面[3-6]，为人们更加科学地认识、研究社会现象及物理现象提供了一种崭新的、具有生命力的着眼于理论和应用的综合方法。

3.1 铁路线路安全的属性综合评价的操作步骤

铁路线路安全的属性综合评价的具体操作步骤如下：

（1）确定各评价指标的等级划分（即各指标的评价标准），对于大部分等级划分来说，其确定过程可以参照国家标准中规定的数据，对于没有标准参照的，可以选取样本用聚类分析方法来进行划分。

（2）对所要评价的某个线路，根据评价指标体系中所列出的各个指标及各指标的获取办法，得出各指标的实测值 x，并将所得数据按照评价模型中的要求进行处理，得到处理后的结果。

(3) 根据第（1）步所确定的各指标等级划分标准，按照以下单指标属性测度公式，构造评价模型的单指标属性测度函数。

$$b_{jk} = (a_{jk-1} + a_{jk})/2 \quad (k=1, 2, \cdots, K) \tag{1}$$

$$d = \min(|b_{jk} - a_{jk}|, |b_{jk+1} - a_{jk}|) \quad (k=1, 2, \cdots, K-1) \tag{2}$$

$$\mu_{xj1}(t) = \begin{cases} 1, & t < a_{j1} - d_{j1} \\ \dfrac{|t - a_{j1} - d_{j1}|}{2d_{j1}}, & a_{j1} - d_{j1} \leq t \leq a_{j1} + d_{j1} \\ 0, & a_{j1} + d_{j1} < t \end{cases} \tag{3}$$

$$\mu_{xjK}(t) = \begin{cases} 1, & a_{jK-1} + d_{jK-1} < t \\ \dfrac{|t - a_{jK-1} + d_{jK-1}|}{2d_{jK-1}}, & a_{jK-1} - d_{jK-1} \leq t \leq a_{jK-1} + d_{jK-1} \\ 0, & t < a_{jK-1} - d_{jK-1} \end{cases} \tag{4}$$

$$\mu_{xjk}(t) = \begin{cases} 0, & t < a_{jk-1} - d_{jk-1} \\ \dfrac{|t - a_{jk-1} + d_{jk-1}|}{2d_{jk-1}}, & a_{jk-1} - d_{jk-1} \leq t \leq a_{jk-1} + d_{jk-1} \\ 1, & a_{jk-1} + d_{jk-1} < t < a_{jk} - d_{jk} \\ \dfrac{|t - a_{jk} - d_{jk}|}{2d_{jk}}, & a_{jk} - d_{jk} \leq t \leq a_{jk} + d_{jk} \\ 0, & a_{jk} + d_{jk} < t \end{cases} \tag{5}$$

$$(j = 1, 2, \cdots, m; k = 2, 3, \cdots, K-1)$$

(4) 将第（2）步处理后的结果带入单指标属性测度函数中，求出各评价指标的单指标属性测度，并构造出线路的多指标属性测度矩阵。

(5) 根据数据规格化公式，求出标准指标隶属度矩阵。

$$s_{jk} = \frac{a_{jk} - a_{jK}}{a_{j0} - a_{jK}} \tag{6}$$

(6) 将各指标值的实测值根据规格化公式，求出各指标隶属度向量。

$$y_j = \frac{x_j - a_{jK}}{a_{j0} - a_{jK}} \tag{7}$$

(7) 根据线性内插公式以及归一化公式，求出所评价线路中各指标的权重系数。

$$w_j = 0.5 + 0.1\left(h + \frac{S_{jk} - y_j}{S_{jk} - S_{jk+1}}\right) \tag{8}$$

$$w_j = \frac{w_j}{\sum_{j=1}^{m} w_j} \tag{9}$$

(8) 按照多指标综合属性测度公式，算出线路的综合属性测度，结合给出的属性识别准则，判别该铁路线路的安全级别。

$$\mu_{xk} = \sum_{j=1}^{m} w_j \mu_{xjk} \tag{10}$$

(9) 如果需要对多条线路的安全状况进行评比，则在求出各条线路综合属性测度的基础上，再根据评分准则，分别求出每条线路的分数，根据各线路分数做出评判结论。

3.2 铁路线路安全属性综合评价模型的应用

3.2.1 单条线路安全状况的评价

对于单条线路安全状况的评价，本文以

北京铁路局侯马工务段所辖的某条线路（记为线路 A）进行实例验证。

通过调查，并在现场采集数据，将所得到的数据按评价模型的要求处理后，得到线路 A 各指标的实际测量值，见表1。

根据铁路线路安全评价各指标的等级划分表（见表2），按照单指标属性测度计算公式式（1）～式（5），可以构造出各指标的属性测度函数：

$$\mu_{11}(t) = \begin{cases} 1, & t < 2.5 \\ \dfrac{|t-7.5|}{5}, & 2.5 \leqslant t \leqslant 7.5 \\ 0, & t > 7.5 \end{cases}$$

$$\mu_{104}(t) = \begin{cases} 1, & t > 52.5 \\ \dfrac{|t-27.5|}{25}, & 27.5 \leqslant t \leqslant 52.5 \\ 0, & t < 27.5 \end{cases}$$

表1　　　　　　　　　　线路 A 各指标的实际测量值

编号	指标名称	实测值	编号	指标名称	实测值
I_1	高低 x_1	0.77	I_6	垂直角速度 x_6	6.10
I_2	轨向 x_2	0.92	I_7	横向加速度 x_7	0
I_3	轨距 x_3	10.87	I_8	轨道质量数指标 x_8	13.14
I_4	水平 x_4	0.51	I_9	线路部分指标 x_9	6.4
I_5	三角坑 x_5	0.44	I_{10}	道岔部分指标 x_{10}	26

表2　　　　　　　　　铁路线路安全评价各指标的等级划分表

编号	指标名称	安全等级			
		好	较好	一般	差
I_1	高低 x_1	[0, 5]	[5, 11]	[11, 17]	[17, 25]
I_2	轨向 x_2	[0, 2]	[2, 2.5]	[2.5, 3]	[3, 3.5]
I_3	轨距 x_3	[0, 15]	[15, 30]	[30, 35]	[35, 40]
I_4	水平 x_4	[0, 0.4]	[0.4, 0.6]	[0.6, 0.8]	[0.8, 1]
I_5	三角坑 x_5	[0, 8]	[8, 13]	[13, 18]	[18, 25]
I_6	垂直加速度 x_6	[0, 0.5]	[0.5, 1]	[1, 3]	[3, 7]
I_7	横向加速度 x_7	[0, 0.3]	[0.3, 0.6]	[0.6, 0.9]	[0.9, 1.2]
I_8	轨道质量数指标 x_8	[5, 10]	[10, 13]	[13, 15]	[15, 18]
I_9	线路部分指标 x_9	[0, 5]	[5, 15]	[15, 40]	[40, 100]
I_{10}	道岔部分指标 x_{10}	[0, 5]	[5, 15]	[15, 40]	[40, 100]

按照上面的公式，将线路 A 10 个指标的实测值（0.77，0.92，10.87，0.51，0.44，6.10，0，13.14，6.4，26）代入后，可以算出线路 A 10 个指标的单指标属性测度，分别为（1，0，0，0），（1，0，0，0），（0.78，0.22，0，0），（0，0.95，0.05，0），（1，0，0，0），（0，0，0，1），（1，0，0，0），（0，0.43，0.57，0），（0.22，0.78，0，0），（0，0，1，0）。这 10 个指标的单指标属性测度构成的多指标属性测度矩阵为：

$$A = \begin{bmatrix} 1 & 0 & 0 & 0 \\ 1 & 0 & 0 & 0 \\ 0.78 & 0.22 & 0 & 0 \\ 0 & 0.95 & 0.05 & 0 \\ 1 & 0 & 0 & 0 \\ 0 & 0 & 0 & 1 \\ 1 & 0 & 0 & 0 \\ 0 & 0.43 & 0.57 & 0 \\ 0.22 & 0.78 & 0 & 0 \\ 0 & 0 & 1 & 0 \end{bmatrix}$$

运用线性内插公式和归一化公式，根据各指标的实际测量值计算各指标的权重系数。根据表 3，以及数据规格化公式，可以求出标准指标隶属度矩阵：

$$S = \begin{bmatrix} 1 & 0.8 & 0.56 & 0.32 \\ 1 & 0.429 & 0.286 & 0.143 \\ 1 & 0.667 & 0.333 & 0.222 \\ 1 & 0.6 & 0.4 & 0.2 \\ 1 & 0.68 & 0.48 & 0.28 \\ 1 & 0.929 & 0.857 & 0.571 \\ 1 & 0.75 & 0.5 & 0.25 \\ 1 & 0.615 & 0.385 & 0.231 \\ 1 & 0.95 & 0.85 & 0.6 \\ 1 & 0.95 & 0.85 & 0.6 \end{bmatrix}$$

将各指标值的实测值根据规格化公式（7），可以求出指标隶属度向量：

表 3　　单指标等级划分表

指标	等级			
	C_1	C_2	...	C_K
X_1	$a_{10} \sim a_{11}$	$a_{11} \sim a_{12}$	...	$a_{1K-1} \sim a_{1K}$
X_2	$a_{20} \sim a_{21}$	$a_{21} \sim a_{22}$	...	$a_{2K-1} \sim a_{2K}$
...	...	...	...	...
x_m	$a_{m0} \sim a_{m1}$	$a_{m1} \sim a_{m2}$	...	$a_{mK-1} \sim a_{mK}$

$y = (0.969, 0.737, 0.758, 0.49, 0.982, 0.129, 1, 0.374, 0.936, 0.74)$

根据线性内插式（8），可以求出各指标未归一化的权重系数：

$w'_1 = 0.6155$，$w'_2 = 0.6411$，$w'_3 = 0.6727$，$w'_4 = 0.755$，$w'_5 = 0.6106$，$w'_6 = 1.0$，$w'_7 = 0.6$，$w'_8 = 0.8701$，$w'_9 = 0.714$，$w'_{10} = 0.844$。

按照归一化公式（9），可以求出线路 A 中各指标的权重系数：

$w_1 = 0.0847$，$w_2 = 0.0889$，$w_3 = 0.0926$，$w_4 = 0.1093$，$w_5 = 0.0840$，$w_6 = 0.1376$，$w_7 = 0.0826$，$w_8 = 0.1111$，$w_9 = 0.0983$，$w_{10} = 0.1162$。

最后，按照多指标综合属性测度公式（10），可以得到线路 A 的综合属性测度：

$(\mu_1, \mu_2, \mu_3, \mu_4)$
$= (0.4342, 0.2434, 0.1848, 0.1376)$

按照置信度准则，取置信度 $\lambda = 0.6$，可以得出评价结果，即线路 A 的安全状况属于"较好"这个级别。

3.2.2 两条不同线路安全状况的比较

取北京铁路局侯马工务段所辖的另外一条线路（记为线路 B），线路 B 各指标的实际测量值见表 4。将线路 A 和线路 B 各个指标的实测值一起列入表 5。

表 4　　　　　　　　　　线路 B 各指标的实际测量值

编号	指标名称	实测值	编号	指标名称	实测值
I_1	高低 x_1	11.73	I_6	垂直加速度 x_6	0.03
I_2	轨向 x_2	1.03	I_7	横向加速度 x_7	0
I_3	轨距 x_3	11.93	I_8	轨道质量数指标 x_8	13.37
I_4	水平 x_4	0.23	I_9	线路部分指标 x_9	8.8
I_5	三角坑 x_5	2.15	I_{10}	道岔部分指标 x_{10}	30

表 5　　　　　　　　　线路 A 与线路 B 的各个指标的实测值对比表

线路	指标									
	I_1	I_2	I_3	I_4	I_5	I_6	I_7	I_8	I_9	I_{10}
线路 A	0.77	0.92	10.87	0.51	0.44	6.10		13.14	6.4	26
线路 B	11.03	1.03	11.93	0.23	2.15	0.03	0	13.37	8.8	30

对照表 1 和表 4，从直观上来看，在这 10 个指标中，线路 A 中有 5 个为"好"，2 个为"较好"，2 个为"一般"，1 个为"差"；而线路 B 中有 6 个为"好"，1 个为"较好"，3 个为"一般"。线路 A 与线路 B 的各指标扣分情况相差不多，两者安全水平非常接近，线路 B 的安全状况可能要稍好于线路 A 的，下面将利用对数据的定量分析来确定两条线路安全状况的优劣。

求出线路 B 10 个指标的单指标属性测度，分别为 (0, 0.49, 0.51, 0)，(1, 0, 0, 0)，(0.70, 0.30, 0, 0)，(1, 0, 0, 0)，(1, 0, 0, 0)，(1, 0, 0, 0)，(1, 0, 0, 0)，(0, 0.32, 0.68, 0)，(0, 1, 0, 0)，(0, 0, 0.9, 0.1)。这 10 个指标的单指标属性测度构成的多指标属性测度矩阵为：

$$B = \begin{bmatrix} 0 & 0.49 & 0.51 & 0 \\ 1 & 0 & 0 & 0 \\ 0.70 & 0.30 & 0 & 0 \\ 1 & 0 & 0 & 0 \\ 1 & 0 & 0 & 0 \\ 1 & 0 & 0 & 0 \\ 1 & 0 & 0 & 0 \\ 0 & 0.32 & 0.68 & 0 \\ 0 & 1 & 0 & 0 \\ 0 & 0 & 0.9 & 0.1 \end{bmatrix}$$

将各指标的实测值根据规格化公式 (7)，可以求出指标隶属度向量：

y = (0.559, 0.706, 0.735, 0.77, 0.465, 0.996, 1, 0.356, 0.912, 0.7)

根据线性内插公式 (8)，可以求出各指标未归一化的权重系数：

$w'_1 = 0.8004$，$w'_2 = 0.6515$，$w'_3 = 0.6796$，$w'_4 = 0.6383$，$w'_5 = 0.8075$，$w'_6 = 0.6056$，$w'_7 = 0.6$，$w'_8 = 0.8188$，$w'_9 = 0.738$，$w'_{10} = 0.86$。

按照归一化公式 (9)，可以求出线路 A 中各指标的权重系数：

$w'_1 = 0.1112$，$w'_2 = 0.0905$，$w'_3 = 0.0944$，$w'_4 = 0.0887$，$w'_5 = 0.1122$，$w'_6 = 0.0841$，$w'_7 = 0.0833$，$w'_8 = 0.1137$，$w'_9 = 0.1025$，$w'_{10} = 0.1194$。

最后，按照多指标综合属性测度公式 (10)，可以得到线路 B 的综合属性测度：

$(\mu_1, \mu_2, \mu_3, \mu_4)$ = (0.5249, 0.2217, 0.2415, 0.0119)

按照置信度准则，取置信度 $\lambda = 0.6$，可以得出评价结果，即线路 B 的安全状况也属于"较好"级别。

根据评分准则，因为 $C_1 > C_2 > C_3 > C_4$，所以，取 $n_1 = 4$，$n_2 = 3$，$n_3 = 2$，$n_4 = 1$，

因为
$$\mu_A = (\mu_1, \mu_2, \mu_3, \mu_4)$$
$$= (0.4342, 0.2434, 0.1848, 0.1376)$$
$$\mu_B = (\mu_1, \mu_2, \mu_3, \mu_4)$$
$$= (0.5249, 0.2217, 0.2415, 0.0119)$$

所以，根据公式 $q_x = \sum_{i=1}^{K} n_i \mu_x$，可以求出 $q_A = 2.9742$，$q_B = 3.2596$，有 $q_A < q_B$

综上所述线路 B 的安全状况要好于线路 A，这与刚开始时对这两条线路安全状况优劣情况的直观观察也是相吻合的。在线路 A 中，由于第 6 项指标即线路的垂直加速度指标扣分较多，属于"较差"级别，造成线路 A 垂直加速度指标的权重系数较大，达到了 0.1376，进而影响了线路 A 的整体安全，而在其他的指标上，通过观察线路 A 与线路 B 的各单指标属性测度可以看出，它们的差别并不大，两条线路的安全水平非常接近。但通过对两者的评分分析，就可以判断出哪条线路安全水平更高。

4. 铁路行车事故应急能力研究及预案

4.1 铁路应急研究背景及现状

近年来，铁路事故屡次发生，引起了社会对铁路应急救援的广泛关注。

应急救援作为维持铁路运输系统正常运行的重要支撑体系之一，在铁路的安全运营方面起到了极为重要的作用。因此，建立一个高效的铁路应急救援体系是十分必需的。我国铁路这一领域相对落后，目前只有静图传输和 117 事故救援电话，总体上存在着信息资源少、业务功能弱、通信手段差等问题，无法满足当前铁路运输的需求。因此，为了实现铁路的安全运营，各种应急计划、预案应运而生。然而，尽管各种对安全问题的研究与评价都会涉及应急这一问题，但是真正对铁路应急体系及应急能力进行综合评价的研究却不多。

目前，铁路运输对自身的应急能力、应急水平，都只是从各项具体的事故应急出发，对相关应急预案、应急计划、演习等进行评价，而对铁路运输整个应急体系的研究甚少。因此，将铁路应急能力作为整体进行应急评价研究，具有很重要的经济价值和社会意义。

4.1.1 德国铁路应急能力研究现状

德国铁路设有 6 个救援中心，分布在全国 6 个大城市内；6 列隧道救援列车，分布在几条正线的中部地区；60 个救援点，遍布全国铁路网，每 100 km 左右设置一处救援点，由德国铁路路网公司经营和统一管理，并纳入德国国家救灾体系。德国铁路救援中心配置有铁路救援列车、接触网抢修列车。隧道救援列车的主要任务是当隧道发生客车事故时，立即出动救人。

4.1.2 日本铁路应急能力研究现状

日本是一个灾害多发国家，台风、暴雨、大雪、地震等自然灾害频繁。新干线自 1964 年 10 月通车运营至今，保持着无一乘客伤亡的优异成绩。每天运行列车 750 列，运送旅客 75 万人次以上，列车晚点平均小于 1 min，首先应归功于日臻完善的防灾安全保障体系[7]。

（1）法律保障措施

日本新干线正式开通运营之前，日本政府及运输省即以法律形式，针对破坏铁路设备及影响铁路安全的行为分别颁布了新干线特例法和实施细则。

（2）技术措施

沿线设防护网、防护开关和电话，设各种安全防护工程及对火警、列车运行状态等进行监测。

对线路运行、维修时间设分隔措施，以避免高速列车运行与线路、供电维修作业交叉干扰，带来不安全因素。

（3）运行调度机制

新干线将旅客、运输、设备、供电等各

系统调度集中一起,将全线信息、传输、控制用的所有设备集中于综合调度中心。除了加强通信联络,改善救护,强化抗震措施外,很重要的一条是决定建立"东海道、山阳新干线第二综合调度中心",并于1999年2月投入使用,其设备配置与东京综合调度中心完全一样,一旦东京调度中心受到地震破坏,可以马上启用备用控制中心进行统一指挥。

4.1.3 国内铁路应急救援体系

在铁路方面,我国也建立了铁路事故救援系统,由6个功能模块组成。

(1) 救援资源模块,是为事故救援辅助决策功能模块提供数据服务的。

(2) 救援预案库模块,是为事故救援辅助决策功能模块提供智能化决策支持的。

(3) 事故救援辅助决策功能模块,是系统的核心环节,该模块调用救援资源信息,从预案库中搜索到相符的预案,并将其输出给用户。

(4) 信息服务功能模块,主要为用户提供铁道部或铁路局等管理单位颁布的与救援及安全相关的政策、法规等文件。

(5) 文档与数据管理功能模块,主要记录已发生事故的救援资料,并为用户提供历史事故资料的查询功能。

(6) 系统使用说明功能模块。

4.2 国家处置铁路行车事故应急预案

详见《国家处置铁路行车事故应急预案》(2007年6月27日国务院第182次常务会议通过,自2007年9月1日起施行)。

5. 结束语

本论文的内容主要有以下几点:

(1) 分析国内外铁路事故研究现状,提出问题。

(2) 按照事故类别详细分析铁路重大交通事故,提出预防措施。

(3) 运用属性数学的方法对铁路线路进行安全评价。

(4) 编制铁路行车事故应急预案。

铁路安全是铁路各项工作质量的综合反映,发生事故除直接原因外,其他因素错综复杂,只有查清原因,研究它们之间的内在联系和规律,才能真正吸取事故教训。

◎参考文献

[1] 朱东海,任爱珠,江见鲸. 浅论灾害科学的研究现状 [J]. 灾害学,2000,15 (1).

[2] 俞平. 铁路行车安全事故分析及对策研究 [D]. 成都:西南交通大学,2002.

[3] 程乾生. 属性集和属性综合评价系统 [J]. 系统工程理论与实践,1997 (9):1-8,42.

[4] 程乾生. 属性数学—属性测度和属性统计 [J]. 数学的实践与认识,1998,28 (2):97-107.

[5] 李群,宁利. 属性区间识别理论模型研究及其应用 [J]. 数学的实践与认识,2002,32 (1):50-54.

[6] 秦寿康. 综合评价原理与应用 [M]. 北京:电子科技出版社,2003.

[7] 刘仍奎,程晓卿,孙全欣. 铁路事故救援系统的构建研究 [J]. 中国安全科学学报,2004,11 (11):43-47.

矿业工程安全生产管理系统编制

辛兆楠　韩立华（指导教师）

（中南大学资源与安全工程学院，长沙，410083）

摘　要　我国矿山安全生产整体形势依然严峻，不容乐观。本文首先介绍我国矿山安全生产现状及事故原因，以金属地下矿山为研究重点，辨识矿山开采过程中的主要危险、有害因素。接着介绍了事故致因理论的发展，以系统科学的相关理论为指导，初步建立安全系统模型，揭示矿山事故的规律，从本质上阐明矿山事故发生的机理。在进行矿山作业场所安全评价时，采用目前在许多行业都广泛应用的层次分析法，建立层次分析模型，结合实际，提出了一套完整的矿山作业场所安全评价指标体系。最后介绍了矿山应急管理体系的基本组成和体系结构，简要说明应急预案的编制要求。

关键词　矿山安全　安全系统模型　层次分析法　安全评价　应急管理

1. 绪论

我国是一个采矿大国，矿山种类繁多、分布广、基础差，由于技术、管理及效益等多方面因素的影响，矿山安全生产形势相当严峻，尾矿库垮塌、采场冒顶、巷道坍塌、井下突水等灾害，给社会稳定和人民生命财产安全带来了严重影响。据2004年资料统计，金属非金属矿山安全事故在各类事故中位于道路交通、铁路交通、煤矿、火灾之后，居第5位，在工矿事故中仅次于煤矿，居第2位。

矿山领域安全事故高发生率的形势，反映出我国矿山安全生产令人担忧的现状和特点，也暴露出了其中存在的问题。

（1）我国大多数矿山地质条件复杂，容易引发重大事故，给安全生产造成极大的困难。而且，随着开采深度的不断增加，地压危险性增大，围岩温度提高，通风排水难度增大，使得矿山安全生产面临更大考验。

（2）安全生产监测手段落后，尚未建立起完善的监控体系。

（3）安全生产投入不足，基础薄弱，安全生产管理技术相对滞后。

（4）安全隐患累积现象相当严重[1]。

导致事故的原因是非常复杂的，往往是由多个因素共同作用的结果，根据安全系统工程的原理，矿山事故的发生原因需要从人、物、机、环境、管理等多个方面综合考虑。

2. 矿山主要危险、有害因素分析

危险因素是指能对人造成伤亡或对物造成突发性损害的因素。有害因素是指影响人的身体健康，导致疾病，或对物造成慢性损害的因素。通常情况下，并不对两者加以区分，主要指客观存在的危险，即有害物质或能量超过临界值的设备、设施和场所等。

矿山生产过程中存在着许多危险因素和有害因素，大致列举如下：

（1）危险岩体和构筑物

可能导致岩体（或矿体）局部冒落、大面积岩体移动或边坡垮落等现象发生的岩体统称为危险岩体。危险岩体的存在主要取决于岩石的物理力学性质、地质赋存条件及采掘技术条件等。危险岩体和构筑物有如下几种情况：

1) 危险顶板。矿井巷道或采矿场的顶板及侧帮，受采掘影响而岩体应力重新分布后，个别地段可能发生冒顶片帮。

2) 大面积空区。采矿后空区不做处理的矿山或空区处理不好的矿山，当空区面积过大时可能引起大规模岩体移动，破坏矿井运输、通风系统，造成地表陷落，可能造成人员伤亡。

3) 危险构筑物。矿区内一些有缺陷的构筑物，如尾矿坝等塌垮，将直接威胁人员生命安全。

（2）爆破材料

矿山生产中广泛利用炸药爆炸释放出的能量破碎矿岩。炸药是一种危险物质，在使用、储存、运输及制造过程中稍有不慎，很容易发生意外爆炸事故。矿用炸药还是一种可燃性物质，遇火源燃烧时产生大量有毒有害气体，使人员中毒。矿山生产中可能引起炸药意外爆炸、燃烧的能量有以下几种：

1) 机械能。冲击、摩擦或挤压等机械能，如凿岩时打残眼残留的雷管、炸药爆炸，运输雷管、炸药过程中的冲击、振动或摩擦等，可能引起意外爆炸。

2) 热能。明火、吸烟或过热物体等热源可能引爆雷管或引燃炸药。

3) 电能。电能会引爆电雷管。金属矿山井下存在的杂散电流、输送炸药过程中产生的静电，以及雷电是可能引起意外爆炸的电能的主要形式。

4) 爆炸能。雷管、炸药爆炸的爆轰波可能引爆一定距离范围内的其他雷管、炸药。

为保证爆破安全，必须采取措施消除或控制上述能量。

（3）矿井水与地表水

矿井水与地表水可能导致矿井透水、淹井事故；地表水可能淹没露天矿坑；一些泥石流发达的山区，泥石流可能毁坏矿区设施、伤害人员及影响生产。

（4）可燃物集中的场所

可燃物是矿山火灾发生的必要因素之一，可燃物集中的场所，往往存在着发生矿山火灾的危险性。

（5）高差较大的场所

矿井中的竖直井巷或倾斜井巷，露天矿中的台阶等高差较大的场所，人员或物体都具有较大的势能。当人员具有的势能释放时，可能发生坠落或跌落事故；当物体具有的势能转变为动能时，可能击中人体，发生物体打击事故。

（6）机械与车辆

矿山生产中要运用各种机械和车辆。机械的运动部分、运行的车辆都具有较大的动能，人员不慎与之接触可能受到伤害。竖井和斜井提升系统可能失控而发生蹲罐、跑车等严重事故。

（7）压力容器

作为矿山主要动力源之一的空气压缩机的附属设备等压力容器，由于某种原因可能在内部介质压力下破裂，发生物理爆炸而造成人员伤亡及财产损失。

（8）电气系统及电气设施

由于矿山生产作业环境较差、工作面经常移动、设备频繁启动等原因，容易发生供电系统和电气设备绝缘破坏、接地不良等故障，使人员触电受到伤害。

3．安全系统模型的建立和分析

模型，是工程逻辑的一种抽象，是一种过程或行为的定性或定量的表示，它能探讨形式和内容、原因和结果，进行归纳和演绎、综合和分析，是在抽象基础上产生的系统工程工具之一。事故模型是事故分析和预测的依据，是实现安全生产的核心[2]如图1

所示为事故模型在系统安全管理中的作用。

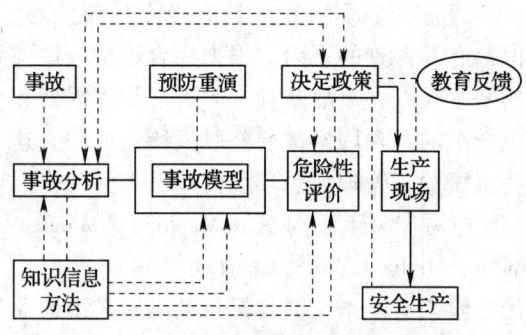

图1　事故模型在系统安全管理中的作用

根据建模的基本原则（分离性、因果性、主次性、时空性），对实际系统进行分解。按照系统的组织结构，先进行纵向分解，把系统分解为若干层次，再进行横向分解。

安全系统模型可以分解为人、管理和环境三个高层系统，对其可以建立相应的知识模型。低层系统$II_{人}$可分解为人的生理、心理、操作熟练度、安全知识水平、综合整体素质等；低层系统$II_{管理}$可分解为事故经验的总结、安全规章制度的制定和执行、安全技术措施和管理方法的改进、对职工的安全教育和培训等；低层系统$II_{环境}$可分解为社会大环境$III_{社}$和企业的安全环境$III_{企}$，$III_{社}$又可分解为经济、文化、学校教育、民族习惯、社会历史、法律等。

以上分解方法并不是绝对的，有时为了分析和解决问题方便，可以灵活分解，对每层系统分解的内容和分解的层数都可调整。

根据高层系统与低层系统之间的定性关系、纵向关系及横向关系，进行定性分析，建立相应的纵向关系模型及横向关系模型。

在安全系统模型中，高层系统的人、管理和环境的横向关系模型有安全人机环境工程、安全管理工程、安全控制工程等，而对高层系统与低层系统之间的纵向关系模型及低层模型之间的横向关系模型还研究得很不够。例如，管理与安全心理之间的关系、安全心理与规章制度的执行之间的关系等。

在这个模型中，存在着数学模型的潜在思维。在人—管理—环境三个高维中，以它们的原点为研究的起始状态和起始点，三个维度均以时间作为系统发展的量度，各个维度在时间下的函数变化就表示相应时间下的安全水平值，对应的向量即表示在某个状态下由三个维度表示的安全水平值，相应轨迹包络的体积可以表示安全值，体积为零是绝对没有事故发生的情形，是绝对安全的状态，即一种理想状态。实际上，只要保证体积小于一个可以承受的值，就认为这个过程是安全的，如图2所示为安全系统模型。

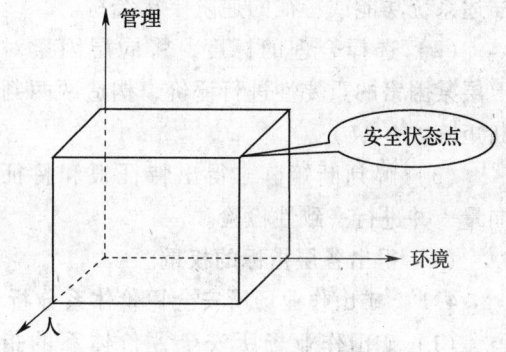

图2　安全系统模型

4. 矿山作业场所安全评价体系的建立

安全评价也称危险度评价或风险评价。安全评价以实现系统安全为目的，应用安全系统工程的原理和方法，对系统中存在的危险因素、有害因素进行辨识与分析，判断系统发生事故和职业危害的可能性及其严重程度，从而为指定防范措施和管理决策提供科学依据[3]。

安全评价的方法有很多种，本文选用的是层次分析法。层次分析法（Analytic Hierarchy Process，AHP）是一种定性和定量相结合的、系统化的、层次化的分析方法。它能有效地避免安全检查表内容选取的合理性对系统潜在的灾害隐患及危险发展趋势造成的影响，对定性指标根据相互之间的关系给出定量指标,避免对安全检查表简单的打分,对重要影响因素起到很好的突出作用。

用层次分析法作系统分析,首先要把问题层次化,根据问题的性质和总目标,将问题分解为不同的组成指标,并按照指标间的相互关联、影响以及隶属关系按不同层次聚集组合,形成多层次的分析结构模型,并最终把系统分析归结为最低层相对于最高层(总目标)的相对重要性权值的确定或相对优劣次序的排序问题。

层次分析法的分析过程一般可分为四个步骤:

(1)分析系统中各因素的关系,建立描述系统功能或特征的递阶层次结构。

(2)选择合理的标度,将同层因素对上层某因素的重要性进行评价,构造两两判断矩阵。

(3)解判断矩阵,得出特征根和特征向量,并进行一致性检验。

(4)得出各层指标的权重。

4.1 矿山作业场所安全评价体系分析

(1)矿山作业场所安全评价体系的指标层次分析

对矿山作业场所充分了解后,分析系统内在因素间的联系,把这种结构划分为若干层,确定各层的递进关系,这些指标既要能满足作业场所的要求,又要能代表矿山整体的生产参数。

1)目标层,即最高层次,表示需要解决的问题,本文的目标层是矿山生产系统安全评价。

2)准则层,即评价准则,也可称为因素层,表示按某种方式解决问题所涉及的中间环节。影响矿山系统安全的因素有人、机、环境等。

3)指标层,即具体指标和参量。

4)方案层,即待评价对象影响系统安全因素的危险性。

(2)安全评价体系目标层建立

通常,事故的发生具有极大的偶然性,但都有其深刻的原因。根据综合论事故模式的基本观点,事故是社会因素、管理因素和生产中的危险因素被偶然触发所造成的。这些机械的、管理的、环境的以及人为的原因(国外称"4M"因素:Machine、Management、Media、Man)就构成了安全评价中的危险因素。本文的目标层就是对矿山作业场所进行安全评价,应用层次分析的方法把矿山作业场所安全评价指标划分为1个总体目标,7个准则层指标,54个指标层指标,23个方案层指标,依据各个作业场所的评价结果得出矿山总体安全状态。评价因素指标体系机构如图3所示。

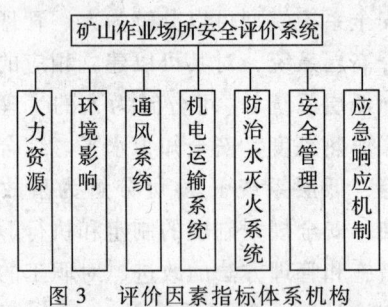

图3　评价因素指标体系机构

按照层次分析法,把矿山安全因素分为三个层次,第一层为评价的总体目标,第二层为指标体系的一级指标因素,第三层为上层因素的分解细化。在矿山安全评价的过程中,需要对第三层指标包含的安全要素进行分级描述,通过评价对象的实际情况得到指标的评价值,下面将对准则层指标进行分解。

(3)评价指标分级标准

在矿山安全评价过程中,定性指标不直接参与评价,而是通过特定的处理方法将定性指标转化为定量指标,转化后不会影响评价结果。本文采用的是分级标准量化法,即将每个指标分为5级(即Ⅰ级、Ⅱ级、Ⅲ级、Ⅳ级、Ⅴ级,分别表示安全、较安全、警告、危险、极度危险），每级都规定一个取值标准和数值。对于定量指标的分级，相对于定性指标而言较容易，把评分标准分 5 段区间即可。对于定性指标，是根据《安全评价导则》《矿山安全规程》《矿井通风质量标准及检查评定办法》和其他参考资料，对每一级都确定一个评分标准，分级具体形式采取安全检查表的形式，结合现场使用情况，给相关指标确定相应的等级或评分（5，4，3，2，1）。

4.2 评价指标体系建立

（1）人力资源

人力资源是矿山生产的主体，人是"人、机、环境、管理"（4M 因素）中起决定作用的因素。安全生产状况主要取决于人的素质，其素质决定了安全生产状况。评价人力资源状况主要是评价职工的文化程度、安全心理状态、是否培训上岗、身体素质、技术素质、工作经验等，这些指标都是决定人的安全行为的要素。

（2）环境影响

影响作业场所生产的因素是多方面的，除了受到自身影响之外，还受到环境影响。这些环境条件主要是指作业人员的工作环境，矿山的工作环境尤其恶劣，其中对人有影响的主要因素有气候（温度、湿度、气流速度）、噪声、照明、气体环境（粉尘、煤尘、CO_2 及瓦斯等）、瓦斯涌出量、地质构造、水文地质条件、顶板管理、矿井支护等。

（3）通风系统

作业场所在生产过程中要加强通风安全管理，采取预防自然发火和综合防尘措施，矿井主要通风机和局部通风机保持连续运转，通风系统结构合理，通风设施可靠，保持矿井巷道风流连续、有效、稳定，是矿井搞好通风安全的基础性工作。

（4）机电运输系统

在矿山生产中，机电设备因素是内容最多、涵盖面最宽的因素，它主要包括采掘装备、机电装备、运输装备、矿山监测系统、防护用品等方面，所以，在对这些因素进行评价时应包括这些设备各安全保护装置配备的齐全程度、各种设备的完好情况以及安全技术措施的落实等，这些都是保障生产正常运行的主要条件。

（5）防治水灭火系统

这也是对矿井安全性最为重要的因素之一，主要包括矿井发火情况、防灭火系统、火区管理、井下防治水、地面防治水等方面。

（6）安全管理

安全管理是矿山企业管理的重要组成部分，也是矿山安全生产的重要保障之一。安全生产状况与安全管理是密切相关的。从安全管理的内容分析，安全管理包括 12 个二级指标：安全生产责任制和安全规章制度，安全制度措施，安全监督检查，安全管理机构，现代化管理方法，安全技术措施费用提取使用，安全规程、作业规程、操作规程的贯彻，调度及事故管理，作业场所定期维修，劳保用品管理，"一炮三检"管理，矿图齐全、证件齐全。

（7）应急响应机制

应急响应机制包括应急救援预案的编制、应急救援资源、应急救援队伍的培训和演练三个方面的内容。

5. 矿山作业场所安全评价体系模型的建立

如上所述，建立了矿山作业场所安全评价体系，其中，每个指标对评价系统的重要程度不同，权重表示各指标的相对重要程度，是综合评价的重要信息，应根据指标的相对重要性，即指标对综合评价的贡献确定。

5.1 选取标度、构造判断矩阵

目前，在安全评价中通常采用的区分标

度是 A. L. Satty 的 1~9 标度。判断矩阵是层次分析法的基本信息,也是进行相对比较计算的重要依据。构造两两比较判断矩阵时,评判者要反复比较评判指标。表 1 为重要度定义表。

表 1　重要度定义表

标度	含义
1	表示两个元素相比,具有同样重要性
3	表示两个元素相比,一个因素比另一个因素稍微重要
5	表示两个元素相比,一个因素比另一个因素明显重要
7	表示两个元素相比,一个因素比另一个因素强烈重要
9	表示两个元素相比,一个因素比另一个因素极其重要
2, 4, 6, 8	表示上述两相邻判断的中值

同样,对次重要度赋予数值,表 2 为次重要度定义表。

表 2　次重要度定义表

标度	含义
1/3	表示两个元素相比,一个因素比另一个因素稍微次要
1/5	表示两个元素相比,一个因素比另一个因素明显次要
1/7	表示两个元素相比,一个因素比另一个因素强烈次要
1/9	表示两个元素相比,一个因素比另一个因素极其次要
1/2, 1/4, 1/6, 1/8	表示上述两相邻判断的中值

根据表 1、表 2 所示的标度数 n 个指标 A_1, A_2, …, A_n (n = 1, 2, 3, …) 进行比较,可得到判断矩阵 A(见表 3)。

表 3　判断矩阵

指标	A_1	A_2	…	A_n
A_1	a_{11}	a_{12}		a_{1n}
A_2	a_{21}	a_{22}		a_{2n}
…				…
A_n	a_{n1}	a_{n2}		a_{nn}

在判断矩阵 $A = (a_{ij})_{n \times n}$ 中,元素 a_{ij} 表示元素 i 与元素 j 相对重要度之比,关系如下:

(1) $a_{ij} > 0$。
(2) $a_{ii} = 1$。
(3) $a_{ij} = 1/a_{ji}$, ($i, j = 1, 2, …, n$)。

5.2　权值的计算方法

对评价因素进行两两比较之后,得到判断矩阵 A,需进一步计算各指标的相对权值。理论上,应该计算各指标权值精确值,即矩阵 A 的特征值,但在一般情况下采用的权值为矩阵 A 的近似估计值,实践中通常采用计算较简单的和积法计算矩阵特征值的近似值。

(1) 将矩阵 A 按列归一化:

$$b_{ij} = \frac{a_{ij}}{\sum_{i=1}^{n} a_{ij}} \quad (i, j = 1, 2, …, n) \quad (1)$$

(2) 将每一列经归一化后的判断矩阵按行相加,即:

$$W_i = \sum_{j=1}^{i} b_{ij} \quad (2)$$

(3) 将得到的和向量归一化,即得到权重向量:

$$\overline{W}_i = \frac{W_i}{\sum_{i=j}^{n} W_i} \quad (i, j = 1, 2, …, n) \quad (3)$$

(4) 计算矩阵最大特征根 $\lambda_{\max}$:

$$\lambda_{\max} = \sum_{j=1}^{n} \frac{[A \overline{W}_i]_i}{n(\overline{W}_i)_i} \quad (i, j = 1, 2, …, n) \quad (4)$$

得到 $\lambda_{\max}$ 后,需要进行一致性检验,以保持评价者对多因素评判的思想逻辑的一致性，使各评判之间协调一致，而不会出现内部矛盾的结果。这也是保证评价结论可靠的必要条件，完全一致时，应存在如下的传递关系：

$$a_{ik} = a_{ij}a_{jk} \quad (i, j, k = 1, 2, \cdots, n) \quad (5)$$

反之，就是不一致。

当判断完全一致时，应该有 $\lambda_{max} = n$，其余特征根均为零，一致性指标 CI 为：

$$CI = \frac{\lambda_{max} - n}{n} \quad (6)$$

当不一致时，按平均随机一致性指标 CR 取值（见表4）。

表4 平均随机一致性指标 CR

n	3	4	5	6	7	8	9	10	11	12	13
CR	0.52	0.89	1.12	1.26	1.36	1.41	1.46	1.49	1.52	1.55	1.59

只要满足 $\frac{CI}{CR} < 0.1$，就认为所得的比较矩阵的判断结果可以接受。

5.3 权重值的调整方法

权重的确定过程包括权重的初值设定、归一化和调整三个阶段。当对经过前两个阶段得到的权重进行检验与判断时，认为不合理或不满意的权重值可以采用以下两种方法进行调整。

（1）重新计算权重值

该法允许评价者利用已采用的权重确定方法或更换其他方法对权重重新计算，以便得到满意的权重集。当然，在不断重新计算的过程中，也可以采用下面另一种调整方法。

（2）个别调整权重集

即对得到的权重集中的个别权重值进行调整，指出偏高或偏低的权重值所对应因素的序号和要调整的增减值，调整后的权重值按下式计算：

$$W'_i = \frac{W_i}{\sum_{i=1}^{n} W_i + \varepsilon} \quad (i = 1, 2, \cdots, k-1, k, k+1, \cdots, n) \quad (7)$$

$$W'_k = \frac{W_k + \varepsilon}{\sum_{i=1}^{n} W_i + \varepsilon} \quad (8)$$

或指出需要调整权重值的因素序号 k，并对 W_k 重新确定，则调整后的权重值按下式计算：

$$W'_i = W_i \frac{1 - W'_k}{1 - W_k} \quad (i = 1, 2, \cdots, k-1, k, k+1, \cdots, n) \quad (9)$$

5.4 评价体系指标权重确定

评价体系准则层设置的评价指标为人力资源（A_1）、环境影响（A_2）、通风系统（A_3）、机电运输系统（A_4）、防治水防灭火系统（A_5）、安全管理（A_6）、应急响应机制（A_7）七个指标。

对这七个指标进行评判的标度取值按表1和表2进行评价指标的重要性评判，可以得到判断矩阵（见表5）。

根据前面介绍的"和积法"计算因素的权重，由式（3）可求得因素的权重。首先按式（1）将列归一化，可得到下面的矩阵：

表5 准则层评价指标的判断矩阵

判断矩阵	A_1	A_2	A_3	A_4	A_5	A_6	A_7
A_1	1	3	1/6	1/5	1/3	1/3	1
A_2	1/3	1	1/4	1/5	1	1/6	1/3
A_3	6	4	1	2	5	7	9
A_4	5	5	1/2	1	5	1/2	3
A_5	3	1	1/5	1/5	1	1/7	2
A_6	3	6	1/7	2	7	1	4
A_7	1	3	1/9	1/3	1/2	1/4	1

$$\begin{bmatrix} 0.05 & 0.13 & 0.07 & 0.03 & 0.02 & 0.04 & 0.04 \\ 0.02 & 0.04 & 0.11 & 0.03 & 0.05 & 0.01 & 0.02 \\ 0.30 & 0.17 & 0.42 & 0.34 & 0.25 & 0.75 & 0.44 \\ 0.26 & 0.23 & 0.21 & 0.17 & 0.25 & 0.05 & 0.15 \\ 0.16 & 0.04 & 0.08 & 0.03 & 0.05 & 0.01 & 0.10 \\ 0.16 & 0.26 & 0.06 & 0.34 & 0.35 & 0.11 & 0.20 \\ 0.05 & 0.13 & 0.05 & 0.06 & 0.03 & 0.03 & 0.05 \end{bmatrix}$$

按式（2）将归一化后的判断矩阵按行相加得到：

$W = (0.38, 0.28, 2.67, 1.32, 0.47, 1.48, 0.407)$

将向量 W 按式（3）归一化，即为所求特征向量：

$\overline{W} = (0.05, 0.04, 0.38, 0.19, 0.07, 0.21, 0.06)$

根据式（4）计算判断矩阵的最大特征根，即 $\lambda_{max} = 7.52$。

根据式（6）进行一致性检验：$CI = \dfrac{\lambda_{max} - n}{n} = \dfrac{7.52 - 7}{7} = 0.07$

查表 4，$n = 7$，$CR = 1.36$，则 $\dfrac{CI}{CR} = 0.054 < 0.1$，表明判断矩阵的结果可以接受，所求的权重值为 $\overline{W} = (0.05, 0.04, 0.38, 0.19, 0.07, 0.21, 0.06)$，可以使用。

各个子系统的权重为上级权重的继续分解，子系统权重计算时，采用系统内部权重累计和为 1 的形式，最终的权重需要乘以上级指标权重值。同理，以同样的步骤计算人力资源、环境影响、通风系统、防治水灭火系统、机电运输系统、安全管理、应急响应机制各子系统的指标权重。

5.5 评价系统评价原则

根据以上分析，可以得到各个指标的权重值，针对作业场所每一个指标项，参考安全检查表，根据评分依据（安全、较安全、警告、危险、极度危险，对应 5，4，3，2，1）给出分值 R_{ij}（R_{ij} 取 0~5）。

最终得分：

$B = R_{11}A_{11} + R_{12}A_{12} + R_{13}A_{13} + R_{14}A_{14} + R_{15}A_{15} + R_{16}A_{16} + R_{21}A_{21} + R_{22}A_{22} + R_{23}A_{23} + R_{24}A_{24} + R_{25}A_{25} + R_{26}A_{26} + R_{27}A_{27} + R_{28}A_{28} + R_{29}A_{29} + R_{31}A_{31} + R_{32}A_{32} + R_{33}A_{33} + R_{34}A_{34} + R_{35}A_{35} + R_{36}A_{36} + R_{37}A_{37} + R_{38}A_{38} + R_{41}A_{41} + R_{42}A_{42} + R_{43}A_{43} + R_{44}A_{44} + R_{45}A_{45} + R_{46}A_{46} + R_{47}A_{47} + R_{48}A_{48} + R_{49}A_{49} + R_{51}A_{51} + R_{52}A_{52} + R_{53}A_{53} + R_{54}A_{54} + R_{55}A_{55} + R_{61}A_{61} + R_{62}A_{62} + R_{63}A_{63} + R_{64}A_{64} + R_{65}A_{65} + R_{66}A_{66} + R_{67}A_{67} + R_{68}A_{68} + R_{69}A_{69} + R_{610}A_{610} + R_{611}A_{611} + R_{612}A_{612} + R_{613}A_{613} + R_{71}A_{71} + R_{72}A_{72} + R_{73}A_{73} + R_{74}A_{74}$

其中，R_{ij} 为 A_{ij} 项的权重，A_{ij} 为 A_{ij} 项的得分值。

由于各作业场所整体组成了一个完整的矿山生产系统，因此，可以利用这些指标对矿山整体安全状态进行评价，其评分依据和流程与各作业场所相同，最终依据得出的评价值，按照"安全、较安全、警告、危险、极度危险，对应 5，4，3，2，1"的原则确定风险等级。

6. 事故应急救援管理体系研究

6.1 应急救援管理体系概述

企业应急救援管理是指对企业生产经营中的各种安全生产事故和可能给企业带来人员伤亡、财产损失的各种外部突发事件，以及企业可能给社会带来损害的各类突发公共事件的预防、处置和恢复重建等工作，是企业管理的重要组成部分。应急管理是个动态过程，包括事故预防、应急准备、应急响应、应急恢复四个阶段。

一个完整的应急体系应由组织体制、运作机制、法制基础和应急保障系统四部分构成，应急体系的应急响应程序按过程可分为接警、响应级别确定、报警、应急启动、救援行动、扩大应急、应急恢复和应急结束几个过程。

应急演习是指由多个机构、组织或群体

的人员针对假设事件，执行实际紧急事件发生时各自职责和任务的排练活动，是检测重大事故应急管理工作的最好度量标准。在应急演习过程中，可以在事故发生前暴露预案和程序的缺陷和不足，识别出缺乏的资源（包括人力和设备等），明确各自岗位和职责，改善参与人员、单位的协调水平，进一步提高应急响应人员的业务素质和能力，从而整体提高应急反应能力。

6.2 应急预案编制

应急救援是为预防、控制和消除事故对人类生命和财产的损害所采取的反应救援行动。应急预案则是开展应急救援行动的行动计划和实施指南。应急预案实际上是一个透明和标准化的反应程序，使应急救援活动能按照预先周密的计划和最有效的实施步骤有条不紊地进行。这些计划和步骤是快速响应和应急救援的基本保证。

应急预案是应急体系建设中的重要组成部分，应该有完整的系统设计、标准化的文本文件、行之有效的操作程序和持续改进的运行机制。一般的应急预案，其基本结构可采用"1+4"的结构模式，即一个基本预案加上功能（职能）设置、特殊风险预案、应急标准化操作程序和保障支持系统四个分预案。

完整的应急预案编制应分为六个一级关键要素，包括方针与原则、应急策划、应急准备、应急响应、现场恢复、预案管理与评审改进。

◎参考文献

[1] 岳仁田. 矿山安全生产保障体系的研究[D]. 济南：山东科技大学，2003.
[2] 徐志胜. 安全系统工程[M]. 北京：机械工业出版社，2005.
[3] 沈斐敏. 安全系统工程理论与应用[M]. 北京：煤炭工业出版社，2001.

制药公司重大危险源辨识、安全评价及整改措施

张 玮 韩立华（指导教师）

（中南大学资源与安全工程学院，长沙，410083）

摘 要 安全生产是我国一项基本国策，但由于受科技水平和经济实力的限制，我国的安全生产状况与发达国家相比差距较大，安全生产形势严峻。本文对国内外安全评价技术的发展和现状进行了研究分析，对各安全评价技术进行了介绍，并以某制药有限公司为研究对象，对公司在生产过程中可能存在的各种不安全因素和已有的安全措施和安全管理方法，通过合理选用"预先危险性分析—系统危险度分析—安全检查表检查"的基础安全评价法，重点分析了某制药有限公司的工艺流程、操作、物料特性、设备布置、管理措施等内容，找出了该公司内的各种危险有害因素和现行管理上的一些不足之处，指出了人员因素及其管理是工厂安全管理的重中之重，并集中力量，对此要素的各个重要组成部分（员工培训、承包商及其员工管理、个人状态确认程序、事故原因调查、人员变更管理、规章制度的检查评审）进行了分析完善，从而使工厂的安全体系在有限资源条件下得到科学、全面、系统的分析评价和提高，实现了整体最优化。

关键词 安全综合评价法 预先危险性分析 安全检查表 系统危险度

1. 预先危险性分析

预先危险性分析是系统安全分析方法之一，也称初步危险性分析法。它是对项目存在的危险类别、出现危险状态的条件、导致事故的后果等进行概略分析的一种定性评价方法，目的是发现项目中潜在的危险类别，并判定危险性等级[1,2]。

2. 危险度评价

危险度评价方法是借鉴日本劳动省"六阶段法"的定量评价表，结合我国国家标准《石油化工企业防火设计防范》（GB 50160—1992）（1999修改版）、《压力容器中化学介质毒性危害和爆炸危险程度分类》（HG 20660—1991）等技术规范标准，编制"危险度评价取值表"，规定危险度由物质、容量、温度、压力和操作五个项目共同确定，其危险度分别按 A = 10 分，B = 5 分，C = 2 分，D = 0 分赋值计分，最后按照这些分值之和评定该单元的危险程度等级。表 1 为危险性等级划分表，表 2 为预先危险分析评价结果，表 3 为各单元危险度评价。

根据表 3 可以得出：

属于Ⅲ级（低度）危险的单元有 2 个，化验室用危化品单元和危化品储存单元。

属于Ⅱ级（中度）危险的单元有 3 个，瓶装危化品储存单元、导生炉单元、生产单元。

表 4 为危险度分级表，表 5 为安全等级划分表。

3. 安全检查表评价

用安全检查表（见表 6）的形式进行安全现状检查，涉及如下内容：组织机构及安全管理制度，从业人员，生产、储存工艺技术与装备，公用工程与安全设施，安全操作、检查与检修施工作业，事故预防与处理，安全生产投入，危险物品安全管理。本节将对管理和危险度评价中具有中度危险以上的 DOW 系统、生产系统、瓶装危化库进行评价[3]。

表 1 危险性等级划分表

序号	级别	危险程度	可能导致的后果
1	Ⅰ	安全的	不会造成人员伤亡和系统损坏
2	Ⅱ	临界点	处于事故的边缘状态，暂时不致造成人员伤亡、系统损坏或降低系统性能，但应排除，可采取控制措施
3	Ⅲ	危险的	会造成人员伤亡和系统损坏，要立即采取防范措施
4	Ⅳ	灾难性的	造成人员重大伤亡及系统严重破坏的灾难性事故，必须果断排除并重点防范

表 2 预先危险分析评价结果

序号	评价单元	分单元名称	危险级别	危险程度	危险有害因素
1	生产车间	PTA 输送	Ⅱ	临界的	粉尘爆炸、登高坠落、窒息
		聚合	Ⅲ	危险的	腐蚀、烫伤、火灾、爆炸
		切片输送和包装	Ⅱ	临界的	静电、登高坠落
		热媒炉（导生炉）	Ⅲ	危险的	火灾、爆炸、烫伤、登高坠落
		实验室	Ⅲ	危险的	灼伤、腐蚀、中毒、火灾、爆炸

续表

序号	评价单元	分单元名称	危险级别	危险程度	危险有害因素
2	仓储	切片存放区	Ⅱ	临界的	叉车伤害
		原料存放区	Ⅲ	危险的	火灾、爆炸
		瓶装危化品存放区	Ⅲ	危险的	火灾、爆炸
3	公用工程	供电系统	Ⅱ	临界的	触电
		供水系统	Ⅱ	临界的	腐蚀
		外购蒸汽系统	Ⅱ	临界的	烫伤、爆炸
		压缩空气系统	Ⅰ	危险的	不涉及
		氮气系统	Ⅱ	临界的	窒息
4	环保工程	污水处理站	Ⅰ	危险的	不涉及
		固废暂存地	Ⅰ	危险的	不涉及

表3　　各单元危险度评价

序号	单元	主要危险有害物质	物质评价分值	容量评价分值	温度评价分值	压力评价分值	操作评价分值	危险度分值	危险等级
1	生产单元	三氯氧磷、次氯酸、DOW	10	2	0		2	14	Ⅱ
2	热媒（导生）炉单元	液化石油气、DOW	10	2			2	14	Ⅱ
3	化验室用危化品单元	异丙醇、乙醇、乙酸丁酯、丙酮、	5	0	0	0	2	7	Ⅲ
4	危化品储存单元	精对苯二甲酸、乙二醇、	2	0	0	0	2	4	Ⅲ
5	瓶装危化品储存单元	液化石油气	10				2	12	Ⅱ

表4　　危险度分级表

总分值	≥16分	11~15分	≤10分
等级	Ⅰ	Ⅱ	Ⅲ
危险程度	高度危险	中度危险	低度危险

表5　　安全等级划分表

等级	好	一般	差	不合格
划分标准	得分≥85	85>得分≥75	75>得分≥60	得分<60

表6　　　　　　　　　　　　　　　　安全检查表

序号	项目	安全评估项目	评估分值	评估标准		评估得分
1	组织机构及安全管理制度	安全生产管理机构	1	有	无	1
		专职安全管理人员	1	有	无	1
		兼职安全管理人员	1	有	无	1
		安全生产工作领导机构	1	有	无	1
		事故应急救援抢救组织（委托、兼管也可）	1	有	无	1
		安全生产议事制度	1	有	无	1
		安全生产岗位责任制	2	有	无	2
		安全技术与操作规程	2	有	无	2
		安全生产教育制度	2	有	无	2
		安全生产检查巡检制度	2	有	无	2
		安全生产值班制度	1	有	无	1
		危险物品仓储安全管理制度	2	有	无	1.5
		危险作业安全管理制度	2	有	无	2
		设备安全管理制度	1	有	无	1
2	从业人员	劳动合同中安全条款是否符合国家有关规定	1	是	否	1
		从业人员是否经过安全教育、培训及持证上岗情况（危化品专用证）	3	是	否	3
		特种作业人员是否经过培训和持证上岗情况	2	是	否	2
		事故应急救援抢救人员依据新版《预案导则》是否经过培训	1	是	否	0.5
		作业人员是否熟悉并遵守作业规程	2	是	否	2
		从业人员是否掌握紧急情况下的应急措施	1	是	否	1
		是否全部缴纳职工工伤保险	1	是	否	1
		安全生产合理化建议情况	1	是	否	1
3	生产、储存工艺技术与装备	生产、储存装备布置，建筑结构、电气设备的选用及安装是否符合国家有关规定和国家标准	3	是	否	2.5
		采用的生产、储存工艺技术是否被国家淘汰	2	是	否	2
		使用的生产、储存装备是否被国家淘汰	2	是	否	2
		特种设备是否按照国家有关规定取得检验、检测合格证	2	是	否	2
		特种设备档案是否齐全	1	是	否	1
4	公用工程与安全设施	公用工程是否满足生产工艺技术的需要	1	是	否	1
		职工安全防护装置的配置是否符合国家有关规定	2	是	否	2
		生产、储存装备安全防护装置的配置是否符合国家有关规定	2	是	否	2

续表

序号	项目	安全评估项目	评估分值	评估标准		评估得分
4	公用工程与安全设施	职工劳动防护用品的配备是否符合国家有关规定	2	是	否	2
		职工安全防护装置,生产、储存装备安全防护装置,职工劳动防护用品等安全设施是否定期检验、检测,并建立档案	2	是	否	2
		消防设施的配置是否符合国家有关规定	2	是	否	2
		是否配备事故应急救援器材、设备	1	是	否	1
		危险作业场所是否按照国家有关规定和国家标准设置明显的安全警示标志	2	是	否	1.5
5	安全操作、检查与检修施工作业	是否按照安全检查制度进行检查,并保存记录	1	是	否	1
		生产、储存操作记录是否齐全	1	是	否	1
		有无跑、冒、滴、漏及腐蚀现象	3	是	否	3
		是否按国家有关规定定期对现有生产、储存装备进行安全评价	2	是	否	2
		对安全检查和安全评价发现的隐患是否提出整改措施,并完成整改工作	3	是	否	3
		生产、储存装备是否按规定定期进行维护保养与检修	2	是	否	2
		检修施工作业是否遵守国家有关规定和国家标准	1	是	否	1
		重复使用的危险化学品包装物、容器在使用前是否进行了检查,并有相应的记录	1	是	否	1
6	事故预防与处理	是否对危险源实施监控,并建立档案	1	是	否	1
		是否制定了相应的化学事故应急预案	2	是	否	2
		化学事故应急预案是否按规定向政府部门备案	1	是	否	1
		是否按照化学事故应急预案定期组织演练,并及时修订预案	1	是	否	0.5
		发生的事故是否建立了档案	1	是	否	1
		事故调查处理是否符合国家有关规定	1	是	否	1
		事故"四不放过"的落实情况	2	是	否	2
7	安全生产投入	安全技术措施项目投入是否编入年度投入计划	2	是	否	2
		安全技术措施项目完成情况	2	是	否	2
		年度投入是否满足改善安全生产条件的需要	2	是	否	2
		事故隐患整改投入完成情况	2	是	否	1.5

续表

序号	项目	安全评估项目	评估分值	评估标准	评估得分
8	危险物品安全管理	对新的或危险性不明的化学品，是否按规定委托国家认可的专业技术机构对其危险性进行鉴别和评估	1	是 否	1
		编制的危险化学品安全技术说明书和安全标签是否符合国家标准	2	是 否	2
		是否生产、使用国家明令禁止的危险化学品	3	是 否	3
		销售、购买危险化学品是否符合国家有关规定，并保存记录	1	是 否	1
		危险物品是否建立了档案	1	是 否	1
		危险物品的运输是否符合国家有关规定和国家标准	1	是 否	1
		使用的危险化学品包装物、容器是否是定点生产单位生产的产品	2	是 否	2
		使用的危险化学品包装物、容器是否取得具有专业资质的检测、检验机构的检测、检验合格证	1	是 否	1
		废弃危险化学品的处置是否符合国家有关规定	1	是 否	1
		评估分数（合计100分）			97

除管理制度外，人员、设备、原副材料使用、工艺、环境是日常操作过程中影响安全的五个重要因素。

4. 总结

本文通过对某制药有限公司的生产装置、工艺、设备、人员、管理状况等方面进行综合分析评价，识别了生产运行过程中存在的危险、有害因素，并分析找出了各危险、有害因素的严重程度，提出了合理可行的安全对策措施，加以整改。并对公司安全预防体系中的重要组成因素，人员和安全管理制度因素，进行了补充和完善。通过对公司的现状进行科学系统的研究，找出了影响安全绩效的主要因素，落实整改措施，使公司的安全生产管理得到了提高，推动了公司安全管理工作的科学化、系统化、标准化。

本文所选取的安全综合评价法是"预先危险性分析—危险度评价—安全检查表"的综合体。本论文的研究内容已全面落实，并经过一段时间的运行，初见成效。但安全管理的有效性不在于制度的建立与否或短时间的改变，而在于公司所有员工和各级主管对制度的认知和一如既往地执行，要想长期稳定、安全地生产，必须认真地贯彻执行安全管理制度，将安全管理理念变成一种工作思维方式，最终形成安全管理的企业文化。安全生产是我国一项基本国策，也是企业正常生产经营的保障，随着企业的发展和安全评价技术的进步，安全管理理论也将得到同步的发展，企业必须适时调整安全评价方法、修订安全管理制度，加强人员培训和教育，循序渐进，逐步完善。本文所完成的工作仅仅是一个开始，还需要该公司所有员工坚持不懈地努力，使安全生产管理体系不断完善，真正实现"零事故"的安全生产目标。

◎参考文献

[1] 刘铁民，张兴凯，刘功智．安全评价方法应用指南[M]．北京：化学工业出版社，2005．

[2] 周书元，曹程国．预先危险性分析在重大工程项目中的应用[J]．劳动保护，2004（1）．

[3] 梁淑新．化工安全检查表的编制与应用[J]．化工技术与开发，2007（10）．

新型复合稳定土材料的初步研究

张启明　陈沅江（指导教师）

（中南大学资源与安全工程学院，长沙，410083）

摘　要　本文通过选取适当的固化因子，进行了针对不同配方土样的强度检测探索性实验，以得出最佳的复合稳定土材料配方，其中，主要对水玻璃、氟硅酸盐因子进行初步研究，检测其最佳的配比问题。

关键词　固化　探索性实验　复合稳定土材料

1. 几种新型稳定土材料介绍

1.1 EN-1型土壤固化剂

EN-1型土壤固化剂，属液态新型土壤固化剂类。该固化剂为酸基化合物，是一种浓缩的无挥发、不易燃的液体筑路材料，具有很强的氧化、溶解能力，并且含有一种自然分散剂的成分，它能将土壤中的矿物质和土壤分子分解，使其重新结晶形成金属盐，从而使土壤形成新的矿物化合物，并把土壤颗粒结合在一起，形成土壤固化层。同时，溶解剂让矿物离子均匀分布在混合物中，以增加一种特殊的引力，并大大减少混合物中的气孔，使混合物达到固化效果[1-3]。

1.2 ISS土壤固化剂

ISS土壤固化剂为黏滞性液体，呈黄褐色，易溶于水，无毒，是一种优异的筑路新型土壤加固材料。ISS主要是利用高效离子交换作用来改变土壤的基质，从而改变其力学性能，即改良土壤的物理和机械特性。它使土体结构中的吸附水全部游离出来，且不可逆地脱离土壤颗粒，在压实过程中把水分排走，使土体在短时间内稳定下来，从而有效地提高土壤密实度、承载力。ISS土壤固化剂经稀释后为无毒无害溶液，且无副作用，是一种绿色环保产品[4-6]。

1.3 TOP-SEAL固化剂

TOP-SEAL固化剂为乳白色液体，属于丙烯酸联合乳胶聚合物，为水剂。该固化剂最大的特点是在短时间内可大幅度提高土体的强度，而且掺量较少。但用该固化剂固化后的土壤水稳性极差。因此，它是一种掺量少、可大大提高土体非浸水强度的固化剂。

1.4 DLL土壤固化剂

DLL土壤固化剂为固态干粉状。该固化剂与土壤颗粒混合后发生一系列物理化学反应，补充生成具有强度的水化硅酸钙，加强了土壤分子之间的联结，使土层形成具有强度的结构物，经水化反应生成的结晶体使材料固化剂体积增加，有效地填充了土壤间的空隙，使土壤更加紧密。同时，固化剂中某些离子也能与土壤颗粒产生高效的离子交换，使加固土内部针状晶体相互交叉形成独特的链和空间网状结构，改变了加固土中的孔径分布。另外，它与水作用时，还改变了原土体表面的附着自由水，使土壤中的含水量迅速减少。经过碾压后，密实度增大，毛细管破坏，路基强度增加，水稳定性和抗冻性得到提高。

除此以外，还有一些土壤固化材料得到较大的发展，如 SSS 型、GA 型、中路一号土壤固化剂等。

2. 最优配方的探索性实验研究

2.1 土样的制备

在长沙某地收集一些红色黏性土，用孔隙为 0.8 mm 的标准筛进行筛分，分别称取 50 g 放入直径为 10 cm 的蒸发皿中，共需 8 份。

拿出其中一份进行探索性实验，看需要加多少水才能使其充分固结在一起。边加水边搅拌，当加入 25% 即 12.5 ml 的水后，蒸发皿中的土已基本固结，而继续加水后，将会使土样稀释，不便做成土块。因此，其他各蒸发皿中也要加入 12.5 ml 的水。

接下来配制其他 7 组配方，分别加入到蒸发皿中，每组做出三个大小基本相同的土块，具体分组情况如下：

（1）第 1 组，加入 12.5 ml 的水。

量取 12.5 ml 的水，倒入蒸发皿中，充分搅拌后捏成三份大小相近的土块。

（2）第 2 组，加入 5% 的中性水玻璃溶液。

配制好 5% 的水玻璃溶液后，可直接逐滴滴向溶液中，加入盐酸，不断测试 pH 值，直到呈中性为止。再量取 12.5 ml 的中性水玻璃溶液，倒入蒸发皿中，充分搅拌后捏成三份土块。

（3）第 3 组，加入 5% 的中性水玻璃溶液和 5% 的氟硅酸钠。

前面步骤与第 2 组相同，只是在倒入溶液前，先往蒸发皿中加入 5% 的氟硅酸钠。

（4）第 4 组，加入 15% 的中性水玻璃溶液。

由于此时溶液浓度较高，为防止溶液迅速固结，不能像前两组实验那样直接配制出中性水玻璃溶液。因此，先要进行探索性实验，看 15% 的水玻璃溶液和盐酸如何搭配，才能保证得到 12.5 ml 中性水玻璃溶液。经过实验可知，11.5 ml 的水玻璃溶液与 1.5 ml 的盐酸可配成 12.5 ml 的中性水玻璃溶液，此时，分别量取 11.5 ml 的水玻璃溶液和 1.5 ml 的盐酸置于不同的量筒中，在搅拌蒸发皿中土样的同时，向其中倒入这两份溶液，最后做成大小相近的三份土块。

（5）第 5 组，加入 15% 的中性水玻璃溶液和 15% 的氟硅酸钠。

前面步骤与第 4 组相同，只是在倒入溶液前，先往蒸发皿中加入 15% 的氟硅酸钠。

（6）第 6 组，加入 25% 的中性水玻璃溶液。

同样由于溶液浓度较高，先要进行探索性实验，经过实验可知，需加 10 ml 的 25% 的水玻璃溶液。

（7）第 7 组，加入 25% 的中性水玻璃溶液和 15% 的氟硅酸钠。

同样在倒入溶液前先往蒸发皿中加入 15% 的氟硅酸钠。

把所有成形的土块放入鼓风电热恒温干燥箱中保养三天，温度控制在 30° 左右。

2.2 抗压强度实验

本实验主要采用 LC-127 型路面材料强度试验仪对土块进行强度检测实验。

实验的主要问题是土块的外形达不到实验的要求，为此，将个土块的端部磨平，使其尽量不产生端部效应，并且在测前先计算出端部面积，以便最后测出应力大小，使测试结果更具说服力。

实验过程是通过手动完成的，测得的数据见表1。

表 1　　　实验测得的数据

		1	2	3
第1组	面积（×10^{-4} m²）	2.53	2.52	2.4
	直接读数（格）	20	23	24
第2组	面积（×10^{-4} m²）	3.00	2.86	2.86
	直接读数（格）	35	40	38
第3组	面积（×10^{-4} m²）	2.86	2.28	2.86
	直接读数（格）	45	35	60
第4组	面积（×10^{-4} m²）	2.86	3.80	3.24
	直接读数（格）	64	57	56
第5组	面积（×10^{-4} m²）	3.60	3.45	3.84
	直接读数（格）	62	63	54
第6组	面积（×10^{-4} m²）	3.30	2.86	3.06
	直接读数（格）	75	88	70
第7组	面积（×10^{-4} m²）	3.00	3.60	2.86
	直接读数（格）	55	67	58

2.3　数据处理

测力环的读数与其他测量工具有很大不同，它需要对直接的读数进行一些计算，方可得出最终的数据。测试及换算原理如下：

按测力环上某一实测的百分表读数（0.01 mm）查测力环标定曲线，即得相应的垂直荷重（kN），或根据标定曲线，按式（1）计算实测的垂直荷重。

$$P = bL \quad (1)$$

式中　P——某一实测垂直荷重，kN；
　　　b——标定曲线的斜率，kN/0.01 mm；
　　　L——与某一实测垂直荷载相对应的百分表读数，0.01 m。

根据检定结果绘制荷重（kN）—变形（0.01 m）关系曲线，即测力环标定曲线，如图1所示。

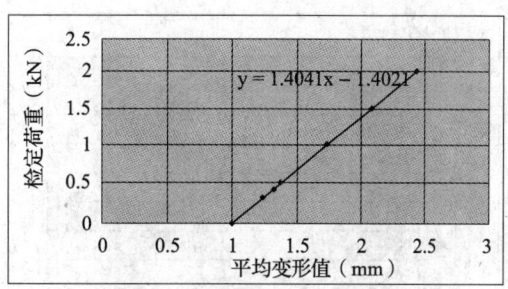

图 1　2 kN 测力环检定曲线

由此得到标定曲线的斜率 $b = 1.404\,1$，则实测垂直荷重的计算式为：

$$P = 1.404\,1L \quad (2)$$

即　　$P = 1.404\,1 \times$ 直接读数 $\times 0.01$ 　（3）

由垂直荷重和受力面积即可求出所承受的应力。数据计算结果见表2。根据表中结果可绘出平均应力曲线，如图2所示。

表 2　　　数据计算结果

		面积（×10^{-4} m²）	直接读数（格）	垂直荷重（kN）	应力值（MPa）	平均应力值（MPa）
第1组	1	2.53	20	0.281	1.110	1.265
	2	2.52	23	0.323	1.282	
	3	2.40	24	0.337	1.404	
第2组	1	3.00	35	0.491	1.638	1.822
	2	2.86	40	0.562	1.946	
	3	2.86	38	0.534	1.866	
第3组	1	2.86	45	0.632	2.209	2.437
	2	2.28	35	0.491	2.155	
	3	2.86	60	0.842	2.946	
第4组	1	2.86	64	0.899	3.142	2.558
	2	3.80	57	0.800	2.106	
	3	3.24	56	0.786	2.472	
第5组	1	3.60	62	0.871	2.418	2.319
	2	3.45	63	0.885	2.564	
	3	3.84	54	0.758	1.975	
第6组	1	3.30	75	1.053	3.191	3.574
	2	2.86	88	1.236	4.320	
	3	3.06	70	0.893	3.212	
第7组	1	3.00	55	0.772	2.574	2.678
	2	3.60	67	0.941	2.613	
	3	2.86	58	0.814	2.847	

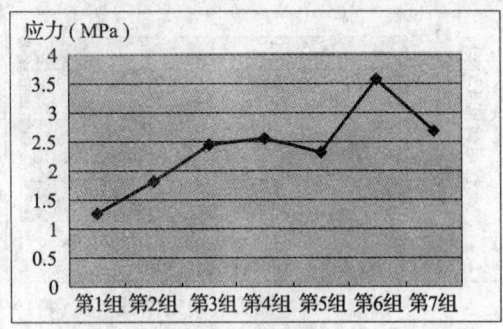

图 2　平均应力曲线

3. 结论

通过本文中的探索性实验，可得出以下结论：

（1）水玻璃是良好的固化剂，其溶液呈碱性，在碱性状态下不易固结，中性或弱酸性则具有较强的固结性能，且随着水玻璃溶液浓度的升高，固结效果越来越明显，强度也越来越高，酸性太强的水玻璃溶液则不易固结。

（2）铝酸钠和氟硅酸钠都能起到固结或加速固结的效果，但铝酸钠不如氟硅酸钠固结效果好，而氟硅酸钠的溶解度非常低，在酸中也不太容易溶解。

（3）在土壤中的实验可以看出，中性水玻璃溶液能明显提高土的固结强度。

（4）随着水玻璃溶液浓度的不断升高，溶液对土的固结效果越好，以25%浓度为最佳。

（5）当水玻璃溶液浓度较低时，氟硅酸钠在复合试剂中的固结效果较明显，而当水玻璃溶液浓度较高时，氟硅酸钠在复合试剂中的固结效果越来越不明显。

由于只是对复合稳定土材料的初步研究，本次设计进行的都是探索性实验，今后的工作应着重于以下方面：

（1）水玻璃溶液在不同酸碱度下的具体固结性能，以及最佳固结效果的酸碱度研究。

（2）铝酸钠与氟硅酸钠的固结性能研究，以及将其应用在稳定土材料中的局限性研究。

（3）"水玻璃溶液＋酸＋氟硅酸钠"这一方案的详细配比研究。

◎参考文献

[1] 董邑宁. 固化材料在土木工程中的发展应用 [J]. 青海大学学报, 2001 (4): 35-39.

[2] 刘玉卓. 公路工程软基处理 [M]. 北京: 人民交通出版社, 2002: 86-90.

[3] 杨建华. 土壤固化剂在湖区道路基层的应用研究 [J]. 中南公路工程, 2000 (2): 85-90.

[4] 朱伯存. 新型筑路材料土壤固化剂 [J]. 城市管理与科技, 2003 (2): 82-83.

[5] 张丽娟. 电离子土壤固化剂加固土的压实性能 [J]. 华南理工大学学报, 2004 (3): 83-87.

[6] 伍宁德. 离子土壤固化剂在广园东快速干线工程中的应用 [J]. 广东公路交通, 2003 (2): 39-41.

安全工程0503班论文

企业安全文化评价体系及方法研究

韩 明 黄仁东（指导教师）

（中南大学资源与安全工程学院，长沙，410083）

摘 要 根据企业安全文化评价准则，建立了企业安全文化评价指标体系。利用三角模糊处理函数表示定性因素，提出了基于三角可调模糊数两次收敛模型和多比例分析—灰色关联分析模型的企业安全文化评价方法。最后，给出一个实例具体说明该评价方法。

关键词 三角可调模糊数 安全文化 评价 权重

企业安全文化是指企业在长期的安全生产和经营活动中逐步形成的，为全体职工接受、遵循的各种安全物质因素和安全精神因素的总和。安全事故的发生有各种原因，唯有安全文化可以渗透到各个层面。因此，对企业安全进行综合评价，对企业科学地认识自身的文化状态，加强企业文化建设，建立优秀的企业文化，具有重要的理论意义和现实意义。

1. 企业安全文化评价系统层次模型

对于安全文化评价，目前国内外一些文献都提出了评价因素集。结合国际核安全咨询组对安全文化体制三个层次（决策层、管理层和个体）在安全上所承担责任和义务的划分，及我国企业安全文化建设评价准则对企业安全文化体系的研究，本文将企业安全文化评价因素划分为 11 个一级指标，分别为基础特征、安全承诺、安全管理、安全环境、安全培训与学习、安全信息传播、安全行为激励、安全事务参与、决策层行为、管理层行为、员工层行为[1]。

2. 权重系数分析

2.1 基于三角可调模糊数两次收敛模型的权重分析法

应用聚类分析原理对群体专家决策进行两次收敛：第一次收敛解决了异常值的问题，尽可能降低专家意见的随意性和主观性；第二次收敛利用相似系数作为权值对经筛选的专家权重意见进行加权综合[2]。此法主要应用于多指标间权重确定，其分析步骤如下：

（1）构建专家意见模糊语义

根据权重的评价等级"不重要、稍重要、较重要、重要、非常重要"，定义模糊数为：(0.0, 0.0, 0.3)，(0.0, 0.25, 0.5)，(0.3, 0.5, 0.7)，(0.5, 0.75, 1)，(0.7, 1; 1)。中间值表示最可能的值，其他两个值分别代表最高限和最低限。为了消除专家偏好差别，评估者要在对每个标准选定语言性衡量指标后指出其趋势。一般运用三种趋势，即"降低""不变""增加"。令 $P = (L, M, U)$，表示不变趋势的三个相关模糊数，

P_{less} 和 P_{more} 分别代表"变小"和"变大"两种趋势。

$$P_{less} = (L, M_{less}, U), P_{more} = (L, M_{more}, U) \quad (1)$$

式中,$M_{less} = M - Z/4$,$M_{more} = M + Z/4$,Z 代表最高限和最低限的差,即 $U - L$。

(2) 模糊语义矩阵的变形

设专家 k(共有 m 个专家)对 n 个指标权重的意见矩阵为 $A_k = (a_{kij})_{n \times 3}$,将 m 个模糊语义矩阵进行变形,将每一矩阵的 n 行首尾相连顺序排成一行,再将 m 个矩阵变形得到的 m 行合并成一个矩阵。为了求各专家意见间的相似程度,需计算各专家意见矩阵 A 各行之间的相似系数,并由此组成相似系数矩阵 R:

$$R_{ij} = 1 - \sqrt{\frac{1}{n \times 3} \sum_{k=1}^{n \times 3} (b_{ik} - b_{jk})^2} \quad (2)$$

式中 R_{ij}——专家 i 与专家 j 模糊语义矩阵的相似系数,R_{ij} 越小,表示专家 i 与专家 j 模糊语义矩阵的相似程度越低;

n——指标个数。

在剔除离异模糊语义矩阵时,适用以下公式进行计算:

$$P_i = \sum_{j=1}^{l} R_{ij}$$

$$P = (P_1, P_2, \cdots, P_l)^T \quad (3)$$

式中 R——相似系数矩阵中每一行之和,它表示专家 i 的模糊语义矩阵与全部专家群体的模糊语义矩阵的相似程度。相似系数之和越小,则此专家意见与专家群体意见的偏离程度越大。

专家模糊语义矩阵偏离程度 D_i 的计算公式为:

$$D_i = \frac{P_{max} - P_i}{P_i} \times 100\% \quad (4)$$

式中 D_i——专家 i 模糊语义矩阵的相似系数与最大相似系数的偏离程度;

P_{max}——式(3)矩阵中的最大值。

当 D_i 大于某一数值时,则剔除该专家的模糊语义矩阵,同时在相似系数矩阵中剔除与之相关的元素。该数值是根据经验预设的参数,一般取 5% ~ 10%。剔除离异模糊语义矩阵和相似系数矩阵中相关元素之后,根据式(3)得出新相似系数矩阵:

$$P' = (P'_1, P'_2, \cdots, P'_h)^T \quad (5)$$

式中 h——剔除离异专家意见后所剩专家意见数。

(3) 二次收敛分析

剔除离异专家意见后得到剩余专家模糊语义矩阵的意见矩阵,利用一次收敛后得到的新相似系数矩阵 P',对各专家意见进行加权求和。

$$W = \begin{pmatrix} W_{11} & W_{12} & \cdots & W_{1h} \\ W_{21} & W_{22} & \cdots & W_{2h} \\ \vdots & \vdots & & \vdots \\ W_{n1} & W_{n2} & \cdots & W_{nh} \end{pmatrix} \times \begin{pmatrix} P'_1 \\ P'_2 \\ \vdots \\ P'_h \end{pmatrix} / \sum_{i=1}^{h} P'_i \quad (6)$$

式中 W_{ij}——专家 j 对指标 i 的模糊语义权重(这里是三角模糊数)。

用三种常用的解模糊化方法:距离测量法、中心法以及重心法,综合考虑将模糊数转换成明确值。

1)距离测量法。利用相对距离公式,可将模糊数加以解模糊化,即:

$$M_1 = x_i = d_i^- / (d_i^- + d_i^*) \quad (7)$$

其中,$x_i = (a_i, b_i, c_i)$,为模糊评估值。

$$d_i^- = \sqrt{(a_i^2 + 2b_i^2 + c_i^2)/4}$$

$$d_i^* = \sqrt{[(1-a_i)^2 + 2(1-b_i)^2 + (1-c_i)^2]/4} \quad (8)$$

2)中心法。从一个三角模糊数的整体观点来看,中心部分更能代表重要程度,因此，利用中心法可以将模糊数解模糊化，公式如下：

$$M_2(x_i) = b_i/2 + [(c_i - b_i) - (b_i - a_i)]/4$$
$$= (2b_i + c_i + a_i)/4 \qquad (9)$$

3) 重心法。重心法的解模糊化公式如下：

$$M_3(x_i) = \begin{cases} a_i, a_i = b_i = c_i \\ [(c_i)^2 - (a_i)^2 + b_i c_i - a_i b_i]/ \\ 3(c_i - a_i), a_i \neq c_i \end{cases} \qquad (10)$$

根据上述三种解模糊化的方法，将此三种解模糊化的结果加以平均，求得综合解模糊值，以 $S(x_i)$ 表示如下：

$$S(x_i) = [M_1(x_i) + M_2(x_i) + M_3(x_i)]/3 \qquad (11)$$

2.2 基于多比例分析—灰色关联分析模型的权重分析法

采用多比例分析法[3]进行权重计算，各因素的计分值除取1和0外，还可以根据两因素的重要度取多种比例。显然，这种方法要灵活得多。利用多比例分析法确定B_1~B_4指标权重（见表1）。

表1　　多比例分析法

B	B_1	B_2	B_3	B_4	计分值	权重系数
B_1	×	0.55	0.6	0.5	1.65	0.275
B_2	0.45	×	0.5	0.4	1.35	0.225
B_3	0.4	0.5	×	0.4	1.3	0.217
B_4	0.5	0.6	0.6	×	1.7	0.283

灰色系统理论[4]是1982年由华中理工大学教授邓聚龙先生提出的。灰色关联分析是利用系统内各因素动态发展态势的相异或相似程度，来衡量各因素间的关联程度，解决了数据没有典型分布规律的分析问题。灰色关联分析首先要确立参考系列，也就是用于比较的母序列，常记为x_0，它由不同时刻的统计数字组成，即：

$$x_0(k) = \{x_0(1), x_0(2), \cdots, x_0(n)\}$$
$$(k = 1, 2, \cdots, n) \qquad (12)$$

与参考序列作关联程度比较的序列，称为比较序列或子序列，记为"$x_1, x_2, \cdots, x_n$"。关联程度实质上是曲线间几何形状的差别，一般情况下的关联分析是对一个参考序列x_0，有若干个比较序列"$x_1, x_2, \cdots, x_n$"与参考序列在各个对刻的差值，用下式表示：

$$\xi_{0i}(k) = \frac{\Delta_{min} + P\Delta_{max}}{\Delta_{0i}(k) + P\Delta_{max}} \qquad (13)$$

式中　$\xi_{0i}(k)$——第k个时刻母序列x_0与子序列x_i的相对差值，称为x_0与x_i在k时刻的关联系数；

$\Delta_{0i}(k)$——参考序列x_0与各子序列x_i在第k时刻的绝对差值；

Δ_{min}——两个层次（即两级）的最小差，第一层的最小差为$\min_K |x_0(k) - x_i(k)| = \Delta_{0i}(\min)$，即在参考序列$x_0$与第$i$个比较序列$x_i$的绝对差值中选取一个最小差值；第二层的最小差为$\min_i (\min_K |x_0(k) - x_i(k)|) = \Delta_{0i}(\min)$，即在参考序列$x_0$与所有比较序列$x_i$的最小绝对差值中，再选出一个最小的差值，简记为$\Delta_{min}$；

Δ_{max}——两个层次的最大差；

P——分辨系数，为了削弱最大绝对差值过大而失真的影响，以提高关联系数之间的差异显著性而人为给定的系数，在一般情况下，可取0.1~1.0。

关联系数是比较曲线和参考曲线在各个时刻的差值，所以，它的数值不止一个，信息过于分散，有必要将各个时刻的关联系数统一集中为一个值，求其平均值，称为关联度，记为γ_{0i}，表达式为：

$$\gamma_{0i} = \frac{1}{N} \sum_{k=1}^{n} \xi_{0i}(k) \qquad (14)$$

由专家根据多比例分析法得出五组权

重,如下:

B1 = (0.275, 0.258, 0.250, 0.250, 0.292),

B2 = (0.225, 0.200, 0.192, 0.233, 0.183),

B3 = (0.217, 0.267, 0.275, 0.200, 0.233),

B4 = (0.283, 0.275, 0.283, 0.317, 0.291),

最大的数为0.317,假设参考数列B0 = (0.317, 0.317, 0.317, 0.317, 0.317)。

求差序列,见表2。

表2 差序列

	1	2	3	4	5
$\Delta_{01}(k)$	0.042	0.059	0.067	0.067	0.025
$\Delta_{02}(k)$	0.092	0.117	0.125	0.084	0.134
$\Delta_{03}(k)$	0.100	0.050	0.042	0.117	0.084
$\Delta_{04}(k)$	0.034	0.042	0.034	0	0.026

差序列中最小值 $\Delta_{min} = 0$,最大值 $\Delta_{max} = 0.134$,P取0.5,由式(13)可得关联度系数Q(见表3)。

表3 关联度系数Q

$\xi_{01}(K)$	0.615	0.532	0.500	0.500	0.728
$\xi_{02}(K)$	0.421	0.364	0.349	0.444	0.333
$\xi_{03}(K)$	0.401	0.573	0.615	0.364	0.444
$\xi_{04}(K)$	0.663	0.615	0.663	1.000	0.720

由式(14)求得关联度系数 $\gamma_{01} = 0.719$, $\gamma_{02} = 0.478$, $\gamma_{03} = 0.599$, $\gamma_{04} = 0.915$。

对关联度进行归一化处理,得权重分配集合 B = (0.265, 0.176, 0.221, 0.338)。通过以上两种模型,可求出所有指标权重。

3. 基于三角模糊数的企业安全文化评价[5]

利用语言变量的方法可以处理一些复杂或者难以定义的情况。利用不同隶属度的不同程度,用三角模糊数表示,简单地表示为 (α, β, γ)。

3.1 企业安全文化评价指数TP的计算

评价指数确定,需要先确定各个三级指标评价结果的三角模糊数,三角模糊数确定之后,按照以下的公式就可以求得整个安全文化评价体系的三角模糊数,根据表4即可判断出企业当前安全文化状况。本文确定的评价体系共有11个一级指标,42个二级指标,如图1所示。因此,将评价指数分成11个小部分,最后对各小部分求和,即可得到TP。

$$TP_1 = W_A [W_{A1}(W_{A11}T_{A11} + \cdots + W_{A13}T_{A13}) + \cdots + W_{A8}(W_{A81}T_{A81} + W_{A82}T_{A82})]$$

......

$$TP_{11} = W_K [W_{K1}(W_{K11}T_{K11} + \cdots + W_{K13}T_{K13}) + \cdots + W_{K4}(W_{K41}T_{K41} + \cdots + W_{K44}T_{K44})]$$

$$\Rightarrow TP = TP_1 + TP_2 + \cdots + TP_{11}$$

表4 自然语言变量和三角模糊数对照表

语言变量	三角模糊数
很好	(5/6, 1, 1)
好	(2/3, 5/6, 1)
较好	(1/2, 2/3, 5/6)
一般	(1/3, 1/2, 2/3)
差	(1/6, 1/3, 1/2)
较差	(0, 1/6, 1/3)
很差	(0, 0, 1/6)

3.2 评价实例

以某铅锌矿为例,进行企业安全文化现状评价。其决策层行为评价结果见表5。

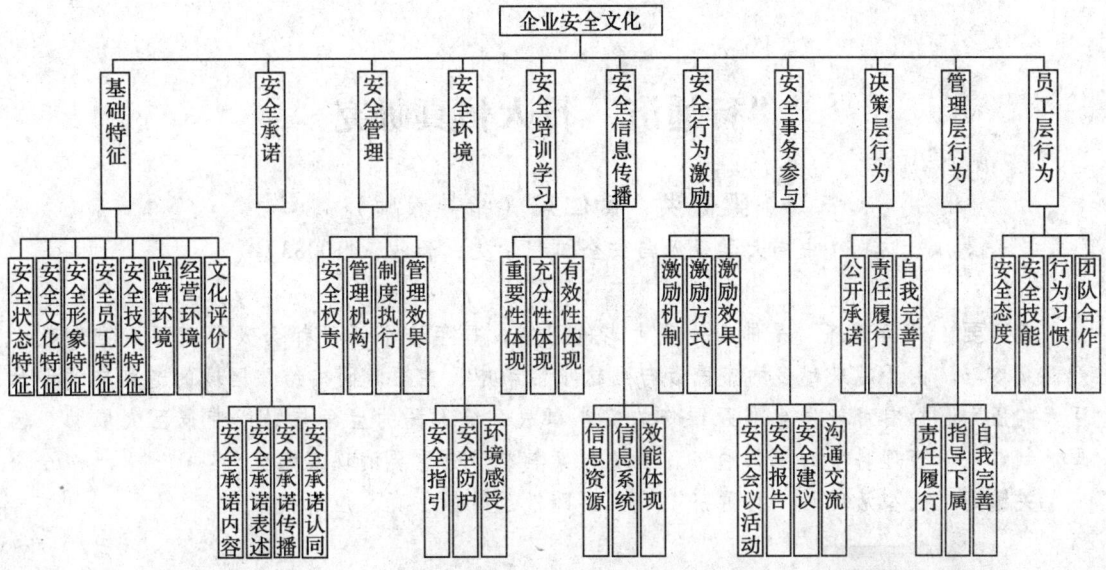

图 1　企业安全文化评价体系

表 5　决策层行为评价结果

项目	T_{111}	T_{112}	T_{121}	T_{122}
评价结果	一般	较好	一般	差
项目	T_{123}	T_{131}	T_{132}	T_{133}
评价结果	较好	差	一般	一般

于是，$TP_9 = 0.25$ [0.42 (1/3, 1/2, 2/3) + 0.58 (1/2, 2/3, 5/6)] + 0.41 [0.27 (1/3, 1/2, 2/3) + 0.38 (1/6, 1/3, 1/2) + 0.35 (1/2, 2/3, 5/6)] + 0.34 [0.36 (1/6, 1/3, 1/2) + 0.31 (1/3, 1/2, 2/3) + 0.33 (1/3, 1/2, 2/3)] = (0.335 0, 0.527 8, 0.675 6)

可以看出，该一级指标的评价指数对应值为 (1/3, 1/2, 2/3)，现状为一般。同理，可以一次求得其他一级指标评价指数。最后，求和可得 TP = (0.333, 0.510 3, 0.665 8)，那么，该企业的安全文化现状为一般。

4. 结语

本论文提出了基于三角可调模糊数两次收敛模型和多比例分析—灰色关联分析模型的企业安全文化评价方法，解决了多专家意见的离散问题以及专家意见综合问题，提高了指标权重的可靠性和精度，使评价结果能较为准确地反映企业安全文化建设情况。

◎参考文献

[1] 国家安监总局. AQ/T 9005—2008 企业安全文化建设评价准则 [S]. 北京：煤炭工业出版社，2009.

[2] 李冬梅，何维达. 基于三角可调模糊数的粮食产业安全评价指标权重的两次收敛模型 [J]. 商业经济与管理，2008 (2)：44-50.

[3] 陈锦灿. 安全评价指标因素权重法 [J]. 劳动安全与健康，1995 (2)：10-12.

[4] 魏建民，白而煌. 安全评价指标权重系数分配的灰色评估 [J]. 安全，1991 (1)：21-24.

[5] 徐刚，吴超，毛果平. 企业安全文化评价体系及方法 [J]. 工业安全与环保，2007，33 (5)：56-57.

"行通济"行人仿真研究

梁健洪　黄仁东（指导教师）

（中南大学资源与安全工程学院，长沙，410083）

摘要　"行通济"是佛山一项古老的习俗，每年这个活动都会吸引四面八方的数十万群众参与。由于越来越多的市民参与到这项活动中，在短时间内给该区域的道路交通增加巨大的压力，极有可能发生群死群伤的安全事故，给人民的生命与财产带来巨大威胁。因此，制订一份合理科学的"行通济"应急预案具有十分重要的现实意义。

关键词　大型活动　"行通济"　人群疏散　疏散仿真　应急预案

"行通济"是佛山一项虽古老但历久弥新的习俗，每年的正月十五晚上，佛山民众及"四乡六里"男女老少，成群结队，携男带女，举着风车、摇着风铃、提着生菜，浩浩荡荡地由北到南走过通济桥，祈求来年平平安安、顺顺利利。近年来，"行通济"这种自发的民俗活动吸引了四面八方的群众参与，从10万人"行通济"，到20万人"行通济"，再到2007年的40万人，2008年的53万人，2009年更达到了创纪录的70万人。

"行通济"活动中人群高度聚集，疏散距离较长，潜在的危险隐患较多，由于多种不确定的突发原因，容易造成群死群伤的人群拥挤踩踏事故，造成重大的人群伤亡，社会负面影响恶劣。因而，根据"行通济"的特点、环境因素，利用仿真软件，建立行人仿真模型，从而根据仿真结果制订"行通济"安全应急预案具有十分重要的现实意义。

1. "行通济"行人仿真模型的建立

为了尽可能地模拟出"行通济"的真实情况，本模型在建立时，主要根据"行通济"路段和我国人员的数据设置参数，结合"行通济"的交通特性，利用AnyLogic仿真软件，建立人群微观连续仿真模型。最后进行多次仿真实验，分析仿真数据，得出"行通济"最大的通行能力及人群密度变化的规律，给"行通济"安全应急预案提供辅助的决策依据。

1.1　模型的假设

在保证"行通济"模型尽可能真实的前提下，为了模拟方便，做以下简化与假设：

（1）本模型只模拟人员从进入骑楼通道，通过通济桥，到离开济世广场这期间的行为，也就是说，只对"行通济"的瓶颈部分进行行人仿真。

（2）人员行走时，在沿着通道向出口离开的前提下，路径是任意的，在不可折返的条件下，人的行走方向是随意的。因为，通过对之前的"行通济"交通特性分析可知，人群都是有序地朝着出口行进，中途并不会折返也不会在通道中逗留（见图1）。

（3）模型开始之前，通道内没有人员，模型开始后，人流按着设定好的流量不断进入模型，而且人流中每个个体都具有不同的特征（初始行走速度、肩宽等）。

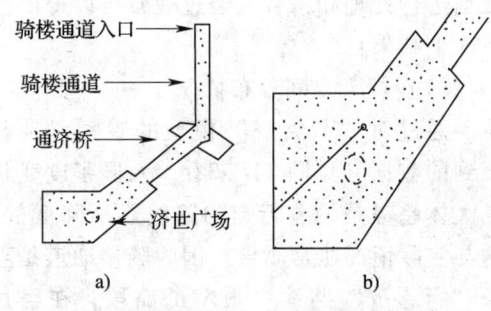

图 1 "行通济"仿真运行示意图

(4) 在通道的不同位置建立统计表，显示各区域内人群密度随时间变化的情况，以便得出人群密度与人流量的关系。

(5) 根据经验数据和真实情况，对各影响参数赋予相应值，给变量指定取值范围。

1.2 参数的设定

设定参数包括人群密度、行人速度、人员肩宽、边界效应宽度。

(1) 人群密度

人群密度反映一个空间内人群的稠密程度，在进行模拟时可用来确定参与疏散的人数，一般用单位面积上的人员数量表示，单位为人/m²。根据相关资料的分析整理[①]，可知当人口密度小于 0.54 人/m² 时，人们可以自由活动；当人口密度超过 3.8 人/m² 时，则移动较困难；当人流密度达到或超过 6.15 人/m² 时，人群便会出现拥挤与堵塞[②]。

因此在模型中，人群密度的取值范围为 0～6.15 人/m²，当模型中某个区域的人群密度达到或超过 6.15 人/m² 时，模型就要停止。

(2) 行人速度

行人速度是反映行人交通特性的主要参数，它与行人的自身因素、道路交通条件、环境条件有关。人群密度较低时，人与人之间距离较大，人员可以以正常步速行进；当人群密度升高到一定程度后，就开始影响行走速度，随着人群密度的升高，人与人之间间隔减小，行走速度逐渐降低直至无法移动。

行人速度的影响因素多，变化范围大，综合研究成果表明[③]，行人自由行走的速度在 0.9～1.5 m/s 之间。模型中行人的自由行走速度是随机在 0.9～1.5 m/s 间平均分配的。

(3) 人员肩宽

人体的一些测量数据，如身高、肩宽和胸厚都是建筑安全疏散设计的依据，在疏散问题的模拟和研究中，一般只考虑人员的水平投影。以此为依据，可以计算人群密度及在计算机模拟中确定网格的大小、确定人员的坐标和表示疏散中的人员。本模型中用圆形来定义人员的外形，其直径以我国人员的肩宽为依据。

根据国家标准《中国成年人人体尺寸》(GB 10000—1988)[④]，该标准中提供了我国成年人人体水平尺寸的基础数值，见表1。

表 1　　　　中国成年人人体水平尺寸表　　　　mm

测量项目	百分位数	1	5	10	50	90	95	99
胸厚	男	176	186	191	212	237	245	261
	女	159	170	176	199	230	239	260
最大肩宽	男	383	398	405	431	460	469	486
	女	347	363	371	397	428	438	458

---

① 详见参考文献 [1]。
② 详见参考文献 [2]。
③ 详见参考文献 [3]。
④ 详见参考文献 [4]。

在此基础上,考虑到"行通济"过程中也有相当一部分小孩参与,因此将人员肩宽的取值范围定在0.4~0.5 m。模型中的人员的肩宽是随机在0.4~0.5 m之间平均分配的。

(4)边界效应宽度

人在运动过程中会与固体边界间保持一定距离,称为边界效应。根据相关有效宽度模型理论,出口和楼梯的宽度在计算中需要扣除边界效应。楼梯或出口的边界为墙体时,边界效应宽度为150 mm,而当边界为扶手时,边界效应宽度则为90 mm。在我国《建筑设计资料集1》①第二章"人体尺度——活动空间尺度"中,要求行走中的人与墙壁之间距离为200 mm。因此,在本模型中,将人与墙壁之间的距离设为200 mm。

2. "行通济"仿真结果与分析

在建立"行通济"模型后,利用模型模拟不同人流量时"行通济"的情况,对数据进行处理和拟合,通过观察可以得出以下3个结果:

(1)行人空间分布情况

通过对"行通济"模型的观察以及收集到的数据(见图2)来看,人群密度变化的大体趋势是沿着行走的路线逐渐降低的,这与实际情况非常吻合。因为骑楼通道是整条"行通济"路线中最窄的路段,在经过骑楼通道后,道路逐渐开阔,人群密度也随之较低。此外,通过不同人流量下各点的人群密度的变化可以看出,骑楼通道入口处的人群密度变化很大,而且当人流量达到或超过600人/min后,人群的最大密度达到了6.15人/m^2。这说明该通道的最大通行能力为600人/min,当人流量超过了600人/min时,骑楼通道的入口就很有可能发生拥堵,如不及时对人群疏导或者限制人流量,就有可能导致人群拥挤踩踏事故的发生。

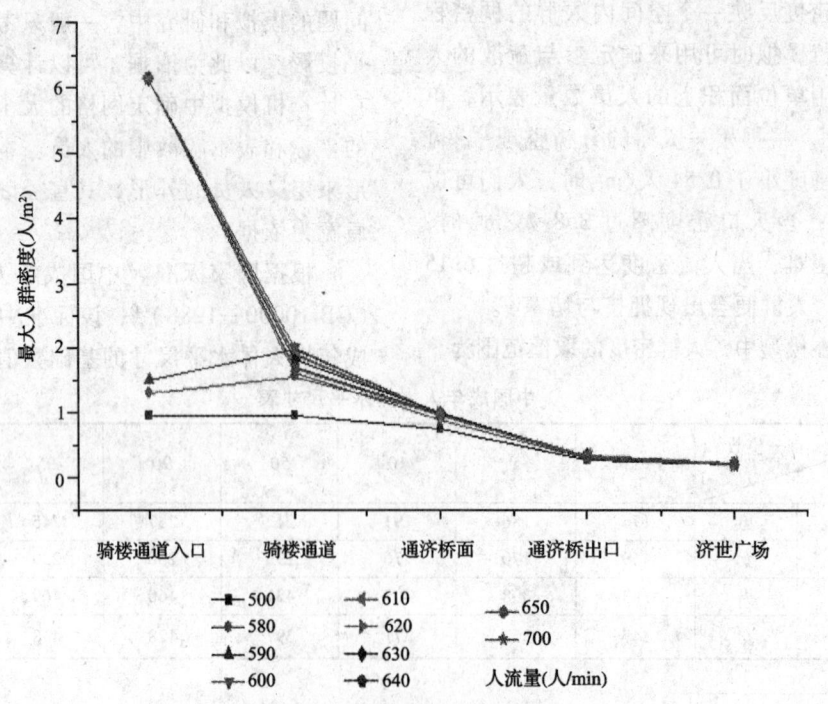

图2 不同地点不同人流量下的最大人群密度图

---

① 详见参考文献[5]。

(2) 通道中人群正常行走的最大密度

由图 3 可以看出，直路中的人群密度与入口处人流量有一定的关系，当人流量小于或等于 580 人/min 时，人流量越大，通道中的人群密度越大；当人流量达到或超过 590 人/min 时，通道中的人群密度都保持在 2.0 人/m² 上下波动，该结果表明，当人流量达到通道最大通行能力后，通道内的最大人群密度为 2.0 人/m²。因此，在骑楼通道中，如果发现局部区域的人群密度达到 2.0 人/m²，在入口处人流量不变的情况下，应注意对此区域进行人群管理，加快人群的疏散速度，以免人群聚集的情况向骑楼通道入口处蔓延。

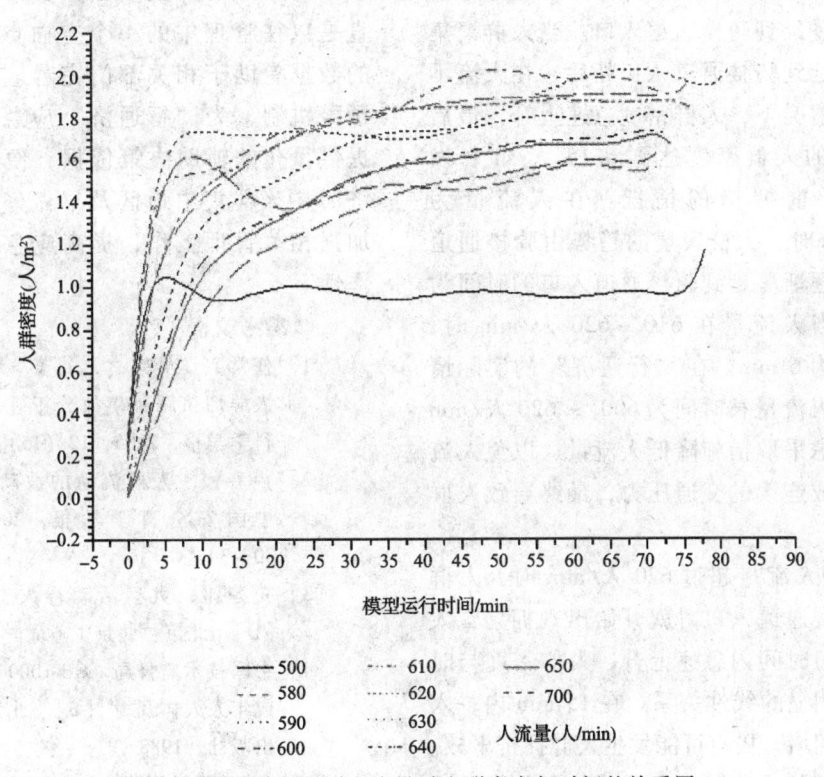

图 3 骑楼通道中不同人流量时人群密度与时间的关系图

(3) 通道的最大通行能力

图 4 是骑楼通道入口处不同人流量下人群密度随时间变化的关系图。该图与图 2 得出了同一个结论：骑楼通道的最大通行能力为 600 人/min。

此外，通过观察图中人群密度变化以及模型中人群的稠密程度，根据骑楼通道入口的人流量大小，可得出以下结论：

1) 当人流量小于 600 人/min 时，模型中人群行走顺畅，"行通济"能够连续进行而不发生拥堵。

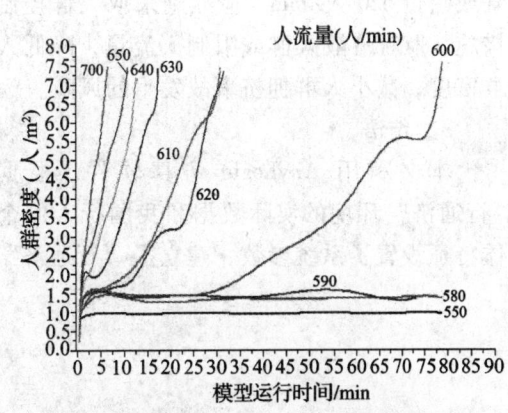

图 4 骑楼通道入口处不同人流量下人群密度随时间变化的关系图

2）当人流量在 600～620 人/min 时，人群一开始能够顺畅地行走，随着人流不断地进入，在骑楼通道的中间路段，首先出现人群聚集情况，人群密度逐步上升，人员行走速度受到限制，速度下降。当人群密度达到 1.9～2.0 人/m^2 时，通道内的人群密度停止上升，人群聚集的趋势由骑楼通道中间路段逐渐蔓延到骑楼通道入口。当人群聚集的趋势蔓延到骑楼通道入口处后，在人流不停进入的情况下，人群密度急速上升，最后导致入口的人群密度达到 6.15 人/m^2，发生人群严重拥堵的情况。在人流量为 600 人/min 时，人群聚集的趋势由骑楼通道中间路段逐渐蔓延到骑楼通道入口的时间为 25 min，当人流量在 610～620 人/min 时，此时间约为 6 min。在"行通济"的实际情况中，当人流量长时间为 600～620 人/min 时，应考虑采取措施降低人流量，以免人流给通道造成连续的交通压力，最终导致人群拥挤。

3）当人流量超过 620 人/min 时，人群在进入骑楼通道入口时就开始出现拥堵，人群密度在短时间内急速上升，人群密度与时间存在着明显的线性关系。在 15 min 内，入口处发生拥堵，极有可能发生人群拥挤事故。因此，在"行通济"过程中，如果人流量达到或超过 620 人/min，应立刻采取人群控制措施，及时疏散人群或限制人流量，降低人群密度，减小人群拥挤事故发生的风险。

3. 结语

本文利用 AnyLogic 仿真软件，根据"行通济"环境的实际数据和我国行人的个体特征设置了系统参数，建立了"行通济"行人仿真模型。得到仿真结果：骑楼通道比较容易发生堵塞，是整个"行通济"路线中的瓶颈位置，它所能承受的最大人群通行能力为 580～600 人/min；当人流量大于 600 人/min 时，骑楼通道就会发生拥堵，严重影响"行通济"安全有序地进行。

对人群聚集数量和分布情况的预警一直是以往管理中的一个空白点。仿真得出的数据有助于相关部门完善应急预案中的预警机制，为"行通济"应急预案的制订提供量化的辅助决策依据，便于对"行通济"中人群集中地区及早做好分流工作和加强相关管理工作，提高应急预案的可操作性。

◎参考文献

[1] 任常兴，吴宗之，刘茂. 城市公共场所人群拥挤踩踏事故分析 [J]. 中国安全科学学报，2005，12（15）：102-106.

[2] 卢春霞. 人群流动的波动性分析 [J]. 中国安全科学学报，2006，16（2）：30-34.

[3] 史建港. 大型活动行人交通特性研究 [D]. 北京：北京工业大学，2007.

[4] 中国技术监督局. GB 10000—1988 中国成年人人体尺寸 [S]. 北京：中国标准出版社，1988.

[5] 《建筑设计资料集》编委会. 建筑设计资料集 1 [M]. 2 版. 北京：中国建筑工业出版社，1994.

[6] 田玉敏，王辉. 人群安全疏散管理对策的研究 [J]. 消防技术与产品信息，2007，2.

[7] 胡志莹，叶明海. 大型社会活动人群拥挤事故防范系统研究 [J]. 灾害学，2006，1（21）：108-112.

基于孕源断链的水工隧洞减灾防治技术分析

李杏茹　邓红卫（指导教师）

（中南大学资源与安全工程学院，长沙，410083）

摘　要　在水工隧洞设计过程中，由设计、隧洞本身、复杂地质、气候等原因导致水工隧洞破坏的灾害链的形成与断链过程。在灾害链形成的早期，即在破坏力还没有形成或破坏力很弱的时候，进行断链是最节约成本，也是最有效果的方式，这就是孕源断链。本论文对灾害链提出防治措施，即断链的具体方法。

关键词　水工隧洞　设计　灾害链　孕源断链

水工隧洞属于地下工程，是一个极为复杂的工程，涉及地质、水文、地形等方面，而这些因素又是极为容易相互作用形成灾害链的，从而造成整个工程的不稳定。

1. 水工隧洞中的安全因素

本文中水工隧洞的安全因素主要从设计失误、隧洞本身、其他方面三个因素考虑。

1.1　设计失误

线路选择是水工隧洞设计的重要工作之一，但是，水工隧洞涉及的方面太多，受到了太多的限制，设计不能实现工程最优化，容易激发一系列的灾害。

（1）地质条件不清，事前考察不严谨

水工隧洞轴线选择是水工隧洞设计中重大技术问题之一，它受到梯级开发方案、枢纽布置、地形、地质条件、投资和经济效益等因素影响，需进行综合技术经济比较后决定。

（2）隧洞进出口不当

进出口处的水流状态是紊流状态，在水力学上，紊流状态的水往往存在着很多不稳定性和随机性，其影响因素很多，有许多不确定因子，除了水力学外，还要考虑水流长期对岩体的冲击、腐蚀等。

1.2　隧洞本身

在水工隧洞事故中，由于水力学问题出现的事故很多，其中包括过流能力、水面曲线和水头损失等，其中以一洞多用出现事故最为典型。

1.3　其他方面

其他方面主要是指环境方面，包括复杂地质和气候。复杂地质[1]主要有挤压地层、涌水、岩爆、地震、高地温几种类型。气候灾害是指大范围、长时间的气候异常所造成的灾害，由于气候往往与地面条件有一定的相互作用，所以，气候对水工隧洞的影响一般都是间接的，而且是负面的。

2. 灾害链的阶段划分及安全因素的灾害链构建与断链

阶段性是灾害发育过程的重要反映，拟将灾变早、中、晚期的时间间隔，阶段的发育特性，构成破坏力的程度等作为划分阶段的重要依据，链式阶段划分见表1[2]。

所谓"孕源断链"是指在灾害链的形成初期，对于孕育阶段，破坏作用力度极微弱或尚未形成破坏力，能量等信息也处于初始聚集或耦合阶段。对于这种漫长的灾变过

表 1　链式阶段划分表

阶段划分	阶段特性	破坏强度	载体信息	时间比率	技术举措
早期	孕育阶段	破坏力尚未形成	物质与势能聚集	较长，70%以上	断链
中期	潜存阶段	形成潜在破坏力	物质与势能储存	短暂，25%左右	防御
晚期	诱发阶段	破坏力强烈爆发	物态扩散动能迸发	瞬时，5%以下	治理

程，进行断链减灾最为有效，不需要很大的投入，就可收到显著的效果。

2.1　设计失误灾害链的构建与断链

设计中的失误属于灾害链中的早期阶段，为将损失减至最小，向灾变孕育阶段追踪延伸，监测灾害形成初期的灾变特征和表现形态，从而起到从源头上作减灾"尖头兵"的作用，立足于孕源断链是最为有效的。

设计中的地下水与水的性质由于没有办法改变，所以，洞线选择、进出口选择的断链环是枢纽布置、运行条件、经济上选择最优化，尽量做到水工隧洞在非地质工程条件的技术要求。但是，一旦确定了枢纽布置、工期限制、经济条件等影响，而且选择的路线即使不是最优化，但是严格按照新奥尔良规则去做仍然没有问题的话，可以选择次之的方案。图1为设计中常见的失误灾害链示意图。

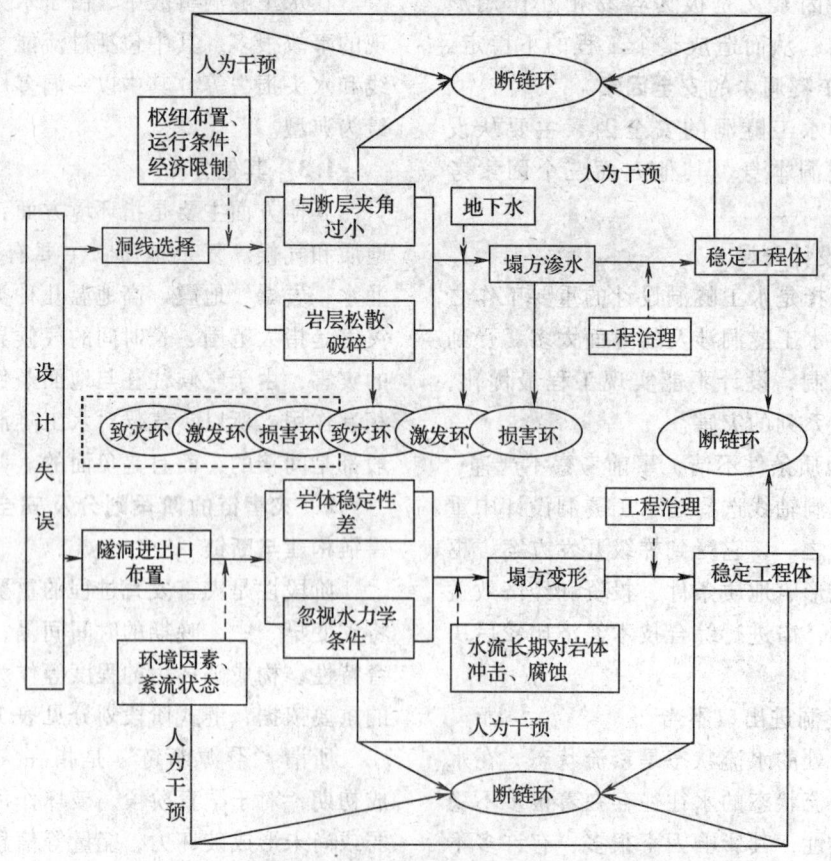

图1　设计中常见的失误灾害链示意图

2.2 隧洞本身因素灾害链的构建与断链

一洞多用是水工隧洞设计的一项重要要求，在早期低水头隧洞设计中，为节约工程投资，常采取导流洞与泄洪洞及放空洞合用、发电洞与泄洪洞合用等布置形式。然而，不同用途的水工隧洞，其特点和要求各不相同，必然会产生矛盾。随着水头的提高，各个隧洞不同的功能要求越来越突出，同时兼顾几种功能的一洞多用越来越困难，因而也就愈发感到在提出一洞多用的同时，必须保证隧洞在不同工况、不同功能时的可靠运行，必须研究临时与永久相结合的合理性。图2为一洞多用的灾害链示意图。

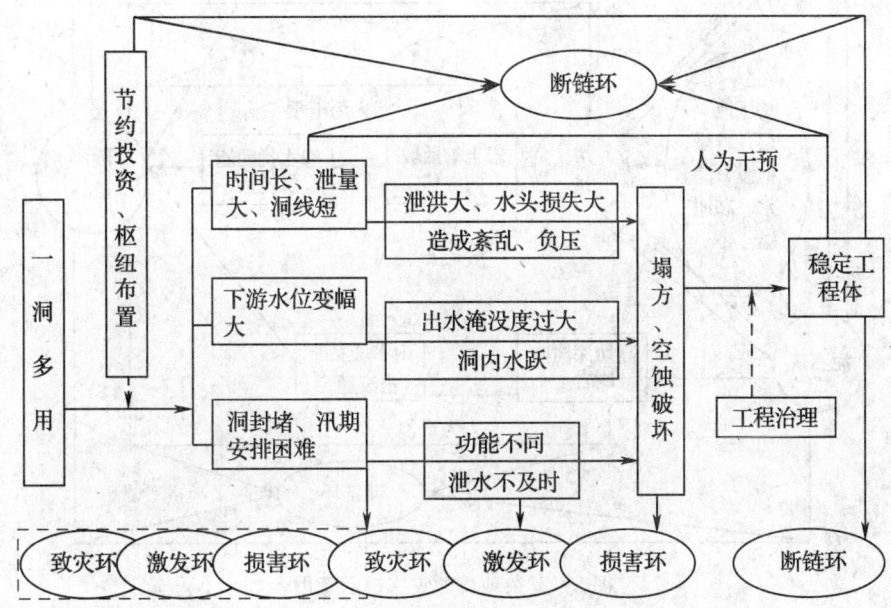

图2 一洞多用的灾害链示意图

2.3 其他灾害链的构建与断链

（1）复杂地质

地质灾害的形成与发展视为一个链式过程，是一个内因与外因综合作用的灾害链式过程。地质灾害的产生，往往不是单一的形式，而是由两种以上的灾害一起作用发生的。一种地质灾害的发生，往往伴生其他地质灾害或在滞后过程中成为新的地质灾害的致灾环。在泥石流与滑坡的伴生过程中最为明显，泥石流形成的主要因素之一就是松散物质源的供应，滑坡的形成正好满足这种条件，并且两者形成的主要诱导因素都是强降雨，都有丰沛的水源供应，因此，在松散物质覆盖层较厚的山区，发生泥石流的同时，一般都伴随有滑坡的发生；泥石流堆积扇区是巨厚层堆积层，在地质和人为工程因素的影响下，具备了滑坡的要素，因此，有许多的滑坡就是在泥石流的基础上形成的。另外，由于崩塌而引起的碎屑流滑坡也是滑坡现象的一种。图3为复杂地质的灾害链示意图。

（2）气候

气候灾害的影响很多时候主要是通过对地面作用而引发一系列的反应，是自然界事物相互联系的一种体现。气候灾害的发生，往往伴生其他地质灾害或在滞后过程中成为新的地质灾害的致灾环。一般来说，气候灾害的致灾环都是强降雨，有丰沛的水源供应。图4为气旋的灾害链示意图[3]。

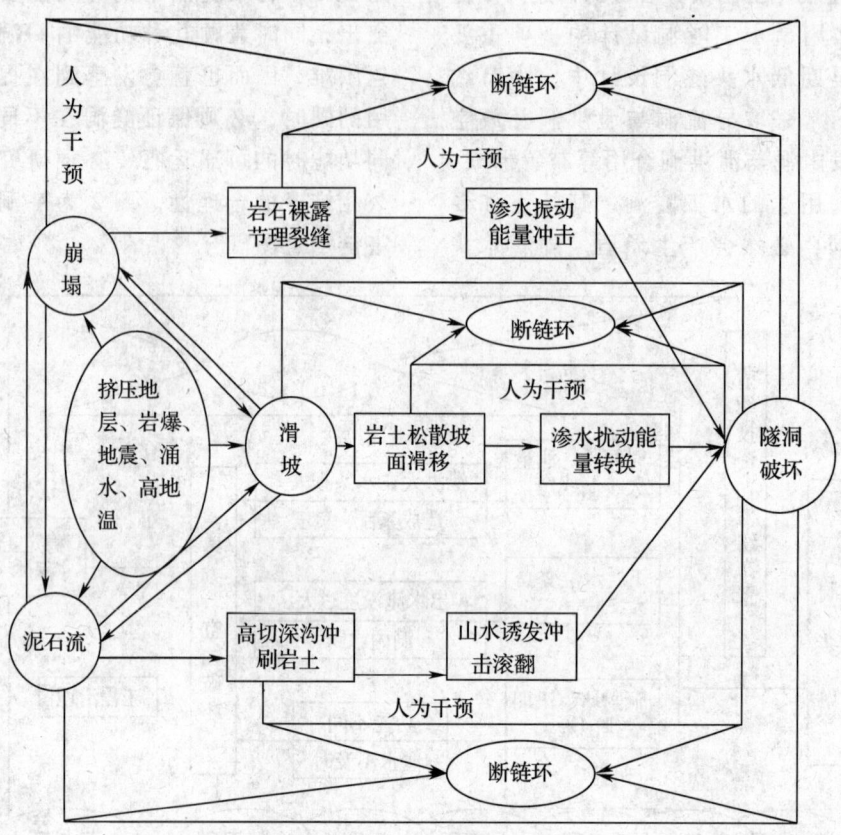

图 3 复杂地质的灾害链示意图

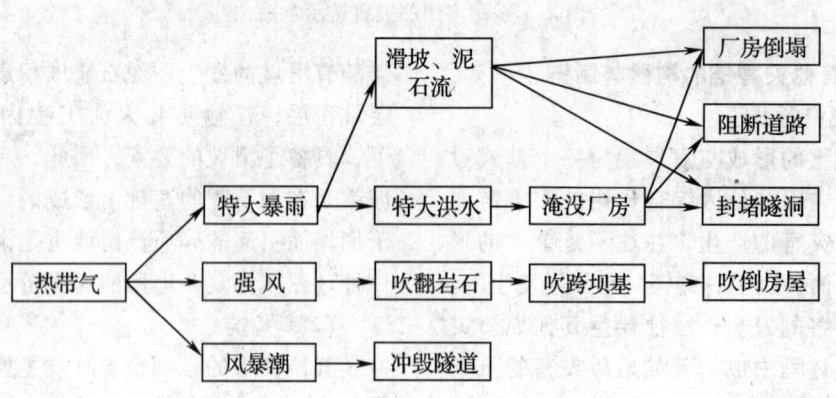

图 4 气旋的灾害链示意图

3. 防护措施

针对以上灾害的灾害链，为了对其进行断链而制定了具体的方法，即防护措施。以下为断链的具体防护措施。

3.1 设计失误及一洞多用的防护措施

设计及一洞多用考虑的因素都是从工程的质量出发，考虑的因素基本差不多，概括如下：

(1) 重视工程勘察，并将其成果充分应用于设计中，减少设计的盲目性，提高资金的使用率。

(2) 科学施工，严格控制装药量，减少爆破对岩土体的扰动。

(3) 对重要隧洞或有地质缺陷的洞段要加强观测，如地表沉降、位移观测及围岩变形情况等，掌握受力情况及变形特征。

(4) 尽量保持围岩原有的岩体强度，避免对岩体过多的破坏和扰动，充分发挥岩体原有的承载能力。

(5) 尽可能采用全断面开挖，多次开挖会损坏岩体，一次开挖，损坏最小。

(6) 严格按照国家规范标准进行设计。

3.2 复杂地质和气候

复杂地质和气候灾害基本一样，其防护措施基本统一。气候比复杂地质多了一个由强降水导致的渗水灾害。

(1) 滑坡、泥石流的防护措施

滑坡和泥石流的发生是一种累积的过程，另外，目前还没有针对滑坡和泥石流的主动控制措施。唯有做好长期的预防准备，或者是尽量将工程建造在相对比较稳定的地方。并且，做好疏散准备，将损失降低到最小。

1）绕避。
2）维护和改善自然生态环境。
3）预测预报。

(2) 崩塌的防护措施
1）正确选择衬砌形式。
2）定期检查，做好维护工作。
3）做好支护工作。

(3) 强降水导致的渗水防护措施

1）底板浇筑时，对于边、顶拱岩壁渗水的洞段，在底板砼施工时，在施工缝面上预留一个纵向槽，预留槽的位置设在外层钢筋与岩壁之间，并且留出 6 cm 的钢筋保护层。

2）边顶拱浇筑时，仓内的积水安排专人负责舀出，必须保证仓内积水及时排出。

4. 总结

对于水工隧洞，本论文从灾害链式理论出发，运用孕源断链的观点构建了防灾减灾体系框架，总结并提出了断链措施。对于一般性灾害，考虑了影响灾害发生的各种因素，事先采取防范措施，把这类灾害扼杀于萌芽状态。灾害发生时应采取应急对策，灾害发生后及时治理，避免次级灾害的发生。鉴于单个灾害或灾害链系统的复杂性，防灾系统工程的实施必然是艰巨的，需天、地、生物及环境各学科的协同努力，防治灾害及灾害链系统工程实施的保障，包括政府职能机构的重视、全民防灾意识的提高、资金的投入、科技水平的提高以及高科技的应用。

◎参考文献

[1] 张有天. 水工隧洞建设的经验和教训 [J]. 贵州水力发电报，2002，16 (1).

[2] 徐长春，王良洪，刘鹏. 基于链式理论的隧道水灾害治理 [J]. 山西建筑，2008，34 (13).

[3] 刘世煌. 水工隧洞事故教训 [J]. 水利水电技术报，2000，31 (4)

"900吨箱梁预制场" OHSAS18000管理体系的应用

全威霖　邓红卫（指导教师）

（中南大学资源与安全工程学院，长沙，410083）

摘　要　职业健康安全管理体系是以职业健康安全为目的科学，有效、先进的安全管理体系。为了避免OHSAS18000管理体系在制梁场应用过程中缺乏针对性，论文先用事故树分析法（Fault Tree Analysis，FTA）对制梁场主要危险源进行辨识和评价，分析出各种事故的直接原因，并根据事故原因决定管理中的侧重点，以提高体系在应用过程中的针对性，员工执行、落实起来也比较方便。

关键词　制梁场　OHSAS18000管理体系　安全管理

1. 安全管理现状

在安全管理计划环节中，制梁场职业健康安全管理系统把国家有关法律法规纳入了系统，也做了具体的规划，但无法执行到位；目标的制定，由集团主管部门下达职业健康安全指标，项目部严格遵照执行，努力实现目标，相应的管理措施也比较健全；企业按上级要求对危险源进行了辨识、评价，但对危险源的控制仍显得不足。职业健康安全管理方案的制订有较强的针对性和系统性。

在实施与运行环节中，制梁场职业健康安全管理系统建立了职业健康安全管理组织结构网络，也明确了职责与权限，相对比较健全；企业为了增强员工的安全意识和提高安全工作技能，经常组织培训，但多半流于形式，实际效果不明显；制梁场制定了以职业健康安全生产责任制、职业健康安全管理规章制度、职业健康安全生产操作规程为主体的较为全面的文件资料，但在实际运行中，员工没有理解、掌握、接受，因而没能较好地达到预期目的；应急准备和应急响应预案齐备，但多半停留在纸上谈兵，实际演练不够。

在检查和纠正措施环节中，制梁场职业健康安全管理系统按上级主管部门要求，积极开展四级职业健康安全检查，但检查出来的"三违"现象由于一些客观原因而时常得不到及时纠正，检查出来的事故隐患也因为资金计划等方面的原因而得不到及时整改；制梁场各部门的记录比较规范，但专门的职业健康安全活动记录中有部分虚假现象；职业健康安全管理内部审核活动尚未开展。

总的来说，制梁场的职业健康安全管理系统虽然照常运行，但其职业健康安全管理理念传达不清晰，管理机制不灵活，对企业资源和环境运用不佳，因此，制梁场的职业健康安全管理系统中的管理模式有待改进，值得分析研究。

2. 事故树分析（Fault Tree Analysis，FTA）

2.1 事故树分析程序

事故树分析根据对象系统的性质、分析目的的不同，分析的程序也不同，有时，使用者还可根据实际需要和要求来确定分析程序。图1为事故树分析的一般程序。

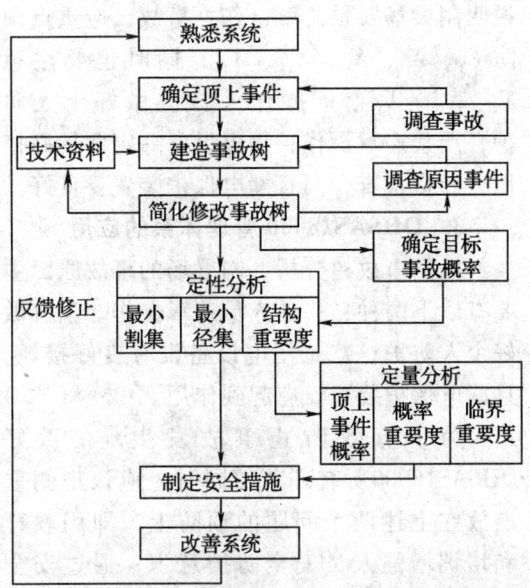

图1 事故树分析的一般程序

2.2 触电伤亡事故树绘制及分析

根据对制梁场现场危险源的分析可以发现，制梁场最主要的事故是触电伤亡事故，下面就以触电伤事故为顶上事件绘制事故树，并对其进行定性、定量分析，找出制梁场事故发生的主要原因，为确定安全对策提供依据。

（1）事故树绘制

根据分析和资料统计结果，确定底事件，绘制制梁场触电伤亡事故树，如图2所示。

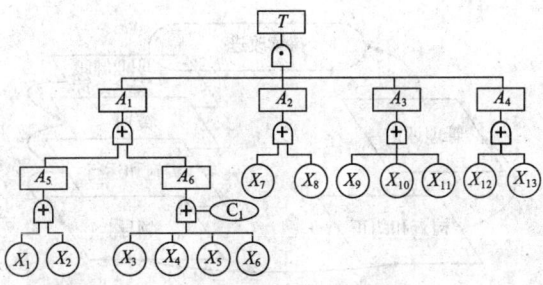

图2 触电伤亡事故树图

触电伤亡事故树的事件含义为：

T：触电伤亡；

A_1：设备及设施带电；

A_2：安全用具不起作用；

A_3：保护接地失效；

A_4：违章操作；

A_5：电源设施带电；

A_6：设备外壳带电；

X_1：开关漏电；

X_2：线路漏电；

X_3：热元件变形带电；

X_4：电动机漏电；

X_5：异物造成电源与设备相连；

X_6：控制电器漏电；

C_1：漏电保护失效；

X_7：没有使用；

X_8：因脏湿绝缘失效；

X_9：保护接地不合格；

X_{10}：接地不良；

X_{11}：未接地；

X_{12}：非电工人员私自接线拆线；

X_{13}：因失误触碰带电物品。

（2）事故树分析

首先用布尔代数法求事故树的最小割集和最小径集，再用最小割集或最小径集进行结构重要度分析，最后根据得出的结果对系统的薄弱环节进行预测。

1）最小割集。

$T = A_1 A_2 A_3 A_4$
$= (A_5 + A_6)(X_7 + X_8)(X_9 + X_{10} + X_{11})(X_{12} + X_{13})$

得出72个最小割集。

2）最小径集。

为了方便求出最小径集，先把事故树转换成对偶的成功树，并得出最小径集。

$T' = A'_1 + A'_2 + A'_3 + A'_4$
$= A'_5 A'_6 + X'_7 X'_8 + X'_9 X'_{10} X'_{11} + X'_{12} X'_{13}$
$= X'_1 X'_2 (C'_1 + X'_3 X'_4 X'_5 X'_6)$
$+ X'_7 X'_8 + X'_9 X'_{10} X'_{11} + X'_{12} X'_{13}$
$= C'_1 X'_1 X'_2 + X'_1 X'_2 X'_3 X'_4 X'_5 X'_6$
$+ X'_7 X'_8 + X'_9 X'_{10} X'_{11} + X'_{12} X'_{13}$

这样，就得到成功树的4个最小割集，经对偶变换就是事故树的4个最小径集，即：

$T = (C_1 + X_1 + X_2)(X_1 + X_2 + X_3 + X_4 + X_5 + X_6)(X_7 + X_8 + X_9 + X_{10} + X_{11})(X_{12} + X_{13})$

3）结构重要度。

因为分析的触电伤亡事故树结构复杂，基本事件也较多，所以，选择简易算法来确定各基本事件的结构重要度，公式为：

$$I_{\phi(i)} = 1 - \prod_{X_i \in k_j}\left(1 - \frac{1}{2^{n_j-1}}\right) \quad (1)$$

式中 $I_{\phi(i)}$——第 i 个基本事件的结构重要度系数；

n_j——第 i 个基本事件所在的 k_j 的基本事件总数。

经计算，得出基本事件结构重要度近似值，见表1。

表1 基本事件结构重要度近似值

事件	结构重要度近似值	事件	结构重要度近似值
C_1	0.951 845	X_7	0.951 308
X_1	0.798 528	X_8	0.951 308
X_2	0.798 528	X_9	0.877 649
X_3	0.539 048	X_{10}	0.877 649
X_4	0.539 048	X_{11}	0.877 649
X_5	0.539 048	X_{12}	0.951 308
X_6	0.539 048	X_{13}	0.951 308

4）分析结论

① 从事故树的结构上看，"或门"比较多，说明在设备连接不好、质量不良，或者人员违章操作的情况下，触电事故很容易发生。

② 从事故树的最小割集和最小径集看，割集数目很大，有72个，最小径集只有4个，数目很小，说明了在制梁场触电事故比较容易发生，同时预防的途径较少。

③ 从结构重要度上看，C_1、X_7、X_8、X_{12}、X_{13}的系数最大，其次是X_9、X_{10}、X_{11}，

说明制梁场要预防触电伤亡事故，应重点预防C_1、X_7、X_8、X_{12}、X_{13}，同时也要注意X_9、X_{10}、X_{11}。即操作人员应做好个人防护，严禁违章操作；用电设备一定要良好接地，经常检查，而且漏电保护装置要良好。

3. OHSAS18000 管理体系的应用

根据事故树分析，制梁场的事故原因主要有以下两种：一是人员违章操作，没有做好个人防护；二是用电设备没有良好接地，且漏电保护装置没有起到作用。

为了有效防止事故发生，在做好OHSAS18000所有环节的同时，应该把侧重点放在上述两个问题的预防上，即用教育和培训增强人员安全防护意识；通过安全检查提前发现用电设备、漏电保护装置的故障。

3.1 系统模式

900吨箱梁预制场的职业健康安全管理体系仍旧遵循戴明PDCA管理理论，在其基础上增加了领导（Lead）环节，构成一个包括职业健康安全方针、策划（Plan）、实施（Do）、领导（Lead）、检查（Check）和改进（Action）六个相互联系环节的动态循环，即称PDLCA循环模式。制梁场的职业健康安全管理体系模式如图3所示。

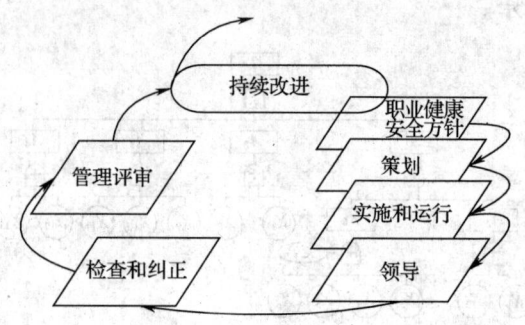

图3 职业健康安全管理体系模式图

3.2 总体结构

900吨箱梁预制场职业健康安全管理体系的PDLCA模式是符合现代职业健康安全管

理思想的一种创新性的管理模式。PDLCA 模式既强调按系统思想理论管理职业健康安全，又强调领导在执行过程中起的重要作用，以达到减少生产事故和劳动疾病的最终目的。

本文依照 OHSAS18001 的 17 个基本要素，凝练出制梁场 OHSAS18000 管理体系的 20 个基本要素。体系中的各要素按照管理学中管理四大职能的实施程序进行科学排列，构成一个有机整体，并通过持续改进，使制梁场职业健康安全管理体系更健康、更有效、更优化。职业健康安全管理体系各要素结构关系如图 4 所示。

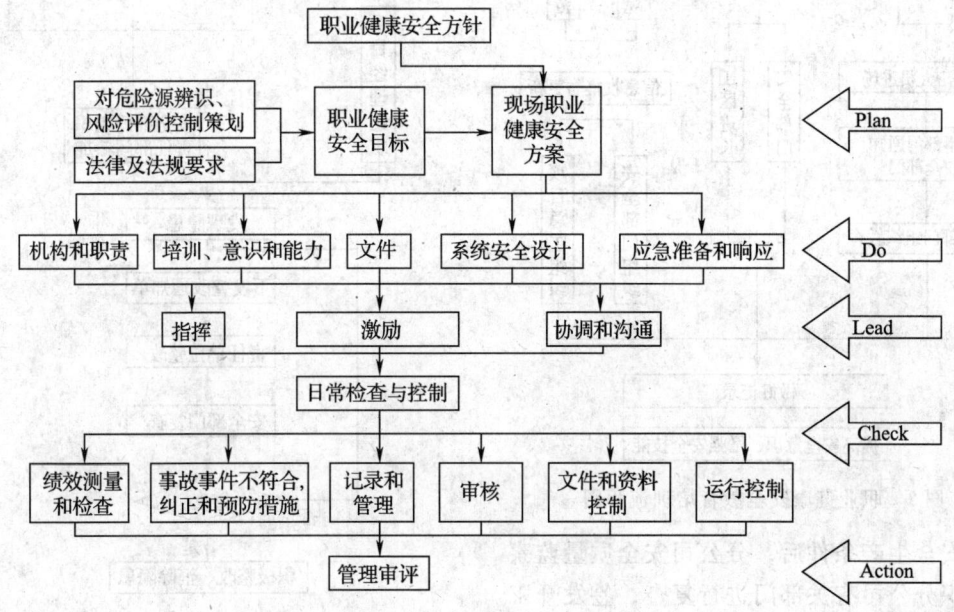

图 4　职业健康安全管理体系各要素结构关系图

（1）培训、意识和能力

从事故树分析中得出，通过培训提高工作人员的安全技术水平和自我保护意识是防止事故发生的最有效措施之一。因此，为提高全体员工安全生产管理水平和操作技术水平，公司要建立一套完善的安全生产教育培训、考核制度，对全体员工进行安全生产知识的培训和考核，未经培训或者考核不合格者，不得上岗作业。制梁场职业健康安全教育培训流程如图 5 所示。

制梁场职业健康安全教育分为岗前安全教育、日常安全教育和其他专项安全教育。

每个新员工在上岗之前必须要接受安全质量部的岗前安全教育，教育内容包括：制梁场概况和施工生产工程中的主要危险源，国家安全生产法律法规、上级及分公司职业健康安全管理制度，制梁场组织机构及职业健康安全管理模式，职业健康安全岗位责任制、劳动纪律，劳动保护常识、事故案例等。

（2）安全检查

做好各项安全检查，提前找到隐患并处理是防止事故发生的有效手段。目前，制梁场安全检查分开工安全检查、综合安全检查、专项安全检查、日常安全检查和安全抽查等形式。制梁场安全检查流程如图 6 所示。

制梁场工程开工安全检查，由项目经理组织施工技术人员、安全管理人员、设备管理人员和后勤部门对施工安全技术措施、现场机械设备状况、现场防护措施及防爆防火措施进行自查，对检查出的隐患进行整改，

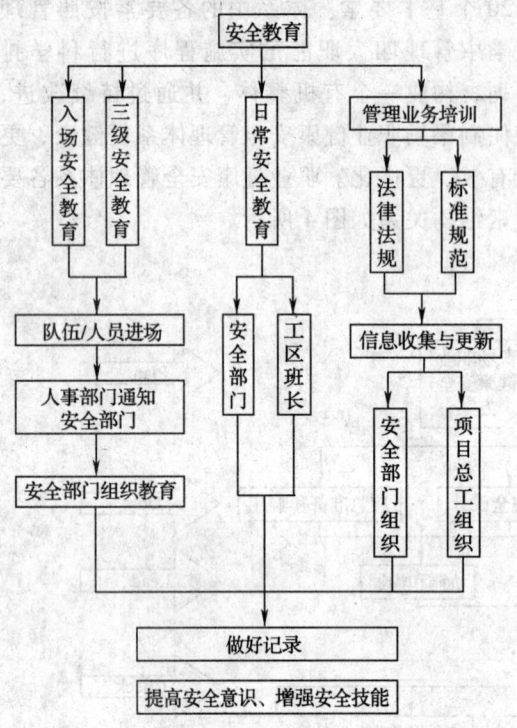

图 5 职业健康安全教育培训流程图

满足安全生产条件后，分公司安全质量监察部组织分公司有关部门进行复查，签发开工许可证。

制梁场规定每周进行一次综合安全检查。综合检查由项目经理组织施工技术人员、安全管理人员、设备管理人员和后勤部门对施工安全技术措施、现场机械设备状况、现场防护措施及防爆防火措施进行综合性检查，并对查出来的隐患及时进行整改。

根据工程实际情况，针对不同工序，由主责部门组织相应的专项检查。专项检查包括大型设备安装及拆除、大型机械设备调遣、雨季施工用电、暑期防暑降温、冬季施工和其他专项治理等。

4. 结论

本文通过事故树分析方法找出制梁场事故的主要原因，并应用职业健康安全管理体系对其进行预防。体系运用的 PDLCA 管理模式体现了持续改进、螺旋式上升的管理

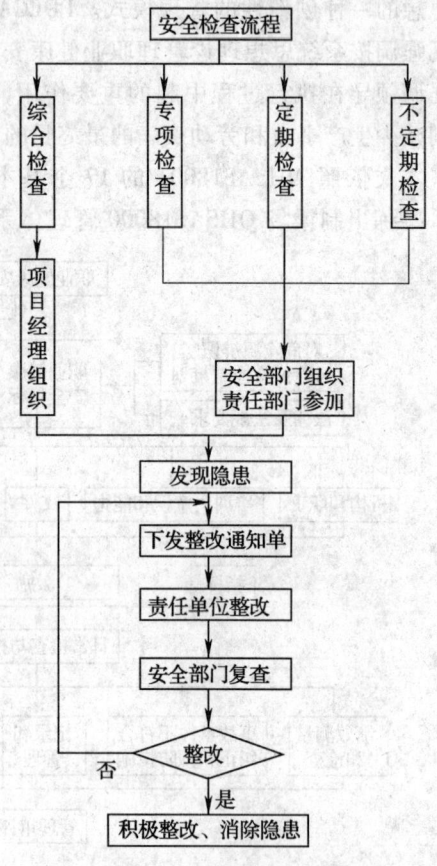

图 6 安全检查流程图

思想，是先进的、科学的。在体系设计过程中，强化了管理学中的领导职能，促进体系有效运行。制梁场新的职业健康安全管理体系是制梁场比较理想的管理模式。

本论文研究的结论主要有以下几点：

（1）OHSAS18000 能够成功地移植到铁路 900 吨箱梁预制场现场安全管理的实际中来，运用 OHSAS18000 管理体系在制梁场现场建立一套新的安全管理模式，合理应用 OHSAS18000 管理系统的相关措施、方法，能有效地遏制安全事故的发生。

（2）新体系必须首先被企业和员工所理解、认同、接受，然后依靠其力量按科学的实施程序建立起来并保持。只有这样，才算完整，才能实现高效运作。本文在研究中提出的体系建立程序、注意事项、体系运行

与保持方案是科学的，合理的，也是符合制梁场现实需要的。

总之，在对制梁场职业健康安全管理体系的研究中，力图体现理论和实践的统一，个性与共性的统一，强化与和谐的统一。研究体系，不仅仅是为了解决怎样建立一个科学体系的问题，更重要的是如何才能确保体系有效地运行，以实现目标、提高绩效。本体系在此之前并未得到实践运作，还属预见性，体系规划设计也并非最后定论。本课题将继续关注制梁场的职业健康安全发展，并进一步进行深入而准确的分析研究，力争更完善、更科学、更合理、更具有现实意义和指导意义。

◎ 参考文献

[1] 中国标准研究中心. GB/T 28001—2001 职业健康安全管理体系 规范．[S]．北京：中国标准出版社，2001.

[2] 王源，马建玲. 浅谈职业安全健康管理体系[J]．石油库与加油站，2002，12 (3)：13-16.

[3] 高旭东. 浅论我国推行 OHSAS 存在的主要问题及对策[J]．中国个体防护装备，2003（2）：36-37.

[4] 陈宝义. 施工质量安全管理[M]．北京：地质出版社，2004.

[5] 杨文柱. 建筑施工安全工程[M]．北京：机械工业出版社，2004.

[6] 徐志胜. 安全系统工程[M]．北京：机械工业出版社，2004.

[7] 陈喜山. 系统安全工程学[M]．北京：中国建筑工业出版社，2006.

[8] 韦冠俊. 安全原理与事故预测[M]．北京：冶金出版社，1995.

论家居装修的安全心理效应

李 芳 过 江（指导教师）
（中南大学资源与安全工程学院，长沙，410083）

摘 要 家，作为人们生活的常住空间，潜移默化中对人们的心理产生了影响。本文试从色彩、空间、光感和家具布置四个主要方面，通过问卷调查的方式，研究家居环境对人的生理、情绪、心理和行为的影响，分析产生的安全心理效应，从而得出合理、健康的家居装修基本原则。

关键词 安全心理 色彩 光感 家具布置 空间

随着我国经济的发展，人民生活水平的不断提高，人们对自己的生活质量有了更高的要求和更清晰的认识。家对人们来说不仅是一个纯粹功能性的、实用性的空间，人们在与家的相互作用过程中，为它附加了一系列重要的心理上的意义和价值①。但现实生活中经常因为家居装修的不合理出现一系列问题，引起了人们对装修专业的不良的心理反应。

1. 家居装修与安全心理

人们在日常生活中都有着生理需求、安全需求、相属关系和蔼需求和学习与美学的需要。安全心理状态主要表现在三个方面：

---

① 详见参考文献[1]。

一是心理健康，二是正常的安全需求，三是自我控制能力。而人们的感觉、情感和意志左右着人们的心理状态。人的认识过程经历着感性认识到理性认识的过程，并且循环不已，不断深化。而人的感觉过程、情感过程和意志过程又相互关联，相互制约。

家居环境本身具有一定的秩序、模式和结构，可以认为家居环境是一系列有关多种元素和人的关系的综合。人们既可以使外界事物产生变化，而这些变化了的事物又会反过来对作为行为主体的人产生影响。无论何种有关环境—行为的理论，其结果都说明了人工环境是人为了自身舒适需要而创造的，又同整个环境一起反作用于人。

2. 家居装修的安全心理效应

2.1 对家居装修安全心理效应的调查

本调查研究共有以下五个步骤：
（1）初步调查和研究。
（2）问卷设计。
（3）问卷调查。
（4）数据整理与分析。
（5）研究结果。

本次调查采用的是网络调查的方式，没有确定的人群和户型，主要目的是找出在室内对人们的心理安全影响较大的因素。

相关调查结果统计如图1、图2、图3所示。

从调查可以看出：室内装修体现着主人的喜好和品位，同时，对工作压力的调整也

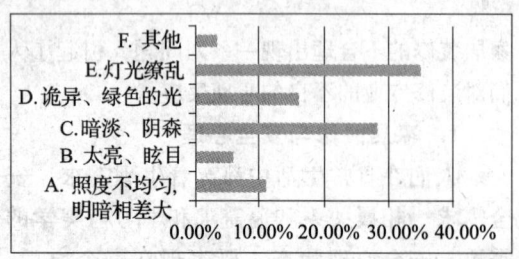

图1 心理波动

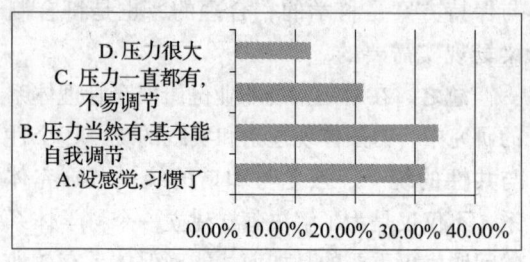

图2 工作压力

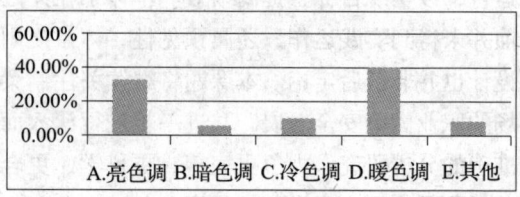

图3 主色调

有很大关系。在压力能自我调整的人中，有41%选择了冷色调，冷色调使人感到宁静，能减轻眼睛的疲劳。

2.2 色彩

在日常生活中人们每时每刻都会接触到或多或少的色彩，不经意中色彩就会影响到心理，左右情绪，甚至在潜移默化中改变观念、行为和信仰。

2.2.1 色彩的直接心理效应

色彩，通过人的视觉感知，使人的肌肉机能和血脉发生扩张或收缩的相应变化，对人的生理反应具有很强的作用，不仅影响人们的身体健康，而且造成不同的情绪反应和体验。

首先，色彩对人的视觉系统造成很大的健康影响。长久地注视任何一种色彩都会产生视觉疲劳，暖色系比冷色系影响大。视觉疲劳，引起对色彩分辨的下降，影响判断，很容易造成不安全行为的发生。

其次，色彩对血液循环和肌肉机能也产生很大的影响。暖色调加速血液循环，冷色调能降低人的压力，使人感到宁静[①]。调查显示长期处于紧张工作状态的人，居室安排幽静、明快、清新的冷色调，能使人精神放松。

---

① 详见参考文献 [2]。

最后，色彩还对人的神经系统产生很大的影响。例如，红、蓝两色对人的神经系统会诱发不同程度的激活作用。

2.2.2 色彩的间接心理效应

色彩对人的间接心理效应一般来源于生活经验。主要有三个方面：

（1）轻重感

一般情况下，高明度的色彩具有轻的感觉，而低明度的色彩则有重的感觉。

（2）冷暖感

暖色加速人的血液循环，使人感到温暖、热烈、振奋；冷色减慢血液流动，使人感到沉静、幽静、寒冷。

（3）距离感

同一平面的色彩可以使人感觉进退、凹凸、远近的不同，即距离感。暖色系和明度高的色彩具有扩散作用，物体显得大，而冷色系和暗色则有内聚作用，物体显得小。

由此，可以看出色彩对人们的身体健康产生了很大的影响，而且不论是冷暖感、轻重感、还是距离感，都很容易造成视觉上的失误，从而造成判断失误，形成不安全的行为。

2.3 空间

人的心理复杂多变，周围的空间变化也影响了人们的心理变化。空间是以物质形态的空间容纳人类的活动，影响人类的心理活动，二者是互相决定、相互影响的，因而对空间的研究主要基于人的行为、心理活动与空间环境的互动过程与方式。

2.3.1 空间对心理的影响

（1）安全感

安全是人类的基本需要之一。当一个人的精神始终处于不安全的威胁状态下，就会分散精力，加深心理恐惧，从而影响身心健康。

（2）私密性

人的私密行为被干扰或破坏，会直接影响到人们的安全感，产生愤怒的情绪，甚至做出不理智的行为。当人在居住空间中的活动内容与环境相吻合时，才有一种心安的感觉，家庭成员才能感到舒适和安全。

（3）领域感

家庭中每个人都有自己特定的位置或区域，并对此领域加以防卫或个人化。而个人领域一旦被破坏，就会产生被侵犯的感觉，不仅影响到个人的安全感，还破坏了家庭成员间的良好关系。

2.3.2 空间对行为的影响

人在空间中活动，人的行为要受到空间的制约与规范，人在不同空间中就会有不同的行为表现，空间从心理上诱导人们的行为，同样人的行为也反作用于空间。

空间对人的行为具有启发性，人的行为会受到空间的限制，空间给予行为内涵、认同，给行为人以归属感、亲和感。行为也在影响着空间，行为具有自主性，而空间也在随行为的变化而变化。空间与行为的互动关系如图4所示。

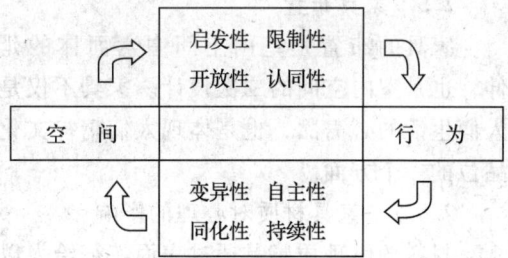

图4 空间与行为的互动关系图

因此，合理地创造空间可以满足人们对私密性、领域性、安全感的要求，而且空间可以给人们以良好的行为诱导，而一旦被破坏，就会产生不良的情绪反应或不安全的行为模式。

2.4 光感

环境与活动人群之间的互动关系很大程度上依靠于视觉感知，而视觉感知又以光线的存在为前提，因为光是唯一能引起视觉感官反应的要素。

2.4.1 光线感知

光有冷光源和热光源的划分。人类出于自身对适宜温度的需求，会由光线带来的温度感而对环境产生一定的趋避性。而且，光还影响人们对物体的大小、形状与色彩的感知。

2.4.2 区域限定

发光的物体比暗淡的物体更具吸引力。光线由于照射物体而使它们发光，对观察者的视网膜造成刺激，从而对人们的感知进行强调，从而在心理上达到分区的目的。

2.4.3 情绪影响

暖光源会让人感到慵懒、放松、温馨、休闲，而冷光源会让人感到清静、快速、利索、冷漠。在光线不足的室内很容易产生压抑的情绪，而且会影响到整天的心理，甚至会产生消极的心理暗示。

由此可以看出，光不仅影响人们对温度及物体的大小、形状与色彩的判断，产生一定的心理分区，而且也极大地影响了人们的情绪。

2.5 家具布置

家具的布置是室内空间中六面体的延伸，也是室内空间的二次设计。家具不仅是人们生活的必需品，也是体现人们精神文化品位的一个方面。

2.5.1 家具材质对心理的影响

材料的肌理质感是通过表面特征给人以视觉和触觉感受以及心理联想和象征意义的。一方面，不同的肌理质感能给人不同的心理感受，这是由材质的情感联想性所决定的；另一方面，材料作为一种艺术形态，本身就具有很高的欣赏价值。

2.5.2 家具布置对心理的影响

（1）造型心理

家具的造型要具有这种形态的诱惑性来满足人们心理上的需求。

（2）空间感知

原来的空间有过大、过小、过长、过窄等缺陷的感觉，但经过家具布置后，可能会改善原来的空间缺陷。

（3）个人爱好

室内的主角是家具，从室内环境中可以判断家具主人的喜好。

（4）人性化

万变不离其宗，家具最终是给人休息、生活使用的，因此还是应以人为本。

总之，家具有很高的欣赏价值，而且家具的材质可给人以不同的心理感受。而且在空间的感知、造型设计上都给人不同的感觉，影响着人们的心理状况。

3. 结语

色彩、空间、光感和家具布置不仅给人们直接的视觉、触觉，而且，人们在日常生活中积累的经验，产生的联想，对人们的心理感触也是很大的。色彩、空间、光感和家具布置是相互联系、相互影响的，光感影响色彩的明暗程度，不同色彩的家具的心理效应是不同的，而色彩、光感和家具布置共同影响着空间的整体效果。

心理自然会影响到人们的行为，对人们的身体健康、安全心理都有着很大的影响，应合理地运用具体的方法，为人们创造更多更完美的居住环境。

◎参考文献

[1] 徐磊青，杨公侠. 环境心理学 [M]. 上海：同济大学出版社，2002.

[2] 刘新德，易乐. 建筑采光色彩的心理效应及应用 [J]. 华中建筑，2001（19）：45－47.

[3] 高觉敷. 西方近代心理学史 [M]. 北京：人民教育出版社，1982.

[4] 邵辉，王凯全. 安全心理学 [M]. 北京：化学工业出版社，2004.

企业安全投入监管的博弈分析

周 琪 黄仁东 周子龙（指导教师）

（中南大学资源与安全工程学院，长沙，410083）

摘 要 本文将企业和政府看作企业安全投入监管博弈中的"参与人"，分析了作为利益主体的政府和企业之间的博弈利益，并在此基础上分别构建企业安全投入监管的静态博弈模型和动态博弈模型，基于博弈模型分析，提出了企业安全投入监管的建议和措施。

关键词 企业安全投入 监管 博弈利益 博弈模型 政策建议

自从人类有了生产经济活动，安全生产就与其相伴相生，渗透到社会经济生活的各个角落，覆盖了整个社会的劳动过程，而企业安全投入在保障安全生产得以顺利实现的过程中起着重要作用。我国企业安全投入水平总体上不高，这主要在两方面有所体现[1]：一是在宏观层面上，企业安全总投入占GDP的比重低于发达国家；二是在企业层面上，安全投入占企业销售收入的比重不高。企业在进行安全投入决策时，会对安全投入带来的成本与潜在的收益进行权衡；而政府作为安全的监管者，在决定是否对企业安全投入进行监管或者监管力度的大小时，也会对监管的成本与收益进行权衡。本文通过建立静态和动态博弈模型来研究这些问题，并运用理论研究结果对保证我国企业安全投入监管的有效性提出建议。

1. 政府和企业间的博弈利益分析

企业是安全生产的责任主体，政府是安全生产的监管主体。就企业而言，视自身经济效益为生命线，追求的目标往往是局部利益最大化。政府从宏观调控角度，必须实现全社会总体资源的最优化配置，强调的是对全局的调控力度。政府和企业的博弈，如果非理性、非公平地以牺牲安全生产为代价，则从业人员的利益将受到极大侵害[2]。

2. 博弈模型的建立及分析

2.1 静态博弈模型的建立及分析

企业在博弈中有两种策略：安全投入到位、安全投入不足。政府监管部门也有两种策略：监督严格、监督不力。设企业的正常利润为J；企业重视安全生产时，就会投入资金改善安全生产设施，不重视时就会不投入或大大降低投入，设重视安全生产，达到安全标准的安全投入的成本为M；同时假设安全投入到位就不会发生事故，不重视安全生产时就会发生事故，政府对企业安全投入落实情况检查的成本设为C；企业不重视安全生产时，将受到惩罚F；企业存在着安全隐患，发生事故需要承担的赔偿成本为N；企业安全生产良好的情况下，政府的收益为L（例如良好的政府形象和由于管辖范围内安全生产情况较好而受到表彰等）；企业发生事故，政府受到的损失为A（例如形象、信誉等无形资产的丧失，或相关责任人被撤职等）。

假设企业与政府监管部门的行动空间为共同知识，故双方博弈构成完全信息静态博弈，现在可以得出支付矩阵，见表1[3]，表中数组即相应行列，代表的是各种双方策略组合下双方的收益，各数组中前一个数为政府的收益，后一个数为企业的收益。

一般情况下，$M > N$，$L + F + A > C$。经过分析可知，该博弈不存在纯策略纳什均衡，但是由纳什定理可知，该博弈肯定存在一个混合策略纳什均衡。这里假设企业选择"安全投入到位"的概率为 P_1，因此选择安全投入不足的概率为 $1 - P_1$，政府监管部门选择对企业安全生产情况"监督到位"的概率为 P_2，因此选择"监督不力"的概率为 $1 - P_2$。

首先，在假设 P_1 给定的情况下，在政府监管部门选择"监督到位"与"监督不力"时，政府的期望收益函数分别为：

$$E_1 = (L-C)P_1 + (L-C+F)(1-P_1)$$
$$E_2 = LP_1 - A(1-P_1)$$

令 $E_1 = E_2$，即：

$$(L-C)P_1 + (L-C+F)(1-P_1) = LP_1 - A(1-P_1)$$

解得
$$P_1 = 1 - C/(F+L+A) \quad (1)$$

同样，假设 P_2 给定的情况下，在企业选择安全投入到位与安全投入不足时，企业的期望收益函数分别为：$E_3 = J - M$
$$E_4 = (J-M-F)P_2 + (J-N)(1-P_2)$$

令 $E_3 = E_4$，即 $J - M = (J-M-F)P_2 + (J-N)(1-P_2)$

解得
$$P_2 = (M-N)/(M+F-N) \quad (2)$$

表1 政府与企业的静态博弈收益

双方的策略组合		企业	
		安全投入到位 (P_1)	安全投入不足 ($1-P_1$)
政府	监督到位 (P_2)	L-C, J-M	L-C+F, J-M-F
	监督不力 ($1-P_2$)	L, J-M	-A, J-N

该博弈的混合策略纳什均衡为：

$$P_1^* = 1 - C/(F+L+A)$$

$$P_2^* = (M-N)/(M+F-N)$$

本模型虽然比较简单，参数设置也不复杂，而且没有过多地考虑博弈的动态性，但还是较好地概括了企业安全投入监管中涉及的主要因素。同时，可以得到如下推论：

推论1：

$$\partial P_1^* / \partial C = -1/(F+L+A) \quad (3)$$

从式（3）可得企业选择"安全投入到位"的最优概率 P_1^* 与政府的检查成本 C 是成负相关的，因为 C 很大，那么检查的次数或者检查覆盖的企业数目等可能会相对减少，意味着政府能够检查出企业安全投入不到位的概率不高，所以企业就更加趋于选择安全投入不到位。

推论2：

$$\partial P_1^* / \partial L = C/(F+L+A)^2 \quad (4)$$
$$\partial P_1^* / \partial A = C/(F+L+A)^2 \quad (5)$$

从式（4）、式（5）可知，P_1^* 与政府的收益 L 和政府的损失 A 是成正相关的关系。如果企业安全生产的状况良好，政府的收益越高，政府监管的积极性就越高，也就是说企业安全投入不足的情况就更加容易被发现，因此企业选择"安全投入到位"的概率就越高。同理，如果企业发生安全事故，政府的损失越大，那么政府为了减少自身的损失，势必会加强对企业安全投入情况的监管力度，企业选择"安全投入到位"的概率也就越高。

推论3：

$$P_1^* / \partial F = C/(F+L+A)^2 \quad (6)$$
$$\partial P_2^* / \partial F = -(M-N)/(M+F-N)^2 \quad (7)$$

从式（6）、式（7）可知，P_1^* 与政府对企业的处罚 F 成正相关，而政府"监督到位"的最优概率 P_2^* 与 F 成负相关。原因为：政府对企业的处罚 F 越大，对企业的震慑力也就越强，如果 F 足够大，尤其是 $N + F > M$ 时，企业会更加自觉地选择"安全投入到位"，那么政府也就没有必要花费大力气去进行安全监管，P_2^* 就会相应下降。

推论4：

$$\partial P_2^*/\partial N = -F/(M+F-N)^2 \quad (8)$$

由式（8）可以看出，P_2^* 与企业发生安全事故后的损失 N 是成负相关的。原因为：企业发生安全事故后，损失越大，企业避免事故发生的积极性就越高，因而也就更积极地进行安全投入，此时，需要的监督力度就相对减小，P_2^* 也就越小。

推论5：

$$\partial P_2^*/\partial M = F/(M+F-N)^2 \quad (9)$$

由式（9）可以看出，P_2^* 与达到安全标准的安全投入是成正相关的关系。原因为：达到安全标准的安全投入越大，企业就可能为了自身的经济利益而不去进行必要的安全投入，因此政府监管的力度就需要更大。

2.2 动态博弈模型的建立及分析

静态分析是一种较为简单的情况，但是在安全生产监管的现实情况中，企业和政府监管机构之间往往是动态关系，下面利用动态博弈的方法分析政府与企业博弈的整个过程。

假设监管者和企业之间的博弈为两阶段的动态博弈，行动的次序如下：首先，政府决定一个监管力度；然后，企业决定安全欠账程度。假设达到安全生产标准的安全投入为 M_1，未达到标准的安全投入为 M_2，$Q = M_1 - M_2$，此处 Q 即为企业的安全欠账。在企业安全欠账情况没有被查实的情况下，企业发生安全事故的概率为 t；发生事故后，企业需要支付的事故处理成本为 N；同时假设企业的折现因子为 δ（δ 是企业的时间偏好和时间长度的函数，企业越看重当前利益，δ 就越小；时间越长，δ 也就越小），政府的折现因子为 1。

设企业有"安全欠账"和"不安全欠账"两种策略，假设其概率分别为 P_1 和 $1-P_1$；政府在博弈中有"监管"与"不监管"两种策略，其概率分别为 P_2 和 $1-P_2$。其中，政府监管时，由于各方面的原因，企业是否真正存在安全欠账，不一定能够被完全查出，设"查实欠账"与"未查实欠账"的概率分别为 P_3 和 $1-P_3$。双方的动态博弈收益见表2。收益矩阵中各收益数组的第一个数字表示政府的收益，第二个数字表示企业的收益。

表2 政府与企业的动态博弈收益

双方的策略集合		政府		
		监管(P_2)		不监管 $(1-P_2)$
		查实欠账 (P_3)	未查实欠账 $(1-P_3)$	
企业	安全欠账 (P_1)	$J-M_1-F\delta-tN\delta$, $L+F-C$	$J-M_2+tN\delta$, $-C-A$	$J-M_2-tN\delta$, $-A$
	不安全欠账 $(1-P_1)$	$J-M_1$, $L-C$	$J-M_1$, $L-C$	$J-M_1$, L

设 P_1 为定值，当政府监督部门选择"监管"与"不监管"时，政府的期望收益函数分别为：

$E_1 = [(L+F-C)P_3 + (-C-A)(1-P_3)]P_1 + (L-C)(1-P_1)$

$E_2 = (-A)P_1 + L(1-P_1)$

当政府进行监管和不监管的预期收益无差异时，可得到企业安全欠账的最优概率。

令 $E_1 = E_2$，则：

$[(L+F-C)P_3 + (-C-A)(1-P_3)]P_1 + (L-C)(1-P_1)$
$= (-A)P_1 + L(1-P_1)$

解得 $P_1 = C/[(F+L+A)P_3] \quad (10)$

设 P_2 已定，则企业选择"安全欠账"与"不安全欠账"时的预期收益分别为：

$E_3 = [(J-M_1-F\delta-tN\delta)P_3 + (J-M_2-tN\delta)(1-P_3)]P_2 + (J-M_2-tN\delta)(1-P_2)$

$E_4 = J-M_1$

当企业选择"安全欠账"和"不安全欠账"的预期收益无差异时,可得到政府监管的最优概率。

令 $E_3 = E_4$,则:

$[(J-M_1-F\delta-tN\delta)P_3 + (J-M_2-tN\delta)(1-P_3)]P_2 + (J-M_2-tN\delta)(1-P_2) = J-M_1$

解得:

$P_2 = (M_2-M_1+tN\delta) / [P_3(M_2-M_1-F\delta)]$

$= (Q-tN\delta) / [P_3(Q+F\delta)]$ (11)

该博弈模型的混合策略纳什均衡为:

$P_1^* = C/[(F+L+A)P_3]$

$P_2^* = (Q-tN\delta) / [P_3(Q+F\delta)]$

根据 $P_2^* = (Q-tN\delta) / [P_3(Q+F\delta)]$,可以假设两种极端情况:

当 $P_2^* = 1$,即政府监督部门"监管"的概率为1,政府对企业是否存在安全投入欠账情况进行很有效的监管,即 $(Q-tN\delta)/[P_3(Q+F\delta)]=1$,得:

$\delta = (1-P_3)Q/(P_3F+tN)$ (12)

当 $P_2^* = 0$,即政府监督部门"监管"的概率为0,政府对企业是否存在安全投入欠账情况不管不问。即 $(Q-tN\delta)/[P_3(Q+F\delta)]=0$,得:

$\delta = Q/tN$ (13)

根据上面的分析,根据折现因子的不同可以把市场上的企业分为三类:重视当前利益的,重视长远利益的和中性的。

第一类:$\delta < (1-P_3)Q/(P_3F+tN)$ 的企业,即看重当前利益的企业。

如果 $\delta < (1-P_3)Q/(P_3F+tN)$,则 $P_2 > 1$。但是现实中无法取得满足条件的 P_2,由于 $0 \leq P_2 \leq 1$,故政府的最优监管力度 $P_2 = 1$。比较企业安全欠账的收益与安全投入到位收益,$E_3 - E_4 = [P_2P_3(M_2-M_1-F\delta)+J-M_2-tN\delta]-(J-M_1) = Q-tN\delta-P_3(Q+F\delta)$。当 $P_2 > 1$ 时,$Q > tN\delta$ + $P_3(Q+F\delta)$,则 $E_3-E_4 > 0$,即 $E_3 > E_4$。在此种情况下,尽管政府选择"监管",企业被惩罚,但企业安全欠账的收益仍然大于安全投入到位的收益,企业作为理性人,会毅然选择"安全欠账"。因此,对于看重当前利益至 $\delta < (1-P_3)Q/(P_3F+tN)$ 程度的企业,政府仅靠事后的监管是无法控制其安全欠账行为的。据此可知,对于此类企业,要提高政府安全监管的时效性,实行实时监管。但是目前的事前监管是较难实施的,因此政府可以采取取缔此类型企业的措施。

第二类:$(1-P_3)Q/(P_3F+tN) < \delta < Q/tN$ 的企业,即中性企业。

根据式(11),可得在此情况下 $0 < P_2 < 1$,同样比较企业安全欠账收益与安全投入到位收益,$E_3-E_4 = Q-tN\delta-P_2P_3(Q+F\delta)$。当 $0 < P_2 < 1$ 时,$0 < (Q-tN\delta)/[P_3(Q+F\delta)] < 1$,化简得:$tN\delta < Q < P_3(Q+F\delta) + tN\delta$。但在 $P_3(Q+F\delta)$ 乘上 $P_2(0<P_2<1)$ 以后,便不能判断 $[Q-tN\delta-P_2P_3(Q+F\delta)]$ 是否大于零。在这种情况下,也难以比较 E3 和 E4 的大小,则企业依然有安全欠账的动机,因此即使政府实行最优监管,也不能杜绝企业安全欠账行为。此时,如果政府查实欠账力度 P_3 越大,对安全欠账企业的惩罚力度 F 加大,$E_3-E_4 = Q-tN\delta-P_2P_3(Q+F\delta) < 0$,企业选择安全投入充分;如果政府查实欠账力度 P_3 一定时,若 $E_3-E_4 = Q-tN\delta-P_2P_3(Q+F\delta) > 0$,企业的安全欠账收益仍大于零,企业依然会选择安全投入不足。企业安全投入的决策依赖于政府的监管质量和惩罚力度。但政府实行最优的监管,可以将安全欠账行为控制在一定的安全范围内,即 $tN\delta < Q < [P_3(Q+F\delta)+tN\delta]$。对于此类型的企业,政府可设法提高 P_3 和 F,能有效降低政府监管力度。

第三类：对于 $\delta > Q/tN$ 的企业，即注重长远利益的企业。

根据式（11），可以得出在此情况下 $P_2 < 0$，同理 $E_3 - E_4 = Q - tN\delta - P_2 P_3 (Q + F\delta)$，当 $P_2 < 0$ 时，$(Q - tN\delta) / [P_3 (Q + F\delta)] < 0$，那么 $Q - tN\delta < 0$，则 $E_3 - E_4 < 0$。即在这种状况下，企业安全投入不欠账的收益大于企业安全投入欠账的收益。无论政府作出何种选择，企业作为理性人，都会选择"安全投入到位"。而在这种情况下，政府的最优监管概率 $P_2 = 0$，即政府可以不监管，这也可以作为政府对安全投入到位企业的一种奖励。

3. 主要对策

（1）政府在对众多企业实施监管时，应区分企业的各种利益动机并采取不同的监管措施，一味的事后监管并不能起到控制安全投入不足的作用。政府监管的主要对象之一是仅看重当前经济利益的企业，对此类企业的监管更需要先进的监管措施，实时监管。因为企业安全投入是不断积累的，对于重视短期利益的企业，就要采取更先进的监管技术和手段，使这类企业逐渐退出市场。

（2）政府有效监管的目标不是杜绝企业安全欠账行为，而是将其控制在一定安全范围内。政府可设法提高监管质量以提高查实力度 P_3，同时加大对安全欠账企业的处罚力度 F，才能有效降低政府的监管力度，进而可以降低监管总成本以提高工作效率。

（3）政府监管是需要付出很大代价的，因此，为了改善企业安全投入状况，政府还应加强各种激励和引导措施，增强企业自主投入动力，以降低政府监管成本。如对于注重安全长效机制建立的企业，政府可实行免检优惠以及适度奖励等激励措施，这样一方面可以激励企业自主投入，另一方面使政府监管有针对性，提高政府监管的效率。

◎ 参考文献

[1] 李小三,崔文彩,赵云胜. 企业安全投资背后的利益博弈探讨 [J]. 风险管理, 2007（33）: 15 – 17.

[2] 余维生,朴正爱. 博弈论及其在经济管理中的应用 [M]. 北京: 清华大学出版社, 2005.

[3] 郑爱华,聂锐. 煤矿安全监管的动态博弈分析 [J]. 科技导报, 2004（01）: 38 – 40.

大跨度空间钢结构胎架滑移法安全施工技术研究

梁伟华　黄仁东（指导教师）

（中南大学资源与安全工程学院，长沙，410083）

摘　要　大跨度空间钢结构随着经济的发展得到广泛应用，相应的施工技术也得到了快速提高，胎架滑移施工法由于自身的优势被应用于工程实践中。本文介绍了大跨度空间钢结构的特点和形式，重点介绍了胎架形式和设计内容，并对胎架滑移施工过程中的安全系统进行设计，最后结合实际工程，使用大型通用有限元计算软件 ANSYS，对大跨度空间钢结构安装过程中支撑结构与主体结构的安全性与稳定性作了深入的研究和分析，为类似的大跨度空间钢结构工程施工提供了参考。

关键词 大跨度 胎架 滑移 安全性分析 安全系统 ANSYS

随着我国经济建设的快速发展，钢结构得到了广泛的应用，钢结构建筑的发展水平已成为衡量一个国家或地区经济发展水平的重要标志。随着建筑理念的不断更新，钢结构在大跨度的公共和工业建筑中得到广泛应用，涉及各种功能与用途，其中包括：体育场馆、影剧院、飞机库、航站楼、展览馆、车站、工业厂房、仓库、各种城市雕塑、大小型雨篷等，成为各个城市一道独特的风景线。

在大跨度钢结构得到广泛应用的同时，建筑的美学要求和功能的多样化引发了施工技术的变革，经过近些年施工实践，积累了新工艺和新解决办法，促进了大跨度钢结构施工技术的进步，从而更广泛地为实际工程服务。

本文从工程实例出发，提出了采用适合大跨度空间钢结构滑移的型钢胎架滑移施工方法，从而对滑移施工法作一定程度的拓展与延伸，使用 ANSYS 软件对胎架本身和钢结构主体进行受力分析与验算，保证胎架自身在使用过程中能满足使用的需要。

1. 大跨度空间钢结构的特点和形式

结合我国实际情况，结构跨度超过 30 m 为中跨度结构，跨度超过 60 m 为大跨度结构。

大跨度空间钢结构不仅传力合理、技术先进，而且可以综合各种建筑结构的优势，扬长避短，往往能满足建筑多样化、多功能的要求，比其他单一结构形式更易于使建筑和结构融为一体，更能传达建筑文化内涵，并形成具有视觉冲击效果的独特造型。

1.1 大跨度空间钢结构的特点

大跨度空间钢结构包括屋盖结构和墙体、柱等支撑系统，空间结构体系表现为三维受力特征，其内力呈三维传递并以面内力或轴力为主，它具有比平面结构更好的力学性能，如具有内力均匀分散、结构整体性好、刚度大等优点[1]。

1.2 大跨度空间钢结构的形式

空间钢结构通常由方钢管、圆钢管、角钢、槽钢、C 型钢、Z 型钢、H 型钢等组成，结构形式多种多样，如钢屋架、钢桁架、钢架、钢拱架、空间组合结构等，可以是其中的一种或几种组合，以实现建筑的独特造型和结构的经济合理。

2. 胎架设计分析

胎架，是在钢结构（特别是大跨度钢结构）中支撑上部结构拼装或滑移的操作平台。按拼装作用位置，胎架分为固定式拼装胎架和移动式拼装胎架。胎架实际上属于脚手架中的支撑和承重脚手架一类。在大跨度钢结构滑移施工中，胎架作为钢结构高空组对、拼装的操作平台，起到临时支撑上部钢结构荷载和施工荷载的作用。移动式胎架则是将上部钢结构滑移到设计位置安装就位的依托。胎架结构形式的选择，会影响钢结构的拼装或滑移过程中的受力，胎架搭设不合理，则施工操作不便，甚至会有安全隐患。因此，大跨度钢结构滑移施工中胎架的合理设计关系到施工作业安全进行。

2.1 胎架形式

大跨度空间钢结构滑移胎架一般由型钢胎架底盘、胎架立柱、胎架柱间纵横连杆（梁）、胎架柱顶拼装平台以及斜道或垂直爬梯等组成，胎架立柱由立杆、纵横向水平杆共同组成格构式柱，即在钢管脚手架或型钢胎架的主节点处同时设置立杆、纵向与横向水平杆，必要时，在胎架纵向平面设置剪刀撑、在胎架平面设置之字形斜撑，以增强胎架的整体稳定性。胎架立柱、纵横连杆（梁）共同组成空间框架结构。

2.2 胎架破坏形式分析

胎架破坏形式[2]分为脚手架局部破坏和失稳破坏两类，局部破坏可能由胎架的纵向或横向水平杆的抗弯、抗滑强度不足引起，局部破坏一般都有明显的破坏先兆，即纵向或横向水平杆会产生很大的弯曲或滑移。在胎架设计时，只要保证纵向、横向水平杆的抗弯强度和抗滑承载力满足计算要求即可。一般情况下，大跨度结构施工中胎架承受荷载较大，立杆较多，胎架的水平杆间距相对较小，能够满足抗弯、抗滑需要，一般不会发生此类破坏。胎架还可能由于立杆失稳导致胎架整体坍塌，失稳破坏具有突发性，危害性大，胎架一般会发生此类形式的破坏。胎架立杆可能发生两种失稳破坏形式，即整体失稳和局部失稳。当胎架以相同步距、纵距、横距搭设时，在均布施工荷载作用下，立杆局部稳定的临界荷载高于整体稳定的临界荷载，胎架破坏形式为整体失稳；当胎架以不同步距、纵距、横距搭设时，立杆承受荷载不均匀时，两种形式的失稳破坏均可能发生。

2.3 胎架立杆安全稳定性分析

胎架一般会发生立杆失稳破坏，对胎架立杆进行受力分析是保证胎架不受破坏的重点措施。

使用大型通用有限元计算软件 ANSYS 对胎架进行计算分析，首先要建立胎架模型，然后对模型进行荷载施加，最后进行求解分析，得到分析数据。其中荷载的正确施加是计算结果准确的前提。

胎架水平杆间距及步距对胎架立杆稳定承载力的影响不显著，尤其是在考虑自重的情况下，因此增大胎架承载力不应采用减小步距或水平杆间距的方法，而应该采取减小立杆间距的方法。水平杆起到约束作用，能保证立杆整体、局部稳定[3]。

3. 胎架滑移法施工安全系统设计

为了使胎架在施工过程中安全、稳定地滑移，并保证大跨度空间钢结构的变形与位移满足设计的要求，就需要对以下安全系统进行合理设计。

3.1 胎架滑移同步控制系统设计

滑移时同步控制系统的精度是胎架滑移法施工的主要技术指标之一。胎架滑移时理想状态是始终保持各牵引点同步，这样不会改变空间钢结构预期的受力状态。然而，在胎架卸载时，若出现不同步，则很有可能使钢结构部分重要的节点受力超过设计的最大值，最终导致整个钢结构体系的不安全、不稳定。

采用全站仪采集数据、计算机处理分析的同步控制方法。滑移施工时，可在各牵引点、支座处放置全站仪反射棱镜，在滑移单元前方安置观测台摆放全站仪。这种方法基本实现了滑移过程的连续监控，具有较高的控制精度。

3.2 胎架滑移法安全施工监控技术分析

大跨度空间钢结构因其空间变化多，组合形式不规则，节点多且复杂，结构的安装精度高，对测量精度要求非常高。在胎架的搭设与卸载过程中，对空间钢结构的受力有很大影响，容易产生位移和变形，先进监控技术的使用显得非常重要。

4. 重庆机场航站楼主楼胎架滑移法施工应用分析

重庆江北国际机场新建 T2A 航站楼在现有航站楼南侧，由北指廊、T2A 主楼、南连廊、A 指廊四部分组成。主楼屋面投影尺寸为 204.8 m×118.8 m（见图1），主楼双曲面屋盖由 3 排 5 列共 15 根格构支撑柱作为支撑结构，每根格构支撑柱柱头伸出 4 根斜撑杆，斜撑杆连接屋盖 10 根主梁（截面形式为 □900 mm × 450 mm × 20 mm × 30 mm，间距18 m），与 10 根主梁垂直方向布置 13 根上下起伏的波浪形次梁（截面形式为□600 mm×350 mm×18 mm×25 mm，间距9.0 m，最大矢量高差4.85 m），次梁之间满铺间距4.5 m主檩条，另有直径为Φ58 mm×7 mm的高强镀锌钢拉索相拉扯。

航站楼主楼钢结构安装是采用两台K50/50行走式塔吊作为主要吊装设备，屋盖钢结构采用型钢滑移胎架和局部搭设脚手架的方法安装，依次从南到北进行施工。

本文基于大型通用有限元计算软件ANSYS分别对胎架和主楼屋盖钢结构进行安全性分析与研究。

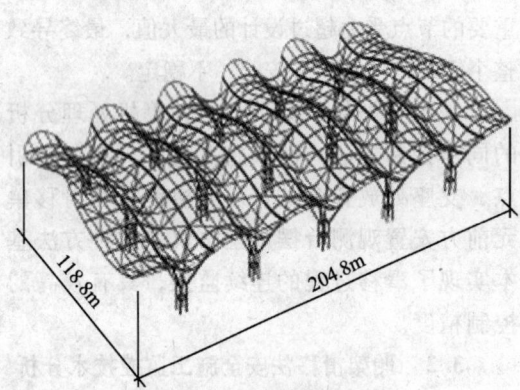

图1 主楼屋盖效果图

4.1 航站楼主楼型钢胎架计算与分析

主楼屋面钢梁的安装需要搭设可移动型钢胎架，型钢胎架底盘采用HW400×400×13×21，立柱采用P325×7.5钢管，横梁采用P245×8钢管，斜撑采用P120×4钢管，材质为Q235B。下面以最高最重滑移胎架为例，设计图如图2所示。

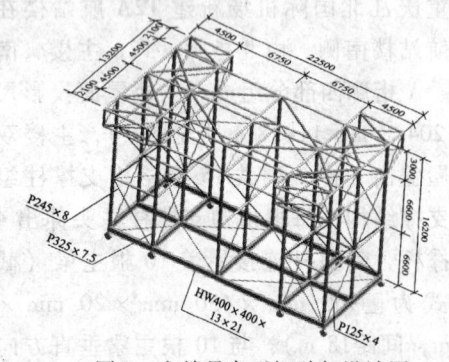

图2 主楼最高型钢胎架设计图

（1）计算模型的构建

计算采用大型通用有限元计算软件ANSYS[4]，在运用ANSYS建立型钢胎架模型时，取胎架底盘模型单元类型为Beam188，Beam188是3D梁单元，可以根据需要自定义梁的截面形状；杆模型单元类型为Pipe16，是容易划分网格的单元，常实数类型分别设置立柱、横梁和斜撑三种类型；材料参数中弹性模量为$2.1×10^{11}$ Pa，泊松比为0.3，其根据胎架的材料（Q235B）确定，考虑结构的自重，要对密度进行设置，其值为7 850 kg/m³，建立如图3所示的模型。

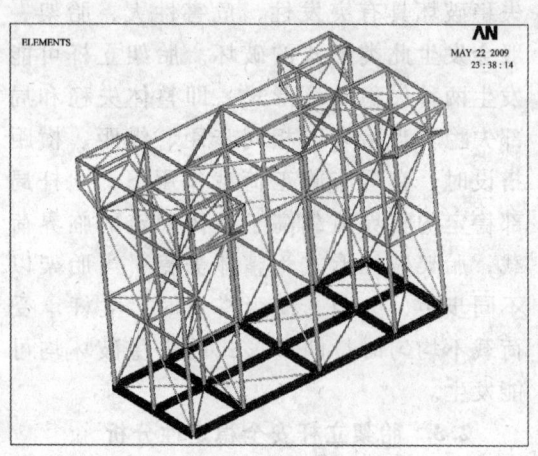

图3 主楼最高型钢胎架模型

（2）模型求解

模型建好之后，模型中节点共有91个，单元有276个，考虑到胎架的支撑作用，其底部要进行约束，顶面要承受屋面钢结构重力和施工中的辅助构件重力（如千斤顶），同时又受到风压作用，对模型进行约束和集中力、重力等荷载的施加，进行分析求解计算。

考虑结构自重，屋面钢梁的重力荷载取1.1 kN/m²，施工活荷载取1.0 kN/m²，基本风载为0.5 kN/m²。

结构自重荷载组合[5]为：

1.2×自重+1.4×施工活荷载+1.4×风载。

（3）计算结构与分析

对模型进行求解后，对模型位移、应力两个量进行可视化后处理，得出分析数据。

1）结构位移图（见图4）。

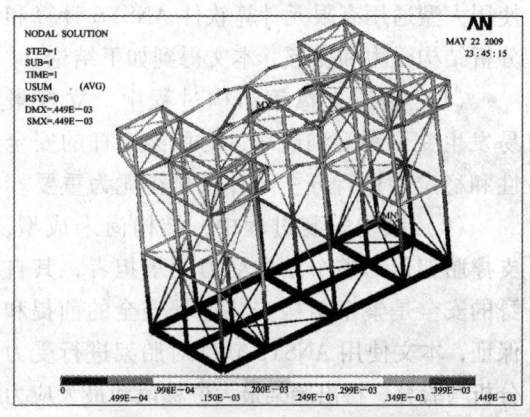

图4 主楼最高型钢胎架位移图

从计算结果可以看出整体结构最大位移 0.449 mm < h/400 = 7.5 mm，满足《钢结构设计规范》（GB 50017—2003）的要求，框架层间相对位移不应超过 h/400（h 为层高）。

2）结构应力图（见图5）。

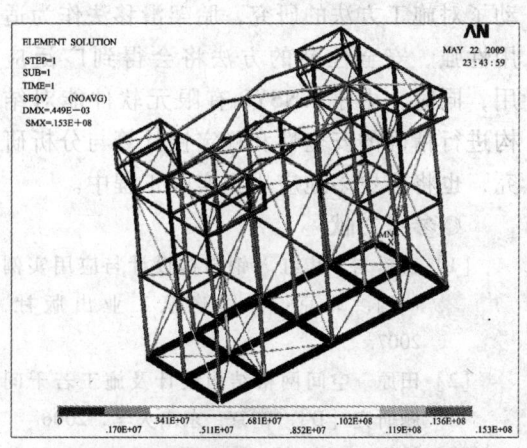

图5 主楼最高型钢胎架应力图

从计算结果可以看出结构最大应力 15.3 MPa < 215 MPa，满足《钢结构设计规范》（GB 50017—2003）中的要求，Q235 钢材抗拉、抗压、抗剪强度设计值为 215 MPa[6]。通过以上计算分析，说明主楼型钢胎架的设计符合要求。

4.2 航站楼主楼屋盖钢结构计算与分析

采用施工模拟分析方法对安装过程进行预演，可以得到施工变形和应力的控制数据，确保施工过程中结构构件的强度、变形与稳定性满足设计要求。

屋盖整体模型建好后，屋盖主要的承重体系是两边的钢索和支撑柱。

（1）计算模型的构建

取屋盖主梁和次梁单元类型为 Beam188，自定义梁截面形状；支撑柱和檩条单元类型 Pipe16；斜撑杆和次杆件单元类型选 Link8；拉索单元类型为 Link10，设置为单向受拉；设弹性模量为 2.1×10^{11} Pa，泊松比为 0.3，密度设置为 7 850 kg/m³，建立图 6 所示的模型。

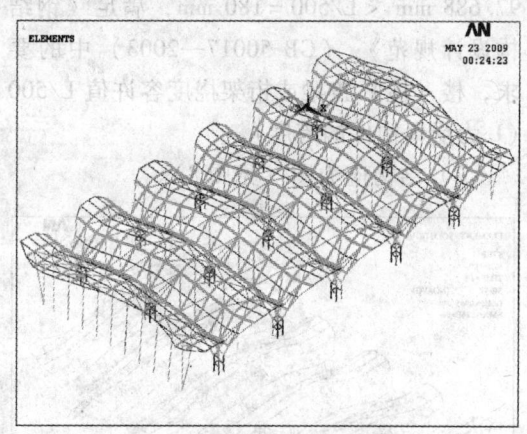

图6 主楼屋盖整体模型图

（2）模型求解

屋盖钢结构整体模型建好后，模型中节点共有 886 个，单元有 2 031 个，对模型进行约束和荷载的施加；拆除固定式脚手架和滑移胎架后，屋盖的支撑主要是靠局部脚手架和钢柱，此时结构靠其自身保持稳定，钢柱和钢索底部全面固定式约束，荷载为结构自重的 1.5 倍。

(3) 计算结果与分析

对模型进行求解后，对模型位移、应力进行可视化后处理，得出分析所需数据。

在外部荷载成次要荷载时，结构由于自重还会有一定的变形与位移。

1) 结构位移图（见图7）。

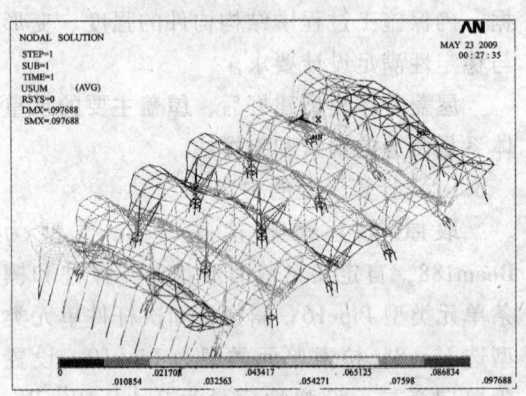

图7 主楼屋盖位移图

从计算结果可以看出整体结构最大位移 97.688 mm < L/500 = 180 mm，满足《钢结构设计规范》（GB 50017—2003）中的要求，楼（屋）盖梁或桁架挠度容许值 L/500（L 为受弯构件的跨度）。

2) 结构应力图（见图8）。

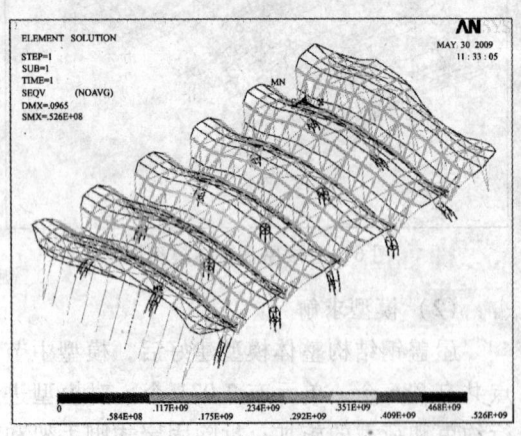

图8 主楼屋盖应力图

从计算结果可以看出结构最大应力 52.6 MPa < 310 MPa，满足《钢结构设计规范》（GB 50017—2003）中的要求，Q345 钢材抗拉、抗压、抗剪强度设计值为 310 MPa。

通过以上计算分析，说明航站楼主楼屋盖钢结构的设计符合要求。

5. 结论

本文以重庆江北国际机场新建 T2A 航站楼钢结构施工为实例，研究了大跨度空间钢结构安装过程中支撑体系的安全性与稳定性，使用大型通用有限元计算软件 ANSYS 计算和分析结构受力和变形，本文得到如下结论：

（1）胎架支撑钢结构过程中，立杆最易发生变形和受到破坏，对胎架立杆的安全性和稳定性进行分析与计算显得尤为重要。

（2）结构安装过程中，结构尚未成型，支撑胎架作为整个结构受力的承担者，其自身的安全是整个结构安装过程安全的前提和保证，本文使用 ANSYS 软件对胎架进行受力分析与验算，得出胎架最大位移值和最大应力值，对胎架做出安全性评价，以确保其安全。

（3）胎架和其他支撑卸载后，建筑主体的稳定性靠自身结构受力来保证，使用 ANSYS 有限元软件对主体钢结构进行分析验算，得出的结构变形最大位移值和最大应力值满足设计要求。

大跨度空间钢结构形式的大量出现，推动了对施工方法的研究，胎架滑移法作为适用性强、安全性高的方法将会得到广泛应用，同时，由于 ANSYS 有限元软件能对结构进行精确的安全性和稳定性计算与分析研究，也将会更多地应用到实际工程中。

◎ 参考文献

[1] 王松岩，焦红. 钢结构设计与应用实例 [M]. 北京：中国建筑工业出版社，2007.

[2] 田原. 空间网格结构设计及施工若干问题研究 [D]. 南京：东南大学，2006.

[3] 姚刚，刘伟亮，周忠明. 胎架立杆承载力计算分析 [J]. 重庆大学学报，2006，29（9）：134-137.

[4] 尚晓江，邱峰，赵海峰，等. ANSYS 结构有限元高级分析方法与范例应用 [M].

北京：中国水利水电出版社，2006.
[5] 中华人民共和国建设部. GB 50009—2001 建筑结构荷载规范［S］. 北京：中国建筑工业出版社，2001.
[6] 中华人民共和国建设部. GB 50017—2003 钢结构设计规范［S］. 北京：中国计划出版社，2003.

6σ 安全管理法在施工现场安全管理中的应用

唐 林 刘敦文（指导教师）
（中南大学资源与安全工程学院，长沙，410083）

摘 要 现阶段运用比较广泛的施工现场安全管理法存在着一些缺陷，诸如安全工作难以量化、没有一个科学的评估标准、安全人员没有很好地了解工作对象和内容、安全工作流程没有根据需求而变化等，这一系列的缺陷在很大程度上影响了安全工作的开展。运用 6σ 安全管理法在一定程度上能解决这些缺陷，为安全工作的研究提供了一个方向。

关键词 6σ 安全管理 量化 流程 评估

现今安全管理工作的缺陷促使安全工作者寻找更加适合的管理方法，通过 6σ 管理法和安全管理的融合，将安全工作数据化，并及时关注顾客的需求，通过不断改进流程，发现 6σ 安全管理法是对一个施工现场安全工作更加合适的方法。

1. 6σ 安全管理法简介

6σ 安全管理法是一种统计评估法，核心是追求零缺陷生产，防范产品责任风险，降低成本，提高生产率和市场占有率，提高顾客满意度和忠诚度。6σ 管理既着眼于产品、服务质量，又关注过程的改进。6σ 是一个目标，这个质量水平意味的是所有的过程和结果中 99.999 66% 是无缺陷的，也就是说，做 100 万件事情，其中只有 3.4 件是有缺陷的。6σ 管理关注过程，特别是企业为市场和顾客提供价值的核心过程。因为过程能力用 σ 来度量后，σ 越大，过程的波动越小，满足顾客要求的能力就越强。如果做到 6σ，事后弥补的资金将降低到销售额的约 5%。

为了达到 6σ，首先要制定标准，在管理中随时跟踪考核操作与标准的偏差，不断改进，最终达到 6σ。现已形成一套使每个环节不断改进的简单的流程模式：界定、测量、分析、改进、控制。

1.1 6σ 管理法的特点

作为持续性的质量改进方法，6σ 安全管理法具有很多与其他管理方法相同的特征：
（1）对顾客需求的高度关注。
（2）高度依赖统计数据。
（3）重视改善业务流程。
（4）倡导无界限合作、勤于学习的企业文化。

1.2 6σ 安全管理法实施的好处

如今施工现场的安全管理主要存在以下弊端：
（1）施工现场的安全管理通过惩罚式管理进行，而不是让被管理者主动接受。
（2）施工现场的安全管理方法比较有限，一般通过安全管理人员的现场监督，并配合一定的惩罚措施进行管理，被管理人员有时不能理解管理人员的工作，致使这种填鸭式的管理方法很难达到很好的效果。同时，也使得安全管理只能通过人来控制而不是制度。

（3）施工现场的安全管理工作在那些只注重产值而不是很关注安全的企业中受到的重视程度极其有限。

（4）如何正确地对安全工作的效果进行评估，使企业认识到安全管理工作的效益，让企业更加主动地进行安全投入，便成为一个非常重要的问题。

（5）有限的安全投入不能很好地分配，导致安全投入的收益不高。

（6）如何分配有限的安全投入，将安全工作的人力和财力进行调整，让安全投入的收益最大化也是一个安全工作人员需要做好的工作。

这些问题，严重地影响了安全工作的有效开展，通过什么样的方法来解决这类问题便成为安全工作者所探求的目标，而6σ安全管理法由于具有上面所介绍的一系列优点，使得它能够解决这些问题中的一部分。虽然现阶段，尤其是在国内6σ安全管理法的运用还不是很多，但是通过运用该方法，安全工作一定能够更完善。

2. 6σ安全管理法的前期准备工作

6σ安全管理法的前期准备工作主要包括人员意识和人员机构的建立。

（1）全体人员安全意识的建立

6σ安全管理法的理念是让全员积极主动地参与安全工作，运用精确数据化的评估，通过不断的调整改进，让安全工作的效益达到最大化。需要全员主动积极地参与到安全工作中，才能够使6σ安全管理法的效果最大化，因此，首先要提高全员的安全意识。

（2）组织机构及管理人员的确立

6σ安全管理法的组织机构由起发动与指导作用的领导人、改进小组的执行领导、小组成员组成。

3. 6σ安全管理法的实施

3.1 辨识关键顾客和核心流程

在一个施工企业中安全工作的任务是：在尽量节省投资的情况下，尽可能地让事故少发生或控制事故概率在可接受的范围之内，从而保证施工人员和企业生产的安全。很明显企业是通过安全管理来为关键顾客（施工现场的不稳定因素）直接服务的。我国职业健康安全管理体系的特点主要有：建立管理体系进行绩效控制；采用PDCA循环；预防为主；持续改进和动态管理；自愿原则。而职业健康管理的精髓在于实施有效的危险源辨识、风险评价和风险控制。

企业安全管理工作流程如图1所示。

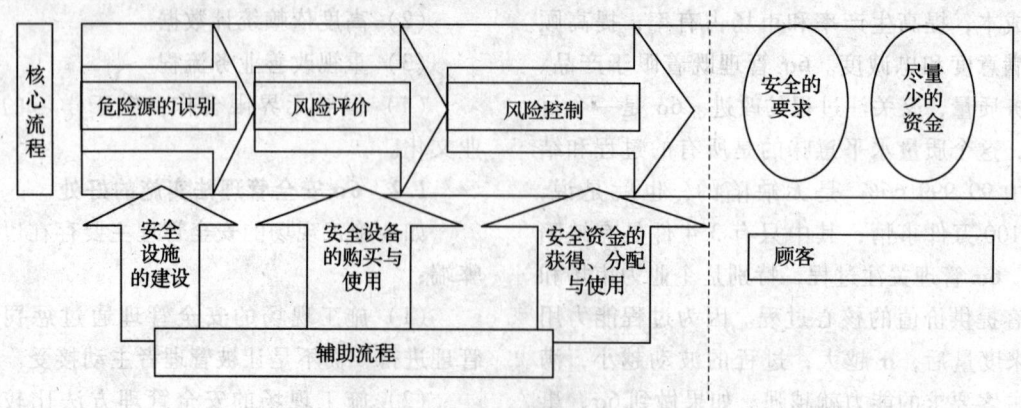

图1　企业安全管理工作流程图

3.2 对顾客的分析及定义顾客的要求

（1）对投入的分析

1）对安全资金投入现状进行分析。

2）对安全人员投入现状进行分析。

（2）对顾客的分析

1）对最主要的顾客——施工现场人员进行分析。

2）对施工现场相当重要的顾客——财物进行分析。

3）对施工现场影响顾客的因素——环境因素进行分析。

4）对施工现场影响顾客的因素——管理进行分析。

3.3 安全绩效指标的建立

在建立绩效指标时，通过对顾客需求做需求说明，通过详细的数据化需求，来对绩效进行考核。而顾客的需求分为服务需求和产品需求。

（1）服务需求

1）危险源识别的准确性与全面性。

2）风险评价的客观性。

3）风险控制措施的合理性与及时性。

（2）产品需求

对于员工安全方面的产品需求主要包括：

1）为员工提供的施工现场安全设施。

2）为施工人员提供的安全防护用品。

3）为员工所买的人身保险等。

只有界定清楚顾客（现场施工人员）的需求，才能够更好地满足这些需求，将安全工作做得更好。而在 6σ 安全管理中清楚地界定这些需求，需要列出一个非常清晰的需求说明，然后对照这些说明，不但能够顺利地进行工作，同时还能够在后面的绩效评价中起到一个很好的标准的作用。

3.4 企业当前安全工作绩效的评估

对企业当前安全工作绩效的评估主要是通过对照前面所定的顾客需求，然后计算管理（或者称为服务）过程中的缺陷率，最后计算出它的 σ 值。通过 σ 值来说明当前绩效，下面以施工现场塔吊的安全管理为例进行说明。

（1）每次机会中出现的缺陷概率（DPO）

公式为：

$$DPO = \frac{缺陷数}{产品数 \times 机会数}$$

安全管理中的示例：

200 次塔吊安全隐患排查过程中每次可能检测到 20 个缺陷，实际疏忽 128 个，则：

$$DPO = \frac{128 \text{ 个疏忽的缺陷}}{200 \text{ 次隐患排查} \times 20 \text{ 个缺陷}} = 0.032$$

（2）每百万次缺陷次数（DPMO）

公式为：

$$DPMO = DPO \times 10^6$$

安全管理中的示例：

200 次塔吊安全隐患排查过程中每次可能检测到 20 个缺陷，实际疏忽 128 个，则：

$$DPMO = 0.032 \times 10^6 = 32\,000$$

（3）σ 评估量（Sigma Measure）

安全管理中的示例：

$$32\,000 \text{DPMO} = 3.3\sigma$$

3.5 流程的改进

安全管理工作流程的改进，要通过调研和分析，识别管理服务中存在的漏洞，列出清单，然后邀请相关人员加以评价，对于需要改进之处，按程度进行分类，然后制订实施方案，加以改进，对于重大的需要改进的质量问题，应由高层召开改进会，加以落实。对于影响服务质量的因素分析，要定期开展，不能一蹴而就，因为顾客对安全管理工作的要求也是不断变化的。

（1）流程的分析

对于流程的分析，是指如何分析特定对

象的工作流程。通过分析流程，可以得知该流程有何不足之处，从而为下一步的流程的改进做准备。按上面的塔吊事故来说，从最有可能减少事故发生的环节入手，在上一节讨论的结果为原因大部分是在危险源识别阶段，未将危险源较为全面地找出来，从而最后导致了事故的发生。

（2）流程的改进

在定义、评估和分析阶段所做的全部工作，都将在改进阶段得到回报，而缺乏创造力、未能仔细思考解决方案、草率实施解决方案以及组织内部的阻挠，所有这些因素都影响6σ安全管理法的效果。

1）提出改进方案。

提出改进方案的方法有很多种，关键是让大家提出尽量多的解决方法而不需要考虑是否可行，不要降低人员提供方案的积极性，最常用的方法是头脑风暴法。

2）方案的筛选。

在这一阶段要进行方案的筛选，选出最适合的方案。而在筛选的时候，最主要的是检查：

①方案是否可行。

②相比较而言，该方案是否能够达到基本要求。

③相对而言，该方案是否投入产出比最佳。

通过筛选，得到合适的改进方案，按照该方案进行实施。接下来就是在该方案运作过程中检验方案的效果，对该方案进行评估，不断改进方案。

3）方案的评估与改进。

方案的评估是一个比较复杂的阶段，在评估过程中，一定要实事求是，以数据说话。在评估结果出来以后对其进行分析，同时重复这三步，通过不断改进，使方案达到最佳化。

通过方案的不断改进，使提出的解决方案达到最佳效果，优化该流程，使改进后的流程能够更加符合顾客安全方面的需求。

3.6 流程的控制

在流程改进到符合顾客目前的要求之后，如何对改进后的流程进行控制，使其能够一直保持下去，这是一个非常重要的工作。因此，必须修改原来的规章制度。比如，针对上面塔吊的例子，如果得到的最佳方案是确定每次的巡查路线，那么，为了将这个方案执行下去，在塔吊安全方面开始所制定的规章制度就必须加以修改，同时，以明文的形式确定下来。这是一个较为简单的流程控制的例子，简而言之，流程控制就是通过确定责任制、确定规章制度等方式，让该流程在以后的安全工作中一直执行下去。

4. 结论

本文把6σ安全管理法融入安全管理中，使用更多的数据说话，以顾客的需求为基础，不断地对顾客的安全需求进行分析，并且从事故发生的原因着手，分析事故发生主要是受到流程中哪个环节的作用与影响。通过不断对流程进行修改，使流程最优化，通过最优化的流程来更有效地防止事故发生。

6σ安全管理法有以下特点：

（1）一直以数据说话，把它作为工作的基本依据。

（2）通过对公司安全现状进行量化评估，确定安全工作的重点。

（3）制定详细的顾客安全需求，通过对照，来检查安全工作是否到位。

（4）在6σ安全管理工作开展之初，普及安全知识，使全体人员建立安全意识。

（5）确定最重要的工作对象、安全工作的核心流程，确定安全工作人员的目标。

(6) 以量化的 σ 值作为评判工作的标准。

(7) 时刻关注顾客的安全需求变化，同时寻找更优的解决方案，通过对流程的改进来达到取得最优效果的目的。

(8) 通过调整规章制度，使改进后的流程一直持续运作下去。

安全管理工作有很多复杂的地方，比如说工作不易量化，不好评估工作绩效；现场工作人员的安全意识不够等。通过对 6σ 安全管理方法和传统安全管理方法进行对比，可以看出 6σ 管理法的好处，它通过将评估标准细化量化，使安全工作的绩效可以得到一个初步的评估。同时，实施全员参与的这种管理方法，使全员的安全意识得到提高。通过不断地对安全对象进行关注了解，及时地调整安全工作流程。通过对工作流程的调整，提高安全工作的效果。

可以看出，6σ 安全管理法相对于传统的安全管理方法而言，是比较有优势的，它解决了一些传统安全管理方法不能解决的问题。可以看出，6σ 安全管理法在施工现场安全管理方面是很有用处的。

◎ 参考文献

[1] 谭章禄，李涵，徐向真. 工程管理总论 [M]. 北京：人民交通出版社，2005.

[2] 罗云，等. 安全经济学 [M]. 北京：化学工业出版社，2004.

[3] 邵祥民. 我国建筑工程施工安全现状分析 [J]. 中国外资，2008（B03）：27.

[4] 林章. 小论建筑施工项目安全风险管理 [J]. 安全与健康，2005（09S）：33 - 34.

[5] 许健威. 浅谈建筑施工安全管理 [J]. 山西建筑，2008，34（10）：210 - 211.

[6] 梁月青，张开立. 浅析建筑施工企业安全管理评价 [J]. 安徽建筑，2006，13（5）：210 - 211.

[7] 郭秀珍. 施工企业如何进行危害辨识 [J]. 山西建筑，2003，29（1）：145 - 146.

[8] 崔建荣. 浅谈建筑施工现场重大危险源辨识、整治及评价 [J]. 科技资讯，2007（23）：89.

[9] 雷西峰. 浅谈建筑企业施工现场安全教育培训工作 [J]. 建筑安全，2008，23（2）：4 - 6.

[10] 纪明波. 当前我国安全投入的现状与对策 [J]. 劳动保护，2003（6）：62 - 63.

基于事故树理论的应急救援预案完备性评价

王利利　邓红卫（指导教师）

（中南大学资源与安全工程学院，长沙，410083）

摘　要　论文充分分析了一般应急救援预案的各项内容，提出基于事故树分析（FTA）理论的应急救援预案评价方法，得出应急救援预案需要加强和完善的薄弱环节，并从量化的角度出发得到待评价应急救援预案的不完备度。最后，采用上述方法分析旅游客运索道应急救援预案，对该预案的完备性进行评价，为修订预案提供参考。

关键词　应急救援预案　评价　完备性　事故树分析法（FTA）

本文采用事故树分析（Fault Tree Analysis, FTA）法建立一般应急救援预案完备性评价的方法。通过建立应急预案系统的标准事故树，确定各基本事件的权重，将待评价应急预案的基本事件与标准事故树进行比较，得到其需要加强和完善的方面，并进一步从量化的角度出发得到待评价应急预案的不完备度，为制定或修订应急预案提供科学依据。最后对旅游客运索道应急救援预案的完备性进行评价。

1. 应急救援预案标准事故树的建立

事故树分析是在建立事故树的基础上实现的，因此，事故树的建立是必不可少的，而且是很重要的一个内容。目前我国现有的应急救援预案良莠不齐，并没有统一的标准，因此，首先必须建立应急救援预案的标准事故树，以便对待评价应急救援预案进行对比分析，实现应急救援预案完备性的评价。应急救援预案的标准事故树的内容及建立的步骤如下。

（1）分析对象

在使用事故树分析法的时候，首先明确分析对象是一般应急救援预案的完备性问题，因此，将以一般应急救援预案作为分析对象。在建立事故树之前，大量收集各种应急预案，为了保证标准事故树的权威性，还收集了与应急救援预案相关的法律法规和目前研究比较深入的、成熟的安全生产等行业的应急救援程序作为参考资料。

（2）顶上事件

在事故树中，顶上事件是不希望发生的事件，根据研究目的——对应急救援预案进行完备性评价，应急救援预案不完备是不希望发生的事件，因此，确定事故树的顶上事件为应急救援预案不完备。

（3）事件及层次关系

为了规范表达事故树中的事件，需要对应急救援预案系统事故树中的事件进行定义。在事件定义的过程中，并不涉及行为事件的正确与否，只考虑是否有该项行为事件，如不考虑事件"正确预估事故发展趋势"，而只要求具备"预估事故发展趋势"这个行为动作。另外，为了使标准事故树对一般事故应急救援预案具有通用性，在细分事件直至基本事件的过程中，要达到细化程度和通用性二者之间的平衡。参考多个应急救援预案，将应急救援预案事故树事件之间的层次关系按照4个组成部分来组织（见图1）：预防与应急准备、监测与预警、应急响应、后期处理。其中，预防与应急准备是指在事故发生之前的准备工作，防止或减少事故发生的可能性；监测与预警是指在应急行动启动之前，对事故的监测和报警工作；后期处理是指在应急状态结束之后的行动，包括各种恢复活动；应急响应是指在事故发生期间立即采取的行动等。

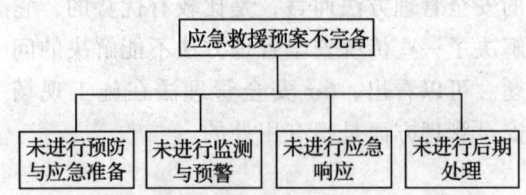

图1　应急救援预案标准事故树的主要组织结构

（4）逻辑关系和标准事故树的建立

分析各事件之间的逻辑关系，采用表1中的逻辑关系符号，建立一般应急救援预案系统的标准事故树。例如，在应急救援预案中，当"未进行预防与应急准备""未进行监测与预警""未进行应急响应"和"未进行后期处理"4个子事件中任何一个发生的时候，顶上事件"应急预案不完备"必然发生，因此，这4个子事件之间由逻辑符号"或门"来连接。以此类推，将所有关联事件的逻辑关系确定，即建立如图2所示的标准事故树（以符号表示各事件）。

表1　　　　　符号与事故树的事件逻辑关系表

符号	基本事件	符号	基本事件
A	应急预案不完备	A_{136}	未提供经费保障
A_1	未进行预防与应急准备	A_{171}	未建立监测网络
A_2	未进行检测和预警	A_{172}	未建立应急指挥系统
A_3	未进行应急响应	A_{211}	未监测事件信息
A_4	未进行后期处理	A_{212}	未上报事件信息
A_{11}	未进行宣传教育	A_{213}	未接收事件信息
A_{12}	未进行培训演练	A_{214}	未确认事件信息
A_{13}	未进行应急资源保障	A_{221}	未对事故分类分级
A_{14}	未进行风险评价	A_{222}	未发布预警信息
A_{15}	未制定与审查应急救援预案	A_{223}	未监测事件发展趋势
A_{16}	未监督检查	A_{321}	未保障应急资源
A_{17}	未建立监测预警系统	A_{322}	未成立现场指挥部
A_{21}	未检测信息	A_{341}	未进行现场监测和评估
A_{22}	未进行预警活动	A_{342}	未进行应急恢复
A_{31}	未对响应进行分级	A_{343}	未进行安全防护
A_{32}	未指挥与调度	A_{344}	未进行医疗防护和卫生防疫
A_{33}	未动员社会力量	A_{345}	未维护治安
A_{34}	未进行应急处理与救援	A_{411}	未安置人员
A_{35}	未进行信息发布和新闻报道	A_{412}	未恢复现场
A_{36}	未宣布应急结果	A_{1311}	未组建专业应急救援队伍
A_{41}	未进行善后处置	A_{1312}	没有其他救援人员保障
A_{42}	未进行社会救助	A_{3411}	未检测现场
A_{43}	未进行保险理赔	A_{3412}	未评估损失
A_{44}	未调查总结与评估	A_{3413}	未分析事件发展趋势
A_{131}	没有提供应急救援人员保障	A_{3431}	未对人员进行安全防护
A_{132}	未提供医疗卫生保障	A_{3432}	未对主要设施进行安全防护
A_{133}	没有交通运输保障	A_{34311}	未对群众进行安全防护
A_{134}	没有提供通信保障	A_{34312}	未对应急人员安全防护
A_{135}	未提供物资保障	A_{34313}	未进行群众转移安置

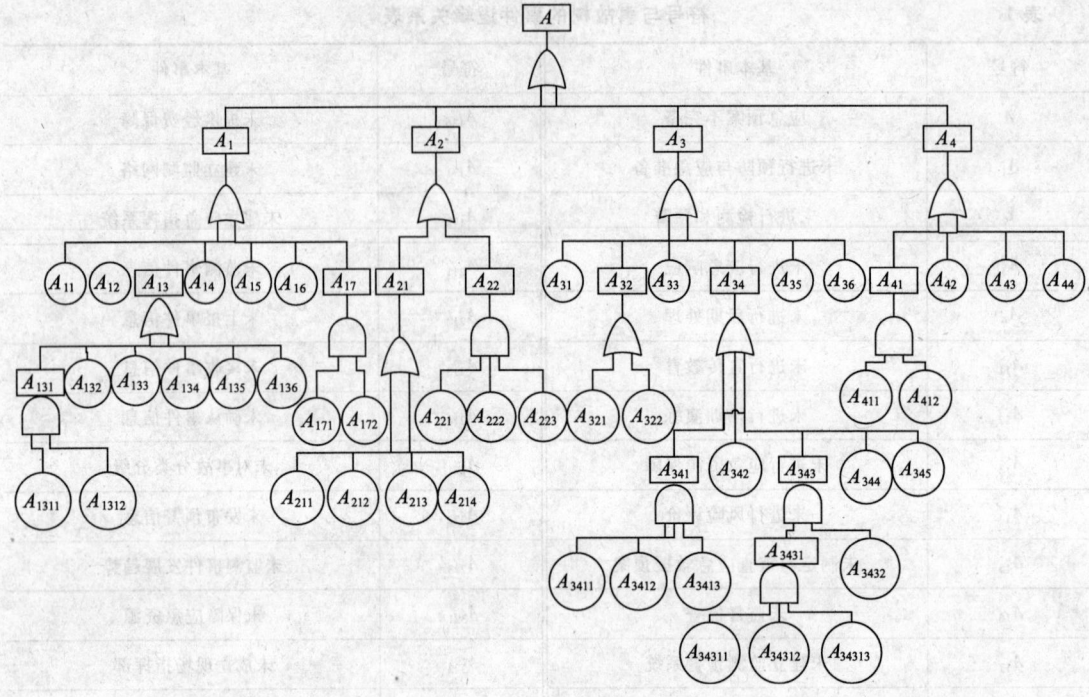

图2 符号化的标准事故树

（5）标准事故树各基本事件的权重

在事故树中，每一基本事件对顶上事件发生的贡献程度不同，即权重是不相同的。一般来说，基本事件的权重可以从概率和事故树的结构方面来确定[①]。在我国，启动和执行应急救援预案后的分析数据还很缺乏，从概率角度确定基本事件的权重并不可行。为了更准确地表示各基本事件的重要程度，从事故树的结构方面来确定各事件权重，从顶上事件开始逐层计算，直至所有事件的权重计算完毕为止。计算结果见表2，计算公式为：

$$P(e_i) = \begin{cases} 1, & e_i \text{为顶上事件} \\ P(e_i), & e_i \text{不是顶上事件,逻辑关系为"或"} \\ \dfrac{P(e_j)}{t}, & e_j \text{不是顶上事件,逻辑关系为"与"} \end{cases}$$

(1)

式（1）中，$P(e_i)$ 是事件 e_i 的权重；事件 e_j 是事件 e_i 的直接上层事件；t 是事件 e_j 的直接子事件的数量。

表2　标准事故树的基本事件及其权重

基本事件	权重
$A_{11}, A_{12}, A_{14}, A_{15}, A_{16}, A_{31}, A_{33}, A_{35}, A_{36},$ $A_{42}, A_{43}, A_{44}, A_{132}, A_{133}, A_{134}, A_{135}, A_{136},$ $A_{211}, A_{212}, A_{213}, A_{214}, A_{321}, A_{322}, A_{342}, A_{344},$ A_{345}	1
$A_{1311}, A_{1312}, A_{171}, A_{172}, A_{411}, A_{412}, A_{3432}$	0.5
$A_{3411}, A_{3412}, A_{3413}, A_{221}, A_{222}, A_{223}$	0.33
$A_{34311}, A_{34312}, A_{34313}$	0.11

2. 应急救援预案的完备性评价

如图3所示，应急救援预案完备性评价的整个流程如下：

首先，参考预先收集到的一般应急救援预案和突发事件应对法，建立应急救援预案

---

① 详见参考文献 [4]。

系统的标准事故树；根据所建事故树得出系统的基本事件集合，以及各基本事件的权重；然后将待评价应急救援预案与基本事件集合相比较，得到待评价应急救援预案缺失的基本事件，也就是该预案需要加强和完善的方面；最后，根据待评价应急救援预案缺失的基本事件和其对应的权重，计算得到该应急救援预案的不完备度。

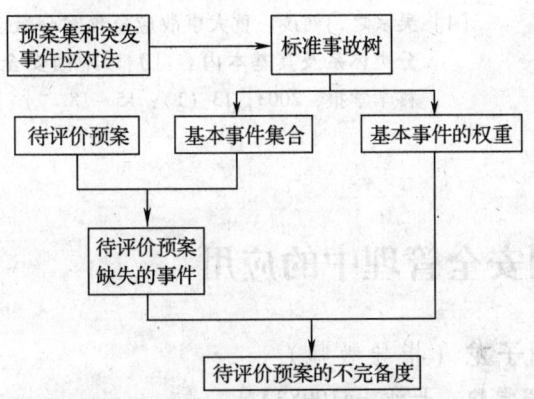

图 3 应急救援预案完备性评价的流程

得到待评价应急救援预案的缺失基本事件之后，就可以确定该预案的哪些方面需要加强和完善，但并不清楚该预案的完备性达到什么程度。因此，需要综合基本事件的权重，确定应急预案的不完备度 P。

为了更直观地得到待评价应急救援预案的完备度，可以利用标准事故树的最小割集（最小割集是指导致顶上事件发生的基本事件的最小集合）的数量对评价结果进行归一化处理，公式为：

$$P = \sum_{i=1}^{n} \frac{P(e_i)}{m} \times 100\% \qquad (2)$$

式中 m——标准事故树的最小割集的数量；

n——待评价预案缺失的基本事件的数量；

$P(e_i)$——基本事件 e_i 的权重。

3. 旅游客运索道应急救援预案实例分析

以某旅游客运索道应急救援预案为例，根据上述流程对其完备性进行评价。

首先，对该应急救援预案进行文本分析，参考事故树建立步骤中确定事件的方法，确定出该实例应急救援预案的基本事件集合。将确定出的基本事件集合与标准应急救援预案事故树的基本事件集一一进行对比，可以得到该应急救援预案缺失的，即需要完善的基本事件，见表3缺失基本事件集合，包含3个元素。

表3 旅游客运索道应急救援预案的缺失基本事件集合

序号	基本事件	基本事件代码	基本事件权重
1	未进行风险评价	A14	1
2	未建立监测网络	A171	0.5
3	未发布预警信息	A222	0.33

其次，从标准事故树中提取该应急救援预案缺失基本事件的权重，根据式（2），对该应急救援预案的不完备度进行计算，如下：

$$P = \sum_{i=1}^{n} \frac{P(e_i)}{m} \times 100\%$$

$$= \frac{1 + 0.5 + 0.33}{34} \times 100\% = 5.38\%$$

所以，该应急救援预案的不完备度为 5.38%，即完备程度达到 94.62%。

4. 结论

（1）从一般应急救援预案着手，采用 FTA 法对其完备性进行评价。通过建立应急救援预案系统的标准事故树，确定各基本事件的权重，并将待评价应急救援预案的基本事件与标准事故树进行对比，进而得知其需要加强和完善的方面，并量化地得到待评价应急救援预案的不完备度。最后，将该方法用于旅游客运索道安全事故应急救援预案的评价，确定其缺失基本事件集包括3个元素，不完备度为 5.38%，完备程度达到 94.62%。所以，此应急救援预案达到很高的完备性，在缺失的3个因素上还需改进。

（2）应急救援预案标准事故树的建立是参考现有一般应急救援预案和相关法律法规资料来完成的，随着应急救援预案的总结和制定过程的发展，标准事故树应该是不断完善和改进的。随着应急救援预案标准化进程的推进，应急救援预案的整个完备性评价过程，包括标准事故树的建立和待评价应急救援预案与标准基本事件集的对比等，都可以通过计算机实现自动化。

◎参考文献

［1］刘铁民，张兴凯. 安全评价方法应用指南［M］. 北京：北京师范大学出版社，1993.

［2］国务院. 国家突发公共事件总体应急预案［N］. 人民日报，2006-01-09.

［3］国务院法制办公室. 中华人民共和国突发事件应对法［M］. 北京：中国法制出版社，2007.

［4］吴宗之，刘茂. 重大事故应急预案分级、分类体系及其基本内容［J］. 中国安全科学学报，2003，13（1）：15-18.

危险预控理论在电网安全管理中的应用

甘亮元　黄仁东　周子龙（指导教师）

（中南大学资源与安全工程学院，长沙，410083）

摘　要　电网生产的安全问题是国内电力安全管理的一个软肋。尽管电力集团在安全管理方面特别是在运用危险预控理论方面已经做了很多努力，但是通过总结2007年南方电网的事故类型，发现仍有大量事故发生。本文运用危险预控理论，分别针对电网安全管理中缺乏危险点预控分析、危险点分析不足、危险点分析预控票混乱这三个方面，结合2007年南方电网的三个典型事故，分析危险预控理论在电网安全管理中的作用，并提出相应的预警机制。

关键词　电网　安全管理　危险预控理论　危险点

电网生产的安全问题是国内电力安全管理的一个软肋。电网安全管理的目的是对安全的行为或形态进行决策、计划、组织和控制。安全管理的核心是控制事故，而控制事故最好的方式就是实施事故预防[1]。危险预控理论是电网安全管理体系下的一个分支，作为一个新的研究领域，以先进的管理理念和严谨的预防措施为电网安全提供一个新的安全预防控制方法。但是，国内对危险点的预控管理还主要停留于事后式的传统管理，缺乏对前级因果及诱发因素的分析研究和对策，而危险点本身所具有的多变性、广泛性、连锁性、隐蔽性和多样性等特性使得对危险点的预控十分复杂，采用传统的预控管理方式难以落实。

因此，本文运用危险预控理论，分析未执行危险点预控分析的事故和危险点分析不当的事故，为仍高频率发生安全事故的电网生产提出完善的解决办法，并建立相应的预警机制。

1. 危险预控理论分析

危险预控理论，是对有可能发生事故的

危险点进行提前预测和预防的方法。它要求各级领导和职工对电力生产中的每项工作，根据作业内容、工作方法、机械设备、环境、人员素质等情况，超前分析和查找可能产生危及人身或设备安全的危险点——不安全因素，再根据有关规章制度研究、制定可靠的安全防范措施，从而达到预防事故的目的[2]。

危险预控理论的基础是危险点，内容是对危险点的预防和控制，危险预控理论的重点是危险点分析预控工作，依据是危险点分析预控票。

危险预控理论揭示了事故预防工作本质及其必然联系，它既继承了传统事故预防理论的科学性，又是对传统事故预防理论的突破，危险预控理论和传统事故预防理论是有区别的[3]。

2. 危险预控理论的应用分析

2.1 危险点分析预控的工作思路

开展危险点分析预控[4]，可以从危险点辨识、风险预控、持续改进三个层面实施，以达到不断完善的闭环管理，如图1所示。

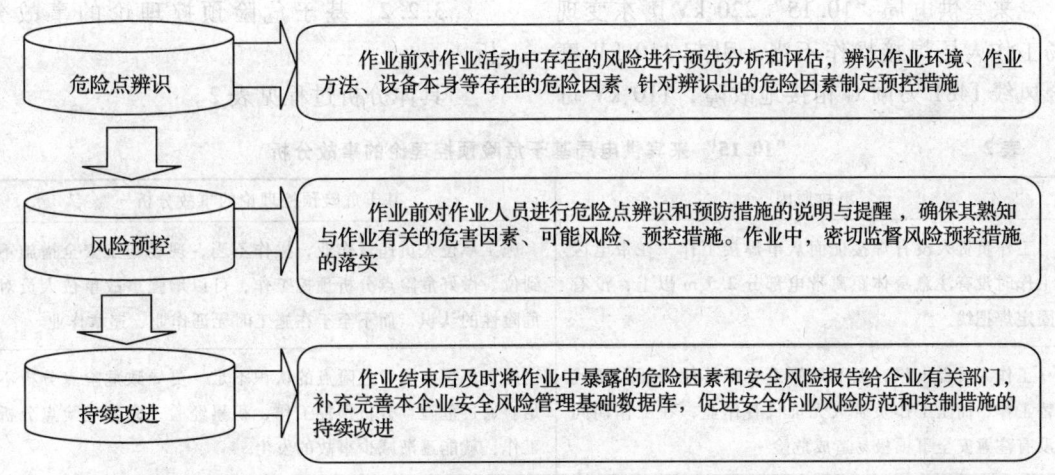

图 1 危险点分析预控的工作思路

2.2 危险点分析方法

作为危险预控理论的基础，危险点的分析至关重要。危险点分析方法主要有[5]：

（1）现场踏勘法。
（2）归纳分析预测法。
（3）习惯性违章摸排法。
（4）事故致因分析法。

3. 基于危险预控理论的电网事故分析

在 2007 年南方电网 66 个典型案例中，由于没有做危险点分析预控或者做得不到位而引发的事故有 42 个，其中未执行危险点分析导致的事故有 7 个，危险点分析不足导致的事故有 30 个，危险点分析票混乱导致的事故有 5 个。

3.1 未执行危险预控分析的事故实例

3.1.1 事故经过

儋州供电公司"6.22" 35 kV 木洋线#54—#55 杆迁移改造工程发生倒杆事故，造成 2 人死亡、2 人受伤。

3.1.2 基于危险预控理论的事故分析（见表1）

当事人对作业中可能存在的危险点及其危险性认识不足，有险不知险，而这些事故完全可以避免。做好危险点分析预控工作，让每个在现场工作的员工明白现场作业存在哪些危险点，应该怎么样避免这些危险点演变成为事故，让事故不再发生。

表1　"6.22"儋州供电公司基于危险预控理论的事故分析

事故原因	基于危险预控理论的事故分析
在#55杆紧线前,未装设紧线用的临时线就登杆作业,违反紧线规程规定的顺序作业	施工人员没有意识到危险,违章、野蛮施工。危险点分析预控工作,可以增强人们对危险性的认识,克服麻痹思想,防止冒险行为
班组作业过程严重违反技术和设计规范	施工现场的管理混乱。做好危险点分析预控工作,能减少以致杜绝现场的管理混乱问题,减少或杜绝由于指挥不力而造成的事故
两个永久拉线底盘存在重大质量缺陷而没有采取有效的防止措施	没有进行危险性分析,无法认清导致事故的根源

3.2 危险点分析不足的事故实例

3.2.1 事故经过

来宾供电局"10.15"220 kV 磨东变现场工作人员焊接操作不当,引起110 kV 磨合凤线1481刀闸C相接地故障,110 kV 母差保护动作,造成110 kV Ⅰ段母线和3个110 kV 变电站失压。

3.2.2 基于危险预控理论的事故分析

具体分析过程见表2。

表2　"10.15"来宾供电局基于危险预控理论的事故分析

事故原因	基于危险预控理论的事故分析
工作负责人没有焊接证而从事焊接工作,在带电区工作时没有注意身体距离带电部分2.5 m以上,没有固定焊把线	施工单位人员违章作业,操作不当,现场施工安全措施不到位。做好危险点分析预控工作,可以增强事故单位人员对危险性的认识,而不至于在施工时无证作业、违章作业
工作人员提出累,但不是停工安排其他持证人员代替工作,而是工作负责人无证代替作业,在工作期间没有注意安全事项极易造成危险	施工单位人员对危险点的认识不足,更导致危险点分析不足。通过危险点分析预控工作,积累经验,完善危险点分析工作,就能逐渐减少事故的发生
保供电的措施不完善,仅对有关的停电工作进行限制,对会造成电网安全供电危险的不停电工作没有提出具体要求,使得磨东变龙门构架接地引下线的焊接工装在保供电期间仍继续作业	工作人员对作业中存在的危险点没有足够的认识,没有对这个危险点提出相应的措施。危险预控方法可以使安全措施更具针对性和实效性,从而起到预防的作用
在带电作业区工作,并没有完善的管理措施	作业现场管理混乱。如果加强对危险点的认识,就能对现场施工进行有效管理

3.3 危险点分析票混乱的事故实例

3.3.1 事故经过

阳江供电局"11.21"110 kV 合山站设备检修失误、扩大工作范围而触电,造成1人死亡。

3.3.2 基于危险预控理论的事故分析

具体分析过程见表3。

3.4 危险预控理论在电网安全管理中的作用

安全管理的目的是对安全工作的行为或形态进行决策、计划、组织和控制。安全管理的核心是控制事故,在电网生产安全管理中,危险预控理论为电网生产安全管理中的预防控制提供了严整的安全管理理论和可行

表3　"11.21"阳江供电局基于危险预控理论的事故分析

事故原因	基于危险预控理论的事故分析
工作人员在无人监护的情况下,未经验电擅自手解开避雷器上的绝缘套,试图拆卸避雷器	工作人员对危险点的危险性没有足够的认识,故出现野蛮施工、违章作业的现象。同时,也反映出工作人员对作业中存在的危险点心中无数,危险点分析预控票混乱而无法给予工作人员正确的施工指导
工作负责人在工作期间,没有履行工作监护制度,只顾着拍摄设备及铭牌的照片,没有履行监护职责,在监护人离开后,没有及时派设新监护人执行监护	工作负责人的失责,是没有对危险性有更好的认识,从而缺乏正确的指挥方法
工作人员和监护人均未认识到,在工作票里并没有拆卸避雷器的任务	由于工作票混乱,危险点分析不按施工过程进行,造成失误、扩大作业范围。危险点分析工作能使安全措施更具针对性和实效性,从而起到预防的作用

的预防措施。危险预控理论在电网安全管理中的作用有：

（1）做好危险点分析预控工作,可以增强工作人员对危险的认识,克服麻痹思想,防止冒险行为。

（2）做好危险点分析预控工作,能够防止由于仓促上阵而导致危险。

（3）做好危险点分析预控工作,能够防止由于业务不熟而诱发事故。

（4）做好危险点分析预控工作,能够使安全措施更具针对性和实效性,确实起到预防事故的作用。

（5）做好危险点分析预控工作,能够减少以至杜绝由于指挥不力而造成的事故。

4. 危险预控理论在电网安全管理中的预警机制

要减少因危险预控没有做或者做得不好而导致的事故,需要企业加强管理、强化安全意识、加强安全性评价工作、杜绝习惯性违章、随时注意分析控制新的危险点。

（1）加强企业管理

1）提高企业管理水平,使其更有效、更合理。

2）加强施工现场管理,主要是对违章违规的管理。

3）加强工器具的管理,防止因设备器具原因导致事故。

4）严格执行危险点分析控制工作,严禁不执行、应付形式等不负责行为。

（2）强化安全意识

1）加强对危险点的认识。

2）提高员工整体素质。

3）开展丰富多彩的安全文化活动。

（3）加强安全性评价工作。

（4）杜绝习惯性违章。习惯性违章是导致事故的常见原因,需要：

1）加强规章制度的执行力度。

2）完善安全培训制度和奖惩制度。

3）营造安全企业气氛。

4）加强现场监护管理。

（5）随时分析控制新的危险点。

5. 结束语

本文通过对危险预控理论和方法进行研究,分析未执行危险点预控分析和危险点分析不当的事故,为仍高频率发生安全事故的电网生产安全提出完善的解决办法,并提出相应的预警机制。随着社会的不断进步和社会环境的变化,企业安全管理人员需科学地用系统的思想、系统的方法对企业安全管理工作加以研究、分析和规划,进一步从整体上认识和把握安全管理的本质及内在规律，建立科学的管理流程，使之更适应工程所面临的风险，减少或避免各种人员伤亡、电网和设备事故。

◎参考文献

［1］吴穹，许开立.安全管理学［M］.北京：煤炭工业出版社，2002.

［2］刘振敏.浅谈危险点预控［J］.电力安全技术，2002，4（1）.

［3］杨振宏.电网系统安全生产管理与实务［M］.北京：中国电力出版社，2005：75－100.

［4］刘宝群.危险点分析预控系统在供电企业的实践［J］.供用电，2008（2）：68－70.

［5］浙江省电力公司绍兴电力局.安全生产综合预控法［M］.北京：中国电力出版社，2002.

地铁隧道施工系统的安全分析

龙武文　刘敦文（指导教师）

（中南大学资源与安全工程学院，长沙，410083）

摘　要　地铁隧道在施工过程中事故频发且种类多，由于地铁修建多位于城市地下，属于地面以下施工，施工本身危险系数大，其发生事故所造成的人员伤亡和财产损失巨大，所以在逐步加大地铁建设的同时，也应增大对地铁建设施工安全的研究投入，重视其安全问题，预防地铁建设中的安全事故，减小施工事故所带来的损失和影响。而目前，在我国安全管理工作并未得到足够的重视，笔者认为有必要针对地铁隧道施工的安全问题进行统计分析，并用安全决策方法（AHP）对安全措施进行分析，从而制定出最优化的安全管理技术措施。

关键词　地铁隧道　安全决策（AHP）　安全措施

地铁在城市经济的发展中起着不可估量的作用，为人类生活带来很大便利，是解决城市交通问题的重要方法，是拉动经济增长的重大工程。经过长期快速的发展，现世界各国拥有大量的地铁，且地铁数量仍在快速增长。在我国，各大城市都在开展或即将开展地铁建设，我国将迎来一个全国地铁建设的高峰，在经济增长和地铁快速建设的过程中安全问题也日益突出，应予以足够的重视。

1. 安全决策（AHP）概述

安全决策中，针对决策问题有许多可以运用的方法，概括起来有两大类：一类是"硬技术"方法，其特点是定量化、数学模式化和计算机化；另一类是"软技术"方法，其特点是运用专家的集体智慧[1]。本文运用运筹学中的层次分析法，它是硬技术和软技术的结合[2]。

层次分析法（Analytic Hierarchy Process，简称AHP法）是美国运筹学家沙旦（T. L. seaty）于20世纪70年代提出来的，它是一种定性与定量结合的多目标决策方法，特别是将决策者的经验予以量化，在目标（因素）结构复杂且缺乏必要数据的情况下使用[3]。

2. 施工系统的安全决策分析

2.1 准则标度

在层次分析法中，为了使判断定量化，关键在于设法使任意两个方案对于某一准则的相对优越程度得到定量描述。一般对单一准则来说，两个方案进行比较总能判断出优劣，层次分析法采用 1～9 标度方法，对不同情况的评比给出数量标度，见表1。

表1　数量标度

标度	定义与说明
1	两个元素对某个属性具有同样重要性
3	两个元素比较，一元素比另一元素稍重要
5	两个元素比较，一元素比另一元素明显重要
7	两个元素比较，一元素比另一元素重要得多
9	两个元素比较，一元素比另一元素极端重要
2, 4, 6, 8	表示需要在上述两个标准之间折中时的标度

2.2 构建层次结构模型

画出施工隧道系统目标层（A）、子目标层（C）、措施层（P）之间的层次关系图，如图1所示，可清楚地看出各层之间的关系：子目标层（C）的5个因素共同作用于目标层（A），措施层（P）的4个因素各自分别影响子目标层（C）的5个子目标。比较各层次间因素相互作用的关系影响后给出各因素关系的判断矩阵，再由此运用安全决策（AHP）法求出各方案措施对隧道安全施工的综合重要度。

2.3 计算

A—C 判断矩阵见表2，C—P 判断矩阵见表3—表7。

（1）将判断矩阵的每一列元素作归一化处理，其元素的一般项为：

$$b_{ij} = \frac{b_{ij}}{\sum b_{ij}} \quad (i,j = 1,2,\cdots,n)$$

（2）将每一列经归一化处理后的判断矩阵按行相加得：

$$\overline{w_i} = \sum b_{ij}$$

（3）对向量 $\overline{w_i} = (w_1, w_2, \cdots, w_n)^T$ 归一化处理，有：

$$w_i = \frac{w_i}{\sum w_j} \quad (i = 1,2,\cdots,n)$$

得到 $\overline{w} = (w_1, w_2, \cdots, w_n)^T$，即为所求的特征向量的近似解，也是各因素的相似重要度。

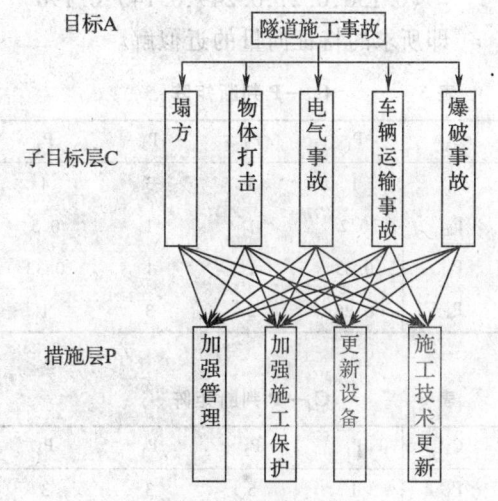

图1　层次关系图

表2　A—C 判断矩阵

A	C_1	C_2	C_3	C_4	C_5
C_1	1	0.33	0.5	1	1
C_2	3	1	1	2	1
C_3	2	1	1	2	1
C_4	1	0.5	0.5	1	1
C_5	1	1	1	1	1

表3　C_1—P 判断矩阵

C_1	P_1	P_2	P_3	P_4
P_1	1	5	2	4
P_2	0.2	1	1	0.33
P_3	0.5	1	1	0.5
P_4	0.25	3	2	1

表4　　　C_2—P 判断矩阵

C_2	P_1	P_2	P_3	P_4
P_1	1	3	4	2
P_2	0.33	1	2	0.33
P_3	0.5	0.5	1	0.5
P_4	0.2	3	2	1

用和积法计算其最大特征向量为：

$$\overline{w} = (w_1, w_2, \cdots, w_n)^T$$
$$= (0.136, 0.27, 0.249, 0.145, 0.196)^T$$

即所求的特征向量的近似解。

表5　　　C_3—P 判断矩阵

C_3	P_1	P_2	P_3	P_4
P_1	1	5	3	4
P_2	0.2	1	1	0.5
P_3	0.33	1	1	0.33
P_4	0.25	2	3	1

表6　　　C_4—P 判断矩阵

C_4	P_1	P_2	P_3	P_4
P_1	1	5	3	3
P_2	0.2	1	0.5	0.25
P_3	0.33	2	1	0.2
P_4	0.33	3	5	1

表7　　　C_5—P 判断矩阵

C_5	P_1	P_2	P_3	P_4
P_1	1	5	4	3
P_2	0.2	1	3	1
P_3	0.25	0.33	1	0.5
P_4	0.33	1	2	1

（4）计算判断矩阵的最大特征根 λ_{max}

$$\lambda_{max} = \sum \frac{(BW)_i}{nW_i}$$

$(BW) = (0.691, 1.412, 1.280, 0.738, 1)$

$$\lambda_{max} = \sum \frac{(BW)_i}{nW_i} = 5.12$$

（5）判断矩阵一致性指标

$$CI = \frac{\lambda_{max} - n}{n - 1} = 0.03$$

（6）随机一致性比率

$CR = CI/RI = 0.03/1.12 = 0.027$

同理求出措施层对目标层的最大特征向量：

$CI_1 = 0.079$, $CR_1 = 0.087 < 0.1$,
$CI_2 = 0.089$, $CR_2 = 0.099 < 0.1$,
$CI_3 = 0.054$, $CR_3 = 0.060 < 0.1$,
$CI_4 = 0.071$, $CR_4 = 0.079 < 0.1$,
$CI_5 = 0.049$, $CR_5 = 0.055 < 0.1$。

由上述判断可知，给出的判断矩阵的一致性较好，可以进行下一步计算。

（7）各种措施在隧道施工安全控制中的重要性计算

$W_{A-C} = (1.136, 0.270, 0.249, 0.145, 0.196)$
$W_{C-P}^1 = (0.508, 0.106, 0.152, 0.233)$
$W_{C-P}^2 = (0.465, 0.151, 0.139, 0.245)$
$W_{C-P}^3 = (0.545, 0.109, 0.120, 0.223)$
$W_{C-P}^4 = (0.496, 0.077, 0.127, 0.300)$
$W_{C-P}^5 = (0.547, 0.183, 0.094, 0.176)$

（8）综合重要度计算

综合重要度计算结果见表8。

表8　　　综合重要度计算结果

	C_1	C_2	C_3	C_4	C_5	W
	1.136	0.270	0.249	0.145	0.196	
P_1	0.508	0.465	0.545	0.496	0.547	$V1 = \sum W_j \times W_{1j}$ = 0.988
P_2	0.106	0.151	0.109	0.077	0.183	$V2 = \sum W_j \times W_{2j}$ = 0.226
P_3	0.152	0.139	0.120	0.127	0.094	$V3 = \sum W_j \times W_{3j}$ = 0.268
P_4	0.233	0.245	0.223	0.300	0.176	$V4 = \sum W_j \times W_{4j}$ = 0.449

3. 小结

本文通过用 AHP 原理对措施层各因素相对于目标层的影响进行计算可知，在上述假设情况下加强施工管理措施显得更重要一些，施工技术更新措施的重要性居第二位，更新设备和加强施工保护相对次要一些。但此次计算由于笔者知识和经验有限，所列数据可能不具备代表性，具体问题应具体分析，具体工程项目中应遵从实际情况和专家建议。

◎参考文献

[1] 王光远. 论综合评判几种数学模型的实质及应用[J]. 模糊数学，1984（1）：20–22.

[2] 钱颂迪. 运筹学（修订版）[M]. 北京：清华大学出版社，1990.

[3] 郭耀煌. 运筹学与工程系统分析[M]. 北京：中国建筑工业出版社，1986.

矿山通风系统安全评价方法的综合集成

王中亚　过　江（指导教师）
（中南大学资源与安全工程学院，长沙，410083）

摘　要　本文根据矿井通风系统的特点，将预先危险性分析法、事故树分析法和模糊综合评价法结合起来，运用综合集成思想，结合定性和定量评价指标对矿山通风系统进行安全评价。

关键词　安全评价　矿山通风系统　综合集成评价方法

对矿井通风系统的安全性进行评价，目的是及时发现矿井通风系统中存在的问题和安全隐患，调整和改造系统，优化通风设计，准确编制应急预案，指导通风安全管理。因此，对矿井通风系统做出科学合理的评价，发现存在的事故隐患并及时处理以防止事故的发生，成为减少矿山事故的重要手段之一[1]。

1. 安全评价
1.1 定义

安全评价是以实现工程、系统安全为目的，应用安全系统工程原理和方法，对工程、系统中存在的危险、有害因素进行识别与分析，判断工程、系统发生事故和急性职业危害的可能性及其严重程度，提出安全对策建议，从而为对工程、系统制定防范措施和管理决策提供科学依据[2]。

1.2 矿井通风系统常用的安全评价方法

1.2.1 安全检查表法

安全检查表（Safety Check List）是进行安全检查，发现潜在危险，督促各项安全法规、制度、标准实施的一个较为有效的工具。它是安全系统中最基本、最初步的一种形式。

1.2.2 事故树分析法

事故树分析法（Accident Tree Analysis，简称 ATA）起源于故障树分析法（简称 FTA），是安全系统工程的重要分析方法之一，它能对各种系统的危险性进行辨识和评价，不仅能分析出事故的直接原因，而且能深入地揭示事故的潜在原因。用它描述事故的因果关系直观、明了，思路清晰，逻辑性强，既可定性分析，又可定量分析。

1.2.3 模糊综合评价法

模糊综合评价法最早是由我国学者汪培庄教授提出的，是指对多个涉及模糊相关因素影响的事物或方案进行总评决策的方法，能很好地解决在生产和生活中存在的大量内涵和外延都不明确的模糊概念，并用定量的方式表达出来，提高定性评价的客观性。在矿井通风系统安全评价中常采用模糊综合评价法。

2. 矿井通风系统安全评价方法的综合集成

综合集成的评价方法是将两种或两种以上的方法加以改造并结合，以便在评价方法中能考虑到更多的评价因素，综合利用各种方法所提供的信息，从而尽可能地提高评价水平和精度，使评价结果更客观[3,4]。对同一评价问题，不同的评价方法提供不同的有用信息，而且每一种方法都有自己固有的缺陷，把多种评价方法进行适当组合，有利于弥补这些缺陷，使评价结果更为精确。

方法步骤：

（1）设计阶段，或是已经投入生产的矿山的预评价，采用预先危险性评价方法进行评价，初步分析出其相关不安全因素。

（2）根据预先危险性分析法分析得出的相关因素，画出事故树进行定性排序，排出安全因素的先后次序。

（3）通过对上诉排序的影响安全的因素，运用模糊综合评价法量化其具体的影响程度及大小。

（4）通过量化的分析结果，得出评价结论。

3. 综合集成评价法在黄沙坪铅锌矿通风系统安全评价中的应用

3.1 黄沙坪铅锌矿通风系统概况

黄沙坪铅锌矿中深部矿体开采通风井巷包括：总进风井为1#（副）竖井、1#斜井（老斜井）、措施斜井、1#风井。新鲜风流主要从1#（副）竖井、1#斜井（老斜井）、措施斜井、1#风井进入井下，井下经中段主要运输平巷，再经石门，从穿脉运输道，经人行天井，进入作业采场。污风从作业采场地点的充填回风天井，经上部中段回风平巷，汇集于2#风井、3#风井后，抽出地表，以实现全矿通风。

3.2 黄沙坪铅锌矿通风系统的安全评价

（1）根据黄沙坪矿井通风系统的特点，首先采用预先危险性分析法进行安全预评价，初步分析出此通风系统主要的危险有害因素，然后对可能发生的事故而引起的后果提出相应的安全措施。通过分析，得出此通风系统的预先危险性分析表（见表1）。

表1　黄沙坪铅锌矿矿井通风系统预先危险性分析表

序号	主要危险位置	事故故障类型	危险等级
1	进风井口、井下主要通风巷道	进风流中粉尘浓度、有毒有害气体浓度、温度超限	Ⅳ
2	巷道	一氧化碳等有害有毒气体浓度超限，甚至导致中毒事故	Ⅳ
3	工作面、硐室	有毒有害气体超限，甚至导致中毒窒息	Ⅲ
4	盲井、盲硐、废井	中毒窒息	Ⅲ
5	回风井口通风措施	漏风大、风流短路、矿井有效风量较低、瓦斯超限	Ⅲ

（2）根据安全预评价结果，可以对通风系统的主要危险位置及危险源采用事故树分析的方法，结合定量因子，得出事故发生的原因和对其危险程度进行量化。如图1所示是矿井通风系统窒息事故的事故树[5]。

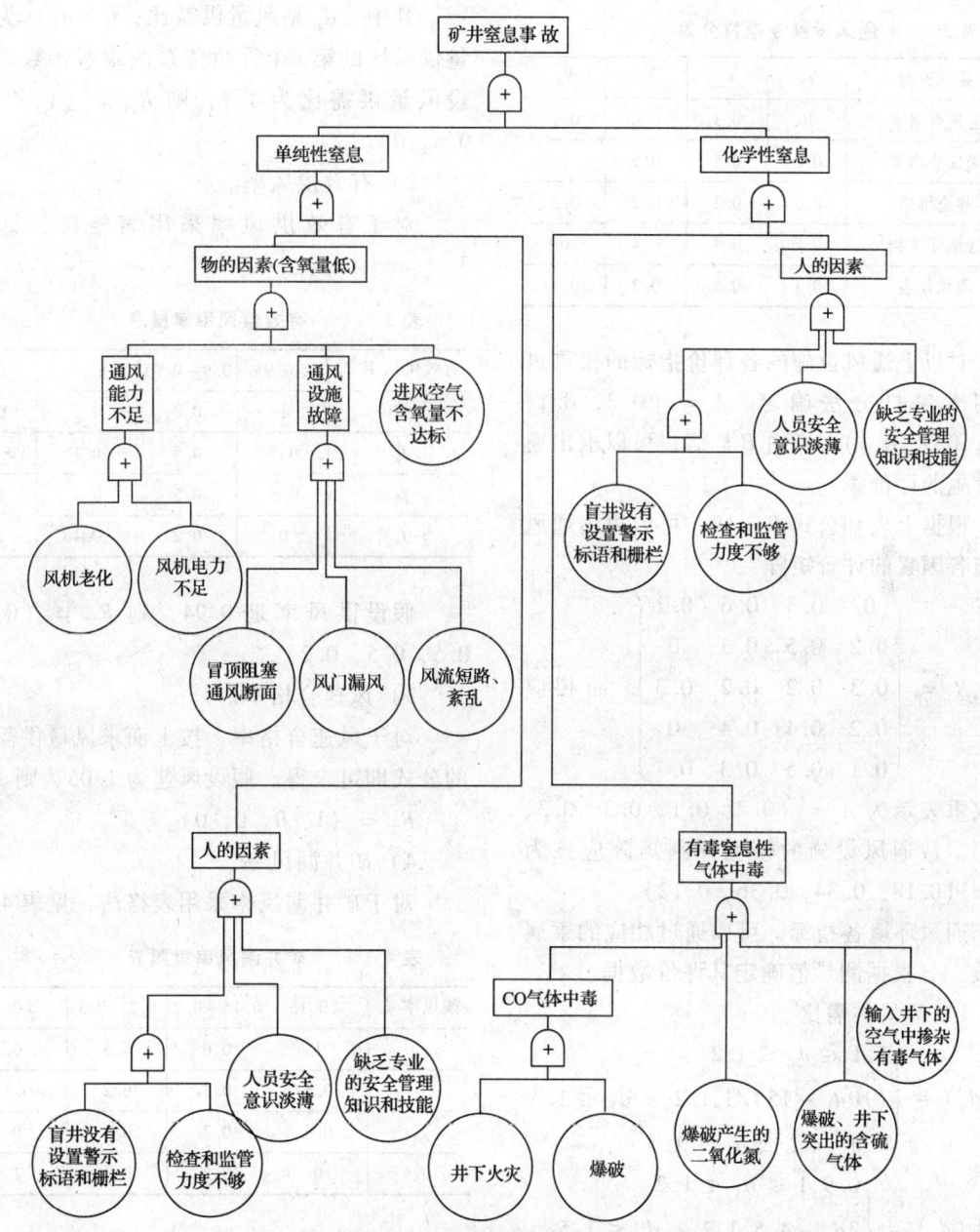

图1 矿井通风系统窒息事故的事故树

（3）根据目标层、准则层和因素层[6,7]，用 U 表示通风系统安全性，准则层的通风设施、井巷通风环境和安全管理分别用 U_1、U_2、U_3 表示，在第一个因素层用 U_{11}、U_{12}、U_{13}、U_{14}、U_{15} 表示；在第二个因素层用 U_{21}、U_{22}、U_{23}、U_{24}、U_{25} 表示；在第三个因素层用 U_{31}、U_{32} 表示。而在评价体系 V 中，用 V_1 表示很好，V_2 表示较好，V_3 表示一般，V_4 表示不好。

由于掌握的矿山资料有限，根据历史经验和相关统计数据，在通风设施中，采用专家打分法（10 位专家）来进行评价。通风设施专家打分表见表2。

表 2　　通风设施专家打分表

通风设施	V_1	V_2	V_3	V_4
主扇合格率	0	0.3	0.6	0.1
局扇合格率	0.2	0.5	0.3	0
巷道维修	0.3	0.2	0.2	0.3
通风建筑物	0.2	0.4	0.4	0
通风仪表	0.1	0.5	0.3	0.1

对以上通风设施的各评价指标的权重也采用专家打分法确定。$A = (0.2, 0.1, 0.3, 0.3, 0.1)$，则由 $B = AR$，可以求出通风设施的评价集。

根据上表和公式 $B = AR$，可以得出通风设施各因素的评价矩阵：

$$R_1 = \begin{pmatrix} 0 & 0.3 & 0.6 & 0.1 \\ 0.2 & 0.5 & 0.3 & 0 \\ 0.3 & 0.2 & 0.2 & 0.3 \\ 0.2 & 0.4 & 0.4 & 0 \\ 0.1 & 0.5 & 0.3 & 0.1 \end{pmatrix}$$

而相应的权重表示为 $A_1 = (0.2, 0.1, 0.3, 0.3, 0.1)$。故通风设施的模糊评判矩阵应该为 $B_1 = (0.18, 0.34, 0.36, 0.12)$。

通风环境各指标，可以通过相应的隶属函数[8]，根据测量值确定其评价数据。

1）风量供需比。

$$f_1(d_1) = \begin{cases} 1, 1 \leq d_1 \leq 1.2 \\ (10d_1 - 15)/3, 1.2 < d_1 \leq 1.5 \\ 0, d_1 < 1 \text{ 或 } d_1 > 1.5 \end{cases}$$

$$f_2(d_1) = \begin{cases} 0.9, 1 \leq d_1 \leq 1.2 \\ 3d_1 - 4.5, 1.2 < d_1 \leq 1.5 \\ 0, d_1 < 1 \text{ 或 } d_1 > 1.5 \end{cases}$$

$$f_3(d_1) = \begin{cases} 0.6, 1 \leq d_1 \leq 1.2 \\ 2d_1 - 3, 1.2 < d_1 < 1.5 \\ 0, d_1 < 1 \text{ 或 } d_1 > 1.5 \end{cases}$$

$$f_4(d_1) = \begin{cases} 0, 1 \leq d_1 \leq 1.2 \\ (10d_1 - 15)/3, 1.2 < d_1 \leq 1.5 \\ 1, d_1 < 1 \text{ 或 } d_1 > 1.5 \end{cases}$$

其中，d_1 是风量供需比；$f_i(d_1)$ 为风量供需比的第 i 个评价体系的隶属函数。假设风量供需比为 1.1，则 $R_{21} = (1, 0.9, 0.6, 0)$。

2）有效供风率。

对于有效供风率采用表格法，见表 3。

表 3　　有效供风率隶属表

有效供风率 d_2	>0.95	0.9~0.95	0.8~0.9	<0.8
f_1	1	0.8	0.6	0
f_2	0.7	0.5	0.4	0.3
f_3	0.6	0.5	0.4	0
f_4	0	0.2	0.4	1

假设供风率是 0.94，则 $R_{22} = (0.8, 0.5, 0.5, 0.2)$。

3）风速合格率。

对于风速合格率，按上面求风量供需比的公式即可求得。假设风速为 1.05，则 $R_{23} = (1, 0, 0, 0)$。

4）矿井漏风率。

对于矿井漏风率采用表格法，见表 4。

表 4　　矿井漏风率隶属表

漏风率 d_4	<0.15	0.15~0.2	0.2~0.3	>0.3
f_1	1	0.6	0.5	0
f_2	0.5	0.3	0.2	0.1
f_3	0.4	0.3	0.1	0
f_4	0	0.2	0.3	1

假设漏风率为 0.16，则 $R_{24} = (0.6, 0.3, 0.3, 0.2)$。

5）等积孔大小。

对于等积孔大小采用表格法，见表 5。

取等积孔大小为 0.16，则 $R_{25} = (0.3, 0.4, 0.5, 0.4)$。

综合通风环境的 5 个因素，得到评价体系矩阵：

表 5　等积孔大小隶属表

等积孔大小 d_5	>2	0.15~0.2	0.1~0.2	<0.1
f_1	1	0.3	0.2	0
f_2	0.6	0.4	0.2	0.1
f_3	0.7	0.5	0.2	0
f_4	0	0.4	0.3	1

$$R_2 = \begin{pmatrix} 1 & 0.9 & 0.6 & 0 \\ 0.8 & 0.5 & 0.5 & 0.2 \\ 1 & 0 & 0 & 0 \\ 0.6 & 0.3 & 0.3 & 0.2 \\ 0.3 & 0.4 & 0.5 & 0.4 \end{pmatrix}$$，而相应的权重表示为 $A_2 = (0.4, 0.3, 0.1, 0.1, 0.1)$，故通风环境评判矩阵为 $B_2 = (0.47, 0.58, 0.47, 0.12)$。

对于通风管理系统，采用专家打分法，通风管理系统隶属表见表6。

表 6　通风管理系统隶属表

通风管理	V_1	V_2	V_3	V_4
管理机制	0.3	0.3	0.2	0.2
人员素质	0.4	0.3	0.2	0.1

故 $R_3 = \begin{pmatrix} 0.3 & 0.3 & 0.2 & 0.2 \\ 0.4 & 0.3 & 0.2 & 0.1 \end{pmatrix}$，假设 $A_3 = (0.4, 0.6)$，所以 $B_3 = (0.36, 0.3, 0.2, 0.14)$。

6) 准则层权重的确定。

对于准则层的3个指标，设它的权重为 $A = (0.3, 0.4, 0.3)$，则 $S = AB$，故：

$S = (0.3, 0.4, 0.3)\begin{pmatrix} 0.18 & 0.34 & 0.36 & 0.12 \\ 0.47 & 0.58 & 0.47 & 0.12 \\ 0.36 & 0.3 & 0.2 & 0.14 \end{pmatrix}$ 所以 $S = (0.35, 0.424, 0.336, 0.126)$。

归一化处理得 $S = (0.283, 0.343, 0.271, 0.103)$。

综上所述，整个评价过程思路清晰，目标明确。通过最终的数据可以看出，认为该矿通风系统较好的比例最高，为34.3%。所以，通过评价得出结论，该矿山的通风系统是较好的。

4. 结论

在本论文中，通过分析常用的矿井通风系统安全评价方法的特点，从定性和定量的角度，从中优选五种评价方法，将其有机地结合在一起，形成一种综合集成的评价方法，使其发挥各自评价方法的功能，在矿井通风系统的不同阶段、不同评价点，分析出影响通风系统运作的因素。

（1）在综合集成评价法中，采用预先危险性分析法作为首要分析，可以对还未投入生产的通风系统进行分析与评价。同时，还可以通过接下来的两步，对其影响因素进行量化处理，使评价结果更为明确。

（2）采用综合集成评价法，评价过程更明确，思路更清晰，结果也更为准确。

（3）综合集成评价方法可以拥有几种评价方法的特点，使评价结果更为客观，更具有实际指导意义。

◎参考文献

[1] 王英敏. 矿井通风与防尘[M]. 北京：冶金工业出版社，2007.

[2] 刘铁民，张兴凯，刘功智. 安全评价方法应用指南[M]. 北京：化学工业出版社，2005.

[3] 李润求，施式亮，彭新. 矿井通风系统安全评价方法及发展趋势[J]. 中国安全科学学报，2008，18（1）：112-118.

[4] 白文元，何昕，赵云胜. 非煤矿山安全评价方法探讨[J]. 工业安全与环保，2004，30（8）：32-34.

[5] 郭玉森. 矿井窒息死亡事故分析[J]. 煤矿安全，2001（5）：39-44.

[6] 崔岗，陈开岩. 矿井通风系统安全可靠性综合评价方法探讨[J]. 煤炭科学技术，1999，27（12）：40-43.

[7] 余铁军，许梦国，姚高辉，等. 模糊综合评判法在矿井通风系统安全评价中的应用[J]. 黄金，2007，5（28）：18-21.

对我国废旧家电回收处理的建议

王芳宇 刘敦文（指导教师）

（中南大学资源与安全工程学院，长沙，410083）

摘　要　在我国废旧家电回收处理的过程中，无论是技术还是立法方面，都存在很多问题与不足。本文针对这些问题提出相应的解决建议和自己的看法。

关键词　废旧家电　回收处理

我国家用电器设备的大规模普及起始于20世纪80年代，按一般电器设备10～15年的使用寿命计算，最近几年将出现更新换代的高峰。

废旧家用电器具有环境污染和资源再生两方面的基本特性[1]。它具有很高的回收利用价值，含有大量可回收的有色金属、黑色金属、塑料、玻璃以及一些仍有使用价值的零部件等，回收利用具有广阔前景。伴随我国近年来社会经济的快速发展，国内经济对资源的需求大幅度增长。因此，寻求废旧电器再商品化的技术将是最好的出路。但是家电垃圾又含有铅、锡、汞、铬、聚合溴化联苯（PBB）等有毒有害物质，处理难度高，极易造成环境污染，所以回收利用也必须提高技术含量，降低污染，走规模化、产业化的路线。

1. 对我国废旧家电回收处理的建议

我国作为一个世界电子信息产品的制造大国和消费大国，无论在立法方面，还是在回收处理的工艺技术和设备方面等都与发达国家存在较大差距，现状令人担忧。所以，我国应该借鉴国外的先进做法与经验，建立较完善的相关法规，政府还应从各方面给予企业扶持，研制开发具有自主知识产权的废旧电子产品回收处理的工艺技术和设备，同时还应积极向公众宣传环保知识。只有这样，才能从堆积如山的电子垃圾中解放出来。

1.1　借鉴国外的回收处理经验技术

研究、完善回收利用水平，以应对废旧家电挑战，应加大对家用电器生产和科研的投入，生产出具有节能、低污染、低辐射和易回收等特征的新型产品并尽快建立全社会的回收系统。在电子产品设计、制造、流通、使用和回收过程中融入3R概念（Recycle、Reduce、Reuse），改变电子产品整体结构，采用模块化设计，使产品用旧后，能通过产品再造，把旧产品按照一定的标准整修翻新，通过严格的测试，然后重复使用。目前，发达国家基本上都制定了比较完善完整的相关法律、法规及回收再生标准，建立了许多专业的废旧家电回收处理厂，甚至建立了废旧家电信息管理系统[1]，这些均值我国借鉴。

1.2　加强宣传

目前我国公众的环保意识才刚刚觉醒，《中国公众环保民生指数（2006）》报告中指出：一方面，86%的公众认为环境污染对现代人的健康造成了很大影响；另一方面，公众的环保意识总体得分为57.05分，环保行为得分为55.17分，还没过及格线。许多家电垃圾回收从业人员不了解其中的危害，导致从业中毒。许多市民把旧电器卖给小贩，助长了旧电器非法拆解的风气。国家应多方面向公众宣传家电垃圾的危害和合理回收利用的知识，使公众积极参与电子垃圾的回收，并有效监督其拆解和再利用的情况，教育消费者特别是政府部门购买环保型产品，以提高公众的环保意识[2]。

1.3 从整体到局部完善各体系

完善的体系可避免废旧家电的处理问题流于形式，而取得实效的根本保证，其中包括完善我国的产业化政策和法律法规。

（1）完善国家产业政策

1）建立绿色 GDP 的核算体制。绿色 GDP，就是对现行的国民经济核算体系进行调整，并从现行 GDP 中扣除由环境资源恶化等因素引起的经济损失成本[3]。

2）加大转移支付力度，实行产业补贴。企业生产前期的产品技术革新、工艺改善，以及后续的回收处理等一系列行为本身就存在"外部性"，所以政府对企业付出的这部分成本给予一部分资金补贴具有合理性。

（2）完善国家法律法规

面对迅猛而来的电子垃圾，大众呼吁相关立法近日出台。立法中应照顾到以下四方面：

1）生产者责任的延伸。制造商应对其设计、制造的家电产品从"生"管到"死"，承担产品废弃时的管理费用，并允许制造商将这笔费用摊入成本。

2）使消费者同样承担由于消费造成的污染责任。如果说目前我国不宜实行废弃者付费制，那么可以考虑将产品废弃的回收处理费摊入产品制造成本中，用这笔费用支持废旧家电的回收利用及回收利用技术的开发。

3）政府迫使进口我国的电子产品符合我国规定。

4）严厉打击境外电子垃圾非法输入我国。建议将境外电子垃圾非法运入与当地海关和环保局建立直接的责任挂钩制度。

1.4 鼓励技术创新并积极开展试点工作

许多发达国家如今已有的完善的废旧家电回收再利用技术体系和法规都是在开展试点后得到的。1995—1998 年，日本建成电冰箱、洗衣机、房间空调器、电视机四种废旧家电的连续处理资源回收系统实验厂，该示范工程包括废旧电视机阴极射线管（CRT）的资源回收验证研究、废旧电冰箱氟利昂回收验证研究和开发无害化处理技术、废旧房间空调器制冷剂回收研究、试验。在此基础上，1998 年 5 月，日本公布了《家电再商品化法》，并于 2001 年 4 月 1 日正式实施。所以我国在废旧家电回收利用立法及建立现代废旧家电回收利用体系的过程中，也应进行试点工作，摸索经验，取得第一手资料。

国家发改委已将浙江省和青岛市确定为废旧家电及电子产品回收处理体系建设的试点省和试点市。目前，浙江省将在杭州建立一个处理中心，在 11 个市建立区域分点回收网络体系，从而建立起全省一年 80 万台（套）废旧家电及电子产品的回收、资源化利用和无害化处理的回收处理体系。如试点取得成功，应尽快向全国推广，以点带面，逐步将其家电垃圾处理职能及作用辐射到周边的区域。

1.5 国家给予一定政策支持

治理环境污染，政府责无旁贷，企业亦是举足轻重的参与者。我国目前对环境保护采取的只是强制性政策，没有相应的政策支持，无法从根本上调动企业的积极性。因此必须给予实施环保举措的企业一定的政策支持，才能让企业真正成为环保的主力军。政府可通过税收等手段来激励生产厂商生产环境友好型产品，从源头减少甚至淘汰有害物质的使用，采用更有利于循环利用的材料和设计。在回收方法上，可采用折价手段，将原来无利用价值的旧电器折价回收，产生一定经济价值，形成良性循环。对废旧家电再生产品应当按照再生产品质量标准进行检测，把好质量关，并将其列入再生资源管理目录中，纳入再生资源的统一管理。建立材料税收政策：为了减少消耗天然资源，对于取自天然资源的原生材料建议征收原生材料税；为了鼓励利用再生材料，对于符合质量标准的再生材料，建议减免再生材料税，并且政府应优先采购采用再生材料的产品[4]。

1.6 建立专门的旧货交易市场

鉴于我国的回收系统不完善，回收渠道以零散的小商贩街头巷尾地收购为主，可以在各地建立专门的废旧家电交易市场。此交易市场的交易不单一限于现金收购，可以开展各种形式的交易活动。

（1）与生产商或销售商联系开展"以旧换新"活动。此"以旧换新"不同于传统的同种类产品的"以旧换新"，让交易者可以根据自己的实际需要换取各类产品，如此能更好地调动交易者的积极性。

（2）与商场或超市等建立合作关系，可以将废旧家电以"部分现金部分购物券"或者"全部购物券"的形式回收（整体价钱要大于商贩的回收价钱），这样还能带动人们的消费。

1.7 建立我国西北地区家电回收渠道

现在西北地区废旧家电的处理基本处于失控状态，全由个体商贩自发地负责回收，随后的处理基本没有监控，更缺乏相关的统计报道。然而，西藏、青海、宁夏、甘肃和新疆等省区是生态脆弱地区，如三江源头、沙漠及荒漠地区一旦受到环境污染，将很难恢复，对下游地区的环境也会产生很大的影响[5]。

为了使类似的悲剧不再在中国西北地区重演，必须摆脱散兵游勇式的小商贩回收，同时应避免由于处理技术落后带来的局部环境恶化和资源的浪费，必须走规模化、产业化道路，提高技术含量，降低污染。由于西北地区地广人稀，交通不便，尤其是西藏、青海、宁夏、甘肃和新疆，运费和保管费用很高。而且，这些地区区域发展很不平衡，文化及消费观念差异巨大，这些都对电子垃圾回收很不利。鉴于西北地区的实际情况，利用电器产品的生产厂家回收电子垃圾是较为可行

的办法之一。例如，2006年，四川由长虹工程技术中心自主开发建设的废旧CRT电视回收生产示范线建成，并以这条生产线为基础，通过进一步进行技术设备开发和产业化投资，建成了西部最大的废旧家电回收基地。

2. 结论

先进国家的废旧家电从生产、使用到回收再生形成了整个的良性循环，而我国的垃圾分类刚刚起步，高昂的回收成本最终还要转移给处理加工企业，这无形中加重了企业的负担。而一些从事废旧家电处理的个体经营者之所以能生存，就是因为他们不承担环保的社会责任，技术原始，投入少，一把锤子一个硫酸池就解决了问题。这与废旧家电无害化资源化回收再生产业化、规范化运作的初衷是背道而驰的。

因此，要使我国废旧家电"回收——无害化处理——再生利用"体系最终推向产业化，不仅仅在于国家技术政策的强化，还应考虑到全民意识的提高和废旧家电回收伴随的物流运输能力、地区及发展差异、文化及消费观念差异。本论文考虑各个方面的因素，提出以上建议，以求建立最适宜中国国情的科学的废旧家电回收处理体系。

◎参考文献

[1] 杨永华，林培龙，王明兰. 发达国家如何治理电子垃圾 [J]. 粤港澳市场与价格，2007（6）：32-33.

[2] 杜晓燕. 循环经济发展模式下的我国电子垃圾产业化问题研究 [J]. 经贸纵横，2008（5）：95.

[3] 韩立琳，胡晓峰. 我国电子废弃物立法的困局与出路 [J]. 环境保护，2005（5）：27-30.

[4] 王育松. 我国电子垃圾的现状、危害及资源化对策分析 [J]. 资源发展，2008（2）：17.

[5] 刘保健，张敏，李文清. 建立我国西北地区电子垃圾回收渠道 [J]. 资源再生，2007（4）.

高放核废料深地质处置的概率风险评价

李 森 过 江（指导教师）

（中南大学资源与安全工程学院，长沙，410083）

摘 要 随着我国核电业的快速发展，大量核废料的安全处理将是一个必须面对的问题，尤其高放核废料因其高放射性，极具危险性。本文对高放核废料的最终处置方式——深地质处置，运用概率风险评价法进行评价，得出事故的风险度，以评价深地质处置安全性是否可接受。

关键词 高放核废料 深地质处置 概率风险评价

1. 高放核废料概述

按放射性废料的放射性强弱将放射性废料划分为高水平（$3.7 \times 10^{11} Bq \cdot kg^{-1}$ 以上）、中水平（$3.7 \times 10^{8} \sim 3.7 \times 10^{11} Bq \cdot kg^{-1}$）、低水平（$3.7 \times 10^{8} Bq \cdot kg^{-1}$ 以下）三类。高放核废料一般为从核电站反应堆芯中换出来的燃烧后的核燃料。

高放核废料中含有镎、钚、镅、锔等放射性核素，它们具有放射性强、毒性大和半衰期长等特点，较长的半衰期从数万年到数十万年不等，一旦进入人类生存环境，危害极大，且难以消除。

2. 深地质处置

放射性废料隔离时间一般应不小于废料中大多数长寿命放射性核素半衰期的10倍，高放核废料安全处置时间不得少于25 000年。深地质处置，即把高放核废料深埋在距地表约500～2 000 m 的地质体中，使之永久与人类的生存环境隔离。

埋藏高放核废料的地下工程称为高放核废料处置库。高放核废料处置库采用的是多重屏障系统设计思路，即把废料（乏燃料或玻璃固化块，多为玻璃固化块）储存在废料罐中，外面包裹缓冲材料，再向外为围岩（花岗岩、凝灰岩、岩盐等）。一般把废料体、废料罐和缓冲回填材料称为工程屏障，把周围的地质体称为天然屏障。

3. 深地质处置的概率风险评价

深地质处置的风险在于核素在储存期间的泄漏，经地下水进入生物圈，对人类健康和环境造成危害。可运用概率风险评价法评价深地质处置的泄漏风险。

3.1 概率风险评价法

概率风险评价法是一种定量评价法。此法是先求出系统发生事故的概率，如用故障类型及影响和致命度分析、事故树定量分析、事件树定量分析等方法，在求出事故发生概率的基础上，进一步计算风险率，以风险率大小确定系统的安全程度。系统危险性的大小取决于两个方面，一是事故发生的概率，二是造成后果的严重度。风险率综合了两个方面的因素，它的数值等于事故的概率与严重度的乘积。其计算公式如下：

$$R = SP \tag{1}$$

式中 R——风险率，事故损失/单位时间；
S——严重度，事故损失/事故次数；
P——事故发生概率（频率），事故次数/单位时间。

它的特征是：

（1）它是定性、定量相结合的系统安全分析与评价方法。概率风险评价法采用各种系统安全分析方法综合分析造成系统不安全的事件以及各种不安全后果，并定量化，综合反映系统的安全性。

（2）体现了安全评价中所追求的全面的、系统的安全特性。该方法是对复杂系统进行定量风险评价的一种重要工具。通过应用概率风险评价法，可以使安全工程师对复杂系统的特性有全面深刻的了解，有助于找出系统的薄弱环节，提高系统的安全性，并可以区分各种不同因素对系统风险影响的重要程度，为风险决策提供有价值的定量信息，为实施安全措施提供可靠的依据。

（3）应用比较复杂。这种方法要求数据准确、充分，分析过程完整，判断和假设合理，特别是需要准确地给出基本致因因素的事故发生概率。

3.2 核素泄漏事故严重度（S）

严重度（S）的取值可根据评点法，即：

$$S = F_1 F_2 F_3 F_4 F_5 \quad (2)$$

式中 F_1——事故影响大小；

F_2——对系统造成的影响；

F_3——防止事故的难易程度；

F_4——发生频率；

F_5——是否为新技术、新设备或对新系统的熟悉程度。

评点因素 F_1 的取值参照评点参考表①（见表1）。

表1 评点参考表

评点因素	内容	点数
事故影响大小 F_1	造成生命危害或重大损失	5.0
	造成相当损失	3.0
	功能全失	1.0

———————
① 详见参考文献 [4]。

续表

评点因素	内容	点数
对系统造成的影响 F_2	对系统造成两个以上的重大影响	2.0
	对系统造成一个以上的重大影响	1.0
	对系统无太大影响	0.5
防止事故的难易程度 F_3	不能	1.3
	能够防止	1.0
	易于防止	0.7
发生频率 F_4	易于发生	1.5
	能够发生	1.0
	不太发生	0.7
是否为新设计等 F_5	相当新的内容设计	1.2
	类似的设计	1.0
	同一设计	0.8

表2 处置库核素泄漏事故树事件符号及其对应名称

事件符号	事件名称	事件符号	事件名称
T	处置库核素泄漏	B_2	回填材料密封性差
A_1	工程屏障失效	B_3	包壳失效
A_2	天然屏障失效	C_1	破裂
B_1	玻璃固化体失效	C_2	热熔

表3 处置库核素泄漏事故树基本事件及其概率

事件代码	原因事件	概率
X_1	固化体机械强度不足	0.32
X_2	工艺缺陷	0.26
X_3	辐照热	0.15
X_4	违章施工	0.05
X_5	包壳机械强度不足	0.32
X_6	地下腐蚀	0.23
X_7	火山活动	0.12
X_8	地震	0.18
X_9	新构造活动	0.05
X_{10}	未来人类破坏活动	0.11

对于核素泄漏事故,其 $F_1 = 5.00$,$F_2 = 2.00$,$F_3 = 0.70$,$F_4 = 1.00$,$F_5 = 1.00$,代入式(2)得泄漏事故的严重度 $S = 7$。

3.3 核素泄漏事故频度(P)

(1)事故树的建立

将处置库发生核素泄漏这一严重事故作为事故树顶上事件,根据事故统计资料和专家经验,编制事故树,如图1所示。

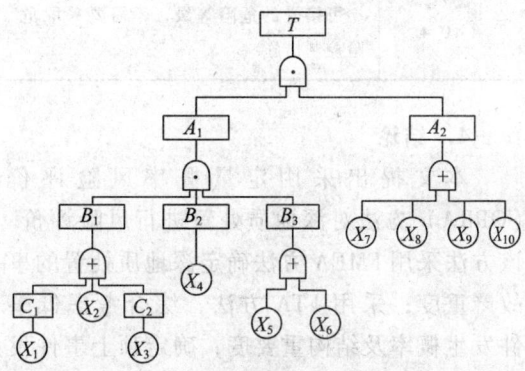

图1 处置库核素泄漏事故树

(2)最小割集

运用布尔代数化简法:
$T = A_1 A_2 = B_1 B_2 B_3 (X_7 + X_8 + X_9 + X_{10})$
$= (X_1 + X_2 + X_3) X_4 (X_5 + X_6)(X_7 + X_8 + X_9 + X_{10})$
$= X_1 X_4 X_5 X_7 + X_1 X_4 X_5 X_8 + X_1 X_4 X_5 X_9 + X_1 X_4 X_5 X_{10} + X_1 X_4 X_6 X_7 + X_1 X_4 X_6 X_8 + X_1 X_4 X_6 X_9 + X_1 X_4 X_6 X_{10} + X_2 X_4 X_5 X_7 + X_2 X_4 X_5 X_8 + X_2 X_4 X_5 X_9 + X_2 X_4 X_5 X_{10} + X_2 X_4 X_6 X_7 + X_2 X_4 X_6 X_8 + X_2 X_4 X_6 X_9 + X_2 X_4 X_6 X_{10} + X_3 X_4 X_5 X_7 + X_3 X_4 X_5 X_8 + X_3 X_4 X_5 X_9 + X_3 X_4 X_5 X_{10} + X_3 X_4 X_6 X_7 + X_3 X_4 X_6 X_8 + X_3 X_4 X_6 X_9 + X_1 X_4 X_6 X_{10}$

则所得最小割集为 $\{X_1、X_4、X_5、X_7\}$、$\{X_1、X_4、X_5、X_8\}$、$\{X_1、X_4、X_5、X_9\}$、$\{X_1、X_4、X_5、X_{10}\}$、$\{X_1、X_4、X_6、X_7\}$、$\{X_1、X_4、X_6、X_8\}$、$\{X_1、X_4、X_6、X_9\}$、$\{X_1、X_4、X_6、X_{10}\}$、$\{X_2、X_4、X_5、X_7\}$、$\{X_2、X_4、X_5、X_8\}$、$\{X_2、X_4、X_5、X_9\}$、$\{X_2、X_4、X_5、X_{10}\}$、$\{X_2、X_4、X_6、X_7\}$、$\{X_2、X_4、X_6、X_8\}$、$\{X_2、X_4、X_6、X_9\}$、$\{X_2、X_4、X_6、X_{10}\}$、$\{X_3、X_4、X_5、X_7\}$、$\{X_3、X_4、X_5、X_8\}$、$\{X_3、X_4、X_5、X_9\}$、$\{X_3、X_4、X_5、X_{10}\}$、$\{X_3、X_4、X_6、X_7\}$、$\{X_3、X_4、X_6、X_8\}$、$\{X_3、X_4、X_6、X_9\}$、$\{X_3、X_4、X_6、X_{10}\}$。

(3)结构重要度的近似计算

结构重要度分析是从事故树结构上分析各基本事件的重要程度,即在不考虑各基本事件的发生概率,或者说假定各基本事件的发生概率都相等的情况下,分析各基本事件的发生对顶上事件所产生的影响程度,一般用 $I_{\Phi(i)}$ 表示。基本事件结构重要度越大,它对顶上事件的影响程度就越大,反之亦然。结构重要度是从量化的角度将各基本事件在系统结构中的重要性进行初步量化,由于实际情况的复杂性和不可知性,只能采用近似方法。利用最小割集系数法,采用下式对结构重要度进行近似计算:

$$I_{\Phi(i)} = 1 - \prod_{x_i \in K_j}(1 - \frac{1}{2^{n_i - 1}}) \quad (3)$$

式中 x_i——基本事件($i = 1, 2, \cdots,$);

$I_{\Phi(i)}$——第 i 个基本事件的结构重要度;

K_j——最小割集($j = 1, 2, \cdots,$);

n_i——第 i 个基本事件所在最小割集的基本事件总数。

计算得:

$I_{\Phi(1)} = I_{\Phi(2)} = I_{\Phi(3)} = 1 - (1 - \frac{1}{2^3})^8 = 0.66$

$I_{\Phi(4)} = 1 - (1 - \frac{1}{2^3})^{24} = 0.96$

$I_{\Phi(5)} = I_{\Phi(6)} = 1 - (1 - \frac{1}{2^3})^{12} = 0.80$

$I_{\Phi(7)} = I_{\Phi(8)} = I_{\Phi(9)} = I_{\Phi(10)}$

$$= 1 - \left(1 - \frac{1}{2^3}\right)^6 = 0.55$$

(4) 计算核素泄漏事故频度（P）

由于最小割集相交，使用相容事件的概率公式计算：

$$P(T) = \sum_{j=1}^{r} \prod_{x_i \in K_j} q_i - \sum_{1 \leq j < s \leq r} \prod_{x_i \in K_j \cup K_s} q_i + \cdots$$
$$+ (-1)^{r-1} \prod_{x_i \in K_j} q_i \quad (4)$$

式中 $P(T)$——顶上事件发生频度；

q_i——基本事件发生概率；

r——最小割集的个数；

$x_i \in K_j \cup K_s$——第 i 个基本事件 x_i，可属于第 j 个最小割集或属于第 s 个最小割集。

对于地质库，由于各基本事件的事故概率很小，则顶上事件发生频率按式（4）计算收敛速度很快，一般前三项即可满足计算要求，故可用下式对其进行估算：

$$P(T) = \sum_{j=1}^{r} \prod_{x_i \in K_j} q_i - \sum_{1 \leq j < s \leq r} \prod_{x_i \in K_j \cup K_s} q_i$$
$$+ \sum_{2 \leq j < s \leq r} \prod_{x_i \in K_j \cup K_s} q_i \quad (5)$$

计算可得，地质库核素泄漏事故概率为 $P(T) = 0.005$。

3.4 核素泄漏事故风险度（R）

将上述计算结果 $S = 7$、$P = 0.005$ 代入式（1），即得地质处置库核素泄漏事故的风险度 $R = 0.035$。风险度等级划分见表4。由表4可知，地质处置库发生核素泄漏事故的风险度是完全可以接受的，地质处置库可充分在实际工作中应用。

通过上面对深地质处置库核素泄漏事故的定量概率风险评价可以看出，深地质处置发生核素泄漏事故的可能性极其微小，但是一旦事故发生，带来的后果极为严重。

表4 风险度等级划分

风险度 R	风险度说明
$R \geq 3.6$	不可接受的危险，必须进行重点防范或采取安全措施以降低危险程度
$1.6 \leq R < 3.6$	不期望发生的危险等级，意外事件发生期间立即采取危险控制措施
$0.4 \leq R < 1.6$	可接受的危险等级，但需要采取一定的危险控制措施
$R < 0.4$	可接受的危险等级，不需要采取危险控制措施

4. 结论

本文提出采用定量概率风险评价（QPRA）方法对深地质处置进行风险评价。该方法采用FMEA方法确定深地质处置的事故严重度，采用FTA方法，综合考虑低事件发生概率及结构重要度，确定顶上事件发生频度；利用建立的风险度计算模型 $R = f(S, P) = SP$，确定深地质处置的风险等级，实现对深地质处置的定量概率风险评价。

利用QPRA对深地质处置进行评价，地质处置库发生核素泄漏事故的严重度 $S = 7$，频度 $P = 0.005$，风险度 $R = 0.035$，说明深地质处置相对可靠。

◎参考文献

[1] 文孝. 高放废物的深层地质处置 [J]. 国外铀金地质, 2002 (3): 22-26.

[2] 闵茂中. 国内外放射性物质地质处置研究现状 [J]. 国外铀金地质, 2002 (2): 3-8.

[3] 徐志胜. 安全系统工程 [M]. 北京：机械工业出版社, 2007.

[4] 沈斐敏. 安全系统工程理论与应用 [M]. 北京：煤炭工业出版社, 2001.

我国道路交通安全事故分析与预防控制研究

敖 然 刘敦文（指导教师）

（中南大学资源与安全工程学院，长沙，410083）

摘　要　本文运用事故树分析理论与实践相结合的研究手段，以多发事故为例，以人—机—环境理论为基础，详细分析了道路交通事故的基本事件和主要责任，制定了事故预防的控制策略。

关键词　道路交通安全　事故分析　责任划分　安全对策

1. 国内外道路交通安全状况

自汽车发明以来，全世界道路交通事故的死亡人数已逾3 000万人，交通事故死亡人数占非自然死亡的1/4左右，已成为世界最大公害。欧洲每年因车祸造成的死亡和受伤人数分别为4.1万和170万，直接经济损失为1 600亿欧元。而世界卫生组织统计，全球每年有130万人死于交通事故，受伤者多达5 000万人，经济损失高达5 180亿欧元。其中，低收入国家损失高达650亿美元，超过了这些国家每年获得的国际援助的总额[①]。

在中国，公路建设迅速发展，汽车拥有量日益增长，交通安全状况也有很大改善，重大交通事故和死亡事故的数量在下降。据来自于中国公安部的数据显示，2004年伤亡人数为107 077人，2005年98 738人，2006年89 455人，2007年81 649人，2008年73 484人。2008年是自2000年以来交通死亡人数首次低于80 000人的一年。

2. 事故类型分析

统计国家安监局官方网站上记录的道路交通事故，2009年1月到4月，这四个月的特大交通事故共266起，死亡1 140人。

统计数据中一月份的死亡人数最多和天气有关，北方在一月份还是严寒的冬季，车内空调不好的汽车前风窗玻璃会结霜，容易发生事故；南方冬季多雨，能见度低而导致事故多发。另外，如碰上积雪残冰路面还会出现制动失灵等情况，这就导致了侧翻和失控等公路交通事故频发。如图1和图2所示为2009年1—4月特大交通事故死亡人数及数据。

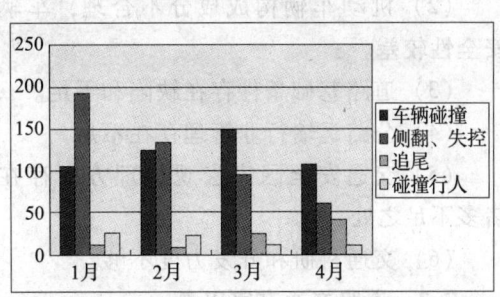

图1　2009年1—4月特大交通事故死亡人数

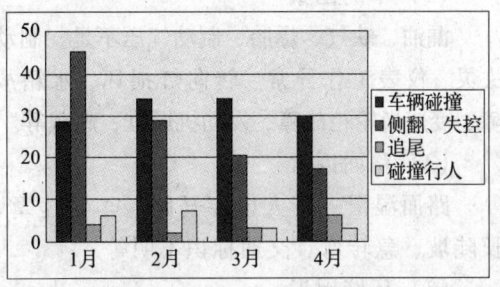

图2　2009年1—4月特大交通事故数据

[①] 详见参考文献 [1]。

据统计，这266起特大交通事故中有80%以上是由人的因素造成的，有4起是超载原因导致溜车，有2起是制动失灵，1起是转向失灵，有9起追尾发生在高速公路上，但是其中只有2起是能见度低造成的，而且不能排除车速过快、没有在雾天慢行、车距过小的因素。

3. 分析道路交通事故

3.1 影响我国道路交通安全的重要因素

道路交通事故主要有以下几种：车辆碰撞、侧翻、失控、追尾、碰撞行人等。对于宏观影响因素，从影响交通安全的人、车、道路、环境及管理等几个方面分析，可以确定我国道路交通安全的六个宏观影响因素，在每个宏观因素下又可确定多个具体的微观影响因素。我国正处于高速发展阶段，交通相关法律、法规不完善，缺少健全的国家交通安全战略计划，对道路、车辆有关部门的监督管理不到位，全员交通安全意识不强，这些都是影响我国道路交通安全的重要因素。

（1）交通参与者交通安全意识淡薄。

（2）机动车辆构成成分不合理，车辆安全性较差。

（3）道路基础条件存在缺陷和不足。

（4）公路运输行业管理存在不足。

（5）交通安全国家宏观管理方面存在诸多不足之处。

（6）交通科研和开发力度不够。

3.2 道路交通有害因素

（1）车的因素

漏油、缺气、爆胎、制动气压不足、制动失灵、仪表工作异常、转向灯损坏、水箱故障、变速齿轮箱故障、发动机爆缸、超载等。

（2）路面因素

路面湿滑、行人横穿马路、车辆违章、长陡坡、急转弯、交通标识不明等。

（3）环境因素

噪声、雨雪天气、光、视觉疲劳等。

（4）人的因素

视觉障碍、听觉障碍、经验不足、油离配合技术不好、酒后驾车、超车、逆行、超速等。

3.3 交通事故的发生机理分析

现有的道路交通安全研究成果一般都基于上述4个因素考虑。如果换一个思考角度，其实任何一起道路交通事故的发生是由两个因素共同引起的，就是所谓的二维碰撞理论。可以将交通事故看成是两个能量体的碰撞，正如化学反应中的两个活化分子，事故中的生命财产损失就是在碰撞中消耗的能量，而其中的一个因素是交通异变点的存在，另一个因素是在异变发生时具有一定特性的交通流的存在与碰撞。研究交通安全也可以从交通变异点和交通流着手，通过研究交通冲突的发生过程、交通流特性与交通安全的关系，并考虑微观的驾驶行为过程，来研究、探讨道路交通事故的发生机理。

3.4 事故分析

（1）溜车事故分析

溜车事故是发生在坡道的常见事故。

大多发生在短驾龄驾驶员中，主要是因为在上坡停车和起步的时候油离配合不好和制动不良。一般这类事故造成的危害不算大，主要是因为大多数情况都可以及时反应过来，但是偶尔也有轻微碰撞发生，造成车体损伤，这也是城市交通事故中常见的案例。根本原因是驾校的培训不够和驾照考核时把关不严格造成的，驾驶员是一个高危职业，应严格把好考核关。

还有一部分原因是超载，通常发生于长途货运等老司机，虽然事故率低，但是发生后造成的危害很大，通常伴随人员伤亡和巨额经济损失。事故发生在坡道上，因为超载造成发动机超负荷倍速运行牵引力不足（或熄火），而引发溜车事故。

（2）追尾事故分析

追尾事故一般也分为两种情况，一种是发生在城市道路上，多数由于交通拥挤，还有的是发生在停车场移库倒库时，发生人群多数也是短驾龄驾驶人；另一种是发生在高速公路上，这种事故多数是因为能见度低和高速行驶，经常导致群死群伤。

（3）倾覆事故分析

倾覆事故分为以下几种：

1）路面倾覆。这种事故一般都是高速急转时悬挂系统不好的汽车重心偏移造成的，还有的是因为爆胎、转向盘扭矩过大失控而造成的。

2）出离倾覆。这种事故有的是由于发生路面倾覆脱离道路造成的，还有的是因为紧急规避，车辆冲出路基造成的。

3）坠落翻滚。这种事故是由出离倾覆引发的，当事故发生地有高落差地理环境的时候，例如桥上、崖边、盘山公路，就会发生坠落翻滚。

4. 预防道路交通事故的对策

针对道路交通事故的特点，从人、车、道路三个方面出发。"以人为本"的原则下，人是交通安全工作的保护主体，同时人也是交通事故的主要诱发条件；车是事故的主体；道路是载体，同时也是事故的发生条件，交通流是道路环境形成的客观因素。

4.1 全民教育

坚持以人为本，全方位开展交通安全宣传，推进交通安全工作社会化进程。人的交通安全意识和遵章守法情况，对交通事故起着决定性的作用，必须紧紧抓住这一关键，有针对性地开展交通安全宣传教育，强化群众的交通安全和交通法制意识。贴紧交通参与者、贴紧交通问题、贴紧交通事故隐患，结合不同时期、不同群体的实际情况，有针对性地开展宣传教育，提高交通安全工作的针对性和实效性。公路交通事故的主要原因中，由于驾驶员操作不当、纵向间距不足、疏忽大意等原因导致的交通事故占事故总数的90%以上，因为行人上路而发生的事故占1.05%。

4.2 严格控制驾驶员的上路条件

抓好培训、教育、管理三个环节，减少马路杀手。严格管理驾驶员培训学校，对学员培训过程进行全方位跟踪，每半年对驾校整体培训情况进行一次评估，建立驾校质量排行榜，定期向社会公布。对教练、车辆、场地等硬件设施达不到要求、学员考试通过率低的驾校，取消培训资质。结合初学驾驶员交通事故频发的情况，调整驾校培训内容，改进培训方法，提高培训质量。加强驾驶员考试工作，实施随机选定考试员和被考试人对考试员的综合评判制度，杜绝违规考试、发证现象。对领取驾驶证3年内发生重特大交通事故的驾驶员，对培训、考试、发证等环节进行责任倒查，对有违规行为的人员予以严肃处理。对出租、公交、旅游、长途客运等重点单位驾驶员，实行每年参加2次交通安全教育培训的措施，对违法记分满12分和发生责任事故的驾驶员，严格进行培训考试，并将培训情况录入驾驶员管理卡，增强安全驾车意识。

4.3 严格控制车辆的上路条件

（1）加强机动车辆管理，确保安全运行，建立车辆安全管理档案，实行车辆跟踪管理，在大中型客车、重中型货车及运输危险化学品的车辆上安装行驶记录仪，有效预防和查处疲劳驾驶、超速行驶等违法行为。

（2）严格执行国家汽车、农用运输车、摩托车报废标准，对达到报废标准规定使用年限、延缓报废期满一年内未申请注销登记或延缓报废的机动车，注销车辆档案，并通过媒体予以公告。

（3）加强机动车检测站的监督检查，对各检测站检测数据定期进行分析，凡发现在检测中弄虚作假的，取消检测资格委托。建立检测责任事故倒查制度，凡检验有效期内因车质原因造成重、特大交通事故的，追究有关人员责任。严把运输经营者准入关、营运车辆技术状况安全关、营运驾驶人从业资格关，加强对汽车客运站的安全监督，进一步畅通省际间信息互通渠道，将异地违法车辆、驾驶员违法信息及时转到车辆、驾驶员原籍交管部门，形成道路交通动态执法与源头监管的整体配合。

4.4 合理规划道路

运用交通工程理论，加强交通事故发案规律研究。针对道路线形及交叉口设计不合理，交通安全设施缺乏或设置不当，树木、建筑等影响驾驶员视线或道路基础设施破损，造成规律性交通事故或有可能造成交通事故的情况，运用交通工程理论，加强问题研究，积极采取治理措施，并提高道路规划建设和交通安全设施设置的科学性①。

4.5 加大监管力度和科技投入

提高科技装备和管理水平，严格处理交通违法行为，加大电子监控等智能化交通管理系统建设，为路面执法提供依据。在主要公路和高速公路的进出口及交通事故、交通肇事逃逸、交通违法、治安案件多发路段，设置电子监控设施，在区县建成区设置电视监控设施，提高科技应用能力和管理效率，逐步实现城市道路和国、省道、高速公路由民警巡逻与电子监控结合的昼夜全程控制，县乡重要公路依靠电子监控网络实现点线控制，提高道路动态监管水平。将严重超速、超载和酒后驾驶纳入刑法，一旦查出严肃处理、绝不姑息。"勤务跟着流量走，岗位随着问题设"，科学调整勤务管理模式，合理调配警力，实现全天候、无盲区的交通管理，形成点、线、面一体的区域化管理。

4.6 建立和健全交通事故紧急救援系统

为加强公路交通安全，不仅需采取措施预防交通事故的发生，还要在交通事故发生后采取措施降低事故的危害。道路交通事故导致死亡有3个高峰期：第一高峰期发生在碰撞的瞬间，约占总损失的5%；第二高峰期发生在事故后 1~2 h，约占总损失的15%，在具有先进外伤救护条件的国家，这一时期的死亡约占总数的35%；第三高峰期发生在入住医院后30天内，在机动化程度高的国家，约15%的死亡发生在这一阶段的后期。利用医疗手段很难降低第一高峰死亡率，但降低第二、第三高峰死亡率却有很大潜力。实施道路交通事故现场紧急救援是降低事故死亡率的重要措施，是预防道路交通事故的有效手段。德国和日本的道路交通事故紧急救援系统较完善，在紧急救援系统作用下，日本道路交通事故致死率由1950年的14.2%下降到1995年的1.1%，德国交通事故致死率由1970年的3.61%下降到1997年的1.696%。2005年美国道路交通事故致死率为1.3%，日本为0.9%，而中国则为17.4%，高速公路交通事故致死率更是高达29.0%②。

4.7 建立道路交通事故信息库

道路交通事故信息库有助于道路的交通安全管理。该数据库应该包括详细的道路及环境信息，如路侧环境、交通饱和度、路面抗滑性能、视距条件、道路线形和交通安全设施等。信息库中应尽可能采集量化数据，如平曲线半径、纵坡坡度、坡长和路面附着系数等。对事故发生地点也要有精确描述。此外，对事故原因、事故形态、车辆类型及行驶状态、死亡人数、死亡时间、受伤人数

---

① 详见参考文献 [2]。
② 详见参考文献 [3]。

等均应作详细记录。通过研究信息库中的资料,可掌握公路交通事故的发生机理,有利于提高公路交通安全管理水平,减少交通事故发生概率。

5. 结论

道路交通安全是一个很沉重的问题,因为无论在国内还是在国外,交通意外死亡都在意外死亡中占最大的比例,所以做好交通安全一直以来都是全世界的努力方向,我国在这方面也做出了很大的努力,取得了很好的成绩,国外在这方面起步比较早,是因为很多发达国家的汽车普及率比较高,所以他们的交通事故危险年代来得早,经过这么多年的努力,他们的交通事故已经过了危险期,我国的汽车数量这几年迅速增加,所以交通安全工作任重而道远。

本文通过对我国近几年公路交通事故的数据进行统计,划分事故类型、比例,分析诱发的主要因素,文中着重强调了教育为本、以人为本的原则,人是事故诱发的主体也是事故作用的主要对象,从安全工程的人、机、环境三个方面出发,系统地阐述了道路交通安全的预防方向。

◎ 参考文献

[1] 世界卫生组织和世界银行. 世界预防道路交通伤害报告 [M]. 北京:人民卫生出版社,2004.
[2] Astrid H. Amundsen, Rune Elvik. Effects on road safety of new urban arterial roads [J]. Accident Analysis and Prevention, 2004 (36): 115–123.
[3] 梁国华,马荣国. 高速公路事故救援支持系统无线网络方案设计 [J]. 公路, 2008 (3): 123–126.
[4] 陈国华. 风险工程学 [M]. 北京:国防工业出版社,2007.
[5] 徐志胜. 安全系统工程 [M]. 北京:机械工业出版社,2007.

吉林某有机化工厂防火防爆设计

张慧威　过　江(指导教师)

(中南大学资源与安全工程学院,长沙,410083)

摘　要　本文在阐述常用防火防爆技术的基础上,结合化工生产的特点,以中石油吉林某有机化工厂为例,对化工厂的防火防爆工作进行设计,主要针对工厂布局的防火防爆设计、火灾报警控制系统、消防系统三个方面进行设计。

关键词　防火防爆设计　消防　工厂布局

在进行区域规划时,应根据石油化工企业及其相邻工厂或设施的特点和火灾危险性,结合地形、风向等条件,合理布置。以吉林某有机化工厂为例,因常年刮西南风,很少刮东北风,石油化工企业的生产区宜位于邻近城镇或居住区全年最小频率风向的上风侧,故居民区可布置在化工企业的东北方向。两个工厂间的距离不小于 50 m。

1. 防火防爆平面设计

两条或两条以上的工厂主要出入口的道

路，应避免与同一条铁路平交。若必须平交时，其中至少有两条道路的间距不应小于所通过的最长列车的长度。若小于所通过的最长列车的长度，应另设消防车道。工艺装置区、罐区、可燃物料装卸区及仓库区，应设环形消防车道，当受地形条件限制时，可设有回车场的尽头式消防车道[1]。

以吉林某有机化工厂为例，一共有三条主消防车道，这三条通道属专用通道，其他车辆禁止通行，以保证车道畅通，当出现火灾爆炸事故时，使消防车能迅速到达事故地点。

1.1 布局形式的选择

大部分的石油化工企业出于安全考虑，采用单层建筑，爆炸危险性较高的有丁二烯车间、苯乙烯车间等，将这些爆炸危险性较高的车间和装置集中起来，便于泄爆和疏散。

规模较小的甲、乙类厂房往往性质比较单一，无须区分不同的防火分区。当规模较大，或者有不同类别的生产流程组合在一起的时候，进行合理的防火分区是必须的。它有利于减少建筑物的生产类别，也可将易燃易爆事故多发区段控制在有限范围之内。在沿海经济发达地区，由于土地价格较高，为节约土地，工艺设计有比以前更加紧凑，设备布置更加密集的趋势，在这种情况下利用防火墙、防爆墙组成不同的防火分区显得尤为重要。一般将易燃易爆的防火分区布置在顶层或建筑的周边部位，以利于爆炸时泄压[2]。

1.2 泄压设计

单层建筑泄压是减轻爆炸事故危害的一项主要技术措施，属于抗爆的一种措施。考虑到有爆炸危险的厂房爆炸后自身不致倒塌，加大泄爆面积是大部分化工厂常采用的措施。

其位置应当面向相对空旷或设备与人员活动相对较少的地方，以减小爆炸后的损失。作为泄压用的屋面及外墙均应采用轻质材料，泄压的门窗应当外开，其构造也应易于脱落。按照图中的设计，北方的设备冲击波方向应朝向北方，其南方的设备冲击波朝向南方。

工厂西南侧是办公区，人员较为集中，冲击波方向应该为南北方向。

1.3 应急疏散

甲、乙类化工车间中一般操作工人数有限，但不排除在突发事故期间人员相对集中的可能，因此不能忽视车间的人员疏散问题。

具有一定规模的甲、乙类生产车间中每个防火分区安全出口不能少于两个。当采取一定措施时，相邻的两个防火分区能够共用一个安全出口。规范要求甲、乙类生产车间应设置封闭楼梯间或室外楼梯。对于具有爆炸危险的甲、乙类厂房的楼梯间或室外楼梯，笔者认为用一般的防火墙是不够的，原因之一是墙体的抗爆能力不足；原因之二是按《建筑设计防火规范》规定，楼梯间的

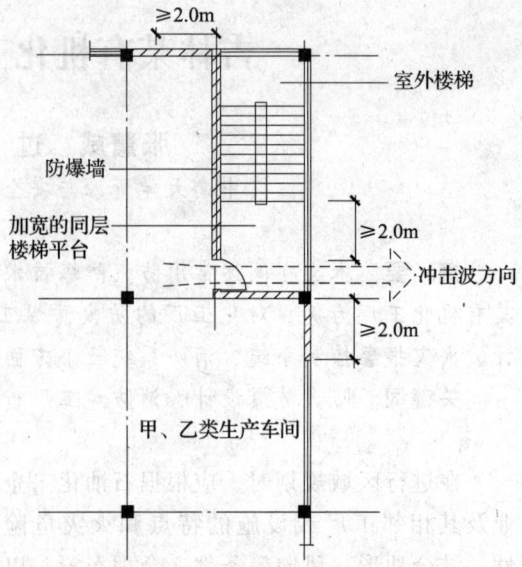

图1 室外疏散楼梯示意图[3]

注：①防火门朝疏散方向开启。②冲击波与外溢之火避开楼梯上下人流。

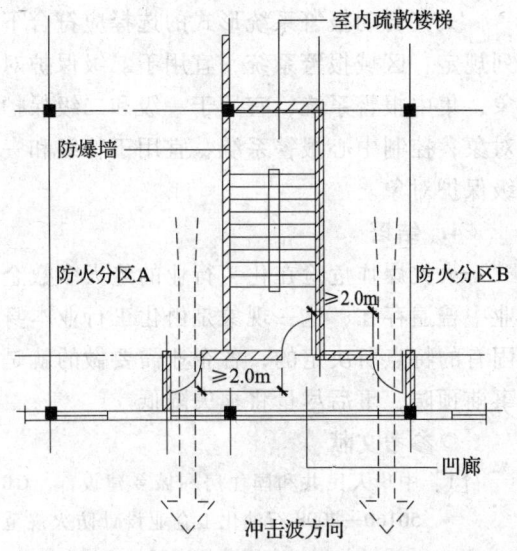

图 2 室内疏散楼梯示意图

注：①全部采用防火门，且开启方向与人流疏散方向一致。②楼梯间的门避开冲击波及随后的外溢火焰。③凹廊可作为两个防火分区的相互联络通道。④两个防火分区合用一个楼梯。

门采用乙级防火门，且必须朝疏散方向开启。不难想象如果爆炸冲击波与楼梯间门开启方向一致，乙类防火门瞬时破坏，随后发生的大火窜入疏散通道，会使楼梯间失去安全逃生功能，故楼梯间门的开启方面大有讲究。室外楼梯的同层平台也应适当放大，以避免由室外楼梯疏散门而溢出的冲击波及随后的大火殃及梯段上的人流。

2. 消防设计

大中型化工厂及石油化工联合企业应设立消防站。消防站的服务范围按行车距离计，不得大于 2.5 km，且应确保在接到报警后，消防车到达火场时间不超过 5 min。超出消防站服务范围的场所，应建立消防分站或设置其他消防设施，如泡沫发生站、手推式灭火机等。消防站的规模应根据发生火灾时消防用水量、灭火剂用量、灭火设施的类型、高压或低压消防供水以及消防协作条件等因素综合考虑。石油化工企业消防车配套应以大型泡沫消防车为主，且应配备干粉或干粉—泡沫联用车，大型石油化工企业还应配备高喷车和通信指挥车。

对于车间内的灭火设施，一般的化工单位选择干粉灭火器。干粉灭火器内充装的是干粉灭火剂，干粉灭火剂是用于灭火的干燥且易于流动的微细粉末，由具有灭火效能的无机盐和少量的添加剂经干燥、粉碎、混合而成的微细固体粉末所组成。它是一种在消防中得到广泛应用的灭火剂，且主要用于灭火器[3]。

干粉灭火器最常用的开启方法为压把法，将灭火器提到距火源 3~5 m 后，拔去保险销，喷管对准火焰根部，反复压下压把，灭火剂便会喷出灭火。开启干粉灭火棒时，左手握住其中部，将喷嘴对准火焰根部，右手拔掉保险卡，顺时针方向旋转开启旋钮，打开储气瓶，滞时 1~4 s，干粉便会喷出灭火。

3. 火灾自动报警系统设计

火灾自动报警系统一般由触发器件、火灾报警装置、火灾警报装置和电源四部分组成。从设计的角度来看，火灾自动报警系统的结构形式可以做到多种多样。但从标准化的基本要求来看，系统结构形式应尽可能简化、统一，避免脱离规范。根据 GB 50116—1998 规定，火灾自动报警系统的基本形式有三种，即区域报警系统、集中报警系统和控制中心报警系统。

由区域火灾报警控制器和火灾探测器组成的功能简单的火灾自动报警系统，称为区域报警系统；由集中火灾报警控制器、区域火灾报警控制器区域显示器（灯光显示装置）和火灾探测器等组成的功能复杂的火灾自动报警系统，称为集中报警系统；由消防控制室的消防控制设备、集中火灾报警控制器、区域显示器（灯光显示装置）和火灾探测器等组成的功能复杂的火灾自动报警系统，称为控制中心报警系统[4]。

火灾自动报警系统中，火灾探测器的设置部位应与保护对象的分级相适应。对不同级别的保护对象，探测器设置的部位有所区别。总的来说，特级保护对象是全面重点保护对象，探测器基本是全面设置；一级保护对象是局部重点保护对象，探测器在大部分部位设置；二级保护对象是局部普通保护对象，探测器在部分部位设置。针对该化工厂的保护对象分类见表1。

表1 针对该化工厂的保护对象分类

一级保护对象	二级保护对象
1. 电力调度室、防火指挥调度楼等的微波机房、控制机房、动力机房 2. 贵重设备间和火灾危险性较大的房间 3. 甲、乙类生产厂房及其控制室 4. 甲、乙、丙类物品库房	1. 档案室 2. 指挥、调度楼的微波机房、通信机房 3. 丙类生产厂房、丙类物品库房 4. 子计算机的主机房、控制室、纸库、光或磁记录材料库 5. 重要机房、贵重仪器房、设备房、空调机房、配电房、变压器房、自备发电机房、电梯机房、面积大于50 m² 的可燃物品库房

火灾自动报警系统形式的选择应符合下列规定：区域报警系统，宜用于二级保护对象；集中报警系统，宜用于一级和二级保护对象；控制中心报警系统，宜用于特级和一级保护对象。

4．结语

火灾爆炸危险在化工行业的绝大多数企业中普遍存在，这一现象是由化工行业本身固有的特点所决定的，各企业需要做的就是事前预防，事后尽量将损失降低。

◎参考文献

[1] 中华人民共和国住房和城乡建设部．GB 50160—2008 石油化工企业设计防火规范[S]．北京：中国计划出版社，2008．

[2] 崔克清，张礼敬，陶刚．化工安全设计[M]．北京：化学工业出版社，2004．

[3] 濮容生，何军，杨国飞，等．消防工程[M]．北京：中国电力出版社，2007．

[4] 中华人民共和国公安部．GB 50116—1998 火灾自动报警系统设计规范[S]．北京：中国计划出版社，1998．

施工升降机危害的控制对策

康海峰 周子龙（指导教师）

（中南大学资源与安全工程学院，长沙，410083）

摘 要 "安全第一、预防为主"，施工升降机危害的控制预防是在事前通过有效的有形手段和无形手段来控制其危害程度，事后通过应急预案和调查，总结事故的发生原因，最后利用PDCEA的不断循环，使施工升降机处于安全可接受状态。

关键词 施工升降机 危害控制 PDCEA 事故预防

施工升降机危害的控制预防要强调事前、事中和事后的全过程控制，包括安全设施所需的材料、设备及防护用品，以及施工现场的安全控制措施。防止不合格的材料、设备用于工程；防止素质低，未经教育的人员进入现场冒险作业，从而对物的不安全状态和人的不安全行为两个方面实施全过程控制。特别要求施工现场应针对施工升降机的规模、结构、环境、承包性质等实施安全策划，识别、确定项目施工的危险部位和过程，制定并采取与之相适应的安全技术和管理措施，使这些危险部位和过程能得到有效控制。

1. 施工升降机安全控制对策的基本要求和应遵循的原则

1.1 施工升降机安全控制对策的基本要求

在考虑、提出安全控制对策时，应满足以下基本要求：

(1) 能消除或减弱施工升降机运转过程中产生的危险、危害。

(2) 处置危险物和有害物，并降低到国家规定的限值内。

(3) 预防施工升降机的装置失灵和操作失误产生的危险、危害。

(4) 能有效地预防重大事故和职业危害的发生。

(5) 发生意外事故时，能为遇险人员提供自救和互救条件。

1.2 安全控制对策应遵循的原则

在制定安全控制措施时，应遵循如下原则：

(1) 当安全控制对策与经济效益发生矛盾时，应优先考虑安全控制对策上的要求，并应按下列顺序选择安全控制对策。

1) 直接安全控制对策。

2) 间接安全控制对策。

3) 指示性安全控制对策。

4) 若间接、指示性安全控制对策仍然不能避免事故、危害发生，则应采用安全操作、安全教育、安全培训和人体防护用品等措施来预防、减弱系统的危险、危害程度。

(2) 根据安全控制对策等级顺序的要求应遵循的具体原则，措施等级顺序为消除、预防、减弱、隔离、连锁、警告。

(3) 安全控制对策应具有针对性、可操作性和经济合理性。

(4) 安全控制对策应符合国家有关法规、标准及设计规范的规定。在安全评价中，应严格按有关设计规定的要求提出安全控制对策。

2. 施工升降机危害控制的相关手段

所谓"预防为主"的安全生产管理，主要不是在发生事故后才去组织抢救，进行事故调查、处理，而是按照系统化、科学化管理思想，按照事故发生的规律和特点，努力预防事故的发生，做到防患于未然，将事故消灭在萌芽状态。虽然人类在生产活动中还不可能完全杜绝安全生产事故的发生，但只要思想重视，预防措施得当，事故是可以大大减少的。

2.1 施工升降机危害控制的有形手段

有形手段如工程法，以工程技术为手段，消除物质性风险威胁。其措施是：

(1) 防止风险因素出现。在项目活动开始之前，采取一定措施，减少风险因素。

(2) 减少已经存在的风险。

(3) 将风险因素同人、财、物在时间和空间上隔离。

工程法的特点是：每一种措施都与具体的工程技术设施相联系，但又不能过分依赖工程法。因为工程法措施需要很大的投入，而且决策时必须进行成本效益分析，这样任何工程设施都不会百分之百的可靠。所以，工程法要与其他措施结合起来使用[1]。

2.1.1 加强租赁与购置管理

随着建筑市场的繁荣，施工升降机的需求量日益增大，一些技术装备水平低的厂家也转向生产建筑起重机械。这些厂家由于工艺工装水平低，执行产品标准不严格，产品存在很多安全隐患。为了消除施工升降机因产品质量带来的安全隐患，必须做到以下两点。

（1）购置正规生产厂生产的具有"三证"的产品，即有制造检测合格许可证、产品合格证、质量认证。

（2）购置本地较普遍使用的施工升降机。

2.1.2 加强安拆环节管理

施工升降机的拆装作业本身属于高空作业，操作复杂，施工难度大，稍有疏忽极易发生安全事故。数据表明，施工升降机拆装事故发生率已在各类建筑起重机械安全事故中呈上升态势。另外，安装质量的好坏直接影响到以后的使用安全，因安装时基础不牢、机身倾斜、安全限位保险装置失效、螺栓销轴安装不当等造成的事故仍时有发生。为此，务必要高度重视施工升降机拆装管理，既要防范拆装中的安全事故，又要防范由于安装质量而造成的安全事故。

2.1.3 加强验收管理

（1）进场验收

施工升降机使用检验主要包括进厂检验和常规检验。进厂检验是新购机械设备第一次使用时，安装完毕后由生产厂家和使用单位共同进行的检验，其内容包括性能试验、安全装置检验及连续作业试验。

（2）每次使用前验收

施工升降机安装调试后，项目经理部应组织技术、安全管理人员、机械管理员与出租单位、安装单位进行三方联合安装验收。验收内容包括设备安装基础、架体垂直度、电气设施、架体结构、传动部位、安全装置试验及各种标志牌（安全警示牌、安全操作规程牌、限载牌、验收合格牌、定机定人牌等）的悬挂[2]。

2.1.4 加强安全检查管理

（1）日常检查

建筑起重机械由于露天作业环境条件恶劣，长期使用，工作状况、性能状况必然受到影响，容易出现基础不均匀沉降、安全限位保险装置失灵、螺栓销轴联接松动、零部件磨损等问题，如不能及时检修、更换，设备"带病运转"极易造成安全事故。为此，建立、健全安全责任制，加大监督检查力度，强化使用中的安全管理尤为重要。

（2）专项检查

施工升降机的设计制造单位、检验单位、安装单位和使用单位都必须熟悉《起重机械安全监察规定》和《施工升降机安全规程》（GB 10055—2007）的相关要求，把好各相关环节安全质量关。

安全检查要经常化、制度化；安全隐患要及时发现，及时整改；确保各类安全防护装置齐全有效、灵敏可靠，尤其是大型设备的防护装置更要重点关注，如塔式起重机的高度、力矩、重量限制器等；对机械的运动部件，如旋转件等必须设置防护网，无法用罩网防护的部位应设警示标志，防止人体触及；除施工升降机外，其余提升或起重设备严禁载人；所有施工设备的外壳都要有可靠的接地保护[3]。

2.1.5 加强维护保养管理

施工升降机维护保养工作一要注意重点，二要建立制度。施工升降机维修保养工作中要注意以下重点：

（1）检查和确保上下左右滚轮紧固可靠，齿条靠背轮及传动底板各部螺栓无变形、松动。

（2）检查梯笼单、双门及底笼门的限位开关和有关对重吊点限位开关、紧急开关、极限断路开关等的功能应正常，并分别试验断路动作。

（3）检查制动器制动行程和分离的灵敏度，运行中噪声不超过规定和无过热现象。

(4)检查导轨架结构应无变形、焊口断裂等现象,且连接螺柱无松动。施工升降机维修保养工作要建立制度并严格执行。维修保养对设备的正常使用关系很大。

2.2 施工升降机危害控制的无形手段

(1)教育法

要减轻与不当行为有关的风险,就必须对有关人员进行风险和风险管理教育。教育内容应该包括有关安全、投资、城市规划、土地管理与其他方面的法规、规章、规范、标准和操作规程、风险知识、安全技能及安全态度等。风险和风险管理教育的目的是,要让有关人员充分认识到此种风险的存在,了解和掌握控制这些风险的方法。使他们深深认识到,个人的任何疏忽或错误行为,都可能带来巨大损失。

(2)程序法

程序法是指以制度化的方式从事生产经营活动,减少不必要的损失。风险管理班子指定的各种管理计划、方针和监督检查制度一般都能反映客观规律性。实践表明,不按程序办事,就会犯错误,就要造成浪费和损失。

2.2.1 完善安全培训制度

根据事故树分析表明:施工升降机事故多发生在使用阶段(包括安装、拆卸),而且由于作业人员本身素质原因造成的事故占多数。施工升降机不管是安装、试验、拆卸还是使用,都离不开技术、操作、起重人员,而他们的综合素质,包括思想素质和业务素质等,是很关键的。因为要由他们来编写起重机械的安装、拆卸、使用的方案(措施),由他们做机械的保养、检查、修理,由他们具体对某一项目作吊装、安装以及对外部条件提出具体要求,因此,他们的思想不重视或业务不精湛都将可能导致起重机械事故,这是由无数次血的教训证明了的。因此,提高人员素质是保证安全的重要

措施[4]。

2.2.2 完善安全管理

(1)完善文档存放管理

成立施工升降机整改小组,对每台施工升降机都建立起安全技术档案,并由设备部统一管理,档案不仅包括设备图样、设计文件、定期检验报告等资料,还包括施工升降机安全附件、安全保护装置(如限制器、制动器等)、吊具、索具等重点部位的使用状况和维护保养记录以及运行中发生的故障和事故记录,为日后的使用和管理提供可靠依据。

(2)建立岗位责任制

使用单位要设置安全管理机构,配备专(兼)职安全管理人员(简称安全员)。施工升降机的合理使用和正确操作是保证施工升降机作业安全的最基本要求。

(3)作业人员的控制管理

任何一个人的决定都可能影响工作的安全,所以在同一区域内的所有工作人员都必须具备一定的满足最低要求的知识和能力。必须预先建立制度,所有的人员变动都必须遵守这个预设的标准和程序,以确保他们具备满足最低要求的知识和能力。

2.2.3 完善安全防护装置

完善安全防护装置,出入通道、建筑物的出入口都应搭设护头棚。必要的防护栏杆、网、罩等应配齐,性能可靠。不准从高处向下抛投工具、物料,高空作业应将手持工具和零星物料等放在工具袋内。完善安全防护要做到以下几点:

(1)配齐个人的防护用品,并检查其穿戴是否符合要求。

(2)保护安全防护装置。

(3)按规定要求配备安全帽、安全带、安全网[5]。

2.2.4 完善对作业环境的控制

不准在六级强风或大雨、雪、雾天气从

事露天高处作业。另外，还必须做好高处作业过程中的安全检查，如发现人的异常行为、物的异常状态，要及时加以排除，使之达到安全要求，从而控制高处坠落事故发生。

3. 施工升降机事故的处理

安全与事故是对立统一、相互依存的关系，绝对的安全，即100%的安全性是安全性的最大值，这很难，甚至不可能达到。所以，有时候发生事故是不可避免的，本质安全化理论只能帮助降低危险出现的可能性，但是不能完全杜绝。所以有必要研究与事故应急处理和事故调查总结相关的问题，防止或尽量减少事故后的连锁危害。

3.1 建立施工升降机事故应急预案

建立应急预案不但可以将施工升降机事故的损失和伤亡程度降低到最低，而且可以防止事故的连锁反应，避免引起其他事故的发生。应急预案是发生施工升降机事故后的弥补措施。

3.2 事故的调查总结

（1）事故调查

除非事故的根源被找到并采取了有效的防治措施，否则事故就很可能再次发生，全面彻底的事故分析对持续改善安全管理是必不可少的。为了更好地进行事故原因分析，找到事故的根源，减少人为的干扰和错误，公司改善了事故原因调查的管理。事故的范畴有：员工受伤或生病、产生重大环境影响、公众的不良影响、重大财产损失、生产业务中断等。事故原因调查主要是为了防治事故再次发生，教育员工，信息分享，找出安全体系上的薄弱点。建立一套完整周到的事故调查、沟通交流、报告程序，其重要性在于许多与事故相关的重要信息在事故发生后会很快被破坏或衰减，通过事先建立的这一套程序，就有可能将

这种损失降到最小。

（2）事故总结

事故的发生有偶然性，也有必然性。事故发生后，有关部门应及时、准确地查清事故经过、事故原因和事故损失，查明事故性质，认定事故责任，总结事故教训，提出整改措施。一方面，要依法严肃追究事故责任，加大处罚力度，使事故责任单位、责任人不仅要付出沉重的安全事故经济代价，还要付出高昂的法律代价。另一方面，应本着处罚与教育相结合的原则，认真吸取事故教训，找出事故发生的真正原因，并针对原因提出切实可行的预防措施，举一反三，警钟长鸣。

4. 施工升降机安全控制的PDCEA管理

运用PDCEA管理技术不断完善对施工升降机的安全管理。PDCEA是Plan（计划）、Do（执行）、Check（检查）、Evaluation（评价）和Action（行动）的第一个字母，PDCEA循环就是按照这样的顺序进行质量管理，并且循环进行下去的科学程序。

（1）计划（P）阶段

计划是施工升降机安全管理的第一阶段。通过计划，确定安全管理的方针、目标，以及实现该方针和目标的行动计划和措施。计划阶段包括以下四个步骤：第一步，分析施工升降机现状，找出存在的安全问题。第二步，分析原因和影响因素，针对找出的安全问题，分析产生的原因和影响因素。第三步，找出主要的影响因素。第四步，制定改善安全状况的措施，提出行动计划，并预计效果。

（2）实施（D）阶段

执行安全计划或措施。

（3）检查（C）阶段

检查安全计划的执行效果。通过自检、互检、工序交接检、专职检查等方式，将执

行结果与预定目标对比，认真检查计划的执行结果。

（4）评价（E）阶段

使用事故树法与安全检查表法相结合的方式对施工升降机进行安全评价，以更加准确地了解施工升降机的安全状况和主要问题。

（5）处理（A）阶段

总结经验。对检查出来的各种问题进行处理，正确的加以肯定，总结成文，制定标准。然后，提出尚未解决的问题。通过检查，对效果还不显著，或者效果还不符合要求的一些措施，以及没有得到解决的质量问题，不要回避，应本着实事求是的精神，把其列为遗留问题，反映到下一个循环中去。

处理阶段是 PDCEA 循环的关键。因为处理阶段就是解决存在问题、总结经验和吸取教训的阶段。该阶段的重点又在于修订标准，包括技术标准和管理制度。没有标准化和制度化，就不可能使 PDCEA 循环向前转动。不断自我检查，自我剖析问题，使施工升降机本身处于健康状态，使施工升降机的相关人员处于比较好的工作状态，以达到施工升降机安全管理的最终目的。

5. 小结

（1）事故前采用无形手段与有形手段相结合，有形手段主要是严抓租赁、安装、验收、检查、维修保养等五个方面；无形手段主要是完善培训制度，完善安全管理，完善安全防护装置完善对工作环境的控制等四个方面。通过这两种安全控制手段，基本囊括了相关危险、有害因素的控制对策。

（2）事故后首先启动应急预案，然后对事故发生的具体原因进行分析，坚持"四不放过"的原则，追查到底。

（3）最后运用 PDCEA 不断完善控制对策，进入良性循环，使施工升降机的安全性能不断提升，争取达到本质安全化。

◎参考文献

[1] 陈国华. 风险工程学 [M]. 北京：国防工业出版社，2007.

[2] 石广富. 应特别加强施工升降机的安全管理 [J]. 机务管理，2008，(6)：116-117.

[3] 李国志，韩冬. 浅谈施工现场塔机和施工升降机的安全管理 [J]. 建筑安全，2007，(11)：25-26，31.

[4] 邹鲁运，郭文起. 浅谈施工升降机的安全使用与检查 [J]. 土木建筑学术文库，2007，(8)：80-80.

[5] 陈鹏. 浅谈建筑施工升降机的维护与保养 [J]. 建材与装饰，2008，(1)：85-86.

高层建筑施工安全天气影响的模糊综合评判模型

黄春建　过　江（指导教师）

（中南大学资源与安全工程学院，长沙，410083）

摘　要　天气是影响高层建筑施工安全的一个重要因素，在高层建筑施工事故中占较大比例。文中列举出一些特殊天气对建筑施工的影响，详细介绍了一种模糊综合评价模型，并运用该模型对高层建筑施工安全天气影响进行综合评判。

关键词 高层建筑施工 综合评判 安全评价

1. 特殊天气条件对高层建筑施工安全的影响

1.1 雷雨天气条件的影响

（1）对工程施工的影响

在土方工程中，雨水使土体失去平衡，导致土壁坍塌，危及附近的建筑物，导致人身事故。在混凝土工程中，雨水过量影响混凝土的水灰比，降低了强度和耐久性，使建筑物的稳定性降低，导致坍塌事故[1]。

（2）对施工人员的影响

高层建筑雨天施工中，如果施工人员处于屋面作业，雨水容易使地面变滑，施工人员在雨天作业就容易滑倒，导致高坠事故发生。在夏天雨季常常伴随雷电，高层建筑施工人员处于高处作业容易发生电击事故。

（3）对机械设备的影响

高层建筑施工中很多机械设备都处于露天作业中，在雷雨天气，机械设备受到雨水影响导致电路短路引发火灾，雷电电击机械设备，使机械设备损坏，也容易导致人员伤亡[2]。

（4）对保护装置的影响

在雷雨天气，安全网、安全带容易受到雨水作用而使抗拉力变弱，在施工过程中无法保护施工人员的安全。脚手架的扣环在雨水作用下容易生锈，导致脚手架坍塌事故。

1.2 高温天气条件的影响

（1）对工程施工的影响

高温天气下，容易使混凝土表面水分蒸发加速，使混凝土表面收缩量远大于内部，出现一些细微裂缝，将导致混凝土性能降低，使建筑物安全性降低[3]。

（2）对施工人员的影响

夏季高温条件下，如果施工人员劳动强度过大，人体极容易因过度蓄热而中暑，导致昏厥现象。高温可使作业人员感到热、头晕、心慌、烦、渴、无力、疲倦等不适感，可出现一系列生理功能的变化，这在高空作业时对施工人员是相当危险的。

（3）对机械设备的影响

夏季气温高，有些电气设备在运行中发热量较大，某些电线的接头接触不良会发热，在周围的环境温度较高时，对电气设备的发热程度有很大影响，如管理不善，积蓄的热量过多，就会破坏线路的绝缘性，发生火灾。

（4）对保护装置的影响

安全网、安全带及防护栏在高温下可使性能减低，容易导致抗拉力下降，导致高坠事故及高空坠物打击事故。

2. 模糊综合评定模型

（1）建立因素集

因素集是指以所决策（评价）系统中影响评判的各种因素为元素所组成的集合，通常用 U 表示，即 $U = \{u_1, u_2, \cdots, u_m\}$，各元素为 u_i（$i = 1, 2, \cdots, m$）。

（2）建立权重集

一般来说，因素集 U 中的各因素对安全系统的影响程度是不一样的。为了反映各因素的重要程度，对各个因素应赋予一相应的权数 Q_i。由各权数所组成的集合 $A = \{a_1, a_2, \cdots, a_m\}$，称为因素权重集，简称权重集。各权数 a_i 应满足归一性和非负性条件：$\sum_{i=1}^{m} a_i = 1$（$a_i \geq 0$），它们可视为各因素 u_i 对"重要度"的隶属度。因此，权重集是因素集上的模糊子集。

（3）建立评判集

评判集是评判者对评判对象可能作出的各种总评判结果所组成的集合。通常用 V 表示，即 $V = \{v_1, v_2, \cdots, v_n\}$，各元素 v_i 即代表各种可能的总评判结果。模糊综合评判的目的，就是在综合考虑所有影响因素基础上，从评判集中得出一个最佳的评判结果。

(4) 单因素模糊评判

单独从一个因素进行评判，以确定评判对象对评判集元素的隶属度，称为单因素模糊评判。对因素 U 中第 i 个因素 u_i 进行评判，对评判集 V 中第 j 个元素 v_j 的隶属度为 r_{ij}，则按第 i 个因素 u_i 的评判结果，可得模糊集合：$R_i = \{r_{i1}, r_{i2}, \cdots, r_{in}\}$。同理，可得到相应于每个因素的单因素评判集如下：$R_1 = \{r_{11} \quad r_{12} \quad \cdots \quad r_{1n}\}$，
$R_2 = \{r_{21} \quad r_{22} \quad \cdots \quad r_{2n}\}$，
$\cdots$
$R_m = \{r_{m1} \quad r_{m2} \quad \cdots \quad r_{mn}\}$。

将各单因素评判集的隶属度行组成矩阵，又称为评判（决策）矩阵：

$$R = \begin{bmatrix} r_{11} & \cdots & r_{1n} \\ \vdots & & \vdots \\ r_{m1} & \cdots & r_{mn} \end{bmatrix} \quad (1)$$

(5) 模糊综合决策

单因素模糊评判，仅反映了一个因素对评判对象的影响。要综合考虑所有因素的影响，得出正确的评判结果，这就是模糊综合决策。

如果已给出决策矩阵 R，再考虑各因素的重要程度，即给定隶属函数或权重集 A，则模糊综合决策模型为：$B = AR$。评判集 V 上的模糊子集，表示系统评判集诸因素的相对重要程度[4]。

3. 天气条件影响模糊综合评定模型的应用实例

对夏季长沙某高层建筑物施工进行天气条件影响评价，选取了工程施工（u_1）、施工人员（u_2）、机械设备（u_3）、保护装置（u_4）4 个影响因子指标。根据调查和研究以及对该施工单位自身情况的了解，用层次分析法先对 4 个指标进行权重计算，评价准则的判断矩阵见表 1。

表 1　　　评价准则的判断矩阵

准则	u_1	u_2	u_3	u_4	m_i
u_1	1	5	7	3	0.56
u_2	1/5	1	3	1/3	0.12
u_3	1/7	1/3	1	1/5	0.06
u_4	1/3	3	5	1	0.26

经计算得 $\lambda_{max} = 4.12$，$m_i = (0.56, 0.12, 0.06, 0.26)$，$CI = 0.039$，$CR = 0.039/0.9 < 0.1$，故满足一致性。

先建立单因素评判矩阵，假定有 7 个专家进行打分，对于施工人员这个因子，专家组中有 6 人认为其受此天气条件的影响不大，1 人认为影响较大，对其他因素做类似的评价，其结果见表 2。

表 2　　　因素评判结果

因素集	评判集				
	v_1(小)	v_2(较小)	v_3(一般)	v_4(较大)	v_5(大)
u_1（工程施工）	4(c_{11})	2(c_{12})	1(c_{13})	0(c_{14})	0(c_{15})
u_2（施工人员）	6(c_{21})	1(c_{22})	0(c_{23})	0(c_{24})	0(c_{25})
u_3（机械设备）	0(c_{31})	0(c_{32})	5(c_{33})	1(c_{34})	1(c_{35})
u_4（保护装置）	2(c_{41})	2(c_{42})	1(c_{43})	1(c_{44})	1(c_{45})

注：c_{ij} ($i = 1, 2, 3, 4, 5$) 是赞成第 i 项因素 u_i ($i = 1, 2, 3, 4$) 为第 j 种评价 v_j ($j = 1, 2, 3, 4, 5$) 的票数。

令 $r_{ij} = \dfrac{c_{ij}}{\sum_{j=1}^{5} c_{ij}}$ $(i = 1, 2, 3, 4)$ (2)

其中，$\sum_{j=1}^{5} c_{ij} = 7$ 为评审组的人数。可得单因素评判矩阵：

$$R = \begin{pmatrix} 0.57 & 0.29 & 0.14 & 0 & 0 \\ 0.86 & 0.14 & 0 & 0 & 0 \\ 0 & 0 & 0.71 & 0.14 & 0.14 \\ 0.29 & 0.29 & 0.14 & 0.14 & 0.14 \end{pmatrix}$$

再进行综合评判：

$$B = MR = (0.57 \quad 0.12 \quad 0.06 \quad 0.26)$$
$$\times \begin{bmatrix} 0.57 & 0.29 & 0.14 & 0.00 & 0.00 \\ 0.86 & 0.14 & 0.00 & 0.00 & 0.00 \\ 0.00 & 0.00 & 0.71 & 0.14 & 0.14 \\ 0.29 & 0.29 & 0.14 & 0.14 & 0.14 \end{bmatrix}$$
$$= (0.498 \quad 0.255 \quad 0.157 \quad 0.079 \quad 0.079)$$

进行归一化得：

$$B = (0.47, 0.24, 0.15, 0.07, 0.07)$$

根据最大隶属度原则，得出此高层建筑施工安全所受天气的影响是小的，可以正常安排施工。假如得到的评价是 $B = (0.07, 0.24, 0.15, 0.07, 0.07)$，则说明此时的天气对施工安全的影响是很大的，就需要根据相应的应对措施来重新安排施工。

4. 结语

高层建筑施工中，特殊天气下，如雷雨、高温、大风天气，对高层建筑施工安全的影响比较大。可以通过本文中的评价模型对这些天气条件的影响进行评价，综合计算得出施工安全受到天气影响的程度，为管理工作提供一个可行的量化分析数据。

◎ 参考文献

[1] 田金华，王昆，李森，等. 气候条件对建筑施工的影响及其评价模型[J]. 气象与环境科学，2008 (31)：260 – 262.

[2] 姜乃利，鲁永茂. 雷电对施工机械的危害及预防[J]. 科技信息，2008 (19)：253 – 256.

[3] 韩晓春. 探讨高温天气下混凝土浇筑施工措施[J]. 今日科苑，2008 (8).

[4] 徐志胜. 安全系统工程[M]. 北京：机械工业出版社，2007.

电梯安全运行的主要影响因素分析

陈雁冰　邓红卫（指导教师）

（中南大学资源与安全工程学院，长沙，410083）

摘　要　电梯是高层建筑运送乘客或货物的垂直运输设备。本论文运用多米诺骨牌理论，指出发生电梯事故的几个主要因素，运用可靠性工程理论和事故树分析法对影响电梯安全运行的各种因素进行分析。论文所提到的方法应用于电梯事故的分析思考中，能够取得较好效果。

关键词　电梯事故　安全管理　事故树　安全评价　可靠性理论

电梯是一种沿两根垂直（或垂直倾斜度小于15°）的刚性导轨从一个高度运行至

另一个高度的升降装置。电梯的基本要求是：安全可靠、方便舒适。电梯的安全装置概括起来可分为机械和电气两大类。电梯的机械安全装置有限速器、安全钳、缓冲器、门系统等；电气安全装置有超速保护装置、供电系统断相错相保护装置、接地接零保护装置、终端保护装置、报警装置及其他电气安全装置。

人们在享受电梯带来的方便与快捷的同时，各类电梯事故如冲顶、蹾底、溜层和人员坠入井道等事故屡有发生。当前电梯安全之症结在安装、使用和维修环节。只有通过对以上环节进行研究讨论，从人的不安全行为、物的不安全状态、安全管理等不同角度出发，找出影响电梯安全运行的因素对症下药，才能减少与电梯安全事故。

1. 电梯安全事故特征与法定要求

1.1 电梯安全事故属性

电梯安全事故是指电梯从安装到使用的各个环节中发生的意外损害事件。电梯安全事故有人身伤害事故、设备损坏事故和复合性事故。

（1）人身伤害事故的主要表现形式
1）坠落。
2）剪切。
3）挤压。
4）撞击。
5）触电。
6）烧伤。

（2）设备损坏事故的主要表现形式
1）机械磨损。
2）绝缘损坏。
3）火灾。
4）湿水。

（3）复合性事故
指事故中既有人身伤害，同时又有设备损坏。

1.2 电梯安全运行法定要求

电梯行政管理大体分为法律、法规的制定，质量监督与安全监察，作业人员安全技术培训考核管理3个部分，它是电梯安全运行最基本的组织措施和根本保障。电梯的安全管理应遵循"企业负责、行业管理、国家监察、群众监督"的安全管理原则。

2. 电梯安全因素及保障系统的可靠性分析

2.1 影响电梯安全运行的主要因素及保障条件

通常情况下大部分设备事故都是由于人的不安全行为、设备的不安全状态，以及管理上的松懈和不完善造成的。本文将运用系统安全工程原理分析诱发电梯安全事故的原因和目前电梯使用过程中存在的相关问题[2]。

2.1.1 人的不安全行为

人的不安全行为是导致事故的重要原因。这些不安全行为呈现几个比较突出的特点：违章操作；无证操作；电梯乘客的不安全行为。

海因里希把工业伤害事故的发生发展过程描述为具有一定因果关系事件的连锁反应，即人员伤亡的发生是事故的结果，事故的发生原因是人的不安全行为或物的不安全状态，人的不安全行为或物的不安全状态是由于人的缺点造成的，人的缺点是由不良环境诱发或者是由先天的遗传因素造成的。根据这一事故致因理论，要避免电梯事故的发生，就要求在安全管理工作中，防止人的不安全行为，以保证电梯的安全运行。

2.1.2 物的不安全状态

电梯的设备本体是由机械运动和电气控制及驱动两大部分组成，据大多数电梯制造厂家和部分电梯用户的不完全统计，电梯故障中机械故障约占30%、电气故障占70%。所以物的不安全状态主要是机械部分和电器部分故障原因。

2.1.3 管理的缺陷

根据海因里希的多米诺骨牌原理：社

环境和管理欠缺促成了人为失误,因此加强对电梯的管理是遏制事故发生的必要条件,按照《特种设备安全监察条例》有关规定,电梯的使用单位对电梯的安全使用承担有不可推卸的责任,而目前由于各方面的原因,电梯使用单位安全管理方面的问题是不容乐观的,主要体现在以下几方面:

(1) 电梯使用单位管理人员电梯相关知识的匮乏。

(2) 电梯使用记录和维护保养记录不全或不规范。

(3) 电梯管理制度不完善。

2.2 可靠性工程在电梯安全保护系统中的应用[3]

2.2.1 可靠性工程的有关概念

系统或设备在规定的条件下,在规定的时间内完成规定功能的能力称为可靠性。事故树分析法(FTA)是适用于分析大型复杂系统安全性与可靠性的常用有效方法。

2.2.2 电梯安全保护系统可靠性及部件重要度分析[4]

(1) 电梯失控及超速保护系统分析

该系统由限速器和安全钳构成,在限速器和安全钳连杆处均设有电气联锁开关,限速器动作时这两处开关动作切断电梯控制回路。

1) 系统可靠性框图。

图 1 为失控和超速安全保护系统可靠性框图,该系统为一串并混联系统。其中,A——限速器卡绳机构;B——限速器电气联锁开关;C——安全钳连杆机构及安全钳楔块;D——安全钳电气联锁开关;E——限速器钢丝绳;F——限速钢丝绳松绳、断路保护开关。

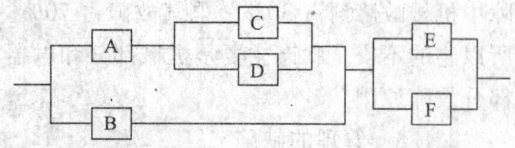

图 1 失控和超速安全保护系统可靠性框图

系统可靠度为 $RS = [1-(1-R_E)(1-R_F)][1-(1-R_B)(1-R_A(1-(1-R_C)(1-R_D)))]$。则部件概率重要度可根据:

$$IRS(i) = \frac{\partial RS(P)}{\partial Rj} \quad (1)$$

得出: $IRS(A) = 5.69 \times 10^{-2}$;
$IRS(B) = 3.19 \times 10^{-2}$;
$IRS(C) = 3.19 \times 10^{-2}$;
$IRS(D) = 3.19 \times 10^{-2}$;
$IRS(E) = 2.87 \times 10^{-2}$;
$IRS(F) = 2.87 \times 10^{-2}$。则:
$IRS(A) > IRS(B) = IRS(C) = IRS(D) > IRS(E) = IRS(F)$。

2) 事故树分析。

① 编制事故树(见图 2)。

② 求最小割集。

根据布尔代数化简法:

$T = A_1 + A_2 = X_1 X_2 + X_3 B_1 = X_1 X_2 + X_3 (X_4 + C_1) = X_1 X_2 + X_3 (X_4 + X_5 X_6) = X_1 X_2 + X_3 X_4 + X_3 X_5 X_6$

得出 3 个最小割集: $k_1 = \{X_1, X_2\}$, $k_2 = \{X_3, X_4\}$, $k_3 = \{X_3, X_5, X_6\}$。

3) 重要度分析。

由得出的 3 个最小割集可以看出:基本事件 X_3 出现次数 $b_3 = 2$,其余各基本事件出现次数相同,即 $b_i = 1$ ($i = 1, 2, 4, 5, 6$),所以 X_3 的结构重要度最大,X_1、X_2、X_4、X_5、X_6 虽然出现次数相同,即 $b_1 = b_2 = b_4 = b_5 = b_6$,但 X_5、X_6 这两个基本事件所处割集阶数要比其他事件大,即 $r_5 = r_6 = 3 > r_1 = r_2 = r_4 = 2$,所以 X_5、X_6 的结构重要系数小于 X_1、X_2、X_4。而 X_1、X_2、X_4 虽然出现次数相同,所处相关割集阶数相同,但 X_4 的相关出现次数 $a_4 = 2 > a_1 = a_2 = 1$,由此可以得出:$Im(3) > Im(1) = Im(2) > Im(4) > Im(5) = Im(6)$。

(2) 电梯层门、轿门电气联锁保护系统分析

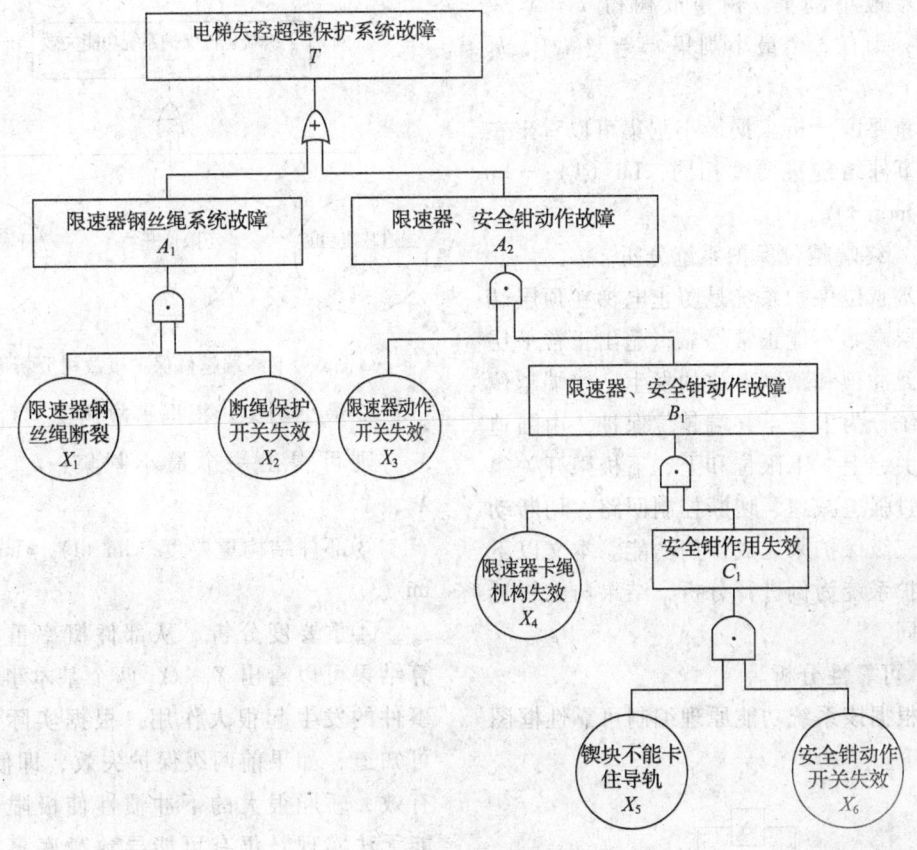

图 2　电梯失控和超速安全保护事故树分析图

建立该系统的目的是当电梯层门或轿门在开启状态时切断电梯控制回路，防止电梯开门运行，该系统由层门、轿门联锁触点和门锁继电器组成。

1）可靠性分析。

① 可靠性框图（见图 3）。

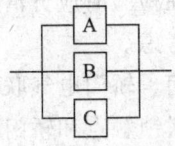

图 3　层门、轿门电气联锁可靠性框图

其中，A——层门电气联锁触点；B——轿门电气联锁开关；C——门锁继电器

② 系统可靠度。据可靠性框图，该系统为并联系统。可靠度 $RS = 1 - (1 - R_A)$ $(1 - R_B)(1 - R_C)$。

③ 部件概率重要度。

$$IRS(A) = \frac{\partial RS}{\partial R_A} = 0.95；\quad IRS(B) = \frac{\partial RS}{\partial R_A} = 0.83$$

2）事故树分析（FTA）。

① 编制事故树（见图 4）。

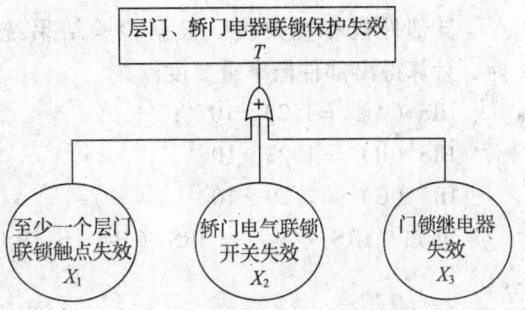

图 4　层门、轿门电气联锁事故树分析图

②救最小割集。由事故树得 $T = X_1 + X_2 + X_3$，则有3个最小割集 $k_1 = \{X_1\}$，$k_2 = \{X_2\}$，$k_3 = \{X_3\}$。

③重要度分析。据最小割集可以看出三个基本事件结构重要度相同，$Im(1) = Im(2) = Im(3)$。

(3) 终端越位保护系统分析

终端越位保护系统是防止电梯在顶层端站或底层端站不能正常停靠，超出正常平层位置导致冲顶和蹾底事故的发生。终端越位保护系统分为上、下终端越位保护，由强迫减速开关，上、下限位和上、下极限开关组成，通过强迫减速、切断控制回路，切断动力电源三级保护来完成保护功能。本文以下终端保护系统为例进行分析，结果与上终端保护相同。

1) 可靠性分析。

①根据该系统功能原理编制可靠性框图（见图5）。

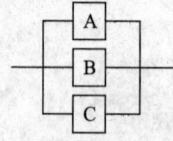

图5 下终越位保护可靠性框图

其中，A——强迫缓冲开关；B——下限位开关；C——极限开关。

②系统可靠度。该系统为并联系统，$RS = 1 - (1 - R_A)(1 - R_B)(1 - R_C)$。

③部件概率重要度。根据检验结果统计，计算得出部件概率重要度。

IRS (A) = 1.23×10^{-2}；
IRS (B) = 1.23×10^{-2}；
IRS (C) = 7.29×10^{-2}。

可知：IRS (A) = IRS (B) > IRS (C)。

2) 事故树分析 (FTA)。

①编制事故树（见图6）。

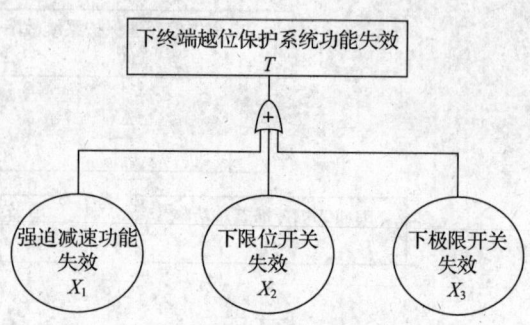

图6 下终端越位保护事故树分析图

②最小割集。根据事故树 $T = X_1 + X_2 + X_3$，则可得出一个最小割集：$k_1 = \{X_1, X_2, X_3\}$。

③部件结构重要度。$Im(1) = Im(2) = Im(3)$。

④重要度分析。从部件概率重要度计算结果可以看出 X_1、X_2 两个基本事对顶上事件的发生起很大作用，根据实际情况也可知道，如果前两级保护失效，即使 X_3 仍有效，轿厢很大的下冲惯性使极限开关功能无法实现，仍有可能导致蹾底事故的发生。

3. 结论

从上述电梯失控及超速保护系统分析可知，比较而言，限速器夹绳机构和电气联锁开关是十分重要的，限速器钢丝绳，松、断绳保护开关，安全钳连杆机构和制动楔块从结构上讲也很重要，但它们发生故障的概率较小。所以，在检验时应分清主次，对重点部位着重予以考虑。

从电梯层门、轿门电气联锁保护系统分析可知，层门联锁触点和轿门联锁开关失效的概率要比门锁继电器大。另外，由于层门联锁触点数量远大于轿门联锁开关数量，任意一个失效都会导致顶上事件发生。因此在检验时应尤其注意检查每一个层门联锁触点是否处于有效状态。

最后，从终端越位保护系统分析知，提

高强迫减速开关和限位开关的质量，以及保证安装位置的正确性，对该系统可靠性的提高有很大作用。

◎参考文献

[1] 陈家盛. 电梯结构原理及安装维修[M]. 北京：机械工业出版社，2003.

[2] 刘连昆，冯国庆. 电梯安全技术——结构、标准、故障排除、事故分析[M]. 北京：机械工业出版社，2003.

[3] 黄祥瑞. 可靠性工程[M]. 北京：清华大学出版社，1990.

[4] 崔国璋，韩军. 事故树分析与应用[M]. 北京：机械工业出版社，1992.

灰色聚类法在道路交通安全性评价中的应用

钱红爽　黄仁东（指导教师）

（中南大学资源与安全工程学院，长沙，410083）

摘　要　随着我国经济的快速发展，道路交通运输业也处在快速发展的大趋势中，道路交通安全直接影响和制约着交通运输业的发展，因此，拥有一个高要求的道路环境（安全）对提高道路安全性能、减少交通事故发生、减少交通事故带来的经济损失等就很重要，而道路交通安全评价就成为提高道路交通安全性能的重要手段之一。本文将分析灰色聚类法在道路交通安全性评价中的应用。

关键词　交通安全　事故　灰色评价　安全等级

本文对道路全线交通安全性进行评价，通过指标选取，结合各条道路的具体情况，分析其安全等级。但在道路全线交通安全性评价中，由于受道路自身特征因素的影响，评价指标需要全面考虑。

1. 评价指标的确定

要进行评价应先选定评价指标，应以事故为基本依据，经分析选取事故的三项指标：事故数、人员伤亡、财产损失，具体划分如下：

（1）事故数（c_1）

划分为一般事故（p_1）、重大事故（p_2）、特大事故（p_3）。

（2）人员伤亡（c_2）

划分为死亡（p_4）、重伤（p_5）、轻伤（p_6）。

（3）财产损失（c_3）

不再划分，财产损失金额总和（p_7）。

2. 评价指标处理

对道路进行评价时，应考虑不同道路的不同特征。在进行分析时，应将其自身特征因素（如路线长度、交通量）排除。因此，从以下几方面进行处理：

（1）在道路条件相似的情况下，交通量越大，道路越拥挤，服务水平越低，事故也就越多。

（2）在道路服务水平相似的情况下，不同道路上行驶的车辆具有大致相似的行驶条件，不同道路具有相似安全性。此时发生事故的概率应只与交通量有关，即交通量越大事故越多。

（3）当道路条件与服务水平均不同时，

即是上述（1）、（2）两种情况的组合，对（1）、（2）两种情况进行处理之后已排除了交通量的影响。

（4）在道路条件及服务水平均类似情况下，其交通量必然大致相等，同时除以交通量不会产生影响。则经处理后，指标事故率 p_j 为：

$$p_j = \frac{P_j}{QL} \qquad (1)$$

式中，P_j 为事故数，Q 为交通量，L 为路段长度。

3. 灰色聚类评价法基本原理

灰色聚类评价法是灰色系统理论中的一种评价方法，是根据灰色关联矩阵或灰色白化权函数将一些观测指标或观测对象聚集成若干个可定义类别的方法。灰色聚类按对象可分为灰色关联聚类和灰色白化权函数聚类。灰色关联聚类主要用于同类因素的归并，使复杂问题简化，属于系统变量的删减问题。灰色白化权函数聚类主要用于检查观测对象是否属于预先设定的类别，以便区别对待。采用灰色白化权函数聚类可以将道路交通安全性定义为几个级别，做出等级评价。最后进行比较，得出交通安全状况，并根据所得结果分析原因和提出改善建议。

AHP法，是一种定性与定量分析相结合的多目标决策分析方法。该方法将决策总体分解成目标层、主准则层和分准则层，将描述评价对象的多项指标信息加以汇集，进而从整体上认识评价对象的优劣。

4. 道路全线交通安全性的灰色聚类评价

首先，定义 $i = 1, 2, \cdots, n$，为对象即各条线路；

$j = 1, 2, \cdots, m$，为各指标值；

$k = 1, 2, \cdots, s$，为所划分的灰类即道路安全等级。

然后，按如下步骤进行计算评定：

（1）指标值处理

对前述指标值应首先进行序列化处理，本文序列算子按如下公式选取：

$$p_{ij} = \frac{P_{ij}}{\max\limits_{i=1}^{n} P_{ij}} \times 100 \qquad (2)$$

式中，P_{ij} 指 i 对象 j 指标的指标值。为简化书写，仍用 P_{ij} 代表处理后的值。这种处理是为了排除各指标值之间相差过大，无相互比较的意义；这种处理相当于百分制评分，最危险为100，最安全为0，安全性越好，分数越低。

（2）确定白化权函数

定义 $f_j^k(\cdot)$ 为 j 指标 k 子类的白化权函数，其中 $j = 1, 2, \cdots, m$，$k = 1, 2, \cdots, s$，白化权函数应该根据具体问题背景确定，需要有一定的经验。结合实际问题，可以有针对性地确定不同等级对应的白化权函数，例如，一般进行评价时将等级分为优、良、中、差四级标准，如数值高为优，这时可以对应不同标准确定白化权函数，对于优，可以利用上限测度白化权函数；对于良和中，可以确定不同的适中测度白化权函数；对于差则可利用下限测度白化权函数。确定了具体应用函数，其函数形状就基本确定了。

（3）确定权重值

定义 η_j 为 j 指标的权重值，确定采用层次分析法（AHP），层次分析法中至关重要的一步是判断矩阵的构造，构造判断矩阵同样需要一定的经验。对于判断矩阵的构造可以根据事实的严重程度进行确定，比较好的办法是咨询有关方面的多位专家，根据专家的意见进行确定。

（4）计算灰色聚类系数

定义 σ_i^k 为 i 对象属于 k 灰类的灰色聚类系数，有：

$$\sigma_i^k = \sum_{j=1}^m f_j^k(p_{ij})\eta_j$$

(5) 安全等级评定

若 $\sigma_i^k = \max\limits_{1 \leqslant k \leqslant s}(\sigma_i^k)$，则判定对象 i 属于灰类 k'，即道路安全评价等级处于 k' 类。如图 1 所示为评价方法流程图。

5. 结论

本文从线的角度对道路安全性进行评价，通过分析可知，道路全线交通安全评价系统重在指标的选取和评价方法的应用，但对于评价所需参数的取值以及所用方法的适用性和有效性，还应做进一步的研究与探讨，以便能以最小的投入最大限度地提高道路交通安全性能，取得较好的社会和经济效益。

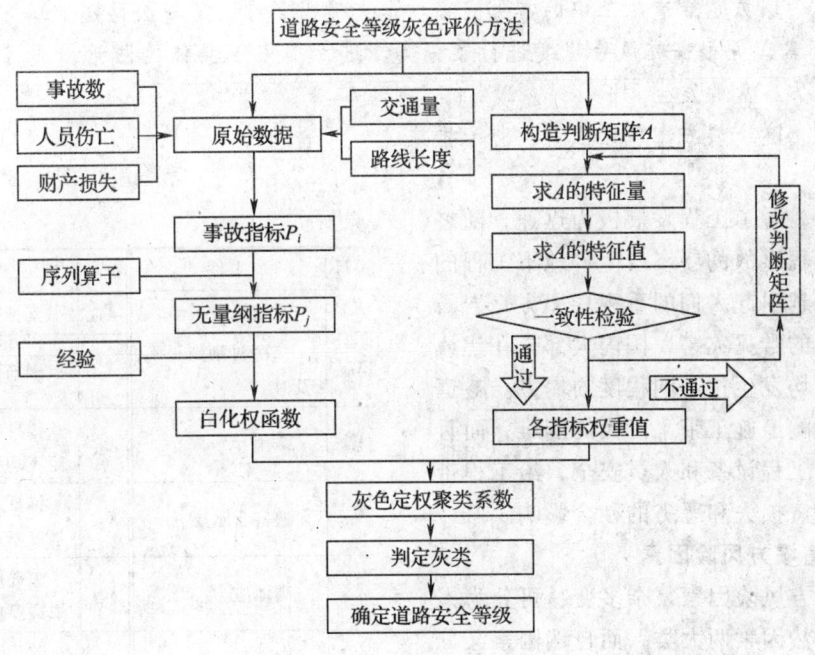

图 1　评价方法流程图

◎参考文献

[1] 李政. 道路交通安全评价研究 [D]. 西安：长安大学，2001.

[2] 雷燕. 云南省道路交通安全评价方法研究 [D]. 上海：上海海事大学，2006.

[3] 岳小泉，丁艺. 基于灰色理论和 AHP 的城市道路交通安全评价 [J]. 森林工程，2007，23 (6)：64-68.

[4] 周华文. 道路交通安全评价研究 [D]. 北京：北京工业大学，2004.

岩石公路隧道塌方防治技术探讨

冯玉涛　邓红卫（指导教师）

（中南大学资源与安全工程学院，长沙，410083）

摘　要　塌方是隧道施工中的常见灾害。本文提出了导致岩石公路隧道塌方事故发生的29个风险因素，并根据其风险程度进行了分类，进而提出了具体的防治措施，以减少岩石公路隧道塌方事故的发生。

关键词　隧道塌方　风险因素　防治措施

近年来，隧道工程发展极为迅速，随之而来的是工程事故的屡屡发生，地下工程的风险也越来越引起人们的重视。塌方是岩石隧道施工中的常见灾害，国内大部分在建或已建的隧道均发生过不同程度的塌方。隧道塌方不仅给隧道施工带来巨大的困难，而且严重威胁着工程设备和人员安全，给工程带来巨大的经济损失和恶劣的社会影响。

1. 隧道塌方风险因素

隧道塌方风险因素复杂多变，可分为人为因素和自然因素两大类，而自然因素又分为地质因素和水的因素，人为因素又分为设计因素、施工因素、施工质量因素、施工管理因素、辅助监测因素等。表1为岩石公路隧道塌方风险因素一览表。

表1　岩石公路隧道塌方风险因素一览表

符号	事件	符号	事件
X_{01}	节理裂隙发育且岩体破碎	X_{04}	赶工期
X_{02}	经过大的断层带	X_{05}	爆破参数设计不当
X_{03}	特殊地质地段	X_{06}	施工安全意识淡薄
X_{07}	开挖机械振动	X_{19}	支护模型计算不当
X_{08}	二次衬砌施工不及时	X_{20}	钢筋网偏大
X_{09}	降雨	X_{21}	锚杆长度不够或间距不均匀
X_{10}	遇富含水层	X_{22}	锚杆灰砂不饱满或强度不足
X_{11}	高地应力	X_{23}	喷砼厚度达不到要求或厚度不均
X_{12}	岩爆	X_{24}	养护不力
X_{13}	地震	X_{25}	不按设计支护方案施工
X_{14}	超前地质预报不力	X_{26}	围岩外部载荷增加
X_{15}	对围岩的判断不准确	X_{27}	监测到围岩异常而未及时采取措施
X_{16}	盲目减少工程投入	X_{28}	超前支护不及时或施工不当
X_{17}	栅格拱架或工字钢拱架受外界影响变形过大	X_{29}	钢架与围岩之间混凝土保护层厚度不够
X_{18}	设计人员对存在的塌方缺乏思想准备和相应措施		

2. 风险因素等级划分

根据塌方事故的统计经验，对表1中岩石公路隧道塌方风险因素的概率进行预估打分，并得出各风险因素的重要度，见表2。

表2　　　　风险因素概率及其重要度

符号	概率	重要度	符号	概率	重要度	符号	概率	重要度
X_{01}	50%	0.303	X_{11}	3%	0.032	X_{21}	1.6%	6.726×10^{-5}
X_{02}	30%	0.184	X_{12}	0.1%	0.001	X_{22}	1.2%	5.045×10^{-6}
X_{03}	2%	0.01	X_{13}	0.01%	1.051×10^{-4}	X_{23}	0.8%	3.363×10^{-5}
X_{04}	15%	0.158	X_{14}	0.8%	0.008	X_{24}	0.01%	4.204×10^{-7}
X_{05}	0.5%	0.005	X_{15}	1%	0.011	X_{25}	0.8%	3.363×10^{-5}
X_{06}	13%	0.263	X_{16}	0.8%	3.363×10^{-5}	X_{26}	0.4%	1.682×10^{-5}
X_{07}	3%	0.019	X_{17}	0.01%	1.051×10^{-4}	X_{27}	0.4%	2.245×10^{-4}
X_{08}	1%	5.806×10^{-4}	X_{18}	0.4%	1.681×10^{-5}	X_{28}	3%	0.027
X_{09}	2%	0.042	X_{19}	0.4%	1.681×10^{-5}	X_{29}	0.01%	1.051×10^{-4}
X_{10}	50%	0.445	X_{20}	0.01%	4.204×10^{-7}			

根据表2中风险因素的概率及其重要度，依据《地铁及地下工程风险管理指南》中的概率值与风险发生的可能性的对应关系将导致岩石公路隧道塌方的风险因素划分为以下五个等级，见表3。

表3　　　　风险等级划分

等级	一级	二级	三级	四级	五级
事故描述	不可能	很少发生	可能发生	偶尔发生	频繁
区间概率	$P < 0.01\%$	$0.01\% \leq P < 0.1\%$	$0.1\% \leq P < 1\%$	$1\% \leq P < 10\%$	$P \geq 10\%$

结合表2和表3，可以将表1中的29个风险因素划分为五个风险等级，其中一级风险因素和二级风险因素不仅发生概率较小，同时在所有的风险因素中所占的比例也较小，这里不做进一步的讨论，仅针对三级、四级、五级风险因素进行重点分析，提出岩石公路隧道塌方的防治措施。

3. 隧道塌方防治措施

通过上文所述，针对三级、四级、五级风险因素进行具体讨论，从而对岩石公路隧道塌方的风险因素有更深刻的认识，提出简单有效的防治措施。

3.1 三级风险因素

在所有的29个风险因素中，有10个风险因素属于三级风险因素的范畴，所占比例接近35%，这10个三级风险因素见表4。

表4　　　三级风险因素一览表

符号	事件名称
X_{05}	爆破参数设计不当
X_{12}	岩爆
X_{14}	超前地质预报不力
X_{16}	盲目减少工程投入
X_{18}	设计人员对存在的塌方缺乏思想准备和相应措施
X_{19}	支护模型计算不当
X_{23}	喷砼厚度达不到要求或厚度不均
X_{25}	不按设计支护方案施工
X_{26}	围岩外部载荷增加
X_{27}	监测到围岩异常而未及时采取措施

防治措施如下：

（1）X_{05}（爆破参数设计不当）、X_{19}（支护模型计算不当）、X_{18}（设计人员对存在的塌方缺乏思想准备和相应措施) 都属于设计中存在的问题，设计人员在设计过程中应该根据实际情况，经实地考察，对地质的变化、支护强度的变化及时掌握，及时对爆破参数和支护参数进行修改以适应地质及支护强度变化的需求，不能麻痹大意；设计人员应该具备应对突发事件的能力和足够的思想准备，并做好相应的措施和应急预案，以减少塌方事故的发生和事故带来的损失。

(2) X_{16}（盲目减少工程投入）、X_{25}（不按设计支护方案施工）都属于施工问题，施工人员应该严格按照设计要求进行施工，不得擅自修改施工方案，不盲目减少工程投入，如果施工过程中遇到问题应及时上报，以便设计人员能够及时修正设计方案。

(3) X_{23}（喷砼厚度达不到要求或厚度不均）属于施工质量问题，施工人员在施工过程中应严格按照质量要求进行施工，不偷工减料、不使用残次品滥竽充数，施工后及时进行检查，发现问题及时返工，直到符合要求为止。

(4) X_{14}（超前地质预报不力）、X_{27}（监测到围岩异常而未及时采取措施）属于检查部门工作不力，超前地质预报很重要，检测人员应该引起足够的重视，加大工作力度，将本职工作做好；加强检测部门与施工人员的沟通，监测到异常状况及时与施工人员沟通，施工人员及时采取相应的措施，做到有问题及时解决，避免以上两种状况的发生。

(5) X_{12}（岩爆）、X_{26}（围岩外部载荷增加）属于不良地质问题，检测部门应该加强地质勘测和地质超前预报，准确地确定不良围岩的位置和分布，及时了解外部围岩的动态，并做好相应的措施和应急预案。

3.2 四级风险因素

在所有的29个风险因素中，有9个风险因素属于四级风险因素的范畴，所占的比例接近30%，见表5。

表5 四级风险因素一览表

符号	事件名称
X_{03}	特殊地质地段
X_{07}	开挖机械振动
X_{08}	二次衬砌施工不及时
X_{09}	降雨
X_{11}	高地应力
X_{15}	对围岩的判断不准确
X_{21}	锚杆长度不够或间距不均匀
X_{22}	锚杆灰砂不饱满或强度不足
X_{28}	超前支护不及时或施工不当

防治措施如下：

(1) X_{03}（特殊地质地段）、X_{11}（高地应力）属于不良地质问题，检测部门应该加强地质勘测和地质超前预报，准确地确定不良围岩的位置及其分布，及时了解外部围岩的动态，并做好相应的应对措施和应急预案。

(2) X_{09}（降雨）属于水的因素，进洞前应先做好洞口工程，稳定好洞口的边坡和仰坡，做好天沟、边沟等排水设施，确保地表水不致危及隧道的施工安全。

(3) X_{21}（锚杆长度不够或间距不均匀）、X_{22}（锚杆灰砂不饱满或强度不足）属于材料质量问题，采购人员应该严格按照施工质量要求采购符合标准的锚杆，不能以次充好；质量管理部门严格把好质量关，不让质量不合格的锚杆进入施工现场；施工人员也要与质量管理部门做好沟通，发现残次品及时上报，以保证施工质量。

(4) X_{07}（开挖机械振动）、X_{15}（对围岩的判断不准确）属于施工过程存在问题，施工人员应熟练掌握施工技巧，对围岩做出准确的判断，减少人为的失误。

(5) X_{08}（二次衬砌施工不及时）、X_{28}（超前支护不及时或施工不当）属于辅助措施因素，二次衬砌和超前支护施工作业要及时，并要保证施工质量。

3.3 五级风险因素

在所有的29个风险因素中，有5个风险因素属于五级风险因素的范畴，所占比例虽然较低，但风险较大。这5个风险因素详情见表6。

表6 五级风险因素一览表

符号	事件名称
X_{01}	节理裂隙发育且岩体破碎
X_{02}	经过大的断层带
X_{04}	赶工期
X_{06}	施工安全意识淡薄
X_{10}	遇富含水层

防治措施如下：

（1）X_{01}（节理裂隙发育且岩体破碎）、X_{02}（经过大的断层带）都属不良地质条件，要降低其对塌方事故的影响，应加强地质勘测和超前地质预报，准确地确定围岩的级别和不良地质的具体位置及其分布，并提前采取相应的应对措施。

（2）X_{10}（遇富含水层）会加剧塌方的发展，必须对地下水进行有效的防排措施，修筑防水帷幕，对围岩裂隙进行填充堵实，并加强超前水文预报，对可能发生的突、涌水部位进行有效的预防。

（3）X_{04}（赶工期）、X_{06}（施工安全意识淡薄）表现为施工过程中的工艺操作不符合施工技术规范要求、施工管理不到位、施工质量有问题，应该加强施工人员的管理和培训，施工过程中及时支护、及时勘测、及时反馈，切实减少因人为因素所造成的损失。

4. 结论

本文通过对岩石公路隧道塌方风险因素进行分析，得出如下结论：

（1）岩石公路隧道塌方的风险因素多而杂，要想减少塌方事故的发生，仅仅控制其中的一个或几个风险因素是远远不够的，必须从细节入手，一些微小的风险都不放过，才能减少塌方事故的发生。

（2）本文通过对风险因素等级的划分，总结出了导致岩石公路隧道塌方的主要风险因素，例如，节理裂隙发育且岩体破碎、经过大的断层带、遇富含水层、赶工期、施工安全意识淡薄等，并针对三级、四级、五级风险因素提出了防治措施，从根本上减少岩石公路隧道塌方事故的发生。

（3）综上所述，在隧道施工过程中，安全人员责任重大，在平时的工作中一定要尽职尽责，发现安全隐患及时上报，起到一个安全人员应该起到的作用。

◎参考文献

[1] 周建坤，吴坚. 岩石公路隧道塌方风险事故树分析 [J]. 地下空间与工程学报，2008，4（6）：991-998.

[2] 王金波，陈宝智，徐竹云. 系统安全工程 [M]. 沈阳：东北工业学院出版社，1992.

[3] 金龙哲，宋存义. 安全科学原理 [M]. 北京：化学工业出版社，2004.

[4] 王毅才. 隧道工程 [M]. 北京：人民交通出版社，2000.

矿井突水因素的 AHP 分析与防治技术研究

田　森　邓红卫（指导教师）

（中南大学资源与安全工程学院，长沙，410083）

摘　要　一直以来，水害是矿井灾害中非常严重的一个问题，它很大程度上制约着矿井开采。有很多方法可以分析矿井突水，层次分析法是有效方法之一。在矿井突水的可能性和危险性评价中，确定矿井突水各个影响因素的权值是一个十分重要的问题。本文利用层次分析法（简称 AHP 法）构建了矿井突水诸影响因素的层次模型，将决策者的经验判断予以量化，并确定了矿井突水诸影响因素的权值，将结构复杂的定性问题转化为定量问题，为客观定量地评价矿井突水的可能性和危险性提供了依据。在此基础上，提出了矿井防治水害的方法和措施，为今后矿山的安全生产提出了建议。

关键词　层次分析法　矿井突水　防治水

我国是一个矿产资源丰富的国家，尤其是煤炭资源。在我国矿产资源中，有一部分受水害威胁。矿山特大水害事故，有的是老采空区透水，有的是断层突水，还有的是溶洞突水。而造成这些事故的原因是多种多样的，在矿井水文地质条件不清的情况下盲目开采；水体下开采的防护措施不落实；超层越界开采，破坏防水、隔水煤柱；现场人员水害防治知识匮乏，已有水患预兆而未采取措施；雨季防水工作不落实，特别是下雨期间井上、井下水情无监测、无应急措施等。

利用层次分析法（简称 AHP 法）构建矿井突水诸影响因素的层次模型，将决策者的经验判断予以量化，并确定矿井突水诸影响因素的权值，将结构复杂的定性问题转化为定量问题，为客观定量地评价矿井突水的可能性和危险性提供依据。应用 AHP 法综合评价矿井突水的影响因素，能够更全面地反映矿井突水影响因素的重要程度。在操作上，使决策者易于构造质量好的判断矩阵，判断更符合实际，可以为矿山企业考核和正确评价矿井的安全性工作提供一种较为有效的方法。

1. 层次分析法简介及其基础理论

1.1　AHP（Analytic Hierarchy Process）简介

层次分析法是美国运筹学家 Saaty 教授于 20 世纪 80 年代提出的一种实用的多方案或多目标的决策方法。其主要特征是合理地将定性与定量的决策结合起来，按照思维、心理的规律把决策过程层次化、数量化[1]。

1.2　层次分析法建模

（1）建立评价系统的递阶层次结构。

（2）构造两两比较判断矩阵（正互反矩阵）。

（3）针对某一个标准，计算各备选元素的权重。

关于判断矩阵权重的计算方法有两种，即几何平均法（根法）和规范列平均法（和法）。

（4）一致性检验。

1.3　AHP 国内外应用动态[2-4]

AHP 在很多领域都可以应用，而且其

方法也在应用中不断改进。

（1）在安全科学研究中的应用：

1）矿山安全研究。

2）危险化学品评价。

3）油库安全性评价。

4）城市灾害应急能力。

5）交通安全评价。

（2）在环境科学研究中的应用：

1）大气环境研究。

2）水环境研究。

3）生态环境研究。

（3）衍生层次分析法的应用：

1）改进层次分析法的应用。

2）区间层次分析法的应用。

3）模糊层次分析法的应用。

4）改进模糊层次分析法的应用。

5）灰色层次分析法的应用。

2. 矿井突水因素层次分析法研究

2.1 构造矿井突水层次模型

矿井突水层次模型如图1所示。

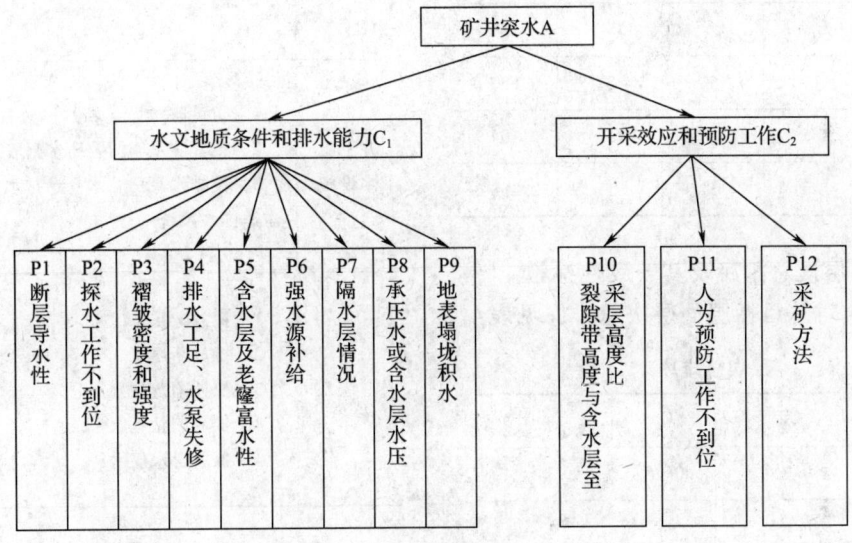

图1 矿井突水层次模型

2.2 层次单排序及其一致性检验

对于总目标 A，构造准则层各准则的判断矩阵（见表1），求解最大特征值 λ_{max} 及其相对应的特征向量 W，并进行一致性检验。

表1 判断矩阵 A – C

A	C_1	C_2	W
C_1	1	3	0.75
C_2	1/3	1	0.25

即 W =（0.75，0.25），λ_{max} = 2，CI = 0，CR = 0。

对于各准则，构造方案层各方案的判断矩阵，求出优先权重向量 P_j（j = 1，2，…，9），并进行一致性检验。

对于 C_1 准则，判断矩阵见表2。λ_{max} = 9.197 7，CI = 0.024 7，RI = 1.46，CR = 0.016 9 < 0.10，不一致程度在允许范围内。

表2 判断矩阵 C_1 – P

C_1	P_1	P_2	P_3	P_4	P_5	P_6	P_7	P_8	P_9	W
P_1	1	4	5	4	1	3	5	7	5	0.268 0
P_2	1/4	1	2	1	1/4	1/2	2	4	2	0.082 1
P_3	1/5	1/2	1	1/2	1/5	1/3	1	2	1	0.049 2
P_4	1/4	1	2	1	1/4	1/2	2	4	2	0.082 1
P_5	1	4	5	4	1	3	5	7	5	0.268 0
P_6	1/3	2	3	2	1/3	1	3	5	3	0.129 4

续表

C_1	P_1	P_2	P_3	P_4	P_5	P_6	P_7	P_8	P_9	W
P_7	1/5	1/2	1	1/2	1/5	1/3	1	3	1	0.049 2
P_8	1/7	1/4	1/3	1/4	1/7	1/5	1/3	1	1/3	0.022 7
P_9	1/5	1/2	1	1/2	1/5	1/3	1	3	1	0.049 2

对于 C_2 准则，判断矩阵见表3。λ_{max} = 3.038 5，CJ = 0.019 2，RI = 0.52，CR = 0.037 < 0.10，不一致程度在允许范围内。

表3　　　判断矩阵 $C_2 - P$

C_1	P_{10}	P_{11}	P_{12}	W
P_1	1	5	3	0.637 0
P_2	1/5	1	1/3	0.104 7
P_3	1/3	3	1	0.258 3

2.3　层次总排序及其一致性检验

P 层次对总目标层的层次总排序见表4。

表4　　　层次总排序

指标层	C_1	C_2	总排序
	0.75	0.25	
P_1	0.268		0.201
P_2	0.082 1		0.061 6
P_3	0.049 2		0.036 9
P_4	0.082 1		0.061 6
P_5	0.268		0.201
P_6	0.129 4		0.097
P_7	0.049 2		0.036 9
P_8	0.022 7		0.017
P_9	0.049 2		0.036 9
P_{10}		0.637	0.159 3
P_{11}		0.105	0.026 2
P_{12}		0.258	0.064 6

表5　　　矿井突水防治措施

分类	主要内容
地表水防治	1. 在河流（含冲沟、小溪渠道）的漏水、渗水段铺底，修人工河床、渡槽或河流部分地段改道等 2. 在矿区外围修筑防洪泄水渠道，在采空区外围挖沟排（截）洪 3. 填堵渠道（指对岩溶地面塌陷及采空区塌陷的处理） 4. 建闸设站，排除塌陷区积水或防止河水倒灌
井下防水设施	1. 留设防水煤（岩）柱 2. 设置防水闸门及防水闸墙 3. 设排水泵房、水仓、排水管路及排水沟等排水系统
井下探放水	1. 探放老采空区水 2. 探放断层水 3. 探放陷落柱水 4. 探放旧钻孔水 5. 探放含水层水
疏干	1. 地表疏干，从地面施工垂直钻孔，安装潜水泵，抽排含水层水 2. 地下疏干 （1）专门疏干矿井、巷道和放水孔 （2）疏干巷道（运输巷道疏干含水层、疏水石门、疏水平硐） （3）疏水钻孔（井下放水孔疏干、井下吸水孔疏干） 3. 联合疏干 （1）地表疏干与地下疏干同时进行 （2）多井同时疏干同一含水层
突水预测	1. 易于突水的构造部位或地段的预测 2. 采掘前突水预测 3. 采掘过程中突水预测 4. 突水量预测

续表

分类	主要内容
地表水体下采矿安全措施	1. 地表水体下留设安全岩柱（含断层煤柱） 2. 选择控制采高的采煤方法，加强顶板管理 3. 保持足够的排水能力，即设计的最大排水能力 4. 建立井上、下水文动态观测网、避灾路线、报警系统等 5. 必要时探水掘进
注浆堵水	1. 注浆堵水的一般施工 2. 封堵突水口（点）的注浆 　（1）封堵突水巷道的注浆 　（2）封堵突水断裂带的注浆 　（3）封堵岩溶陷落柱的注浆 　（4）巷道布设在厚层灰岩的突水口的注浆 3. 封堵天然隐伏垂向补给通道的注浆 4. 堵水截流帷幕的注浆

CI = 0.023 3，RI = 1.225，CR = 0.019 < 0.10，所以层次总排序的结果具有满意的一致性。

2.4 矿井突水影响因素重要程度分析

从层次总排序结果可以看出，对矿井突水风险影响程度最大的是断层导水性和含水层及老采空区富水性，其次是裂隙带高度与含水层至开采层间距的比值，此外强水源补给、排水不足、水泵失修、探水工作不到位、采矿方法等也有重要影响。但总的来说，导致矿井突水事故发生的最主要因素为不良的地质构造和复杂的水文地质条件，这些不利因素的客观存在是无法人为控制的。但是，可以对一些不利因素进行改善。因此，为了降低矿井突水风险，布置井巷及采场工程应当尽量避开导水断裂和富水含水层，在围岩破碎地段可以采用防渗材料进行封堵或注浆，形成防渗帷幕；加强地质勘察和开采设计工作，选择合理的采矿方法，确定合理的技术参数，保留足够的隔水岩柱，及时填堵地表塌陷等。

3. 矿井突水的防治技术[5-6]

从上述矿井突水因素层次分析法（AHP）研究中可以看出，矿井突水因素不是单一的，可能由多种因素共同导致，因此，矿井突水的防治也应该多方面共同研究。包括矿山巷道隔水构筑物的建造等，当然最重要的是要搞好安全管理工作，这样才可以对水害进行长期有效的前期防治。

相关安全管理措施如下：

（1）分工明确，责任到人。

（2）加强技术与现场的管理，将措施落实到班组。

1）防水害安全工作重在现场落实。加大井下探放水力度，从现场出发，将防水害措施落实到班组。加强水害安全技术论证工作，找出积水原因，在积水区域组织全矿工程技术人员，深入现场并结合原始资料，认真分析老塘与采空区的积水机理。

2）坚持执行"有掘必探，先探后掘"的探放水措施。

（3）根据矿井实际情况，切实做好防突水监测工作。

1）矿安监部门根据矿井具体情况，制订切实有效的矿井防突水检查技术方案，并根据方案制定矿井防突水检查表。

2）组织开展矿井防突水现场专项检查，保证措施落实到位，消除各种水害隐患。

3）定期组织人员对生产单位防水害技术资料进行监察。

4）加强事故案例分析与规程学习相结合的安全教育。

上述安全管理措施应当正确落实，一旦矿井发生突水事故，应当做好事故相关救援工作。

4. 结论

我国经济持续高速发展与国家安全战略离不开能源和矿产资源的强有力支撑,而地下开采方式是目前我国获得多种能源资源与矿产资源的重要途径。随着开采深度、开采强度、开采速度、开采规模的增加和扩大,矿井突水问题日益严重,尤其是近几年,矿井突水事故频繁发生,给人民生命财产造成重大损失,严重影响和制约着矿山的安全生产。因此,矿井突水因素和防治技术的研究具有相当重要的意义和实际价值。

研究矿井突水因素的方式很多,例如,事故树分析、灰色理论分析,以及与模糊数学结合的多种方法,其中层次分析法(AHP)是分析矿井突水因素的一种简单、有效的新型方法。

层次分析法(AHP)是一种定性与定量相结合的多因素决策分析方法,特别是当特定数据和通用数据不够时,就必须将专家的经验予以量化,此时该方法就更为实用。用 AHP 作系统分析,首先要把问题层次化,根据问题的性质和要达到的总目标,将问题分解为不同的组成因素,并按照因素间的相互关联和隶属关系,分成不同的层次组合,从而构成一个多层次的系统结构分析模型,并最终将系统分析归结为最低层(供决策的方案、措施等)相对于最高层(总目标)的相对重要性权值的确定或相对优劣次序的排序问题。

层次分析法(简称 AHP 法)是一种简单、方便、实用的系统决策方法。矿业系统由于本身的生产环境、生产条件、生产过程的限制,表现出其特有的工作场所的流动性,以及工作环境和条件的随机性、复杂性和综合性,因此对矿井生产发展的预测与决策就变得更为复杂,也显得更为重要。层次分析法的优点在于它能够同时考虑矿业系统复杂的定性与定量因素,通过对各种因素进行系统分析,将矿井技术改造简化为层次结构模型,模型分为目标层 A、策略层 B、措施层 C,由具有现场实际经验的专家给各项具体措施打分,或者利用事件发生的概率等数据,构造目标层与策略层的判断矩阵、策略层与措施层的判断矩阵,并给出各种措施对目标层的总排序,这样就能同时考虑矿井突水的各项影响因素的重要程度,根据实际情况进行判断,确定不同措施的相对重要程度,最后用数学方法进行定量计算,从而确定出最重要的策略和最重要的措施。通过各措施所占权重的排序关系,对目前矿井技术改造提供策略性突破口,为各种有效措施的采取及展开提供决策依据,以便根据这些重要影响因素的排序情况对矿井突水进行针对性的技术改造,达到生产集中、布局合理、增产降耗、提高经济效益的目的。

◎参考文献

[1] 高尚. 三种计算层次分析法中权值的方法[J]. 科学技术与工程, 2007, 7(20): 5204 – 5207.

[2] 杨学忠, 郭华良, 梅传声. 层次分析法在选题风险评价中的应用[J]. 出版科学, 2007, 15(5): 19 – 20, 28.

[3] 朱智钊. 浅谈安全评价[J]. 四川兵工学报, 2005, (03).

[4] 吕海燕, 李文彬. 生产安全事故统计分析及预测理论方法研究[D]. 北京: 北京林业大学, 2004.

[5] 王连国, 宋扬. 煤层底板突水突变模型[J]. 工程地质学报, 2000, 8(2): 160 – 163.

[6] 单志刚. 安全管理的系统思考方法[J]. 北京石油管理干部学院学报, 2007(6): 56 – 57.

受限空间避难逃生研究

李立峰　黄仁东（指导教师）

（中南大学资源与安全工程学院，长沙，410083）

摘　要　文章首先从受限空间特性和避难逃生三要素出发，阐述了避难逃生的基本理论。然后，从人、物、环境、管理四个方面分析了影响受限空间避难逃生的各种因素。最后，以Anylogic仿真软件为基础，通过软件所带的行人库，以某KTV为例建立疏散模型，对受限空间避难逃生进行建模仿真分析。

关键词　受限空间　避难逃生　计算机仿真　Anylogic

能源、环境、安全已成为当今社会各界共同关心的三大重要领域，随着现代工业的发展，在各种受限空间的作业与活动越来越多，受限空间内发生的事故也越来越多。这些事故给企业和人们带来了巨大的经济损失，对人们的身心造成了极大的危害。为了解决受限空间内人员的安全问题，有必要对受限空间的避难逃生问题进行比较系统的研究。

1. 受限空间特性

1.1 受限空间界定

一般具有如下特征的空间称为受限空间[1]：

（1）有足够大的空间，工作人员可以完全进入，并完成指定工作。

（2）出入口较为狭窄。

（3）并非为长时间工作而设计。

然而，随着人们活动范围日益扩大，活动种类增多，受限空间不应只局限于工作场所，在生活中存在以上特征的场所、空间，以及一些人流密集但是空间相对狭小的地方，一旦发生事故，人员的疏散会有一定困难，这样的空间也应该称为广义的受限空间。

1.2 受限空间危险情况分析

受限空间内发生事故的主要原因是：工业气体的爆炸和燃烧，有毒性气体的泄漏，可燃性气体的燃烧，以及受限空间结构与布局设计不合理等。受限空间中气体所产生的危险是看不到的，而且通常是致命的。受限空间的不良通风会导致其内的气体非但不能支持生命，反而会对生命构成威胁。可燃性气体、有毒气体（硫化氢和一氧化碳是密闭空间中最常见的两种有毒气体）和缺氧是密闭空间中导致伤亡的最主要因素。据不完全统计，超过60%的伤亡者是由于试图营救而先进入密闭空间的遇难者。

2. 受限空间避难逃生研究的理论基础

2.1 避难逃生的三个要素

遭遇火灾的避难逃生，应考虑火场燃烧、避难者、避难环境三者间的互动关系，火场燃烧包括火场燃烧的生成及变化情形；避难者包括火场中避难者心理、生理及行为上的变化；避难环境指火场避难环境的变化。

2.2 人员避难逃生过程

人员在建筑物发生火灾时逃难行为过程可分为四个阶段：

(1) 第一阶段,认知。接受火灾初期产生的模糊信息,知道火灾发生,尚不完全清楚。这时期以心理活动为主。

(2) 第二阶段,逃生准备行为。个体明确知道火灾发生,放弃观望或灭火行为,准备实施逃难行为。这一阶段中,通常包括对火灾进行确认、定义,以及危险性评价等。

(3) 第三阶段,逃生实施行为。个体知觉火灾非常严重或因其他原因而开始逃生。

(4) 第四阶段,逃生结束。不论是成功地逃出火场(烟场)到达安全区,还是逃生行为失败而伤亡,至此,所有逃生行为均已停止。

2.3 避难逃生时间[2,3]

关于避难时间的计算,可以采用下述公式:

$$T = \frac{T_p + T_r + T_a + T_s}{T_f} \leq 1 \quad (1)$$

式中,T_p 表示对灾难发生感知的时间;T_r 表示作出反应的时间;T_a 表示反应后采取行动的时间;T_s 表示行动开始至抵达安全地点所需的时间;T_f 表示从灾难发生至伤亡开始出现,避难者无法自立逃生,需外界救援的时间。

2.4 避难最佳路径

2.4.1 出口选择

现有的很多模型基本都是采用距离最短原则作为出口选择原则[4],然而实际情况并非如此简单。如某人距离出口1比出口2近,但是由于他与出口1之间的人员分布密度较大,预测到可能会发生拥挤现象,他往往会选择人员密度较小的出口2作为自己的疏散出口。

2.4.2 疏散路径

每个人在疏散时总想用最短的时间到达逃生出口,因此在选择合理可行的疏散路径时,肯定会对每一条路径进行疏散时间预测。人员选择自己的疏散路径时,总是选取预测疏散时间最短的那条路径作为自己的疏散路径。

3. 影响避难逃生的不安全因素分析

3.1 人的因素

从我国的人员逃生心理、人员疏散个体与群体行为特征,以及灾害后果对疏散人群的影响等方面进行考虑,人的因素可综合为如下几点:年龄、性别、人员速度、人员密度、体质、"从众"行为、人群疏散速度、人群心理及人员冲突等[5,6]。

3.2 物的因素

在地下建筑物火灾中,应急照明、疏散标志、疏散出口、装饰材料、通信设施、防烟排烟系统和消防供电等这些物的因素也会影响到人员的疏散。

3.3 环境的因素

火灾时,地下环境中影响人员疏散的因素主要有热辐射、热对流、照明、燃烧有毒气体、烟雾浓度及空气湿度。众多火灾案例表明,火灾烟气毒性、缺氧使人窒息、悬浮微粒以及高温和热辐射是致人伤亡的主要因素。

4. 受限空间避难逃生的仿真模拟研究

4.1 整体建模

以下是针对某KTV建立的模型,其整体布局如图1所示。

整个空间总长度26.4 m,总宽度12 m;过道宽度2 m,过道长度13.2 m;楼梯宽度1.75 m;小包K1、小包K2、小包K3长5 m,宽3.3 m;小包K4长4.9 m,宽3.3 m;大包K1、大包K2、大包K3长6.6 m,宽5 m;大厅长9.9 m,宽5 m。

4.2 模型流程介绍

通过Anylogic的行人库建立流程图(见图2)。

4.3 模型运行情况

假设在行人入口处发生火灾,入口无法逃生,人员只能从另一侧的安全出口逃出。疏散开始和疏散结束的情况如图3所示。

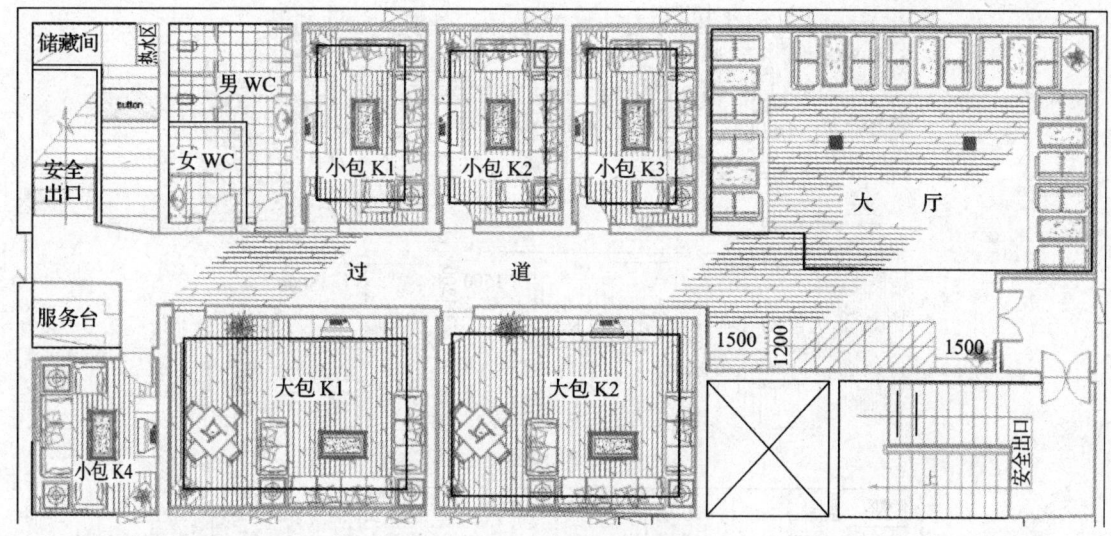

图 1 某 KTV 整体模型示意图

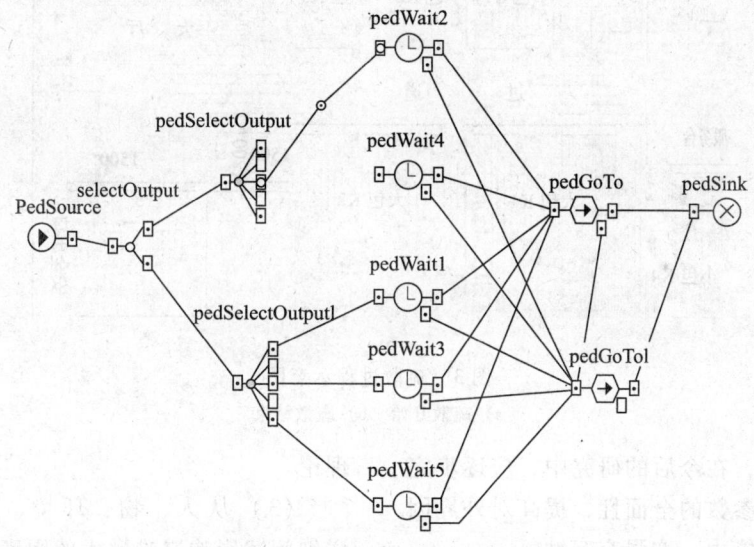

图 2 某 KTV 仿真模型流程图

4.4 仿真结果分析

从疏散开始到疏散结束总时间为 4.95 min，若火势蔓延迅速，则一部分人可能会受到伤害。从疏散的整个过程来看，在安全出口的位置，人员拥挤，可能发生踩踏事故，并影响疏散速度。这也表明，该 KTV 避难逃生的出口设计存在问题，只有一个安全出口是不够的。同时，安全出口处有两道垂直的门，人员逃生时易变成障碍，影响逃生过程的顺利进行。本次逃生过程的仿真是在空间容量为 300 人的情况下进行的，实验表明，从顺利逃生疏散的角度来看，300 人已显得比较密集，平时应做好应急管理工作。

此模型也存在许多不足，如参数和变量的设置考虑不够全面，没有将环境和管理的

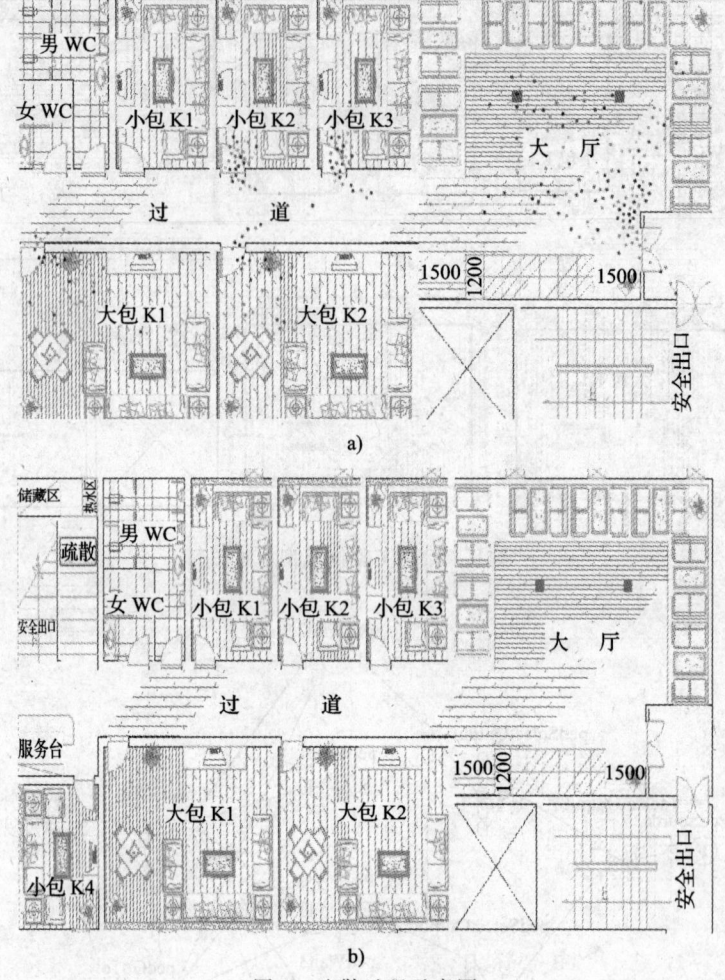

图3 疏散过程示意图
a) 疏散开始 b) 疏散结束

因素考虑在内，在今后的研究中，应逐步完善模型，加强参数的全面性，提高对外界因素变化的反应能力，增强交互性。

5. 结论

本文以受限空间为基点，从避难逃生的角度入手，研究了受限空间的避难逃生过程，总结如下：

（1）对受限空间的特性进行了详细阐述。

（2）将避难逃生分为三个要素，从人、火灾、环境三方面的关系，将避难逃生的特点表现出来，并从空间、时间，以及人的特性等方面多方位地探讨了避难逃生研究的理论。

（3）从人、物、环境、管理四方面，详细阐述影响避难逃生的因素。

（4）利用 Anylogic 仿真软件强大的离散建模，连续建模，以及混合建模能力，针对受限空间，在人、物、环境、管理各因素分析的基础上，对受限空间人员疏散过程进行仿真模拟。

◎参考文献

[1] 张国宏. 受限空间的危险情况分析 [EB/OL]. [2008 - 03 - 25]. http://www.chinavalue.net/article/Archive/2008/3/25/105778.html.

[2] 张志飞, 陈建宏, 杨立兵. 地铁火灾中人员安全疏散时间的计算[J]. 现代城市轨道交通, 2008 (3): 68-70.

[3] 王鹏智. 居室火灾避难容许时间基准之验证研究[D]. 中国台湾: 国立台湾科技大学, 2007.

[4] 王长波, 全红艳, 谢步瀛, 等. 基于物理的真实感火灾疏散仿真[J]. 计算机辅助设计与图形学学报, 2008, 20 (8): 1033-1037.

[5] 庚志章. 影响安全疏散若干因素的思考[J]. 广西民族大学学报, 2007 (8月增刊): 77-80.

[6] 马莉莉. 建筑消防过程中人员安全疏散问题的计算机模拟研究[D]. 武汉: 武汉大学, 2004.

震后建筑安全评价及防护措施

杨 超 过 江（指导教师）

（中南大学资源与安全工程学院，长沙，410083）

摘 要 近年我国对地震区震后建筑安全评价鉴定工作给予了充分的重视，尤其是国家标准《地震现场工作 第二部分: 建筑物安全鉴定》（GB 18208.2—2001）的颁布实施，使震后建筑安全评价鉴定工作达到了一定的标准化和规范化程度，但也对震后建筑安全鉴定工作提出了更高要求。本文主要是对震后建筑震损因子之间的关系、量化方法、安全性评价模型等方面进行了分析和研究，利用两层模糊综合评价法对震后建筑进行安全性评价并对评价结果进行了分析，对于震后建筑安全评价和修复具有一定参考意义。

关键词 震后建筑 安全鉴定 震损 模糊综合评价 量化方法

我国是世界上地震灾害频发的国家之一，20世纪3次大于8级的大陆地震中有两次发生在中国，而更为严重的是，这两次死亡人数都超过20万人[1]。2008年5月12日的汶川地震是我国自新中国成立以来最强烈的一次地震，直接严重受灾地区达10万km^2，造成近7万人遇难，约2万余人失踪的巨大损失。本论文在总结一般建筑安全评价方法的基础上，对于受损建筑状况进行了统计分析，并将不同受损建筑的危害度参考国家标准《地震现场工作 第二部分：建筑物安全鉴定》（GB 18208.2—2001）进行了量化处理，制定了震后房屋结构的危害因子权重表，通过两层模糊评价法将不同的危害因子进行模糊处理，从而得出震后建筑受损状态，在安全评定结果上也充分考虑震后建筑的安全性，从最大安全性出发，得出震损状态结果。

1. 震后建筑受损情况分析

我国是世界上地震灾害最严重的国家之一，地震区域广阔而分散，地震频繁而强烈。29个省发生过6级以上地震，19个省发生过7级以上的破坏性大地震。有记载的8级以上的地震共有16次之多，而7级以上的地震仅从1966年以来，就发生近20次之多[2,3]。根据国内外的震害经验，地震造成人员伤亡和财产损失的主要原因是房屋建筑的破坏和倒塌。据有关统计，地震中约

95％的人员伤亡是因建筑破坏所导致的。因此，应急救灾时在地震现场对房屋建筑进行安全鉴定工作，对我国灾区妥善安置灾民和防止二次灾害非常重要。

(1) 建筑结构的破坏情况

地震区房屋建筑按震后建筑结构的破坏程度分为5个等级[4]：

1) 基本完好。承重构件完好，个别非承重构件轻微损坏，附属构件有不同程度的破坏。一般不需修理即可继续使用。

2) 轻微损坏。个别承重构件有轻微裂缝，个别非承重构件明显破坏，附属构件有不同程度的破坏。不需修理或需稍加修理，仍可继续使用。

3) 中等破坏。多数承重构件有轻微裂缝、部分明显裂缝，个别非承重构件严重破坏。需一般修理，采取安全措施后可适当使用。

4) 严重破坏。多数承重构件严重破坏或部分倒塌。应采取排险措施，需大修、局部拆除。

5) 倒塌。多数承重构件倒塌。需拆除。

(2) 墙体部分的破坏情况

墙体出现贯穿的斜裂缝或X形裂缝（见图1）是比较常见的震害现象，几乎在受损房屋上都能出现。贯穿的斜裂缝在一层至三层的承重横墙上比较多见，墙体开裂的范围大致在墙面宽度的1/3以上。当这种情况出现在承重的纵墙上时，一般被判定为需要立即拆除的危险房屋。墙体出现水平裂缝（见图2），这种震害现象一般出现在靠近楼屋盖梁板附近墙体的上下两端，沿灰缝出现水平的通缝后引起滑移和错动，破坏加剧后导致预制楼板等脱落；同时，在一些承重砖柱上也会出现水平裂缝，裂缝基本贯穿，开裂部位多集中在柱端，严重时会导致砖柱在裂缝部位错位、墙体压酥，纵横墙震脱（见图3），导致墙体失稳引起平面外倒塌。这种情况多见于空斗墙或半砖墙外纵墙与横墙之间拉裂，导致外墙外倾失稳而倒塌，部分连带楼板等构件一起倒塌。木屋架等屋盖部分的损坏较严重，一般上铺的瓦片大量震落，木屋架震松或震散，严重时会导致顶层的纵横墙脱开，墙体外倾，房屋墙体和楼屋盖同时倾折[5,6]（见图4）。非结构震害主要集中在楼梯间的承重横墙上，表现为墙体开裂、脱开和局部倒塌。

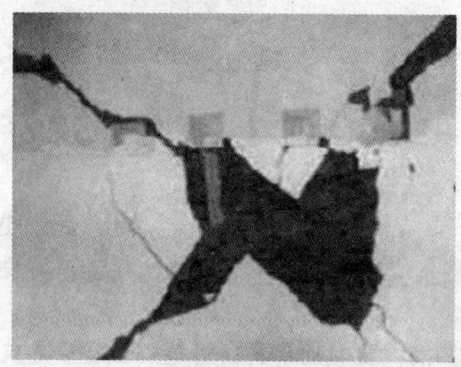

图1 墙体斜裂缝及X形裂缝

图2 墙体水平裂缝

图3 纵横墙震脱

图4 房屋墙体和楼屋盖倾折

2. 受损建筑安全性鉴定评价体系

地震造成房屋建筑破坏是在所难免的，破坏性地震发生后，正确地评估和鉴定房屋的安全性对抗震救灾的应急工作具有重大意义，震后建筑安全鉴定以设防烈度进行的建筑抗震鉴定和危房鉴定工作，通过对房屋进行细致全面的检查、调研和对结构进行精确的检测与验算对与震后环境来讲是不太现实的。因此，在历次地震现场均采用了基于专家经验的主观定性快速评价方法。由专家通过震后房屋出现的一些破坏特征进行震损评价，同时按地震作用、建筑物的使用性质和原抗震设防能力，以及场地、地基和毗邻震害的影响等诸多因素来对受震建筑的安全性进行综合判断。国家标准《地震现场工作 第二部分：建筑物安全鉴定》（GB 18208.2—2001）中对受震建筑安全性评价等级，是用自然语言变量的方法划分的，本文针对震后建筑的特征和危害因子，探讨了适合解决震后建筑安全评价问题的模糊综合评价模型。并凭借模糊综合评价的研究方法，把专家的定性知识同模型的定量描述有机地结合起来，实现定性变量和定量变量之间的相互转化。

模糊综合评价模型在对复杂系统进行模糊综合评价时，可设综合评判的因素集合为 $U = (U_1, U_2, \cdots, U_a)$，称为论域 U_a 评价结果。假设有 m 种不同的评价等级它们将组成评价集 $V = (V_1, V_2, \cdots, V_a)$，称为论域 V，则因素论域 U 和论域 V 之间的模糊关系可用评价矩阵表示。当被评定的事物论域 U 中只有一个因素 u 组成时，上述的模糊关系矩阵就只是一个"等级模糊向量"，该向量描述的是该事物对于论域 V 中各等级的隶属度，也就是一个模糊评定的结构。该向量可记为 $B = (b_1, b_2, \cdots, b_m)$，称为单因素模糊综合评价模型[7]。当论域 $U = (u_1, u_2, \cdots, u_n)$ 有 n 个因素时，矩阵 R 描述了因素论域 U 和评语论域 V 之间的模糊关系。另外，由于不同评价因素的重要程度一般是不同的，因此在综合评定时要考虑其对评定等级所起的作用，这种评定作用就形成了因素论域 U 上的一个模糊子集，称为单因素综合评价模型。本文采用多因素评价模型中的两层模糊综合评价模型[8]：

把论域 $U = (u_1, u_2, \cdots, u_n)$ 中的 n 个因素按照属性划分为 t 个互不相交的子集，即为 $U = (U_1, U_2, \cdots, U_t)$。设评价等级共有 m 级，组成评语论域 $V = (v_1, v_2, \cdots, V_m)$。在每个因素集 U_K ($K = 1, 2, \cdots, t$) 范围内进行第一层综合评价。假设第一层第一组由 s 个元素组成。首先，对单因素进行评价，并用所得的单因素评价结果组成评价矩阵。若单个评价指标 u_i 对各评价等级的隶属度 $u_{i1} \sim u_{im}$ 组成单因素评价向量 ($u_{i1}, u_{i2}, \cdots, u_{im}$)，那么第一组的模糊关系矩阵为：

$$R = \begin{bmatrix} u_{11} & u_{12} & \cdots & u_{1m} \\ u_{21} & u_{22} & \cdots & u_{2m} \\ \vdots & \vdots & & \vdots \\ u_{s1} & u_{s2} & \cdots & u_{sm} \end{bmatrix}$$

第一层第一组的加权因子集合与第二层的加权因子集合分别为：

$$A_1 = (a_1^1, a_2^1, \cdots, a_s^1)$$
$$A = (a_1^2, a_2^2, \cdots, a_s^2)$$

在第一层上，分组进行第一次综合评定，分别得到各组的评价向量：

$$B_1 = A_1 R_1 = (b_{11}, b_{12}, \cdots, b_{1m})$$

同理:

$$B_2 = A_2 R_2 = (b_{21}, b_{22}, \cdots, b_{2m})$$

$$\cdots$$

$$B_t = A_t R_t = (b_{t1}, b_{t2}, \cdots, b_{tm})$$

将第一层得到的各组评价向量,合成为第二层的模糊关系矩阵:

$$R = \begin{bmatrix} b_{11} & b_{12} & \cdots & b_{1j} & \cdots & b_{1m} \\ b_{21} & b_{22} & \cdots & b_{2j} & \cdots & b_{2m} \\ \vdots & \vdots & \vdots & \vdots & \vdots & \vdots \\ b_{s1} & b_{s2} & \cdots & b_{sj} & \cdots & b_{sm} \end{bmatrix}$$

然后,在第二层上进行第二次综合,从而得到最终评价集:

$$B = AR = (b_1, b_2, \cdots, b_m)$$

多级模糊评判模型更好地反映了客观事物因素的不同层次,较好地反映了领域专家进行评判的实际处理过程。

3. 权重值的确定

建筑物在地震作用下危险性最直观的表现就是损伤,期望建筑物在地震作用下不具有危险性是不经济的,也是不现实的。在允许建筑物在地震作用下具有危险性的前提下,根据历史震害资料、建筑物的地震设防水平和重要性,在充分估计未来地震特征的基础上,按照一定的危险性程度限值进行建筑物在地震作用下危险性评价,这成为一个自然而又合理的追求。

4. 评价结果讨论

根据最后评价向量确定结果的过程中,为了应用最大隶属度的原则,实际上对论域 $V = \{v_1, v_2, v_3, v_4, v_5\}$ 做了如下逐层细分:

(1) $\{(v_1, v_2, v_3, v_4), v_5\}$,这样划分是基于把结果看成只有安全建筑和不安全建筑两个等级,而建筑的安全性是最关键的问题,本文通过对上述方法的分析,为了保证评价结果的安全性,把对安全建筑的隶属度确定在 [0.9, 1] 内,也就是最后评价向量的前四项之和应该大于 0.9,也相当于不安全的隶属度的阈值为 0.1,超过了 0.1 就一定为不安全建筑。这个阈值的确定是根据所有影响因素中,可能造成评价结果为不安全结果的因素在评价最终结果中隶属度最小的值确定的。

(2) $\{(v_1, v_2, v_3), v_4, v_5\}$,相当于把评语论域划分为三个等级,即丙类安全建筑以上的建筑、丁类建筑和不安全建筑。

(3) $\{(v_1, v_2), v_3, v_4, v_5\}$ 相当于把评语论域划分为四个等级,即乙类安全建筑以上的建筑、丙类安全建筑、丁类建筑和不安全建筑。

(4) $\{v_1, v_2, v_3, v_4, v_5\}$,在这第四个层次下即可将结果确定在相应的等级中。

假设最终的评价向量为 $B = (b_1, b_2, b_3, b_4, b_5)$,则以上的关系具体可以表示为:

$b_1 + b_2 + b_3 + b_4 > 0.9$,则为安全建筑,否则为不安全建筑。

$b_1 + b_2 + b_3 + b_4 > 0.9$,若 $b_1 + b_2 + b_3 < b_4$,则为丁类安全建筑。

$b_1 + b_2 + b_3 + b_4 > 0.9$,且 $b_1 + b_2 + b_3 > b_4$,若 $b_1 + b_2 < b_3$,则为丙类安全建筑。

$b_1 + b_2 + b_3 + b_4 > 0.9$,且 $b_1 + b_2 + b_3 > b_4$,且 $b_1 + b_2 > b_3$,若 $b_1 < b_2$,则为乙类安全建筑,否则,若 $b_1 > b_2$ 则为甲类安全建筑。

两层模糊综合模型是在震后建筑震损判定和得到震损结果上,还可以处理安全性隐患问题的方法。所以,在鉴定的结果中不管属于不安全建筑等级的隶属度多么小,都可以表明有造成不安全的隐患。

5. 震后建筑防护措施

不同建筑结构的破坏形态不同,对于不同的建筑应采用不同的方法进行加固防护,但由于震灾建筑主要集中为混凝土、多层砖砌体等结构,所以将以主要破坏类型建筑采用的修复方法对其进行简述。对于在震后受损的较少的大型建筑类型,也包括重大的建筑，需要通过专门组织相关专业人员进行专业分析，并制定相应的针对性的修复与加固方法。目前常用的修复加固方法包括：

(1) 增设剪力墙[9]

根据结构破坏的具体情况，可在适当部位增设剪力墙，当原有剪力墙破坏严重不能修复时，可重新设置剪力墙后将原墙拆除；当原有剪力墙仍具有一定承载力时，可增加其厚度以维持或提高其承载能力。

(2) 增大截面法

增大截面法是用增大结构件或构筑物截面面积进行加固的一种方法。它不仅可以提高被加固构件的承载能力，而且还可加大其截面刚度，改变其自振频率，使正常使用阶段的性能在某种程度上得到改善。

(3) 树脂注入法[10]

该方法可用于修复墙、柱、梁上的裂缝，是修复效果较好的方法之一。它可以恢复结构的防水性、耐久性和承载能力。

(4) 钢带补强法

该法用于柱的修复。其做法是先清除柱面，用树脂注入法修复裂缝，然后用无收缩混凝土修补剥落部分，再用条形钢带包裹柱面以增加柱的强度。

(5) 碳素纤维加强法

碳素纤维卷材具有质量小、弹性好、强度高、耐久性能好、抗腐蚀等特性，与树脂一起使用，可进行柱的修复补强。

6. 结论

震后建筑安全评价一直是震后建筑修复、重建的重点内容之一，目前的震后建筑安全评价的震损状态因子也是主要以现场专家经验估值为主，大部分震后建筑的评价也是建立在大量历史数据统计和震损状态特征分析的基础上，这种方法具有很高的可靠性。

本文在结合专家打分与经验估值的基础上参照 GB 18208.2—2001 将各子项指标量化。在参考建筑物安全模糊综合评价法的基础上，采用了两层模糊综合评价法对这些量化的指标进行处理，先将在最底层的每一类因素进行第一级模糊综合评价，然后在根据各类评价的结果在第二层上进行第二级综合评价。对结果进行分析，得知该建筑的震损安全状态，对于震灾区建筑的安全评价有一定的参考价值。

◎ 参考文献

[1] 陈颙. 中国的地震灾害损失预测 [J]. 自然灾害学报，1992，4 (1)：93-98.

[2] 吕西林，李建中，唐益群，等. 汶川地震后同济大学技术人员在四川广元房屋应急评估工作概况及体会 [J]. 结构工程师，2008，3 (4)：1-2.

[3] 非明伦，樊跃新，崔建文，等. 建筑物抗震构造措施与震害 [J]. 地震研究，2003，23 (3)：96-102.

[4] 国家质量技术监督局. GB 18208.2—2001 建筑物安全鉴定标准 [S]. 北京：中国标准出版社，2001.

[5] 郭恩栋，孙柏涛，王东明，等. 九江 5.7 级地震建筑物安全鉴定 [J]. 自然灾害学报，2006，15 (3)：152-156.

[6] 苏启旺，李力. 汶川大地震中框架结构震害分析 [J]. 四川建筑科学研究，2008，34 (4)：162-164.

[7] 清华大学、西南交通大学、北京交通大学土木工程结构专家组. 汶川地震建筑震害分析 [J]. 建筑结构学报，2008，29 (4)：1-9.

[8] 孙柏涛，王东明. 地震现场建筑物安全性鉴定智能辅助系统研究 [J]. 地震工程与工程振动，2003，23 (5)：209-213.

[9] 欧谨，刘伟庆. 阪神地震后建筑物的修复方法与实例 [J]. 工程抗震，1998 (4)：18-22.

[10] 曾凡奎，胡长明，车佳玲，等. 法门寺合十舍利塔震后裂缝处理技术研究 [J]. 西安建筑科技大学学报，2008，40 (5)：667-671.

高层建筑安全疏散方案设计研究

孙 巧 刘敦文（指导教师）

（中南大学资源与安全工程学院，长沙，410083）

摘 要 本文分析了影响高层建筑安全疏散时间的诸多因素，简要介绍了国内外关于高层建筑疏散时间研究的现状及方法，利用国内外安全疏散时间的计算方法，对安全疏散问题进行了探讨，同时从"性能化"设计的角度出发提出了安全疏散设计对策。

关键词 高层建筑 安全疏散时间 人员行为

随着我国社会主义市场经济迅猛发展，现代化城市建设步伐加快，高层建筑在我国的大江南北频繁出现。与此同时，我国高层建筑的火灾事故数也随之快速上升，直接损失居高不下，形势严峻。

1. 高层建筑安全疏散概述
1.1 高层建筑引发火灾的原因

高层建筑比一般建筑内部结构复杂，根据经验，对高层建筑的火灾原因进行分析，主要原因有以下几种[1]：楼内导线多且铺设集中、隐蔽，用电线路高负荷运转；装修材料多且防火性能差；生活用火使用不慎。

1.2 高层建筑火灾特点

高层建筑（如高层综合商业建筑），因功能多、面积大、人员密集、流动量大等特性使其火灾也具备一定的特点[2-4]：因功能复杂、人员多，故发生火灾概率大；火灾蔓延途径多、火势迅猛；多功能、多设备、大装修量使起火因素增多；空间复杂、人员密集，不利疏散；灭火和扑救困难。

综上所述，高层建筑的火灾特性概括起来是火灾时产生的烟气多，火势蔓延快，烟气扩散快，火灾中所产生的火烟毒性大，需安全疏散的人员多，安全疏散困难，灭火扑救困难。高层建筑在日常管理和使用的过程中，若能对防火安全和疏散问题始终给予关注，当发生火灾，能有效地组织疏散，将会大大降低火灾事故损失，减少人员伤亡。

2. 疏散时间的计算思路及计算方法
2.1 疏散时间的计算思路

建筑火灾中人员的安全性，即是否能够安全疏散，由以下三个时间决定：

（1）疏散开始时间（T_{start}）

即自火灾发生到建筑中所有人员开始疏散为止的时间。

（2）疏散行动所需的时间（T_{travel}）

即自疏散开始至疏散结束所需的时间。

（3）危险来临的时间（T_{fire}）

即自火灾开始，由于烟气的下降、扩散，以及恐慌等原因而使建筑及疏散通道处于危险状态的时间。

如果，剩余时间 = 危险来临的时间 - （疏散开始时间 + 疏散行动所需时间）> 0，则人员能够安全疏散。剩余时间越长，安全性越大，反之，安全性越小，甚至不能安全疏散，所以疏散时间的计算思路就是这三个时间（T_{start}，T_{travel}，T_{fire}）的确定过程。

2.1.1 疏散开始时间（T_{start}）的影响

因素

疏散开始时间由两部分时间组成：一是从起火至感知到火情的时间（T_{det}），火灾发生后，产生的烟气、火光或温度自动启动火灾探测报警，使人知道有异常情况发生；二是火灾确认与制定行动决策的时间（$T_{response}$），人员意识到火情时，一般并不急于疏散，而是首先获取信息进一步确定是否真的发生了火灾，然后采取相应的行动，如火灾扑救，等待求救、疏散，即 $T_{start} = T_{det} + T_{response}$。

（1）T_{det}的影响因素

火灾探测的条件一般是烟气的温度、温升速率或燃烧产物浓度达到某一临界值，例如，感温火灾探测器的一、二、三级灵敏度分别为58℃、68℃、78℃，可以据此把烟气达到某一温度作为探测临界条件。

当然，火灾探测器种类繁多，不同型号的探测器的影响因素也都不一样，但大致都与火灾特性、探测器的安装位置以及周围环境等因素有关。

（2）$T_{response}$的影响因素

建筑物内的人员并不都是同时开始疏散的，比如在一个开敞的影剧院或歌厅内，开始时间的分布几乎是一致的，每个人几乎同时反应，而在一个旅馆内，则存在一个较大范围的时间分布。上述是人们根据已知情报和自我感觉而对危险形势做出的一种必然反应，这种反应的程度取决于人的体能和智能，以及对火灾发生地的熟悉程度和人员的组成情况。

2.1.2 人员疏散行动时间（T_{travel}）的影响因素

疏散开始人员走出房间，通过过道楼梯间、安全出口到达安全区域的这段时间为人员疏散行动所需的时间，记为T_{travel}。

那么影响人员疏散行动时间的主要因素为建筑的特性、火灾特性、人员特性。

2.1.3 火灾到达危险状态时间的影响因素

所谓火灾到达危险状态的时间（T_{fire}）是指火灾发展到对人构成危险所需的时间。火灾过程大体可分为起火、火灾增大、充分发展、火势减弱、熄灭等阶段，从对人的影响来说主要关注前几个阶段。

（1）火灾危险临界条件的确定

1）当烟气层界面高于人眼的特征高度时，若上部烟气层的热辐射强度能伤害人，就认为到了危险状态。资料表明，烟气温度约为180℃时便可构成这种危险，因此可认为烟层辐射临界温度约等于180℃。

2）如果烟气层界面低于人眼特征高度时，对人的危害将是直接烧伤或吸入热气体，这时应使用另一略低的烟气临界温度表示危险状态，根据某些实验，此值约为110～120℃，现取为115℃。

3）当烟气层界面低于人眼特征高度时，也可根据有害燃烧产物的临界浓度判定是否达到了危险状态，例如，当CO的浓度达到2 500 ppm就可以对人构成严重危害。

在火灾中，这三个临界条件哪一个先到达就采取哪一个。人眼的特征高度为1.2～1.8 m，通常取1.5 m。环境温度一般取为20℃。

（2）火灾到达危险状态的影响因素

火灾到达危险状态的时间与诸多因素有关，如火源附近可燃物的存放量、通过燃烧材料表面火焰传播的可能性、建筑物表面是否经过阻燃处理、可燃材料的毒性、是否设有水喷淋系统和防排烟系统、水喷淋系统和防排烟系统是否可以及时启动，以及建筑物内房间的尺寸等。国际上经过大量研究表明，对于一般建筑空间而言T_{fire}约为90 s，$T_{evacuate}$为总疏散时间，即：

$$T_{evacuate} = T_{det} + T_{response} + T_{travel} \quad (1)$$

因此，为了保证建筑物内所有人员都能在紧急情况下迅速疏散到安全区域，建筑物中每个可能受到火灾威胁的区域都应满足

$$T_{fire} > T_{evacuate} = T_{det} + T_{response} + T_{travel} \quad (2)$$

2.2 疏散时间计算的几种方法

2.2.1 不考虑烟气对人的影响的计算方法

（1）日本的 T_{ogawa} 公式

总体疏散时间：

$$T_e = \frac{N_a}{B'N'} + \frac{K_s}{V} \quad (3)$$

在近似计算中，如果将人群距最近的门的距离表示为 K_s，人群的步行速度表示为 V，那么可以应用式（3）求出 T_e；设定队列中的第一名疏散对象抵达该出口后，队列的疏散是连贯的。

$\sum_{i=1}^{n} \int_{0}^{T_0} N_i(t) B_i \Phi_i(t) \mathrm{d}t$ 是人员大量聚集时疏散出去的人数的计算式。

式中 t——穿行时间；

T_e——疏散所需时间；

N_a——疏散总人数；

B'——第二道门的幅宽，m；

N'——通过第二道门疏散的通行系数（人/m·s）；

Φ——聚集在某一位置的人数与走其他通道的人数的百分比；

T_0——人流离开恐慌区域而在楼梯间入口处形成正常人流的时间。

（2）Pauls 的经验公式

加拿大的 Pauls[5] 等人观测实际疏散演习得到经验公式，每米有效宽度楼梯通过的人流为：

$$f = 0.206 P^{0.27} \quad (4)$$

总疏散时间：

$$t = 0.68 + 0.081 P^{0.73} \quad (5)$$

式中 P——单位有效宽度楼梯所承担的人数；

f——为单位宽度的流率，人/min；

t——为总疏散时间，min。

2.2.2 考虑烟气对人的影响的计算方法（引自日本案例）

（1）应明确人在疏散中的危险临界条件，根据 2000 年 6 月日本工程部颁布的《关于安全疏散和结构耐火性能的"性能化"评估方法》中的确定方法，以烟气层距地面的高度 $S = 1.5$ m 时，认为达到危险状态。

（2）计算相应的空间充满烟气的时间（即火灾达到危险临界状态的时间）及疏散所需时间。

1）烟气充满时间（即火灾危险状态时间）T_{fire}

烟气充满时间的计算是通过烟气聚集到临界高度的时间：

$$T_{fire} = \left[\frac{5}{2} \frac{0.7}{0.07}\left(\frac{1}{1.5^{2/3}} - \frac{1}{H_r^{2/3}}\right)\frac{A_r}{\alpha^{1/3}}\right]^{3/5} \quad (6)$$

2）疏散所需时间

$$T_{evacuate} = T_{start} + T_{travel} \quad (7)$$

式中 $T_{evacuate}$——疏散所需时间；

T_{start}——开始疏散时间；

T_{travel}——疏散行动时间。

3）开始疏散时间 T_{start}

开始疏散时间可根据烟气发展时间来计算。由于该会议室的火灾设计被假设为处于迅速发展阶段并伴随着轰燃的火灾。地面烟气高度的计算公式：

$$S(t) = \left\{\frac{2}{5} \times \frac{0.07}{0.7}\frac{\alpha^{1/3}}{A_r}t^{5/3} + \frac{1}{H_r^{2/3}}\right\}^{-3/2} \quad (8)$$

按 $S = 0.95 H_r$ 估算开始疏散时间

$$T_{start} = \left\{\frac{5}{2} \times \frac{0.7}{0.07}\left[\frac{1}{(0.95H_r)^{2/3}} - \frac{1}{H_r^{2/3}}\right]\frac{A_r}{\alpha^{1/3}}\right\}^{3/5} \quad (9)$$

式中 A_r——着火空间地板面积，m²；

H_r——天花板高度,m;

α——火灾发展速率,kw/s²。

α 可用 Moc 公式 1441（2000）计算：

$$\alpha = \alpha_m + \alpha_f \quad (10)$$

$$\alpha_f = 2.6 \times 10^{-6} q_1^{5/3} \quad (11)$$

式中 α_m——墙面装修材料的火焰增长速率（kw/s²），其值由墙面内装修材料的可燃等级确定,见表1；

α_f——可燃物的火焰增长速率,kw/s²；

q_1——不同功能的火灾荷载密度,MJ/m²。

表1 墙面装修材料的火焰增长速率

墙面装修材料的等级	墙面装修材料的火焰增长速率 kW/s²
不燃性材料	0.003 5
难燃性材料	0.014
可燃性材料	0.056
易燃性材料	0.35

4）人员疏散行动时间 T_{travel}

$$T_{travel} = \frac{pA_r}{N'B'} + \frac{N'B'}{2pv^2} \quad (12)$$

式中 p——人群的密度,人/m²；

B'——楼梯间门的宽度,m；

N'——楼梯间门的通行系数,人/m·s；

v——人群的步行速度,s/m。

（3）对疏散所需时间和烟气充满时间进行比较

达到安全疏散的条件时：$T_{evacuate} < T_{fire}$

3. 安全疏散设计的对策

3.1 缩短疏散行动所需时间的对策

（1）确定疏散方案和演习,并责任到人。

（2）合理设置疏散通道,并确保安全通道时刻处于畅通状态。

（3）加强安全管理人员疏散诱导知识培训。

（4）提高全民的安全意识,增强自救逃生能力,熟悉疏散通道与出口。

（5）设置完善的视听觉疏散指示系统。[6]

（6）设置避难层。[7]

（7）适当装配能发出声光报警信号的小型自动呼救装置。[8]

3.2 缩短疏散开始时间的对策

（1）设置火灾探测系统。

（2）设置报警和通信系统,楼内应配备应急火灾自动报警和灭火装置。

（3）提高火灾报警系统的可靠性。

（4）采用"分级报警[9]"的方法进行报警。

3.3 延长危险来临时间的对策

（1）高层建筑设计层高应与灭火水源供给能力相适应。

（2）楼内的装修应严格执行高层建筑防火材料要求。

（3）楼内的电力线路设计应充分考虑用电超负荷的情况。

（4）城市消防队应增配相应的高层建筑火灾灭救装备。

（5）设置自动排烟设施,采取合理的控烟措施[10]。

（6）合理设计防火分区。

（7）设置自动灭火系统。

（8）设置消防控制系统。

4. 结论

本文对影响人员安全疏散的因素进行了详细阐述,讨论了几种国内外常用的有关疏散时间的计算公式,同时提出了用计算机进行数值模拟计算的基本模型及计算方法,并从"性能化"设计角度出发,提出了安全疏散设计的对策。

◎ 参考文献

[1] 王春艳,熊飞. 浅谈高层建筑火灾的防与救[J]. 生命与灾害, 2009 (3): 13-16.

[2] 高玲. 高层建筑消防安全问题解析[J]. 华北科技学院学报, 2005, 2 (04): 46-48.

[3] 刘春玲,张哲,张振英. 高层建筑火灾特点及防火设计要求[J]. 铁道建筑, 2004, (12): 66-68.

[4] 钟政恒. 浅谈高层建筑消防安全疏散[J]. 科技咨询导报, 2007, (27): 57.

[5] Jake Pauls. Calcualting Evacuation Times for Tall Building [J]. Fire Safety journal, 1987, (12): 213-236.

[6] 陈蔚. 高层建筑火灾中人员安全疏散的特点及对策[J]. 科技信息, 2007, 35: 62.

[7] 刘晓舟. 浅析高层建筑安全疏散设计[J]. 安全科技, 2008: 54-56.

[8] 王密仁. 高层建筑火灾中的人员疏散[J]. 通化师范学院学报, 2003, 24 (4): 72-73.

[9] 韩丽艳,何嘉鹏. 高层建筑消防的几个新观念[J]. 基建优化, 1999, 20 (6): 30-32.

[10] 张培红,冯国会,许秀红. 高层建筑生命安全系统与烟气控制[J]. 沈阳建筑工程学院学报, 1999, 15 (3): 224-228.

移动通信发射基站的电磁辐射问题与环境保护

朱 莎 黄仁东（指导教师）

（中南大学资源与安全工程学院,长沙,410083）

摘 要 近二十年来,移动通信事业发展迅速,手机用户的大量增加,必然导致移动通信发射基站的增加。大量基站的建立,带来了不少辐射问题。本文通过对基站的工作原理进行分析,对岳麓山基站电磁辐射现场监测以及对基站建设参数进行分析,得出控制基站辐射的方法,从而达到保护环境的目的。

关键词 移动通信基站 辐射 监测 环境

1. 移动通信原理

移动通信系统是指能够实现移动通信的技术系统。移动通信采用直射波传播,它由移动台（MS,一般为用户手机）、基地站（BS,称基站）、移动业务交换中心（MSC）以及与公众电话网（PSTN）相连接的中继线等组成。

基站子系统是移动通信系统中与无线蜂窝网络关系最直接的基本组成部分。在整个移动网络中基站主要起中继作用。

大容量移动电话系统可以由多个基站构成一个蜂窝状的移动通信网。通过基站,移动业务交换中心就可以实现整个服务区内任意两个移动客户之间的通信,也可通过中继线与电话局的连接,实现移动客户和有线电话客户之间的通信,从而构成一个有线、无线相结合的公众蜂窝移动通信系统。

基站的工作是由基站收发台和基站控制器完成的。基站收发台在基站控制器的控制下,完成基站的控制与无线信号之间的转换,实现手机通信信号的收发与移动平台之间无线传输及相关的控制功能。收发台可对每个用户的无线信号进行解码和发送。

2. 基站电磁辐射的特性分析

2.1 基站电磁辐射特点[1]

(1) 移动通信基站为蜂窝状分布的移动通信系统,移动电话用户通话要占用空域中的一个频率、一个信道或一组编码,而空域中有限的频率资源使移动电话网络必须采用频率复用技术(一个频率在不同地区反复使用),从而形成移动电话基站蜂窝状的分布特征,而且随着用户的增多还趋向更小的蜂窝状分裂。这样的结果带来的电磁环境特点是:

1) 移动通信发射基站在不断增加的同时,一部分基站进入居民区环境,或建在高层楼电梯间顶上或在多层楼上立天线框架。由于居民群众对它不了解,以及电磁波无色、无味,看不见、摸不着的特点使该楼的住户和周边楼的住户产生恐惧感或不安全感。

2) 移动通信发射基站在不断分裂中,为了防止频率复用电磁波越界带来的同频干扰,基站天线高度随之降低,基站天线辐射的电磁波在楼群中传送与反射的机遇增多,即照射到居民楼的机会增加。

3) 移动通信发射基站在分裂中,基站与基站之间的距离逐渐减小,基站发射机功率也随之降低。

(2) 移动通信发射基站天线电磁波水平方向性图呈"三叶草"状。

移动通信发射基站采用三个定向天线(每一个天线管120°区域),其天线辐射电磁波水平方向性图三扇区呈"三叶草"状(每个主瓣宽度650),主射方向(主瓣方向)电磁辐射强,非主射方向(副瓣方向)电磁辐射弱。基站天线规划布局中要使电磁波主瓣方向避开环境敏感建筑,这样一方面可防止电磁波对居民楼的电磁辐射污染,另一方面又有利于电磁波有用信号的传播传送。

(3) 移动通信发射基站天线电磁波垂直方向性图特征。

移动通信发射基站三个板状定向天线辐射电磁波的垂直方向波瓣为几度至二十几度。

(4) 移动通信发射基站辐射电磁波功率比广播电视发射台站小得多。

广播电视为单向通信,其原则是对千家万户的接收机灵敏度要求不高,而发射台站的发射功率要大才能保证服务区用户的收听收看质量,一般发射机功率为几十千瓦至几百千瓦;移动电话为双向无线电通信,双方接收灵敏度均要求较高,且每一个基站服务区较小(市区内一般为几百米范围),故基站发射机功率较小,标称功率一般为30 W,而实际使用功率仅几瓦。

2.2 基站电磁辐射的危害

(1) 对人员健康方面的危害[2]

1) 极可能是造成儿童患白血病的原因之一。

2) 能够诱发癌症并加速人体的癌细胞增殖。

3) 影响生殖系统。

4) 可导致儿童智力残缺。

5) 影响心血管系统。

6) 对视觉系统有不良影响。

(2) 对电子设备的危害

射频强辐射,将造成电视机不能收看,铁路自控信号失误,对通信联络信号的干扰就更突出,它可以使通信信息失误或中断,使仪器仪表与各种设备的自控系统失灵,生产被迫停顿,还可以使飞机的飞行指示信号失误,引起误航或造成导弹与人造卫星的失控等。

高频设备,特别是大功率的高频设备,其能量输出,即使是高次谐波也还是非常强的,并且,大功率的高频设备在整个工作期间所形成的高频辐射更是强大的。所有这些,必将对工作高频设备附近的其他电子仪器、精密仪表、通信信号、参数测试等产生严重的干扰,影响上述设备的正常工作,或者破坏它们工作。这种由于高频设备工作过程中所形成电磁泄漏与辐射所造成的干扰现象,称为高频干扰,它属于射频干扰的一种。

3. 移动通信发射基站对环境的影响分析与评估

(1) 监测条件

1) 监测时间:5月11日上午9点—11点。

2) 监测环境:晴天测量,湿度小于75%,风力小于3级,气温高于18℃。

3) 监测仪器:ML-91型微波漏能测试仪器。

(2) 监测方法[3]

按《环境电磁波测量规范》(GB 9175—1988)的要求进行。具体如下:

1) 旷野平坦地面测量,以人的高度,即1.7 m处测量。测点尽量避开高压线、电话线、树木及建筑物等。

2) 建筑物内的测量,以不同层次分别对室内和室外进行测量。

3) 作业人员操作位置的测量,测量仪器探头位于工作人员的实际操作位置(距地面0.5 m、1 m、1.7 m)。

每个测点连续测量5次,每次测量时间大于15 s,连续测量6 min,并读取稳定状态的最大值。测量读数起伏过大时,适当延长测量时间。

(3) 监测结果

岳麓山通信基站电磁辐射监测结果见表1。

表1 岳麓山通信基站电磁辐射监测结果

基站名称	测量位置(m)	测量结果($\mu W/cm^2$)	测点说明
岳麓山基站	10	28.4	地面点
	20	25.8	地面点
	30	5.9	地面点
	50	4.5	地面点
	60	1.9	地面点
	70	3.6	地面点
	80	5.9	地面点
	90	1.1	地面点
	100	1.3	地面点
	120	0.5	地面点
	150	0.2	地面点

该基站建在岳麓山上的联通会员活动俱乐部上面,周围无敏感建筑,但由于地理杂件限制,在布点的时候只测了一个扇区。

由实验数据可以看出,在距基站20 m以内,功率密度监测值达到25 $\mu W/cm^2$以上,超过了环境管理限值8 $\mu W/cm^2$,但在20 m以外,功率密度监测值明显减小,符合环境管理的要求。

由此可以看出,在移动通信发射基站天线的近距离处,随着距离增加功率密度逐步增大,并在一定距离上达到最大值,在这之后随着距离增加,功率密度迅速衰减。

4. 基站建设的参数选择

必须从移动通信基站的选址、基站架设的方式、网点的布局、发射机功率的选择、发射机输出功率的自动调节等方面尽量减少电磁辐射的污染。移动通信基站电磁辐射污染是可以在基站建设的过程中通过各种防治措施得以解决的。

4.1 基站的环境保护距离

(1) 理论计算模式[4]

根据HJ/T 10.2—1996《辐射环境保护

管理导则电磁辐射监测仪器和方法》，离发射天线水平直线距离为 d（m）处的功率密度 S 按下列公式计算：

$$S = \frac{PG}{4\pi d^2} \quad (1)$$

式中 S——功率密度，W/m^2；
　　　P——天线辐射功率，W；
　　　G——天线的功率增益，dB。

由此可以得到 d 的计算公式：

$$d = \sqrt{\frac{PG}{4\pi S}} \quad (2)$$

在天线布置时还通常附加一定的下倾角 θ。根据水平保护距离和天线下倾角可以计算出其垂直保护距离：

$$h = d\tan\frac{\theta}{\pi} \quad (3)$$

（2）保护距离估算值

在式（2）中，P 和 G 可根据移动设备供应商提供的参数确定。

S 值取单个设备电磁辐射功率密度限值 $8\ \mu W/cm^2$，即 $0.08\ \mu W/m^2$。

确定了 P、G、S 的值，利用式（2）即可确定某种类型 GSM 基站天线到人群的水平保护距离 d 和垂直保护距离 h。只要与天线的距离超过 d 或者 h，电磁辐射水平就达到了国家电磁辐射防护规定，人们在这个距离以外的生活和工作就可认为是安全的。

4.2 基站天线的架设方式

目前，移动通信基站在设置时，采用的室外天线架设方式主要有下列几种[5]：

（1）支撑杆方式

支撑杆也叫桅杆，有 4 m、6 m、8 m、10 m 等不同长度，使用 6 m 支撑杆较多。其主要特点是天线架设占用地方小，位置选择灵活，安装简单容易，维修调试方便。约一半以上的基站采用支撑杆方式。

（2）屋顶塔方式

屋顶塔为安装于建筑物天面上的铁塔，高度为 10～25 m，有一层至三层的平台。其特点是结构稳固，适于安装各种不同类型的天线。在建筑物高度不够时，多采用这种架设方式。

（3）增高架方式

增高架与屋顶塔类似，但结构较为简单，一般由三根或四根直立铁杆加上连接件构成，没有平台，也相当于几根较长的支撑杆安放在一起并互相连接的结构。增高架高度一般在 8～15 m 之间，是一种介于屋顶塔与支撑杆之间的天线架设方式。

（4）落地通信杆方式

落地通信杆由 3～5 节高强度铁管连接而成，直接安装于地面钢筋混凝土基础上，高度在 20～50 m 之间。其特点是占地面积小，且天线可具有较高的高度，在郊区或农村用得较多，但投资成本大，且天线的调试维修较为困难，需要进行高空作业。

（5）落地铁塔方式

落地铁塔是安装于地面或机房（为一层或二层）天面上的铁塔，高度在 20～50 m 之间，既可提供较高的天线高度，也可安装各种不同类型的天线，适于在郊区及农村使用。

5. 基站电磁辐射的控制

移动通信发射基站的大面积建设，给人们带来的最大威胁就是电磁辐射污染。移动通信发射基站的建设应引起重视，移动通信发射基站造成的居民区环境电磁辐射污染应进行治理[6]。控制移动通信发射基站电磁辐射的安全对策有：

（1）慎重选址。通过计算得出安全防护距离，选择合适的站点，尽量避免在人群活动敏感区建立基站。

（2）合理架设天线。在住宅区内建站，应采用增高架或天面铁塔，使人群不能直接进入高辐射区域，以确保安全；在空旷地方采用通信杆或落地铁塔架设天线；利用支撑杆架设天线；应采取一定措施，为避免人群进入高辐射区，可以设置围栏，并设警告标志。

（3）尽量避免建在高层建筑或待建高层一侧，避免天线高度与高层建筑接近，应使天线高度高于其周围建筑物。切勿将天线主射方向朝向有人群活动的建筑物，更不能将建筑物作为实现通信的反射体。

（4）在满足通话质量的前提下尽量降低发射功率或减小天线增益。

（5）在基站附近工作和生活的居民要做好充分的职业防护和个体辐射防护的准备。

（6）对已建成的基站定期对周围环境监测，对于超标的基站应及时采取措施，进行治理。

◎参考文献

[1] 王毅，徐辉. 认识移动通信基站电磁辐射特点，保护城市电磁环境 [J]. 城市管理与科技，2003（1）：34-35.

[2] 方玮，梁广华，王家钢. 电磁辐射对人体危害的探讨 [J]. 电机电器技术，2004（4）：30-31.

[3] 王亚民. 对移动通信基站环境监测布点的讨论 [J]. 环境监测，2003（6）：65-67.

[4] 季成富. 移动通信基站环境保护问题探讨 [J]. 城市管理与科技，2005（2）：59-61.

[5] 林少龙，蔡贤生. 移动通信基站天线设置与电磁辐射影响分析 [J]. 中国无线电，2005（5）：38-39.

[6] 朱丹，浏继伟. 移动通讯基站的环境电磁辐射测量与分析 [J]. 上海环境科学，2001（11）：32-34.

附录1　中南大学安全工程专业毕业实习参考性指导书

课程编号：02030273　　　课内学时：3周　　　学分：3

毕业实习的时间一般为3周，对于以事故调查等为作为毕业论文题目的同学，其实习时间可以根据需要延长。

一、实习目的

毕业实习是学生在校学习期间最后一个带有综合性及总结性的重要教学环节，是培养学生从事安全科学研究、安全技术开发、安全管理及完成安全工程师基本训练的主要内容之一，是安全工程专业本科生获得学士学位的必要条件。学生通过完成毕业实习，应能综合运用所学的安全工程基本原理，对某一实际问题进行全面调查分析，提出解决方法，从而达到提高综合分析问题和解决问题的能力之目的。

二、实习要求

培养学生综合运用基础理论与专业知识解决专业实际问题的初步能力，通过收集资料、深入生产实际调研和科学试验等环节，培养学生独立发现问题、分析问题和解决问题的能力，使学生受到科研、技术开发或培养解决某一生产实际问题能力的基本训练。

使学生具有严谨的科学态度、敏捷的思维能力以及实事求是的工作作风。

三、实习内容

1．查阅资料（适合调查类）

查阅和检索文献资料是科研工作和重要内容之一。查阅资料一般在毕业实习前或实习中进行，学生可按课题要求，前往省、市安全生产监督管理局，省、市科技情报机构、图书馆或有关单位的情报资料室查阅。调研和收集资料的地点由指导教师指定或商定。

2．现场调研（适合设计类）

对于安全环保管理、环境质量评价或安全技术开发型题目，除查阅资料外，还应深入某一企业作系统的现场调研，调研中应注意以下几点：

（1）应在指导教师指定的某一典型工矿企业进行调研。

（2）按课题要求，在企业技术人员或管理人员的指导下重点收集该企业所有各阶段的系统资料，并能通过现场生产装备运行情况，通过走访专业技术人员或开调查讨论会等形式收集素材，再经过整理和初步分析，编出提纲形式论文各章素材基本资料，必要时可根据企业技术人员或指导教师意见加以修改补充。

（3）在取得企业同意后，可在现场作生产标定和少量试验，得到第一手资料。

3．专题开题（适合研究类）

研究类实习的时间可以和论文撰写时间合并在一起。

学生可根据指导老师建议的课题和要求，独立拟订课题试验研究计划，经指导教师确认后执行。

四、成绩评定

指导教师根据学生毕业实习中的表现、任务完成情况、毕业论文（设计）资料收集情况，以及实习单位工程技术人员对该生的反映情况，综合评定实习成绩。实习成绩评定分优、良、中、及格、不及格五级。做毕业论文的学生不需要提交实习报告。

五、实习程序及时间分配

毕业实习安排在第八学期完成。毕业实习时间分配见下表。

教学程序	时间（天）	教学内容
1. 实习准备和旅程	3	
2. 查阅资料	5	按课题要求，查阅相关的国内外最新资料，并对所查到的资料进行分析、归纳和总结
3. 现场调研或专题开题	9	按课题要求，在企业技术人员或管理人员的指导下重点收集课题所需的相关资料
		根据专题要求，独立拟订专题试验研究计划，经指导教师确认后执行
4. 实习报告编写	3	

附录2　中南大学安全工程专业毕业论文（设计）参考性指导书

课程编号：02030273　　**课内学时：16周**　　**学分：16**

一、毕业论文（设计）的目的和任务

毕业论文（设计）是安全工程专业学生在校期间最后一个教学环节，其目的是使学生初步掌握安全工程设计的基本内容和程序。通过毕业论文（设计），学生结合实际运用所学的理论和专业基础知识，从而巩固和扩大所学的理论和实践知识，培养和提高学生分析问题和解决问题的能力，丰富学生的生产实际知识。毕业设计是培养学生从事安全技术与管理、安全科学研究以及安全工程师基本训练的重要内容，也是安全工程专业本科学生获得学士学位的必要条件。通过毕业论文（设计），应达到以下几点基本要求：

1. 初步掌握安全工程设计研究的内容、步骤和方法，将所学知识应用于实际，以巩固和提高对所学知识的理解。

2. 学会收集、分析、总结和运用生产企业的安全设计研究资料、典型图样、产品目录、参考文献、各种有关设计手册，会选取合理的技术经济指标。

3. 对企业管理等部门的生产、安全、管理等各个环节进行系统全面的调查，发现、查找、分析安全问题。通过设计，提出解决安全问题的方法。

4. 通过对某一理论和生产实际比较深入地分析研究，使学生受到培养从事科学研究的初步能力和解决某个生产实际问题基本能力的训练。

5. 了解、领会国家有关安全法规精神，培养法律、经济和技术相结合的意识和以安全为核心的技术素养。

6. 通过设计和答辩，培养学生在科技论文写作、语言组织表达以及工程制图等方面的综合能力。

二、毕业论文（设计）的基本要求

毕业论文（设计）基本要求如下：

1. 主要任务

学生应在教师指导下，独立完成一项给定的设计任务和专题研究项目。学生在完成任务后应编写出符合要求的设计说明书、计算书，并绘制出必要的施工图，或者撰写出研究论文。

2. 知识要求

学生在毕业论文（设计）工作中，应能综合应用各种学科的理论、知识与技能，分析和解决工程实际问题。通过学习、研究与实践，使理论深化，知识拓宽，专业技能延伸。

3. 能力培养要求

学生应学会依据技术课题任务，进行资料调研、收集、加工与整理，能正确运用工具书。培养学生掌握有关工程设计程序、方法和技术规范，提高工程设计计算、理论分析、图表绘制、技术文件编写的能力。专题研究应培养学生掌握实验、测试、数据分析等研究技能，锻炼学生分析与解决专题问题的能力。外文翻译应达到一定的速度和准确性。在计算机应用方面，应能计算，能制图，能打印文件。

4. 综合素质要求

通过毕业论文（设计），应使学生树立正确的设计思想，培养学生严肃认真的求学态度和严谨求实的科学作风、遵守纪律、善于与他人合作的协作精神和对工作高度负责的敬业精神。

三、毕业论文（设计）的对象和选题

1. 选题原则

毕业论文（设计）应尽可能结合实习现场的生产科学研究实际，并充分发挥和应用已学知识、方法和手段，解决专业范围内有一定科学意义和实用价值的问题。

毕业论文（设计）与工业设计或初步设计有所不同，其不同点在于：

(1) 毕业论文（设计）时间短促，设计精度不可能达到工业设计要求。

(2) 毕业论文（设计）过程中没有反复调查的机会，资料不够全面，个别参数可以采用虚拟数据。

(3) 毕业论文（设计）范围有限。

因此，不能单纯用生产和科研任务代替毕业论文（设计），也不能将毕业论文（设计）直接用作现场工业设计。

毕业论文（设计）题目确定后，一般不得轻易更改，必须修改题目时，要经指导教师审定和批准，若情况特殊，还要经过教研室讨论批准。

毕业设计要注意的几个基本问题：

(1) 选题过程要周密分析和考虑。

(2) 毕业论文（设计）题目难度要适中，理论要求与学生现有的知识水平相适应。

(3) 时间上要合理安排。

(4) 掌握科技论文写作的技能与特点，即论点明确、论据充分、逻辑严密、层次分明、结论完整准确。

2. 毕业论文（设计）专题

毕业论文（设计）专题以安全技术与方法设计为主，包括火灾与爆炸灾害控制、化工生产安全、机电安全、起重运输与装卸安全、锅炉与压力容器安全、工业通风与防尘、噪声防治、振动控制、毒物检测与防护技术、安全环境监测技术、计算机在安全技术与工程领域中的应用等。

3. 毕业论文（设计）的主要类型

毕业论文（设计）有三种主要类型：

(1) 工程设计类。

(2) 科学实验类。

(3) 软件开发类。

安全工程毕业论文（设计）主要有以下几个类别：

(1) 安全管理型

包括企业安全管理调查与分析、安全系统工程方法在企业中的应用、企业安全规程的建立与实施、职业安全健康管理体系的建立和实施，安全信息系统的建立与分析等。要求对所涉及的内容全面了解，并进行分析、总结，提出自己的观点和加强安全管理的具体措施。

(2) 安全理论型

包括事故成因、安全经济学、安全人机学、安全系统学、安全控制理论、环境保护评价等方面的某一理论性探讨。要求论据充分，能正确地运用实际资料，提出自己的观点，应具有一定的创新性。

(3) 安全工程型

包括火灾与爆炸灾害控制、机电安全、建筑安全、锅炉压力容器安全、通风防尘、噪声控制、毒品检测与防护、环保监测及管理、微机在安全工程中的应用等。要求在调研或专题实验的基础上，解决安全工程中的实际问题，实验数据应真实可靠，具有一定的实用性。

(4) 安全科研型

在导师的指导下，完成安全技术、安全管理、有害作业环境控制等方面的前沿性研究。要求对毕业论文（设计）涉及课题的国内外情况全面了解，所从事的研究具有一定的前沿性和使用性。

4. 选题

论文选题以指导老师统筹安排与学生自选相结合的方法进行。总的原则是：由指导教师根据教学、生产现场和科研任务等提出若干课题，学生可以结合兴趣和毕业所从事工作的需要出发，同时兼顾毕业论文（设计）小组论文题目的统一安排。原则上每个学生应该独立完成一个题目，在科研需要或其他特定研究课题需要的前提下，若干名学生可以共同完成一个课题，但必须完成的是该课题范围内不同子课题的研究内容。毕业论文（设计）题目不能随意更改，确有需要更改时，必须经指导教师同意。

毕业论文（设计）是专业教学计划的重要组成部分，是学生在校学习期间所需完成的最后一个教学环节，也是一个重要的实践性教学环节。

毕业论文（设计）应保证提高学生理论综合分析能力、工程设计、计算机应用、工程制图、中外文献阅读等技能以及组织协调能力、文字语言表达能力等多方面的能力，因此选题的内容及工作量应力求恰当与准确，并应以取得阶段性成果为目标。

通常由教师根据培养目标、教学大纲的要求及近期工程设计、科学研究的要求先提出可供选用的毕业论文（设计）课题上报教研室，教研室组织课题组评审、筛选并确定采用的课题，报院批准后向学生公布。学生根据自己的意向爱好、业务专长、将来就业趋向等因素进行选择。学生选题名单尚需教研室课题组协调、审议，然后确定课题及相应的指导教师、顾问教师（可由校外企业设计院的工程技术人员担任）、学生名单。最后由指导教师下达毕业论文（设计）任务书给学生，选题工作即告结束。这一工作应在毕业论文（设计）前一个月即完成，以便学生有意识地收集文献资料，调研相关工程，思考工程方案等准备工作。

毕业论文（设计）课题应符合基本教学要求，面向经济建设，尽量结合工作实践或科研任务。根据培养目标的要求，化工安全方面的毕业论文（设计）课题应以工程设计类、专题论文为主，当有工程类的试验项目，并能在一定期限内取得阶段性成果的课题，也可作为科研类论文供学生选题。对于已有就业方向的学生可与教师协商做相关业务方向的设计课题。

学生在选择毕业论文（设计）题目时，应紧紧围绕和突出化学化工安全工程、化工过程安全管理的特点，可选择化学反应、化工过程、化工生产、化工装备、过程控制和化工设计中的安全问题作为毕业生的毕业论文（设计）题目。如下是部分毕业论文（设计）选题：

（1）安全体系设计类
1）厂区和车间布置安全设计。
2）化工工艺安全设计。
3）化工装置及设备安全设计。
4）配套设施安全设计。
5）压缩气体和惰性气体安全设计。
6）储存设备的安全设计。
7）建筑物和构筑物的安全设计。
8）消防和报警设备安全设计。
9）燃烧爆炸的预防和灭火措施设计。
10）其他。

（2）安全管理类
1）安全信息管理系统的建立与分析。
2）HSE（健康、安全、环境）管理体系的建立。
3）安全生产管理。
4）设备的安全管理。
5）安全技术管理。
6）其他。

（3）安全评价类
1）化工企业环境风险评价。
2）化工工艺装置的安全评价。
3）化工储罐区的安全评价。
4）危险化学品的专项安全评价。
5）典型装置及过程的危险分析。
6）其他。

（4）安全技术类
1）燃烧爆炸的预防和灭火措施。
2）化工厂的腐蚀与防护。
3）通风除尘。
4）其他。

四、毕业设计的内容和步骤

安全工程科学是一门综合性很强的学科，为有利于学生独立工作能力的全面训练，要保证毕业论文（设计）具有一定的广度和深度，同时，保证学生能够在毕业论文（设计）规定的时间内完成所需要完成的内容。毕业论文（设计）应该包含一般部分和专题部分。内容包括：总论、企业概况、企业安全历史、企业安全管理体系、企业安全生产技术。设计的一般部分解决广度问题，使学生能全面应用所学安全科学技术知识，分析和发现企业安全问题，并提出解决的办法。设计的专题部分解决设计深度问题，让学生有机会结合自己的工作方向，选择适合自己的专题进行深入研究。

1. 查阅和检索科技文献

查阅和检索科技文献资料是科学研究工作的基础和主要内容，目的是了解并掌握研究课题的国内外研究动态、发展概况，并形成课题研究思路，为毕业设计提供基础信息、论点和论据。学生根据课题研究的需要，可以在省、市情报机构、图书馆和学院资料室进行查阅。调研和收集资料的地点必须经指导教师指定或商定。

另外，要求翻译一篇英文文献，译文字数不少于3 000 字。

2. 调查研究

（1）专题实验研究

对于探索性课题，学生可根据专题要求，独立拟订专题实验研究计划，经指导教师或生产现场、科研单位的技术人员确认后进行研究工作。要注意以下四点：

1）科学实验必须具有严谨、求实、客观的学风，要正确进行试验的观察、记录、归纳和分析。特别要注意偶然现象的出现，并把观察到的客观现象与自己对实验的理解严格区分。

2）实验前必须熟悉实验中所需要的检测仪表原理、操作步骤和方法，合理和科学地确定实验方案，在实验中如有必要可适当调整计划，但必须指导教师同意。

3）若有多名学生合作完成实验，则要做到相互配合、团结协作，共同完成计划的实验内容。

4）实验过程中，要注意保护仪器设备，避免损坏。

（2）现场调研

对于应用型研究（设计）课题，除了进行科技文献、图书资料查询和检索工作外，必须深入生产现场和实际工程进行必要的现场调研工作。调查研究主要包括以下几点：

1）调研地点，要结合题目，经指导教师同意后方可落实。

2）根据课题研究的需要，在企业、工程现场的技术或管理人员的指导下重点收集该单位各阶段的安全系统以及相关系统的资料，并根据现场生产装备情况，以调查会或讨论会形式调查有经验者，收集研究所需要的基础资料和信息，再经过整理和初步分析，编写出提纲式论文各章素材的基本资料，必要时尚需进一步征求企业或工程单位技术、管理人员和指导教师的意见，并加以补充和完善。

3）必要时，得到现场单位的支持和同意，可在现场做论文必需的生产标定和少量试验，取得有用的现场资料。

3. 设计图绘制和设计说明书编写

（1）设计图的要求

设计图要符合国家或各相关部委颁布的设计规范和标准的要求，图面布置合理，线条符合规范和标准，字体工整，中文字体采用长仿宋体，并使用国家颁布的简化汉字，图纸采用统一图签，合理标注必要的尺寸。

设计图样中，必须至少有一张主要图样是手工绘制，其他图样全部用计算机绘制完成。学生在完成草图设计后，经指导教师审阅后才能进行正式图样的绘制。对不符合质量要求的图样，必须进行修改或重新绘制。

对设计说明书中的插图，一般按比例绘制，要求其尺寸大体上与实际情况相类似，不应在同一图上出现实际较长的图件反而比实际较短的图件还要短的现象。

插图可直接绘制在毕业设计说明书用纸上，也可单独绘制后附在说明书中，说明书应留出插图的位置。

大图一般采用1号图纸，其规格推荐如下：

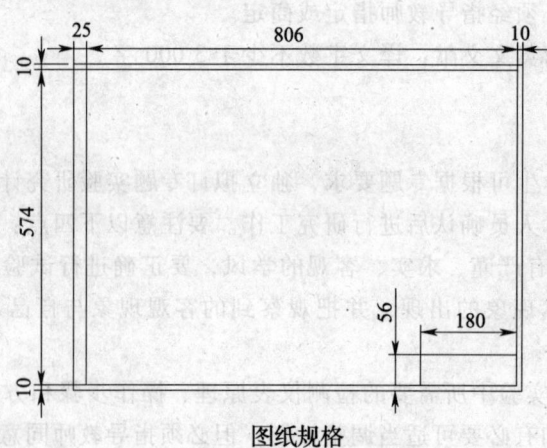

图纸规格

中南大学	安全工程专业毕业设计		企业名称	
			设计项目名称	
学生姓名	指导老师	图 幅		
专业班级	评阅人	比 例		图名1
学 号	教研室	共 张	第 张	图名2
完成日期				

标题栏

（2）研究论文和设计说明书的编写

编写毕业设计说明书的目的是把各章节中的计算、分析、比较以及最后确定的内容简明而系统地加以说明，说明书的编写直接影响设计质量。

1) 编写要求

①内容叙述简明扼要，对所有的内容和主要依据叙述要确切。

② 文理通顺，字体工整清楚。
③ 文字应与绘制的图表相配合。
2）编写规范
① 一律要求用计算机编写，在大纲模式下先编写各级标题，再在页面模式下编写正文内容。注意一级标题段前分页。说明书要求同时提交电子文本和纸质文本。
② 编写完成后，在全文前插入目录。目录只含二级标题。
③ 其他详细格式执行中南大学毕业论文（设计）工作手册中的规定。
3）应包含的内容
① 前言部分。

前言部分也常用"引论""概论""问题背景"等作标题，在这部分中，主要介绍论文的选题。

首先要阐明选题的背景和选题的意义。选题需强调实际背景，说明在化工安全工作中引发该问题的原因、问题出现的环境和条件、解决该问题后能起什么作用。结合问题背景的阐述，要使读者感受到此选题确有实用价值和学术价值，确有研究或开发的必要性。

前言部分常起到画龙点睛的作用。选题实际又有新意，意味着此选题研究或开发方向正确，设计工作有价值。对一篇论文来说，前言写好了，就会吸引读者，使他们对此选题感兴趣，愿意进一步了解工作成果。

② 综述部分。

任何一个课题的研究或开发都是有学科基础或技术基础的。综述部分主要阐述选题在相应学科领域中的发展进程和研究方向，特别是近年来的发展趋势和最新成果。通过对中外研究成果的比较和评论，说明自己的选题是符合当前的研究方向并有所进展的，或采用了当前的最新技术并有所改进，目的是使读者进一步了解选题的意义。综述部分能反映出毕业设计学生多方面的能力。首先，反映中外文献的阅读能力。通过查阅文献资料，了解同行的研究水平，在工作中和论文中有效地运用文献，这不仅能避免简单的重复研究，而且也能使研究开发工作有一个高起点。而且，还能反映出综合分析的能力，从大量文献中找到可以借鉴和参考的，这不仅要有一定的专业知识水平，还要有一定的综合能力，对同行研究成果是否能抓住要点，优缺点的评述是否符合实际，恰到好处，这和一个人的分析理解能力是有关的。值得注意的是，要做好一篇毕业论文，必须阅读一定量（2~3篇）的近期外文资料，这不仅反映外文阅读能力，而且有助于提高论文的先进性。

③ 方案论证。

在明确了所要解决的问题和综述后，很自然地就要提出自己解决问题的思路和方案。在写作方法上，一是要通过比较显示自己方案的价值，二是让读者了解方案的创新之处或有新意的思路、算法和关键技术。

在与文献资料中的方案进行比较时，首先要阐述自己的设计方案，说明为什么要选择或设计这样的方案，前面评述的优点在此方案中如何体现，不足之处又是如何得到克服的，最后完成的工作能达到性能水平，有什么创新之处（或有新意）。如果自己的题目是总方案的一部分，要明确说明自己承担的部分，及对整个任务的贡献。

④ 论文主体。

前面三个部分的篇幅大约占论文的 1/3，主体部分约占 2/3。在这部分中，要对整个研究开发工作的内容，包括理论分析、总体设计、实现方法等进行详细论述。根据任务所处的阶段不同，内容可以有所侧重。在任务初期的论文，可侧重于设计实现，在任务后期的论文可侧重于应用。但作为一篇完整的论文应让读者对课题的原理设计、问题的解决方法、关键技术以及性能测试都有全面的了解，以便能准确地评判论文的质量。论文主体部分的内容一般要分成几个章节来描述。在写作上，除了用文字描述外，还要善于利用各种原理图、流程图、表格、曲线图等说明问题，一篇条理清晰、图文并茂的论文才是一篇好的论文。

在收集资料、实地调查研究以及综合分析的基础上，根据题目要求，拟定论文编写大纲，系统整理、分析资料和数据。论文经指导教师修改后，按计划进度分章正式撰写。论文要求结构合理、系统性、逻辑性强。论据充分，资料引用合理，结论正确，论述简练，图幅清晰，书写工整，可以用钢笔正楷抄写或用计算机编录。对于不符合要求的，指导教师有权要求其返工和修改。论文要避免生搬硬套文献资料，要求引用适当。毕业论文篇幅可根据题目及内容，确定在 3 万~4 万字之间。

论文应有前言和结语部分，要写明问题的提出、编写的经过、主要的理论依据以及主要结论，并附必要的图件、照片和表格。

⑤结束语。

这一节篇幅不大，首先对整个论文工作做一个简单小结，然后将自己在研究开发工作中所做的贡献，或独立研究的成果列举出来，再对自己工作的进展、水平做一个实事求是的评论，但在用"首次提出""重大突破""重要价值"等自我评语时要慎重。

⑥后记。

在后记中，主要表达对导师和其他有关教师和同学的感谢之意。对此，仍要实事求是，过分的颂扬反而会带来消极影响。这一节也可用"致谢"作标题。

⑦参考文献。

中外参考文献应按照规范列举在论文最后。这一部分的编写反映作者的学术作风。编写参考文献要注意：要严格按照规范编写，特别是外文文献，不要漏写、错写；论文内容和参考文献要前后对应，正文中凡引用参考文献的地方应加注；列出的文献资料应与论文课题相关，无关的文献只会使读者感到你的研究目标很分散；选择的参考文献应主要是近期的。

毕业设计论文全文一般在 4 万字以上。其实，字数并不是最重要的，关键是论文的质量。

五、时间安排

毕业论文（设计）和评阅答辩等工作共安排 18 周（根据学校要求的进度进行），具体安排如下：

1. 毕业实习 3 周
2. 毕业论文（设计）12 周
3. 论文评阅和答辩：1 周
4. 合计：16 周

编写：胡汉华等
审核：吴　超

附录 3　中南大学安全工程专业毕业论文（设计）参考性成绩评定标准

课程编号：02030273　　　　课内学时：16 周　　　学分：16

一、毕业论文（设计）目的和要求

1. 目的

学生通过完成毕业论文（设计），应能综合运用所学的安全工程基本理论和专业知识，对某一实际安全问题进行全面调查分析，提出解决方法，从而达到提高综合分析问题和解决问题的能力之目的。

2. 要求

（1）注重培养综合分析能力、正确思维能力、文字表达能力、测试和数据处理能力以及优良的学风等方面。

（2）导师应针对每个学生基础及综合分析和独立工作能力等方面的差异，在选题、论文内容和范围、方案确定等方面区别对待，使指导工作切合学生实际。

（3）鼓励和保护学生的独创精神。

（4）注意培养学生实事求是、理论联系实际、严肃认真的科学态度。

（5）学生应经常向导师汇报工作进度情况，听从教师指导。

（6）通过论文（设计）的编写与答辩，锻炼学生书写、语言表达和绘图等方面的综合技能。

二、不同类型的毕业论文（设计）的基本特点和要求

毕业论文（设计）主要工作内容包括：查阅文献资料，调研或专题实验，论文编写和论文评阅及答辩。

1. 安全管理型

包括企业安全管理调查与分析、安全系统工程方法在企业中的应用、企业安全规程的建立与实施、职业安全健康管理体系的建立和实施、安全信息系统的建立与分析等。要求对所涉及的内容全面了解，并进行分析、总结，提出自己的观点和加强安全管理的具体措施。

2. 安全理论型

包括事故成因、安全经济学、安全人机学、安全系统学、安全控制理论、环境保护评价等方面的某一理论性探讨。要求论据充分，能正确地运用实际资料，提出自己的观点，应具有一定的创新性。

3. 安全工程型

包括火灾与爆炸灾害控制，机电安全、建筑安全、野外勘探安全、锅炉压力容器安全、通风防尘、噪声控制、辐射防护、毒品检测与防护、环保监测及管理、微机在安全工程中的

应用等。要求在调研或专题实验的基础上,解决安全工程中的实际问题,实验数据应真实可靠,具有一定的实用性。

4. 安全科研型

在导师的指导下,完成安全技术、安全管理、有害作业环境控制等方面的前沿性研究。要求对毕业论文(设计)涉及课题的国内外情况全面了解,所从事的研究具有一定的前沿性和实用性。

三、成绩评定

1. 成绩的等级及评定方法

成绩分为优秀、良好、中等、及格和不及格五个等级。

导师成绩占 40%,评阅人成绩占 30%,答辩成绩占 30%。

2. 评分标准及原则

(1) 优秀

1) 论据充分,能正确地分析和运用实际资料。

2) 基础理论和专业知识牢固,并能运用于处理专业工程实际问题,对某些问题有创新见解。

3) 文件齐全、结构合理、图面整洁、无原则错误。

4) 研究分析方法、设计计算、数据处理无错误。

5) 文字通顺、简练、逻辑性强,抄写工整。

6) 整体工作量饱满。

(2) 良好

1) 论据正确,能正确分析和运用实际资料。

2) 基础理论和专业知识牢固,并能运用于处理本专业工程实际问题,解决问题能力较强。

3) 文件齐全,结构无原则性不合理之处,图面整洁。

4) 研究方法、设计计算、数据处理无原则性错误。

5) 文字较通顺,简练,逻辑性一般。

(3) 中等

1) 实际资料基本准确,论据比较充分,并具有一定的分析和运用能力。

2) 基础理论和专业知识比较牢固,并具有一定的实际问题处理能力。

3) 图样基本符合要求。

4) 设计计算、数据处理有少量错误。

5) 文字较通顺、简练、逻辑性一般。

(4) 及格

1) 实际资料基本正确,论据不够充分,分析和运用资料的能力一般。

2) 基础理论和专业知识基本可以,但处理实际问题能力一般。

3) 图样不全,不够整洁。

4) 设计计算、数据处理一般错误较多。

5) 文字欠通顺、欠简练、逻辑性不够强。

(5) 不及格
1) 实际资料不够准确，论据很不充分，对资料只是生搬硬套，牵强附会，无分析。
2) 基础理论和专业知识差，不能独立处理工程实际问题。
3) 图样大量欠缺，图面质量差。
4) 设计计算、数据处理有原则性错误。
5) 文字不通顺，书写草率，无逻辑性。

附录4 中南大学2007—2009届安全工程专业本科生毕业论文（设计）情况一览表

表1为中南大学2007届安全工程专业本科生毕业论文（设计）情况一览表。

表1　中南大学2007届安全工程专业本科生毕业论文（设计）情况一览表

学院：资源与安全工程学院　　　　　专业：安全工程　　　　　班级：0301

学号	学生姓名	指导老师	职称	毕业论文（设计）题目	题目来源	成绩	备注
203030101	刘浪	黄锐	副教授	高硫矿石爆堆自热传递模型及高温区域预测	生产实际题		
203030102	张平	黄锐	副教授	颗粒床吸附聚丙烯粉尘及其回用技术设计	生产实际题		
203030103	李孟	胡汉华	教授	巴陵石化环己酮厂制氢车间安全评价	生产实际题		
203030104	温红东	胡汉华	教授	巴陵石化合成橡胶厂聚丙烯北线旋风收尘系统改造设计	生产实际题		
203030105	邱伟晟	王卫华	讲师	国内外矿山安全法规的比较研究	自选		
203030106	付竣江	王卫华	讲师	某高层建筑施工组织中的安全设计	生产实际题		
203030107	甘霖	刘敦文	副教授	北京天外天地下商场通风防火设计	生产实际题		
203030108	何海霞	刘敦文	副教授	江西修水香炉山钨矿安全事故分析与预防控制研究	生产实际题		
203030109	任丽萍	刘敦文	副教授	建筑安全事故分析及预防对策研究	教师科研题		
203030110	隋阳	胡汉华	教授	硫精矿仓防灭火系统设计研究	教师科研题		
203030111	王国焘	黄锐	副教授	高硫矿石自燃影响因素分析及数据库模型设计	教师科研题		
203030112	杨开山	黄锐	副教授	聚丙烯粉尘旋风集尘及输运系统设计	教师科研题		
203030113	唐建军	黄锐	副教授	甘肃龙泰铁矿井下通风系统设计	教师科研题		
203030114	王涛	黄锐	副教授	小尺寸高硫矿堆氧化自热分析与升温测量	教师科研题		
203030115	汪勇	胡汉华	教授	巴陵石化合成橡胶厂聚丙烯北线布袋收尘系统设计	教师科研题		
203030116	魏汝莹	刘敦文	副教授	建筑安全经济学分析与管理研究	教师科研题		
203030117	吴道光	王卫华	讲师	控制爆破安全设计及安全防护工程	生产实际题		
203030118	李瑜	刘敦文	副教授	广州地铁二号线赤岗—鹭江段盾构法施工防水设计	生产实际题		
203030119	张昕	胡汉华	教授	向阳煤矿井下生产安全评价	生产实践		
203030120	邓波	胡汉华	教授	凡口铅锌矿井下通风系统安全评价	生产实践		
203030121	乂晓梅	刘敦文	副教授	交通安全事故分析与预防控制研究	学生自选题		
203030122	付恬	刘敦文	副教授	磷化工生产企业氟污染及其控制研究	生产实际题		
203030123	巩云	王卫华	讲师	应力和温度耦合作用下的岩石动态力学性质研究	教师科研题		
203030124	康文贤	黄锐	副教授	布袋收尘装置净化聚丙烯粉尘的应用设计	教师科研题		
203030125	金宝华	胡汉华	教授	硫化矿采场防灭火系统设计研究	教师科研题		
203030126	刘宁	王卫华	讲师	某安全事故的调查分析	生产实际题		
203030127	张金柱	王卫华	讲师	某矿山安全现状评价	生产实际题		
203030128	欧阳粤龙	胡汉华	教授	巴陵石化合成橡胶厂聚丙烯北线安全评价	生产实际题		
203030129	阳东	王卫华	讲师	黄沙坪矿井下开采安全现状及改进措施	生产实际题		

附录4 中南大学2007—2009届安全工程专业本科生毕业论文(设计)情况一览表

学院：资源与安全工程学院　　　　专业：安全工程　　　　班级：0302

学号	学生姓名	指导老师	职称	毕业论文（设计）题目	题目来源	成绩	备注
203030203	周石磊	李孜军	副教授	硫化矿石结块性和预防结块的缓结剂实验室研究	教师科研题		
203030204	赵熠	李孜军	副教授	烟花爆竹的安全储运优化设计与管理	生产实际题		
203030205	蒋存铭	李孜军	副教授	长沙通程商业广场的防灭火与火灾预警设计	生产实际题		
203030206	孙云凤	李孜军	副教授	重大危险源和重大安全隐患监管体系研究	教师科研题		
203030207	廖永鹏	李孜军	副教授	长沙市交通事故的调查统计与交通安全优化设计	生产实际题		
203030208	杨彪	李孜军	副教授	预防硫和高硫铁精矿自燃的覆盖剂实验室研究	教师科研题		
203030209	李海龙	李孜军	副教授	硫和高硫铁精矿自燃阻化剂的实验室研究	教师科研题		
203030210	张伟东	韩立华	讲师	长沙市春天百货大厦高层建筑火灾应急救援预案与消防管理系统编制	教师科研题		
203030211	王宣岐	韩立华	讲师	大学校园安全文化的构建及其评价体系研究	教师科研题		
203030212	王鹏	韩立华	讲师	平和堂商场突发重大事故风险辨识及安全规划编制的研究	教师科研题		
203030213	吴刚	韩立华	讲师	我国非煤矿山重大事故调查统计及其控制模式研究	教师科研题		
203030214	陈晨	吴超	教授	市场经济条件下地方政府安全监管机制创新研究	教师科研题		
203030215	田世超	吴超	教授	我国小煤矿企业事故调查统计及其安全管理模式研究	教师科研题		
203030216	粟闯	吴超	教授	铜绿山矿卸矿站防尘系统设计研究	教师科研题		
203030217	方一舟	吴超	教授	长沙西区安全文化建设与安全文化产业发育研究	教师科研题		
203030218	高歌	吴超	教授	红外测温与红外感应温度场成像技术在预报硫化矿堆自燃的研究	教师科研题		
203030219	李珞铭	吴超	教授	实验室红外检测硫化矿石自热过程及其配套装置设计研究	教师科研题		
203030220	高科	李明	讲师	硫化矿爆堆自燃发火预报预测装置设计	教师科研题		
203030221	唐雪梅	李明	讲师	硫化矿自燃倾向性影响因素及其评价指标体系研究	教师科研题		
203030222	黄庆烨	李明	讲师	硫化矿自燃倾向性各主要影响因素测试方法研究	教师科研题		
203030223	李峰	陈沅江	副教授	硫化矿石自燃早期征兆及其影响因素的实验研究	教师科研题		
203030224	王立磊	陈沅江	副教授	自燃硫化矿堆散热特性的试验研究	教师科研题		
203030225	李坤	陈沅江	副教授	大型地下商场应急救援系统构建设计	生产实际题		
203030227	朱广萍	陈沅江	副教授	新疆伊犁地区矿山企业典型事故模式分析及安全监管机制研究	生产实际题		
203030228	蔡坤乾	陈沅江	副教授	基于人因工程的建筑施工安全管理体系研究	生产实际题		
203030229	许春明	陈沅江	副教授	硫化矿石自燃危险性评价及预测预报方法研究	教师科研题		
203030230	杨特敏	陈沅江	副教授	制药行业危险化学品安全管理与评价体系研究	生产实际题		

学院：资源与安全工程学院　　　　专业：安全工程　　　　班级：0303

学号	学生姓名	指导老师	职称	毕业论文（设计）题目	题目来源	成绩	备注
203030301	杨歆	张钦礼	教授	玛瑙山钨矿尾矿库安全评价	生产实际题		
203030302	张晓菊	周智勇	助教	再生水使用安全体系的构建与评价	教师科研题		
203030304	张超	黄仁东	教授	深圳联建大厦防火安全设计	生产实际		
203030305	吴晓云	张钦礼	教授	混凝土施工中的质量安全控制技术	生产实际题		
203030306	陈汝君	张钦礼	教授	我国粮食安全现状评价及未来短期供需预测	自选		
203030307	卢普仪	周智勇	助教	纸浆企业清洁生产理论与评价方法研究	自选		
203030308	张俊	黄仁东	教授	黄沙坪井下事故应急救援预案	生产实际		
203030310	兰晓平	黄仁东	教授	香炉山钨矿尾矿库排渗整改设计	生产实际		
203030311	周礼建	张钦礼	教授	黄沙坪铅锌矿尾矿库安全评价	生产实际题		
203030313	黄鑫	周智勇	助教	地铁交通安全事故危害与防范	学生自选题		
203030314	张波波	黄仁东	教授	广州花岗地铁车站消防安全设计	生产实际		
203030315	陈海峰	周智勇	助教	露天矿边坡稳定性分析及防治措施研究	学生自选题		
203030316	李昌泉	张钦礼	教授	黑龙江省库尔滨河乌宋岗电站工程施工中起重安全评价技术	生产实际题		
203030318	罗贞焱	张钦礼	教授	广东大宝山矿业有限公司采空区安全评价研究	教师科研题		
203030319	朱小年	黄仁东	教授	基于知识管理的安全管理体系构建与实现	学生自选		
203030320	黎明杰	周智勇	助教	尾矿库安全评价体系与方法研究	学生自选题		
203030321	郑晶晶	张钦礼	教授	斜井提升安全控制技术研究	生产实际题		
203030322	张舒	周智勇	助教	构建凡口矿安全标准管理体系	教师科研题		
203030323	刘贤群	黄仁东	教授	黄沙坪矿安全管理中人的不安全行为分析	生产实际		
203030324	陈司宇	周智勇	助教	云南解化集团有限公司安全评价	学生自选题		
203030325	陈雄	张钦礼	教授	汽车涂装过程中的安全控制技术	生产实际题		
203030326	蔡良针	周智勇	助教	铝箔生产火灾成因机理及控制措施研究	学生自选题		
203030328	方亮雄	黄仁东	教授	现代住宅电气安全研究	学生自选		
203030330	吉悦	黄仁东	教授	广州花岗地铁隧道消防安全设计	生产实际		

表2为中南大学2008届安全工程专业本科生毕业论文（设计）情况一览表。

表2　中南大学2008届安全工程专业本科生毕业论文（设计）情况一览表

学院：资源与安全工程学院　　　　专业：安全工程　　　　班级：安全0401

学号	学生姓名	指导老师	职称	毕业论文（设计）题目	题目来源	成绩	备注
203030130	田海	邓红卫	高工	建筑工程质量事故分析与控制	学生自选题		
203040101	徐镇	黄仁东	教授	海格通信集团一体化管理体系研究	生产实际题		
203040102	潘东	周科平	教授	基于系统动力学企业伤亡事故率仿真试验研究	生产实际题		
203040103	彭家钢	陈建宏	教授	核电站辐射安全防护技术研究	教师科研题		
203040104	何敏颜	陈建宏	教授	公共场所人员安全疏散应急管理研究	教师科研题		
203040105	覃松庆	邓红卫	高工	我国港口安全生产现状与发展趋势	学生自选题		
203040106	周彦宏	周科平	教授	金竹坳尾矿库安全现状评价	教师科研题		
203040107	张鹏	周智勇	助教	矿山井下主要危险源的辨识与评价	教师科研题		
203040108	徐锋	陈建宏	教授	地下矿山建设工程项目安全卫生初步设计和竣工验收方法研究	教师科研题		
203040109	王纯洁	周科平	教授	安徽绩溪钨业有限公司金竹坑尾矿库安全现状评价	教师科研题		
203040110	赵英明	邓红卫	高工	建筑安全管理PDCA循环	教师科研题		
203040111	刘聪慧	邓红卫	高工	地下水资源安全预警系统的探讨	教师科研题		
203040112	王雪君	黄仁东	教授	黄沙坪铅锌尾矿库现状安全评价	教师科研题		
203040113	肖明明	陈建宏	教授	露天矿山建设工程项目安全卫生初步设计和竣工验收方法研究	教师科研题		
203040114	杨代批	周智勇	助教	磷肥生产职业危害及控制措施研究	教师科研题		
203040115	粟薛琴	邓红卫	高工	建筑施工事故应急救援预案的编制	教师科研题		
203040116	林松	黄仁东	教授	黄沙坪铅锌矿安全文化建设研究	生产实际题		
203040118	李克华	陈建宏	教授	生产企业安全脆弱性模式分析与探讨	教师科研题		
203040119	王季冬	陈建宏	教授	矿山地质环境保护与生态恢复治理规划理论研究	学生自选题		
203040120	祝晓臣	周智勇	助教	黄沙坪铅锌矿地下开采系统安全评价	教师科研题		
203040121	王世盛	邓红卫	高工	基于系统论的矿山安全管理维度模式分析与构建	教师科研题		
203040123	韩小静	黄仁东	教授	中南大学重大安全事故应急救援体系研究	教师科研题		
203040124	卢晓晨	邓红卫	高工	深井矿山热害防治技术	教师科研题		
203040125	姚旭辉	黄仁东	教授	宁化行洛坑钨矿安全生产保障体系的研究	生产实际题		
203040126	周锐	周智勇	助教	石油化工生产防火防爆研究	学生自选题		
203040127	张晓锋	黄仁东	教授	矿山不安全行为分析与研究	教师科研题		
203040128	王纪军	黄仁东	教授	高层建筑施工的安全管理研究	生产实际题		
203040129	赖朝晖	周智勇	助教	港口生产安全保障体系研究	教师科研题		
203040130	王丹	周科平	教授	神经网络技术在非煤矿山安全事故预测中的应用	教师科研题		

学院：资源与安全工程学院　　　　　　　专业：安全工程　　　　　　　班级：安全0402

学号	学生姓名	指导老师	职称	毕业论文（设计）题目	题目来源	成绩	备注
203040201	王乐奇	李孜军	副教授	通程新一佳大型地下商场突发事故风险辨识及应急预案的编制	生产实际题		
203040202	陈钧	李孜军	副教授	中南大学科教大楼消防系统的优化设计与管理	生产实际题		
203040203	李娜	史秀志	副教授	孝义铝矿安全标准化的构建	生产实际题		
203040204	钟长宏	李孜军	副教授	高硫矿石自燃倾向性判别方法的研究与应用	教师科研题		
203040205	郭旭陪	李孜军	副教授	我国加油站事故调查统计及安全评价方法研究	教师科研题		
203040206	沙芳兰	李孜军	副教授	我国高速公路事故统计分析及其安全管理模式研究	教师科研题		
203040207	李方波	史秀志	副教授	凡口铅锌矿地下开采保障系统安全标准化创建	生产实际题		
203040208	林志杰	史秀志	副教授	凡口铅锌矿采掘工艺系统安全标准化	生产实际题		
203040209	张尚	李孜军	副教授	我国室内空气污染的评价方法及防治措施研究	教师科研题		
203040210	孙成	史秀志	副教授	凡口铅锌矿尾矿库安全标准化	生产实际题		
203040211	乔锡勇	史秀志	副教授	凡口铅锌矿选矿厂安全标准化	生产实际题		
203040212	石英	肖雄	高工	尾矿坝稳定性分析与安全对策的研究	教师科研题		
203040213	罗凯	过江	副教授	凡口铅锌矿辅助车间安全标准化	生产实际题		
203040214	文婧	过江	讲师	露天矿爆破危害防治技术综合研究	教师科研题		
203040215	粟会云	过江	讲师	张青岗石灰石矿露天作业环境与安全管理	教师科研题		
203040216	姜志强	过江	讲师	八宝屯特大桥工程施工安全管理与事故预防研究	教师科研题		
203040217	徐靖华	过江	讲师	铝产业循环经济与可持续发展研究	教师科研题		
203040218	吴建斌	过江	讲师	文冲造船厂危险源管理与事故预防体系设计	生产实际题		
203040219	刘杨	肖雄	高工	非煤矿山安全管理综合评价研究	教师科研题		
203040220	赵艳艳	史秀志	副教授	孝义铝矿安全标准化信息管理系统设计研究	生产实际题		
203040221	沙亮	肖雄	高工	尾矿库坝体失稳的事故致因模型研究	教师科研题		
203040222	李强	肖雄	高工	中南大学图书馆阅览室火灾烟气模拟	教师科研题		
203040223	王恒	肖雄	高工	矿山企业安全文化构建及其评价	教师科研题		
203040224	马少非	肖雄	高工	某工业区事故应急预案研究及应用	教师科研题		
203040225	郊军芳	吴超	教授	硫化矿石自热实验的数值模拟	教师科研题		
203040226	黄波	吴超	教授	建筑企业安全管理模式的力学方法表达研究	教师科研题		
203040228	董媛媛	吴超	教授	我国政府安全监管体系与运行的图论方法表达研究	教师科研题		
203040229	阿金平	吴超	教授	教育方法在安全教育中的应用研究	教师科研题		
203040230	陈磊	吴超	教授	"南海一号"古沉船事故原因考证	教师科研题		
	房雪松	吴超	教授	锂离子电池的安全评价技术与标准建议研究	生产实际题		

附录4 中南大学2007—2009届安全工程专业本科生毕业论文(设计)情况一览表

学院：资源与安全工程学院　　　专业：安全工程　　　班级：安全0403

学号	学生姓名	指导老师	职 称	毕业论文（设计）题目	题目来源	成绩	备注
0203040301	沈国亮	黄锐	副教授	高硫矿石自燃倾向性分析及其防治	教师科研题		
0203040302	蒋中玉	黄锐	副教授	柿竹园选矿车间通风系统设计	生产实际题		
0203040303	吴惠彪	黄锐	副教授	环境资源化技术与合同管理运作模式	生产实际题		
0203040304	劳德正	陈沅江	副教授	软岩巷道锚喷网支护参数设计与可靠性分析	教师科研题		
0203040306	张强	陈沅江	副教授	国有矿山企业职业卫生现状评价及监管机制研究	教师科研题		
0203040307	邢燕琳	李明	助教	建筑施工企业主要的危险源分析及控制对策研究	教师科研题		
0203040308	李书娜	李明、周科平	助教、教授	基于粗糙集理论的矿山企业安全管理评价	教师科研题		
0203040309	和鹏飞	黄锐	副教授	柿竹园选矿厂锅炉房节能设计与有害气体处理	生产实际题		
0203040310	李佳洋	黄锐	副教授	自热状态下高硫矿堆温度分布计算模型	教师科研题		
0203040311	向维	李明	助教	航空不安全事件人为因素分析	教师科研题		
0203040312	曾敏	陈沅江	副教授	新型复合稳定土材料的实验研究	教师科研题		
0203040313	张伟伟	胡汉华	教授	硫精矿仓防灭火系统设计与研究	生产实际题		
0203040314	杨光	胡汉华	教授	银家沟硫铁矿采场防灭火设计研究	生产实际题		
0203040315	周贤龙	胡汉华	教授	柿竹园多金属矿野鸡尾尾矿库安全评价	生产实际题		
0203040316	杜晶	李夕兵、陈沅江	教授	安全帽抗冲击性能的理论与实验研究	教师科研题		
0203040317	贺斌	胡汉华	教授	柿竹园多金属矿矿井下通风安全评价	生产实际题		
0203040318	刘羽萍	李明	助教	硫化矿自燃倾向性评价指标体系及评价软件开发	教师科研题		
0203040319	陈磊	胡汉华	教授	柿竹园多金属1 000 t/d选厂废水处理系统设计	生产实际题		
0203040320	张阳	胡汉华	教授	柿竹园多金属矿2#主溜井防尘系统设计	生产实际题		
0203040321	孙艺明	陈沅江	副教授	矿用新型复合固土抑尘材料研究	教师科研题		
0203040322	解庆强	黄锐	副教授	柿竹园多金属矿山矿井通风系统改造	生产实际题		
0203040323	徐少游	韩立华	讲师	金属矿山安全生产管理系统编制	教师科研题		
0203040325	张瑞	陈沅江	副教授	硫化矿热自燃危险性评价及预测预报方法研究	教师科研题		
0203040326	孙浩	韩立华	讲师	道路施工安全评价与应急预案的编制	教师科研题		
0203040327	滕云	李明	助教	大学校园安全事故调查、分析与对策研究	教师科研题		
0203040328	付俊	韩立华	讲师	可控气氛热处理的安全评价与预警辨识系统	教师科研题		
0203040329	金晓峰	韩立华	讲师	港口装卸作业安全管理评价	教师科研题		
0203040330	许睿	韩立华	讲师	桥梁重大事故辨识与安全管理系统编制	教师科研题		

表3为中南大学2009届安全工程专业本科生毕业论文（设计）情况一览表。

表3　　中南大学2009届安全工程专业本科生毕业论文（设计）情况一览表

学院：资源与安全工程学院　　　　　专业：安全工程　　　　　班级：0501

序号	学号	学生姓名	指导老师	职称	毕业论文（设计）题目	题目来源	成绩	备注
1	0203050101	李宁	黄锐	副教授	矿山安全专家系统推理机及逻辑运算	教师科研题		
2	0203050102	万盛强	李明	讲师	不同行业安全工程差异性比较研究	学生自选题		
3	0203050103	孙磊	毕林	讲师	矿井采空区探测与可视化技术应用研究	生产实际题		
4	0203050104	陈苇霖	李明	讲师	中美职业安全管理体系比较研究	学生自选题		
5	0203050105	方妮	黄锐	副教授	矿山安全专家系统知识库模型的建立	教师科研题		
6	0203050107	戴军	周智勇	讲师	建筑火灾隐患分析及消防系统综合性评价	学生自选题		
7	0203050108	杨金锋	黄锐	副教授	高硫矿石自热过程的高温点探测技术	教师科研题		
8	0203050109	刘一静	李明	讲师	固体表面防尘技术实验研究	教师科研题		
9	0203050110	陈志冲	黄锐	副教授	水力送风机换热装置设计与热学计算	教师科研题		
10	0203050111	张灵杰	周智勇	讲师	事故应急救援预案研究——以煤矿水灾为例	学生自选题		
11	0203050112	李红俊	吴超	教授	"硫化矿床开采防火防爆技术"文献资源提取研究及其网站的建设	教师科研题		
12	0203050114	杨巍	周智勇	讲师	国家应急管理体系的构建研究	学生自选题		
13	0203050117	刘紫曜	李明	讲师	校园安全管理信息系统的构建与开发	学生自选题		
14	0203050118	封叶	吴超	教授	"非煤矿山矿井通风"文献资源提取研究及其网站的建设	教师科研题		
15	0203050119	闫晖	李明	讲师	粉尘微颗粒表面黏附力学模型研究	教师科研题		
16	0203050120	李恒春	周智勇	讲师	建筑施工安全事故分析及预防对策研究	学生自选题		
17	0203050121	李旭强	黄锐	副教授	水力送风机机械设计及力学计算	教师科研题		
18	0203050122	周晶	周智勇	讲师	奶制品生产质量保障体系研究	学生自选题		
19	0203050123	苏小娥	毕林	讲师	矿井生产中危险源辨识、风险评价和风险控制研究	生产实际题		
20	0203050124	甯瑜琳	吴超	教授	"化学抑尘"文献资源提取研究及其网站的建设	教师科研题		
21	0203050125	吴璠	毕林	讲师	矿业软件在矿井通风系统设计与优化中的应用研究	生产实际题		
22	0203050126	陈宜楷	黄锐	副教授	氧化矿堆多热源点温度场计算模型研究	教师科研题		
23	0203050127	施洪福	周智勇	讲师	地下金属矿山地质灾害安全预警系统研究	学生自选题		

附录4 中南大学2007—2009届安全工程专业本科生毕业论文(设计)情况一览表

学院：资源与安全工程学院　　　　专业：安全工程　　　　班级：0502

序号	学号	学生姓名	指导老师	职称	毕业论文（设计）题目	题目来源	成绩	备注
1	0203040305	费维	毕林	讲师	高层建筑施工安全评价研究	学生自选题		
2	0203050201	宋勇	胡汉华	教授	广佛地铁菊树至西朗段盾构施工的危险源辨识与防治	学生自选题		
3	0203050202	李桂武	胡汉华	教授	前进煤矿矿井通风系统设计分析	生产实际题		
4	0203050203	李坚	胡汉华	教授	前进煤矿矿井突水防治措施设计分析	生产实际题		
5	0203050204	林荣玲	胡汉华	教授	苍山铁矿矿井通风系统设计分析	生产实际题		
6	0203050205	叶建树	胡汉华	教授	前进煤矿井下生产安全评价	生产实际题		
7	0203050206	黄义	李孜军	副教授	硫化矿石结块性评价与结块防治技术实验室研究	教师科研题		
8	0203050207	马婷婷	李孜军	副教授	广佛地铁深基坑施工危险源的辨识及防治	生产实际题		
9	0203050208	梁宏源	李孜军	副教授	煤矿企业职工的心理与行为对生产安全的影响与改善对策研究	生产实际题		
10	0203050209	张旭芳	李孜军	副教授	金属矿采空区危险评价方法的研究与应用	教师科研题		
11	0203050210	朱俊涛	李孜军	副教授	中南大学校本部图书馆消防系统设计与管理	生产实际题		
12	0203050211	卢腾飞	李孜军	副教授	城市地铁施工安全评价与监管模式研究	生产实际题		
13	0203050212	张启明	陈沅江	副教授	新型复合稳定土材料的初步研究	教师科研题		
14	0203050213	王乐平	陈沅江	副教授	典型国有矿山企业职业卫生现状评价及监管机制研究	生产实际题		
15	0203050214	陈清	陈沅江	副教授	矿山地质钻探施工过程安全评价及监管机制研究	学生自选题		
16	0203050215	王勇	陈沅江	副教授	软岩巷道支护设计与可靠性分析评价研究	生产实际题		
17	0203050218	张岩	陈沅江	副教授	硫化矿石氧化结块性的测定及防治对策研究	教师科研题		
18	0203050219	李永贞	陈沅江	副教授	基于驾驶员心理生理特性的高等级公路典型交通安全设施设计	教师科研题		
19	0203050220	张增福	韩立华	讲师	铁路重大事故辨识与应急救援预案研究	教师科研题		
20	0203050221	陈治强	韩立华	讲师	基于BP网络的建筑工程安全评价系统研究	教师科研题		
21	0203050222	杨龙罕	韩立华	讲师	拟建矿山的PHA与露天岩质边坡安全系数的计算	教师科研题		
22	0203050223	辛兆楠	韩立华	讲师	矿业工程安全生产管理系统编制	教师科研题		
23	0203050224	张玮	韩立华	讲师	制药公司重大危险源辨识、安全评价及整改措施	教师科研题		
24	0203050225	保瑞	韩立华	讲师	矿山安全标准化系统与传统安全管理模式比较研究	教师科研题		
25	0203050227	张科	胡汉华	教授	边坡稳定性研究及数值分析	教师科研题		

学院：资源与安全工程学院　　　　专业：安全工程　　　　班级：0503

序号	学号	学生姓名	指导老师	职　称	毕业论文（设计）题目	题目来源	成绩	备注
1	0203050301	李荣祥	刘敦文	教授	建筑施工安全事故分析及预防对策研究	学生自选题		
2	0203050302	韩明	黄仁东	教授	企业安全文化评价体系与方法研究	生产实际题		
3	0203050303	王利利	邓红卫	副教授	旅游客运索道安全事故应急救援预案编制与评价	学生自选题		
4	0203050304	梁健洪	周子龙	讲师	基于Anylogic仿真的"行通济"应急预案设计	学生自选题		
5	0203050305	甘亮元	黄仁东 周子龙	讲师	基于危险预控理论的电网安全管理分析	学生自选题		
6	0203050306	龙武文	刘敦文	教授	地铁隧道施工系统安全分析	学生自选题		
7	0203050307	王中亚	过江	讲师	矿山通风系统的安全评价方法研究	学生自选题		
8	0203050308	李杏茹	邓红卫	副教授	无压水工隧洞设计中的安全问题探讨	学生自选题		
9	0203050309	王芳宇	刘敦文	教授	我国废旧家电无害化处理及再生利用研究	学生自选题		
10	0203050310	李森	过江	讲师	压水堆核电站核放射性废物安全处理技术浅析	学生自选题		
11	0203050311	敖然	刘敦文	教授	我国公路交通安全事故分析与预防控制研究	学生自选题		
12	0203050312	张慧威	过江	讲师	某有机合成厂的防火防爆设计	学生自选题		
13	0203050313	全威霖	邓红卫	副教授	OHSAS18000在铁路"900吨箱梁预制场"管理中的应用	生产实际题		
14	0203050314	康海峰	周子龙	讲师	施工升降机安全评价范式的研究	学生自选题		
15	0203050315	黄春建	过江	讲师	高层建筑施工的气候影响及施工安全研究	学生自选题		
16	0203050316	陈雁冰	邓红卫	副教授	电梯安全运行的主要影响因素分析及预防对策	学生自选题		
17	0203050317	钱红爽	黄仁东	教授	道路安全评价研究	学生自选题		
18	0203050318	冯玉涛	邓红卫	副教授	基于事故树理论的隧道塌方原因分析与防治	学生自选题		
19	0203050319	田森	邓红卫	副教授	矿井突水因素的AHP分析与防治技术研究	学生自选题		
20	0203050320	李芳	过江	讲师	论家居装修的安全心理效应	学生自选题		
21	0203050321	周琪	黄仁东 周子龙	讲师	基于博弈论的企业安全投入分析与对策研究	学生自选题		
22	0203050322	李立峰	黄仁东	教授	受限空间避难逃生研究	学生自选题		
23	0203050323	梁伟华	黄仁东	教授	大跨度空间钢结构胎架滑移法安全施工技术研究	生产实际题		
24	0203050324	杨超	过江	讲师	震后高层建筑安全评价及防护措施	学生自选题		
25	0203050325	吕熙靖	黄仁东	教授	路桥施工的安全生产管理研究	学生自选题		
26	0203050326	孙巧	刘敦文	教授	高层建筑安全疏散研究	学生自选题		
27	0203050327	朱莎	黄仁东	教授	移动通信发射基站的潜在威胁及其安全对策研究	学生自选题		
28	0203050328	唐林	刘敦文	教授	6σ管理法在施工现场安全管理中的应用	学生自选题		

附录5 中南大学2007—2009届安全工程本科专业就业情况分析

孙 胜

（中南大学资源与安全工程学院，长沙，410083）

中南大学从2003年开始招收安全工程专业本科生，安全工程专业是资源与安全工程学院的三个本科专业之一，目前该专业已有三届毕业生。依托学校良好的声誉、学院雄厚的师资力量和办学条件，中南大学安全工程专业的本科毕业生已经得到了社会广大用人单位的认可。再加上学校和学院一直坚持以学生为本，特别重视本科生的就业工作，以学生职业生涯规划为起点，以提高学生就业指导水平、拓展毕业生就业渠道为重点，以理念创新、制度创新、方法创新为动力，采取了一系列行之有效的措施，确保了毕业生就业工作持续健康发展，近几年来，中南大学安全工程专业本科毕业生社会需求旺盛，初次就业率一直都稳定在96%以上。

一、2007—2009届安全工程专业本科毕业生生源情况分析

中南大学2007—2009届安全工程专业本科毕业生人数分别为80人、87人、76人，其中女生分别为16人、26人、25人，分别占本专业招生总人数的20%、30%、33%。从图1可以看出，女生人数有逐年走高的趋势。对于安全工程这类工科专业来说，女生所占的比例明显偏高，也给后面的就业工作带来了压力。从这几年安全工程专业本科毕业生就业情况统计来看，处于待就业状态的几乎全是女生。这是因为对安全工程专业的毕业生需求特别旺盛的一些行业在招聘时一般都不考虑女生，使得安全工程专业的女生在求职过程中受到限制。

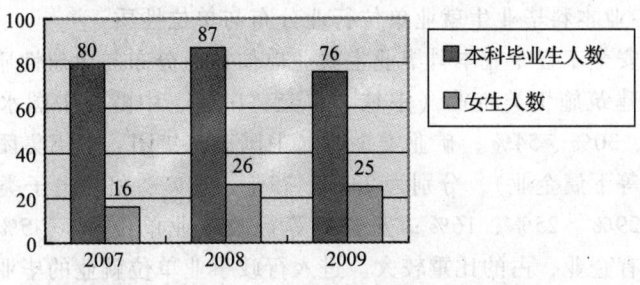

图1 安全工程专业本科生生源性别结构

中南大学是教育部直属的面向全国招生的重点院校，生源地区覆盖全国29个省、市、自治区。在招生规模相对稳定的情况下（每年大约为90人），2007—2009届安全工程专业本科生的生源情况见表1，通常情况下，湖南省本地生源所占的比例为20%左右，且有逐年下降的趋势；其他28个省市生源总和约占80%，平均每个省、市约为3%~4%，这种生源地域分布对毕业生就业总体上是有利的。

表1　　　　　　　　　安全工程专业本科生生源地区结构一览表

省份\年人	安徽	重庆	福建	甘肃	贵州	广东	广西	海南	河北	河南	黑龙江	湖北	湖南	江苏	江西	吉林	辽宁	宁夏	内蒙古	青海	山东	山西	陕西	上海	四川	天津	新疆	云南	浙江
2007	1	2	1	2	2	3	4	2	2	4	18	2	6	2	2	1	1	2	5	1	4	1	1	0	1	2	2		
2008	4	2	1	0	3	5	4	0	5	6	2	2	11	3	4	2	6	2	2	0	6	4	2	0	2	1	0	2	4
2009	4	2	2	2	5	4	3	2	4	2	3	1	3	3	2	2	2	2	2	4	4	3	0	2	2	1	4		

二、2007—2009届本科毕业生就业情况分析

1. 毕业生就业概况

由于国家越来越重视安全生产，广大人民群众的安全意识也越来越强，在这种大背景下，社会对安全工程专业人才的需求也日趋旺盛，总体上呈现出一种供不应求的局面。

表2　　　　　　　　　2007—2009届毕业生就业情况一览表

年度	合计	就业及升学						未就业			
		小计	已签约	研究生		出国	就业率	小计	继续考研	其他	比例
				保研	考研						
2007届	80	80	56	12	11	1	100%	0	0	0	0
2008届	85	83	61	12	8	2	97.65%	2	0	2	2.35%
2009届	76	73	51	10	10	2	96.05%	3	0	3	3.95%

从表2可以看出，2007—2009年安全工程专业本科毕业生就业率（初次就业率）分别为100%、97.65%、96.05%，就业率在全国高校同类专业中名列前茅。近几年随着就业压力的增大，一些毕业生为了提高自己的学历层次，增强自身素质，为今后走上工作岗位打下坚实的基础，以找到一份更好的工作，毕业后选择继续攻读研究生学位的学生也逐渐增加，2007—2009年安全工程专业本科毕业生录取研究生的比例分别为28.75%、23.53%、26.3%。与此同时，也有一部分家庭经济状况比较好的学生选择了出国。

2. 安全工程专业本科毕业生就业单位行业分布与单位性质

分析中南大学安全工程专业本科毕业生就业单位行业分布与单位性质，毕业生就业单位的行业主要为各类建筑施工类企业（中铁、中交、中建、中隧、中国水利水电、电力建设等），分别为21%、30%、54%；矿业类企业（中国五矿集团、中铝集团、中国黄金集团冶金集团、中钢集团等下属企业），分别为23%、35%、18%；机械电子类企业（富士康、比亚迪等），分别为29%、25%、16%；安监局等行政事业单位9%、5%、10%（见图2）。单位性质主要为国有企业，占的比重较大。进入行政事业单位就业的毕业生有逐年下降的趋势，在其他企业单位就业的学生逐年增加。

3. 安全工程专业本科毕业生就业地区流向分析

从图3可以看出，近几年毕业生主要分布在华南的广州、深圳等地，分别为43%、27%、26%；西南的成都、重庆、昆明等城市，分别为20%、25%、16%；江苏、浙江等地的上海、南京、杭州、宁波等城市，分别为11%、17%、8%；京津地区分别为5%、5%、14%。这些发达地区的中心城市已经成为毕业生就业的首选之地。

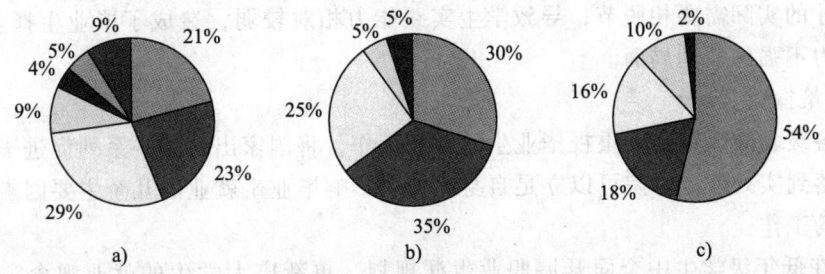

图 2 毕业生就业单位行业分布
a) 2007 年 b) 2008 年 c) 2009 年

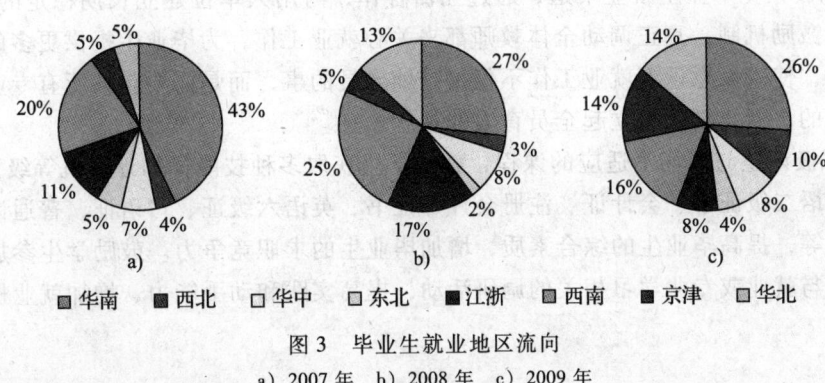

图 3 毕业生就业地区流向
a) 2007 年 b) 2008 年 c) 2009 年

三、影响安全工程专业毕业生就业的主要原因及对策

1. 影响就业的主要原因

就影响毕业生就业的原因而言，除了这些年因为高校扩招导致毕业生供过于求这个客观原因外，还存在以下几个方面的原因：

（1）行业的影响

从前面对安全工程专业本科生就业行业的分析可以看到，安全工程专业本科毕业生目前所服务的行业以基础产业为主，主要集中在中铁、中交、中建、中国水利水电、矿业、机械电子制造等行业，毕业生到了工作单位后，一般都要到基层现场去工作，这些行业的工作环境相对而言都比较艰苦，使一些怕吃苦的毕业生丧失了很多就业机会。尤其是建筑和矿业行业的单位，尽管对安全工程专业的毕业生需求特别旺盛，但是这些单位在招聘时一般都不考虑女生，使安全工程专业的女生在求职过程中受到很大的限制。

（2）学生自身的原因

对学生本身来讲，也存在着知识结构及综合素质与社会需要不适应、毕业生就业观念陈旧，特别是竞争意识和竞争勇气不足的问题。在择业中，有不少毕业生没有摆正心态，对于自身的定位不准，存在着盲目乐观、就业期望值过高，或者过于自卑、准备不足等问题。所以，尽管就业形势日趋严峻，但是用人单位与毕业生"谈不拢"，使需求计划落空的情况也不鲜见。

（3）学校的原因

由于学校课程设置不尽合理，教学内容、方式、方法与培养具有创新精神和实践能力的高素质人才的实际需要相脱节,导致学生实践能力相对较弱,造成了毕业生择业领域不广、就业竞争力不强的被动局面。

2. 对策探讨

除了各级领导继续高度重视毕业生的就业工作,将国家出台的一系列促进毕业生就业的相关政策落到实处外,学院可以立足自身,针对影响毕业生就业的几个主要因素,做好以下几个方面的工作:

(1) 在低年级学生中全面开展职业生涯规划,更新广大学生的就业观念,让学生早日进入职业准备期,调整就业心态,降低就业期望值,帮助毕业生准确定位。对高年级学生加强社交礼仪、求职方法与技巧的指导,增强毕业生的求职能力。

(2) 积极拓宽毕业生就业渠道,通过互信合作,与用人单位建立长期稳定的供需关系。建立相应的激励机制,真正调动全体教师都来关心就业工作,为毕业生提供更多的就业机会和就业信息,使大家意识到就业工作不仅仅是辅导员的事,而是需要包括所有专业课教师在内的所有人的事情,真正树立起全员育人的观念。

(3) 积极调整与市场不适应的课程,鼓励学生获取多种技能,如计算机等级证书、BEC剑桥商务英语二级证书、会计证、注册会计师证书、英语六级证、口语证、普通话培训合格证、驾驶证等,提高毕业生的综合素质,增加毕业生的求职竞争力。鼓励学生参加社会实践活动和各种与就业或专业学习相关的调研活动,提高实践和动手能力,增加就业机会。

附录6 中南大学2007—2009届安全工程专业本科毕业生就业情况一览表

表1为中南大学2007届安全工程专业本科生就业情况一览表。

表1　　中南大学2007届安全工程专业本科生就业情况一览表

序号	学号	姓名	性别	生源地	单位名称
1	0203030101	刘浪	男	陕西	中南大学研究生
2	0203030102	张平	男	重庆	成都飞机工业公司
3	0203030103	李孟	男	重庆	中铁八局一公司
4	0203030104	温红冬	男	江西	中铁五局四公司
5	0203030105	邱伟晟	男	江西	中国政法大学研究生
6	0203030106	付竣江	男	山东	中铁八局集团第三工程有限公司
7	0203030107	甘霖	男	四川	重庆电力建设总公司
8	0203030108	何海霞	女	青海	中国五矿香炉山钨业
9	0203030109	任丽萍	女	青海	中南大学研究生
10	0203030110	隋阳	男	吉林	中南大学研究生
11	0203030111	王国焘	男	贵州	中南大学研究生
12	0203030112	杨开山	男	贵州	广东宏大爆破工程有限公司
13	0203030113	唐建军	男	甘肃	酒钢集团
14	0203030114	王涛	男	湖北	凡口铅锌矿
15	0203030115	汪勇	男	湖北	紫金矿业集团股份有限公司
16	0203030116	魏汝营	女	湖北	中南大学研究生
17	0203030117	吴道光	男	上海	友达光电有限公司
18	0203030118	李瑜	男	湖南	中铁八局昆明铁路建设有限公司
19	0203030119	张昕	男	湖南	湖南煤矿安全监察局
20	0203030120	邓波	男	湖南	凡口铅锌矿
21	0203030121	义晓梅	女	湖南	江苏宏盛皮具有限公司
22	0203030122	付恬	女	云南	创维移动通信技术（深圳）有限公司
23	0203030123	巩云	男	山东	中国人民大学研究生
24	0203030124	康文贤	男	山东	山西鲁能晋北铝业公司
25	0203030125	金宝华	男	辽宁	北京大学研究生
26	0203030126	刘宁	男	河南	河南省商丘市安全生产监督局
27	0203030127	张金柱	男	河南	辽宁金鹰矿业评估咨询有限公司
28	0203030128	欧阳粤龙	男	广东	广东省公安消防总队

续表

序号	学号	姓名	性别	生源地	单位名称
29	0203030129	阳东	男	湖南	湖南有色金属有限公司黄沙坪矿业分公司
30	0203030203	周石磊	男	陕西	广东核电集团大亚湾核电运营管理有限责任公司
31	0203030204	赵熠	男	陕西	和舰科技（苏州）有限公司
32	0203030205	蒋存铭	男	广西	广东核电集团大亚湾核电运营管理有限责任公司
33	0203030206	孙云凤	女	广西	中南大学研究生
34	0203030207	廖永鹏	男	江西	中铁五局二公司
35	0203030208	杨彪	男	江西	深圳信立泰药业有限公司
36	0203030209	李海龙	男	内蒙古	中交一航局第三工程有限公司
37	0203030210	张伟东	男	浙江	中铁24局
38	0203030211	王宣岐	男	吉林	广州立白
39	0203030212	王鹏	男	甘肃	陕西法士特齿轮公司
40	0203030213	吴钢	男	湖北	中铁一局
41	0203030214	陈晨	男	安徽	OTIS（电梯）
42	0203030215	田世超	男	湖南	湖南煤矿安全监察局
43	0203030216	粟闯	男	湖南	中南大学研究生
44	0203030217	方一舟	男	湖南	南京大学研究生
45	0203030218	高歌	女	湖南	中南大学研究生
46	0203030219	李珞铭	女	湖南	中南大学研究生
47	0203030220	高科	男	山东	中南大学研究生
48	0203030221	唐雪梅	女	山东	广州立白
49	0203030222	黄庆烨	男	海南	一汽海马汽车有限公司
50	0203030223	李峰	男	辽宁	中南大学研究生
51	0203030224	王立磊	男	河南	中南大学研究生
52	0203030225	李坤	男	河南	中铁六局
53	0203030227	朱广萍	女	新疆	中南大学研究生
54	0203030228	蔡坤乾	男	广东	中铁六局
55	0203030229	许春明	女	河北	中国科学技术大学研究生
56	0203030230	杨特敏	男	湖南	凯莱英医学化学（天津）有限公司
57	0203030301	杨歆	男	湖南	五羊—本田摩托（广州）有限公司
58	0203030302	张晓菊	女	山西	哈尔滨工业大学研究生
59	0203030304	张超	男	陕西	深圳联建建筑工程有限公司
60	0203030305	吴晓云	女	广西	中国化学工业桂林工程公司
61	0203030306	陈汝君	女	广西	珠海纳思达电子科技有限公司
62	0203030307	卢普仪	男	江西	广西金桂浆纸业有限公司
63	0203030308	张俊	男	江西	富士康科技集团
64	0203030310	兰晓平	男	宁夏	江西修水香炉山钨业公司

续表

序号	学号	姓名	性别	生源地	单位名称
65	0203030311	周礼建	男	浙江	福建南平铝业有限公司
66	0203030313	黄鑫	男	江苏	富士康科技集团
67	0203030314	张波波	男	江苏	中铁二十四局江苏工程有限公司
68	0203030315	陈海峰	男	黑龙江	黑龙江北方矿业集团有限公司
69	0203030316	李昌泉	男	黑龙江	富士康科技集团
70	0203030318	罗贞焱	男	湖南	中南大学研究生
71	0203030319	朱小年	男	湖南	厦门大学研究生
72	0203030320	黎明杰	男	湖南	比亚迪股份有限公司
73	0203030321	郑晶晶	男	湖南	中南大学研究生
74	0203030322	张舒	女	湖南	中南大学研究生
75	0203030323	刘贤群	男	湖南	珠海市安评安全生产事务有限公司
76	0203030324	陈司宇	男	云南	出国（瑞典）
77	0203030325	陈雄	男	海南	长安福特马自达有限公司
78	0203030326	蔡良针	男	福建	厦门厦顺铝箔有限公司
79	0203030328	方亮雄	男	广东	富士康科技集团
80	0203030330	吉悦	男	河北	比亚迪股份有限公司

表2为中南大学2008届安全工程专业本科生就业情况一览表。

表2　　　中南大学2008届安全工程专业本科生就业情况一览表

序号	学号	姓名	性别	生源地	单位名称
1	0203030130	田海	男	湖南	中铁24局
2	0203040101	徐镇	男	安徽	广州海格通信集团股份有限公司
3	0203040102	潘东	男	福建	中南大学研究生
4	0203040103	彭家钢	男	辽宁	中国核工业第五建设公司
5	0203040104	何敏颜	女	广东	中南大学研究生
6	0203040105	覃松庆	男	广西	中交第三航务工程局有限公司宁波分公司
7	0203040106	周彦宏	女	广西	广西有色银海铝业有限责任公司
8	0203040107	张鹏	男	贵州	依利安达（广州）电子有限公司
9	0203040108	徐锋	男	河北	云南玉溪矿业有限公司
10	0203040109	王纯洁	女	河北	重庆钢铁（集团）公司
11	0203040110	赵英明	男	河南	辽宁红沿河核电有限公司
12	0203040111	刘聪慧	女	河南	待就业
13	0203040112	王雪君	男	湖北	广东寰球广业工程有限公司
14	0203040113	肖明明	男	湖北	云南玉溪矿业有限公司
15	0203040114	杨代批	女	湖南	贵州宏福实业开发有限总公司

续表

序号	学号	姓名	性别	生源地	单位名称
16	0203040115	粟薛琴	女	湖南	待就业
17	0203040116	林松	男	吉林	江西修水香炉山钨矿
18	0203040118	李克华	男	江西	深圳富士康
19	0203040120	祝晓臣	女	辽宁	广州美的集团
20	0203040119	王季冬	男	辽宁	宁化行洛坑钨矿有限公司
21	0203040121	王世盛	男	宁夏	云南玉溪矿业有限公司
22	0203040123	韩小静	女	河南	河南黄河旋风股份有限公司
23	0203040124	卢晓晨	男	山西	河南豫光金铅集团公司
24	0203040125	姚旭辉	男	山西	宁化行洛坑钨矿有限公司
25	0203040126	周锐	男	四川	中国石化股份有限公司润滑油重庆分公司
26	0203040127	张晓锋	男	四川	云南玉溪矿业有限公司
27	0203040128	王纪军	男	浙江	东冠集团有限公司
28	0203040129	赖朝晖	男	浙江	中交三航局宁波分公司
29	0203040130	王丹	女	重庆	中南大学研究生
30	0203040201	王乐奇	男	安徽	云南玉溪矿业有限公司
31	0203040203	李娜	女	河南	中南大学
32	0203040204	钟长宏	男	广东	深圳富士康
33	0203040205	郭旭培	男	广西	比亚迪股份有限公司
34	0203040206	沙芳兰	女	广西	广西柳工机械股份有限公司
35	0203040207	李方波	男	贵州	凡口铅锌矿
36	0203040208	林志杰	男	广东	中铁隧道股份有限公司
37	0203040209	张尚	女	河北	北京大学法学院研究生
38	0203040210	孙成	男	河南	中交第四航务工程局有限公司
39	0203040211	乔锡勇	男	黑龙江	中建国际建设公司
40	0203040212	石英	女	湖南	中南大学研究生
41	0203040213	罗凯	男	湖南	中国建筑工程总公司上海分公司
42	0203040214	文婧	女	湖南	上海对外贸易学院研究生
43	0203040215	粟会云	女	湖南	贵州宏福实业开发有限总公司
44	0203040216	姜志强	男	吉林	河南国银贸易有限公司
45	0203040217	徐靖华	男	江苏	江阴市三元钢铁有限公司
46	0203040218	吴建斌	男	江西	广州中船远航文冲船舶工程有限公司
47	0203040219	刘杨	男	辽宁	深圳富士康
48	0203040220	赵艳艳	女	辽宁	中南大学研究生
49	0203040221	沙亮	男	宁夏	宁夏化工设计研究院
50	0203040222	李强	男	山东	中国建筑工程总公司上海分公司
51	0203040223	王恒	男	山东	中国矿业大学研究生

续表

序号	学号	姓名	性别	生源地	单位名称
52	0203040224	马少非	男	山西	中交第四航务工程局有限公司
53	0203040225	郊军芳	女	山西	中国科学技术大学研究生
54	0203040226	黄波	男	陕西	恒大地产
55	0203040228	董媛媛	女	山东	衮矿集团煤化公司
56	0203040229	阿金平	男	云南	遵义铝业股份有限公司
57	0203040230	陈磊	男	浙江	中交三航局宁波分公司
58	203040301	沈国亮	男	安徽	中铁四局
59	0203040302	蒋中玉	男	安徽	云南玉溪矿业有限公司
60	0203040303	吴惠彪	男	广东	LG 电子惠州有限公司
61	0203040304	劳德正	男	广东	中南大学研究生
62	0203040306	张强	男	贵州	深圳市邦凯电子有限公司
63	0203040307	邢燕琳	女	湖南	出国（澳大利亚）
64	0203040308	李书娜	女	河北	中南大学研究生
65	0203040309	和鹏飞	男	河南	河南豫光金铅集团公司
66	0203040310	李佳洋	男	黑龙江	中南大学研究生
67	0203040311	向维	女	河北	北京航空航天大学（航空科学与工程学院）
68	0203040312	曾敏	女	湖南	长沙新奥燃气有限公司
69	0203040313	张伟伟	男	湖南	湖南柿竹园有色金属有限责任公司
70	0203040314	杨光	男	湖南	中南大学研究生
71	0203040315	周贤龙	男	江苏	中交一航局第五工程有限公司
72	0203040316	杜晶	女	江苏	中南大学研究生
73	0203040317	贺斌	男	江西	中铁隧道集团有限公司第一工程处
74	0203040318	刘羽萍	女	江西	中国移动广东公司客户服务中心东莞分公司
75	0203040319	陈磊	男	内蒙	河南豫光金铅集团公司
76	0203040320	张阳	男	内蒙	香港理工大学研究生
77	0203040321	孙艺明	男	山东	北京市华夏铭安科技有限公司
78	0203040322	解庆强	男	山东	中国矿业大学研究生
79	0203040323	徐少游	男	山东	中南大学研究生
80	0203040325	张瑞	女	陕西	中南大学研究生
81	0203040326	孙浩	男	天津	中铁六局天津铁路建设有限公司
82	0203040327	滕云	女	辽宁	中南大学研究生
83	0203040328	付俊	男	云南	出国（德国）
84	0203040329	金晓峰	男	浙江	中交三航局宁波分公司
85	0203040330	许睿	男	重庆	中铁一局桥梁公司

表 3 为中南大学 2009 届安全工程专业本科生就业情况一览表。

表 3　　　　　中南大学 2009 届安全工程专业本科生就业情况一览表

序号	学号	姓名	性别	生源地	单位名称
1	0203040305	费维	男	贵州	中国中铁二局集团有限公司一公司
2	0203050101	李宁	男	安徽	中南大学研究生
3	0203050102	万盛强	男	福建	广州市万科物业服务有限公司
4	0203050103	孙磊	男	甘肃	中南大学研究生
5	0203050104	陈苇霖	女	广东	出国（英国）
6	0203050105	方妮	女	广西	云南锡业集团有限责任公司
7	0203050107	戴军	男	贵州	中国铝业遵义氧化铝有限公司
8	0203050108	杨金锋	男	河北	中国核工业华兴建设有限公司
9	0203050109	刘一静	女	河南	出国（美国）
10	0203050110	陈志冲	男	河南	中铁五局（集团）有限公司路桥公司
11	0203050111	张灵杰	女	黑龙江	中核郑州分公司
12	0203050112	李红俊	男	湖北	中交二公局东盟分公司
13	0203050114	杨巍	男	江苏	苏宁电器股份有限公司（南京）
14	0203050117	刘紫曜	男	辽宁	中南大学研究生
15	0203050118	封叶	女	宁夏	中国移动长沙分公司
16	0203050119	闫晖	女	青海	待就业
17	0203050120	李恒春	男	山东	中交第一航务工程局有限公司城市交通工程分公司
18	0203050121	李旭强	男	山西	重庆交通轨道总公司
19	0203050122	周晶	女	陕西	待就业
20	0203050123	苏小娥	女	四川	中钢集团山东矿业有限公司
21	0203050124	甯瑜琳	男	四川	中南大学研究生
22	0203050125	吴瑶	男	天津	中国科学技术大学研究生
23	0203050126	陈宜楷	男	浙江	中南大学研究生
24	0203050127	施洪福	男	浙江	中建五局土木工程分公司
25	0203050201	宋勇	男	安徽	中交二航局深圳分公司
26	0203050202	李桂武	男	福建	中铁轨道系统集团有限公司
27	0203050203	李坚	男	广东	华南理工大学研究生
28	0203050204	林荣玲	女	广东	中钢集团山东矿业有限公司
29	0203050205	叶建树	男	广西	中铁一局深圳公司
30	0203050206	黄义	男	贵州	中国广东核电集团
31	0203050207	马婷婷	女	海南	中交二航局深圳分公司
32	0203050208	梁宏源	男	河北	待就业
33	0203050209	张旭芳	女	河北	中南大学研究生
34	0203050210	朱俊涛	男	河南	中建三局三公司

续表

序号	学号	姓名	性别	生源地	单位名称
35	0203050211	卢腾飞	男	湖北	中交一航局城交分公司
36	0203050212	张启明	男	湖北	西部矿业股份有限公司
37	0203050213	王乐平	女	湖南	中钢集团山东矿业有限公司
38	0203050214	陈清	男	江苏	江苏有色金属华东地质勘查局
39	0203050215	王勇	男	江西	中隧集团股份有限公司
40	0203050218	张岩	女	内蒙古	中南大学研究生
41	0203050219	李永贞	女	青海	青海黄河上游水电开发有限责任公司鑫业分公司
42	0203050220	张增福	男	山东	中铁二局深圳分公司
43	0203050221	陈治强	男	山西	中国广东核电集团
44	0203050222	杨龙罕	男	陕西	辽宁金鹰矿业评估咨询有限公司
45	0203050223	辛兆楠	女	陕西	云南玉溪大红山矿业有限公司
46	0203050224	张玮	男	天津	天津药业集团津康制药有限公司
47	0203050225	保瑞	女	云南	中南大学研究生
48	0203050227	张科	男	浙江	中南大学研究生
49	0203050301	李荣祥	男	安徽	中核郑州分公司
50	0203050302	韩明	男	安徽	中南大学研究生
51	0203050303	王利利	女	甘肃	中南大学研究生
52	0203050304	梁健洪	男	广东	广东广宁县古水三舟加油站
53	0203050305	甘亮元	男	广西	广西送变电建设公司第三分公司
54	0203050306	龙武文	男	贵州	中交一航务局城交分公司
55	0203050307	王中亚	男	贵州	中南大学研究生
56	0203050308	李杏茹	女	海南	中国水利水电第四工程局有限公司
57	0203050309	王芳宇	女	河北	广西送变电建设公司第三分公司
58	0203050310	李森	男	河南	中国广东核电集团
59	0203050311	敖然	男	黑龙江	中交一公局
60	0203050312	张慧威	女	吉林	对外经济贸易大学研究生
61	0203050313	全威霖	男	吉林省	中交一航局铁路分公司
62	0203050314	康海峰	男	江苏省	中国广东核电集团
63	0203050315	黄春建	男	江西省	中交一航局三公司
64	0203050316	陈雁冰	男	江西	上海大学研究生
65	0203050317	钱红爽	女	辽宁省	广东省第五建筑工程有限公司
66	0203050318	冯玉涛	男	内蒙古	中铁隧道集团
67	0203050319	田淼	男	宁夏	中南大学研究生
68	0203050320	李芳	女	山东	中南大学研究生
69	0203050321	周琪	女	山东	中国科学技术大学研究生

续表

序号	学号	姓名	性别	生源地	单位名称
70	0203050322	李立峰	男	山西	中南大学研究生
71	0203050323	梁伟华	男	山西	中建钢构有限公司
72	0203050324	杨超	男	新疆	中建钢构有限公司
73	0203050325	吕照靖	男	新疆	中交二公局
74	0203050326	孙巧	女	浙江	富阳市快又美工艺礼品厂
75	0203050327	朱莎	女	重庆	广东广宁县古水三舟加油站
76	0203050328	唐林	男	重庆	中交一航务局第四工程有限公司